Wolfgang Courtin

Elektrische Energietec

Aus dem Programm
Elektrische Energietechnik

Handbuch Elektrische Energietechnik
von L. Constantinescu-Simon (Hrsg.)

Vieweg Handbuch Elektrotechnik
von W. Böge (Hrsg.)

Elektrische Energieversorgung
von K. Heuck und K.-D. Dettmann

Elektrische Maschinen und Antriebe
von K. Fuest und P. Döring

Elektrische Energietechnik
von W. Courtin

Elektrische Maschinen und Antriebssysteme
von L. Constantinescu-Simon, A. Fransua und K. Saal

Elektronische Antriebstechnik
von C. Wehrmann

Dynamisches Verhalten elektrischer Maschinen
von O. Justus

Elemente der angewandten Elektronik
von E. Böhmer

Elektromagnetische Verträglichkeit
von A. Rodewald

vieweg

Wolfgang Courtin

Elektrische Energietechnik

Einführung für alle Studiengänge

Mit 417 Abbildungen und 2 Tabellen

Herausgegeben von Otto Mildenberger

Die Deutsche Bibliothek – CIP-Einheitsaufnahme

Courtin, Wolfgang:
Elektrische Energietechnik: Einführung für alle Studiengänge; mit 2 Tabellen/
Wolfgang Courtin. Hrsg. von Otto Mildenberger. – Braunschweig; Wiesbaden:
Vieweg, 1999
ISBN 978-3-528-03856-4 ISBN 978-3-322-89909-5 (eBook)
DOI 10.1007/978-3-322-89909-5

Herausgeber:
Prof. Dr.-Ing. Otto Mildenberger lehrt an der Fachhochschule Wiesbaden in den Fachbereichen Elektrotechnik und Informatik.

Der Verlag Vieweg ist ein Unternehmen der Bertelsmann Fachinformation GmbH.

http://www.vieweg.de

Konzeption und Layout des Umschlags: Ulrike Weigel, www.CorporateDesignGroup.de

Gedruckt auf säurefreiem Papier

ISBN 978-3-528-03856-4

Vorwort

Dieses Buch ist als vorlesungsbegleitende Einführung für den Hochschulbereich gedacht. Es wendet sich vor allem an Studenten technischer und naturwissenschaftlicher Studiengänge an Fachhochschulen und Technischen Universitäten, die das Fachgebiet elektrische Energietechnik nicht als Schwerpunkt des Studiums, aber doch als Pflicht- oder Wahlfach haben. Zielgruppe sind also alle, die sich im Studium auf eine berufliche Praxis vorbereiten, in der die elektrische Energietechnik nur ein Teil ihres Arbeitsfeldes ist. Sei es, daß sie elektrische Energie als Antriebsenergie nutzen oder zur Stromversorgung von Prozessen der Technologie, der Kommunikationstechnik oder Datenverarbeitung brauchen, sei es, daß sie umgekehrt elektronische Einrichtungen oder Computersoftware zur Steuerung, Regelung und Überwachung von elektrischen Energieanlagen planen, bauen oder betreiben. Aber auch Studenten der elektrischen Energietechnik und die in der Praxis stehenden Ingenieure werden das Buch sicher als Zusammenfassung der Grundlagen des Fachgebietes mit Gewinn benutzen.

Das Buch behandelt nach einem Überblick die wichtigsten Betriebsmittel und Bauelemente der elektrischen Energietechnik sowie Schaltungstechnik und charakteristische Anwendungen. Dabei stehen die Funktionen im Vordergrund, der Aufbau der Geräte ist nur in groben Zügen dargestellt. Besonderen Wert wurde auf Aspekte der Sicherheit gelegt. Theoretische Herleitungen wurden nur soweit gebracht, wie sie zum Verständnis der grundlegenden Arbeitsweise erforderlich sind.

Der Text basiert auf dem Manuskript einer Vorlesung, die der Verfasser vor Studenten der Elektrischen Nachrichtentechnik an der FH Wiesbaden gehalten hat. Dieses Manuskript wurde im Sinne des modularen Aufbaus überarbeitet, sodaß jedes Kapitel mit einem Minimum an Querverweisen für sich gelesen werden kann. Auf jeden Fall empfiehlt es sich aber, das erste Kapitel vorweg zu lesen.

Vorausgesetzt werden beim Leser an mathematischen Grundlagen die elementare Algebra, ebene Trigonometrie, rationale und nichtrationale Funktionen sowie die Grundlagen der Vektorrechnung, komplexer Rechnung, Differential- und Integralrechnung und die einfachsten gewöhnlichen Differentialgleichungen. Dazu kommen die Grundlagen der Physik und Elektrotechnik (Gleichstrom und Wechselstrom) und der Steuerungs- und Regelungstechnik.

Dem einführenden Charakter des Buches entsprechend konnten die vielfältigen dynamischen Vorgänge bei elektrischen Maschinen, Leitungen und Netzen, die Berechnung unsymmetrischer Kurzschlüsse mithilfe von Symmetrischen Komponenten sowie der Schaltvorgänge mittels Laplace-Transformation nicht behandelt werden. Ferner mußten Spezialgebiete wie Hochspannungstechnik, Elektrowärme- und Lichttechnik, sowie Netzberechnung, Netzschutz, Stabilitäts- und Regelungsprobleme weggelassen werden. Hier kann nur auf die angeführten Literaturquellen verwiesen werden.

Allen, die mir beim Zustandekommen des Buches geholfen haben, sei an dieser Stelle gedankt, insbesondere Herrn Henning Wirbs vom Fachbereich Elektrotechnik der FH Wiesbaden.

Rüsselsheim, im Juni 1999 *Wolfgang Courtin*

Vorwort

Inhaltsverzeichnis

1 Einführung

1.1 Grundbegriffe der elektrischen Energietechnik

Energietechnik

ist die Technik der *Verarbeitung* und *Nutzung* von Energie. Die Energienutzung gliedert sich in Umwandlung, Umformung, Speicherung, Übertragung, Verteilung und Anwendung von Energie.
Die in den Energieträgern der Natur gespeicherte *Primärenergie* tritt auf in Form von
- potentieller Energie (Speicherwasser)
- kinetischer Energie (Wind, strömendes Wasser)
- chemischer Energie (Kohle, Gas, Öl)
- Kernenergie (Uran, Plutonium)
- Wärme (geothermische Energie)
- elektromagnetischer Strahlung (Solarenergie)

Energieprozesse

Ein *technischer Prozeß* ist nach DIN 66 201 eine physikalisch-chemische Zustandsänderung in einem System, durch die *Materie, Energie und/oder Information* umgeformt, transportiert oder gespeichert wird.
Die technischen Prozesse der Verarbeitung und Nutzung von Energie nennt man *Energieprozesse*.
Durch Prozesse der Energieumwandlung wird die *Primärenergie* dem Energieträger entzogen und in eine andere Energieart überführt. Diese *Sekundärenergie* (Wärme, Elektrizität) wird zum Ort der Anwendung übertragen, auf mehrere Abnehmer verteilt, gespeichert und bei der Energieanwendung in *Nutzenergie* (mechanische Arbeit, Wärme, Licht, chemische Energie) umgewandelt.

Elektrische Energietechnik

ist die Technik der Energienutzung, die dadurch gekennzeichnet ist, daß als Sekundärenergie elektrische Energie (Elektrizität) verwendet wird.

Betriebsmittel und Anlagen

Die Einrichtungen (Maschinen, Apparate, Geräte) zur Durchführung eines technischen Prozesses nennt man *Betriebsmittel*.
Die Betriebsmittel der elektrischen Energietechnik sind Generatoren, Akkumulatoren, Transformatoren, Leitungen, Schaltgeräte, Stromrichter, Kondensatoren, Drosselspulen, Motoren, Leuchten, Öfen und Heizkörper, Elektrolysen und galvanische Bäder.
Anlagen sind Kombinationen von Betriebsmitteln am gleichen Ort, die für eine gemeinsame Wirkung ausgelegt sind.
Elektrische Energieanlagen (Starkstromanlagen) sind elektrische Anlagen mit Betriebsmitteln zum Erzeugen, Umformen, Speichern, Fortleiten, Verteilen und Anwenden elektrischer

Energie zum Verrichten mechanischer Arbeit, zur Wärme- und Lichterzeugung oder bei elektrochemischen Vorgängen. Zwei Typen von Anlagen seien hier näher erläutert:

1) Wasserkraftwerk mit zwei Maschinensätzen
Die potentielle Energie des in einem Stausee gespeicherten Wassers wird in zwei abwärts führenden Rohren in kinetische Energie umgewandelt. Die Wasserturbinen formen diese Energie in mechanische Drehenergie (Drehmoment und Drehzahl) um und führen sie über je eine Welle den Generatoren G1 und G2 zu, die durch elektromagnetische Induktion Wechselspannung erzeugen und die Energie in elektrischer Form (Strom und Spannung) über die Transformatoren T1 und T2, die Leistungsschalter Q1 und Q2, eine Sammelschiene und den Leistungsschalter Q3 an ein Leitungsnetz abgeben. Die Sammelschiene als Netzknoten addiert die Leistungen der Maschinensätze.

Ein Transformator formt durch elektromagnetische Induktion die Amplituden von Wechselspannung und Wechselstrom um: Die Spannung wird um den gleichen Faktor vergrößert wie der Strom verkleinert wird. Frequenz und Kurvenform von Strom und Spannung bleiben unverändert. Durch einen Leistungsschalter kann der elektrische Energiefluß wahlweise freigegeben oder unterbrochen werden.

Bild 1-1 zeigt den einpoligen Übersichtsschaltplan des Kraftwerks:

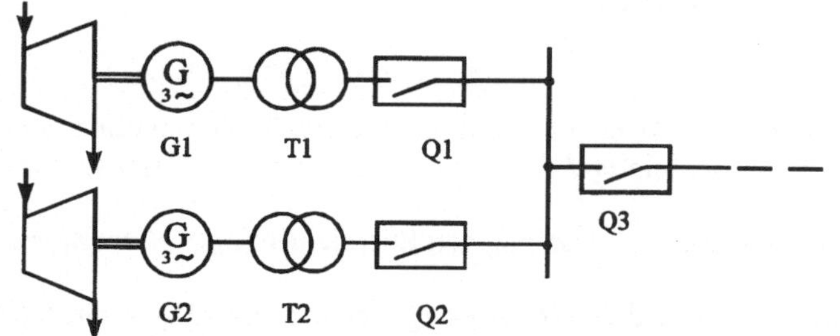

Bild 1-1:
Wasserkraftwerk mit zwei Generatorsätzen

2) Verbraucheranlage: Pumpenantriebe und Notbeleuchtung

Elektrische Energie in Form von Dreiphasen-Wechselspannung und -Wechselstrom wird über eine Sammelschiene, Sicherungen, Schalter und Kabel auf zwei Drehstrommotoren verteilt (Parallelschaltung). Die Motoren wandeln die elektrische Energie in mechanische Drehenergie um (Drehmoment und Drehzahl) und treiben je eine Kühlwasserpumpe an.

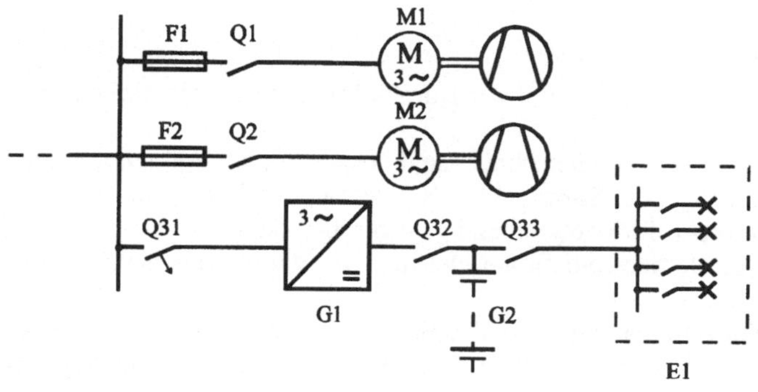

Bild 1-2:
Übersichtsschaltplan einer Verbraucheranlage: Pumpenantriebe mit Drehstrommotoren und gleichstromgespeiste Notbeleuchtung

An die Sammelschiene angeschlossen ist ferner ein Gleichrichter, der Wechselspannung und Wechselstrom in Gleichspannung und Gleichstrom umformt und die umgeformte Energie in einer Akkumulatorenbatterie speichert. Bei Netzausfall gibt der Akkumulator Spannung und Strom an die Glühlampen der Notbeleuchtung ab.

Netze und Netzverbände

Netze der elektrischen Energieversorgung sind Kombinationen von Anlagen, die für eine gemeinsame Wirkung auch über große Entfernungen hinweg ausgelegt sind. Durch Zusätze lassen sich die überwiegende Aufgabe (Übertragungsnetz, Verteilungsnetz, Stadtnetz, Werknetz) oder die Struktur (Strahlennetz, Ringnetz, Maschennetz) kennzeichnen.

Zwei Netzformen sollen hier genauer betrachtet werden:

1) Regionales Verteilungsnetz, Übersichtsschaltplan

Zwei 110-kV-Freileitungen speisen über Sammelschiene A und zwei Transformatoren mit der Übersetzung 110/20 kV in eine Schaltanlage B1 mit Doppelsammelschienen und Leistungsschaltern ein (Schwerpunktstation). Von dort wird die Energie über Kabel oder Freileitungen zu den Unterwerken B21 und B22 weitergeleitet. Von diesen Schaltanlagen gehen dann die ringförmig aufgebauten Verteilungsnetze aus, in die die Netzstationen B31 bis B36 zur Speisung der Endverbraucher eingesetzt sind. Die Netze werden im Normalfall strahlenförmig betrieben (Ringschalter Q_R offen). Bei einem Kabelfehler (Kurzschluß) wird die Störstelle von beiden Seiten (B32 rechts, B31 links) freigeschaltet und anschließend der Ringschalter geschlossen, so daß die Station B31 über den ungestörten Leitungsstrang gespeist wird [2].

Bild 1-3 zeigt den Übersichtsschaltplan des Umspannwerkes und eines 20 kV-Netzes.

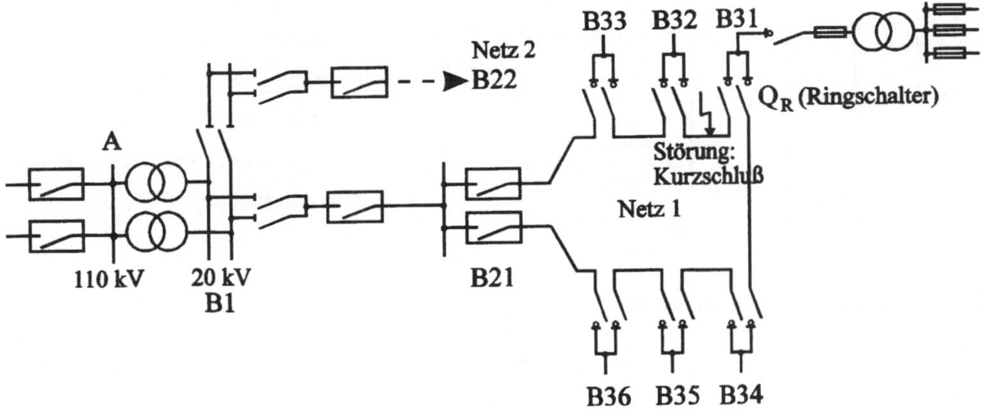

Bild 1-3: Umspannwerk (110/20 kV) speist zwei regionale Verteilungsnetze

2) Überregionales Übertragungsnetz

In den Kraftwerken K1 und K2 erzeugen die Drehstromgeneratoren G1 und G2 Wirk- und Blindleistung, die über die Transformatoren T1 und T2 und das Hochspannungsnetz (380 kV) mit den Freileitungen A-B und C-D über größere Entfernungen zu den Umspannstationen UB und UD übertragen werden. Diese Stationen speisen die 110 kV-Verteilungsnetze VB und VD. Die Freileitung B-D ermöglicht einen Lastausgleich im 380 kV-Netz.

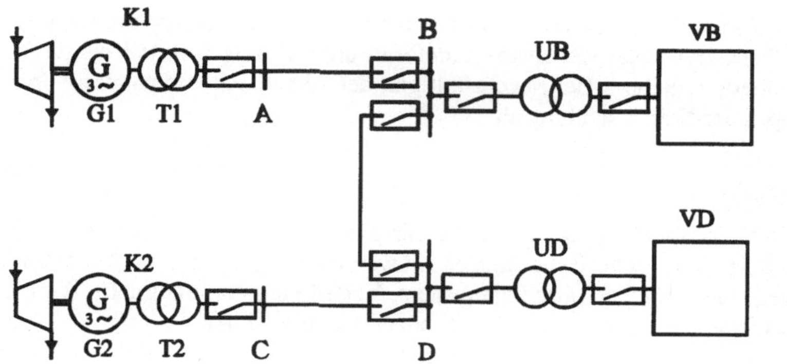

Bild 1-4: Überregionales Übertragungsnetz (380 kV), das die 110 kV-Verteilungsnetze VB und VD speist.

Netzverbände sind Kombinationen von Netzen über Großräume hinweg. Die Übertragungsnetze der höchsten Spannungsebene transportieren die Leistungen der Großkraftwerke. Sie speisen einerseits die regionalen Verteilungsnetze, andererseits sind sie gekuppelt mit Übertragungsnetzen der Nachbarländer, um Energie auszutauschen und den Verbundpartnern als Reserve bei einem Kraftwerksausfall zu dienen. Mehrere Netzverbände bilden, über Kuppelleitungen verbunden, ein Verbundsystem. Beispiel: das Deutsche Verbundnetz. Wie Bild 1-5 in schematischer Darstellung eines Netzverbandes zeigt, kann ein Verbraucher versorgt werden entweder

- direkt aus dem Übertragungsnetz (bei sehr hohem Leistungsbedarf),
- direkt aus dem Verteilungsnetz (mittlere und Großverbraucher) oder
- aus dem Niederspannungsnetz (Kleinverbraucher).

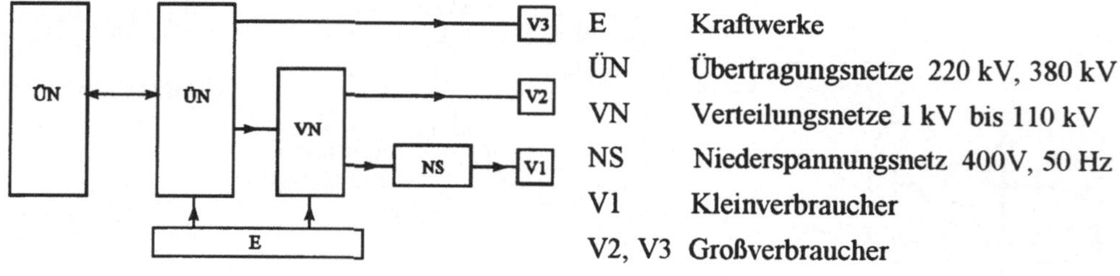

Bild 1-5: Netzverband im Verbundbetrieb mit benachbartem Netzverband

Elektrisches Energieversorgungssystem

Nach DIN 66 201 ist ein System eine abgegrenzte Anordnung von aufeinander einwirkenden Gebilden. Im engeren Sinne definieren wir :

Ein System ist eine Zusammenstellung technisch-organisatorischer Mittel zur autonomen Erfüllung eines Aufgabenkomplexes. Kennzeichen eines Systems ist das Zusammenspiel der drei Komponenten: Mensch, Maschine und Methode.

Zu einem elektrischen Energieversorgungssystem gehören nicht nur die Kraftwerke, Netze und Schaltanlagen, sondern auch die betrieblichen Tätigkeiten der Ingenieure, Techniker und

Facharbeiter sowie die Programme, Pläne, Vorschriften und Anweisungen für den betriebssicheren und bedarfsgerechten Einsatz der Anlagen und Netze [3].

Durch zweckmäßiges Zusammenfügen oder Unterteilen von Systemen können größere oder kleinere Systeme entstehen. Beispiel: Ein Kraftwerk kann als autonomes System betrachtet werden. Mehrere Kraftwerke bilden zusammen mit einem zentral geführten Verbundnetz ein Energieversorgungssystem.

1.2 Planung, Bau und Betrieb

Man muß unterscheiden zwischen den *technischen Prozessen*, die als physikalische Vorgänge in einem System ablaufen, je nach Automatisierungsgrad mehr oder weniger ohne Eingriff des Menschen, und den *technischen Tätigkeiten* der Ingenieure und Fachleute bei Planung, Bau und Betrieb elektrischer Einrichtungen. Diese sind im wesentlichen:

1) in der Gerätetechnik (Bauelemente, Baugruppen, Betriebsmittel):

Entwicklung und Konstruktion

Fertigung und Qualitätskontrolle

Erprobung und Versuch

Vertrieb (Kundenberatung und Verkauf)

Service (Inbetriebnahme, Störungsbeseitigung)

2) in der Anlagentechnik

Planung:
- Zielsetzung
- Situations- und Problemanalyse
- Planungsvarianten: Entwurf, Vergleich, Entscheidung
- Angebotserstellung
- Projektmanagement und Auftragsabwicklung: Schaltpläne, Listen, Konstruktionszeichnungen, Anwendungssoftware (Messen, Steuern, Regeln, Kommunikation), Dokumentation
- Auswahl und Beschaffung von Betriebsmitteln
- Kosten und Termine ermitteln und überwachen

Errichtung:
- Transport, Montage, Anschluß der Betriebsmittel und Komponenten
- Inbetriebnahme und Erprobung

Betrieb:
- Bedienen der Anlage, Instandhaltung mit Wartung, Inspektion, Instandsetzung. Messen und Prüfen, Ändern und Erweitern

1.3 Anforderungen an elektrische Energieanlagen

Grundforderungen

Jede elektrische Energieanlage muß im Betrieb folgende Grundforderungen erfüllen:

- Funktionstüchtigkeit
- Zuverlässigkeit
- Sicherheit
- Umweltverträglichkeit
- Wirtschaftlichkeit.

Diese Forderungen müssen sowohl für den Leistungsteil der Anlage wie für den leittechnischen Teil gelten [32]. *Leittechnik* umfaßt die *Automatisierung* (Messen, Steuern, Regeln) der Anlage und die *Kommunikation* zwischen Mensch und Anlage sowie der Anlagen untereinander [31]. Die uneingeschränkte Erfüllung dieser fünf Grundforderungen ist die Voraussetzung für die *Qualität* eines Betriebsmittels oder einer Anlage.

Definition: Qualität ist die Übereinstimmung zwischen den Forderungen des Kunden, dem Stand der Technik, den Vorschriften des Gesetzgebers, der Rechtsprechung und der Anbieterleistung des Lieferanten.

Funktionstüchtigkeit

Diese Forderung bedeutet für den *Leistungsteil* bestimmungsgemäße Auslegung und Errichtung. Das heißt:

1) Die Betriebsmittel müssen im Betrieb den durch den Verwendungszweck bedingten Anforderungen genügen, und zwar sowohl in bezug auf Funktionen, Nenndaten und Vollständigkeit der Komponenten wie auf Abmessungen, räumliche Anordnung und Aussehen.
2) Das Betriebsverhalten muß jederzeit stabil und steuerbar sein.
3) Der geforderte Betriebsbereich muß voll ausfahrbar sein, ohne daß die Prozeßgrößen ihre zulässigen Grenzwerte über- oder unterschreiten.

   Beispiel:

   Die Übersetzung eines Netztransformators muß so gewählt werden, daß die Spannung der angeschlossenen Verbraucher im Bereich 400V + 6%/-10 % liegt.
4) Anlagen und Betriebsmittel müssen so ausgeführt sein, daß sie den im Betrieb zu erwartenden Beanspruchungen elektrischer, mechanischer, chemischer und thermischer Art voll gewachsen sind. Bei der Errichtung sind zu berücksichtigen:
   - Spannung, elektrische Feldstärke (Isolationsdurchschlag)
   - Strom, Stromdichte (Stromwärmeverluste, Stromkräfte)
   - Magnetische Flußdichte (Eisensättigung, Eisenverluste)
   - Temperatur (Brandgefahr, Isolationsalterung)
   - Äußere Kräfte und Momente, Beschleunigungen, Zug-, Druck-, Biege- und Schubspannungen
   - Korrosion

Für den *leittechnischen Teil* bedeutet Funktionstüchtigkeit:

1) Einfache, übersichtliche Prozeßführung.
2) Betriebsgrößen sollen genau und schnell gesteuert, geregelt und überwacht werden.
3) Kritische Zustände der Anlage müssen schnell und selektiv beseitigt werden.

Zuverlässigkeit

DIN 40 0041 und IEC 271 definieren *Zuverlässigkeit als die Fähigkeit eines Betriebsmittels, einer Anlage oder eines Netzes, die beabsichtigte Funktion unter festgelegten Bedingungen für eine festgelegte Zeitdauer* zu erfüllen. Die Zuverlässigkeit einer Anlage oder eines Systems wird gemindert durch *Fehler und Instandhaltungsvorgänge*, die zum *Ausfall* der Anlage oder einzelner Betriebsmittel führen.

Ein Fehler ist nach DIN 40 042 eine unzulässige Abweichung von Funktions- oder Leistungsmerkmalen. Bezüglich der Fehlerursachen unterscheidet man:

- Spezifikations-, Entwurfs- und Herstellungsfehler
- Physikalische Fehler, z. B. Isolationsdurchschlag
- Bedienungsfehler.

Das Ziel der Zuverlässigkeitstechnik besteht darin, das Auftreten von Ausfällen *wahrscheinlichkeitstheoretisch* zu beurteilen. Aufgrund von Erfahrungswerten kann man *Vorhersagen* über die Zuverlässigkeit einer Anlage machen [18].

Die Zuverlässigkeit einer Anlage kann zahlenmäßig ausgedrückt werden, wenn sich das Betriebsverhalten auf *zwei komplementäre*, zumindest teilweise zufallsbedingte Zustände zurückführen läßt:

Betrieb B: Betriebszustand zwischen Inbetriebnahme und Ausfall bzw. störungsbedingtem Abschalten.

Ausfall A: Nichtbetriebszustand zwischen Ausfall und Wiederinbetriebnahme nach Reparaturende. Es gilt:

$$A = \overline{B} \tag{1.1}$$

Aus Betriebsstatistiken mit vorhandenen Anlagen ermittelt man die Kenngrößen:

T(B) mittlere fehlerfreie Betriebsdauer oder MTTF (mean time to failure)

T(A) mittlere Ausfalldauer (Reparatur- oder Ersatzdauer)
oder MTTR (mean time to repair).

Es gilt : MTTF + MTTR = MTBF (mean time between failure).

Da meist MTTR << MTTF ist, kann man MTBF = MTTF setzen.

Mit diesen Größen läßt sich als Maß der Zuverlässigkeit die *Verfügbarkeit* V berechnen, das ist die Wahrscheinlichkeit P(B), mit der sich die Anlage *zu einem beliebigen Zeitpunkt in der Zukunft* im ungestörten Betriebszustand B befindet:

$$V = T(B) \,/\, (T(A) + T(B)) \tag{1.2}$$

Die *Ausfallhäufigkeit*, d.h. die mittlere Häufigkeit, mit der der Ausfallzustand in einem betrachteten Zeitintervall auftritt, ist

$$H = 1 \,/\, (T(A) + T(B)) \tag{1.3}$$

Die *Nichtverfügbarkeit* N ist identisch mit der Wahrscheinlichkeit P(A) des Ausfallzustandes zu einem beliebigen Zeitpunkt in der Zukunft:

$$N = T(A) \,/\, (T(A) + T(B)) \tag{1.4}$$

Daraus folgt

$$P(A) + P(B) = 1 \tag{1.5}$$

$$N = 1 - V \tag{1.6}$$

Beispiel:

Von einer 100 km langen 110 kV-Freileitung sind bekannt:

H(A) = 0,54/a Ausfälle pro Jahr

T(A) = 8,5 h mittlere Reparaturzeit je Ausfall

Dann ist die störungsbedingte Nichtverfügbarkeit der Leitung

$N = T(A) / (T(A) + T(B))$

$N = T(A) \cdot H(A)$

$N = 8{,}5\ \text{h} \cdot 0{,}54/\text{a}$

$N = 4{,}59\ \text{h/a}$ oder, wenn man 1a = 8760 h einsetzt:

$N = 0{,}524 \cdot 10^{-3}$

Die Verfügbarkeit eines Betriebsmittels oder einer Anlage hängt ab von Dauer und Häufigkeit von *Störungen* und *Wartungszeiten*. Die Verfügbarkeit einer Anlage hängt ferner ab von Anzahl und Anordnung der Betriebsmittel, d.h. der *Struktur der Anlage*.

Bei einer *Kettenstruktur* geht der Energiefluß nacheinander über mehrere Betriebsmittel, z.B. Generator - Transformator - Schalter (siehe Bild 1-4). Ausfall eines Betriebsmittels bedeutet Ausfall der gesamten Kette bzw. Anlage. Die Verfügbarkeit der Kettenstruktur ist daher stets kleiner als die geringste Verfügbarkeit eines Betriebsmittels. „Eine Kette ist nur so stark wie ihr schwächstes Glied".

Bei einer *Parallelstruktur* verteilt sich der Energiefluß auf mehrere Betriebsmittel oder Ketten von Betriebsmitteln. Beispiel: Zwei Transformatoren liegen parallel zwischen den Sammelschienen A und B1 (siehe Bild 1-3). Ausfall der gesamten Anlage tritt erst ein bei Ausfall beider Transformatoren. Die Verfügbarkeit der Parallelstruktur ist daher stets größer als die größte Verfügbarkeit eines Betriebsmittels.

Die strukturelle Redundanz (Zuverlässigkeitsreserve) von Parallelstrukturen wird bei der *Anlagenplanung* ausgenutzt, um die Verfügbarkeit einer Anlage zu erhöhen. Die erhöhte Zuverlässigkeit der Anlage geht allerdings oft auf Kosten der Wirtschaftlichkeit. Beispiele: Zweiseitige Speisung eines Netzes, Freileitung mit zwei Stromkreisen (Doppelleitung), zwei parallele Halblasttransformatoren in einem Kraftwerksblock statt eines Vollasttransformators.

Auch bei der *Betriebsführung* eines Systems nutzt man die strukturelle Redundanz aus, um durch regelmäßige Wartung die Störungsanfälligkeit der Betriebsmittel klein zu halten, ohne daß man durch die wartungsbedingten Abschaltungen die Verfügbarkeit der Gesamtanlage herabsetzen muß. Beispiel: Die zwei Halblasttransformatoren in einem Kraftwerksblock werden abwechselnd gewartet. Der Generator kann während der Wartung eines Transformators am Netz bleiben und über den zweiten Transformator wenigstens die halbe Nennleistung abgeben.

Sicherheit

Von einer elektrischen Anlage darf im Betrieb keine *Gefährdung* für Gesundheit und Leben von Mensch und Tier, für die Umwelt und für die Anlage selbst ausgehen. Das Ziel der Sicherheitstechnik ist, das Auftreten jedes gefährlichen Zustandes einer Anlage zu erkennen und die Anlage in einen gefahrlosen Zustand zu überführen, vorzugsweise durch Abschalten. Dies geht allerdings zu Lasten der Verfügbarkeit.

Sicherheitseinrichtungen müssen besonders zuverlässig sein. Dies erreicht man durch hohe Qualität der Ausführung und durch Anwendung der drei Prinzipien:

- Redundanz Sicherheitseinrichtungen sind mehrfach vorhanden und betriebsbereit. Die Kühlsysteme eines Druckwasserreaktors sind vierfach vorhanden, obwohl sie im Betrieb nur zweifach gebraucht werden.
- Diversität: Es werden verschiedene physikalische oder konstruktive Prinzipien nebeneinander angewendet, um denselben Zweck zu erreichen.
Beispiel: Elektrische Widerstandsbremse und mechanische Druckluftbremse bei S-Bahn-Triebwagen.
- Fail-Safe: Auftretende Fehler sollen in die „sichere" Richtung wirken. Beispiele: Magnetbremslüfter eines Hebezeugantriebs gibt bei Netzausfall die mechanische Bremse frei (Bremskraft = Feder- oder Gewichtskraft); Ausschaltbefehle für Steuerstromkreise werden durch Öffnen von Kontakten gegeben, weil Öffnerkontakte zuverlässiger als Schließkontakte funktionieren (Ruhestromprinzip). Ein Drahtbruch wirkt daher wie ein Ausschaltbefehl.

Die Sicherheitseinrichtungen für *Personen- und Anlagenschutz* nehmen in der elektrischen Energietechnik breiten Raum ein:

Personenschutz: Schutz gegen gefährliche Körperströme

Lichtbogenschutz

Schutzvorrichtungen und Körperschutzmittel zum Arbeiten an elektrischen Anlagen (Schutzbekleidung, Spannungsprüfer, Erder).

Anlagen- und Netzschutz: Überstromschutz durch Schutzschalter und Sicherungen
Überspannungs- und Blitzschutz
Explosions- und Brandschutz
Schutz gegen Wasser und Fremdkörper
Maschinen- und Transformatorenschutz gegen Windungsschluß, Überdrehzahl, Kurzschluß und Erdschluß.

Umweltverträglichkeit

Das Planungsziel *Umweltverträglichkeit elektrischer Anlagen* kann in acht Teilziele untergliedert werden. Folgende Einwirkungen auf Umwelt und andere Anlagen sind möglichst gering zu halten:

1) Elektromagnetische Beeinflussung angeschlossener oder benachbarter Anlagen und Betriebsmittel durch *Netzrückwirkungen* (Spannungsänderungen, Oberschwingungen) und *Störspannungsaussendung* (galvanische, kapazitive, induktive Kopplung, Strahlungskopplung).
2) Geräuschaussendung der Betriebsmittel
3) Verschmutzung von Luft, Wasser und Boden
4) Erwärmung von Gewässern und Boden
5) Optische Beeinträchtigung der Landschaft
6) Behinderung von Verkehrstrassen durch Baustellen
7) Beeinträchtigung der Raumordnung durch Leitungstrassen u. a.
8) Beeinträchtigung von fremden Trassen bei Bau, Betrieb und Instandhaltung (Fernmeldeleitungen u. a.).

Das Verfahren der *Wirksamkeitsanalyse* ermöglicht, die Umweltverträglichkeit von Anlagen zahlenmäßig auszudrücken und Planungsvarianten zu vergleichen.

Wirtschaftlichkeit

Herausragende Merkmale der elektrischen Energieanlagen sind

- hoher Kapitalbedarf für Investitionen
- lange Lebensdauer der elektrischen Betriebsmittel
- hoher Bedarf an Energie.

Da jedes Wirtschaftsunternehmen seine Ausgaben durch eigene Einnahmen decken muß, müssen die von ihm betriebenen Anlagen und Netze wirtschaftlich arbeiten: *Über den gesamten Nutzungszeitraum einer Anlage summiert, müssen die Einnahmen die Ausgaben übersteigen*. Dies muß bei der Anlagenplanung durch Investitions- und Wirtschaftlichkeitsrechnung nachgewiesen werden.

Die jährlichen Ausgaben für eine elektrische Energieanlage gliedern sich in

- feste Kosten:
  1) Kapitalkosten (Tilgung und Verzinsung) des investierten Fremdkapitals, Rückstellungen
  2) Löhne und Gehälter, Sozialausgaben
  3) Steuern und Versicherungsbeiträge
  4) Materialkosten für Verwaltung und Instandhaltung
- bewegliche Kosten:
  1) Brennstoffkosten (bei Kraftwerken)
  2) Verlustkosten (Stromwärme, Eisenverluste)
  3) Materialkosten (Schmieröl u.ä.), Bedienungs- und Wartungskosten, soweit sie von der umgesetzten Energie abhängen.

Die beweglichen Kosten sind proportional der abgegebenen oder aufgenommenen Energiemenge, die festen Kosten sind hauptsächlich proportional der abgegebenen oder aufgenommenen Höchstleistung, d.h. der installierten Leistung.

Kann man einer Anlage als Teil eines Systems Einnahmen nicht direkt zuordnen (z.B. bei einer Beleuchtungsanlage), so ist die Planungsvariante mit den geringsten Gesamtausgaben die wirtschaftlichste.

Die wichtigsten Verfahren der Investitions- und Wirtschaftlichkeitsrechnung sind:

- Kapitalwertmethode (Barwertmethode)
- Annuitätenmethode
- Interne Zinsfußmethode.

Die *Kapitalwertmethode* ist besonders zum Vergleich der Planungsvarianten von Großanlagen geeignet. Sie soll hier kurz betrachtet werden [6].

Durch die Berechnung des *Kapitalwertes* K_0 kann die Frage beantwortet werden, ob eine geplante Investition lohnend sein wird bzw. ob eine geplante Anlage, über ihre gesamte Nutzungsdauer gerechnet, wirtschaftlich arbeiten wird. Der Kapitalwert ist die Differenz der aufsummierten, *auf den gleichen Zeitpunkt bezogenen*, Einnahmen und Ausgaben während der gesamten Nutzungsdauer der Anlage. Ist der Kapitalwert positiv oder zumindest Null, dann ist gewährleistet, daß der Investor bei Durchführung seiner betrieblichen Investition nicht schlechter gestellt ist als bei einer externen Anlage seiner Mittel, etwa bei einer Bank.

Um den Kapitalwert zu berechnen, müssen von allen während der Nutzungsdauer der Anlage anfallenden Einnahmen und Ausgaben die *Barwerte* gebildet werden: Jeder Geldbetrag wird auf denselben Zeitpunkt auf- oder abgezinst, denn nach einem Grundsatz der Finanzmathematik dürfen Geldbeträge nur dann verglichen werden, wenn sie auf denselben Zeitpunkt bezogen sind. Meist wird dieser Bezugs-Zeitpunkt auf den Beginn der Nutzungsdauer gelegt und Zeitpunkt Null genannt.

Der auf den Zeitpunkt Null bezogene Barwert B_0 einer Zahlung K_n, die nach n Jahren fällig wird, ist identisch mit dem Anfangskapital K_0, das am Anfang des Jahres 0 eingezahlt wird und bei einem Zinssatz i mit Zins und Zinseszins das gleiche Endkapital K_n ergibt. Man setzt $1+i=q$ in die Gleichung für das Endkapital bei Zinseszins ein und löst nach dem Anfangskapital auf: $K_n = K_0 \cdot q^n \rightarrow K_0 = K_n \cdot q^{-n}$; $B_0 = K_0 \rightarrow$

$$B_0 = K_n \cdot q^{-n} \tag{1.7}$$

Bei einer Zahlungsreihe ist die Summe der barwertigen Einnahmen

$$B_E = \sum_{j=1}^{n} E_j \cdot q^{-j} \tag{1.8}$$

Einschließlich der Anschaffungsausgabe A_I ist die Summe der barwertigen Ausgaben

$$B_A = A_I + \sum_{j=1}^{n} A_j \cdot q^{-j} \tag{1.9}$$

Beispiel:

Beim Kauf einer Maschine wird vereinbart, daß der Käufer sofort 60 000 DM, nach zwei Jahren weitere 70 000 DM und nach vier Jahren noch einmal 80 000 DM zahlen soll. Als Zinssatz ist 9% zugrunde zu legen.

Wie groß ist der Barwert des Kaufpreises zum Zeitpunkt Null ?

Es gilt $A_I = 60\,000$ DM; $A_2 = 70\,000$ DM; $A_4 = 80\,000$ DM; $i = 0{,}09$; $q = 1{,}09$.

$1{,}09^{-2} = 0{,}842$; $1{,}09^{-4} = 0{,}708$.

Dann ist nach Gleichung (1.9) der Barwert des Kaufpreises

$$B_A = 60\,000\text{ DM} + 70\,000\text{ DM} \cdot 0{,}842 + 80\,000\text{ DM} \cdot 0{,}708$$

$$B_A = 60\,000\text{ DM} + 56\,674\text{ DM} + 58\,917{,}60\text{ DM}$$

$$B_A = 175\,591{,}60\text{ DM}$$

Diesen Betrag müßte der Käufer zahlen, wenn er die Maschine sofort bar bezahlen müßte.

Die Differenz der aufsummierten Barwerte B_E der Einnahmenreihen bzw. B_A der Ausgabenreihen ergibt den Kapitalwert $K_0 = B_E - B_A$.

Wenn die voraussichtliche Lebensdauer der Anlage (m Jahre) größer ist als die Nutzungsdauer (n Jahre) bzw. bei Finanzierung mit Fremdkapital die Laufzeit von Tilgung und Verzinsung, so ist noch der Restwert nach Ablauf der n Jahre zu berücksichtigen:

$$R_n = A_I \cdot (1 - n/m) \tag{1.10}$$

Dieser Restwert wird ebenfalls auf den Zeitpunkt Null diskontiert:

$$R_0 = A_I \cdot (1 - n/m) \cdot q^{-n} \tag{1.11}$$

Der Restwert R_0 wird zum Barwert der Einnahmen addiert, so daß der resultierende Kapitalwert beträgt:

$$K_0 = B_E + R_0 - B_A \tag{1.12}$$

Das Kapitalwertkriterium der Wirtschaftlichkeit läßt sich demnach so formulieren:

Eine Investition ist bei dem gewählten Zinssatz i wirtschaftlich, wenn der auf den Zeitpunkt Null bezogene Kapitalwert nicht negativ ist:

$$K_0 \geq 0 \tag{1.13}$$

Die Größe des Kapitalwertes hängt ab von der Höhe der Ein- und Auszahlungen, von ihrer zeitlichen Verteilung und vom gewählten Zinssatz.

Beispiel:

Für eine Stromerzeugungsanlage wurde zum Zeitpunkt der Errichtung die gesamte Anschaffungsausgabe $A_I = 100\,000$ DM bezahlt. Die Lebensdauer der Anlage wurde mit m = 20 Jahren veranschlagt. Nach einer Nutzungsdauer von n = 10 Jahren wurde die Anlage verkauft und durch eine neue ersetzt. Den jährlichen Ersparnissen an Stromkosten von e = 50 000 DM/a stehen Betriebskosten a = 30 000 DM/a gegenüber. Ist die Investition vorteilhaft, wenn man mit einem Zinssatz von 8 % rechnet?

Die jährlichen Nettoeinnahmen e - a bilden, mit dem Zinssatz i verzinst und auf den Zeitpunkt n bezogen, eine geometrische Reihe:

$$\sum_{j=1}^{n}(e-a)_j = (e-a)\cdot(1+q+q^2+q^3+\ldots+q^{n-1})$$

Die Summenformel dieser geometrischen Reihe lautet: $\sum_{j=1}^{n}(e-a)_j = (e-a)\cdot\frac{q^n-1}{q-1}$

Dieser Betrag wird auf den Zeitpunkt 0 diskontiert und bildet den Barwert $B_E-(B_A-A_I)$

$$\sum_{j=1}^{n}(e-a)_{j0} = (e-a)\cdot\frac{q^n-1}{q-1}\cdot q^{-n} = B_E - B_A + A_I$$

Der auf Zeitpunkt Null diskontierte Restwert ist nach Gleichung (1.11) $R_0 = A_I\cdot(1-n/m)\cdot q^{-n}$

Die Ausgaben müssen noch um die Anschaffungsausgabe A_I ergänzt werden, danach ergibt sich der Kapitalwert der Investition zu $K_0 = (e-a)\cdot\frac{q^n-1}{q-1}\cdot q^{-n} + A_I(1-n/m)\cdot q^{-n} - A_I$.

Zahlenrechnung:

$i = 0{,}08;\ q = 1{,}08;\ 1{,}08^{10} = 2{,}1589;\ 1{,}08^{-10} = 0{,}4632;\ e-a = 20\,000\ \mathrm{DM/a}$

$$K_0 = 20\,000\ \mathrm{DM}\cdot\frac{2{,}1589-1}{1{,}08-1}\cdot 0{,}4632 + 100\,000\ \mathrm{DM}\cdot(1-10/20)\cdot 0{,}4632 - 100\,000\ \mathrm{DM}$$

$K_0 = 134\,201\ \mathrm{DM} + 23\,160\ \mathrm{DM} - 100\,000\ \mathrm{DM}$

$K_0 = 57\,360\ \mathrm{DM}$. Die Investition ist also vorteilhaft.

1.4 Probleme elektrischer Anlagen und Netze

Beim Betrieb elektrischer Energieanlagen stellen sich der Erfüllung der fünf Grundforderungen immer wieder die gleichen Schwierigkeiten entgegen. Es ist daher notwendig, diese Probleme bereits bei der Planung und Auslegung der Anlage zu berücksichtigen:

Im wesentlichen handelt es sich um folgende sieben Punkte:

1) Netzrückwirkungen: Spannungseinbrüche, Oberschwingungen, Einkopplungen

2) Überströme infolge Überlastung oder Kurzschluß

3) Überspannungen: Betriebsspannungen, Schaltspannungen, Blitzstoßspannungen [15]

4) Atmosphärische und mechanische Einflüsse:

Wind, Eis und Schnee, Hitze und Kälte, Regen, Nebel, Tau, Luftverschmutzung und aggressive Gase, Korrosion, Erschütterungen

5) Gefährdung von Personen und Anlagen:

Berührungsspannungen, Lichtbogenwirkungen, Brand und Explosion; Anlagen sind auch durch Nässe, Staub u.ä. gefährdet

6) Betriebsausfall im Netz:

Kurz- und Erdschluß, Leiterunterbrechung, Abschaltung wegen Wartung oder Reparaturen

7) Verlustkosten: Stromwärmeverluste, Leerlaufverluste bei Transformatoren.

2 Stromversorgung mit Gleichstrom

2.1 Die Gleichstrommaschine als Generator

2.1.1 Anwendungen der Gleichstrommaschine

Die Gleichstrommaschine ist ein mechanisch-elektrischer Energiewandler, der in beiden Energierichtungen betrieben werden kann. Wird sie von einer *Kraftmaschine* an der Welle angetrieben, so arbeitet sie als *Generator,* d.h. sie nimmt mechanische Energie in Form von Drehzahl und Drehmoment auf und gibt an den Klemmen elektrische Energie als Gleichspannung und Gleichstrom ab.

Wird sie an eine Gleichspannungsquelle angeschlossen, so arbeitet sie als *Motor* und wandelt elektrische Energie in mechanische um: Sie nimmt Spannung und Strom auf und gibt Drehzahl und Drehmoment an der Welle an eine *Arbeitsmaschine* ab [11].

Die Gleichstrommaschine ist die älteste elektrische Maschine (Pacinotti, 1865, und Gramme, 1870). Als Generator wurde sie zunächst als Ersatz für galvanische Elemente eingesetzt, zur Speisung einzelner Verbraucher wie Telegrafen, Lichtquellen oder Elektrolysen, später auch zur Spannungsversorgung von lokalen Gleichstromnetzen. Nachdem aber die öffentliche Stromversorgung immer größere Gebiete umfaßte und deshalb allenthalben zu Wechselstrom übergegangen war, wurden Gleichstromgeneratoren überwiegend nur noch zur Speisung einzelner Großverbraucher oder Fahrzeuganlagen eingesetzt. Aber auch da wurde der Gleichstromgenerator von dem wechselstromgespeisten Halbleitergleichrichter verdrängt.

Als Motor jedoch hat die Gleichstrommaschine nach wie vor große Bedeutung, vor allem bei Antrieben mit stufenlos verstellbarer Drehzahl. Der Leistungsbereich geht von schnellaufenden Kleinmotoren mit wenigen Watt Leistung, z.B. Lüftermotoren in Kraftfahrzeugen, über Antriebe für Werkzeugmaschinen, Aufzüge, Krane und Schienentriebfahrzeuge bis zu langsamlaufenden Großmotoren mit mehreren Megawatt Leistung, z.B. für Walzwerksantriebe. Allerdings hat der Gleichstrommotor in den letzten Jahren starke Konkurrenz bekommen in Gestalt des Drehstrom-Käfigläufermotors, der aus dem Wechselstromnetz über einen elektronischen Frequenzwandler gespeist wird.

Dennoch soll hier die Gleichstrommaschine als Generator und als Motor behandelt werden, weil an ihr außerordentlich klar und einfach gezeigt werden kann, wie die wichtigsten Betriebsgrößen einer elektrischen Maschine, Quellenspannung und Drehmoment, gebildet werden, welche Rolle sie bei Motorbetrieb und Generatorbetrieb spielen, und wie der Übergang von der einen in die andere Betriebsart, also vom Antreiben zum elektrischen Bremsen, vor sich geht, z.B. bei Hebezeugen oder Lokomotiven.

In der Tat ist es ein besonderer Vorzug der Gleichstrommaschine, daß sie stufenlos vom Antreiben zum elektrischen Bremsen, also vom Motorbetrieb zum Generatorbetrieb, übergehen kann, z.B. bei S-Bahn-Triebwagen.

2.1.2 Physikalische Grundlagen

Die Gleichstrommaschine ist, wie die meisten elektrischen Maschinen, eine elektromagnetische Maschine. Das bedeutet, daß Quellenspannung und Drehmoment durch Kraftwirkungen erzeugt werden, die ein Magnetfeld auf bewegte Ladungen ausübt. Die Ladungsträger sind Elektronen, die sich in den Leitern der Ankerwicklung frei bewegen können. Werden sie durch die Kraftwirkung in Längsrichtung des Leiters bewegt, so findet eine Ladungstrennung von den positiven Ladungen des Kristallgitters statt, und es entsteht eine elektrische Spannung (Elektromagnetische Induktion, Faraday, 1831). Wirkt die Kraft dagegen senkrecht zur Leiterachse, so entsteht ein Drehmoment, das der Leiter auf den Körper des Rotors ausübt.

Wie der niederländische Physiker H.A. Lorentz feststellte, übt ein Magnetfeld mit der magnetischen Flußdichte B auf ein mit der Geschwindigkeit v im Magnetfeld bewegtes Teilchen, das die Ladung Q trägt, die Kraft F (Lorentzkraft) aus:

$$\vec{F} = Q \cdot \vec{v} \times \vec{B} \tag{2.1}$$

Bildet die Ebene, in der sich die Ladung bewegt, mit der Richtung der magnetischen Flußdichte den Winkel α, so hat die Lorentzkraft F den Betrag

$$F = Q \cdot v \cdot B \cdot \sin\alpha \tag{2.2}$$

Von der Geschwindigkeit der bewegten Ladung trägt also zur Lorentzkraft nur die Komponente bei, die in der Ebene senkrecht zur Feldlinienrichtung liegt. Die Lorentzkraft steht immer senkrecht auf der Bewegungsrichtung der bewegten Teilchen (Vektorprodukt). Sie ändert nicht den Betrag, sondern nur die Richtung der Geschwindigkeit, wie das Bild 2-1 für beide Polaritäten der Ladung zeigt.

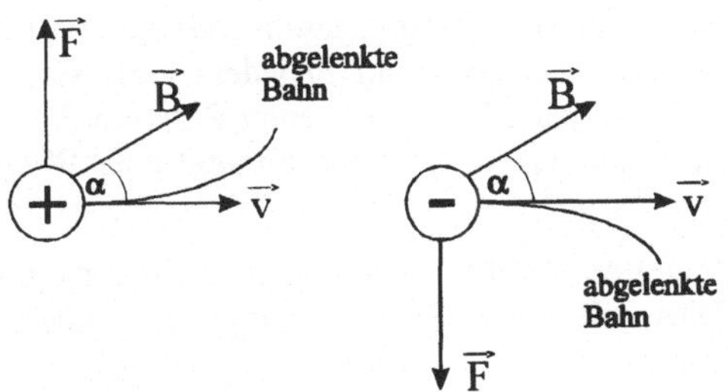

Bild 2-1:
Ablenkung bewegter Ladungen im Magnetfeld durch Lorentzkraft

2.1.3 Induzierte Spannung in einem bewegten Leiterstab

Wir betrachten in Bild 2-2 ein geradliniges Leiterstück der Länge l, das sich mit der Geschwindigkeit v über die Pole eines Magnetfeldes senkrecht zu dessen Flußdichte B bewegt. Damit bewegen sich auch die im Draht befindlichen Leitungselektronen im Magnetfeld. Auf jedes dieser Elektronen wirkt die Lorentzkraft $F = Q \cdot v \cdot B \cdot \sin\alpha$, wobei $Q < 0$ und $\alpha = 90°$ sind, während $B > 0$ für den Nordpol und $B < 0$ für den Südpol gilt.

Die Lorentzkraft verschiebt die Elektronen in Längsrichtung des Leiters, bewirkt also eine Ladungstrennung und erzeugt damit die induzierte Spannung u_q zwischen den beiden Enden des Leiterstabes. Durch die Ladungstrennung wird ein elektrisches Feld mit der Feldstärke $E = u_q/l$ erzeugt, das dementsprechend mit der Kraft $F_{el} = Q \cdot E$ bzw. $E = Q \cdot u_q/l$ der Lorentzkraft entgegen auf die Leitungselektronen wirkt. Zwischen den beiden Kräften stellt sich in sehr kurzer Zeit ein Gleichgewicht ein.

Es gilt dann: $F_{el} = F \rightarrow Q \cdot u_q/l = Q \cdot v \cdot B$ und damit

$$u_q = B \cdot l \cdot v \tag{2.3}$$

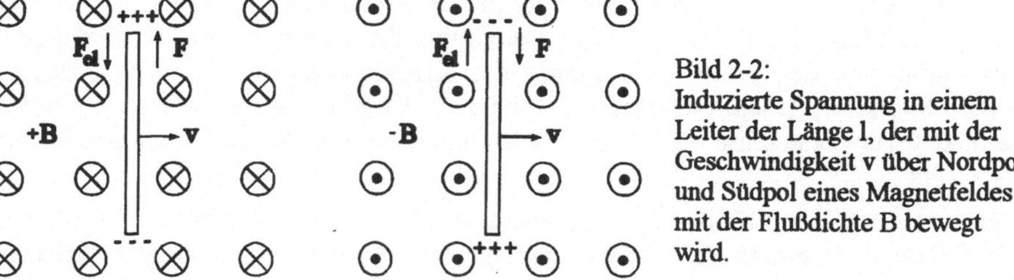

Bild 2-2:
Induzierte Spannung in einem Leiter der Länge l, der mit der Geschwindigkeit v über Nordpol und Südpol eines Magnetfeldes mit der Flußdichte B bewegt wird.

Die Gleichung (2.3) der elektromagnetisch induzierten *Bewegungsspannung* ist die Basis für die Arbeitsweise der heute fast ausschließlich verwendeten elektromagnetischen Gleich- und Wechselspannungserzeuger (Generatoren).

2.1.4 Prinzipieller Aufbau eines Gleichstromgenerators

Ein Gleichstromgenerator soll eine belastbare Gleichspannung durch elektromagnetische Induktion erzeugen. Um diese Aufgabe zu erfüllen, muß der Generator

- ein magnetisches Feld der Flußdichte B aufbauen, das bei stationärem Betrieb der Maschine zeitlich konstant ist;
- mit Hilfe einer Rotationsbewegung eine Anzahl geradliniger Leiterstäbe der Länge l, die in Reihe geschaltet sind, in diesem Magnetfeld mit der Umfangsgeschwindigkeit v in einer Bahn senkrecht zur Richtung des Magnetfeldes bewegen, um in jedem Leiterstab eine Quellenspannung $u_q = B \cdot l \cdot v$ zu erzeugen. Da jeder Leiter bei einer Rotation die Feldlinien in beiden Richtungen schneidet, ist die erzeugte Quellenspannung eine *Wechselspannung*.
- die Summe der in den Leiterstäben induzierten Wechselspannungen in eine möglichst konstante Gleichspannung umformen. Dies soll durch Schaltvorgänge geschehen, die durch die Drehung des Ankers verursacht werden.

Der Gleichstromgenerator ist eine *Außenpolmaschine*. Das Magnetfeld ist räumlich feststehend, da es im Ständer der Maschine mit Dauermagneten oder gleichstromerregten Elektromagneten erzeugt wird.

Der *Ständer* (Stator) der Maschine, ein Hohlzylinder, meist aus massivem Eisen, trägt im Inneren die *Magnetpole* (Hauptpole) mit den *Erregerwicklungen*, die die zum Aufbau des Magnetfeldes erforderliche Durchflutung liefern. Die Polkerne sind zum Luftspalt hin zu Polschuhen erweitert, die den zylinderförmigen Eisenkörper des Läufers der Maschine konzentrisch umfassen.

Der *Läufer* oder *Anker* trägt auf der Welle einen aus weichmagnetischen Blechen geschichteten Eisenkörper (im Bild 2-3 als Ring dargestellt) mit der *Ankerwicklung*, in deren axial gerichteten Leiterstäben die Quellenspannung induziert wird, und daneben den *Kommutator* oder Stromwender mit den Schleifkontakten (Lamellen), von denen mit Kohlebürsten die Gleichspannung abgenommen wird [9].

Die magnetischen Feldlinien treten radial von dem Polschuh des Nordpols in den Eisenkörper des Ankers über und vom Anker, ebenfalls radial, in den Polschuh des Südpols ein. Den äußeren magnetischen Rückschluß bildet das Ständergehäuse (Jochring). Der magnetische Kreis ist damit bis auf den erforderlichen Luftspalt ganz aus Eisen aufgebaut (Bild 2-4a).

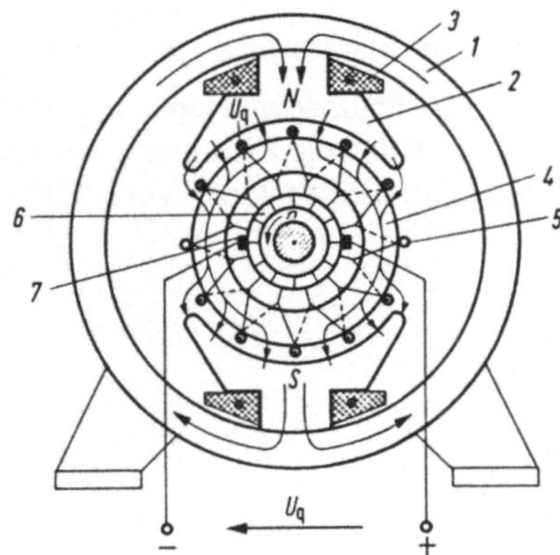

Bild 2-3:
Prinzipieller Aufbau eines Gleichstromgenerators

1 Ständergehäuse
2 Hauptpol
3 Erregerwicklung
4 Ankerblechpaket
5 Ankerwicklung
6 Kommutator
7 Kohlebürsten

Große Maschinen haben oft mehr als ein Polpaar, damit die Feldlinienwege kürzer werden und die Erregerdurchflutung besser untergebracht werden kann (Bild 2-4b).

Bild 2-4a: Verlauf des Erregerfeldes in einer zweipoligen Maschine

Bild 2-4b: Verlauf des Erregerfeldes in einer vierpoligen Maschine

2.1.5 Ankerwicklung und Kommutator

Um die grundlegenden Vorgänge der Spannungsbildung im Anker einfacher darstellen zu können, wird hier zunächst der *Ringanker* nach Pacinotti und Gramme betrachtet. Er besteht aus einem langgestreckten, geblechten Eisenring, der mit Speichen aus einem magnetisch nicht leitenden Material (Messing oder Kupfer) auf der Welle befestigt ist, und einem seitlich angebrachten Kommutator. Um diesen Eisenring wird die Ankerwicklung gefädelt. Dabei entstehen einzelne Spulen, deren Anfänge und Enden an den Kupferlamellen des Kommutators miteinander verbunden sind, so daß eine geschlossene Ringwicklung entsteht, wie das Bild 2-3 zeigt. Dreht man den Anker mit der Umfangsgeschwindigkeit v, so wird in jedem außenliegenden Leiterstab eine Spannung $u_q = B \cdot l \cdot v$ induziert, die bei konstanten Werten von v und l proportional der Luftspaltinduktion B, d.h. der Flußdichte unter den Polschuhen am Ort des Leiterstabes ist.

- Die Wirkungsrichtungen von Magnetfeld, Umfangsgeschwindigkeit und Lorentzkraft bzw. Quellenspannung stehen senkrecht aufeinander, denn das Magnetfeld tritt *radial* in den Läufer ein.

- Die Leiterstäbe bewegen sich *tangential* zum Läuferumfang, d.h. senkrecht zu den Feldlinien.
- Die Lorentzkraft ist *axial* gerichtet und verläuft in den Leiterstäben in Längsrichtung.

Bei einer Umdrehung des Ankers durchläuft ein Leiterstab nacheinander Nord- und Südpol. Beim Übergang von einem Pol zum anderen wechselt am Leiterstab die Richtung des Magnetfeldes, d.h. das Vorzeichen der Luftspaltinduktion. Damit kehrt sich auch das Vorzeichen der induzierten Stabspannung um.

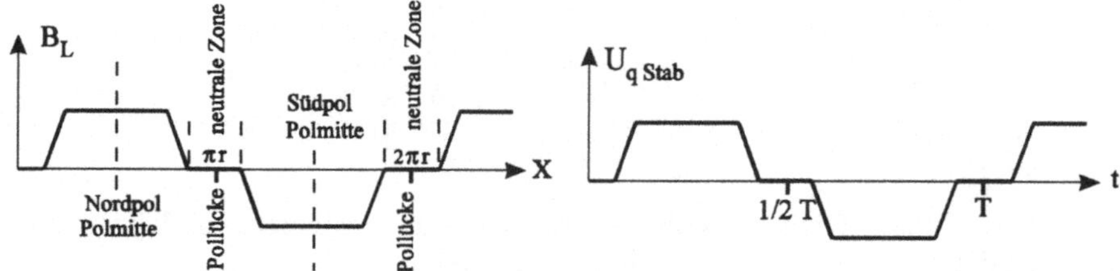

Bild 2-5a: Luftspaltinduktion über der Abwicklung des Läuferumfangs

Bild 2-5b: Induzierte Spannung eines Leiterstabes über der Zeit

Daraus folgt: *Die induzierte Spannung in einem Leiterstab ist eine Wechselspannung.* Ihre Frequenz ist bei einer zweipoligen Maschine identisch mit der Drehfrequenz (Drehzahl). Der *zeitliche* Verlauf der induzierten Spannung ist gleich dem *räumlichen* Verlauf der Luftspaltinduktion längs des Läuferumfangs, wie die Bilder 2-5a und 2-5b zeigen.

Wie wird diese Wechselspannung in eine Gleichspannung umgeformt? In allen Leiterstäben unter einem Pol hat die induzierte Spannung gleiche Polarität. Da die Windungen hintereinander geschaltet sind, addieren sich die Stabspannungen einer Ringhälfte. Durch die Drehung wechseln zwar die Leiterstäbe unter dem Pol, die Summenspannung einer Ringhälfte ist aber konstant, also eine Gleichspannung. Unter dem Nordpol addieren sich die Stabspannungen in Drehrichtung so, daß an der rechten Bürste Plus liegt. In der Ringhälfte unter dem Südpol addieren sich in Drehrichtung die Stabspannungen umgekehrter Polarität so, daß an der linken Bürste Minus liegt. Die Pluspole der beiden Summenspannungen liegen zusammen in der *neutralen Zone*, d.h. der feldfreien Zone zwischen Nord- und Südpol, die Minuspole entsprechend in der gegenüberliegenden neutralen Zone.

Mit den Bürsten kann man also vom Kommutator eine Gleichspannung abgreifen, die aus zwei *parallelgeschalteten* Quellenspannungen besteht. Die abgegriffene Gleichspannung ist am größten, wenn die Bürsten in der neutralen Zone stehen. Da der Kommutator die Einzelspannungen unter einem Pol sammelt, wird er auch Kollektor (= Sammler) genannt.

Die Bilder 2-6 und 2-7 stellen das Ersatzschaltbild des Ankers mit 12 Spulen dar. In den Spulenseiten 1 bis 12 werden Spannungen mit der angegebenen Richtung induziert. Die Spulenströme fließen bei Generatorbetrieb in Gegenrichtung der Spannungspfeile. Stehen die Bürsten in der neutralen Zone, so werden die Spulen 12 und 6, in denen nur geringe Spannungen induziert werden, überbrückt, also kurzgeschlossen (Bild 2-6). Bei der Kommutierung, d.h. beim Übergang einer Bürste von einer Lamelle auf die nächste, muß die Bürste einen Kurzschlußstrom unterbrechen. Das dadurch entstehende Bürstenfeuer ist das Hauptproblem des Kommutierungsvorgangs.

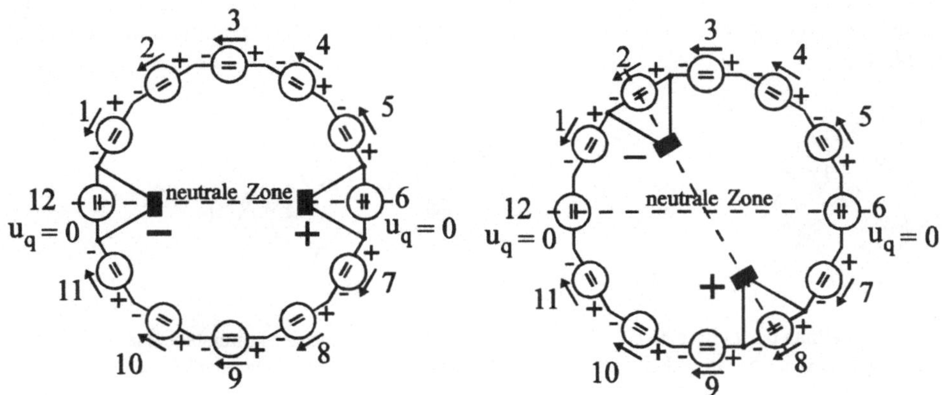

Bild 2-6: Ersatzschaltbild des Ankers eines zweipoligen Gleichstromgenerators, Bürsten in der neutralen Zone

Bild 2-7: Ersatzschaltbild des Ankers eines zweipoligen Gleichstromgenerators, Bürsten um 60° gegen neutrale Zone verschoben

Aus Bild 2-6 ist auch zu ersehen, daß sich der Belastungsstrom I der Maschine hinter der Minusbürste links in zwei Teilströme mit jeweils I/2 aufteilt. Das bedeutet, daß die zweipolige Maschine *zwei parallele Ankerzweige* hat. Vor der Plusbürste vereinigen sich die Teilströme, von den Spulen 5 und 7 kommend, wieder zum Gesamtstrom. Jeder einzelne Ankerleiter wird daher nur von der Hälfte des Laststromes durchflossen. Eine vierpolige Maschine hat entsprechend vier parallele Ankerzweige, gibt also den vierfachen Strom eines Ankerzweiges als Belastungsstrom ab. Je höher die Polpaarzahl der Maschine ist, umso höher kann der Belastungsstrom des Generators sein.

Die Bürsten der Maschine müssen, wie in Bild 2-6 gezeigt, angebracht werden, weil nur so die höchste Spannung abgenommen werden kann und weil der Spulenkurzschluß in der neutralen Zone erfolgen muß. Dies wird noch deutlicher, wenn man sich, wie im Bild 2-7 dargestellt, die Bürsten um einen Winkel, hier 60°, verschoben vorstellt, so daß sie die Spulen 2 und 8 überbrücken. In diesem Fall würden sich die in den Spulen 1 und 11, 5 und 7 induzierten Spannungen aufheben und unwirksam werden. Die abnehmbare Spannung wäre erheblich geringer. Außerdem würden die Spulen 2 und 8 zu einem Zeitpunkt kurzgeschlossen, in dem die induzierte Spulenspannung den Maximalwert hat. Die Folge wäre starkes Bürstenfeuer.

2.1.6 Ringanker und Trommelanker

Der Ringanker nach Pacinotti ist zwar zur Erklärung der Spannungsbildung sehr gut geeignet. Er ist aber konstruktiv ungünstig, weil die Verbindungsleitungen der äußeren Leiterstäbe zwischen Ankerblech und Welle hindurchgeführt werden müssen, wie das Bild 2-8a zeigt. Außerdem tragen diese Rückleiter zur Spannungsbildung nichts bei, da der Innenraum praktisch feldfrei ist. Die Wicklung wird schlecht ausgenutzt.

Diese Nachteile vermeidet der Trommelanker nach Friedrich von Hefner-Alteneck (1872), der heute fast ausschließlich verwendet wird. Dieser Anker nutzt das Wicklungsmaterial optimal aus. Beide Seiten einer Spule befinden sich im magnetischen Feld, so daß auch in beiden Seiten eine Spannung induziert wird. Wie Bild 2-8b zeigt, legt man die Rückleiter einer Spule (Index u) statt in den Innenraum des Rings unter einen äußeren Stab des nächsten Poles. Hin- und Rückleiter sind um eine Polteilung versetzt. Im Rückleiter jeder Spule wird so eine Spannung induziert, die gleichen Betrag, aber umgekehrte Polarität hat wie im Hinleiter

(Index a). Beide Spannungen liegen in Reihe und wirken in gleicher Richtung, daher ist beim Trommelanker die Gesamtspannung einer Spule doppelt so groß wie bei einem gleich langen Ringanker.

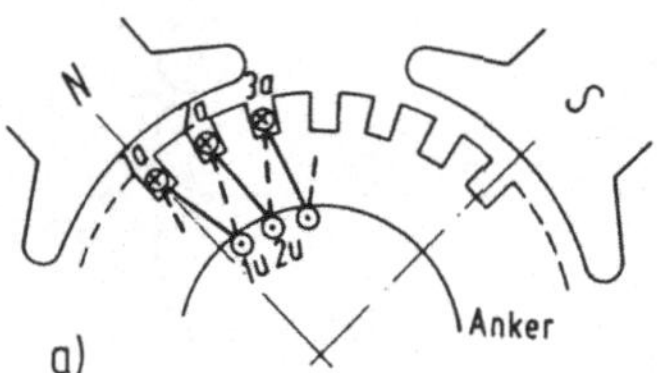

Bild 2-8a: Schaltung der Leiterstäbe zur Ankerwicklung beim Ringanker

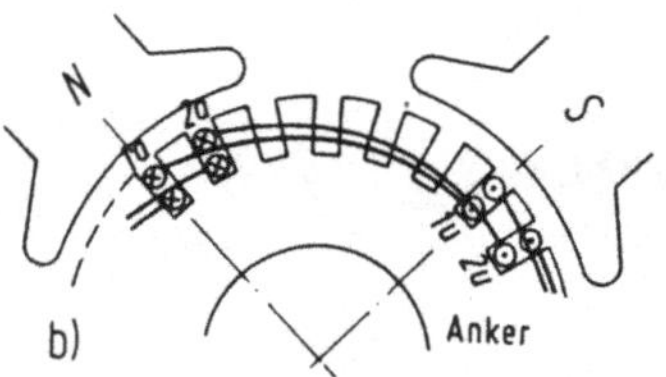

Bild 2-8b: Schaltung der Leiterstäbe zur Ankerwicklung beim Trommelanker

Die Wicklung des Trommelankers stellt eine Zweischichtwicklung dar, deren Spulen außerhalb des Ankers fertig hergestellt und in die Ankernuten eingelegt werden können.

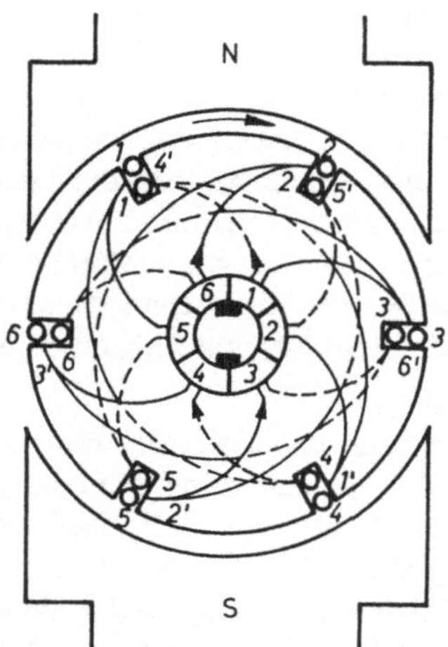

Bild 2-9a: Querschnitt durch einen Trommelanker mit zweipoliger Zweischichtwicklung, 6 Nuten, 6 Lamellen

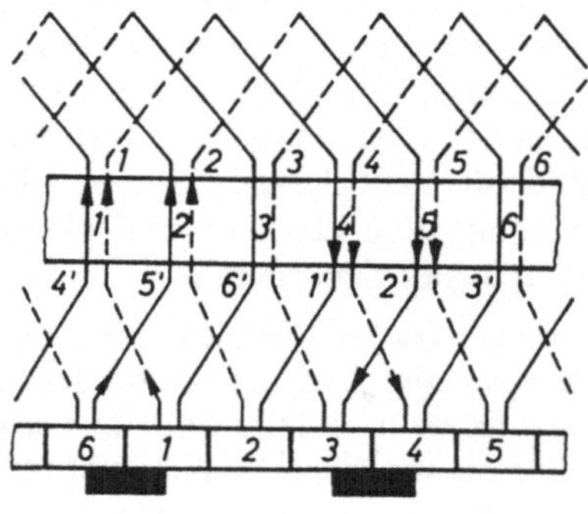

Bild 2-9b: Umfangsabwicklung des Trommelankers mit zweipoliger Zweischichtwicklung, 6 Nuten, 6 Lamellen

Zur Erläuterung des Wicklungsaufbaus zeigt das Bild 2-9a einen Trommelanker mit 6 Nuten und 6 Kommutatorlamellen im zweipoligen Magnetfeld. Zur besseren Übersichtlichkeit nehmen wir an, daß in jeder Nut je Spule immer nur eine Windung liegt. Verfolgt man den Wicklungsverlauf von Kommutatorlamelle 1 an (gestrichelt), so gelangt man zum Anfang der Spulenseite 1 von Spule 1 in der inneren Schicht (Unterschicht) von Nut 1. Der Wickelkopf (unten gestrichelt, oben ausgezogen) verbindet das Ende dieser Spulenseite mit dem Anfang der zugehörigen Spulenseite 1' in der Oberschicht (äußeren Schicht) von Nut 4. Das Ende von Spulenseite 1' führt an Lamelle 2 und verbindet hier die erste Spule mit der zweiten. Von Lamelle 2 geht es an Spulenseite 2 in der Unterschicht von Nut 2 weiter, über den Wickelkopf zur Spulenseite 2' in der Oberschicht von Nut 5, von hier über Lamelle 3 zur Spulenseite 3 in Unterschicht von Nut 3 usw., bis zuletzt der obere Leiter von Nut 3 zur Lamelle 1 zurückkehrt und die Wicklung schließt.

Die Wicklungsdarstellung des Bildes 2-9a wird recht unübersichtlich, wenn der Anker viele Nuten und viele Kommutatorlamellen hat. Man bevorzugt deshalb für Ankerwicklungen die Darstellung des Bildes 2-9b. Dazu denkt man sich den Umfang von Anker und Kommutator in einer Ebene abgerollt (Abwicklung). Um Ober- und Unterschicht zu unterscheiden, sind beide Schichten jeweils nebeneinander dargestellt, Unterschicht gestrichelt, Oberschicht voll ausgezogen.

2.1.7 Ankerquerfeld und Wendepole

Wird die durch den Kommutator gleichgerichtete Quellenspannung U_q eines Gleichstromgenerators mit einem Widerstand, einer Batterie oder einem Motor belastet, so fließt durch die Ankerwicklung ein Strom, der Ankerstrom I_A. Dieser erzeugt in der Maschine das *Ankerquerfeld*, dessen Achse, wie Bild 2-10a zeigt, quer zur Achse des Feldes der Hauptpole liegt.

Durch Überlagerung der beiden Felder wird die Achse des resultierenden Erregerfeldes gedreht, und die feldfreie neutrale Zone wird verschoben. Die Richtung dieser Verschiebung hängt von der Stromrichtung im Anker ab, so daß bei Generatorbetrieb die neutrale Zone in Drehrichtung verschoben wird (Bild 2-10b), bei Motorbetrieb aber entgegen der Drehrichtung (Bild 2-10c). Als Folge der Verschiebung treten Funken zwischen Bürsten und Kommutator auf.

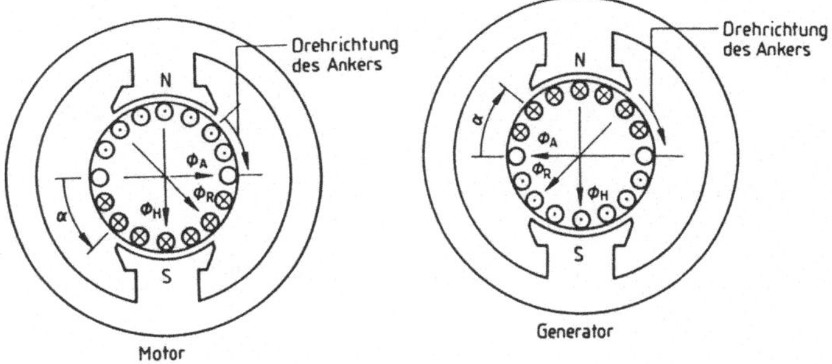

Bild 2-10a: Ankerfeld eines belasteten Gleichstromgenerators

Bild 2-10b: Verdrehung des resultierenden Magnetfeldes und Verschiebung der neutralen Zone in Drehrichtung bei belastetem Generator

Bild 2-10c: Verdrehung des resultierenden Magnetfeldes und Verschiebung der neutralen Zone entgegen der Drehrichtung bei belastetem Motor (Stromrichtung umgekehrt)

Das Bürstenfeuer, das auf die Dauer Bürsten und Lamellen beschädigt, wird dadurch beseitigt, daß man in den Pollücken des Stators schmale Magnetpole anbringt, deren Wicklungen vom Ankerstrom durchflossen werden (Bild 2-11). Diese *Wendepole* erzeugen ein Magnetfeld, mit dem das Ankerfeld in der neutralen Zone kompensiert wird, unabhängig von der Größe des Ankerstromes. Die Verschiebung der neutralen Zone wird dadurch aufgehoben und die Kommutierung verbessert. Durch eine zusätzliche *Kompensationswicklung* in Nuten der Polschuhe kann das Ankerquerfeld nicht nur in der neutralen Zone, sondern auch im Bereich der Hauptpole aufgehoben werden. Die Kompensationswicklung hat die gleiche Achse wie die Wendepole und liegt in Reihe mit der Ankerwicklung und den Wendepolwicklungen. Sie wird jedoch nur bei großen Maschinen angewendet.

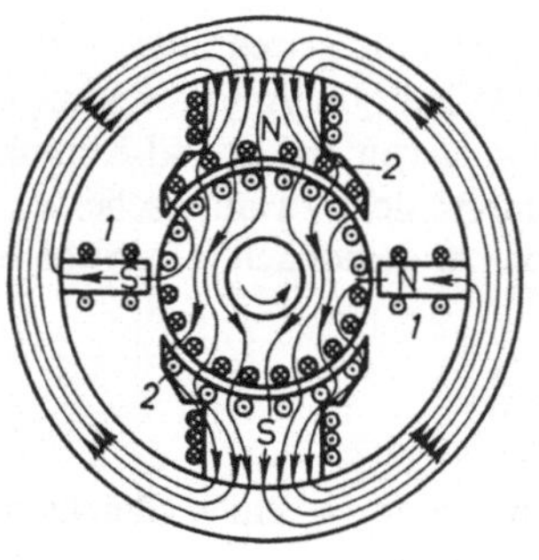

Bild 2-11:
Magnetfelder eines Gleichstromgenerators mit Wendepolen und Kompensationswicklung in den Polschuhen der Hauptpole

Eine moderne Gleichstrommaschine hat damit einen Aufbau, wie ihn die Bilder 2-12a und 2-12b zeigen.

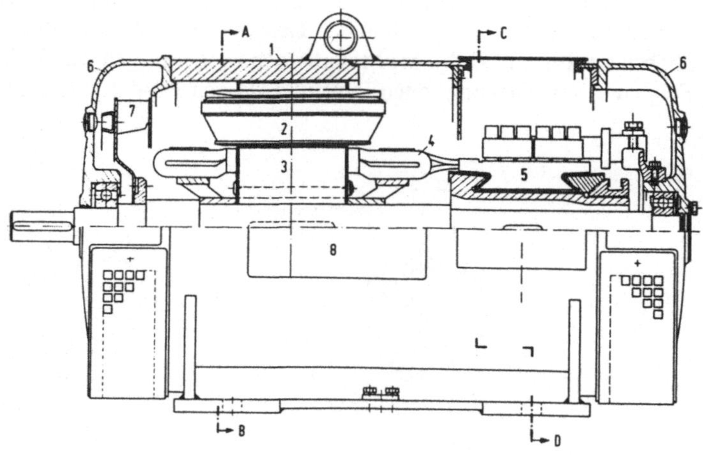

Bild 2-12a: Längsschnitt durch eine vierpolige Gleichstrommaschine. Bezeichnungen siehe Bild 2-12b.

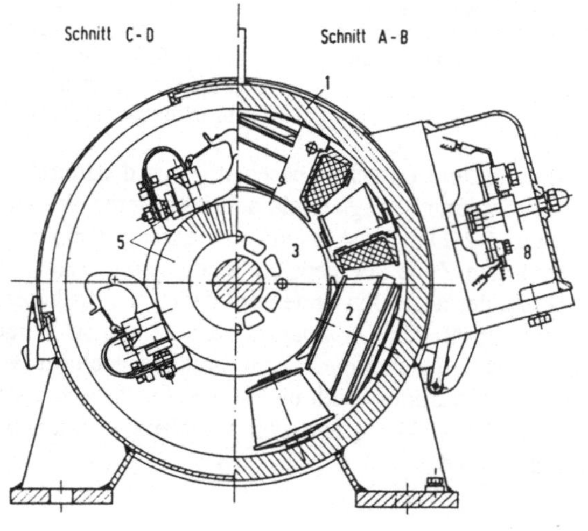

Bild 2-12b:
Querschnitt durch eine vierpolige Gleichstrommaschine

1: Jochring
2: Hauptpol und Wendepole mit Erregerwicklungen
3: Ankerblechpaket
4 : Ankerwicklung
5: Kommutator mit Bürsten
6: Lagerschilde
7: Lüfter
8: Klemmenkasten

Daten der Maschine: Nennleistung $P_N = 15\,kW$, Nenndrehzahl $n_N = 1450\,min^{-1}$, Anker-Nennspannung $U_{AN} = 460V$, Anker-Nennstrom $I_{AN} = 38A$, Erreger-Nennspannung $U_{FN} = 310V$, Erregerleistung $P_{FN} = 540W$.

2.1.8 Erregerschaltungen

Ein Gleichstromgenerator kann als fremderregter Generator, Nebenschluß- oder Doppelschlußgenerator geschaltet sein. Der Unterschied liegt in der Schaltung der Erregerwicklung der Hauptpole zum Anker. Die Schaltzeichen für den Anker und die übrigen Wicklungen sowie die Anschlußbezeichnungen sind nach DIN 42 401 genormt. Hier sollen nur die Erregerschaltungen des *fremderregten* und des *selbsterregten* Generators betrachtet werden.

Fremderregter Generator: Die Erregerwicklung ist nicht mit dem Anker verbunden. Der Erregerstrom wird von einer getrennten Gleichspannungsquelle, z.B. einem Netzgleichrichter, geliefert und dient zur Einstellung der Ankerspannung U_A (Bild 2-13a).

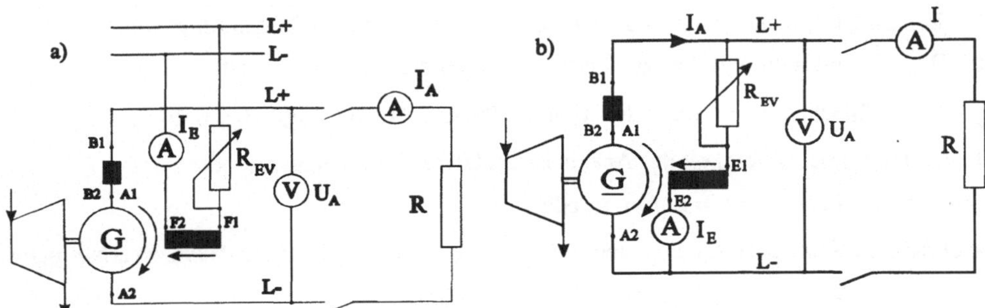

Bild 2-13: Erregerschaltungen für Gleichstromgeneratoren:
a) Fremderregter Generator b) Selbsterregter Generator (Nebenschlußgenerator)
Anschlußbezeichnungen: A1-A2 Ankerwicklung ; B1-B2 Wendepolwicklung ;
F1-F2 Erregerwicklung, fremderregt; E1-E2 Erregerwicklung, selbsterregt

Selbsterregter Generator (Nebenschlußgenerator): Die Erregerwicklung mit den Anschlußbezeichnungen E1- E2 ist parallel zum Anker geschaltet (Bild 2-13b). Der Erregerstrom wird von der Ankerspannung getrieben, man braucht keine fremde Spannungsquelle für den Erregerkreis. Wird der Anker angetrieben, so entsteht in ihm eine kleine Spannung, wenn im Eisen der Hauptpole noch ein Restmagnetismus vorhanden ist. Bei richtigem Anschluß der Erregerwicklung fließt ein zunächst kleiner Erregerstrom, der eine größere Spannung zur Folge hat. Dadurch steigt wiederum der Erregerstrom u.s.w. Die Maschine erregt sich selbst bis zu einem Arbeitspunkt, der durch den Sättigungsgrad des Eisens und den Widerstand im Erregerkreis bedingt ist. Diese Rückkopplung, *dynamoelektrisches Prinzip* genannt, wurde 1866 von Werner von Siemens erfunden und hatte einen gewaltigen Aufschwung der Starkstromtechnik zur Folge, weil zur Stromerzeugung erstmals weder Permanentmagnete noch Batterien mehr notwendig waren und große Leistungen erzielt werden konnten.

Man bestimmt den *Drehsinn* einer Maschine, wenn man bei Generatoren auf die Antriebsseite schaut, bei Motoren auf die Abtriebsseite. Dort befindet sich die Kupplung. Lauf im Uhrzeigersinn bezeichnet man als Rechtslauf, Lauf gegen den Uhrzeigersinn als Linkslauf. Die Richtungen von Ankerstrom I_A und Erregerstrom I_E werden durch *Strompfeile* gekennzeichnet. Im Anker des Generators fließt der Strom von der Minusbürste zur Plusbürste. Der

Zusammenhang zwischen Drehsinn, Polarität des Ankers und Richtung des Erregerstroms ergibt sich aus der Merkregel, die für Generatoren und Motoren gilt:

Der Anker dreht sich unter der Spitze des Feldpfeiles von der Plusbürste zur Minusbürste.

2.1.9 Quellenspannungskennlinien des fremderregten Generators

Die induzierte Spannung in einem Leiterstab hat nach (2.3) den Maximalwert $\hat{u}_{qstab} = \hat{B} \cdot l \cdot v$. Setzt man in diese Gleichung den arithmetischen Mittelwert B_{mit} der Luftspaltinduktion über eine Polteilung ein, so erhält man den von einem Leiterstab erzeugten Gleichspannungs-Mittelwert $U_{qstab} = B_{mit} \cdot l \cdot v$.

Liegen unter einem Pol N Ankerspulen mit je 2 Leiterstäben, so nimmt man an den Bürsten den Mittelwert der Quellenspannung ab:

$$U_q = 2 \cdot N \cdot B_{mit} \cdot l \cdot v \qquad (2.4)$$

Wir formen die Gleichung um, indem wir den von einer Spule umfaßten Magnetfluß

$\Phi = B_{mit} \cdot A$ einführen, wobei die Fläche eines Hauptpoles $A = \tau_p \cdot l$ ist.

$\tau_p = 2\,\pi\, r / 2p$ ist die Polteilung, also Umfang/Polzahl. Daraus folgt: $B_{mit} = \Phi / \tau_p \cdot l$.

Die Umfangsgeschwindigkeit des Ankers ist Umfang / Umdrehungszeit oder

Umfang x Drehzahl $\Rightarrow v = 2 \cdot \pi \cdot r \cdot n$ oder $v = 2 \cdot p \cdot \tau_p \cdot n$

Setzt man die Ausdrücke für B_{mit} und v in die Spannungsgleichung (2.4) ein, so erhält man:

$$U_q = 2 \cdot N \cdot \frac{\Phi}{\tau_p \cdot l} \cdot l \cdot 2 \cdot p \cdot \tau_p \cdot n \quad \Rightarrow \quad U_q = 4 \cdot N \cdot p \cdot \Phi \cdot n$$

$$U_q = c_u \cdot \Phi \cdot n \qquad (2.5)$$

Aus der Gleichung (2.5) ergeben sich zwei Typen von Quellenspannungskennlinien:

1) Quellenspannungs-Drehzahl-Kennlinie $U_q = f(n)$, Bild 2-14

Magnetfluß und Erregerstrom I_E sind als konstant anzunehmen. Die Kennlinie ist linear und geht durch den Ursprung. Das Vorzeichen von U_q kehrt sich mit der Drehrichtung um. Diese Eigenschaften werden angewendet vor allem zur analogen Drehzahlmessung mit einem Tachometergenerator, der durch einen Dauermagneten erregt wird.

2) Quellenspannungs-Erregerstrom-Kennlinie $U_q = f(I_E)$, Bild 2-15

Die Drehzahl n ist als konstant anzunehmen. Dies entspricht der Praxis, da Generatoren meist mit konstanter, auf die Antriebsmaschine abgestimmter Drehzahl betrieben werden. Die Kennlinie $U_q = f(\Phi)$ ist zwar linear, aber $\Phi = f(I_E)$, die Magnetisierungskurve des Erregerkreises, verringert im oberen Teil ihre Steigung (I_E) wegen wachsender magnetischer Eisensättigung. Daher ist die Kennlinie $U_q = f(I_E)$ ein Abbild der Magnetisierungskurve.

War die Maschine schon einmal erregt, so besteht bereits bei $I_E = 0$ eine kleine Spannung, die durch den remanenten Magnetismus des Eisens verursacht wird. Diese *Remanenzspannung* U_{rem} wird beim Nebenschlußgenerator zur Selbsterregung benutzt. Da bei leerlaufendem Generator (Laststrom I = 0) die Quellenspannung U_q nahezu gleich der Ankerspannung U_{A0} ist, heißt die Kennlinie *Leerlaufkennlinie*.

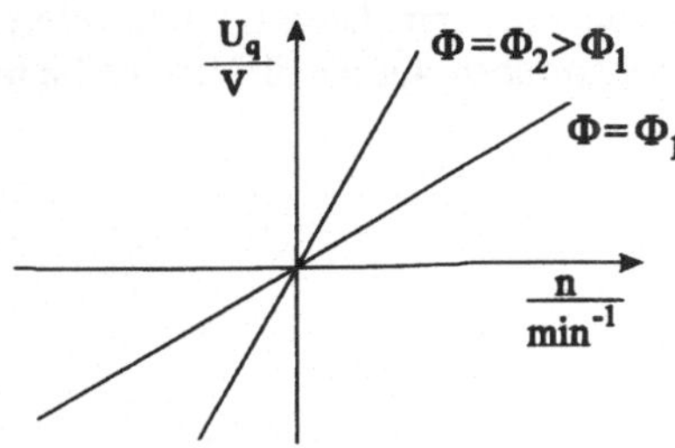

Bild 2-14: Quellenspannungs-Drehzahl-Kennlinie $U_q = f(n)$; Φ = konst.

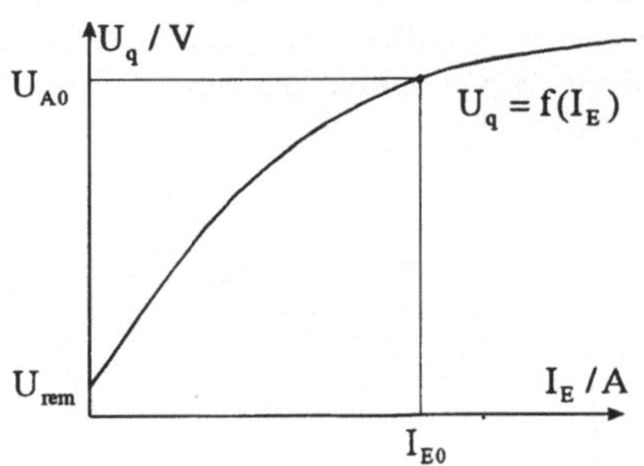

Bild 2-15: Leerlaufkennlinie $U_q = f(I_E)$, Quellenspannungs-Erregerstrom-Kennlinie , n = konst.

2.1.10 Drehmoment und Leistung

Gibt ein Generator bei Belastung den Ankerstrom I_A ab, so tritt in jedem Leiterstab der Ankerwicklung eine Lorentzkraft auf, weil Stromfluß Bewegung von Ladungen bedeutet, und zwar in Richtung der Leiterachse. Die Lorentzkraft ist quer zur Leiterachse gerichtet, *entgegen der Umfangsgeschwindigkeit v*.

Nach (2.2) gilt $F = Q \cdot v \cdot B \cdot \sin\alpha$ mit $\sin\alpha = 1$ und $v = l/t$. Da wir ferner I_A= konst. annehmen, ist $Q = I_A \cdot t$. Die Zeit kürzt sich heraus, wenn wir Q in (2.2) einsetzen. Daraus folgt: Auf einen vom Ankerstrom I_A durchflossenen Leiter, der sich mit der Länge l im Magnetfeld der Induktion B befindet, wirkt in Bild 2-16 dargestellte Kraft

$$F = B \cdot l \cdot I_A \tag{2.6}$$

Diese Kraft greift tangential am Läuferumfang an und erzeugt ein bremsendes Drehmoment.

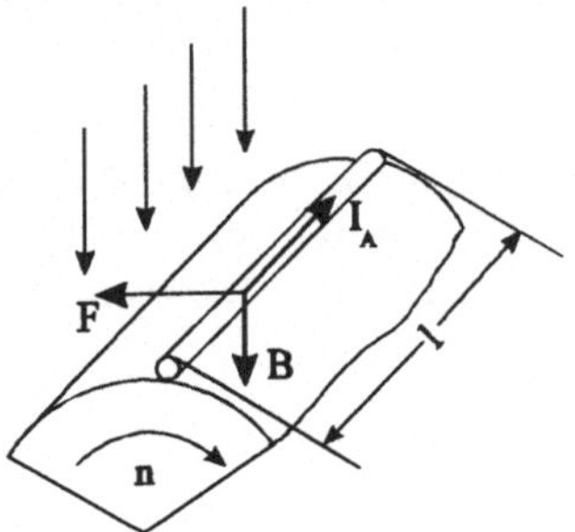

Bild 2-16: Kraft F auf einen vom Strom I durchflossenen Leiterstab der Länge l im Magnetfeld der Flußdichte B

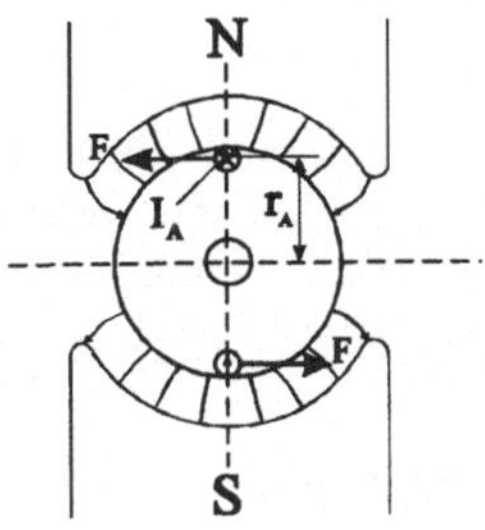

Bild 2-17: Addition der Drehmomente unter Nord- und Südpol

Die Drehmomente unter einem Pol addieren sich, ebenso addieren sich die Momente unter Nord- und Südpol (Bild 2-17).

Mit den gleichen Überlegungen, mit denen man bei der Spannungserzeugung von der Stabspannung zur Quellenspannung $u_q = c_u \cdot \Phi \cdot n$ kommt, gelangt man von der am Ankerumfang angreifenden Stabkraft zum resultierenden (inneren) Drehmoment

$$M_i = c_m \cdot \Phi \cdot I_A. \tag{2.7}$$

Mit diesem Moment wirkt der Generator bremsend auf die Kraftmaschine. Diese muß daher, um die Drehzahl zu halten, dem Generator das gleiche Moment im antreibenden Sinne zuführen. Auf diese Weise kommt der Energiefluß von der mechanischen auf die elektrische Seite zustande (Bild 2-18).

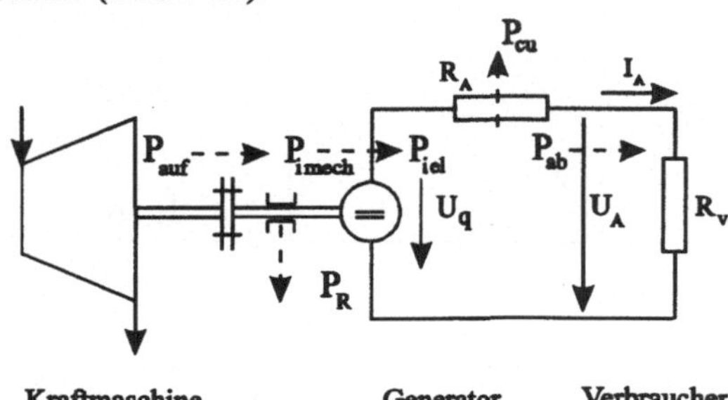

Bild 2-18: Ersatzschaltbild eines Gleichstromgenerators (nur Ankerkreis) mit Energiefluß von Kraftmaschine bis Verbraucher

Der Generator nimmt an der Kupplung von der Kraftmaschine die Leistung

$$P_{auf} = 2 \cdot \pi \cdot n \cdot M_k \tag{2.8}$$

auf. Ein geringer Teil des übertragenen Drehmoments M_k dient zur Deckung des Reibungs- und Lüftermomentes M_R. Der Generator nimmt an der Welle das innere Drehmoment $M_i = M_k - M_R$ und die innere mechanische Leistung

$$P_{imech} = 2 \cdot \pi \cdot n \cdot M_i \tag{2.9}$$

auf und wandelt sie um in die innere elektrische Leistung

$$P_{iel} = U_q \cdot I_A \tag{2.10}$$

Von dieser Leistung geht ein geringer Teil als Stromwärmeverluste im Widerstand R_A der Ankerwicklung verloren: $P_V = I_A^2 \cdot R_A$. Bei Nebenschluß- und Doppelschlußgeneratoren kommen noch die Stromwärmeverluste in den Erregerwicklungen dazu. An das Verbrauchernetz übergibt der Generator die Leistung

$$P_{ab} = U_A \cdot I_A \tag{2.11}$$

Die Leistungsfähigkeit eines Generators ist gekennzeichnet durch die auf dem Typenschild angegebenen Auslegungswerte *Nennspannung* U_{AN} und *Nennstrom* I_{AN}, die mit Rücksicht auf Isolierung und Erwärmung im Dauerbetrieb nicht überschritten werden dürfen. Ihr Produkt ist die *Nennleistung* $P_N = U_{AN} \cdot I_{AN}$.

2.1.11 Belastungskennlinien

Wird ein Generator mit dem Ankerstrom I_A belastet, so sinkt die Klemmenspannung U_A von der Leerlaufspannung U_{A0} auf den Wert $U_A = f(I_A)$. Ursachen dafür sind der Rückgang der Quellenspannung sowie der Spannungsfall am Widerstand R_A des Ankerkreises und an den Kohlebürsten ($2\ U_B = 2V$). Dies kann durch die Gleichung

$$U_A = U_q - (R_A \cdot I_A + 2 \cdot U_B) \tag{2.12}$$

ausgedrückt werden. Die Bürstenspannung kann meist vernachlässigt werden, was im folgenden stets angenommen wird. Das Verhalten des Ankerkreises kann dann durch das Ersatzschaltbild (Bild 2-18) nachgebildet werden.

Die Belastungskennlinie $U_A = f(I_A)$ stellt in graphischer Form dar, wie sich im stationären Betrieb die Klemmenspannung U_A in Abhängigkeit vom Ankerstrom verhält, wenn die Parameter Drehzahl und Erregerstrom oder Erregerwiderstand konstant gehalten werden. Der Verlauf der Kennlinie ist stark von der Erregerschaltung abhängig (Bild 2-19).

Beim fremderregten Generator wird, außer der Drehzahl n, der Erregerstrom I_E konstant gehalten. Da die Ankerrückwirkung, d.h. der Einfluß des Ankerquerfeldes auf den Erregerfluß, meist vernachlässigt werden kann, ist die Quellenspannung eine Konstante. Der Ankerstrom I_A ist identisch mit dem Strom I durch den Verbraucher. Die Belastungskennlinien $U_A = f(I_A)$ können daher durch die Gleichung

$$U_A = U_q - R_A \cdot I_A \tag{2.13}$$

ausgedrückt werden. Mit U_q bzw. I_E als Parameter bilden sie eine Schar paralleler, schwach abfallender Geraden.

Bei Widerstandslast kann man den Arbeitspunkt graphisch als Schnittpunkt der Generatorkennlinie mit der Widerstandsgeraden $U_A = R_V \cdot I$ bestimmen.

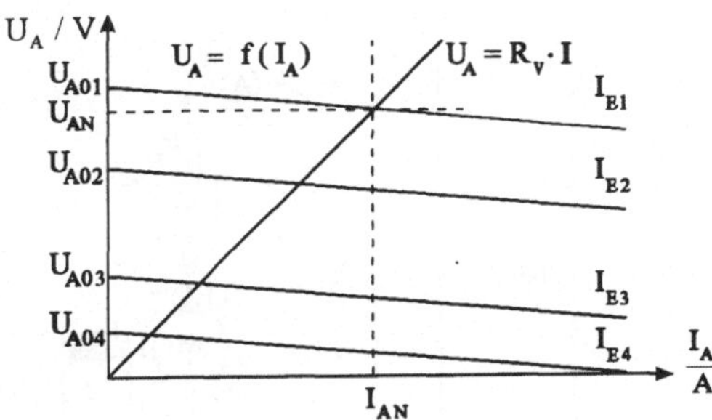

Bild 2-19: Belastungskennlinienfeld $U_A = f(I_A)$ eines fremderregten Gleichstromgenerators mit ohmschem Widerstand als Last. Die Drehzahl $n = n_N$ ist bei allen Kennlinien gleich.

2.2 Die Gleichstrommaschine als Motor

2.2.1 Generator- und Motorbetrieb

Gleichstromgeneratoren und Gleichstrommotoren sind grundsätzlich gleich im Aufbau. Jeder Gleichstromgenerator kann auch als Motor betrieben werden und umgekehrt. Die Gleichstrommaschine ist also ein mechanisch-elektrischer Energiewandler mit umkehrbarer Richtung der Energie.

Motorbetrieb: Die Maschine wird aus dem aktiven Netz gespeist. Der Motor nimmt elektrische Energie aus dem Netz auf, wandelt sie, nach Abzug der Stromwärme-, Reibungs- und Eisenverluste, in mechanische Energie um und gibt sie in Form von Drehmoment M und Drehzahl n an der Welle ab an die mit ihr gekuppelte *Arbeitsmaschine* (Pumpe, Kran, Aufzug, Fahrzeug, Werkzeugmaschine). Der Motor treibt die Arbeitsmaschine und die damit verbundene Schwungmasse an (Bild 2-20).

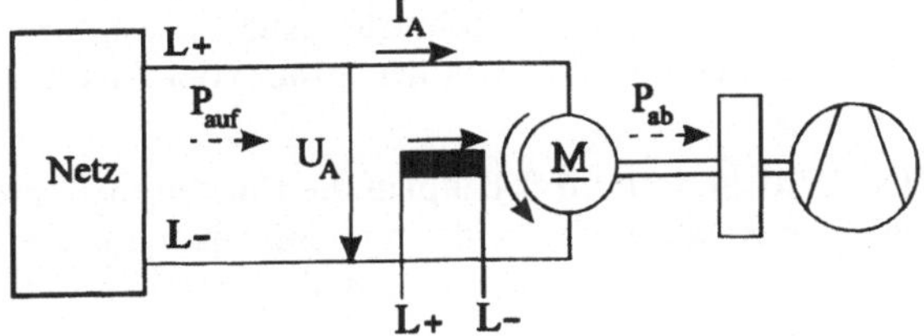

Bild 2-20: Gleichstrommaschine im Motorbetrieb

2.2.2 Schaltungen von Gleichstrommotoren, Richtungsregeln

Ein Gleichstrommotor kann als fremderregter Motor, Nebenschlußmotor, Reihenschlußmotor oder Doppelschlußmotor geschaltet sein. Die größte praktische Bedeutung haben der fremderregte Motor und der Reihenschlußmotor.

Beim *fremderregten Motor* (Bild 2-21) werden Anker und Erregerkreis aus getrennten Spannungsquellen gespeist. Wenn diese Spannungsquellen konstante Spannungen liefern, müssen Vorwiderstände in Anker- und Feldkreis liegen. Der Ankervorwiderstand R_{AV} (Anlasser) dient zur Begrenzung des Ankerstromes im Anlauf, der Erregervorwiderstand R_{EV} (Feldsteller) zur Einstellung des Erregerstromes. Allerdings werden heutzutage meist variable Spannungsquellen in Form von Stromrichtern verwendet, d.h. Wechselstrom-Gleichstrom-Umformern mit Bauelementen der Leistungselektronik (siehe Kapitel 8), so daß die Vorwiderstände und die mit ihnen verbundenen Stromwärmeverluste wegfallen können.

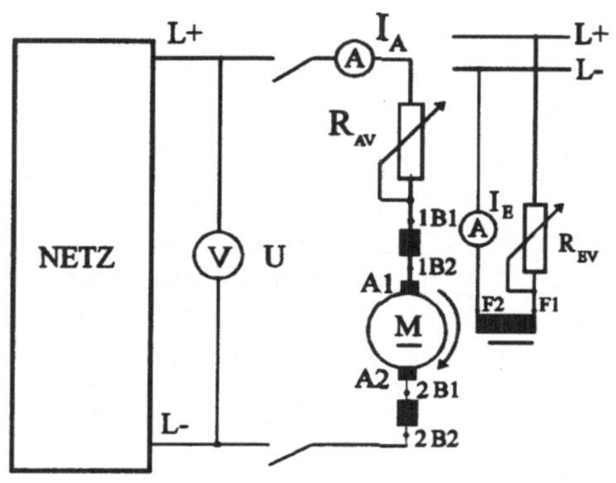

Bild 2-21: Fremderregter Gleichstrommotor bei konstanten Netzspannungen

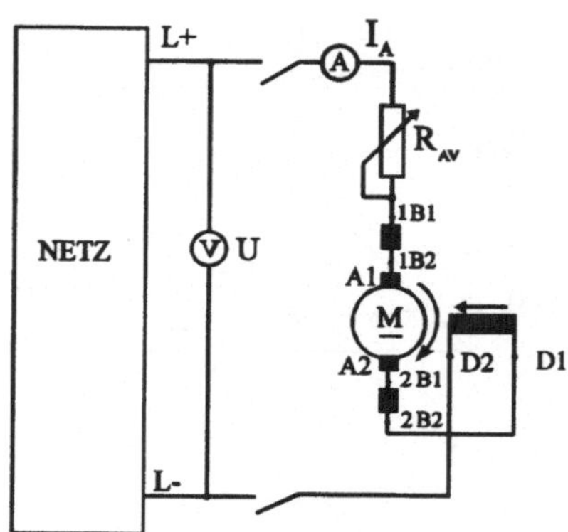

Bild 2-22: Gleichstrom-Reihenschlußmotor am Netz konstanter Spannung

Bei Reihenschlußmotoren (Bild 2-22) werden Anker- und Erregerkreis meist aus einem Netz konstanter Spannung gespeist, zum Beispiel aus einem Fahrleitungsnetz für U-Bahnen. Der Strom über die Feldwicklung ist gleich dem Ankerstrom. Zur Ankerstrombegrenzung sowie zum Steuern der Drehzahl ist ein Ankervorwiderstand R_{AV} oder ein Gleichstromsteller (siehe Kapitel 5) erforderlich.

Richtungsregeln: Die Polarität der Bürsten ist durch den Netzanschluß vorgegeben. Da der Motor ein Verbraucher ist, fließt der Ankerstrom von der Plus- zur Minusbürste durch den Motor. Im Generatorbetrieb ist, bei gleicher Polarität der Bürsten, die Stromrichtung umgekehrt.

Der Drehsinn des Ankers ergibt sich wie beim Generator aus der Merkregel: Der Motor dreht sich unter der Spitze des Feldpfeils von der Plus- zur Minusbürste. Anders ausgedrückt: Rechtslauf des Motors stellt sich ein, wenn in allen Wicklungen der Strom vom Anschluß 1 zum Anschluß 2 fließt.

Nach den Normen DIN 40715 und DIN 42401 müssen im Schaltplan die Bürsten nicht mehr gezeichnet werden. Auch die Wendepole, die einseitig oder beidseitig vom Anker angeordnet sein können, müssen nicht mehr in Gegenschaltung zum Anker dargestellt werden.

2.2.3 Motor und Arbeitsmaschine

Das Betriebsverhalten eines Gleichstrommotors wird im folgenden am Beispiel eines fremderregten Gleichstrommotors mit konstantem Erregerfluß (I_E = konst. oder Dauermagneterregung) untersucht. Die Zusammenarbeit des Motors mit der gekuppelten Arbeitsmaschine wird am anschaulichsten dargestellt, wenn wir in einem gemeinsamen Diagramm sowohl die Drehzahl-Drehmoment-Kennlinie $n = f(M_i)$ des Motors wie der Last $n = f(M_L)$ auftragen und diskutieren (Bild 2-23). Der Motor treibt mit seinem inneren Moment $M_i = c_M \cdot \Phi \cdot I_A$ die Arbeitsmaschine an, die mit ihrem Lastmoment M_L die Antriebsbewegung bremst, wobei die Reibungsverlustmomente von Motor und Arbeitsmaschine im Lastmoment enthalten sind. Die Differenz beider Momente ist das Beschleunigungsmoment $M_B = M_i - M_L$. Dieses und das Massenträgheitsmoment J des gesamten Antriebs bestimmen die zeitliche Änderung der Winkelgeschwindigkeit $\Omega = 2 \cdot \pi \cdot n$. Es gilt das Grundgesetz der Drehbewegung

$$M_B = J \cdot d\Omega / dt. \tag{2.14a}$$

Setzt man den Ausdruck für das Beschleunigungsmoment ein, so wird

$$M_i - M_L = 2 \cdot \pi \cdot J \cdot dn/dt \tag{2.14b}$$

Zu Beginn des Anlaufs, bei Drehzahl Null, ist, wie die Kennlinien von Bild 2-23 zeigen, das Motormoment $M_i(0)$ größer als das Lastmoment $M_L(0)$. Das Beschleunigungsmoment $M_B(0)$ ist daher positiv und damit auch dn/dt. Der Antrieb läuft an, die Drehzahl steigt.

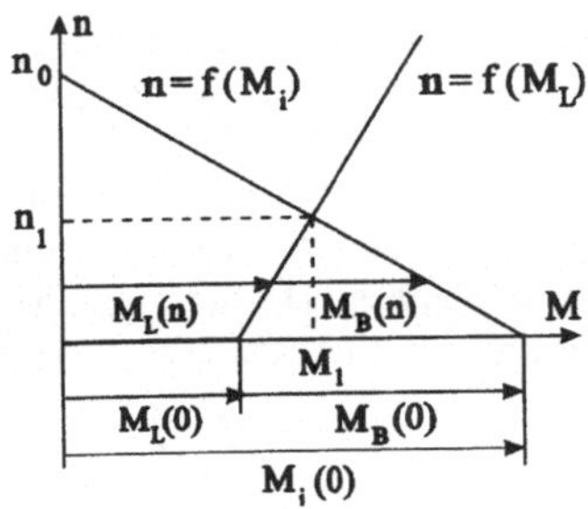

Bild 2-23:
Kennlinien n = f(M)
für Motor und Arbeitsmaschine

Mit zunehmender Drehzahl wird das Beschleunigungsmoment immer kleiner, bis schließlich im Schnittpunkt der Kennlinien M_B und dn/dt Null sind, so daß die Drehzahl konstant bleibt. Der Schnittpunkt der Kennlinien ist also ein stabiler Arbeitspunkt, dessen stationäre Werte M_1 und n_1 graphisch aus dem Schnittpunkt der Kennlinien bestimmt werden können. Die zugehörigen elektrischen Daten U_{A1} und I_{A1} des Motors können, wie im folgenden Abschnitt ausgeführt wird, aus der Leistungsbilanz errechnet werden.

2.2.4 Leistungsbilanz und Ersatzschaltbild

Beim Motor ist die Richtung des Energieflusses umgekehrt wie beim Generator: Der fremderregte Gleichstrommotor mit der Ankerspannung U_A an den Klemmen und dem Ankerstrom I_A nimmt aus dem Netz die Leistung auf

$$P_{auf} = U_A \cdot I_A \tag{2.15}$$

Die Erregerleistung $P_E = U_E \cdot I_E$ ist darin nicht enthalten. In den Wicklungen von Anker und Wendepolen geht die Leistung $P_{Cu} = I_A^2 \cdot R_A$ als Stromwärme verloren (Kupferverluste).

Die verbleibende Leistung ist die *innere elektrische Leistung* $P_{iel} = U_A \cdot I_A - I_A^2 \cdot R_A \Rightarrow$ $P_{iel} = I_A \cdot (U_A - I_A \cdot R_A)$. Da bei Motorbetrieb $U_A - I_A \cdot R_A = U_q$ ist, wird

$$P_{iel} = I_A \cdot U_q \tag{2.16}$$

wie beim Generator, wobei $U_q = c_u \cdot \Phi \cdot n$ ist (siehe Gleichung 2.5). Die Bürstenspannung ist vernachlässigt. Das Bild 2-24 zeigt das daraus folgende Ersatzschaltbild für den Ankerkreis des fremderregten Motors und des speisenden Netzes (Spannungsquelle mit Innenwiderstand).

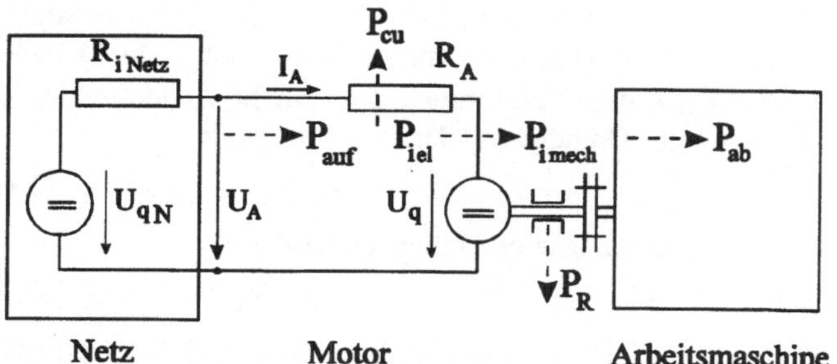

Bild 2-24: Ersatzschaltbild von Spannungsquelle und Ankerkreis des fremderregten Gleichstrommotors

Man beachte: Beim Motor ist $U_q < U_A$, der Ankerstrom tritt bei Plus in den Anker ein. Beim Generator ist dagegen $U_q > U_A$, der Ankerstrom tritt bei Plus aus dem Anker aus. Die innere elektrische Leistung wird vollständig umgewandelt in die *innere mechanische Leistung*

$$P_{imech} = 2 \cdot \pi \cdot n \cdot M_i \tag{2.17}$$

Von dieser Leistung geht im Motor ein kleiner Anteil in Form von Lager- und Bürstenreibung, Lüfterreibung und Eisenverlusten (durch Ummagnetisierung des Ankereisens bei jeder Umdrehung) verloren. Das an die Arbeitsmaschine abgegebene Drehmoment M ist daher um das Reibungsmoment M_R kleiner als das innere Drehmoment M_i: $M = M_i - M_R$.

An der Kupplung gibt der Motor die Leistung ab:

$$P_{ab} = 2 \cdot \pi \cdot n \cdot M \tag{2.18}$$

2.2.5 Drehmomentkennlinien des fremderregten Gleichstrommotors

Da die innere mechanische Leistung gleich der inneren elektrischen Leistung ist, kann man sie gleichsetzen , es gilt also: $I_A \cdot U_q = 2 \cdot \pi \cdot n \cdot M_i$. Daraus folgt für das innere Drehmoment:

$$M_i = \frac{U_q \cdot I_A}{2 \cdot \pi \cdot n} \tag{2.19}$$

Auf den ersten Blick könnte man aus dieser Gleichung schließen, das innere Moment sei von der Drehzahl abhängig. Das ist aber falsch, denn im Zähler des Bruches steht $U_q = c_u \cdot \Phi \cdot n$. Setzt man dies in die Gleichung (2.19) ein, so kürzt sich die Drehzahl heraus, und wir erhalten: $M_i = c_u \cdot \Phi \cdot I_A / 2 \cdot \pi$, so daß mit $c_M = c_u / 2 \cdot \pi$ gilt

$$M_i = c_M \cdot \Phi \cdot I_A \tag{2.20}$$

Das innere Drehmoment einer Gleichstrommaschine ist nur vom Ankerstrom und vom Magnetfluß abhängig, nicht von der Drehzahl.

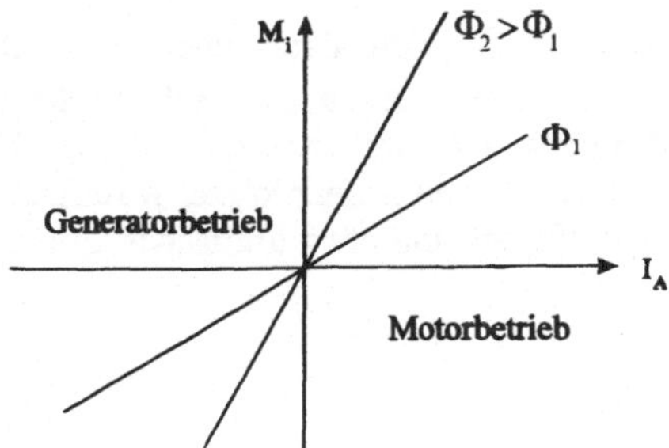

Bild 2-25:
Drehmomentkennlinie $M_i = f(I_A)$
des fremderregten Gleichstrommotors

Beim fremderregten Motor ist der Erregerstrom I_E und damit auch der Magnetfluß Φ konstant. Das Feld der Drehmomentkennlinien $M_i = f(I_A)$ ist daher, wie das Bild 2-25 zeigt, eine Schar von Geraden durch den Ursprung mit Φ als Parameter. Mit der Richtung des Ankerstromes kehrt sich auch die Richtung des Drehmomentes um: Das Motormoment wirkt antreibend auf die Arbeitsmaschine, das Generatormoment wirkt bremsend auf die Kraftmaschine. Durch diese Eigenschaft ist der Gleichstrommotor in der Lage, auch im Stillstand ein Drehmoment zu entwickeln und aus eigener Kraft anzulaufen.

2.2.6 Drehzahlkennlinien des fremderregten Gleichstrommotors

Für die Quellenspannung des fremderregten Gleichstrommotors gelten die Gleichungen $U_q = U_A - I_A \cdot R_A$ und $U_q = c_u \cdot \Phi \cdot n$. Wir setzen die Gleichungen gleich und lösen nach n auf: $c_u \cdot \Phi \cdot n = U_A - I_A \cdot R_A$. Die Drehzahlgleichung lautet dann:

$$n = (U_A - I_a \cdot R_A) / c_u \cdot \Phi \qquad (2.21)$$

Aus dieser Gleichung lassen sich drei Arten von Drehzahlkennlinien herleiten:

1. **Steuerkennlinie** $n_0 = f(U_A)$

Bei idealem Leerlauf des Motors ($I_A = 0$) und $\Phi =$ konst. gilt für die Leerlaufdrehzahl

$$n_0 = U_A / c_u \cdot \Phi \qquad (2.22)$$

Die Leerlauf-Drehzahl n_0 ist der Ankerspannung U_A direkt und dem Magnetfluß Φ umgekehrt proportional (siehe Bild 2-26). Daraus folgt:

a) Die Drehrichtung kehrt sich mit der Polarität der Ankerspannung um.

b) Wird der Erregerstrom I_E bzw. der Magnetfluß Φ verkleinert, so nimmt die Drehzahl zu (Feldschwächung).

Auf keinen Fall darf bei angelegter Ankerspannung der Erregerstrom abgeschaltet werden, weil sonst der Motor durchgehen würde.

Die Nennwerte U_{AN} und I_{EN} sind obere Grenzwerte, für die die Maschine bemessen ist. Sie sind, wie die anderen Nenngrößen I_{AN} und n_N auf dem Leistungsschild der Maschine angegeben und dürfen im Dauerbetrieb mit Rücksicht auf Isolierung, Kommutierung und Leitererwärmung nicht überschritten werden.

In der Praxis steuert man die Drehzahl des fremderregten Motors auf zwei Arten:

- Durch *Ankerspannungsverstellung* zwischen Null und Nennspannung U_{AN} bei vollem Erregerstrom I_{EN}, so daß sich für die Leerlaufdrehzahl n_0 der Bereich Stillstand bis *Grunddrehzahl* n_{0G} (Leerlaufdrehzahl bei $U_A = U_{AN}$) ergibt.

- **Durch *Feldschwächung* bei voller Ankerspannung U_{AN} für Drehzahlen oberhalb der Grunddrehzahl. Die höchste zulässige Drehzahl ist erstens durch die mechanische Fliehkraftbeanspruchung des Läufers gegeben. Zweitens wird mit steigender Drehzahl die Stromwendung immer schwieriger, weil die Stromwendezeit immer kürzer wird. Daher ist die Feldschwächung auf den Bereich zwischen einfacher und etwa dreifacher Grunddrehzahl beschränkt.**

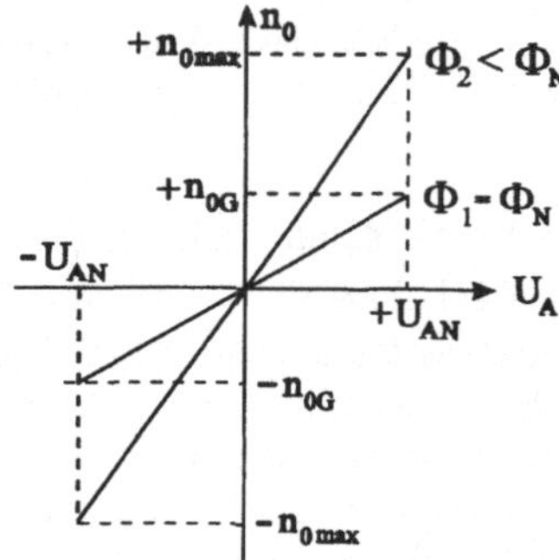

Bild 2-26:
Steuerkennlinien $n_0 = f(U_A)$
des fremderregten Gleichstrommotors

2. **Drehzahl-Ankerstrom-Kennlinie** $n = f(I_A)$ bei U_A = konst. und Φ = konst.

Bei idealem Leerlauf (Reibungsmoment $M_R = 0$) ist das innere Moment M_i Null, es fließt kein Ankerstrom und es gilt: $U_{A0} = U_q$. Greift nun an der Welle ein Lastmoment an, so gilt zunächst $M_B = -M_L = 2 \cdot \pi \cdot J \cdot dn/dt$, die Drehzahl sinkt ab. Dadurch sinkt auch die Quellenspannung $U_q = c_u \cdot \Phi \cdot n$. Da aber die Ankerspannung U_A konstant ist, entsteht eine Spannungsdifferenz, die am Widerstand R_A des Ankerkreises als ohmscher Spannungsfall anliegt. Als Folge fließt ein Ankerstrom $I_A = (U_A - U_q)/R_A$, der ein inneres Drehmoment M_i erzeugt, das dem Lastmoment entgegenwirkt. Ankerstrom und inneres Moment wachsen solange an, bis sich *Momentengleichgewicht* und konstante Drehzahl einstellen: $M_i = M_L \Rightarrow M_B = 0 \Rightarrow dn/dt = 0 \Rightarrow n$ = konst. und I_A = konst.

Der Zusammenhang Drehzahl - Ankerstrom $n = f(I_A)$ nach der Gleichung (2.21) läßt sich in einem Kennlinienfeld mit U_A und Φ bzw. n_0 als Parameter graphisch darstellen, wie das Bild 2-27 für eine Polarität der Ankerspannung zeigt.

In (2.21) $n = (U_A - I_A \cdot R_A)/c_u \cdot \Phi$ sind Ankerspannung U_A und Magnetfluß Φ konstant, der Ankerstrom ist die freie Variable. Dabei nehmen wir zur Vereinfachung im folgenden stets an, daß die Ankerrückwirkung, d.h. die Feldschwächung durch das Ankerfeld, vernachlässigt wird. Den unbequemen Ausdruck $c_u \cdot \Phi$ eliminieren wir dadurch, daß wir die Gleichung (2.22) für die Leerlaufdrehzahl nach $c_u \cdot \Phi$ auflösen und in den Nenner von Gleichung (2.21) einsetzen: $c_u \cdot \Phi = U_A / n_0 \Rightarrow n = (U_A - I_A \cdot R_A)/U_A / n_0$.

Damit nimmt $n = f(I_A)$ die Form an:

$$n = n_0 \cdot (1 - I_A \cdot R_A / U_A) \tag{2.23}$$

Die Drehzahl-Ankerstrom-Kennlinien sind schwach abfallende Geraden mit der Steigung $-n_0 \cdot R_A / U_A$ und dem Ordinatenabschnitt n_0. Entsprechend den Parametern U_A und Φ bzw. n_0 ergeben sich im Kennlinienfeld zwei Bereiche verschiedener Steigung:

Ankerspannungsbereich ($n = 0$ bis $n = n_{0G}$) und Feldschwächbereich ($n = n_{0G}$ bis $n = n_{max}$).

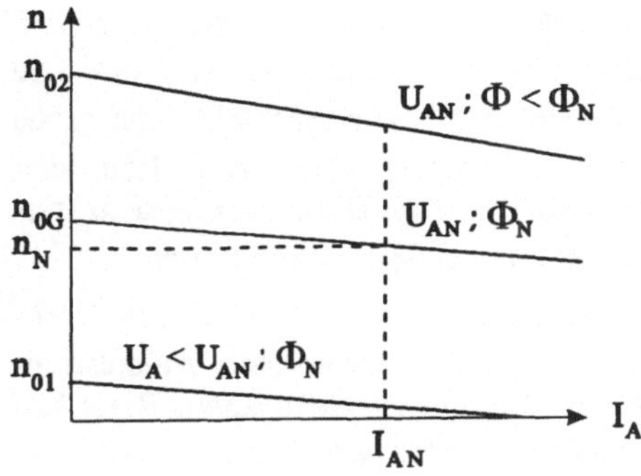

Bild 2-27:
Drehzahl-Ankerstrom-Kennlinienfeld eines fremderregten Gleichstrommotors für eine Polarität der Ankerspannung

Im Bereich der *Ankerspannungssteuerung* gilt: $\Phi = \Phi_N$; $U_A = 0 \; ... \pm U_{AN}$.

Der Erregerstrom wird fest auf den Wert $I_E = I_{EN}$ eingestellt, dadurch ergibt sich der Hauptfluß $\Phi = \Phi_N$. Als Ankerspannung wird ein Wert zwischen Null und Nennspannung U_{AN} gewählt, dementsprechend stellt sich im Leerlauf eine Drehzahl n_0 ein, die bei Belastung nur wenig absinkt. Daraus und aus Gleichung (2.2) folgt die Proportion: $n_0 / n_{0G} = U_A / U_{AN}$, also $n_0 = n_{0G} \cdot U_A / U_{AN}$.

Setzt man dies in Gl (2.23) ein, so wird die Gleichung der Drehzahl-Ankerstrom-Kennlinie

$$n = \frac{U_A}{U_{AN}} \cdot n_{0G} \cdot (1 - \frac{I_A \cdot R_A}{U_A}) \tag{2.24}$$

Die Nenndrehzahl n_N stellt sich ein, wenn im Feldkreis I_{EN} fließt, an den Ankerklemmen U_{AN} anliegt und im Ankerkreis I_{AN} fließt.

Die Kennlinie $n = f(I_A)$ ist im Ankerspannungsbereich eine Gerade, die nur schwach abfällt, weil wegen des kleinen Ankerwiderstandes $I_A \cdot R_A << U_A$ ist. Erhöht man die Ankerspannung, so wird n_0 erhöht und die Kennlinie parallel nach oben verschoben, bei Verkleinern der Ankerspannung parallel nach unten. Die Parallelität ist erkennbar, wenn man Gleichung (2.24) nach I_A differenziert, weil die Steigung jeder dieser Kennlinien $\frac{dn}{dI_A} = -\frac{R_A}{U_{AN}} \cdot n_{0G}$ gleich ist und nicht von dem Parameter U_A abhängt.

Der flache Verlauf der Drehzahl-Ankerstromkennlinie hat den Vorteil, daß die Drehzahl mit steigendem Ankerstrom nur wenig abfällt (Nebenschlußverhalten). Nachteilig ist aber, daß bei Betrieb mit Nennspannung der Ankerstrom bei Anlauf aus dem Stillstand sehr groß ist, denn die Kennlinie für $U_A = U_{AN}$ schneidet die Abszisse bei einem Ankerstromwert, der sehr viel größer als der Anker-Nennstrom ist und keinesfalls zugelassen werden darf. Bei $n = 0$ ist nämlich auch $U_q = 0$. Damit wird der Anlaufstrom, wie man aus dem Ersatzschaltbild erkennt (Bild 2-33) , nur durch den Ankerwiderstand begrenzt. Also gilt

$$I_{Aan} = U_{AN} / R_A >> I_{AN} \tag{2.25}$$

Der Anlaufstrom ist, besonders bei großen Maschinen, wesentlich größer als der Anker-Nennstrom. Daraus folgt: *Die volle Ankerspannung darf auf keinen Fall direkt auf den stillstehenden Motor geschaltet werden.*

Zur Begrenzung des Anlaufstromes gibt es zwei Möglichkeiten:

1) **Der Ankerwiderstand wird durch einen Vorwiderstand R_{AV} (Anlasser) vergrößert, so daß der Anlaufstrom $I_{Aan} = U_{AN} / (R_A + R_{AV})$ beliebig klein gehalten werden kann. Die Drehzahlkennlinie verläuft steiler als ohne R_{AV} (Bild 2-28). Die Nachteile sind große Stromwärmeverluste und starke Lastabhängigkeit der Drehzahl. Dies zwingt dazu, den Vorwiderstand R_{AV} nach Hochlauf des Motors zu überbrücken. Diese Lösung wird nur bei Reihenschlußmotoren angewendet, die am Netz konstanter Spannung arbeiten.**

2) **Die Ankerspannung U_A wird beim Anlauf herabgesetzt. Dadurch wird die Drehzahlkennlinie parallel nach unten verschoben, so daß der gewünschte Anlaufstrom $I_{Aan} = U_A / R_A$ als Schnittpunkt Kennlinie - Abszisse erreicht werden kann. Diese Lösung hat nicht die Nachteile des Ankervorwiderstandes, erfordert jedoch eine variable Ankerspannungsquelle (fremderregter Generator oder Gleichrichter mit steuerbarer Ausgangsspannung). Diese ist aber beim fremderregten Motor zur Drehzahlsteuerung ohnehin erforderlich. Anlauf mit verminderter Spannung ist daher heute der Normalfall.**

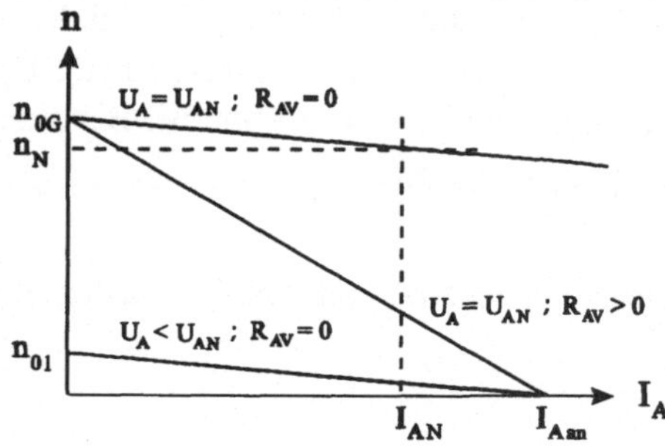

Bild 2-28:
Begrenzung des Anlaufstromes durch Vorwiderstand oder Spannungsabsenkung

Im Kennlinienfeld bedeutet eine Veränderung des Parameters U_A eine Parallelverschiebung der Kennlinie, bei erhöhter Spannung nach oben, bei verringerter Spannung nach unten.

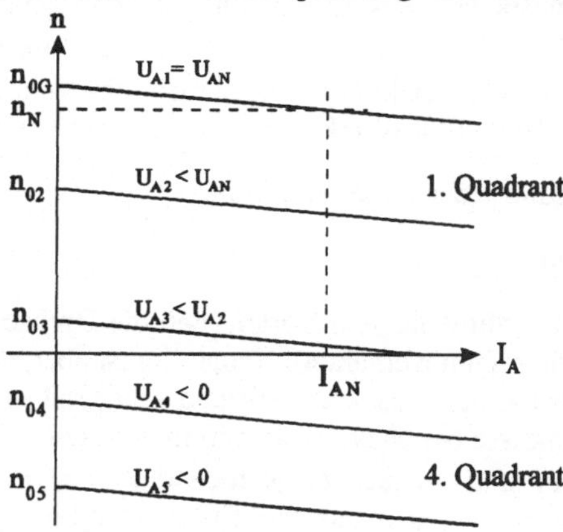

Bild 2-29:
Parallelverschiebung der Drehzahl-Ankerstrom-Kennlinien durch Verstellen von Größe oder Polarität der Ankerspannung

Mit Spannung und Drehzahl kehrt sich auch die Richtung des Energieflusses um, die Maschine arbeitet im 4. Quadranten als Generator, d.h. als Bremse. Beispiel: Kranantrieb beim Heben und Senken einer Last.

Im Bereich der *Feldschwächung* sind die Parameter: $U_A = U_{AN}$ und $\Phi < \Phi_N$.

Im Leerlauf mit $\Phi < \Phi_N$ ist $U_q = U_{AN} \Rightarrow U_{AN} = c_u \cdot \Phi \cdot n_0 \Rightarrow U_{AN}/c_u = \Phi \cdot n_0$.

Im Leerlauf mit $\Phi = \Phi_N$ ist dagegen $U_{AN} = c_u \cdot \Phi_N \cdot n_{0G} \Rightarrow U_{AN} / c_u = \Phi_N \cdot n_{0G}$. Daraus folgt $\Phi \cdot n_0 = \Phi_N \cdot n_{0G}$ oder $n_0 = n_{0G} \cdot \Phi_N / \Phi$. Setzen wir dies für n_0 in (2.23) ein, so ergibt sich

$$n = \frac{\Phi_N}{\Phi} \cdot n_{0G} \cdot \left(1 - \frac{I_A \cdot R_A}{U_{AN}}\right) \tag{2.26}$$

Auch im Feldschwächbereich sind die Drehzahl-Ankerstrom-Kennlinien abfallende Geraden, die aber nicht parallel sind, weil in die Steigung der Kennlinien der Faktor Φ_N / Φ eingeht. Vielmehr gehen alle Kennlinien des Feldschwächbereichs durch den Anlaufpunkt ($I_A = U_{AN} / R_A$; $n = 0$).

3. **Drehzahl-Drehmoment-Kennlinie** $n = f(M_i)$ bei U_A = konst. und Φ = konst.

Die Kennlinie $n = f(I_A)$ erlaubt keine graphische Bestimmung des Arbeitspunktes, weil die Kennlinie der Arbeitsmaschine in der Form $n_L = f(M_L)$ vorliegt. Man kann aber die Motorkennlinie $n = f(I_A)$ leicht überführen in $n = f(M_i)$, denn bei Fremderregung ist das innere Moment ist dem Ankerstrom proportional, d.h. $M_i = c_M \cdot \Phi \cdot I_A$.

Wir brauchen also nur $I_A = \dfrac{M_i}{c_M \cdot \Phi}$ in die Gleichung der Drehzahl-Ankerstrom-Kennlinie

$n = \dfrac{U_A}{c_u \cdot \Phi} - \dfrac{R_A \cdot I_A}{c_u \cdot \Phi}$ einzusetzen, dann erhalten wir $n = \dfrac{U_A}{c_u \cdot \Phi} - \dfrac{R_A \cdot M_i}{c_u \cdot c_M \cdot \Phi^2}$. Da U_A und Φ Konstanten sind und $n_0 = U_A / c_u \cdot \Phi$, schreiben wir diese Gleichung vereinfachend als

$$n = n_0 - k_M \cdot M_i \tag{2.27}$$

Auch die Drehzahl-Drehmoment-Kennlinien des fremderregten Gleichstrommotors sind abfallende Geraden (Bild 2-30), die sich im Ankerspannungsbereich parallel verschieben lassen. Der gemeinsame Arbeitspunkt (M,n) von Motor und Arbeitsmaschine läßt sich auf diese Weise zwischen Null und Grunddrehzahl verlustarm und genau einstellen.

Aufgrund dieser guten Eigenschaften wird der fremderregte Gleichstrommotor bevorzugt eingesetzt für Antriebe, bei denen die Drehzahl in einem großen Bereich stufenlos verstellt werden muß.

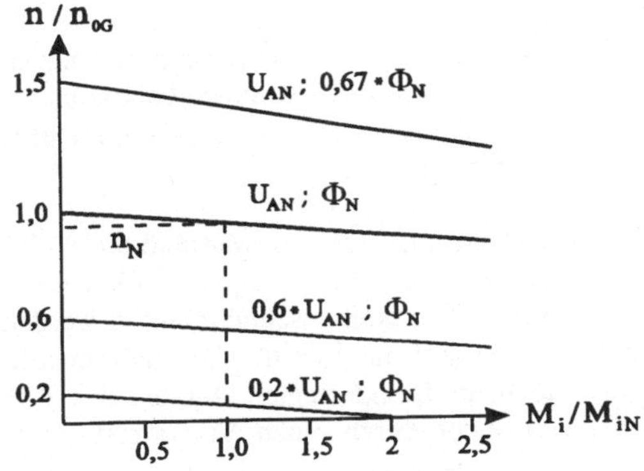

Bild 2-30: Drehzahl-Drehmoment-Kennlinien $n = f(M_i)$ des fremderregten Gleichstrommotors

Bei den Drehzahl-Drehmoment-Kennlinien im Feldschwächbereich ist, wie Bild 2-30 zeigt, zu erkennen, daß der Drehzahlabfall mit steigendem Moment stärker ist als im Ankerspannungsbereich. Die Kennlinien verlaufen nicht mehr parallel, ihre Steilheit nimmt mit wach-

sendem Grad der Feldschwächung zu, weil bei verkleinertem Fluß zum Aufbringen des gleichen Drehmoments wie bei vollem Nennfluß ein größerer Ankerstrom erforderlich ist, so daß ein größerer innerer Spannungsfall auftritt und die Quellenspannung stärker absinkt. Aus dem gleichen Grunde kann auch der Motor im Feldschwächbereich nicht im Dauerbetrieb das volle Nennmoment abgeben, weil dazu der Nennstrom überschritten werden müßte: $M_{iN} = c_m \cdot \Phi_N \cdot I_{AN} \Rightarrow M_{iN} = c_M \cdot \Phi \cdot I_{AN} \cdot (\Phi_N / \Phi)$.

2.2.7 Die Kennlinien des Gleichstrom-Reihenschlußmotors

Die Gleichungen $U_q = c_u \cdot \Phi \cdot n$ und $M_i = c_m \cdot \Phi \cdot I_A$ gelten für alle Schaltungen der Gleichstrommaschine. *Beim Reihenschlußmotor ist der Ankerstrom zugleich Erregerstrom, der Magnetfluß ist von der Größe des Ankerstromes abhängig.* Bei starker Belastung ist der Motor stark erregt, während bei geringer Belastung nur ein schwaches Magnetfeld vorhanden ist. Daraus ergibt sich:

- Die Drehmoment-Kennlinie $M_i = f(I_A)$ steigt im unteren Bereich etwa quadratisch an und flacht bei großen Strömen, wie Bild 2-31 zeigt, wegen der Eisensättigung etwas ab.
- Die Drehzahl-Ankerstrom-Kennlinie $n = f(I_A)$ hat einen hyperbelartigen Verlauf, denn nach Gleichung (2.5) ist $n = U_q / c_u \cdot \Phi$. Wenn man grob überschlägig $U_q \approx U_A$ sowie $\Phi \approx c \cdot I_A$ setzt, erhält man $n \approx U_A / c \cdot I_A$, d.h. $n \approx k / I_A$.

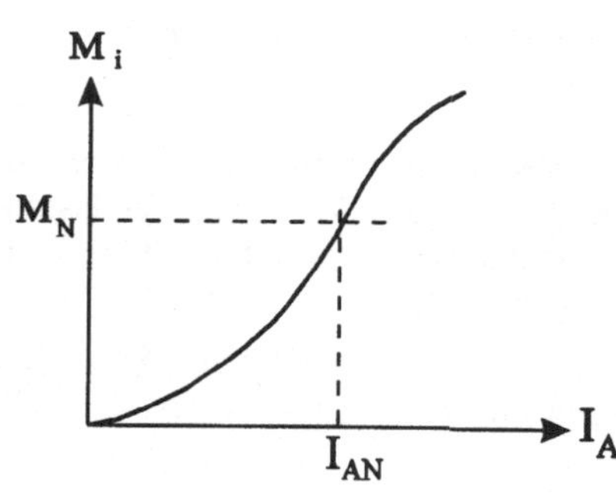

Bild 2-31: Drehmomentkennlinie $M_i = f(I_A)$ des Gleichstrom-Reihenschlußmotors

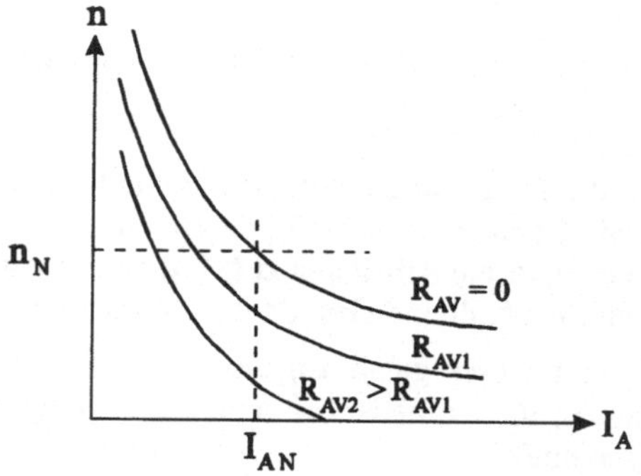

Bild 2-32: Drehzahl-Ankerstrom-Kennlinien $n = f(I_A)$ des Gleichstrom-Reihenschlußmotors, bei konstanter Netzspannung und verschiedenen Ankervorwiderständen

Der Reihenschlußmotor läuft also bei starker Belastung langsam, während der entlastete Motor sehr schnell läuft (Bild 2-32). Im Leerlauf kann der Motor sogar durchgehen und eine Drehzahl erreichen, die den Läufer auseinanderreißt. Reihenschlußmotoren werden deshalb nur bei Antrieben eingesetzt, bei denen kein Leerlauf möglich ist, das sind vor allem Stadt- und Vollbahnen. Beim Anfahren muß, wie beim fremderregten Motor, der Anlaufstrom $I_{Aan} = U_A / (R_A + R_E)$ begrenzt werden, entweder durch einen Vorwiderstand R_{AV} oder durch verminderte Spannung $U_A < U_{AN}$. Die gleichen Hilfsmittel dienen auch zur Drehzahlsteuerung.

Die Drehzahl-Drehmoment-Kennlinie $n = f(M_i)$, die sich aus der Kombination der Kennlinien $n = f(I_A)$ und $M_i = f(I_A)$ ergibt, hat ebenfalls einen hyperbelartigen Verlauf, wie das

Bild 2-33 zeigt. Sie ist für Triebwagen und Lokomotiven besonders geeignet, weil die schweren Fahrzeuge bei kleiner Geschwindigkeit, zum Beispiel beim Anfahren, ein großes Drehmoment brauchen, bei großer Geschwindigkeit kann dagegen das antreibende Drehmoment klein sein. Man braucht also kein Schaltgetriebe, um diesen Kennlinienverlauf stufenweise nachzubilden. Durch Absenken der Ankerspannung oder Einschalten eines Anlaßwiderstandes R_{AV} werden die Kennlinien nach unten verschoben.

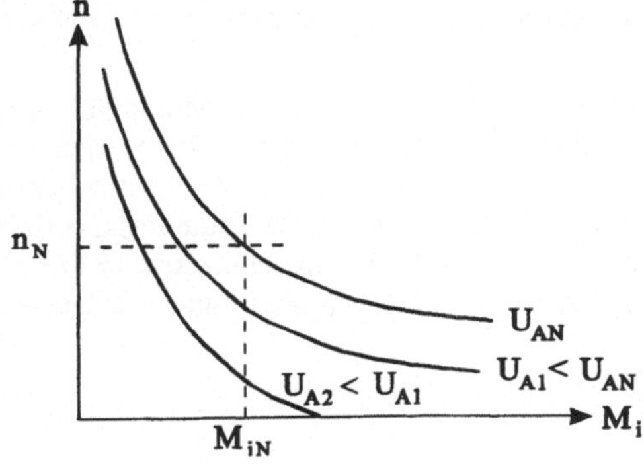

Bild 2-33:
Drehzahl-Drehmoment-Kennlinien $n = f(M_i)$ des Gleichstrom-Reihenschlußmotors, bei verschiedenen Ankerspannungen und $R_{AV} = 0$

2.2.8 Vierquadrantenbetrieb

Die Drehrichtung eines fremderregten Gleichstrommotors kann durch Umpolen der Ankerspannung umgekehrt werden. Ebenso kann die Richtung des inneren Drehmomentes durch Umkehr des Ankerstromes umgekehrt werden, und zwar unabhängig von der Drehrichtung. Der fremderregte Gleichstrommotor ist daher in der Lage, in allen vier Quadranten des Drehzahl-Drehmoment-Kennlinienfeldes zu arbeiten.

Eine seit langem außerordentlich bewährte Steuerschaltung für Vierquadrantenbetrieb ist der *Leonard-Umformer* (Harry W. Leonard, USA, 1891). Zwar wurde der Leonard-Umformer in den letzten Jahren weitgehend von dem impulsgesteuerten Thyristor-Stromrichter verdrängt, der in Wirkungsgrad, Raumbedarf und Regelgeschwindigkeit deutlich überlegen ist. Als Demonstrationsbeispiel für Vierquadrantenbetrieb ist der Leonardsatz jedoch hervorragend geeignet, so daß er hier besprochen werden soll.

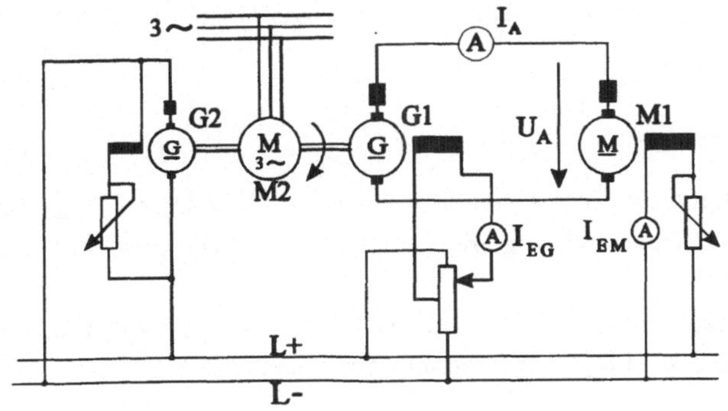

Bild 2-34:
Leonard-Umformer zur Speisung und Drehzahlsteuerung eines fremderregten Gleichstrommotors

Bild 2-34 zeigt den Schaltplan des Maschinensatzes. Der Ankerkreis des zu steuernden fremderregten Motors M1 wird nicht aus einem Netz, sondern von einem eigenen, ebenfalls fremderregten, Gleichstromgenerator G1 gespeist, der von einem Drehstrommotor M2 (oder von einem Verbrennungsmotor, z.B. bei einer dieselelektrischen Lokomotive) mit annähernd konstanter Drehzahl angetrieben wird. Der Drehstrommotor M2 treibt außerdem einen kleinen Nebenschlußgenerator G2 an, der die Erregerwicklungen von Generator und Motor sowie die Steuereinrichtungen versorgt.

Die Drehzahl des Motors wird bei konstantem Erregerstrom bestimmt durch Betrag und Polarität der Ankerspannung, die der Generator erzeugt. Über den Erregerstrom des Generators kann diese Spannung kontinuierlich und verlustarm zwischen positivem und negativem Höchstwert eingestellt werden.

Der Ersatzschaltplan des gemeinsamen Ankerkreises von Generator G1 und Motor M1 ist in Bild 2-35 dargestellt. Er besteht aus den beiden Zweipolen der Maschinen, die an den Ankerklemmen des Motors zusammenkommen und die Ankerspannung U_{AM} des Motors sowie den Ankerstrom I_A gemeinsam haben. Der Leitungswiderstand R_L des Verbindungskabels ist in den Zweipol des Generators mit einbezogen. Die Zählpfeile für Spannungen und Ströme sind entsprechend dem *Verbraucher-Zählpfeil-System* gerichtet, das hier und im folgenden Text ausschließlich verwendet wird.

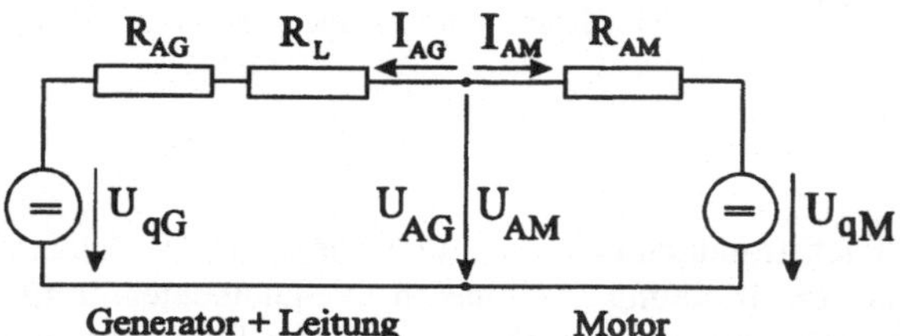

Bild 2-35:
Ersatzschaltplan für den gemeinsamen Ankerkreis von Motor und Generator eines Leonardsatzes

Das Verbraucher-Zählpfeil-System (VZS) wertet die von einem Zweipol *Verbraucher* (Widerstand, Motor) aufgenommene elektrische Leistung als *positiv*, die abgegebene Leistung eines Zweipols *Erzeuger* (Generator + Leitung) *negativ*. Durch einen Spannungszählpfeil von der Plus- zur Minusklemme wird die positive Spannungsrichtung definiert. Danach wird die positive Stromrichtung festgelegt durch einen Stromzählpfeil, der entlang der Strombahn von der Plusklemme zum Kern des Zweipol zeigt, denn dies entspricht der Stromrichtung bei einem Verbraucher. Bei einem Erzeuger hat dann der Strom negatives Vorzeichen, weil er entgegen dem Zählpfeil von Minus nach Plus fließt. Mit diesen Zählpfeilen ergeben sich in den beiden Zweipolen des Ersatzschaltplans von Bild 2-35 folgende, *für alle Betriebsarten* geltenden Spannungsgleichungen:

Maschine M1:

$$U_{AM} = U_{qM} + I_{AM} \cdot R_{AM} \tag{2.28}$$

Die Spannungsgleichung für M1 kann im *Strom-Spannungs-Kennlinienfeld* $U_A = f(I_{AM})$ als eine schwach ansteigende Gerade mit der Steigung R_{AM} und dem Ordinatenabschnitt U_{qM} dargestellt werden (Motorkennlinie).

Für die Ströme an der positiven Ankerklemme gilt der Knotensatz: $I_{AG} = -I_{AM}$. Außerdem ist $U_{AM} = U_{AG}$, wenn der Leitungswiderstand R_L zum Generator gerechnet wird.

Maschine G1:

$$U_{AG} = U_{qG} + I_{AG} \cdot (R_{AG} + R_L) \tag{2.29a}$$

Wir setzen $I_{AG} = -I_{AM}$ in die Spannungsgleichung für Maschine G1 ein:

$$U_{AG} = U_{qG} - I_{AM} \cdot (R_{AG} + R_L) \tag{2.29b}$$

Die Spannungsgleichung für Maschine G1 wird im Kennlinienfeld $U_A = f(I_A)$ als eine schwach abfallende Gerade mit der Steigung $dU_{AG} / dI_{AM} = -(R_{AG} + R_L)$ und dem Ordinatenabschnitt U_{qG} dargestellt (Generatorkennlinie).

Der Schnittpunkt von Generator- und Motorkennlinie definiert den Arbeitspunkt von Motor und Arbeitsmaschine, wie die Diagramme der folgenden Bilder 2-36a und b zeigen. Im Schnittpunkt der Kennlinien gilt: $U_{AM} = U_{AG}$ und $I_{AG} = -I_{AM}$.

Den Strom im Arbeitspunkt erhalten wir durch Gleichsetzen der Gleichungen (2.28) und (2.29b) und Auflösen nach I_{AM}: $U_{qM} + I_{AM} \cdot R_{AM} = U_{qG} - I_{AM} \cdot (R_{AG} + R_L) \Rightarrow$

$I_{AM} \cdot R_{AM} - I_{AM} \cdot (R_{AG} + R_L) = U_{qG} - U_{qM}$. Daraus ergibt sich:

$$I_{AM} = \frac{U_{qG} - U_{qM}}{R_{AG} + R_L + R_{AM}} \tag{2.30}$$

Die Differenz der Quellenspannungen von Generator und Motor bestimmt das Vorzeichen und den Betrag des Ankerstromes der Maschine M1.

Beim *Anlauf* des Motors sind Drehzahl und Quellenspannung U_{qM} Null, die Motorkennlinie $U_{AM} = f(I_{AM})$ geht durch den Ursprung (Bild 2-36a). Der Anlaufstrom ist gegeben durch den Schnittpunkt (1) mit der Generatorkennlinie. Dieser Schnittpunkt ist von der Größe der Quellenspannung U_{qG} abhängig. Der Anlaufstrom kann daher mit Hilfe der Generatorerregung beliebig klein gehalten werden. In dem Maße, wie der Motor auf Drehzahl kommt, wächst Uq_M, die Motorkennlinie schiebt sich parallel nach oben, beim unbelasteten Motor bis zum *Leerlaufpunkt* (2), an dem beide Quellenspannungen gleich sind. Bei positivem U_{qM} stellt sich Rechtslauf des Motors ein. Wird U_{qG} weiter erhöht, folgt der Motor mit Drehzahl und Quellenspannung, bis die gewünschte Leerlaufdrehzahl erreicht ist (Punkt 3).

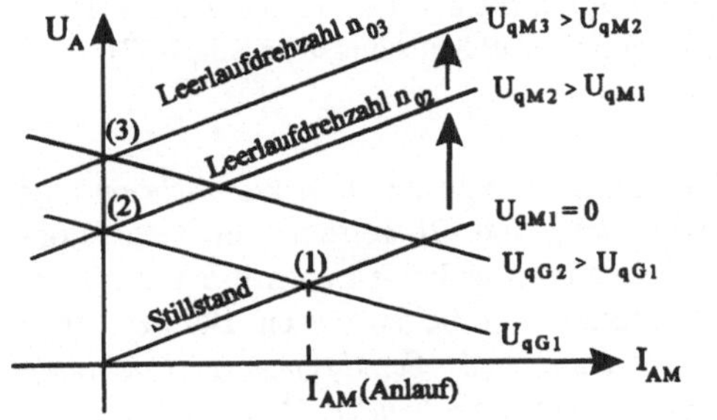

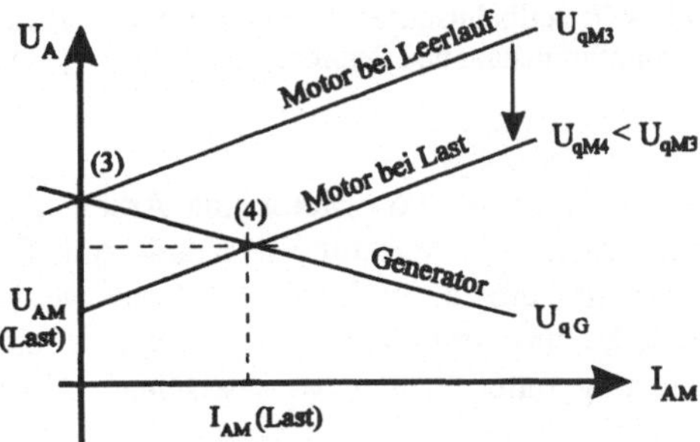

Bild 2-36: Leonardantrieb, Kennlinien $U_A = f(I_{AM})$ der Maschine M1 im Motorbetrieb bei Rechtslauf

a) Anlauf des Motors: (0) $\Rightarrow$(1) $\Rightarrow$ (2);
Hochlauf auf höhere Leerlaufdrehzahl: (2) $\Rightarrow$ (3)

b) Belastung des Motors durch Arbeitsmaschine
Arbeitspunkt wandert von (3) nach (4)

Bei *Belastung* des leerlaufenden Motors an der Welle (Bild 2-36b) sinkt die Motordrehzahl. Dadurch wird U_{qM} kleiner als U_{qG}. Die Motorkennlinie schiebt sich nach unten, der Arbeitspunkt wandert von (3) nach (4). Über den Motor fließt ein positiver Ankerstrom, der gerade so groß wird, daß das von ihm erzeugte innere Moment dem Lastmoment das Gleichgewicht hält. Der gleiche Ankerstrom hat im Generator G1 negatives Vorzeichen und erzeugt ein inneres Moment, das die Maschine M2 bremst und zur Abgabe mechanischer Leistung veranlaßt. Die Energie fließt daher vom Drehstromnetz über die Maschinen M2, G1 und M1 zur Arbeitsmaschine von M1: Motorbetrieb Rechtslauf.

Die Strom-Spannungs- Kennlinien $U_A = f(I_{AM})$ zeigen sehr anschaulich die Zusammenarbeit von Generator G1 und Motor M1, insbesondere, wie sich der Ankerstrom bei Änderungen des Lastmomentes oder der Generatorspannung verhält. Jedoch sagen sie nichts Genaues über Drehzahlen und Drehmomente von Motor M1 und Arbeitsmaschine aus, weil dies nur mit Hilfe der Drehzahl-Drehmoment-Kennlinie der Arbeitsmaschine möglich ist. Deshalb stellt man den Zwei- oder Vierquadrantenbetrieb meist in dem *Drehzahl-Drehmoment-Kennlinienfeld* $n = f(M)$ dar, das bereits im Abschnitt 2.2.6 besprochen wurde und im Bild 2-38 für die fremderregte Maschine M1 in allen vier Quadranten bei Ankerspannungssteuerung und konstantem Erregerfeld dargestellt ist. Dieses Kennlinienfeld ist gut geeignet zur Darstellung aller Antriebs- und Bremsvorgänge, die hier beispielhaft anhand eines Seilbahnantriebs demonstriert werden (Bild 2-37).

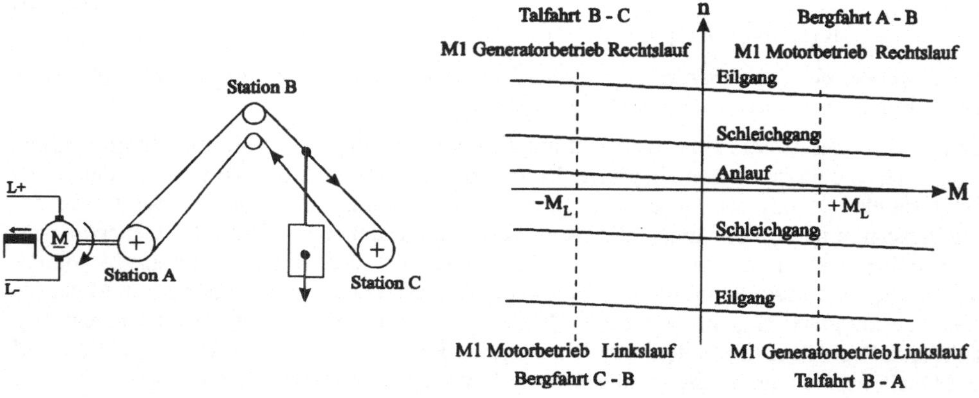

Bild 2-37: Seilbahnantrieb als Beispiel für Nachlaufbremsung und Senkbremsung

Bild 2-38: Drehzahl-Drehmoment- Kennlinien $n = f(M)$ für Leonardantrieb einer Seilbahn (siehe Bild 2-37)

Bei der *Bremsung* von Motor und Arbeitsmaschine ist man nicht auf *Widerstandsbremsung* angewiesen, d.h. Maschine M1 muß zum Bremsen nicht, von G1 getrennt, im Generatorbetrieb mit einem Widerstand belastet werden. Vielmehr ist es beim Leonardsatz möglich, durch *Nutzbremsung* die Bremsenergie in das Drehstromnetz zurückzuspeisen. Bei der Nutzbremsung unterscheiden wir zwischen *Nachlaufbremsung* und *Senkbremsung*. *Nachlaufbremsung bedeutet Bremsung durch Stromumkehr bei gleichbleibender Drehrichtung. Bei Senkbremsung bleibt dagegen die Stromrichtung erhalten, während die Drehrichtung sich umkehrt.*

Nachlaufbremsung ist dann notwendig, wenn das Lastmoment der Arbeitsmaschine sein Vorzeichen wechselt und zum antreibenden Moment wird. Dies ist zum Beispiel bei der Seilbahn der Fall, wenn nach einer Bergfahrt der Kabine (A⇒B, Motorbetrieb Rechtslauf)) eine Talfahrt in gleicher Richtung folgt (B⇒C, Generatorbetrieb Rechtslauf)). Die Momentenumkehr hat zur Folge, daß sich Drehzahl und Quellenspannung der Maschine M1 über Leerlauf hinaus erhöhen. Die Drehrichtung bleibt die gleiche, nur die Spannungsdifferenz $U_{qG} - U_{qM}$ kehrt ihr Vorzeichen um und damit auch der Ankerstrom. Der Arbeitspunkt wandert in den zweiten Quadranten (Bild 2-38). Dadurch wird die Maschine M1 zum Generator, der dem antreibenden Moment der Arbeitsmaschine als Bremse das Gleichgewicht hält. Die Maschine

G1 wird dagegen zum Motor, der die Drehstrommaschine M2 antreibt, so daß diese als Generator Energie ins Drehstromnetz zurückspeist.

Soll die Bremsdrehzahl verkleinert werden, so muß man den Erregerstrom der Maschine G1 verkleinern, so daß sich die Kennlinie dieser Maschine nach unten verschiebt (Bild 2-38).

Von Senkbremsung spricht man, wenn die Maschine M1 von Motorbetrieb Rechtslauf (im 1. Quadranten) zu Generatorbetrieb Linkslauf (im 4. Quadranten) oder von Motorbetrieb Linkslauf (im 3. Quadranten) zu Generatorbetrieb Rechtslauf (im 2. Quadranten) übergeht. Dieser Fall liegt bei Hebezeugantrieben vor, wenn nach dem Heben einer Last diese wieder abgesenkt wird, was durch Umkehr der Polarität der Ankerspannung geschieht. Bei dem Beispiel der Seilbahn tritt Senkbremsung auf, wenn die Bahn nach einer Bergfahrt von A nach B nicht nach C weiterfährt, sondern nach A zurückfährt, so daß sich die Drehrichtung umkehrt. Die Drehmoment-Drehzahl-Kennlinie der Maschine verschiebt sich nach unten, der Schnittpunkt mit der Lastkennlinie liegt im 4. Quadranten.

Bei Seilbahnen, Aufzügen, Kranen und anderen Hebezeugen wirkt die Gewichtskraft der Last stets nach unten. Das Lastmoment bleibt in Betrag und Vorzeichen gleich (einhängende Last), wenn man das Reibungsmoment der Last vernachlässigt. Da sich aber bei Nachlaufbremsung das Motormoment, bezogen auf den Motorbetrieb, umkehren muß, ist die Kennlinie des Lastmomentes auch in den 2. und 4. Quadranten eingetragen (gestrichelt).

Das Beispiel des Seilbahnantriebes zeigt, daß der Leonard-Umformer durch Verstellen bzw. Umpolen der Generatorerregung Antriebs- und Bremsvorgänge in allen vier Quadranten steuern kann: *Vierquadrantenbetrieb.*

2.3 Akkumulatoren

2.3.1 Elektrochemische Spannungsquellen und Energiespeicher

In elektrochemischen Spannungsquellen wird stoffgebundene chemische Energie in elektrische Energie in Form von Gleichspannung und Gleichstrom umgewandelt, und zwar durch elektrochemische Reaktionen, die in Elektrolyten oder ionenleitenden Stoffen zwischen Elektroden ablaufen und eine Spannung zwischen ihnen erzeugen. Werden die Elektroden über einen Verbraucher leitend verbunden, so fließt so lange ein Strom über den Stromkreis, bis die Reaktion beendet ist und die Spannung zusammmenbricht.

Bei den *Primärelementen* ist dieser Entladevorgang nicht oder nur unvollkommen umkehrbar, weil bei der Abgabe elektrischer Energie die Elektroden aufgebraucht werden, so daß die elektrochemische Reaktion schließlich zum Stillstand kommt. Primärelemente können daher nur für eine einmalige Entladung verwendet werden und kommen nur für Speicherung kleiner Leistungen infrage.

Bei den *Sekundärelementen* (Akkumulatoren) können dagegen die elektrochemischen Reaktionen umgekehrt werden, weil die Elektroden nicht aufgebraucht, sondern nur chemisch verändert werden. Wenn die Spannung und Strom liefernden Entladereaktionen beendet sind, wird an die Batterieklemmen eine Gleichspannung gelegt, die gleiche Polarität wie das Element hat, aber betragsmäßig größer ist (Bild 2-39). Dadurch kehren sich der Strom in der Batterie sowie die elektrochemischen Reaktionen um. Die Batterie nimmt elektrische Energie auf, wandelt sie in chemische Energie um und speichert sie in dieser Form.

Sekundärelemente sind also *wiederaufladbare elektrochemische Energiespeicher*. Das ist für die Praxis von großer Bedeutung, denn elektrische Energie als solche läßt sich nur in kleinen

Mengen in Kondensatoren speichern. Aufgrund dieser Eigenschaft bezeichnet man die Sekundärelemente als Sammler oder *Akkumulatoren*.

Die einzelnen Sekundärelemente eines Akkumulators nennt man *Zellen*. Eine Zelle besteht aus dem Zellengefäß, den positiven Platten, den negativen Platten, dem Elektrolyten und den zum Einbau und Anschluß erforderlichen Teilen. Die Nennspannung einer Zelle beträgt bei Bleiakkumulatoren 2,0 V, bei Nickel-Cadmium-Akkumulatoren 1,2 V. Um auf die in der Praxis verwendeten Spannungen (6, 12, 24, 48, 60 V usw.) zu kommen, schaltet man eine entsprechende Anzahl von *Zellen in Reihe* zu einer *Batterie* zusammen (Bild 2-40).

Der bekannteste Batterietyp ist der Bleiakkumulator oder Bleisammler. In der Praxis verwendet man außer Bleiakkumulatoren auch alkalische Batterien auf Nickelbasis, vor allem die Nickel-Cadmium-Batterien, sowie neuerdings auch Hochtemperaturbatterien auf Natriumbasis, wie die Natrium-Schwefel-Batterie und das Natrium-Nickelchlorid-System. Diese Batterien arbeiten mit festen Elektrolyten und flüssigen Elektroden bei Temperaturen von 300°C bis 400 °C und werden als ortsfeste Energiespeicher für große Leistungen eingesetzt [43].

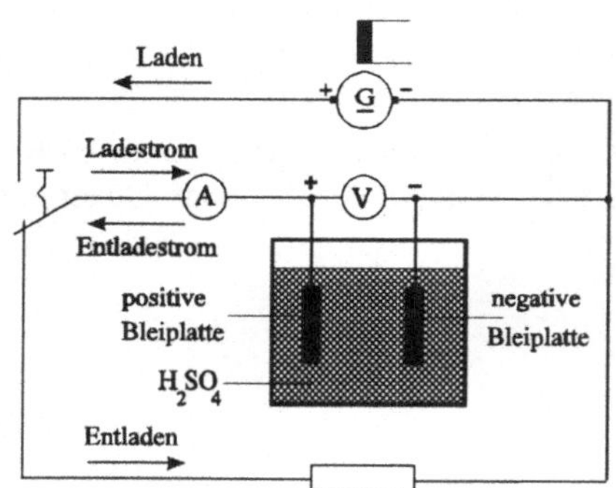

Bild 2-39: Laden und Entladen einer Akkumulatorenzelle

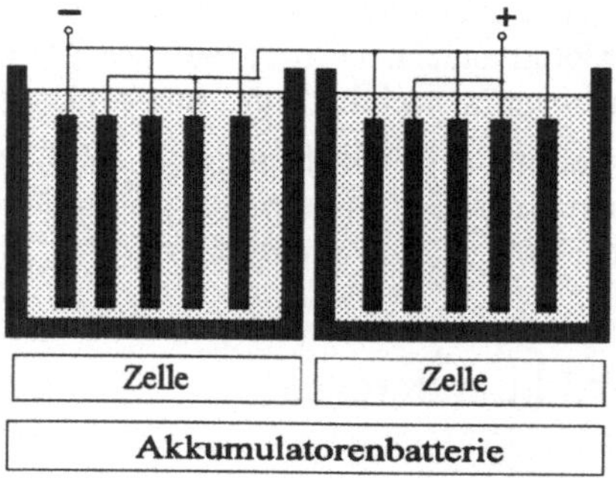

Bild 2-40: Schnittbild eines Bleiakkumulators

2.3.2 Anwendungsgebiete von Batterien

Für Akkumulatorenbatterien gibt es drei Anwendungsgebiete:

1. **Ortsfeste Batterien** (stationäre Anwendung) zur Ersatz- oder Notstromversorgung wichtiger Verbraucher. Ersatzstromversorgungsanlagen sind erforderlich, wenn
   - ein öffentliches oder allgemeines Netz nicht vorhanden ist,
   - die benötigte Zuverlässigkeit der Stromversorgung durch das Netz am Verbraucher nicht gewährleistet ist,
   - das Netz die am Verbraucher zulässige Toleranz von Spannung und Frequenz nicht erfüllt.

Dabei muß man *Netzersatzbetrieb* zur netzähnlichen Versorgung von Verbrauchsmitteln unterscheiden von *Notstrombetrieb* für kurzzeitige Notversorgung von Verbrauchsmitteln. Die wichtigsten Beispiele für ortfeste Batterien sind:

- Notstromversorgung von Beleuchtungsanlagen, Fernsprechnetze, Fernwirkanlagen, Steuer- und Schutzeinrichtungen in Kraftwerken, Schaltanlagen und Industrieanlagen. Besondere Ersatzstromversorgung (BEV) nach DIN 57 108 in Krankenhäusern bei Intensivstationen.

- Unterbrechungsfreie Stromversorgung als Netzersatzanlage für Rechenzentren und Kommunikationssysteme
- Pufferbatterien zur Spannungsstützung.

2. **Antriebsbatterien** (mobile Anwendung) für Fahrzeuge aller Art wie z.B. Gepäckkarren, Elektromobile, Schienentriebwagen, Unterseeboote sowie tragbare Geräte wie Sprechfunkgeräte und Computer.
3. **Starterbatterien** für Verbrennungsmotoren.

2.3.3 Der Aufbau des Bleiakkumulators

Beim geladenen Akkumulator besteht die aktive Masse der negativen Platten aus Blei, der positiven Platten aus Bleidioxid. Als Elektrolyt wird verdünnte Schwefelsäure verwendet. Wegen der chemischen Vorgänge sollen die Elektroden eine große Oberfläche haben. Die aktive Masse ist deshalb porös und befindet sich in Masseträgern aus Hartblei, die gegen chemische Einwirkung des Elektrolyten unempfindlich sind.

Die positiven Platten einer Zelle sind durch eine Polbrücke mit Anschlußpol zu einem Plattensatz verbunden, ebenso die negativen Platten. Die Plattensätze sind so ineinandergeschoben, daß sich positive und negative Platten abwechseln (Bild 2-40). Separatoren aus Kunststoff trennen die Platten voneinander und verhindern Kurzschlüsse. Die aktive Masse der positiven Platten ändert im Betrieb des Akkumulators ihr Volumen erheblich. Bei einseitiger Belastung würden sich die Platten durchbiegen, deshalb ist jede positive Platte von zwei negativen Platten umgeben. Der negative Plattensatz hat in jeder Zelle eine Platte mehr. Das Plattenpaket ist in einem Gefäß aus Hartgummi oder Kunststoff untergebracht, es soll ganz in den Elektrolyten eingetaucht sein. Unterhalb des Plattenpakets bleibt ein Schlammraum frei, damit sich die im Betrieb austretende aktive Masse absetzen kann.

2.3.4 Laden und Entladen einer Bleiakkumulatorzelle

Der elektrische und chemische Vorgang beim *Entladen* einer Bleiakkumulatorzelle soll anhand von Bild 2-41 erklärt werden [12]. Von der negativen Platte gehen Bleiatome in Lösung. Jedes Bleiatom läßt dabei zwei Elektronen auf der Platte zurück, es wird zu einem doppelt positiv geladenen Bleiion. Die Platte wird negativ geladen und liefert Elektronen in den Entladestromkreis. Der doppelt negativ geladene Säurerest $(SO_4)^{-2}$ der Schwefelsäure geht mit dem doppelt positiv geladenen Bleiion eine Verbindung ein, es entsteht Bleisulfat $PbSO_4$.

An der positiven Platte aus Bleidioxid PbO_2 löst sich die Verbindung. Das Blei, das im PbO_2 eine vierfache positive Ladung hat, nimmt aus dem äußeren Stromkreis je Molekül zwei Elektronen auf. Es bilden sich wie an der negativen Platte zweifach positive Bleiionen, die sich mit dem Säurerest zu $PbSO_4$ verbinden. Die frei gewordenen Wasserstoffionen verbinden sich mit dem Sauerstoff des PbO_2 zu Wasser.

Da beim Entladen Schwefelsäure verbraucht wird und Wasser sich bildet, das leichter ist als die Säure, wird das spezifische Gewicht des Elektrolyten mit fortschreitender Entladung der Zelle geringer. Im äußeren Stromkreis fließt ein Strom (konventionelle Stromrichtung) von der Anode (positive Platten) über den Verbraucher zur Kathode (negative Platten). Die Zelle gibt damit an den Verbraucher elektrische Energie ab. Im Laufe der Entladung nehmen die Potentiale der Platten gegen den Elektrolyten ab, die Quellenspannung der Zelle sinkt.

Beim Erreichen der Entladeschlußspannung einer Zelle von 1,75 V gilt die Zelle als entladen. Wird dieser Grenzwert unterschritten, bildet sich das Bleisulfat auf den Platten in grobkristalliner Form aus und kann so beim Laden nur beschränkt umgewandelt werden.

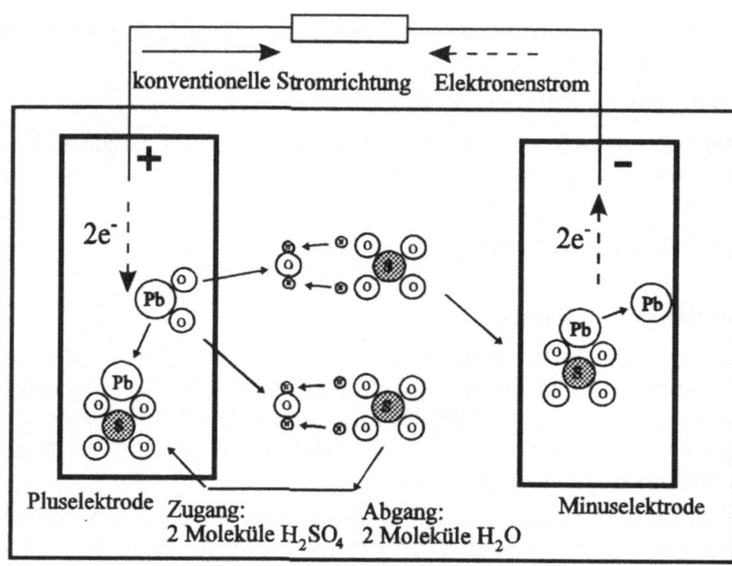

Bild 2-41: Entladevorgang einer Bleiakkumulatorzelle

Der elektrische und chemische Vorgang beim *Laden* einer Bleiakkumulatorzelle soll anhand des Bildes 2-42 erklärt werden.

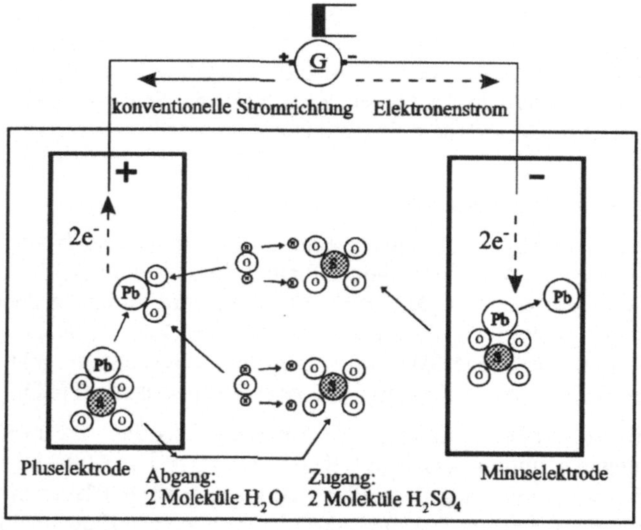

Bild 2-42: Ladevorgang einer Bleiakkumulatorzelle

Der positive Pol des Batterieladegerätes (Gleichrichter, Gleichstromgenerator) wird mit der Anode (positive Platten) und der negative Pol mit der Kathode (negative Platten) verbunden. Die Spannungsquelle des Ladegerätes treibt einen Ladestrom, der von der Anode durch die Batterie zur Kathode fließt. Genauer gesagt, werden Elektronen vom Generator zu den negativen Platten hingedrückt und von den positiven Platten abgesaugt. Diese Elektronen werden dadurch geliefert, daß jedes doppelt positiv geladene Bleiion des Bleisulfats zwei Elektronen abgibt und wieder zu einem vierfach geladenen Ion wird. Das Bleisulfat an den positiven Platten löst sich auf, dafür entsteht wieder Bleioxid.

An den negativen Platten führen die ankommenden Elektronen ebenfalls zur Lösung der Verbindung des Bleisulfats. Das doppelt positiv geladene Bleiion nimmt zwei Elektronen auf und wird dadurch zu einem Bleiatom. Der Säurerest geht an den negativen wie an den positiven Platten eine Verbindung mit dem Wasserstoff ein. Es bildet sich Schwefelsäure, und Wasser wird verbraucht. Daher steigt beim Laden das spezifische Gewicht des Elektrolyten.

Die Säuredichte, gemessen mit dem Aräometer, gibt eine ungefähre Auskunft über den Ladezustand der Batterie. Bei einer voll geladenen Batterie und einer Temperatur von 27°C beträgt die Säuredichte 1,28 kg/dm^3, im entladenen Zustand 1,12 kg/dm^3. Bei einer Dichte von weniger als 1,20 kg/dm^3 empfiehlt es sich, die Batterie zu laden.

Während der Ladezeit nimmt die Batterie mit dem Ladestrom eine bestimmte Ladungsmenge auf. Dies hat zur Folge, daß die Potentialdifferenzen der positiven und negativen Platten gegen den Elektrolyten zunehmen und die Quellenspannung der Batterie steigt. Die Ruhespannung einer voll geladenen Bleizelle beträgt 2,12 V. Diese Spannung gibt die unbelastete Zelle einige Zeit nach Beendigung des Ladevorgangs ab. Vom Stromkreis her betrachtet, entsprechen die Vorgänge bei Aufladung und Entladung einer Batterie denen beim Auf- und Entladen eines Kondensators mit sehr großer Kapazität. Wenn beim Laden die Gasungsspannung von 2,4 Volt je Zelle erreicht ist, tritt eine lebhafte Zersetzung des Wassers in Wasserstoff und Sauerstoff (Knallgas!) ein. Da diese Gasbildung für das Plattenmaterial auf die Dauer schädlich ist, darf die Ladestromstärke nach Erreichen der Gasungsspannung bestimmte Werte nicht übersteigen und muß notfalls herabgesetzt werden.

2.3.5 Alkalische Batteriesysteme auf Nickelbasis

Gasdichte Nickel-Cadmium (Ni-Cd)-Akkumulatoren sind als wiederaufladbare Gerätebatterien weit verbreitet. Sie enthalten eine positive Elektrode aus Nickeloxidhydroxid, die negative Elektrode besteht entweder aus Cadmium oder Eisen. Der Elektrolyt ist Kalilauge.

Entladung: An der negativen Platte werden elektrisch neutrale Cadmiumatome zu positiven Ionen, die freien Elektronen fließen an den Verbraucher ab: $Cd \Rightarrow Cd^+ + 2e^-$. Diese Ionen verbinden sich mit OH-Gruppen aus dem Elektrolyten zu Cadmiumhydroxid: $Cd_2^+ + 2OH^- \Rightarrow Cd(OH)_2$. An der positiven Platte geht NiOOH mit dreiwertigem Nickel in Ni $(OH)_2$ mit zweiwertigem Nickel über, aus dem Stromkreis werden Elektronen aufgenommen:

$$2e^- + 2\,NiOOH + 2\,H_2O \Rightarrow 2\,Ni\,(OH)_2 + 2(OH)^-.$$

Die Kalilauge bleibt unverändert, aber es wird Wasser verbraucht. Die Batterie gibt Strom ab, die Quellenspannung nimmt allmählich ab.

Aufladung: Die Batterie nimmt aus dem Ladegleichrichter oder Generator elektrische Energie auf. Die bei der Entladung beschriebenen elektrochemischen Vorgänge verlaufen in umgekehrter Richtung: Positive Platte: $2\,Ni\,(OH)_2 + 2(OH)^- \Rightarrow 2e^- + 2\,NiOOH + 2\,H_2O$.

Elektronen werden in den Stromkreis abgegeben, Wasser wird frei.

Negative Platte: $Cd(OH)_2 \Rightarrow Cd_2^+ + 2OH^-$; $Cd^+ + 2e^- \Rightarrow Cd$. Elektronen werden aus dem Stromkreis aufgenommen. Die Quellenspannung nimmt allmählich zu. Beim Überschreiten der Nennspannung von 1,2 V je Zelle beginnt die Batterie zu gasen.

Vor- und Nachteile: Alkalische Batterien haben wesentlich kürzere Ladezeiten als Bleibatterien. Ein alkalischer Akkumulator benötigt weniger als eine Stunde zur vollständigen Aufladung. Außerdem kann man einen Nickel-Cadmium-Akkumulator kurzzeitig mit erheblich höheren Strömen belasten als einen Bleiakkumulator. Dies spielt z.B. bei einer Starterbatterie für einen Notstromdiesel eine Rolle. Der Nachteil der Ni-Cd-Batterien liegt in der geringen Zellenspannung von 1,2 V und in dem giftigen Schwermetall Cadmium.

2.3.6 Hochtemperaturbatterien auf Natriumbasis

Am weitesten fortgeschritten sind in ihrer Entwicklung das Natrium-Schwefel- und das Natrium-Nickelchlorid-System. Die Elektroden sind flüssig, die Kathode besteht aus Natrium,

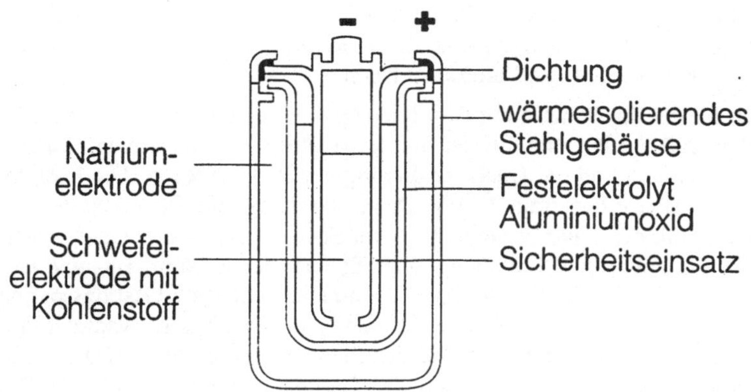

Bild 2-43: Hochtemperaturbatterie auf Natriumbasis: Natrium-Schwefel-Zelle

die Anode aus Schwefel oder Nickelchlorid. Die Betriebstemperatur der Zelle liegt zwischen 290°C und 350°C. Als Elektrolyt dient eine Wand aus festem Aluminiumoxid, das bei der Betriebstemperatur einen Austausch von Natriumionen ermöglicht. Ein doppelwandiger Stahlmantel sorgt für die Wärmeisolierung (Bild 2-43). Die Energiedichte dieser Systeme beträgt heute etwa 120 Wh/kg, das ist das Vierfache des Bleiakkumulators und das Doppelte der Ni-Cd-Batterie [43]. Hochtemperaturbatterien können sehr große Leistungen abgeben und sind besonders geeignet für den ortsfesten Einsatz im Kraftwerk zur Spitzenlastdeckung. Ein markantes Beispiel ist die Natrium-Schwefel-Batterie der BEWAG Berlin, die kurzzeitig eine Leistung von 17 MW abgeben kann [5].

2.3.7 Ersatzschaltplan und Kennlinien im Kurzzeitbetrieb

Ein Akkumulator ist, ebenso wie ein Kondensator, als eine Spannungsquelle zu betrachten, deren Quellenspannung proportional der gespeicherten Ladungsmenge ist.

Beim Betriebsverhalten muß man zwischen Kurzzeitbereich und Langzeitbereich unterscheiden. Im *Kurzzeitbetrieb*, den wir zunächst beschreiben wollen, bleibt die Quellenspannung bzw. Leerlaufspannung der Batterie praktisch konstant, im Langzeitbetrieb dagegen steigt oder fällt sie deutlich. In beiden Bereichen sinkt die Klemmenspannung bei Belastung um einen Betrag, der dem Strom proportional ist.

Im Ersatzschaltplan für Kurzzeitbetrieb (Bilder 2-44a und b) stellt man den Akkumulator durch einen Zweipol dar, der aus einer Reihenschaltung von Quellenspannung und Innenwiderstand besteht. Die Größe der Quellenspannung ist vom augenblicklichen Ladezustand abhängig. Der Spannungsabfall bei Belastung ist verursacht durch einen Innenwiderstand R_i in Reihe mit der Quellenspannung. Der Ersatzschaltplan einer Batterie ist demnach der gleiche wie beim Ankerkreis einer Gleichstrommaschine. Daher sind auch die Strom-Spannungs-Kennlinien bei konstanter Quellenspannung grundsätzlich die gleichen.

Nach dem *Verbraucher-Zählpfeil-System* definiert man den Strom I_B als positiv, wenn er bei der Plusklemme in den angeschlossenen Zweipol hineinfließt, also beim Laden der Batterie.

Der Zweipol Batterie nimmt dann elektrische Leistung auf und verhält sich wie ein Verbraucher (siehe Bild 2-44b).

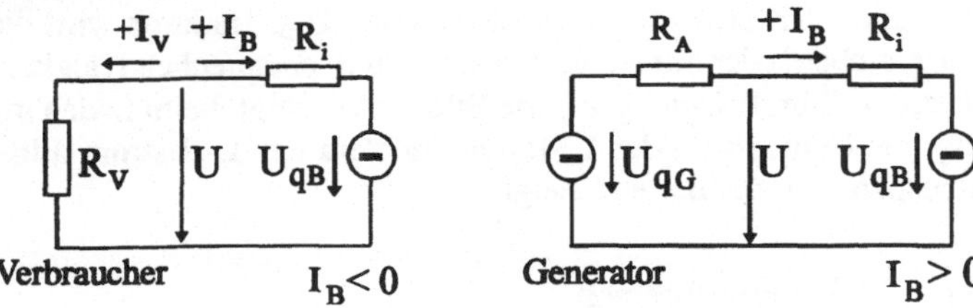

Bild 2-44: Ersatzschaltplan für Kurzzeitbetrieb einer Batterie
a) beim Entladen auf einen Widerstand b) beim Laden durch einen Gleichstromgenerator

Beim *Entladen* arbeitet die Batterie als Generator. Sie gibt Leistung ab, die Richtung des Stromes I_B ist negativ einzusetzen. Es gilt $I_B = -I_V$ und

$$U = U_q - I_B \cdot R_i \tag{2.31}$$

Die Entladekennlinie $U = f(I_B)$ ist daher eine leicht abfallende Gerade, die gegen den Nullpunkt um den Betrag der konstanten Quellenspannung U_q (Ruhespannung) verschoben ist. Wenn der Verbraucher sich wie ein ohmscher Widerstand R_V verhält, so gilt für ihn $U = I_V \cdot R_V = -I_B \cdot R_V$. Die Verbraucherkennlinie ist eine Gerade durch den Nullpunkt. Der Schnittpunkt der beiden Kennlinien ist der Arbeitspunkt der Anlage, denn in diesem Punkt sind die Werte von U und I für Batterie und Widerstand gleich (Bild 2-45a). Dem negativen Vorzeichen entsprechend tragen wir den Entladestrom der Batterie im Strom-Spannungs-Diagramm nach links auf.

Beim Laden gibt der Generator oder Ladegleichrichter elektrische Energie an die Batterie ab, die sich wie ein Verbraucher verhält. Der Batteriestrom ist positiv und wird im Diagramm nach rechts aufgetragen. Die Spannungsgleichung des Zweipols Generator lautet:

$$U = U_{qG} - I_B \cdot R_A \tag{2.32a}$$

Die Spannungsgleichung des Zweipols Batterie lautet

$$U = U_{qB} + I_B \cdot R_i \tag{2.32b}$$

Die linear abfallende Generatorkennlinie schneidet die linear ansteigende Batteriekennlinie im Arbeitspunkt. Daraus ergibt sich die Größe des Ladestromes. U_{qG} und U_{qB} sind bei diesen Kennlinien als konstant angenommen.

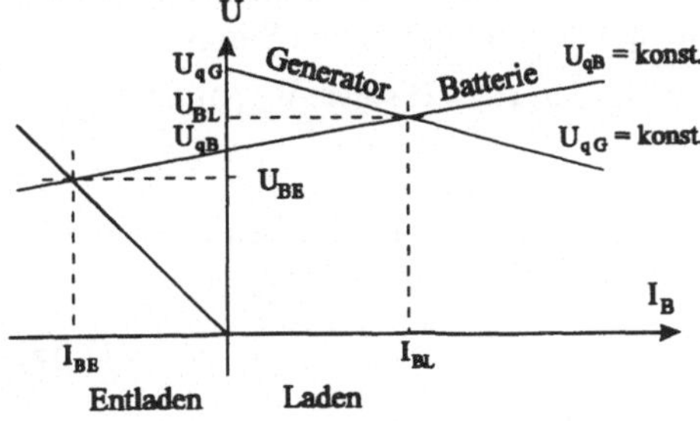

Bild 2-45a: Strom-Spannungskennlinien $U = f(I_B)$ eines Akkumulators beim Laden und Entladen

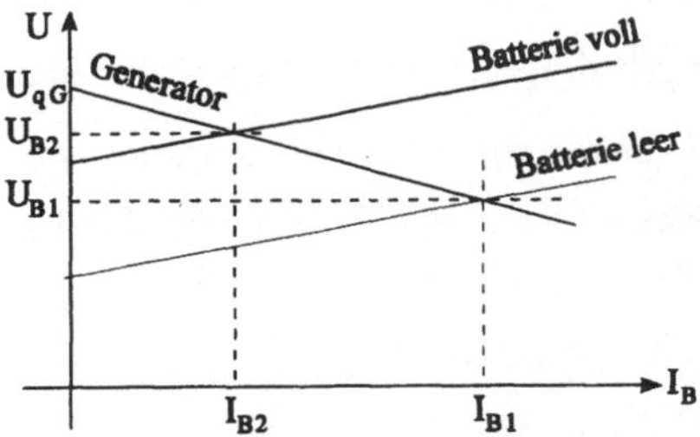

Bild 2-45b: Stromrückgang beim Laden eines Akkumulators

Allerdings gilt diese Annahme bei belasteter (Blei-) Batterie nur maximal eine Stunde, denn in dem Maße, wie die Batterie geladen oder entladen wird, also im Bereich von 2 bis 10 Stunden, vergrößert oder verkleinert sich ihre Quellenspannung U_{qB}. Dadurch wird die Batteriekennlinie parallel nach oben oder unten verschoben, und entsprechend ändern sich Arbeitspunkt und Ladestrom. Zum Beispiel geht, wie Bild 2-45b zeigt, beim Laden mit konstanter Quellenspannung des Generators oder Ladegleichrichters der Ladestrom allmählich zurück, weil die Quellenspannung der Batterie steigt.

2.3.8 Ladevorgänge im Langzeitbetrieb

Ladestrom und Klemmenspannung

Will man im Ersatzschaltbild eines Akkumulators nicht nur den kurzzeitig stationären Zustand von Strom und Spannung modellhaft abbilden, sondern auch die Lade- und Entladevorgänge im Langzeitbetrieb, so muß man das Kurzzeit-Ersatzschaltbild so ergänzen, daß der Betrag der Quellenspannung U_{qB} sich proportional der aufgenommenen oder abgegebenen Ladungsmenge der Batterie ändert. Dies läßt sich dadurch erreichen, daß man U_{qB} auf zwei Bauelemente aufteilt (Bild 2-46), nämlich eine ideale Spannungsquelle für den Minimalwert der Quellenspannung U_{qBmin} und einen Kondensator C in Reihe dazu, dessen Spannung gemäß der Gleichung $q = C \cdot u_c$ der aufgenommenen Ladungsmenge proportional ist.
Nach dem Maschensatz gilt: $U_{qB} = U_{qBmin} + u_c \Rightarrow U_{qB} = U_{qBmin} + q / C$

Den vollständigen Ersatzschaltplan des Batteriestromkreises erhält man, wenn man an den Klemmen des Batteriezweipols eine Lade-Spannungsquelle oder einen Verbraucher anfügt.

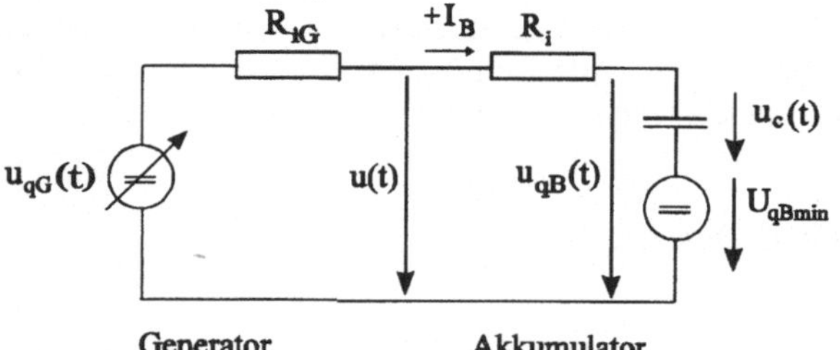

Bild 2-46: Ersatzschaltbild für den Ladestromkreis eines Akkumulators im Langzeitbetrieb

Mit Hilfe dieses Ersatzschaltplans lassen sich die zeitlichen Strom- und Spannungsverläufe beim Laden oder Entladen des Akkumulators berechnen. Wir beschränken uns hier auf zwei Vorgänge, nämlich das Laden mit konstanter Spannung und mit konstantem Strom.

Anfangsbedingungen seien in beiden Fällen $u_{qG}(0) = U_{qG}$, $u_c(0) = 0$ sowie $u_{qB}(0) = U_{qBmin}$

Fall 1: Laden mit konstanter Batteriespannung:

Der Akkumulator mit der Entladeschlußspannung U_{qBmin} wird durch Schließen eines Schalters an eine konstante Ladespannung $u_{qG}(t) = U_{qG}$ gelegt. Der Maschensatz ergibt

$$U_{qG} = i \cdot (R_{iG} + R_i) + u_c + U_{qBmin} \tag{2.33}$$

Für $t > 0$ gilt also: $U_{qG} - U_{qBmin} = i \cdot R + u_c$ mit $R = R_{iG} + R_i$.

$u_c = q / C$ wird eingesetzt und $U_{qG} - U_{qBmin} = i \cdot R + q / C$ nach der Zeit differenziert:

$0 = \frac{di}{dt} \cdot R + \frac{1}{C} \cdot \frac{dq}{dt}$. Da $\frac{dq}{dt} = i$ ist, ergibt sich $0 = \frac{di}{dt} \cdot R + \frac{i}{C}$. Durch Multiplizieren mit R wird diese Differentialgleichung zu: $i + R \cdot C \cdot \frac{di}{dt} = 0$.

Das Produkt $R \cdot C = T$ ist die *Zeitkonstante des Ladevorgangs*. Somit wird $i + T \cdot \frac{di}{dt} = 0$ oder $i = -T \cdot \frac{di}{dt}$. Daraus folgt $\frac{di}{i} = -\frac{dt}{T}$. Durch Integration ergibt sich $\ln i + K = -\frac{1}{T} t$.

Die Gleichung wird potenziert und ergibt $i(t) = K \cdot e^{-t/T}$.

K wird mit Hilfe der Anfangsbedingung $u_C(0) = 0$ bestimmt: $U_{qG} = i(0) \cdot (R_{iG} + R_i) + U_{qB\min}$.

Daraus folgt:

$$I_0 = i(0) = \frac{U_{qG} - U_{qB\min}}{R} \tag{2.34a}$$

$$i(t) = \frac{U_{qG} - U_{qB\min}}{R} \cdot e^{-t/T} \tag{2.34b}$$

Die Spannung u_c erhält man, wenn man Gleichung (2.33) nach u_c auflöst:

$u_C = U_{qG} - U_{qB\min} - i(t) \cdot R \Rightarrow u_C = U_{qG} - U_{qB\min} - (U_{qG} - U_{qB\min}) \cdot e^{-t/T}$. Also wird

$$u_C(t) = (U_{qG} - U_{qB\min}) \cdot (1 - e^{-t/T}) \tag{2.35}$$

Die Spannung

$$u_{qB}(t) = U_{qB\min} + (U_{qG} - U_{qB\min}) \cdot (1 - e^{-t/T}), \tag{2.36}$$

die ein Maß für den Ladezustand der Batterie ist, und der zugehörige Ladestrom sind in den Diagrammen des Bildes 2-47 aufgetragen.

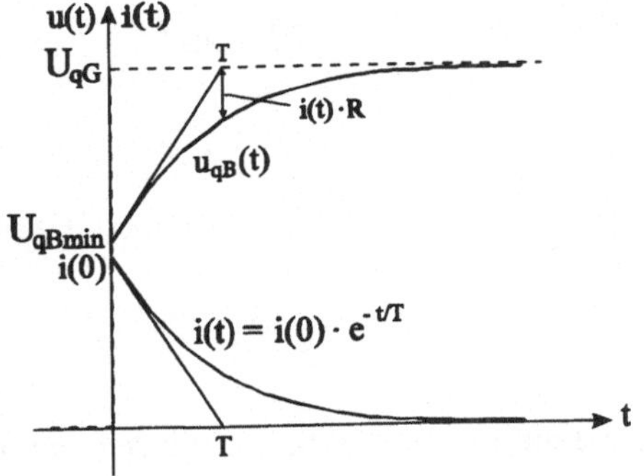

Bild 2-47: Quellenspannung und Ladestrom eines Akkus beim Aufladen mit konstanter Spannung

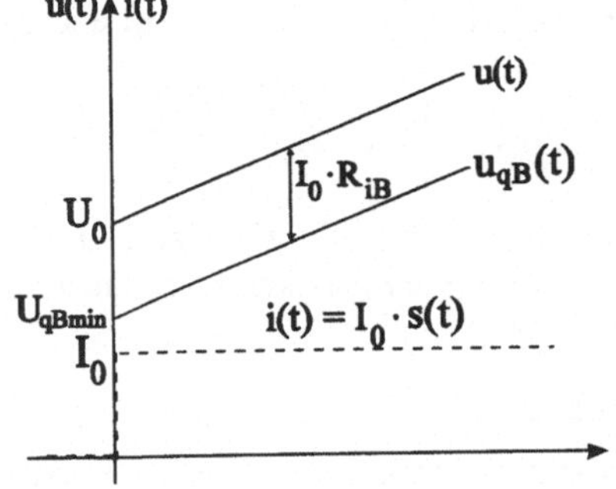

Bild 2-48: Ladestrom, Quellenspannung und Klemmenspannung eines Akkus beim Aufladen mit konstantem Strom

Wie das Bild 2-47 zeigt, ist der Ladevorgang mit konstanter Spannung keineswegs optimal. Der Ladestrom sinkt in dem Maße, wie die Spannung steigt, ab und ändert sich kaum noch, wenn das Dreifache der Zeitkonstanten überschritten ist. Dadurch dauert es sehr lange, bis die

Batterie voll geladen ist. Wesentlich günstiger ist es daher, wenn die Batterie mit konstantem Strom, statt mit konstanter Spannung, geladen wird.

Fall 2: Laden mit konstantem Batteriestrom

Gegeben sei der zeitlich konstante Ladestrom $i(t) = I_0$ (Bild 2-48). Gesucht ist der zeitliche Verlauf von Klemmenspannung u(t) und Quellenspannung $u_{qB}(t)$ der Batterie sowie der Quellenspannung $u_{qG}(t)$ des Generators. Nach dem Maschensatz gilt

$$u_{qG}(t) = I_0 \cdot (R_{iG} + R_i) + u_c(t) + U_{qB\min} \tag{2.37}$$

Anfangsbedingung: Bei $t = 0$ ist $u_c(0) = 0$ und $u_{qG}(0) = U_{qB\min} + I_0 \cdot R$ mit $R = R_{iG} + R_i$.

Man differenziert Gl. (2.37) nach der Zeit: $\frac{du_{qG}}{dt} = \frac{du_c}{dt}$. Der Anstieg der Quellenspannung des Generators ist gleich dem Spannungsanstieg an der Kapazität C. Dieser Anstieg ist konstant, weil der Strom zeitlich konstant ist. Über C fließt $I_0 = C \cdot \frac{du_c}{dt}$, also gilt $du_C = \frac{I_0}{C} \cdot dt$.

Über die Zeit integriert gibt das $u_C(t) = \int_0^t \frac{I_0}{C} dt \Rightarrow u_C(t) = \frac{I_0}{C} \cdot t$. Daraus folgt, daß die Quellenspannung der Batterie zeitlinear ansteigt:

$$u_{qB}(t) = \frac{I_0}{C} \cdot t + U_{qB\min} \tag{2.38a}$$

Dies ist leicht einzusehen, weil bei konstantem Ladestrom die Ladung je Zeiteinheit um den gleichen Betrag zunimmt. Die Quellenspannung des Generators steigt ebenfalls zeitlinear an, weil der Abstand $I_0 \cdot (R_{iG} + R_i)$ zu u_{qB} konstant ist:

$$u_{qG}(t) = I_0 \cdot (R_{iG} + R_i) + \frac{I_0}{C} \cdot t + U_{qB\min} \tag{2.38b}$$

Zwischen beiden Spannungen liegt die Klemmenspannung des Generators bzw. der Batterie:

$u(t) = I_0 \cdot R_i + \frac{I_0}{C} \cdot t + U_{qB\min}$. Mit dem Anfangswert $U_0 = u(0) = I_0 \cdot R_i + U_{qB\min}$ wird

$$u(t) = \frac{I_0}{C} \cdot t + U_0 \tag{2.38c}$$

Bei konstantem Ladestrom steigen Klemmenspannung und Quellenspannung der Batterie zeitlinear mit der gleichen Steigung an (Bild 2-48).

Lade- und Entladekurven in der Praxis

Wie bereits erwähnt, wird in der Praxis überwiegend mit konstantem Strom geladen, um die Ladezeit zu verkürzen. Trägt man unter dieser Voraussetzung beim Laden und Entladen die gemessene Spannung je Zelle über der Zeit auf, so erhält man für einen Bleiakkumulator die in Bild 2-49 dargestellten Kurven [12]. Es zeigt sich, daß die Batteriespannung während des Ladevorgangs nur für den mittleren Zeitabschnitt den idealisierten Berechnungen von Fall 2 entspricht. In den Anfangs- und Endabschnitten steigt dagegen die Spannung mit unterschiedlicher Steilheit an. Daraus kann man den Schluß ziehen, daß die Ersatzkapazität C der Batterie vom Ladezustand abhängig ist:

$$i(t) = C \cdot \frac{du_c}{dt} \quad \Rightarrow \quad U_2 - U_1 = \frac{1}{C} \cdot \int_{t1}^{t2} i\,dt$$

Zu Beginn der Aufladung ist C klein, so daß die Spannung schnell ansteigt. Danach nimmt C jedoch stark zu, und die Spannung steigt nur langsam an. Der Wert von C nimmt wieder ab, wenn die Batterie fast vollgeladen ist. Entsprechendes gilt umgekehrt beim Entladen mit konstantem Strom. Wir sehen, daß die Voraussetzung einer konstanten Ersatzkapazität C nur für den mittleren Zeitabschnitt gilt. Die elektrochemischen Ursachen für die Kapazitätsänderungen sollen hier nicht weiter untersucht werden.

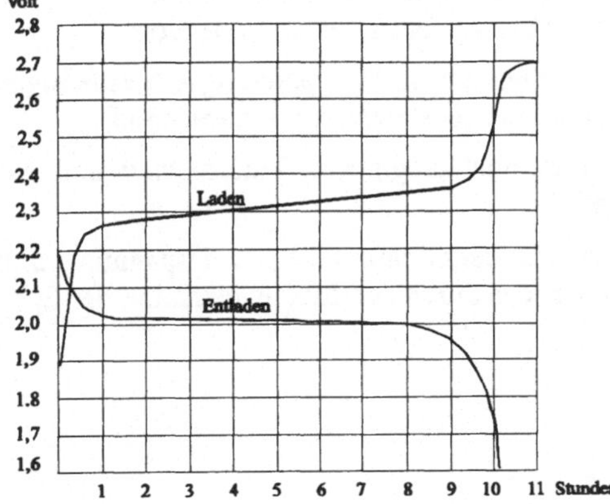

Bild 2-49:
Lade- und Entladekurven eines Bleiakkumulators

Man beachte: Die auf dem Typenschild einer Batterie angegebene "Kapazität" K in Amperestunden ist physikalisch keine Kapazität, sondern gibt die Ladungsmenge an, die eine voll geladene Batterie bis zum Erreichen der Entladeschlußspannung abgeben kann. Diese Angabe gilt nur für eine bestimmte Entladedauer, bei Antriebsbatterien für 5 Stunden (K5), bei stationären Batterien für 10 Stunden (K10) und bei Starterbatterien für 20 Stunden (K20).

Der *Nennstrom* einer Batterie ist damit definiert als Quotient

Nennstrom = Nennkapazität / Nennentladedauer.

Bei der oben gezeigten Entladekurve ist als Stromstärke der Nennstrom zugrundegelegt. Der gleiche Strom ist beim Laden angenommen. Um die Batterie auf die Nennkapazität vollzuladen, muß der Ladestrom jedoch länger als 10 Stunden fließen, weil der

$$\text{Amperestunden-Wirkungsgrad} = \frac{\text{entnommene Ladungsmenge}}{\text{zugeführte Ladungsmenge}} \quad . \qquad (2.39)$$

stets < 1 ist. Der Kehrwert des Amperestunden-Wirkungsgrades ist der *Ladefaktor*, der meist zwischen 1,1 und 1,2 liegt.

Die Kapazität einer Bleibatterie ist stark temperaturabhängig. Sie wird bei + 25°C als Nennkapazität definiert (100 %) , sinkt aber bei 0°C auf 74 % und bei -20°C auf 40 % ab.

Bei Bleibatterien, die in geladenem Zustand in Ruhe stehen, tritt *Selbstentladung* auf. Sie entladen sich infolge von Wasserstoffentwicklung an der negativen Elektrode und anderen chemischen Vorgängen allmählich selbst. Bei Batterien, die ständig betriebsbereit sein müssen, z.B. für die Notstromversorgung, wird die Selbstentladung durch *Erhaltungsladung* ausgeglichen. Man führt ihnen ständig einen geringen Strom zu, der je nach Batterieart und Zustand zwischen 30 und 300 mA je 100 Ah Nennkapazität liegt.

2.3.9 Ladegeräte und Ladeverfahren

Als Ladegeräte verwendet man heute durchweg Gleichrichter mit Halbleiterdioden oder Thyristoren. Gleichstromgeneratoren werden nur noch selten eingesetzt. Der Verlauf von Spannung und Strom beim Laden wird entscheidend durch die Größe der Gleichrichtergeräte und deren Kennlinien bestimmt.

In der *Ladekennlinie* ist die Ladespannung bzw. Batteriespannung über dem Ladestrom aufgetragen [14]. Nach DIN 41 772 unterscheidet man drei grundsätzliche Arten von Ladekennlinien, die durch folgende Kurzzeichen gekennzeichnet sind:

W-Kennlinie:	Ladestromabnahme bei steigender Batteriespannung Netzspannungsschwankungen beeinflussen Ladestrom
U-Kennlinie:	Konstante Batteriespannung trotz Netzspannungsschwankungen Starke Ladestromabnahme bei steigendem Ladezustand
I-Kennlinie:	Konstanter Ladestrom unabhängig von Ladezustand und Netzspannungsschwankungen

Beim Laden nach *W-Kennlinie* (Widerstands-Kennlinie) stehen Ladespannung und Ladestrom in einem festen Verhältnis zueinander, das durch den Innenwiderstand der Spannungsquelle gegeben ist.

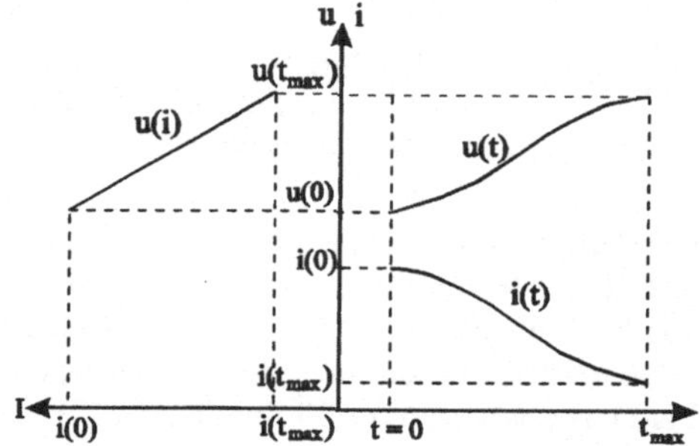

Bild 2-50:
Linkes Diagramm: Ladekennlinie u = f(i), Typ W nach DIN 41 774.
Rechts daneben: Zeitlicher Verlauf des Ladevorganges u = f(t) und i = f(t)

Bei niedriger Batteriespannung wird mit großem Strom geladen. Mit steigender Batteriespannung geht der Ladestrom zurück bis auf den Ladeschlußstrom $i(t_{max})$, er wird von Hand abgeschaltet (Bild 2-50). Die W-Kennlinie kommt der Forderung entgegen, daß mit Rücksicht auf die Lebensdauer der Zellen beim Überschreiten der Gasungsspannung (2,4 V/Zelle) der Ladestrom reduziert werden muß. Sie ergibt sich angenähert bei *ungeregelten Ladegeräten* mit hohem Innenwiderstand, die an konstanter Netzwechselspannung betrieben werden. Ein ungeregeltes Ladegerät besteht aus einem Transformator und einem Dioden-Gleichrichter, der meist als Wechselstrombrücke (Bild 2-52) oder Drehstrombrücke (Bild 2-53) ausgeführt ist. Dem Vorteil eines einfachen, robusten und billigen Ladegerätes steht der Nachteil entgegen, daß der Ladestrom sehr stark von Netzspannungsschwankungen abhängig ist. Ungeregelte Ladegeräte werden meist nur für das Laden und Erhaltungsladen kleiner Batterien verwendet.

Im Bereich größerer Leistungen werden stets *geregelte Ladegeräte* mit *I- oder U-Kennlinien* (Bild 2-51) oder Kombinationen aus diesen eingesetzt. Der Ladegleichrichter muß dann als steuerbarer Stromrichter ausgeführt sein (Bild 2-53). Die Gleichrichterbrücke enthält statt der Dioden Thyristoren, die über Stromimpulse aus einer Steuer- und Regelelektronik im Takt der Netzfrequenz periodisch geschaltet werden. Je nach Phasenlage der Impulse werden größere oder kleinere Teile aus der Netzwechselspannung herausgeschnitten (Phasenanschnittsteuerung) und so der arithmetische Mittelwert der Gleichspannung kontinuierlich zwischen dem Wert des ungeregelten Gleichrichters und Null verstellt.

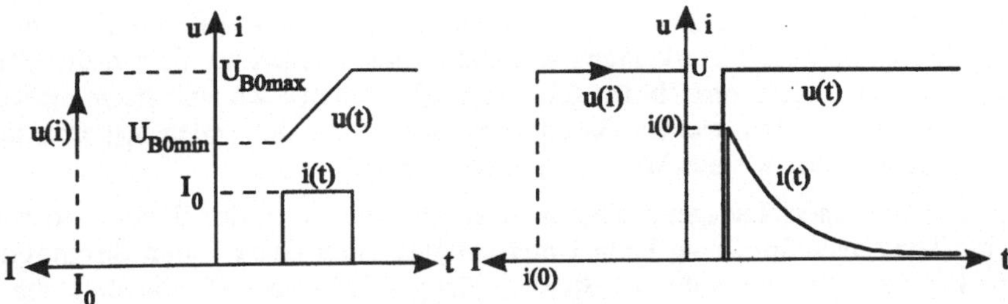

Bild 2-51: Ladekennlinien von Batterien nach DIN 41 772:
a) I-Kennlinie b) U-Kennlinie

Ausführlich wird die Wirkungsweise der Gleichrichter und Stromrichter in Kapitel 8 dieses Buches beschrieben.

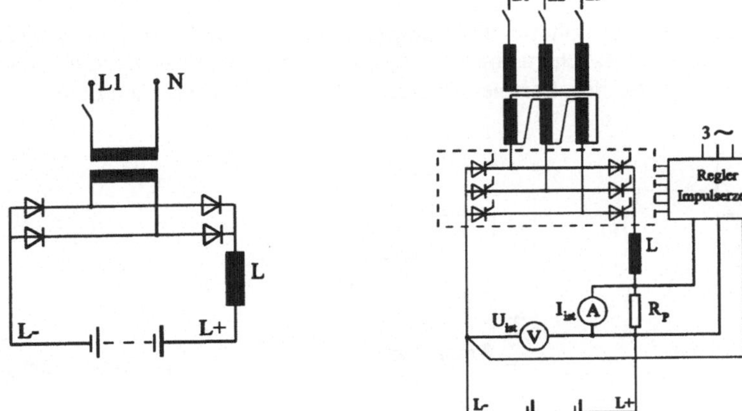

Bild 2-52: Ungeregelter Batterie-Ladegleichrichter mit Dioden in Wechselstrom-Brückenschaltung

Bild 2-53: Geregelter Batterie-Ladegleichrichter mit Thyristoren in Drehstrom-Brückenschaltung

Häufig verwendet man beim Laden nicht nur einen Kennlinientyp, sondern mehrere Kennlinientypen nacheinander. Als Beispiel sei hier die *IU-Kennlinie* oder Schnellade-Kennlinie genannt (Bild 2-54a). Hierbei speist man die leere Batterie zunächst mit konstantem Strom

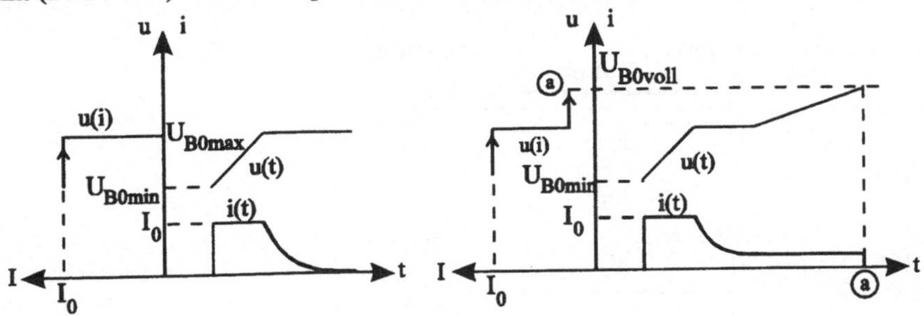

Bild 2-54: Ladekennlinien von Batterien nach DIN 41 773
a) IU-Kennlinie b) IUIa-Kennlinie

und zwar mit der höchsten zulässigen Stromstärke (Stromregelung, I-Kennlinie). Die Batteriespannung steigt bei dieser Starkladung mit maximaler Steilheit an. Sobald die Gasungsspannung von 2,4 V je Zelle erreicht ist, geht der Regler automatisch auf Spannungsregelung über (U-Kennlinie). Dadurch werden Gasung und Erwärmung der Zellen begrenzt, und der Ladestrom sinkt auf einen kleinen Wert ab (Schwachladung).

Verlangt man von einem Ladegerät eine automatische Volladung der Batterie, so wird die Ladung mit konstanter Spannung beim Unterschreiten eines einstellbaren Stromwertes ergänzt durch eine dritte Ladestufe mit Stromregelung (Nach- oder Überladung), die später abgeschaltet wird (Kurzzeichen für Abschaltung: a). Der Ladevorgang verläuft also nach einer *IUIa-Kennlinie* (Bild 2-54b).

2.3.10 Betriebsarten nach VDE 510

Reiner Batteriebetrieb

Werden Verbraucher aus einer Batterie direkt gespeist, und wird die Batterie in Betriebspausen zum Laden von den Verbrauchern abgetrennt, so bezeichnet man das als reinen Batteriebetrieb oder Entlade-Lade-Betrieb. Beispiel: Batterietriebwagen der Deutschen Bahn.

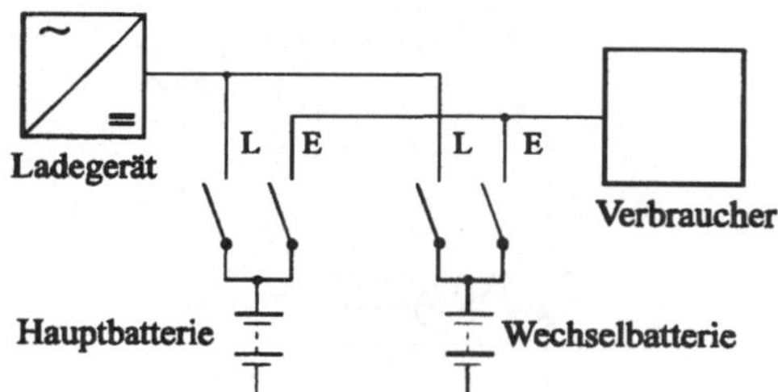

Bild 2-55: Batteriebetrieb mit Wechselbatterie

Müssen Verbraucher auch während des Ladens mit Strom versorgt werden, ist eine weitere Batterie (Wechselbatterie) erforderlich, auf die während des Ladens der Hauptbatterie umgeschaltet wird, wie der Schaltplan von Bild 2-55 zeigt.

Bereitschaftsparallelbetrieb

Batterie und Verbraucher sind ständig parallel geschaltet und werden über einen gemeinsamen Ladegleichrichter versorgt (Bild 2-56).

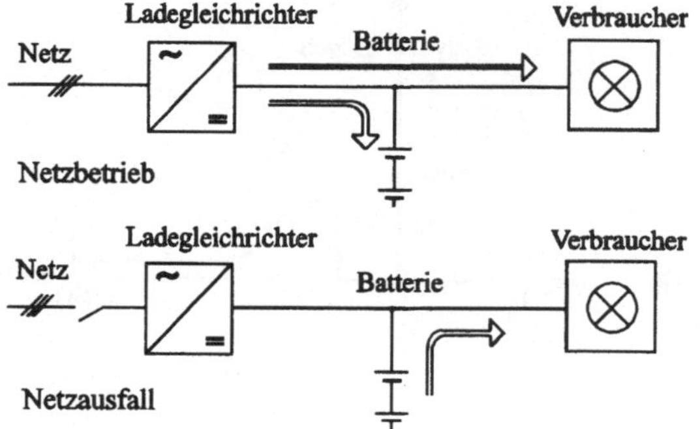

Bild 2-56: Unterbrechungsfreier Parallelbetrieb von Netz, Batterie und Verbraucher

Bei Ausfall des Gleichrichters oder des speisenden Drehstromnetzes übernimmt die Batterie unterbrechungsfrei die Weiterversorgung der Verbraucher, bis der Gleichrichter, z.B. nach Netzrückkehr, wieder in Betrieb geht. Dann versorgt dieser erneut die Verbraucher und lädt außerdem die Batterie auf [37] mit Hilfe.

Das Ladegerät muß im ungestörten Betrieb

- den Verbraucherstrom liefern
- die Batterie nach einem Netzausfall laden
- den Ladezustand der Batterie erhalten.

Beispiele: Gesicherte Gleichstromversorgung von EDV-Anlagen, Netzschutzeinrichtungen und Kommunikationssystemen (Fernsprechnetze, Signalanlagen). Die Ladegeräte werden daher nach dem möglichen Verbraucherstrom ausgewählt. Hierbei ist eine Ladestromreserve von mindestens 10 A je 100 Ah Batterie-Nennkapazität zu berücksichtigen. Benötigen die Verbraucher im Ausnahmefall kurzzeitig einen Strom, der höher ist als der Gleichrichter-Nennstrom, dann liefert ihn die Batterie (Pufferbetrieb).

Ein Hauptproblem des Parallelbetriebs ist die unterschiedliche Spannungshöhe von Batterie und Verbrauchernetz. Aus der kleinsten zulässigen Betriebsspannung des Verbrauchers nach Netzausfall am Ende einer Batterieentladung ergibt sich die notwendige Zahl von Batteriezellen. Im Normalbetrieb muß der Gleichrichter jedoch eine erheblich höhere Spannung an die Batterie legen, die zur Starkladung ausreicht. Der sich daraus ergebende Spannungshub ist für viele Verbraucher, vor allem Kommunikationssysteme, unzulässig hoch. Man muß deshalb dafür sorgen, daß im Normalbetrieb die Spannung am Verbrauchernetz kleiner ist als die Batteriespannung. Bei Netzausfall muß dagegen die Verbraucherspannung gleich der Batteriespannung sein. Dies erreicht man zum Beispiel mit *Reduktionsdioden* oder mit einem *Gleichstromsteller.*

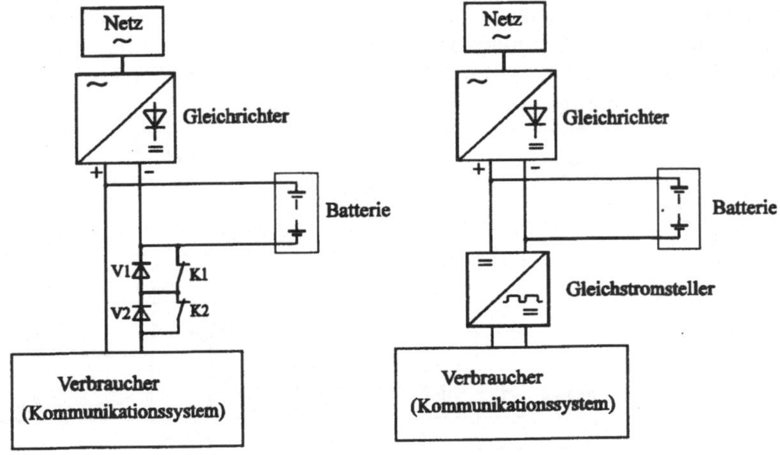

Bild 2-57: Kommunikationssystem, Parallelbetrieb von Netzgleichrichter und Batterie
a) Spannungsausgleich mit Reduktionsdioden b) Spannungsausgleich mit Gleichstromsteller

Reduktionsdioden: In die Leitung zwischen Batterie und Verbraucher sind Siliziumdioden geschaltet, deren Spannungsfall in Durchlaßrichtung die erforderliche Spannungsdifferenz ergibt. Bei Netzausfall werden die Dioden durch Öffnerkontakte eines Schützes überbrückt (Bild 2-57a).

Gleichstromsteller: Die Gleichrichterspannung wird durch einen periodisch schaltenden elektronischen Schalter in eine Folge von Spannungsblöcken zerlegt (Bild 2-57b). Je größer die Pause zwischen zwei Blöcken ist, umso kleiner ist der Mittelwert der Ausgangsspannung. Durch dieses Pulsverfahren kann die Verbraucherspannung beliebig herabgesetzt werden. Die Arbeitsweise des Gleichstromstellers ist in Kapitel 8 genauer beschrieben [11,20] .

Umschaltbetrieb

Der Verbraucher wird, wenn das Netz keine Störungen hat, aus einem Gleichrichter gespeist, die Batterie aus einem zweiten. Die Batterie wird erst bei Netzausfall mit dem Verbrauchernetz zusammengeschaltet.

Bei *Umschaltbetrieb mit Unterbrechung* (Bild 2-58a) wird die Speisung des Verbrauchers beim Umschalten auf Batteriebetrieb kurzzeitig unterbrochen. Beispiel: Sicherheitsbeleuchtung in Arbeits- und Versammlungsstätten.

Da eine Unterbrechung in vielen Fällen nicht zulässig ist, wird in der Praxis sehr häufig die Betriebsart *Umschaltbetrieb ohne Unterbrechung* angewendet.

Die wichtigste Variante ist *Umschaltbetrieb mit Batterieabgriff* (Bild 2-58b). Im Normalbetrieb speist Gleichrichter 1 den Verbraucher, Gleichrichter 2 liefert die Erhaltungsladespannung für die Batterie. Die Diode V1 ist gesperrt. Bei Netz- oder Gleichrichterausfall wird der Verbraucher zunächst bis zum Schließen des Batterie-Entladeschützkontaktes K1 über die Abgriffdiode V1 aus den Stammzellen der Batterie versorgt. Nach dem Schließen des Kontaktes K1 sind sämtliche Zellen auf den Verbraucher geschaltet, die Diode ist wieder gesperrt. Nach Rückkehr der Netzspannung schalten die Gleichrichter automatisch wieder ein. Der Kontakt K1 bleibt aber für eine Übergangszeit von 30 Minuten bis 3 Stunden noch geschlossen. Die Gleichrichter 1 und 2 sind mit Batterie und Verbraucher parallel geschaltet. Damit erhält die Batterie, wenn sie nach längerem Netzausfall entladen war, aus beiden Gleichrichtern vor dem Abtrennen eine Starkladung. Die Ladezeit ist mit einem Zeitrelais so zu bemessen, daß die zulässige Verbraucherspannung nicht überschritten wird. Danach öffnet der Kontakt K1 wieder, und der Normalbetrieb mit getrennten Gleichrichterfunktionen und abgetrennter Batterie ist erreicht [12].

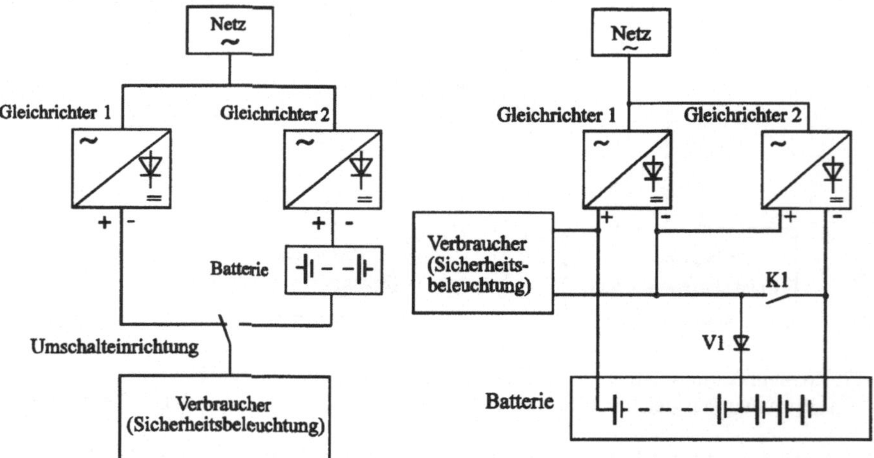

Bild 2-58: Umschaltbetrieb Gleichrichter - Batterie
a) mit Unterbrechung b) ohne Unterbrechung, mit Batterieabgriff

3 Stromversorgung mit Wechselstrom

3.1 Der Wechselstromgenerator

Jeder Gleichstromgenerator ist im Grunde ein Wechselstromgenerator. Die erzeugte Quellenspannung ist eine Wechselspannung, weil die Leiter der Ankerwicklung abwechselnd unter Nordpol und Südpol des Erregerfeldes durchlaufen. Diese Wechselspannung wird erst durch die Gleichrichtung im Kommutator zu einer Gleichspannung. Läßt man also bei einem Gleichstromgenerator den Kommutator weg und führt zwei gegenüberliegende Anzapfungen der Ankerwicklung an zwei Schleifringe auf der Welle, so kann man mit Bürsten von diesen eine Wechselspannung abnehmen.

Will man hohe Wechselspannungen über 1 kV erzeugen, so geht man von der Außenpol- zur Innenpolmaschine über (Bild 3-1). Das Magnetfeld wird im Läufer erzeugt und rotiert mit der Drehzahl der gewünschten Frequenz. Die Ankerwicklung liegt im Ständer, in Nuten des Ständerblechpaketes, so daß die Hochspannung direkt, ohne Schleifkontakte, von der Wicklung abgenommen werden kann. Nur die Erregerwicklung des Läufers muß über Schleifringe und Bürsten mit einer Gleichspannung gespeist werden, die aber stets unter 1 kV liegt.

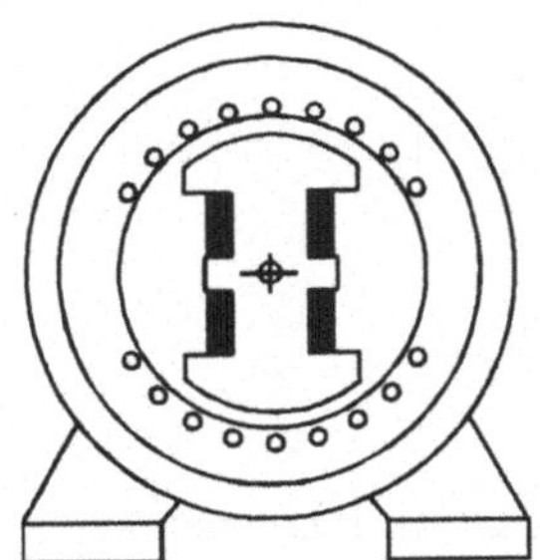

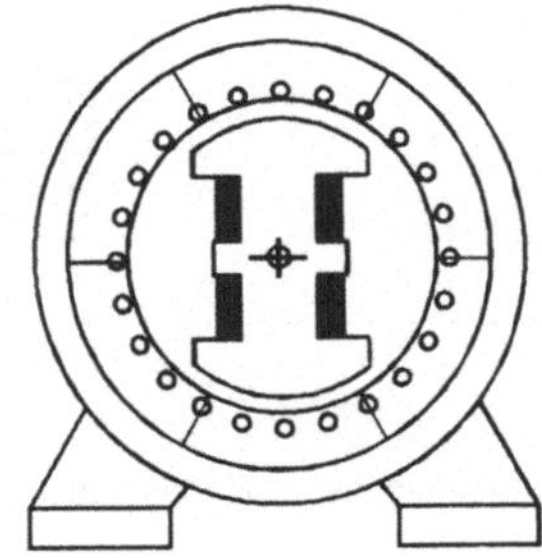

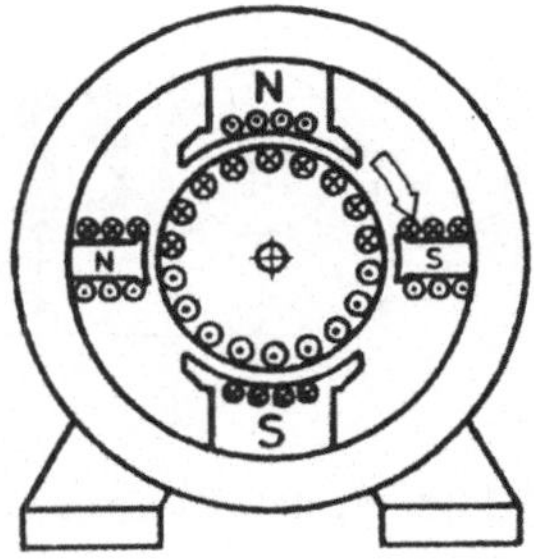

Bild 3-1a: Innenpolmaschine
Einphasen-Wechselstromgenerator Drehstromgenerator

Bild 3-1b: Außenpolmaschine
Gleichstromgenerator

Einphasen-Wechselstromgeneratoren werden praktisch nur zur *Bahnstromversorgung* verwendet. Ein Pol liegt an der Fahrleitung, der andere Pol ist geerdet und mit den Schienen verbunden. Für Deutschland, Österreich, die Schweiz, Schweden und Norwegen wurde bereits 1912 eine Frequenz von 16 2/3 Hz und eine Fahrdrahtspannung von 15 kV festgelegt. Die niedrige Bahnfrequenz wurde mit Rücksicht auf die Kommutatoren der Fahrmotoren gewählt.

Für die öffentliche und industrielle Stromversorgung, die in Europa einheitlich mit der Frequenz von 50 Hz arbeitet, werden dagegen ausschließlich *Drehstromgeneratoren* eingesetzt. Diese erzeugen drei Sinus-Wechselspannungen gleicher Frequenz und Amplitude, die in der Phasenlage um 120° gegeneinander verschoben und in *Sternschaltung* miteinander verkettet sind (siehe Kapitel 4).

3.2 Vorteile des Wechselstromes

Die wichtigste Eigenschaft des Wechselstromsystems ist die Möglichkeit, mit Hilfe von *Transformatoren*, d.h. magnetisch gekoppelten Spulen, die Amplituden von Spannungen und Strömen in nahezu beliebigem Maße zu vergrößern oder zu verkleinern, ohne daß in den Transformatoren wesentliche Leistungsverluste auftreten, wie es bei ohmschen Vorwiderständen oder Spannungsteilern der Fall wäre.

Damit hat das Wechselstromsystem zwei entscheidende Vorteile gegenüber dem Gleichstromsystem:

1. Vorteil: Reduzierung der Verlustkosten der Energieübertragung

Die *Wirtschaftlichkeit* fordert, die Leitungsnetze zur Übertragung und Verteilung elektrischer Energie so auszulegen, daß möglichst wenig Leistung auf dem Wege von den Kraftwerken zu den Verbrauchern verloren geht.

Nun sind stets, bei allen Leitungsarten und auch bei den höchsten Netzspannungen, die Stromwärmeverluste $I^2 \cdot R$ längs der Leitungen wesentlich größer als die Ableitverluste $G^2 \cdot U$ zwischen Leitung und Erde bzw. Leitung und Leitung.

Daher hat eine Energieübertragung mit hoher Spannung und kleinem Strom bei gleicher Übertragungsleistung wesentlich geringere Energieverluste als mit niedriger Spannung und hohem Strom.

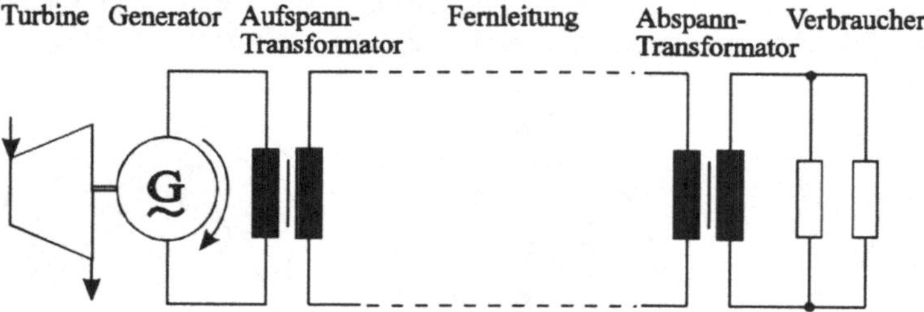

Bild 3-2: Prinzip der Hochspannungsübertragung von Wechselstrom mit Hilfe von Transformatoren

Allerdings kann die Generatorspannung nicht beliebig erhöht werden, weil die Wicklungsisolierung das nicht zuläßt, möglich sind maximal 16 kV gegen Erde. Das reicht für direkte Übertragungen großer Leistungen über große Entfernungen nicht aus. Ein Transformator zwischen Generator und Netz ermöglicht aber, die Generatorspannung auf die optimale Übertragungsspannung zu erhöhen. Ein weiterer Transformator zwischen Netz und Verbraucher setzt die Spannung auf die Verbraucherspannung herab, wie Bild 3-2 zeigt. Mit der Netzspannung steigt der Aufwand für die Isolierung von Leitungen und Transformatoren an (Anlagekosten). Daher ist es nicht sinnvoll, kleine und mittlere Leistungen mit hoher Spannung zu übertragen. Das Ziel der maximalen Wirtschaftlichkeit einer Anlage oder eines Netzes wird nur dann erreicht, wenn die *Summe aus Anlagekosten und Verlustkosten* minimal ist.

Bei der Energieübertragung über Freileitungen oder Kabel steigen die Stromwärmeverluste nicht nur mit der übertragenen Leistung, sondern auch mit der Leitungslänge. Für jede Netzgröße ergibt sich damit eine optimale Betriebsspannung, die umso höher liegt, je größer die *übertragene Leistung* und die *Übertragungsentfernung* sind. Ganz grob gilt die Faustregel: Kilovolt = Kilometer.

Dementsprechend ist das *Verbundsystem der öffentlichen Stromversorgung* der Bundesrepublik Deutschland in drei Ebenen gegliedert, die *Verbundebene*, die *regionale Ebene* und die *lokale Ebene*. Diesen Ebenen sind Drehstromnetze zugeordnet, die je nach Ausdehnung und Übertragungsleistung verschiedene Spannungen haben. Die durch Drehstromtransformatoren gekuppelten Netze sind in Bild 3-3 dargestellt [40].

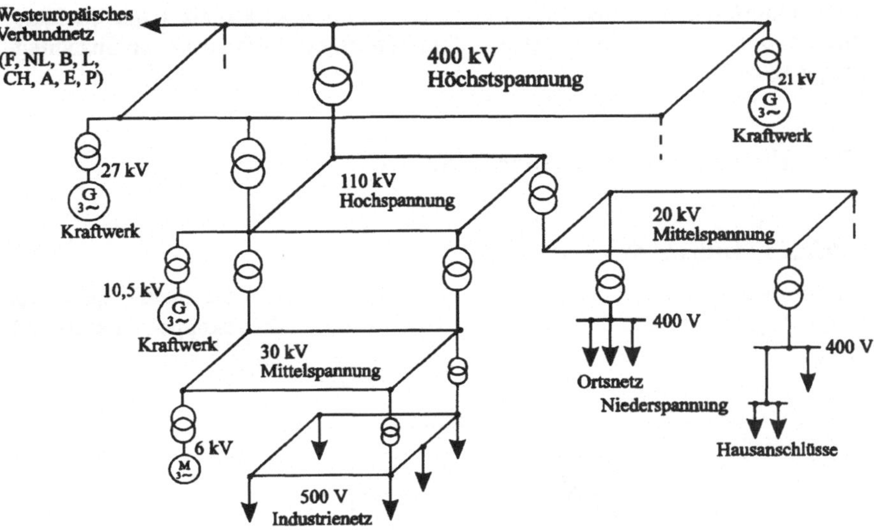

Bild 3-3: Schema der öffentlichen Stromversorgung, Verbundsystem mit gestuften Nennspannungen

Man erkennt auf dem Bild:

1) Die Ebene der Generatorspannungen (zwischen den Außenleitern) liegt je nach der Generatorleistung zwischen 6 kV und 27 kV.
2) Das bundesweite Verbundnetz (400 kV-Höchstspannungsnetz) dient der Fernübertragung von den Großkraftwerken zu den Verbrauchszentren und ist mit anderen nationalen Verbundnetzen gekuppelt. Es wird ergänzt durch das ältere 220 kV-Netz.
3) Die regionalen Hochspannungsnetze mit 110 kV dienen der Energieverteilung innerhalb der Großstädte, Industriegebiete und ländlichen Bezirke.
4) Die Mittelspannungsnetze mit 20 kV, 30 kV und auch 10 kV verteilen die Energie auf lokaler Ebene, d.h. innerhalb der Ortsteile oder Landgemeinden sowie der Industriebetriebe, und speisen große Einzelverbraucher (Motoren, Lichtbogenöfen).
5) Die Niederspannungsnetze mit 400V, in Industriebetrieben auch noch mit 500 V, sind lokale Verbrauchernetze. Sie speisen ein- und mehrphasige Verbraucher in Haushalt, Büro und Gewerbebetrieb mit Leistungen bis etwa 500 kVA.

2. Vorteil: Optimale Anpassung der Spannung an den Verbraucher

Weicht die von einem Verbraucher benötigte Spannung von der gegebenen Netzspannung ab, so kann ein Transformator die Netzspannung in die anwendungsspezifische Spannung umformen. Ein Blitz-Scheinwerfer zur Flugplatz-Landebahnbefeuerung erfordert 2300 V, eine Projektorlampe 24 V. Bei Geräten kleiner Leistung setzt man häufig die Spannung auf Werte unter 50 V herab, um Gefahren durch direktes oder indirektes Berühren zu vermeiden.

Auch Gleichstromverbraucher können aus dem Wechselstromnetz gespeist werden, wenn man dem Transformator einen *Gleichrichter* nachschaltet. Ein Elektrofilter zur elektrostatischen Gasreinigung arbeitet mit Gleichspannung von 68 kV bei 0,5 A, ein Galvanik-Gleichrichter gibt 15 V und 3500 A ab. Die Batterie eines Bahn-Triebwagens wird mit 600 V und 800 A geladen.

Man erkennt daraus, daß ein Stromversorgungssystem mit Wechselstrom bzw. Drehstrom mit Hilfe von Transformatoren und Schaltungen der Leistungselektronik (Gleichrichter, Wechselrichter) in der Lage ist, auch extreme Anforderungen der Verbraucher an Spannung, Strom und Frequenz zu erfüllen.

3.3 Der Einphasen-Transformator

3.3.1 Prinzip, Aufbau, Anwendungen

Als Transformator bezeichnet man eine Anordung aus zwei (oder mehr) Spulen, die über einen (meist) geschlossenen Eisenkern magnetisch miteinander gekoppelt sind (Bild 3-4).

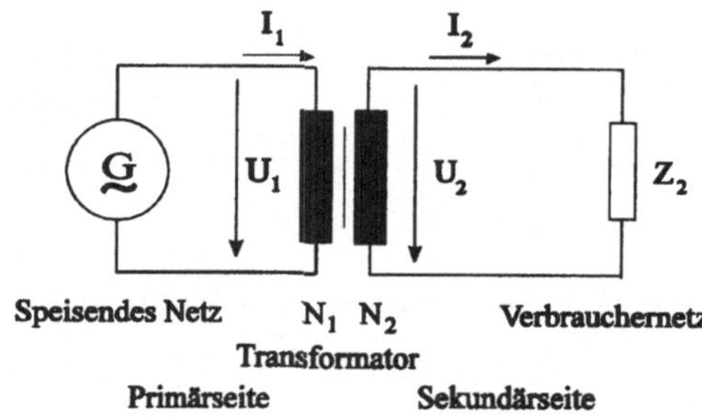

Bild 3-4:
Einphasen-Transformator
Schaltbild mit Bezeichnungen

Wird die Wicklung 1 (Primärseite, Windungszahl N_1) mit einer Wechselspannungsquelle verbunden und die Wicklung 2 (Sekundärseite, Windungszahl N_2) mit einem Wechselstromverbraucher (Widerstand, Motor, Stromrichter), so überträgt der Transformator über das Magnetfeld des Eisenkerns elektrische Energie vom primären Stromkreis auf den potentialgetrennten sekundären Stromkreis. Dabei verhalten sich nach dem Induktionsgesetz die zwei Klemmenspannungen praktisch wie die Windungszahlen der Spulen, während sich die Spulenströme umgekehrt wie die Windungszahlen verhalten. *Der Transformator ist demnach ein linearer Amplitudenumformer für Wechselspannung und Wechselstrom.*

Transformatoren werden eingesetzt

- zur Übertragung und Umformung elektrischer Energie bei sinusförmigen Spannungen und Strömen mit einer konstanten Frequenz ⇒ *Leistungstransformator*
- zur Umformung der Meßgrößen Strom und Spannung und zur Potentialtrennung ⇒ *Meßwandler* (Stromwandler, Spannungswandler), *Trenntransformator*
- zur Übertragung von Signalen der Nachrichtentechnik in einem größeren Frequenzbereich ⇒ *Übertrager*.

Die zwei grundsätzlichen Bauformen sind *Kerntransformator* und *Manteltransformator*. Den von der Wicklung umschlossenen Teil des Eisenkerns bezeichnet man als Schenkel oder Säule, den oberen und unteren Rückschluß als Joch. (Bild 3-5).

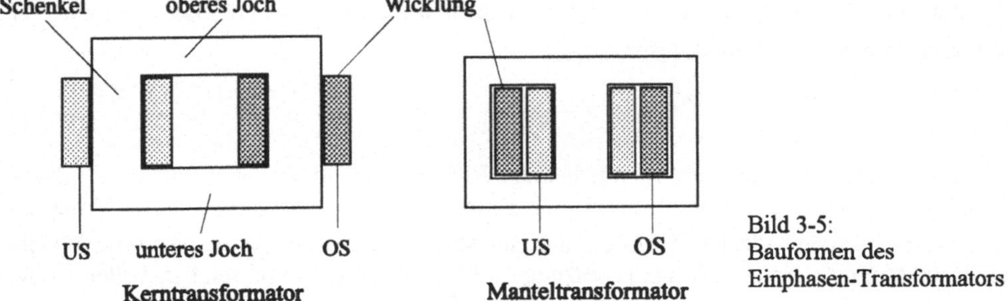

Bild 3-5:
Bauformen des
Einphasen-Transformators

Der erste Transformator wurde 1885 von Déri, Blàthy und Zipernowsky in Budapest gebaut und zunächst als Sekundärgenerator bezeichnet.

In diesem Kapitel wird das Betriebsverhalten von einphasigen Leistungstransformatoren untersucht, sowie kurzgefaßt auch das der Strom- und Spannungswandler. Im nächsten Kapitel folgen dann, nach den Grundbegriffen des Dreiphasen-Stromsystems, die Drehstrom-Transformatoren.

3.3.2 Wirkungsweise eines idealen Transformators

Die grundsätzliche Wirkungsweise eines Einphasen-Transformators läßt sich in einigen wenigen Gleichungen ausdrücken, die im folgenden an einem idealen Transformator hergeleitet werden, d.h. an einem fiktiven Transformator mit folgenden Eigenschaften:

- Keine Leistungsverluste in den Wicklungen und im Eisenkern, d.h. die Wicklungswiderstände sind Null, der Eisenkern hat keine Hysterese und ist elektrisch nicht leitfähig.
- Der magnetische Widerstand des magnetischen Feldlinienweges im Eisenkern ist Null, die Magnetisierungskennlinie $\Phi = f(i \cdot N)$ ist eine Senkrechte.
- Die magnetischen Feldlinien verlaufen vollständig im Eisen, beide Wicklungen sind daher voll miteinander verkettet.

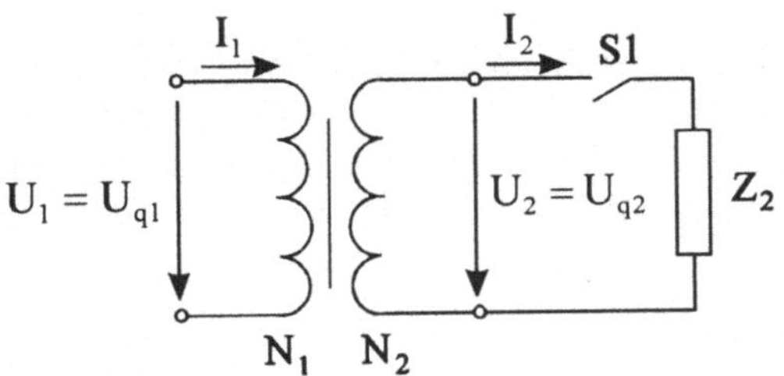

Bild 3-6:
Idealer Transformator
mit Belastung

Nach den nationalen und internationalen Normen sind verschiedene Darstellungsarten für den Transformator möglich. Wir werden im folgenden die Wicklungen des idealen Transformators durch Bogenlinien darstellen (Bild 3-6), die des realen Transformators durch ausgefüllte Rechtecke (siehe Bild 3-4).

Wir betrachten zunächst die Spannungserzeugung bei Leerlauf:

An die Wicklung 1 mit der Windungszahl N_1 wird eine Sinus-Wechselspannung konstanter Frequenz angelegt: $u_1 = \hat{u}_1 \cdot \cos\omega t$. An die Klemmen von Wicklung 2 ist kein Verbraucher angeschlossen (Schalter S1 offen), so daß $i_2(\omega t) = 0$ ist (Leerlauf). Da der ohmsche Widerstand der Primärwicklung Null ist, wird der Klemmenspannung durch eine vom Magnetfluß

Φ_H induzierte Quellenspannung u_{q1} das Gleichgewicht gehalten. Es gilt also $u_1(t) = u_{q1}(t)$ und entsprechend dem Induktionsgesetz

$$u_{q1} = N_1 \cdot \frac{d\Phi_H}{dt} \tag{3.1}$$

Der Magnetfluß im Eisenkern ist mit beiden Wicklungen voll verkettet und wird daher Hauptfluß Φ_H genannt. Er wird durch eine Durchflutung $i_1 \cdot N_1$ der Primärwicklung erzeugt. Diese ist beim idealen Transformator unendlich klein, weil der magnetische Widerstand des Magnetkreises nach Voraussetzung Null ist. Der Fluß durchsetzt in voller Größe auch die Sekundärwicklung und induziert in ihr die Spannung

$$u_{q2} = N_2 \cdot \frac{d\Phi_H}{dt} \tag{3.2}$$

Die Gleichungen (3.1) und (3.2) gelten allgemein, für alle Frequenzen und Kurvenformen.

Da wir im folgenden nur den quasistationären Wechselstrombetrieb betrachten, setzen wir sinusförmige Klemmenspannung voraus. Daher muß auch die induzierte Spannung sinusförmig sein. Das wiederum erfordert einen sinusförmigen Magnetfluß gleicher Frequenz, der der induzierten Spannung um 90° nacheilt. Rechnerisch ergibt sich der Magnetfluß durch Umstellung des Induktionsgesetzes als *Integral über die angelegte Spannungs -Zeit-Fläche*:

$$\Phi_H = \frac{1}{N_1} \cdot \int_0^t u_1(t) \cdot dt \Rightarrow \Phi_H = \frac{1}{\omega \cdot N_1} \cdot \int_0^{\omega t} \hat{u}_{q1} \cdot \cos\omega t \cdot d\omega t \Rightarrow \Phi_H = \frac{\hat{u}_{q1}}{\omega \cdot N_1} \cdot \sin\omega t \text{ mit}$$

$\Phi_{H\max} = \dfrac{\hat{u}_{q1}}{\omega \cdot N_1}$. In der Umkehrung gilt für beide Quellenspannungen:

$$u_{q1}(\omega t) = \omega \cdot N_1 \cdot \Phi_{H\max} \cdot \cos\omega t \tag{3.3}$$

$$u_{q2}(\omega t) = \omega \cdot N_2 \cdot \Phi_{H\max} \cdot \cos\omega t \tag{3.4}$$

Diese Spannungen sind sinusförmige Wechselstromgrößen mit den Scheitelwerten $\hat{u}_{q1} = \omega \cdot N_1 \cdot \Phi_{H\max}$ und $\hat{u}_{q2} = \omega \cdot N_2 \cdot \Phi_{H\max}$.

Da die anzeigenden Meßinstrumente der Wechselstromtechnik nicht Scheitelwerte, sondern Effektivwerte anzeigen, beschreiben wir im folgenden Sinusspannungen und -ströme durch ihre *Effektivwerte* $U = \hat{u}/\sqrt{2}$ bzw. $I = \hat{i}/\sqrt{2}$. Nur bei Magnetfluß und Induktion setzen wir weiterhin stets die Scheitelwerte Φ_{max} und B_{max} ein. Es gilt also

$$U_{q1} = \frac{1}{\sqrt{2}} \cdot \omega \cdot N_1 \cdot \Phi_{H\max} \tag{3.5}$$

$$U_{q2} = \frac{1}{\sqrt{2}} \cdot \omega \cdot N_2 \cdot \Phi_{H\max} \tag{3.6}$$

Bei sinusförmigen Wechselspannungen, -strömen und -flüssen ist es zweckmäßig, die Zeitfunktionen in die *komplexe Ebene* zu transformieren und die *Zeigerdarstellung* zu benutzen.

Zum Beispiel wird der Augenblickswert der Wechselspannung $u(t) = \hat{u} \cdot \cos(\omega t + \varphi_u)$ aufgefaßt als Realanteil des komplexen Augenblickswertes

$$\underline{\hat{u}}(t) = \hat{u} \cdot e^{j\varphi_u} \cdot e^{j\omega t} \tag{3.7}$$

Dies ist die Gleichung eines *Drehzeigers* (nach DIN 40 110) mit der Länge $\hat{u}$ und dem Nullphasenwinkel φ_u, der sich mit der Winkelgeschwindigkeit ω im Gegenuhrzeigersinn in der Gaußschen Zahlenebene dreht (Bild 3-7).

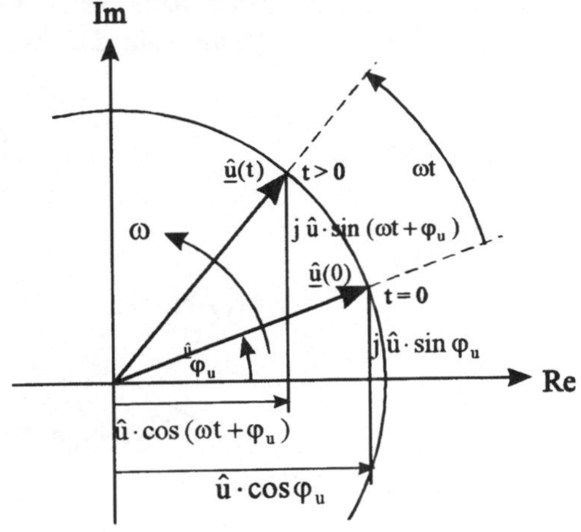

Bild 3-7:
Darstellung der Wechselspannungsgröße $u(t)=\hat{u}\cdot\cos(\omega t+\varphi_u)$ durch Projektion der Länge des Drehzeigers $\underline{\hat{u}}$ auf die reelle Achse

$u(t)=\mathrm{Re}\{\underline{u}(t)\} \Rightarrow \hat{u}\cdot\cos(\omega t+\varphi_u)=\mathrm{Re}\{\hat{u}\cdot\cos(\omega t+\varphi_u)+j\sin(\omega t+\varphi_u)\}$. Wir wenden den für die Wechselstromtechnik sehr wichtigen *Satz von Euler* an:

$$e^{\alpha}=\cos\alpha+j\sin\alpha \tag{3.8}$$

$\hat{u}\cdot\cos(\omega t+\varphi_u)=\mathrm{Re}\{\hat{u}\cdot e^{j(\omega t+\varphi_u)}\} \Rightarrow \hat{u}\cdot\cos(\omega t+\varphi_u)=\mathrm{Re}\{\hat{u}\cdot e^{j\varphi_u}\cdot e^{j\omega t}\}$.

Bei konstanter Frequenz f bzw. Kreisfrequenz $\omega=2\cdot\pi\cdot f$ kann der Faktor $e^{j\omega t}$ weggelassen werden. Man rechnet dann nur mit den *Anfangszeigern* (für $\omega t=0$):

$\underline{\hat{u}}=\hat{u}\cdot e^{j\varphi_u}$ ist die *komplexe Amplitude* und $\underline{U}=U\cdot e^{j\varphi_u}$ der *komplexe Effektivwert*, wobei $U=\dfrac{\hat{u}}{\sqrt{2}}$ ist. Der Winkel φ_u heißt *Nullphasenwinkel*.

Demnach ergeben sich, wenn wir (willkürlich) den Hauptfluß in die positive reelle Achse legen, folgende Gleichungen für die Zeiger von Hauptfluß und induzierten Spannungen:

$\underline{\Phi}_H=\Phi_{H\max}\cdot e^{j0°}$; $\underline{U}_{q1}=U_{q1}\cdot e^{j90°}$; $\underline{U}_{q2}=U_{q2}\cdot e^{j90°}$.

In den Zeigerdiagrammen von Bild 3-8 sind diese Größen dargestellt.

Die *Spannungsübersetzung* ü erhält man, wenn man Gleichung (3.5) durch (3.6) dividiert. Sie ist beim Einphasen-Transformator gleich dem *Windungszahlverhältnis* $w=\dfrac{N_1}{N_2}$:

$$ü=\frac{U_{q1}}{U_{q2}}=\frac{N_1}{N_2} \tag{3.9}$$

Beim idealen Transformator sind die induzierten Spannungen gleich den Klemmenspannungen, daher kann man setzen:

$$ü=\frac{U_1}{U_2}=\frac{N_1}{N_2} \tag{3.10}$$

Sofern die Windungszahlen N_1 oder N_2 nicht im Betrieb des Transformators geändert werden durch Umschalten oder Anzapfen einer Wicklung, ist das Verhältnis $N_1 / N_2 = w$ konstant.

Das bedeutet: ***Die sekundäre Spannung ist der primären Spannung proportional*** **(Bild 3-9). Beim idealen Transformator gilt dies exakt für Leerlauf und Belastung, beim realen Transformator mit guter Näherung nur bei Leerlauf. Daher kann man allgemein für die Leerlaufspannungen (zweiter Index: 0) feststellen:**

$$U_{20} = \frac{1}{w} \cdot U_{10} \tag{3.11}$$

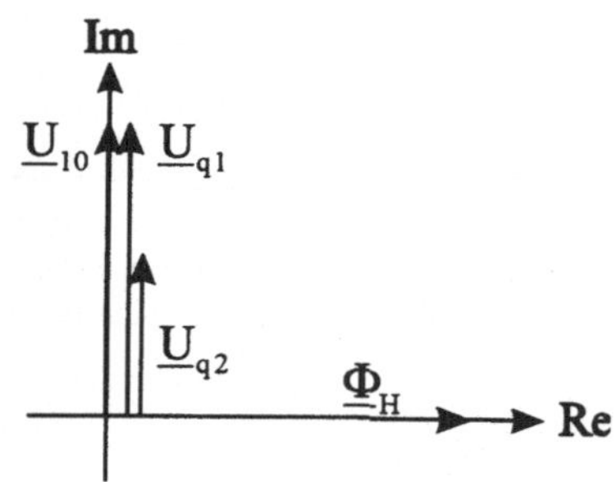

Bild 3-8: Zeigerdiagramm von Fluß und Quellenspannungen eines Transformators im Leerlauf

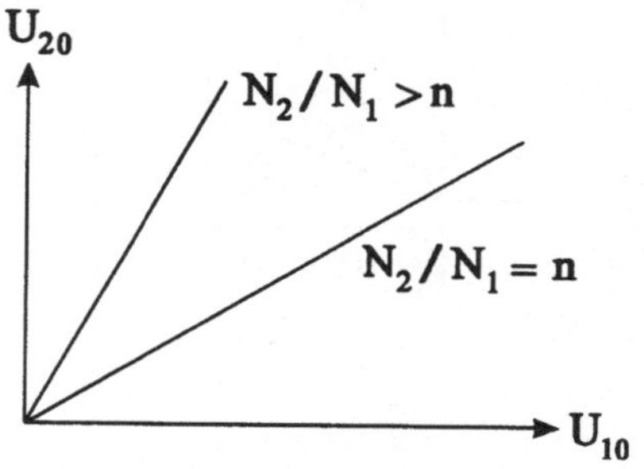

Bild 3-9: Sekundäre Leerlaufspannung U_{20} eines Transformators als Funktion der primären Leerlaufspannung U_{10}

Der Transformator ist aber nicht nur ein *lineares*, sondern auch ein *symmetrisches* Übertragungselement. Es ist gleich, ob wir primär U_1 anlegen und sekundär U_2 abnehmen oder umgekehrt.

Wir fassen zusammen: Die Quellenspannungen in beiden Wicklungen eines Transformators werden vom gleichen Fluß induziert. Daher

- sind sie quasistationäre sinusförmige Wechselspannungen, frequenzgleich mit dem Hauptfluß;
- sind sie untereinander phasengleich und eilen dem Hauptfluß um 90° voraus;
- verhalten sich ihre Amplituden $\hat{u}_{q1} = \omega \cdot N_1 \cdot \Phi_{H\max}$ und $u_{q2} = \omega \cdot N_2 \cdot \Phi_{H\max}$ wie die zugehörigen Windungszahlen.

Wie verhält sich der ideale Transformator bei Belastung ?

Wird die Sekundärseite mit einer Impedanz Z_2 belastet, so erzeugt der Laststrom I_2 in der Sekundärwicklung eine Durchflutung $\theta_2 = N_2 \cdot I_2$. Diese Durchflutung würde die induzierten Spannungen wesentlich verändern. Das verbietet jedoch der 2. Kirchhoffsche Satz $U_1 = U_{q1}$, deshalb muß auch bei Belastung die Gesamtdurchflutung Null sein. Dies wird dadurch erreicht, daß der Transformator primärseitig eine Durchflutung aufnimmt, die die sekundäre Durchflutung in jedem Augenblick zu Null ergänzt, d. h. in ihrer Wirkung aufhebt.

Der *Satz vom Durchflutungsgleichgewicht* in der Form

$$i_2(t) \cdot N_2 - i_1(t) \cdot N_1 = 0 \tag{3.12}$$

gilt für alle Kurvenformen und Frequenzen.

Wenn man die Ströme als Zeiger in der komplexen Ebene darstellt, ergibt sich:

$i(t) = \hat{i} \cdot \cos(\omega t + \varphi_i) \Rightarrow \underline{I} = I \cdot e^{j\varphi_i}$

Der Satz vom Durchflutungsgleichgewicht wird dann in komplexer Schreibweise so ausgedrückt:

$$\underline{I}_2 \cdot N_2 - \underline{I}_1 \cdot N_1 = 0 \qquad (3.13a)$$

In Exponentialschreibweise lautet die Gleichung:

$$N_1 \cdot I_1 \cdot e^{j\varphi_{i1}} = N_2 \cdot I_2 \cdot e^{j\varphi_{i2}} \qquad (3.13b)$$

In Worten heißt das: Bei Belastung des idealen Transformators müssen primäre und sekundäre Durchflutung in *Frequenz, Amplitude und Phase* gleich sein.

Aus der *Betragsgleichheit* $N_1 \cdot I_1 = N_2 \cdot I_2$ der Durchflutungen ergibt sich :

$$\frac{I_1}{I_2} = \frac{N_2}{N_1} \qquad (3.14)$$

Die Ströme auf beiden Seiten des idealen Transformators verhalten sich umgekehrt wie die zugehörigen Windungszahlen.

$$\frac{I_1}{I_2} = \frac{N_2}{N_1} \Rightarrow \frac{N_2}{N_1} = \frac{U_2}{U_1} \Rightarrow \frac{U_2}{U_1} = \frac{I_1}{I_2} \Rightarrow U_1 \cdot I_1 = U_2 \cdot I_2 \quad \Rightarrow S_1 = S_2$$

Das bedeutet, daß der ideale Transformator verlustlos ist. Die abgegebene Leistung ist gleich der aufgenommenen Leistung. Dies gilt für Wirkleistung, Blindleistung und Scheinleistung.

Der Scheinwiderstand der sekundären Belastung ist im Betrag: $Z_2 = U_2 / I_2$

Bildet man auf der Primärseite den entsprechenden Quotienten: $Z_1 = U_1 / I_1$ und setzt die beiden Impedanzen ins Verhältnis, so ergibt sich

$$\frac{Z_1}{Z_2} = \frac{U_1 / I_1}{U_2 / I_2} \Rightarrow \quad \frac{Z_1}{Z_2} = \frac{U_1}{U_2} \cdot \frac{I_2}{I_1} \Rightarrow \frac{Z_1}{Z_2} = \frac{N_1}{N_2} \cdot \frac{N_1}{N_2} \Rightarrow$$

$$\frac{Z_1}{Z_2} = \left(N_1 / N_2\right)^2 \qquad (3.15)$$

Der ideale Transformator ist ein Impedanzwandler. Er übersetzt den sekundären Abschlußwiderstand mit dem Quadrat des Windungszahlverhältnisses auf die Primärseite. Das Entsprechende gilt für die Übersetzung eines primärseitigen Widerstandes auf die Sekundärseite. Die *Phasengleichheit* $\varphi_{i1} = \varphi_{i2}$ der Ströme auf Primär- und Sekundärseite bedeutet, daß der ideale Transformator eine komplexe Belastung *phasengetreu* auf die Primärseite überträgt.

Im Zeigerdiagramm haben $\underline{I}_1$ und $\underline{I}_2$ die gleiche Richtung. Da die Spannungen $\underline{U}_1$ und $\underline{U}_2$ ebenfalls phasengleich sind, werden auch die komplexen Leistungen und die Impedanzen phasengetreu auf die andere Seite übersetzt, so daß $\underline{S}_1 = \underline{S}_2$ und $\underline{Z}_1 = \left(N_1 / N_2\right)^2 \cdot \underline{Z}_2$ gilt.

Die Phasengleichheit kann man daraus ableiten, daß der ideale Transformator weder Wirk- noch Blindleistung verbraucht. Daher bleibt bei der Übersetzung das Verhältnis von Wirk- und Blindkomponenten nicht nur für den Strom, sondern auch für Leistung und Impedanz erhalten.

3.3.3 Transformatorschaltungen

Bezüglich der Schaltung der Transformatorwicklungen unterscheidet man drei Varianten, den Volltransformator, den Zusatztransformator und den Spartransformator.

Beim *Volltransformator* sind die primären und sekundären Wicklungsspulen galvanisch vollkommen voneinander getrennt, so daß man die Stromkreise primär und sekundär an beliebigen Punkten getrennt erden kann (Bild 3-10 und 3-11). Diese *Potentialtrennung* ist einer der großen Vorteile des Transformators.

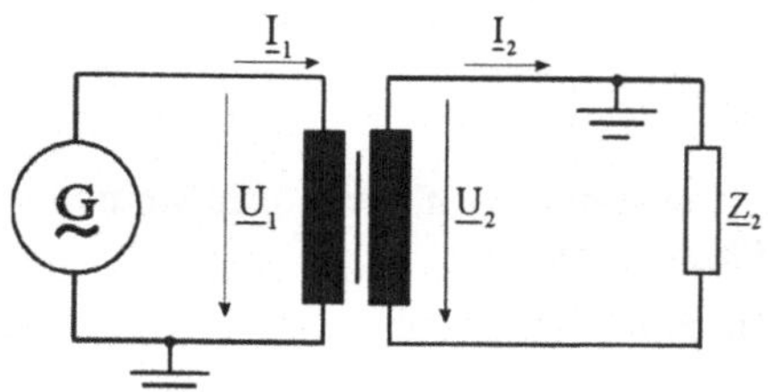

Bild 3-10:
Volltransformator mit Erdungspunkten

Von einem *Aufspanntransformator* spricht man, wenn Windungszahl und Spannung sekundär größer sind als primär. Die Primärseite wird dann als Unterspannungsseite (US) bezeichnet, die Sekundärseite als Oberspannungsseite (OS).

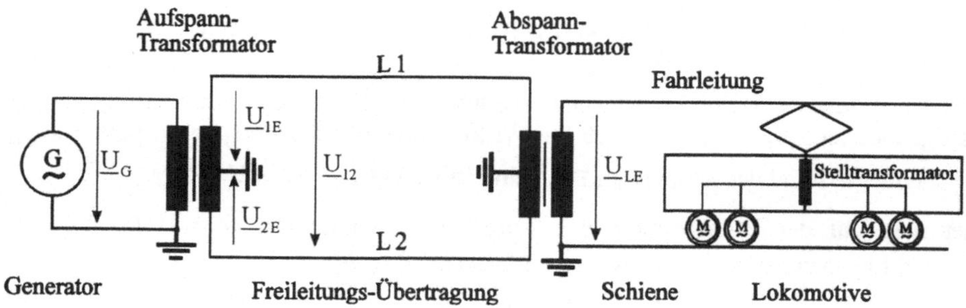

Bild 3-11: Volltransformatoren einer Bahnstromversorgung mit geerdeten Mittelanzapfungen

Ein Beispiel ist der Maschinentransformator in einem Bahnkraftwerk (Bild 3-11, links), der die durch die Wicklungsisolation begrenzte Generatorspannung von 10,5 kV auf die Übertragungsspannung von 110 kV heraufsetzt. Umgekehrt sind bei einem *Abspanntransformator* sekundäre Windungszahl und Spannung kleiner als primär. Die Primärseite ist dann die Oberspannungsseite, die Sekundärseite die Unterspannungsseite.

Im Bild 3-11 ist rechts der Abspanntransformator in einem Bahn-Unterwerk dargestellt, der die Übertragungsspannung von 110 kV auf die Fahrleitungsspannung von 15 kV herabsetzt. Die Oberspannungswicklung ist in der Mitte geerdet. Dadurch wird die Isolation der Übertragungsleitung nur mit 55 kV gegen Erde beansprucht, während zwischen den Leitern bzw. Transformatorenklemmen die volle Spannung von 110 kV herrscht. Die Unterspannungswicklung ist an einer Klemme geerdet und mit den Schienen verbunden, die als Rückleitung fungieren. Der Stromabnehmer der Lokomotive nimmt die volle Sekundärspannung (15 kV) gegen Erde ab. Diese wird über einen Stufen-Stelltransformator den Fahrmotoren zugeführt.

Ein *Zusatztransformator* unterscheidet sich von einem Volltransformator nur dadurch, daß die Sekundärwicklung in Reihe mit einer Spannungssquelle des sekundären Stromkreises liegt (Bild 3-12).

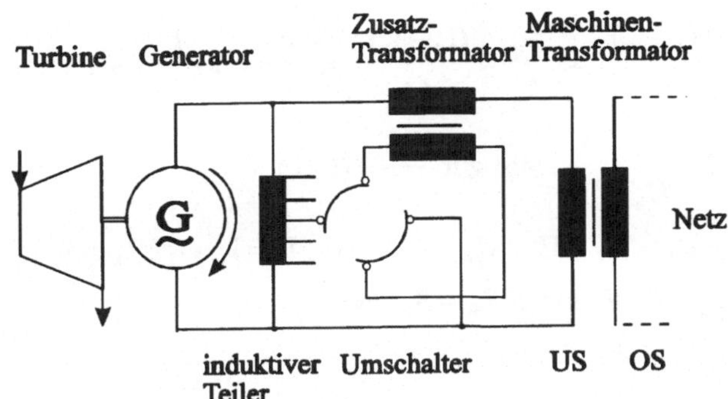

Bild 3-12:
Zusatztransformator zwischen Generator und Maschinentransformator (einphasige Darstellung)

Die Wicklungen sind galvanisch getrennt, die Leistung wird über den Magnetkreis übertragen. Beispiel: Generatorblock im Kraftwerk. Indem man die Primärspannung des Zusatztransformators verstellt durch Abgreifen an einem induktiven Spannungsteiler und evtl. Umpolen mit einem Umschalter, kann die Zusatzspannung im Sekundärkreis zwischen Generator und Maschinentransformator dazu dienen, die OS-seitige Spannung des Maschinentransformators konstant zu halten trotz Belastungsschwankungen im Netz.

Bei einem *Spartransformator* oder Autotransformator sind die beiden Wicklungen magnetisch und galvanisch gekoppelt. Man verzichtet auf die galvanische Trennung der Wicklungen zugunsten einer sparsameren Bauweise. Beim Abspanntransformator ist die Sekundärwicklung ein Teil der Primärwicklung (Bild 3-13a), beim Aufspanntransformator ist entsprechend die Primärwicklung in der Sekundärwicklung enthalten (Bild 3-13b).

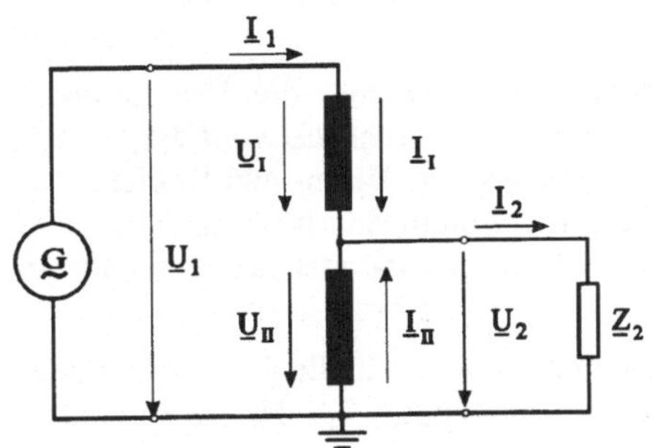

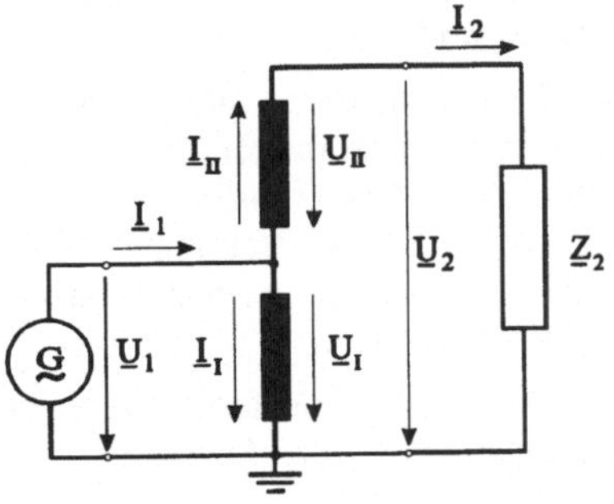

Bild 3-13a:
Spartransformator als Abspanntransformator

Bild 3-13 b:
Spartransformator als Aufspanntransformator

Dadurch spart man an Wicklungsmaterial; die Bauleistung $S_B = U_{II} \cdot I_{II}$, d.h. die Leistung, für die Kern und Wicklungen des Transformators ausgelegt sind, ist kleiner als die übertragene Leistung (Durchgangsleistung) $S_D = U_2 \cdot I_2$, weil die Leistung von der Primärseite zur Sekundärseite nicht nur induktiv, sondern auch durch Leitung übertragen wird. Im Gegensatz dazu ist beim Volltransformator die Bauleistung identisch mit der Durchgangsleistung.

Dieser Vorteil des Spartransformators läßt sich wie folgt beweisen:

a) Abspanntransformator: $U_2 < U_1$; $U_I = U_1 - U_2$; $U_{II} = U_2$; $I_I = I_1$; $I_{II} = I_2 - I_1$

Durchgangsleistung: $S_D = U_2 \cdot I_2$; Bauleistung: $S_B = S_{II}$ oder $S_B = S_I$

Betrachtet wird $S_B = U_{II} \cdot I_{II}$.

$$S_B = U_2 \cdot (I_2 - I_1); \quad \frac{S_B}{S_D} = \frac{U_2 \cdot (I_2 - I_1)}{U_2 \cdot I_2} \Rightarrow \frac{S_B}{S_D} = \frac{(I_2 - I_1)}{I_2} \Rightarrow \frac{S_B}{S_D} = 1 - \frac{I_2}{I_1} < 1$$

Das Übersetzungsverhältnis ist $ü = \frac{U_1}{U_2} = \frac{I_2}{I_1}$, **also gilt** $\frac{S_B}{S_D} = (1 - ü)$

b) Aufspanntransformator $U_2 > U_1$; $U_I = U_1$; $U_{II} = U_2 - U_1$; $I_I = I_1 - I_2$; $I_{II} = I_2$;

Durchgangsleistung: $S_D = U_2 \cdot I_2$; **Bauleistung:** $S_B = S_{II}$ **oder** $S_B = S_I$

Betrachtet wird $S_B = U_{II} \cdot I_{II}$; $\quad S_B = (U_2 - U_1) \cdot I_2$

$$\frac{S_B}{S_D} = \frac{(U_2 - U_1) \cdot I_2}{U_2 \cdot I_2} \Rightarrow \frac{S_B}{S_D} = \frac{(U_2 - U_1)}{U_2} < 1 \Rightarrow \frac{S_B}{S_D} = 1 - \frac{U_1}{U_2}$$

Da das Übersetzungsverhältnis $ü = \frac{U_1}{U_2}$ **ist, ergibt sich ebenfalls** $\frac{S_B}{S_D} = (1 - ü)$

Ein vielverwendetes Beispiel für den Spartransformator ist der *Stelltransformator* für Laborzwecke. Die Sekundärspannung wird durch Verschieben eines Schleifkontaktes auf der Gesamtwicklung erzielt. Dadurch ändert sich der Trennungspunkt zwischen Primär- und Sekundärwicklung und folglich das Übersetzungsverhältnis [11].

3.3.4 Der reale Transformator im Leerlauf

Leerlaufstrom und Eisenverluste

Der ideale Transformator ist als gedankliches Modell sehr geeignet, die Übersetzungseigenschaften des Transformators zu demonstrieren, aber er gibt nicht das vollständige Betriebsverhalten des realen Transformators wieder mit Leerlaufstrom, Eisen- und Kupferverlusten und Spannungsfall bei Belastung. Will man diese Erscheinungen im Ersatzschaltbild darstellen, so muß man den idealen Transformator durch einen vor- oder nachgeschalteten *Verlustvierpol* ergänzen.

Bei Leerlauf des realen Transformators treibt die Spannung U_{10} durch die Primärwicklung mit der Windungszahl N_1 den Leerlaufstrom I_{10}, dessen Durchflutung $I_{10} \cdot N_1$ im Eisenkern den Hauptfluß Φ_H erzeugt.

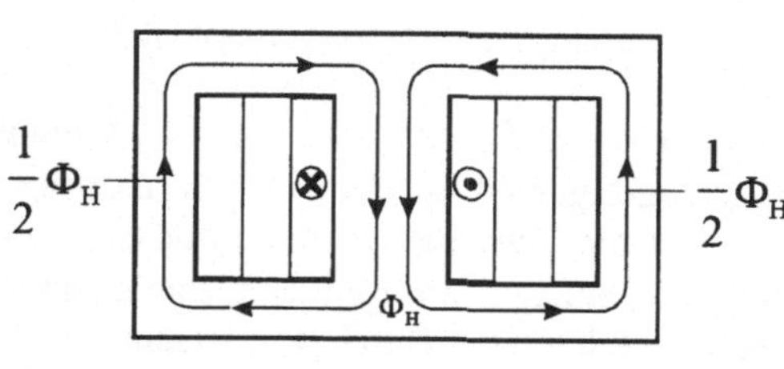

Bild 3-14: Hauptfluß und Leerlaufdurchflutung in einem Einphasen-Transformator

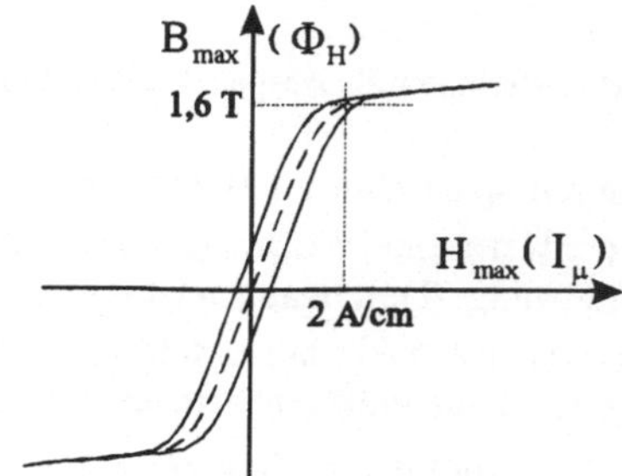

Bild 3-15: Hystereseschleife und mittlere Magnetisierungskennlinie des Eisenkreises

Diese Durchflutung ist erforderlich, weil die Magnetisierungskennlinie nicht wie beim idealen Transformator eine senkrechte Gerade ist, sondern eine gekrümmte Hystereseschleife, wie Bild 3-15 zeigt. Diese verläuft zwar bei kleiner Induktion steil, knickt aber bei hoher Induktion (B_{max} > 1,6 T) wegen der Sättigung des weichmagnetischen Eisens stark ab, so daß der Leerlaufstrom erheblich zunimmt und nicht mehr sinusförmig ist. Man sollte also den Transformator so dimensionieren, daß B_{max} auch bei höchster auftretender Spannung unter dem Sättigungsknick bleibt. Dann wird auch der Leerlaufstrom bei Nennspannung nicht mehr als 2 bis 3 Prozent des Nennstromes betragen.

Diese Dimensionierung geschieht mit Hilfe des Induktionsgesetzes, das für Sinusspannungen die Form $u_q = \omega \cdot N \cdot \Phi_{H\,max} \cdot \cos\omega t$ hat. Wir berechnen den Effektivwert der Spannung:

$$\hat{u}_q = \omega \cdot N \cdot \Phi_{max} \quad \Rightarrow \hat{u}_q = \sqrt{2} \cdot U_q; \qquad \omega = 2 \cdot \pi \cdot f \ ; \qquad \Phi_{max} = B_{max} \cdot A_{Fe} \ ;$$

B_{max} : Scheitelwert der Flußdichte (Induktion); A_{Fe}: Querschnittsfläche des Eisenkerns.

$$\sqrt{2} \cdot U_q = 2 \cdot \pi \cdot f \cdot N \cdot B_{max} \cdot A_{Fe} \ \Rightarrow U_q = \frac{2\pi}{\sqrt{2}} \cdot f \cdot N \cdot B_{max} \cdot A_{Fe}$$

$$U_q = 4{,}44 \cdot f \cdot N \cdot B_{max} \cdot A_{Fe} \tag{3.16a}$$

Diese Form des Induktionsgesetzes wird *Transformatorgleichung* genannt, sie gilt für Primär- und Sekundärseite mit den entsprechenden Windungszahlen N_1 und N_2.

Für die Dimensionierung des Transformators ist vor allem die auf die Primärseite bezogene Gleichung interessant: $U_{q_1} = 4{,}44 \cdot f \cdot N_1 \cdot B_{max} \cdot A_{Fe}$. Da der Leerlaufstrom sehr klein gegenüber dem Nennstrom ist, kann der Spannungsfall in der Primärwicklung vernachlässigt werden, so daß die Quellenspannung angenähert gleich der angelegten Leerlaufspannung wird:

$$U_{10} \approx 4{,}44 \cdot f \cdot N_1 \cdot B_{max} \cdot A_{Fe} \tag{3.16b}$$

Für die Berechnung der Windungszahlen müssen Netzfrequenz sowie höchste primärseitige Klemmenspannung im Leerlauf bekannt sein. Zuerst legt man den Scheitelwert der Induktion B_{max} im Eisenkern bei dieser Spannung im Bereich 1,35 T.... 1,65 T fest und wählt den Querschnitt des Eisenkerns. Mit diesen Werten kann man aus den Gleichungen Gl. (3.16b) und (3.7) die Windungszahlen N_1 und N_2 berechnen [9].

Die Transformatorgleichung erklärt auch, warum Transformatoren für die Frequenz 16 2/3 Hz (Bahnfrequenz) im Bauvolumen sehr viel größer sind als 50 Hz-Transformatoren mit den gleichen Spannungen, denn die kleinere Frequenz muß ausgeglichen werden durch einen größeren Kernquerschnitt oder größere Windungszahlen.

Beispiel

Von einem Einphasen-Transformator sind gegeben:

a) die Nennspannungen beider Wicklungen: U_{1N} = 20 kV; U_{2N} = 400 V; f = 50 Hz

b) der effektive Kernquerschnitt $A_{Fe} = 400\ cm^2$.

Gesucht sind die Windungszahlen für Ober- und Unterspannungsseite unter der Bedingung, daß die Flußdichte bei $1{,}1 \cdot U_{1N}$ den Höchstwert B_{max} = 1,6 T nicht überschreiten darf.

Lösung: Die Transformatorgleichung $U_1 = 4{,}44 \cdot f \cdot N_1 \cdot B_{max} \cdot A_{Fe}$ wird nach N_1 aufgelöst, für U_1 wird $1{,}1 \cdot U_{1N}$ eingesetzt: $N_1 = \dfrac{1{,}1 \cdot U_{1N}}{4{,}44 \cdot f \cdot B_{max} \cdot A_{Fe}}$.

$$N_1 = \frac{22 \cdot 10^3 V}{4{,}44 \cdot 50s^{-1} \cdot 1{,}6\frac{Vs}{m^2} \cdot 4 \cdot 10 \cdot 10^{-4} m^2} \quad \Rightarrow \quad N_1 = 1548 \text{ Windungen}$$

$$N_2 = N_1 \cdot \frac{U_2}{U_1}; \quad N_2 = N_1 \cdot \frac{1{,}1 \cdot U_{2N}}{1{,}1 \cdot U_{1N}}; \quad N_2 = N_1 \cdot \frac{U_{2N}}{U_{1N}}$$

$$N_2 = 1548 \cdot \frac{400V}{20000V} \quad \Rightarrow \quad N_2 = 31 \text{ Windungen}$$

Mißt man Betrag und Phase der Leerlaufspannung U_{10} und des Leerlaufstromes I_{10}, so stellt man fest, daß I_{10} nicht, wie bei idealem Transformator, der Spannung U_{10} um 90° nacheilt, sondern nur um 70° bis 80°. Die Ursache hierfür sind nicht die Stromwärmeverluste in der Wicklung, weil sie dafür zu klein sind, sondern die *Eisenverluste,* die den Eisenkern erwärmen. Der im Eisen verlaufende Wechselfluß induziert Spannungen nicht nur in den Wicklungen, sondern auch in dem elektrisch leitenden Eisenkern. Ist der Eisenkern massiv, so kann man ihn in Gedanken in konzentrische Ringe zerlegen, die sich als kurzgeschlossene Windungen ansehen lassen und alle parallel geschaltet sind. Die Folge werden ein hoher Kurzschlußstrom, den man als *Wirbelstrom* bezeichnet, und eine ebenso hohe Übertemperatur im Eisen sein. Ein Betrieb mit massivem Eisenkern ist also praktisch nicht möglich. Der Wirbelstromeffekt kann aber weitgehend unterdrückt werden, wenn man das Eisen senkrecht zur vermutlichen Stromrichtung unterteilt.

Man baut den Eisenkern aus kaltgewalzten, kornorientierten Blechen auf, die eine Dicke von 0,3 bis 0,5 mm haben, durch eine dünne Silikat-Phosphatschicht elektrisch voneinander isoliert und so geschichtet sind, daß die Schichtebenen in Richtung des Magnetflusses verlaufen. Durch Stufung der Blechbreiten nähert man den Eisenquerschnitt dem Innendurchmesser der Wicklungen an (Bild 3-16). Die Joche werden genau so gestuft ausgeführt wie die Schenkel. Beim Übergang von Schenkel zu Joch dürfen die Stoßstellen nicht in einer Ebene liegen, weil sonst der magnetische Fluß durch einen Luftspalt behindert würde. Man schneidet daher die Bleche in verschiedenen Längen und schichtet sie so, daß jeweils eine Stoßfuge zwischen zwei durchlaufenden Blechen liegt. Der Fluß hat an solchen Stoßstellen die Möglichkeit, links und rechts in die Nachbarbleche überzutreten und den Luftspalt zu umgehen. Da die Bleche eine endliche Dicke haben, so treten zwar noch immer Wirbelströme auf, die aber sehr klein sind, weil der ohmsche Widerstand eines Bleches infolge des kleinen Querschnittes sehr hoch ist.

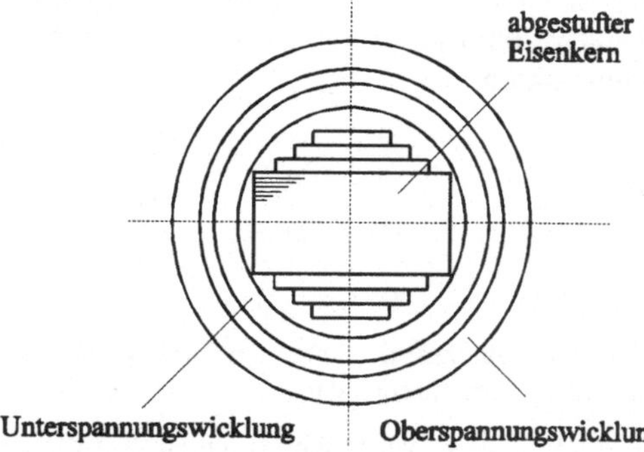

Bild 3-16:
Querschnitt durch den Schenkel eines Manteltransformators

Unerwünschte Wärme entsteht im Eisen aber nicht nur durch Wirbelströme, sondern auch durch die *Hysterese* des Eisens, denn, wie Bild 3-15 zeigt, ist die Magnetisierungskennlinie des Eisenkernes eine schmale Hystereseschleife. Beim Ummagnetisieren des Eisens im Wechselfeld entsteht eine Art innerer Reibung der Elementarmagnete, die zu einer Wärmeentwicklung führt. Die Hystereseverluste sind umso kleiner, je schmaler die Schleife ist. Daher nimmt man als Transformatorblech weichmagnetisches Eisen, das kaltgewalzt und geglüht wurde.

Wirbelstrom- und Hystereseverluste wachsen quadratisch mit der Induktion B_{max}, d.h. mit der angelegten Leerlaufspannung U_{10}. Sie sind proportional dem Eisenvolumen.

Für *Wirbelstromverluste* gilt die Gleichung:

$$P_w = c_W \cdot f^2 \cdot B_{max}^2 \cdot V \tag{3.17}$$

Die *Hystereseverluste* lassen sich berechnen nach:

$$P_H = c_H \cdot f \cdot B_{max}^2 \cdot V \tag{3.18}$$

Dabei ist f die Netzfrequenz und V das Volumen des Eisenkerns, c_W und c_H sind materialabhängige Konstanten.

Wirbelstrom- und Hystereseverluste faßt man unter dem Namen Eisenverluste zusammen. Sie betragen in Netztransformatoren ein Fünftel bis ein Viertel der Wicklungsverluste (Kupferverluste) bei Nennstrom und machen sich durch Erwärmung des Eisenkerns und eine kleine Wirkkomponente im Leerlaufstrom $I_{Fe} = I_{10} \cdot \cos\varphi_{10}$ bemerkbar, wie man im Zeigerdiagramm des Bildes 3-17 sieht. Dieser *Eisenverluststrom* ist erheblich kleiner als die Blindkomponente $I_\mu = I_{10} \cdot \sin\varphi_{10}$, die *Magnetisierungsstrom* heißt und im Betrag nahezu gleich dem Leerlaufstrom ist. Der Magnetisierungsstrom baut den Hauptfluß Φ_H auf und ist mit ihm in Phase. Bei Leistungstransformatoren beträgt der Phasenwinkel φ_{10} zwischen der Leerlaufspannung $\underline{U}_{10}$ und dem nacheilenden Leerlaufstrom $\underline{I}_{10}$ 80 bis 85 Grad. Da die Wicklungsverluste bei Leerlauf $P_{Cu} = R_1 \cdot I_{10}^2$ wesentlich geringer als die Eisenverluste sind, kann man sie praktisch vernachlässigen. Wir fassen zusammen:

- Die Leerlaufverluste eines Transformators sind Eisenverluste
- Die Leerlaufverluste sind quadratisch von der Spannung abhängig: $P_{Fe} = k \cdot U_{10}^2$

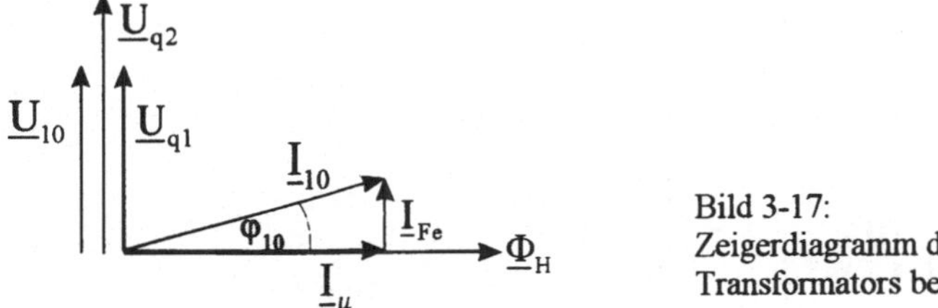

Bild 3-17:
Zeigerdiagramm des realen Transformators bei Leerlauf

Ersatzschaltbild für Leerlauf

Das Betriebsverhalten des realen Transformators mit Leerlaufstrom, Eisen- und Stromwärmeverlusten, Spannungsfall und Streufluß können wir für alle diese Fälle im Ersatzschaltbild darstellen durch die Kettenschaltung eines idealen Transformators mit einem passiven Vierpol (Verlustvierpol), der im engeren Sinne als Ersatzschaltbild bezeichnet wird (Bild 3-18).

Dieser Vierpol besteht aus einer Kombination (T- oder π- Schaltung) idealer Schaltelemente (ohmsche und induktive Widerstände). Dabei gibt es zwei Möglichkeiten: Der Verlustvierpol ist dem idealen Transformator auf der Primärseite vorgeschaltet oder auf der Sekundärseite nachgeschaltet. Dementsprechend sind die Vierpolgrößen auf die Primärseite oder auf die Sekundärseite bezogen.

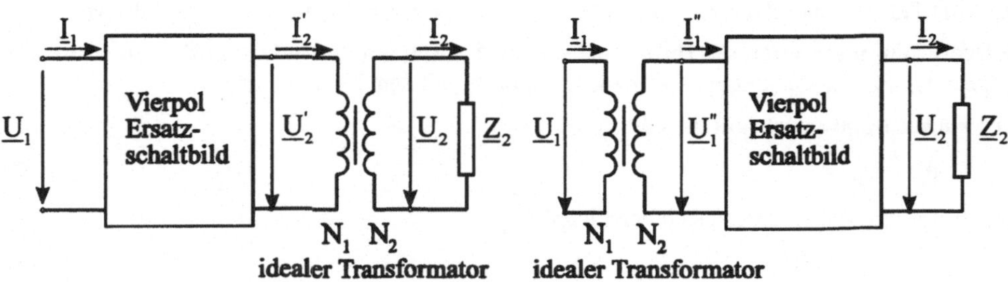

Bild 3-18: Ersatzschaltbild eines Transformators
a) Größen auf die Primärseite bezogen b) Größen auf die Sekundärseite bezogen

Man erhält damit folgende Trennung der Funktionen:

Idealer Transformator	Potentialtrennung;
	Windungszahlverhältnis $w = \frac{N_1}{N_2}$;
	Übersetzungsverhältnis $ü = w$; $ü = \frac{U_2'}{U_2} = \frac{U_1}{U_1''}$
Vierpol Ersatzschaltbild	Magnetisierungsstrom, Eisenverluste;
	ohmscher Spannungsfall, Stromwärmeverluste;
	induktiver Spannungsfall, Streufluß.

Bei dem speziellen Ersatzschaltbild für Leerlauf, wie es Bild 3-19 zeigt, sind alle Größen auf die Primärseite bezogen, weil nur auf dieser Seite Strom fließt.

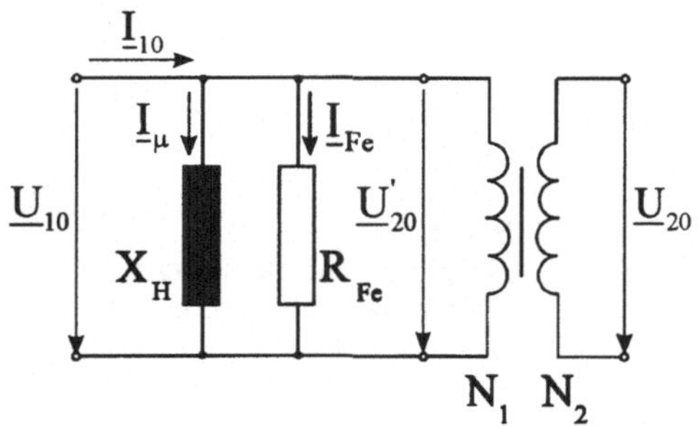

Bild 3-19:
Leerlauf-Ersatzschaltbild eines realen Transformators

Man geht bei diesem Ersatzbild von der Näherung aus, daß die angelegte Leerlaufspannung U_{10} gleich der induzierten Spannung U_{q1} ist. Der ohmsche Spannungsfall an der Primärwicklung kann vernachlässigt werden, weil Leerlaufstrom und Wicklungswiderstand sehr klein sind. Auch der sogenannte Streuspannungsfall (siehe Abschnitt Kurzschluß) spielt keine Rolle, da es im Leerlauf praktisch keine Feldlinien gibt, die nicht mit der Sekundärwicklung verkettet sind.

Der Magnetisierungsstrom I_μ wird von der vollen Leerlaufspannung getrieben und durch den induktiven Ersatzwiderstand $X_H = \omega L_H$ (Hauptreaktanz) begrenzt, wobei $L_H = N_1 \cdot \Phi_H / I_\mu$ die Haupinduktivität ist. Die Hauptreaktanz ist spannungsabhängig. Ihr Wert im Ersatzschaltbild gilt daher nur für einen Wert von U_{10}, weil die Funktion $I_\mu = f(U_{10})$ nichtlinear ist, während $\Phi_H = f(U_{10})$ linear ist. Bei Leistungstransformatoren setzt man für U_{10} die *Nennspannung* U_{1N} ein, die der Auslegung des Magnetkreises, der Wicklungen und der Isolation zugrunde liegt und im Leistungsschild angegeben ist. Es gilt also: $\underline{U}_{1N} / jX_H = -j I_\mu$. Der Eisenverluststrom I_{Fe} wird ebenfalls von $U_{10} = U_{1N}$ getrieben und durch den ohmschen Eisenverlust-Ersatzwiderstand R_{Fe} begrenzt.

Wir denken uns also die Eisenverluste aus dem Eisenkern in einen Widerstand R_{Fe} verlagert, der im Betrag durch $P_{Fe}(U_{1N}) = U_{1N}^2 / R_{Fe}$ gegeben ist und parallel zu X_H liegt. Der gesamte Leerlaufstrom ist dann $\underline{I}_{10} = I_{Fe} - j I_\mu$, wenn man die Spannung U_{10} in die reelle Achse legt (siehe Zeigerdiagramm Bild 3-17).

Der Leerlaufversuch

Übersetzungsverhältnis, Leerlaufstrom und Eisenverluste eines Transformators können in einem Leerlaufversuch meßtechnisch bestimmt werden. Die Schaltung hierfür zeigt Bild 3-20. An die Primärwicklung wird mit Hilfe eines Stelltransformators die Leerlaufspannung $U_{10} = U_{1N}$ mit der Frequenz 50 Hz gelegt. Zugleich werden I_{10} und $P_{10} = P_{Fe}$ gemessen. Auf der Sekundärseite wird die Spannung U_{20} gemessen, die, wenn das Windungszahlverhältnis stimmt, den Betrag U_{2N} haben muß. Der über das Meßinstrument fließende Sekundärstrom ist zu vernachlässigen, da Spannungsmesser einen sehr hohen Innenwiderstand haben. Aus diesen Meßwerten lassen sich die Werte von X_H und R_{Fe} wie folgt berechnen:

$$R_{Fe} = \frac{U_{1N}}{I_{Fe}}\,; \quad I_{Fe} = I_{10} \cdot \cos\varphi_{10}\,; \quad \cos\varphi_{10} = \frac{P_{10}}{U_{1N} \cdot I_{10}} \quad \Rightarrow$$

$$R_{Fe} = \frac{U_{1N}}{I_{10} \cdot \cos\varphi_{10}} \tag{3.19}$$

$$X_H = \frac{U_{1N}}{I_\mu}\,; \quad I_\mu = I_{10} \cdot \sin\varphi_{10} \quad \Rightarrow$$

$$X_H = \frac{U_{1N}}{I_{10} \cdot \sin\varphi_{10}} \tag{3.20}$$

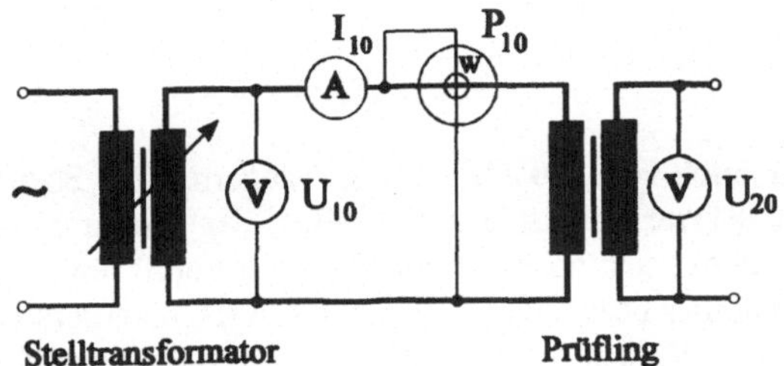

Bild 3-20:
Schaltung für den Leerlaufversuch eines Einphasen-Transformators

Beispiel

Ein Einphasen-Transformator hat die Daten: $U_{1N} = 20\,\text{kV}$; $U_{2N} = 400\ \text{V}$; $f = 50\ \text{Hz}$; $S_N = 50\,\text{kVA}$.

Im Leerlaufversuch wurde gemessen: $U_{10} = 20\,000\ \text{V}$; $I_{10} = 0{,}08\,\text{A}$; $P_{10} = 178\,\text{W}$.

Gesucht ist die Berechnung von X_H und R_{Fe}.

Lösung: $\cos\varphi_{10} = \dfrac{178\,\text{W}}{20\,000\,\text{V}\cdot 0{,}08\,\text{A}} = 0{,}1113 \Rightarrow \varphi_{10} = 83{,}6° \Rightarrow \sin\varphi_{10} = 0{,}9938.$

Der Leerlaufstrom teilt sich auf in den Eisenverluststrom $I_{Fe} = 0{,}08\,\text{A}\cdot 0{,}1113;\ I_{Fe} = 0{,}00894\,\text{A}$ und den Magnetisierungsstrom $I_{\mu} = 0{,}08\,\text{A}\cdot 0{,}9983;\ I_{\mu} = 0{,}0795\,\text{A}$.

Die Hauptreaktanz $X_H = \dfrac{U_{10}}{I_{\mu}}$ beträgt $\dfrac{20\,000\,\text{V}}{0{,}0795\,\text{A}} = 251{,}2\,\text{k}\Omega$.

Der Eisenverlustwiderstand $R_{Fe} = \dfrac{U_{10}}{I_{Fe}}$ ist $\dfrac{20\,000\,\text{V}}{0{,}00894\,\text{A}} = 2\,237{,}2\,\text{k}\Omega$.

Induktive Spannungswandler

Spannungswandler sind Meßwandler, d.h. Transformatoren kleiner Leistung, die nahezu im Leerlauf arbeiten. Sie haben die Aufgabe, hohe Wechselspannungen über 1 kV auf Werte herabzusetzen, die im Spannungsbereich normaler Meßgeräte, Zähler, Relais und Regler liegen. Außerdem sollen sie den Sekundärkreis galvanisch vom Hochspannungskreis trennen. Man schaltet den Spannungswandler mit der Primärseite an die zu messende Spannung und belastet ihn sekundär mit einem Spannungsmesser, dessen Innenwiderstand sehr hoch ist, so daß der Transformator faktisch im Leerlauf betrieben wird und sich in bezug auf die Spannungsübersetzung nahezu wie ein idealer Transformator verhält. Das bedeutet, daß die sekundär gemessene Spannung, multipliziert mit dem Übersetzungsverhältnis, mit großer Genauigkeit den Wert der primären Spannung angibt. Die sekundäre Belastung kann auch aus dem Spannungspfad eines Leistungsmessers, eines Zählers oder einem Spannungsrelais bestehen.

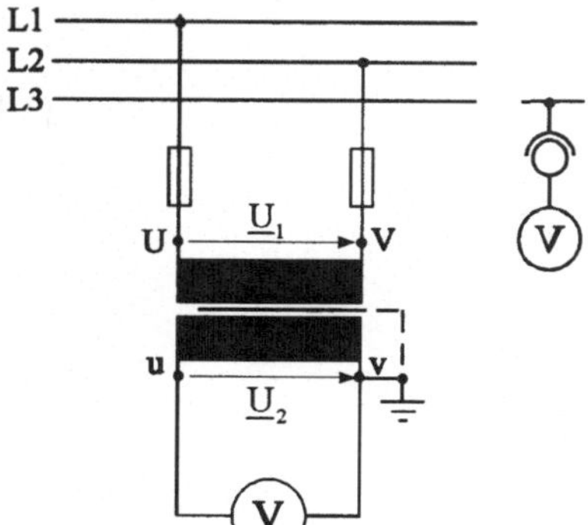

Bild 3-21:
Induktiver Spannungswandler 6 kV/100 V. Schaltbild und Schaltzeichen im Übersichtsschaltplan

Die primären Nennspannungen sind im Bereich von 220V bis 220 kV genormt, die Sekundärspannung ist zu 100 V genormt. Nennübersetzung ist das Verhältnis der primären zur sekundären Nennspannung. Die Abweichung der sekundären Nennspannung von ihrem Sollwert wird nach VDE 0414 als Spannungsfehler bezeichnet. Der Fehler eines Wandlers besteht aus einem Übersetzungsfehler und einer Phasendrehung der Sekundärgröße gegenüber der Primärgröße. Man bezieht Größen- und Phasenfehler auf die Primärgröße als Sollwert. Allgemein definiert man *Fehler = Istwert (Meßwert) - Sollwert.*

Das Wandlergehäuse, der Wandlerkern und ein Punkt des Sekundärkreises werden aus Gründen des Berührungsschutzes geerdet. Damit wird die kapazitive Kopplung, mit der die Sekundärwicklung einerseits mit der Primärwicklung, andererseits mit Gehäuse und Erde verbunden ist, unwirksam gemacht. Die Erdkapazität der Sekundärwicklung wird durch die Erdverbindung kurzgeschlossen, so daß der Sekundärkreis am Punkt v fest auf Erdpotential liegt.

3.3.5 Der reale Transformator im Kurzschluß

Kurzschlußströme und Durchflutungsgleichgewicht

Neben dem Leerlaufversuch ist einer der wichtigsten Tests für einen Transformator der Kurzschlußversuch. Der Transformator wird primärseitig an eine variable Sinuswechselspannung $u_{1K} = f(\omega t)$ gelegt, die von Null an gesteigert wird. Auf der Sekundärseite werden die Transformatorklemmen durch einen Strommesser überbrückt. Dadurch entsteht ein nahezu widerstandsloser Kurzschluß, denn der Innenwiderstand des Strommessers ist sehr viel kleiner als der sekundärseitige Wicklungswiderstand und kann angenähert Null gesetzt werden.

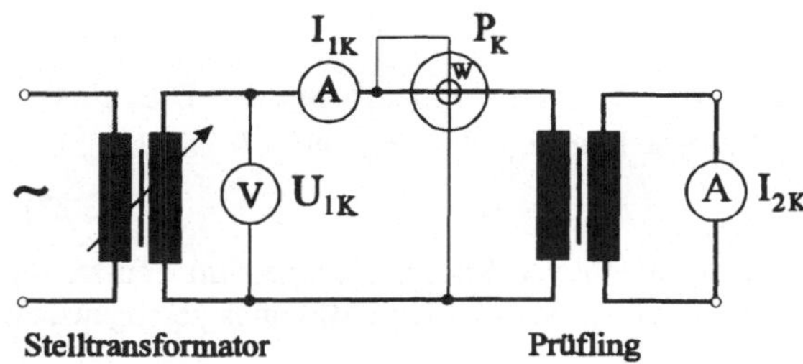

Bild 3-22:
Schaltung für den Kurzschlußversuch eines Einphasen-Transformators

Bereits bei kleinen Spannungen fließen in den beiden Wicklungen große Ströme $i_{1K} = f(\omega t)$ und $i_{2K} = f(\omega t)$, weil wegen des Kurzschlusses die sekundäre Klemmenspannung Null ist und deshalb die primärseitig angelegte Kurzschlußspannung u_{1K} an den inneren Widerständen des Wandlers abfallen muß. Diese Widerstände, primär und sekundär, sind zwar klein, weil man bei Belastung Kupferverluste und Blindleistung niedrig halten will, sie dürfen aber im Gegensatz zum Leerlauf im Kurzschluß keinesfalls vernachlässigt werden, weil von ihnen die Größe der Kurzschlußströme abhängt.

Im praktischen Kurzschlußversuch dürfen die Kurzschlußströme I_{1K} und I_{2K} nicht größer sein als die Nennströme I_{1N} und I_{2N}. Der *Nennstrom I_N* einer Wicklung ist der thermische Dauergrenzstrom, das heißt der größte Strom, der im Dauerbetrieb mit Rücksicht auf die Erwärmung der Wicklungsisolation zulässig ist.

Die *Nennkurzschlußspannung* U_{KN} ist die Spannung, die primärseitig angelegt werden muß, um bei kurzgeschlossener Sekundärwicklung in beiden Wicklungen Nennstrom zu erreichen. Sie wird als *relative Nennkurzschlußspannung* u_{KN} auf die Nennspannung U_{1N} bezogen und in Prozent angegeben. Bei kleinen und mittleren Transformatorleistungen liegt u_{KN} zwischen 3 bis 6 Prozent, bei Großtransformatoren zwischen 8 und 12 Prozent.

Bei derart geringen Spannungen ist der Hauptfluß im Eisen so klein, daß die zu seinem Aufbau erforderliche Durchflutung $I_{10} \cdot N_1$ vernachlässigt werden kann. Mit dieser Vereinfachung lautet der Durchflutungssatz für einen geschlossenen Feldlinienweg im Eisen:

$$\oint \vec{H} \cdot d\vec{s} = \sum i \cdot N = 0 \qquad (3.21)$$

Der Durchflutungssatz ist nichts anderes als das 1. Maxwellsche Gesetz, angewendet auf den Transformator. Es lautet allgemein: Das Linienintegral der magnetischen Feldstärke auf irgendeinem geschlossenen Weg ist gleich der Durchflutung, die durch die von der Feldlinie umspannten Fläche hindurchtritt. Speziell bei Kurzschluß gilt: Die Durchflutung innerhalb der Fläche, die von einem Feldlinienweg *im Eisen* umschlossen wird, ist resultierend Null.

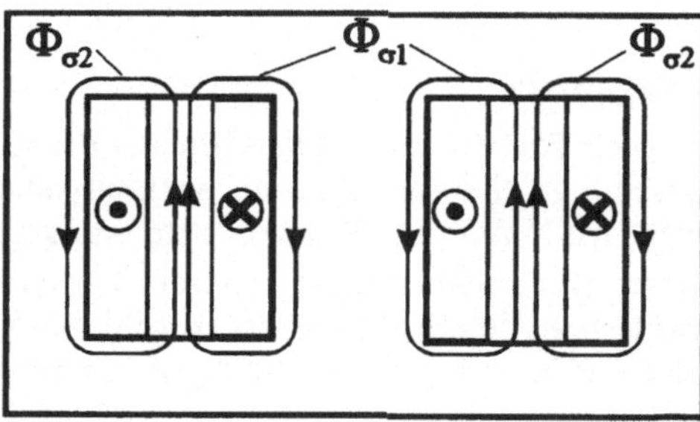

Bild 3-23:
Feldlinienverlauf und Durchflutungen eines Einphasen-Transformators im Kurzschluß

Da jede Feldlinie des Hauptflusses Φ_H ein Fenster des Transformators mit den Durchflutungen $i_{1K} \cdot N_1$ und $i_{2K} \cdot N_2$ umschließt (Bild 3-23), so folgt $i_{1K} \cdot N_1 - i_{2K} \cdot N_2 = 0$ oder

$$i_{1K} \cdot N_1 = i_{2K} \cdot N_2 \tag{3.22}$$

Im Kurzschluß heben sich aufgrund der unterschiedlichen Stromrichtungen im Fenster die Durchflutungen beider Wicklungen gegenseitig auf, es herrscht Durchflutungsgleichgewicht. Aus (3.22) folgt:

$$\frac{i_{1K}}{i_{2K}} = \frac{N_2}{N_1} \tag{3.23}$$

Die Kurzschlußströme beider Seiten verhalten sich umgekehrt wie die zugehörigen Windungszahlen.

Gleichung (3.23) ist hier für Augenblickswerte formuliert worden, sie gilt aber bei Sinusform der Ströme ebenso für Effektivwerte. Vergleicht man mit Gleichung (3.14), so erkennt man:

Der reale Transformator im Kurzschluß verhält sich in bezug auf Durchflutung und Strom wie ein idealer Transformator.

Eine Ausnahme bilden nur kurzschlußfeste Transformatoren wie Klingeltransformatoren oder Schweißtransformatoren, die eine Nennkurzschlußspannung von über 50 % haben.

Ersatzschaltbild für Kurzschluß

Das Leerlauf-Ersatzschaltbild nach Bild 3-19 ist bei Kurzschluß nicht anwendbar, weil durch den Kurzschluß der ideale Transformator und damit auch der Querzweig des Verlustvierpols (X_H, R_{Fe}) überbrückt wird, so daß der Kurzschlußkreis keinerlei strombegrenzende Elemente enthält. Das Kurzschluß-Ersatzschaltbild muß aber, um den Kurzschlußstrom zu definieren, im Längszweig des Verlustvierpols eine niederohmige Impedanz enthalten, die resultierende Kurzschlußimpedanz Z_K. Der hochohmige Querzweig kann dagegen wegfallen.

Die Berechnung der auf die Primärseite bezogenen Kurzschlußimpedanz Z_K und ihren Komponenten ergibt sich aus den Ergebnissen des Kurzschlußversuches, d.h. aus U_{1K}, I_{1K} und P_K. Der Betrag von Z_K ist gleich dem Eingangswiderstand des Vierpols, also gilt

$$Z_K = \frac{U_{1K}}{I_{1K}}. \tag{3.24}$$

Oszilloskopiert man $u_{1K} = f(\omega t)$ und $i_{1K} = f(\omega t)$, so zeigt das Schirmbild, daß der Kurzschlußstrom der Spannung um den Winkel φ_K nacheilt. Die Impedanz Z_K hat also außer dem ohmschen Anteil, den auf der Primärseite zusammengefaßten Wicklungswiderständen R_K, auch einen induktiven Anteil, der *Kurzschlußreaktanz* X_K oder Streublindwiderstand genannt wird. Beide Widerstände liegen in Reihe, denn die Kurzschlußimpedanz Z_K ist größer als die Summe der auf die Primärseite umgerechneten Wicklungswiderstände (Bild 3-24).

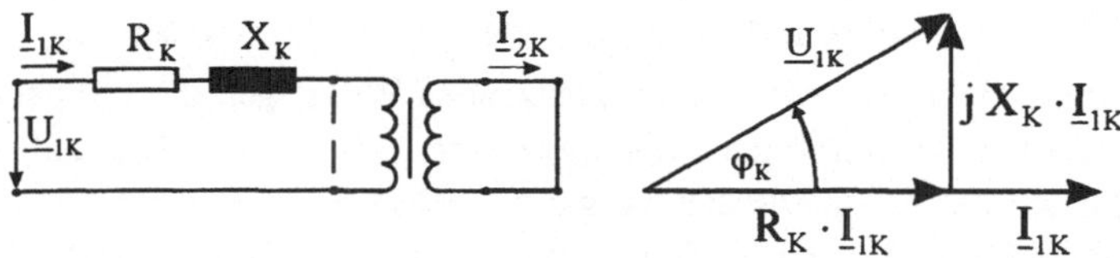

Bild 3-24: Kurzschluß-Ersatzschaltbild eines Transformators und Zeigerdiagramm

Der Kurzschluß kann an die Primärklemmen des idealen Transformators verlegt werden, so daß $\underline{U}_{1K} = \underline{I}_{1K} \cdot R_K + \underline{I}_{1K} \cdot jX_K$ ist. Daraus folgt für die Kurzschlußimpedanz

$$\underline{Z}_K = R_K + j\,X_K \tag{3.25}$$

mit dem Betrag $Z_K = \sqrt{R_K^2 + X_K^2}$, dem Phasenwinkel $\varphi_K = \text{arc}\cos R_K / Z_K$ und den Komponenten:

$$R_K = Z_K \cdot \cos\varphi_K \tag{3.26a}$$

$$X_K = Z_K \cdot \sin\varphi_K \tag{3.26b}$$

Den Winkel φ_K kann man aus den Ergebnissen des Kurzschlußversuches errechnen:

$\cos\varphi_K = \dfrac{R_K}{Z_K}$; $\cos\varphi_K = \dfrac{R_K \cdot I_{1K}^2}{Z_K \cdot I_{1K}^2}$; $R_K \cdot I_{1K}^2 = P_K$; $Z_K \cdot I_{1K}^2 = U_{1K} \cdot I_{1K}$. Also ist

$$\cos\varphi_K = \frac{P_K}{U_{1K} \cdot I_{1K}} \tag{3.27}$$

Allgemein ist der *Leistungsfaktor* $\cos\varphi$ das Verhältnis von Wirkleistung zu Scheinleistung; bei Reihenschaltung der Widerstände ist es der Quotient von Resistanz zu Impedanz.

Der Kurzschlußwiderstand R_K ist die Summe des primären und des auf die Primärseite umgerechneten Wicklungswiderstandes $R_K = R_1 + R_2'$, wobei $R_2' = R_2 \cdot (N_1 / N_2)^2$ ist. Analog kann man umgekehrt die Kurzschlußreaktanz $X_K = X_{\sigma 1} + X_{\sigma 2}'$ aufteilen in zwei Streublindwiderstände, die man als gleich annimmt: $X_{\sigma 1}$ und $X_{\sigma 2}' = X_{\sigma 1}$.

Die physikalische Erklärung für die Streublindwiderstände findet man in dem Verlauf der magnetischen Feldlinien in Eisenkern und Wicklungskörper (Bild 3-23): Zwar ist im Kurzschluß der mit beiden Wicklungen verkettete Hauptfluß Φ_H sehr klein, aber jede der beiden Wicklungsdurchflutungen ist von erheblicher Größe und erzeugt einen *Streufluß*, der nur mit dieser einen Wicklung verkettet ist und sich daher über die Luft schließt. Wie das Feldlinienbild zeigt, addieren sich beide Streuflüsse zu einem Gesamtstreufluß $\Phi_{\sigma 1} + \Phi_{\sigma 2} = \Phi_\sigma$ in dem zylindrischen Luftraum zwischen beiden Spulen. Dieser Streukanal muß bei großen Transformatoren mit Rücksicht auf Kühlmittelströmung (Luft, Öl), Isolierung und Wicklungsabstützung (gegen Stromkräfte) in radialer Richtung breiter sein als bei kleinen Transformatoren. Mit der Breite des Streukanals nimmt aber der magnetische Leitwert Λ_σ und damit der gesamte Streufluß Φ_σ zu. Die zeitlich sinusförmigen Änderungen der Streuflüsse erzeugen in den beiden Spulen die induzierten Spannungen

$$u_{L1} = N_1 \cdot \frac{d\Phi_{\sigma 1}}{dt} = L_{\sigma 1} \cdot \frac{di_{1K}}{dt} \quad \text{und} \quad u_{L2} = N_2 \cdot \frac{d\Phi_{\sigma 2}}{dt} = L_{\sigma 2} \cdot \frac{di_{2K}}{dt}.$$

Ordnet man den Streuflüssen $\Phi_{\sigma 1}$ und $\Phi_{\sigma 2}$ die *Streuinduktivitäten* $L_{\sigma 1} = \Lambda_\sigma \cdot N_1^2$ und $L_{\sigma 2} = \Lambda_\sigma \cdot N_2^2$ zu, so kann man die strombegrenzenden Wirkungen dieser Spannungsfälle im Ersatzschaltbild darstellen durch die *Streublindwiderstände* $X_{\sigma 1} = \omega \cdot L_{\sigma 1}$ und $X_{\sigma 2} = \omega \cdot L_{\sigma 2}$, die man als Modell der physikalischen Vorgänge ebenso wie die Wicklungswiderstände R_1 und R_2 auf beiden Seiten des idealen Transformators anordnen könnte (Bild 3-25a).

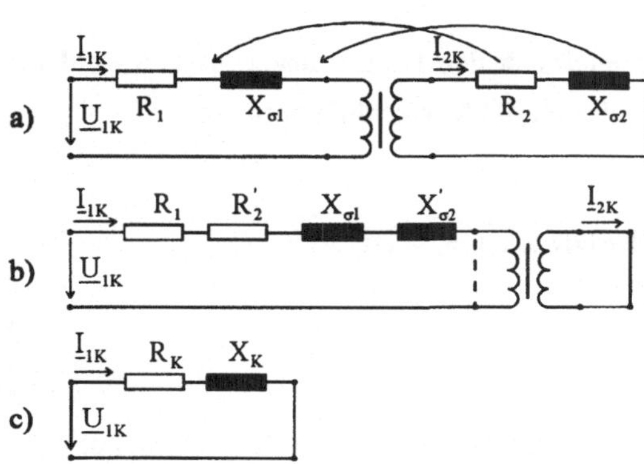

Bild 3-25:
Entwicklung des Kurzschluß-Ersatzschaltbildes für einen realen Transformator
a) Impedanzen auf beide Seiten verteilt
b) Impedanzen auf die Primärseite bezogen
c) Impedanzen primär zusammengefaßt, idealer Transformator weggelassen

Da diese Anordnung aber für die Berechnungen unpraktisch ist, übersetzt man R_2 und $X_{\sigma 2}$ auf die Primärseite (Bild 3-25b) gemäß $R_2' = R_2 \cdot (N_1 / N_2)^2$ und $X_{\sigma 2}' = X_{\sigma 2} \cdot (N_1 / N_2)^2$ und faßt sie mit R_1 und $X_{\sigma 1}$ zusammen zu $R_K = R_1 + R_2'$ und $X_K = X_{\sigma 1} + X_{\sigma 2}'$. Da die Streuflüsse durch Luft oder Öl verlaufen, sind die Streublindwiderstände weder strom- noch spannungsabhängig. Das Ersatzschaltbild für den Kurzschluß kann noch weiter vereinfacht werden, denn aus dem Bild 3-25b geht hervor, daß der ideale Transformator den Kurzschluß auf seine Primärseite überträgt. Man kann ihn weglassen und primär durch eine Kurzschlußverbindung ersetzen. Das vereinfachte Ersatzschaltbild nimmt dann die im Bild 3-25c dargestellte Form an.

Aus dem vereinfachten Ersatzschaltbild läßt sich die komplexe Spannungsgleichung $\underline{U} = R_K \cdot \underline{I}_{1K} + j\, X_K \cdot \underline{I}_{1K}$ ablesen, woraus sich der primäre Kurzschlußstrom I_{1K} ergibt:

$$\underline{I}_{1K} = \frac{\underline{U}_{1K}}{R_K + jX_K}. \qquad (3.28)$$

Der Betrag des Stromes ist $I_{1K} = U_{1K} / \sqrt{R_K^2 + X_K^2}$, der Phasenverschiebungswinkel $\varphi_K = \varphi_{UK} - \varphi_{IK}$ ergibt sich aus $\cos\varphi_K = \frac{R_K}{Z_K}$. Strom und Spannungen lassen sich anschaulich im Zeigerdiagramm darstellen, wie das Bild 3-24 zeigt.

Beispiel

Ein Einphasentransformator hat die Daten: $U_{1N} = 20kV$; $U_{2N} = 400V$; $f = 50Hz$; $S_N = 160\,kVA$.

Der Kurzschlußversuch ergab: $U_{1K} = 1200\ V$; $I_{1K} = 8{,}0\ A$; $P_{1K} = 2100\ W$.

Gesucht ist die Berechnung der Kurzschlußwiderstände und der Kurzschlußströme primär und sekundär, wenn Nennspannung anliegt.

Lösung: $Z_K = \frac{U_{1K}}{I_{1K}} \Rightarrow Z_K = \frac{1200\ V}{8\ A} = 150\ \Omega$.

$\cos\varphi_K = \frac{P_{1K}}{U_{1K} \cdot I_{1K}} \Rightarrow \cos\varphi_K = \frac{2100\ W}{1200\ V \cdot 8\ A} = 0{,}2188$.

Der Kurzschluß-Phasenwinkel ist $\varphi_K = 77{,}4° \Rightarrow \sin\varphi_K = 0{,}9758$.

Die Kurzschlußreaktanz hat den Betrag $X_K = Z_K \cdot \sin\varphi_K \Rightarrow X_K = 150\ \Omega \cdot 0{,}9758 \Rightarrow X_K = 146{,}4\ \Omega$.

X_K wird aufgeteilt in zwei gleichgroße Streublindwiderstände $X_{\sigma 1} = X'_{\sigma 2} = \frac{1}{2} \cdot X_K \Rightarrow X_{\sigma 1} = 73{,}2\ \Omega$; $X'_{\sigma 2} = 73{,}2\ \Omega$

Der ohmsche Anteil der Kurzschlußimpedanz ist $R_K = Z_K \cdot \cos\varphi_K \Rightarrow R_K = 150\ \Omega \cdot 0{,}2188; R_K = 32{,}8\ \Omega$

R_K wird aufgeteilt in zwei gleiche ohmsche Wicklungswiderstände $R_1 = R'_2 = \frac{1}{2} \cdot R_K \Rightarrow R_1 = 16{,}4\ \Omega$; $R'_2 = 16{,}4\ \Omega$.

Diese Aufteilung gilt nur angenähert und nur unter der Voraussetzung gleicher Stromdichte in beiden Wicklungen. Diese Wechselstromwiderstände sind etwas größer als die entsprechenden Gleichstromwiderstände, weil bei Wechselstrom ein kleiner Wirbelstromanteil dazu kommt.

Der primärseitige Kurzschluß-Wechselstrom bei Nennspannung hat den Betrag

$I_{1KN} = \frac{U_{1K}}{Z_K} \Rightarrow I_{1KN} = \frac{20\,000\ V}{150\ \Omega} \Rightarrow I_{1KN} = 133{,}3\ A$.

Auf der Sekundärseite fließt der Kurzschlußstrom $I_{2KN} = \frac{N_1}{N_2} \cdot I_{1KN}$. Dabei gilt $\frac{N_1}{N_2} = \frac{U_{1N}}{U_{2N}}$

$\Rightarrow I_{2N} = \frac{20\,000V}{400\ V} \cdot 133{,}3\ A \Rightarrow I_{2N} = 6\,666{,}7\ A$.

Kurzschlußspannung und Kurzschlußverluste

Im Gegensatz zu R_{Fe} und X_H sind die bei Kurzschluß wirksamen Widerstände R_K und X_K nicht abhängig von Strom oder Spannung. Daraus folgt: $I_{1K} = k \cdot U_{1K}$.

Der Kurzschlußstrom ist der Kurzschlußspannung proportional (siehe Diagramm Bild 3-26).

Die Kurzschlußspannung U_{1K}, bei der $I_{1K} = I_{1N}$ ist, heißt *Nennkurzschlußspannung* U_{KN}.

Sie wird meist bezogen auf die Nennspannung U_{1N} angegeben:

$$u_{KN} = \frac{U_{KN}}{U_{1N}}. \tag{3.29}$$

Bei Netz- und Verteilungstransformatoren liegt u_{KN} im Bereich 4 bis 8 Prozent.

Für das Verhältnis Kurzschlußstrom zu Nennstrom gilt allgemein: $\frac{I_{1K}}{I_{1N}} = \frac{U_{1K}}{u_{KN} \cdot U_{1N}}$.

Wenn $U_{1K} = U_{1N}$ **ist, wird** $\frac{I_{1KN}}{I_{1N}} = \frac{U_{1N}}{u_{KN} \cdot U_{1N}}$, **also**

$$I_{1KN} = \frac{1}{u_{KN}} \cdot I_{1N} \qquad (3.30)$$

Der Kurzschlußstrom bei Nennspannung ist umgekehrt proportional der bezogenen Kurzschlußspannung.

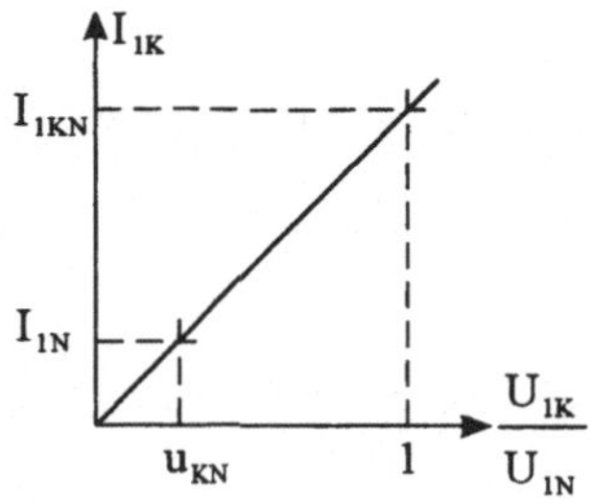

Bild 3-26: Kurzschlußstrom in Abhängigkeit von der Kurzschlußspannung eines Transformators

Beispiel

Der Transformator des Beispiels auf der Seite 79 hat die Daten
$U_{1K} = 1200\,V$ bei $I_{1K} = 8\,A$ und $U_{1N} = 20\,kV$.

Der primäre Nennstrom des Transformators ist $I_{1N} = \frac{S_N}{U_{1N}} \Rightarrow I_{1N} = \frac{160\,kVA}{20\,kV} = 8A$. Also ist $I_{1K} \equiv I_{1N}$ und daher auch $U_{1K} \equiv U_{KN}$. Der Zahlenwert der bezogenen Nennkurzschlußspannung beträgt

$$u_{KN} = \frac{U_{KN}}{U_{1N}} = \frac{1200\,V}{20\,000\,V} \Rightarrow u_{KN} = 0{,}06 \text{ oder } u_{KN} = 6\,\%$$

Damit berechnet sich der Kurzschlußstrom bei Nennspannung $I_{1KN} = 1/u_{KN} \cdot I_{1N}$ wie im Beispiel auf Seite 79 zu $I_{1KN} = 1/0{,}06 \cdot 8\,A \Rightarrow I_{1KN} = 133{,}3\,A$.

Im Kurzschluß gibt der Transformator keine Leistung ab, nimmt aber die Scheinleistung $S_{1K} = U_{1K} \cdot I_{1K}$ auf. Der Anteil $Q_{1K} = U_{1K} \cdot I_{1K} \cdot \sin\varphi_K$ ist induktive Blindleistung zum Aufbau des Streuflusses, der Anteil $P_{1K} = U_{1K} \cdot I_{1K} \cdot \cos\varphi_K$ ist Wirkleistung.

Die Kurzschlußverluste P_{1K} sind reine Stromwärmeverluste in den Wicklungen, weil wegen des geringen Hauptflusses die Eisenverluste vernachlässigbar klein sind:

$P_{1K} = R_K \cdot I_{1K}^2$ bzw. $P_{1K} = R_1 \cdot I_{1K}^2 + R_2 \cdot I_{2K}^2$.

Man erkennt daraus:

Die Kurzschlußverluste sind stromabhängig, sie steigen mit dem Quadrat des Kurzschlußstromes.

Stromwandler

In der Meßtechnik verwendet man zum Untersetzen großer Wechselströme und zur Potentialtrennung von Hauptstromkreis und Meßstromkreis Stromwandler, d.h. kleine Transformatoren, die nahezu im Kurzschluß betrieben werden. Man schaltet die Primärseite in Reihe mit dem Verbraucher und schließt die Sekundärseite möglichst niederohmig mit einem Strommesser oder der Stromspule eines Leistungsmesser ab (Bild 3-27).

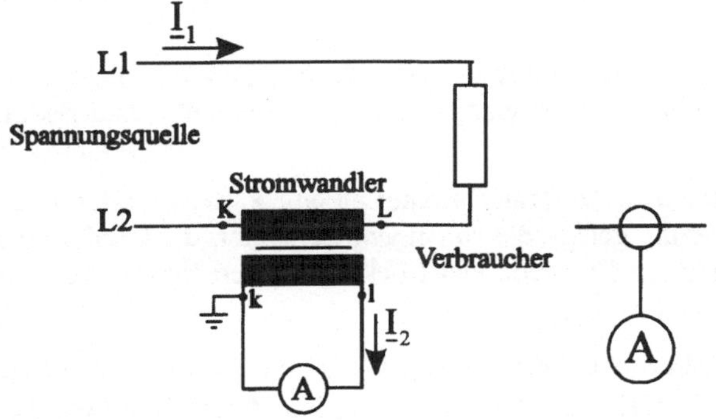

Bild 3-27:
Stromwandler 1000 / 5 A, 30 VA zum Messen großer Ströme und zur Potentialtrennung des Meßkreises vom Verbraucherstromkreis.
Schaltplan (links), Schaltzeichen im Übersichtsschaltplan (rechts).

Die im sekundärseitigen Abschlußwiderstand umgesetzte Scheinleistung wird *Bürde* genannt. Zum Beispiel hat der Stromwandler von Bild 3-27 die Nennbürde 30 VA. Bei Nennstrom 5 A beträgt die Sekundärspannung 6 V, der Bürdenwiderstand ist $Z_2 = 6\,\mathrm{V} / 5\,\mathrm{A} = 1{,}2\,\Omega$. Dieser Bürdenwiderstand, auf die Primärseite übersetzt, ist sehr klein, nämlich $Z_2' = 1{,}2\,\Omega \cdot (5/1000)^2 = 0{,}03\,\mathrm{m}\Omega$, so daß auch die Primärspannung des Stromwandlers in der Größenordnung Millivolt liegt und gegenüber der Spannung am Verbraucher keine Rolle spielt. Daraus folgt:

Dem Stromwandler wird der Primärstrom aufgezwungen oder eingeprägt.

Eine Veränderung des Bürdenwiderstandes verändert weder Sekundärstrom noch Primärstrom. *Man darf aber keinesfalls den Sekundärkreis des Wandlers unterbrechen*, weil sonst das Durchflutungsgleichgewicht gestört würde. Der eingeprägte Primärstrom würde im Eisen einen großen Hauptfluß aufbauen. Dies hätte Eisensättigung und hohe induzierte Spannungen zur Folge, die besonders sekundär zur Personengefährdung und zum Durchschlag der Wicklungsisolation führen können. Daher darf der Sekundärkreis eines Stromwandlers keine Sicherungen oder Schalter enthalten.

Primärseitig muß der Wandler für die volle Verbraucherspannung gegen Erde isoliert sein. Die Sekundärwicklung ist wie beim Spannungswandler an einer Klemme zu erden. Dadurch werden der Meßkreis auf das Bezugspotential Erde gelegt, die Erdkapazität der Sekundärwicklung kurzgeschlossen und kapazitive Einkopplung von Spannungen von der Primärseite auf den Meßkreis verhindert.

Der Stromwandler ist das genaue Gegenteil des Spannungwandlers, denn:

- Der Stromwandler übersetzt Ströme proportional dem Kehrwert des Windungszahlverhältnisses, der Spannungswandler übersetzt Spannungen proportional dem Windungszahlverhältnis.
- Der Stromwandler liegt primärseitig an eingeprägtem Strom, der Spannungswandler an eingeprägter Spannung.
- Der Stromwandler liegt in Reihe mit dem Verbraucher, der Spannungswandler liegt parallel zum Verbraucher.
- Der Bürdenwiderstand des Stromwandlers ist sehr klein, der des Spannungswandlers sehr groß.

3.3.6 Der reale Transformator bei Belastung

Vollständiges Ersatzschaltbild

Wenn ein Leistungstransformator in einem Transport- oder Verteilungsnetz elektrische Energie von einer Spannungsebene auf eine andere übertragen soll, so sind dafür zwei Bedingungen zu erfüllen:

- Auf der Eingangsseite (Primärseite) wird der Transformator an eine konstante oder annähernd konstante Sinuswechselspannung gelegt, die von einem Generator, direkt oder über ein Leitungsnetz, geliefert wird und in Frequenz und Effektivwert den Nennwerten des Transformators entspricht: $f_1 = f_N$; $U_1 = U_{1N}$.
- Auf der Ausgangsseite (Sekundärseite) wird die Spannung U_2 des Transformators, direkt an den Klemmen oder über ein Leitungsnetz, belastet mit einer Parallelschaltung von Betriebsmitteln (Verbrauchern), so daß der Sekundärstrom I_2 fließt. Die Gesamtwirkung der Verbraucher kann durch eine Ersatzimpedanz $Z_2 = U_2 / I_2$, die meist als Reihenschaltung $\underline{Z}_2 = R_L \pm j \cdot X_L$ aufgefaßt wird, dargestellt werden. Im Dauerbetrieb darf der Laststrom I_2 nicht größer als der Nennstrom I_{2N} des Transformators sein, damit sich dessen Erwärmung in zulässigen Grenzen hält.

Die Belastung ist ein Betriebszustand zwischen Leerlauf und Kurzschluß, das Flußbild ergibt sich als Überlagerung beider Grenzfälle (Bild 3-28), und zwar gilt:

$$\Phi_{\sigma 1} = \Phi_{\sigma 2} = \frac{1}{2}\Phi_\sigma; \quad \Phi_1 = \Phi_H + \Phi_\sigma; \quad \Phi_2 = \frac{1}{2}\Phi_H - \frac{1}{2}\Phi_\sigma$$

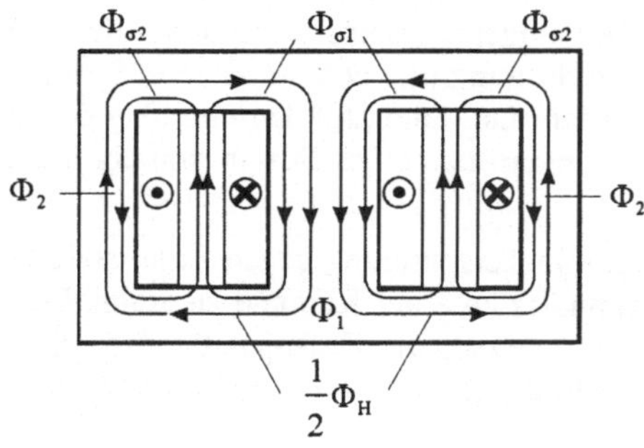

Bild 3-28:
Realer Transformator,
Flußverlauf bei Belastung

Wegen der hohen Spannung U_{1N} muß der Hauptfluß voll ausgebildet sein, im Durchflutungsgleichgewicht ist die Leerlaufdurchflutung zu berücksichtigen:

$$i_1 \cdot N_1 - i_2 \cdot N_2 = i_{10} \cdot N \Rightarrow \quad \underline{I}_1 - \underline{I}_2 \cdot \frac{N_2}{N_1} = \underline{I}_{10} \Rightarrow$$

$$\underline{I}_1 = \underline{I}_{10} + \underline{I}_2' \tag{3.31}$$

Der primärseitige Laststrom ist die geometrische Summe aus dem Leerlaufstrom und dem übersetzten Laststrom der Sekundärseite.

Das vollständige Ersatzschaltbild (Bild 3-29) ist eine Kombination der Ersatzschaltbilder aus Leerlauf (Spannung, Hauptfluß, Eisenverluste) und Kurzschluß (Ströme, Kupferverluste, Spannungsfall, Streuung).

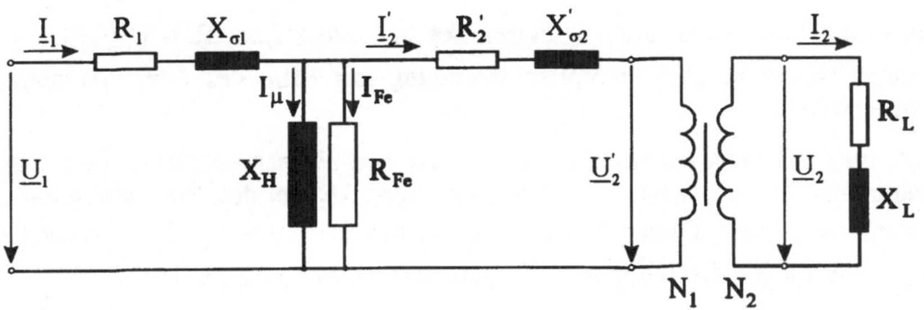

Bild 3-29: Vollständiges Ersatzschaltbild des Transformators bei Belastung

Will man den idealen Transformator weglassen, kann $\underline{Z}_2$ nach Gleichung (3.15) auf die Primärseite umgerechnet werden: $\underline{Z}'_2 = \underline{Z}_2 \cdot (N_1 / N_2)^2$.

Das Zeigerdiagramm der primärseitigen Spannungen und Ströme des vollständigen Ersatzschaltbildes zeigt Bild 3-30. Die inneren Spannungsfälle des Transformators sind zur besseren Anschaulichkeit übertrieben groß dargestellt, ebenso der Leerlaufstrom.

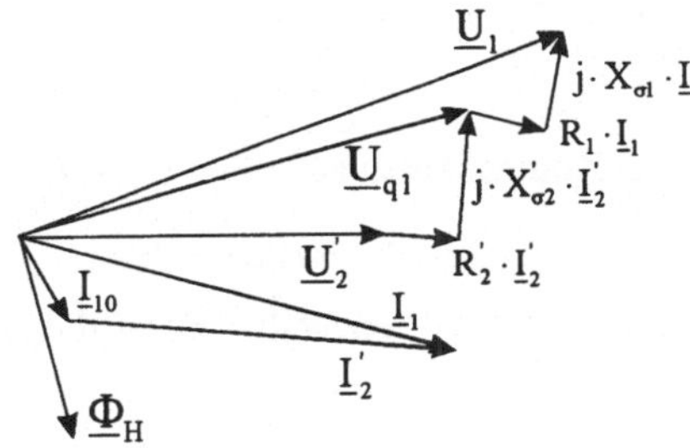

Bild 3-30:
Zeigerdiagramm zum vollständigen Ersatzschaltbild des Transformators. Spannungsfälle und Leerlaufstrom übertrieben groß

Spannungsänderung

Das vollständige Ersatzschaltbild ist recht umständlich zu handhaben. Für die Berechnung der Spannungsänderung unter Last kann aber das Kurzschluß-Ersatzschaltbild zugrunde gelegt werden, sofern die Bedingung $I_2 \geq 0{,}5 \cdot I_{2N}$ erfüllt ist.

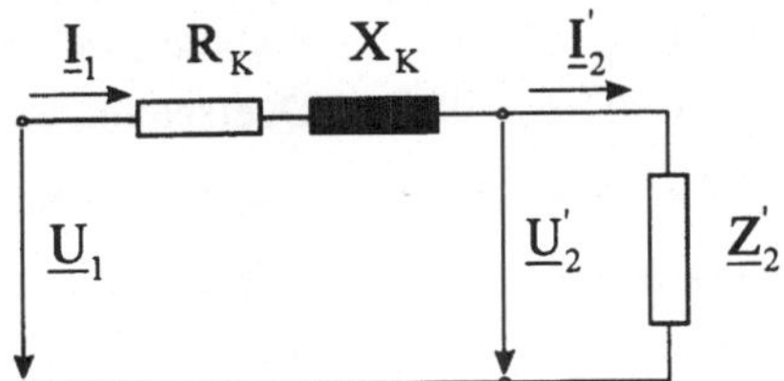

Bild 3-31:
Vereinfachtes Ersatzschaltbild des belasteten Transformators

Unter dieser Voraussetzung gilt nämlich $I_{10} << I'_2$, so daß der Querzweig weggelassen werden kann. Dann gilt wie beim Kurzschluß: $\underline{I}_1 = \underline{I}'_2$; $R_1 + R'_2 = R_K$; $X_{\sigma 1} + X'_{\sigma 2} = X_K$.

Der komplexe Spannungsfall $\underline{\Delta U} = \underline{U}_1 - \underline{U}'_2$ des Transformators bei der Belastung $\underline{I}'_2$ ist in Komponentenform $\underline{\Delta U} = \underline{I}'_2 \cdot (R_K + j \cdot X_K)$.

In der Praxis interessiert meist nur der *Betrag* des Spannungsfalls $\Delta U = |\underline{U}_1| - |\underline{U}_2'|$. Dieser kann mit guter Näherung ohne komplexe Rechnung mit Hilfe des *Längsspannungsfalls* ΔU_L berechnet werden.

Bei der Herleitung des Längsspannungsfalls geht man von ohmsch-induktiver Belastung des Transformators aus. Der Laststrom I_2 eilt der Spannung U_2 um den Phasenverschiebungswinkel $\varphi_2 = \varphi_{U2} - \varphi_{I2}$ nach. Dieser Winkel überträgt sich unverändert auf die Primärseite, so daß $\varphi_2' = \varphi_2$ ist. Wir legen die Spannung $\underline{U}_2'$ in die positive reelle Achse.

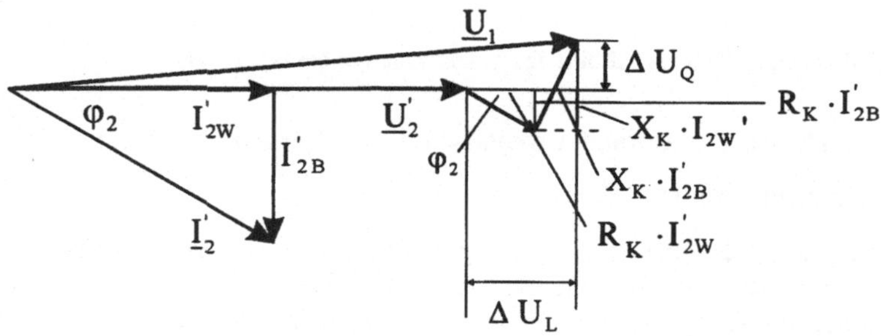

Bild 3-32: Längs- und Querspannungsfall des Einphasen-Transformators

Den übersetzten Laststrom $\underline{I}_2'$ spalten wir in zwei Komponenten auf: $\underline{I}_2' = I_{2W}' - j \cdot I_{2B}'$.

$I_{2W}' = I_2' \cdot \cos\varphi_2$ ist der Wirkstrom in Richtung von $\underline{U}_2'$, also der reellen Achse.

$I_{2B}' = I_2' \cdot \sin\varphi_2$ ist der induktive Blindstrom, der $\underline{U}_2'$ um 90° nacheilt. Es wird daher:

$$\underline{\Delta U} = \left(I_{2W}' - j \cdot I_{2B}'\right) \cdot \left(R_K + j \cdot X_K\right)$$

$$\underline{\Delta U} = I_{2W}' \cdot R_K + j \cdot I_{2W}' \cdot X_K - j \cdot I_{2B}' \cdot R_K + I_{2B}' \cdot X_K$$

$$\underline{\Delta U} = \left(I_{2W}' \cdot R_K + I_{2B}' \cdot X_K\right) + j \cdot \left(I_{2W}' \cdot X_K - I_{1B}' \cdot R_K\right)$$

$$\underline{\Delta U} = \Delta U_L + j \cdot \Delta U_Q$$

Der komplexe Spannungsfall $\underline{\Delta U}$ ist also, wie das Zeigerdiagramm des Bildes 3-32 zeigt, willkürlich aufgeteilt worden in den Längsspannungsfall ΔU_L in Richtung der Spannung $\underline{U}_2'$ und den Querspannungsfall ΔU_Q, der $\underline{U}_2'$ um 90° voreilt. Der Querspannungsfall trägt zum Betrag des Spannungsfalls $\Delta U = |\underline{U}_1| - |\underline{U}_2'|$ nur wenig bei, weil er senkrecht auf $\underline{U}_2'$ steht und im Betrag wesentlich kleiner ist als ΔU_L. Die Anteile $I_{2W}' \cdot X_K$ und $I_{2B}' \cdot R_K$ heben sich nämlich zum größten Teil auf. Man kann daher, besonders bei Transformatoren in Nieder- und Mittelspannungsnetzen, den Querspannungsfall weglassen und setzen

$$U_1 \approx U_2' + \Delta U_L \tag{3.32}$$

Dabei ist

$$\Delta U_L = I_2' \cdot \cos\varphi_2 \cdot R_K + I_2' \cdot \sin\varphi_2 \cdot X_K \tag{3.33}$$

Längsspannungsfall ist Wirkstrom mal Wirkwiderstand plus Blindstrom mal Blindwiderstand.

Der Längsspannungsfall wird in der Praxis nicht nur bei Transformatoren, sondern auch bei Nieder- und Mittelspannungsleitungen angewendet, so daß die Netzberechnungen sich dadurch erheblich vereinfachen.

Die *Spannungsänderung* nach VDE 0532 ist definiert als

$$u_\varphi = \frac{U_{20} - U_2}{U_{20}} \tag{3.34}$$

bei $U_1 = \text{konst.}$ bzw. $U_{20} = \text{konst.}$ Die Spannungsänderung u_φ gibt an, um wieviel Prozent sich bei einer bestimmten Belastung die Sekundärspannung gegenüber der Leerlaufspannung ändert. Löst man die Gleichung (3.34) nach U_2 auf, so ergibt sich

$$U_2 = U_{20} \cdot (1 - u_\varphi) \tag{3.35}$$

Wenn wir in diese Gleichung als U_{20} die sekundärseitige Nennspannung U_{2N} und als u_φ die zulässige Spannungsänderung einsetzen, erhalten wir als U_2 den minimalen Grenzwert, den die Sekundärspannung bei Belastung nicht unterschreiten darf.

Beispiel

Ein Einphasen-Transformator hat die Daten: $U_{1N} = 400\,\text{V}; U_{2N} = 190\,\text{V}; S_N = 10\,\text{kVA}; f = 50\,\text{Hz}$. Die Auswertung des Kurzschlußversuches ergab die auf die Primärseite bezogenen Widerstände: $R_K = 0{,}38\,\Omega, X_K = 0{,}67\,\Omega$.

Der Transformator wird an die Spannung $U_1 = 380\,\text{V}$ gelegt und belastet mit $I_2 = 55\,\text{A}; \cos\varphi_2 = 0{,}6$.

Gesucht : Spannung U_2; Spannungsänderung u_φ.

Lösung: $I_2' = 55\,\text{A} \cdot \dfrac{190\,\text{V}}{400\,\text{V}} = 26{,}13\,\text{A}$. $\cos\varphi_2 = 0{,}6 \rightarrow \sin\varphi_2 = 0{,}8$

Näherungsweise ist der Spannungsfall gleich dem Längsspannungsfall, also

$$\Delta U \approx 26{,}13\,\text{A} \cdot 0{,}6 \cdot 0{,}38\,\Omega + 26{,}13\,\text{A} \cdot 0{,}8 \cdot 0{,}67\,\Omega \Rightarrow \Delta U \approx 19{,}96\,\text{V}.$$

$$U_2' \approx 380\,\text{V} - 19{,}96\,\text{V} \Rightarrow U_2' \approx 360{,}04\,\text{V}$$

$$U_2 \approx 360{,}04\,\text{V} \cdot \frac{190\,\text{V}}{400\,\text{V}} \Rightarrow U_2 \approx 171{,}02\,\text{V}.$$

Die sekundärseitige Leerlaufspannung ist $U_{20} = 380\,\text{V} \cdot \dfrac{190\,\text{V}}{400\,\text{V}} \Rightarrow U_{20} = 180{,}5\,\text{V}$.

Daraus folgt $u_\varphi \approx \dfrac{180{,}5\,\text{V} - 171{,}02}{180{,}5\,\text{V}} \Rightarrow u_\varphi \approx 0{,}05$

Die Spannungsänderung beträgt daher ungefähr 5 Prozent.

4 Stromversorgung mit Drehstrom

4.1 Was ist Drehstrom?

4.1.1 Geschichtliche Entwicklung

Die Erzeugung, Verteilung und Anwendung der Elektrizität nahm um 1890 immer größere Ausmaße an. Das Gleichstromsystem war hierbei sehr bald überfordert, weil die begrenzten Generatorspannungen für die wachsenden Leistungen und Netzausdehnungen nicht mehr ausreichten. Die Einführung des Einphasen-Wechselstromsystems ermöglichte zwar eine Energieübertragung auf mehreren Spannungsebenen, brachte aber auch neue Probleme, weil ein brauchbarer Wechselstrommotor fehlte. Für Kollektormotoren war die Frequenz 50 Hz, die man für flimmerfreies Licht brauchte, zu hoch. In mehreren Ländern wurde daher an der Entwicklung eines kollektorlosen Drehfeldmotors gearbeitet. Die Vorarbeiten leisteten insbesondere der italienische Physiker Galileo *Ferraris* und der in Amerika lebende Kroate Nicola *Tesla*. Mit zwei um 90° phasenverschobenen Wechselströmen erzeugten sie ein um die Läuferachse rotierendes Drehfeld, das einen Eisenanker oder eine kurzgeschlossene Spule mitnimmt. Michael *von Dolivo-Dobrowolsky*, der Chefelektriker der AEG Berlin, verbesserte diesen Induktionsmotor, indem er das Drehfeld von drei um 120° phasenverschobenen Wechselströmen erzeugen ließ. Dieses Dreiphasen-System nannte er Drehstrom (1891). Oskar *von Miller*, München, bewies im gleichen Jahr mit der ersten Drehstromübertragung von Lauffen am Neckar nach Frankfurt am Main (175 km), daß der Drehstrom zur Fernübertragung allen anderen Systemen überlegen ist. Diese Überlegenheit war so stark, daß sich das Drehstromsystem sehr schnell überall durchsetzte und heute für die öffentliche Stromversorgung fast ausschließlich benutzt wird. Lediglich für die Bahnstromversorgung konnten sich das Gleichstromsystem und der Einphasen-Wechselstrom noch behaupten [49].

4.1.2 Eigenschaften und Vorteile des Drehstromsystems

Vor der Herleitung der theoretischen Grundlagen des Dreiphasensystems sei ein kurzer Überblick über die wesentlichen Eigenschaften und Vorteile des Drehstroms gegeben.

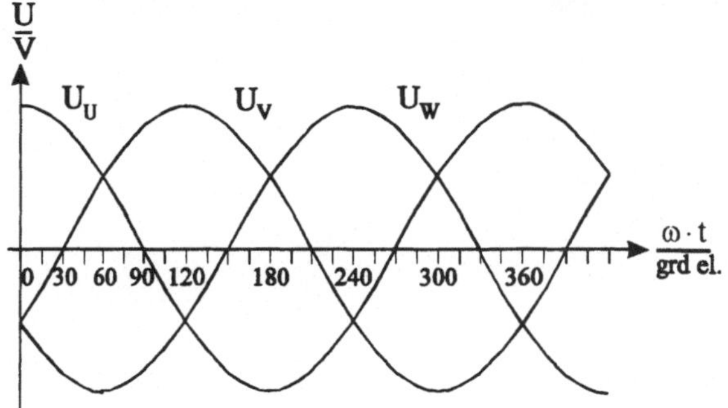

Bild 4-1:
Dreiphasen-Spannungssystem, Generator-Strangspannungen

Drehstrom oder Dreiphasen-Wechselstrom ist eine Kombination aus drei Wechselstromsystemen, die gemeinsam in einem Generator erzeugt werden. Die Spannungen in den drei

Wicklungssträngen haben gleiche Frequenz und Amplitude, sind aber in der Phasenlage gegeneinander um 120° elektrisch verschoben (Bild 4-1).

Die Frequenz der Spannungen ist gleich Drehzahl mal Polpaarzahl, also gilt $f = p \cdot n$ und $\omega = 2 \cdot \pi \cdot f$.

Der zeitliche Verlauf der Spannungen in den Strängen U, V und W ist

im Strang U1 - U2: $u_U(t) = \hat{u}_q \cdot \cos(\omega t - 0°)$;

im Strang V1 - V2: $u_V(t) = \hat{u}_q \cdot \cos(\omega t - 120°)$;

im Strang W1 - W2: $u_W(t) = \hat{u}_q \cdot \cos(\omega t - 240°)$.

Schließt man die drei Wechselspannungsquellen an drei getrennte Verbraucher an, so sind zur Fortleitung der Energie sechs Leiter erforderlich (siehe Bild 4-2a).

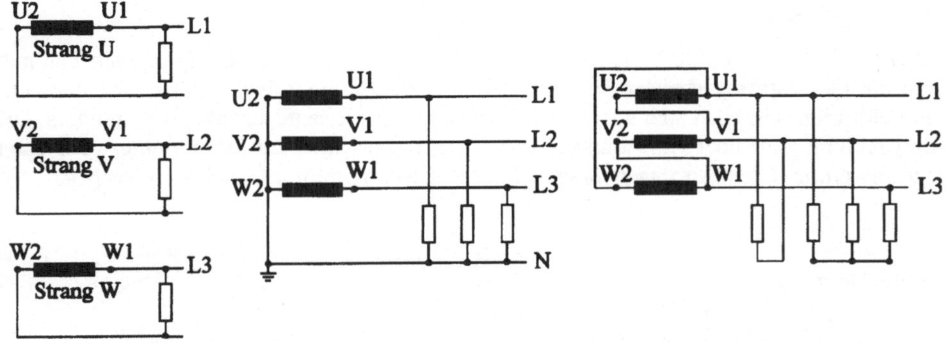

Bild 4-2: Dreiphasen-Wechselspannungssystem, Generatorstränge mit Verbrauchern
a) unverkettet b) in Sternschaltung verkettet c) in Dreieckschaltung verkettet

Verkettet man aber die drei Generatorstränge miteinander, indem man sie an den Anschlußklemmen zu einer *Sternschaltung* (Bild 4-2b) oder einer *Dreieckschaltung* (Bild 4-2c) miteinander verbindet, so gibt der Generator ein symmetrisches Dreiphasen- Spannungssystem ab, das mehrere wesentliche Vorteile hat:

1. Zur Energieübertragung sind nur vier Leiter erforderlich, bei gleichgroßen Verbraucherwiderständen sogar nur drei. Man spart erheblich an Leitungsmaterial gegenüber dem unverketteten System, die Spannungsfälle und Stromwärmeverluste im Netz sind wesentlich kleiner.

2. Den Verbrauchern stehen zwei verschiedene Anschlußspannungen zur Verfügung, die sich betragsmäßig um den Faktor $\sqrt{3}$ unterscheiden. Durch Umschalten eines Verbrauchers von Stern- auf Dreieckschaltung wird der Leistungsumsatz verdreifacht. Man kann an das gleiche Netz sowohl einsträngige wie dreisträngige Verbraucher anschließen.

3. Dreiphasen-Wechselstrom ist besonders geeignet zur Speisung von Motoren. Die drei Ströme erzeugen im Motor ein zeitlich konstantes magnetisches Drehfeld wie bei einer Innenpolmaschine - daher rührt auch die Bezeichnung Drehstrom - und als Folge ein zeitlich konstantes Drehmoment. Die Motordrehzahl ist der Netzfrequenz proportional und nur wenig lastabhängig. Die Läuferkonstruktion ist einfach und robust, ohne Kommutator und Erregerstrom [8].

4.2 Generator und Verbraucher

4.2.1 Der Drehstromgenerator

Aufbau eines Synchrongenerators

Drehstrom wird überwiegend in rotierenden elektrischen Maschinen erzeugt, die als Synchrongeneratoren bezeichnet und meist als Innenpolmaschine gebaut werden: Das Magnetsystem rotiert, die Nutzwicklung steht fest.

Der *Ständer* trägt in einem zylindrischen Stahlgehäuse ein ringförmiges Eisenblechpaket. In Nuten des Ständerblechpakets ist die dreisträngige, verteilte Nutzwicklung untergebracht. Die Enden der Wicklungsstränge sind an Klemmen geführt, diese sind mit dem Drehstromnetz oder einem Verbraucher verbunden. Das Ständergehäuse ist mit Füßen auf dem Maschinenfundament befestigt.

Der *Läufer* (Polrad, Induktor) aus Eisen trägt auf der Antriebswelle den 2p-poligen Feldmagneten mit gleichstromgespeister Erregerwicklung, wobei p die Polpaarzahl ist. Die magnetischen Feldlinien schließen sich über den Luftspalt und das Eisenblechpaket des Ständers. Die Läuferwicklung wird über Kohlebürsten und Schleifringe von einem Stromrichter oder einer Erregermaschine (Gleichstromgenerator auf der Antriebswelle) mit Gleichstrom gespeist.

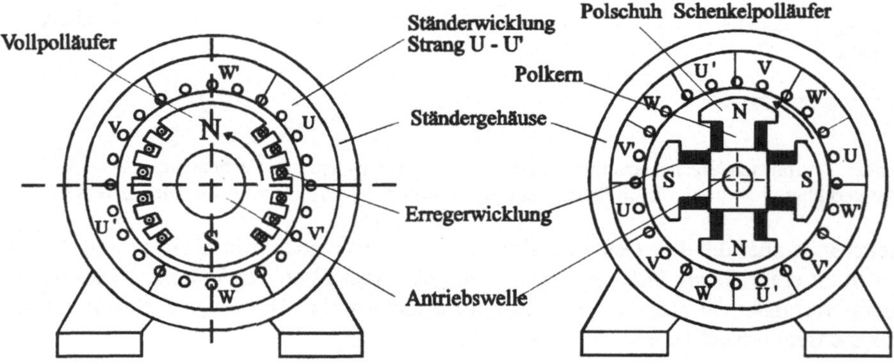

Bild 4-3: Zweipoliger Drehstromgenerator
Turbogenerator $n = 3000 \text{ min}^{-1}$

Bild 4-4: Vierpoliger Drehstromgenerator
Schenkelpoltyp $n = 1500 \text{ min}^{-1}$

Der Läufer wird von einer Kraftmaschine mit konstanter Drehzahl n angetrieben. Die Polpaarzahl p des Läufers richtet sich nach der Drehzahl n der Kraftmaschine, denn die Frequenz der Generatorspannung ist proportional der Drehzahl n und der Polpaarzahl des Läufers. Es gilt die Gleichung

$$f = p \cdot n \tag{4.1}$$

Das bedeutet, daß Kraftmaschinen mit großen Drehzahlen kleine Polpaarzahlen haben und umgekehrt (Bild 4-3 und 4-4). Dies ist notwendig, weil es in einem Stromversorgungsnetz nur eine Netzfrequenz geben darf, und diese beträgt in Europa 50 Hz. Teilnetze können nur bei gleicher Frequenz zusammengeschaltet werden. Daher müssen alle in das Verbundnetz einspeisenden. Drehstromgeneratoren die Frequenz 50 Hz erzeugen, sie müssen *synchron* laufen, daher nennt man sie Synchrongeneratoren [9]. Das Betriebsverhalten der Synchronmaschinen wird in Kapitel 5 besprochen.

Spannungserzeugung im Synchrongenerator

Welche Forderungen stellt der Verbraucher an ein Drehstromnetz ?

Die drei Klemmenspannungen des Drehstromgenerators sollen

- oberwellenfreie Sinuswechselspannungen sein,
- ein symmetrisches Drehstromsystem bilden,
- in Frequenz und Amplitude möglichst lastunabhängig und konstant sein.

Die ersten beiden Forderungen können durch die räumliche Verteilung von Ständer- und Läuferwicklung und Ausbildung der Polschuhe gut eingehalten werden. Die Frequenz wird durch Drehzahlregelung der Kraftmaschine geregelt, die Amplitude der Spannungen durch eine Spannungsregelung des Generators mit dem Erregerstrom des Läufers als Stellgröße.

Im folgenden betrachten wir die Spannungserzeugung in einem zweipoligen Synchrongenerator, und zwar in sieben Schritten:

1) Luftspaltinduktion an einer Stelle des Ständerumfangs, Polrad stillstehend

Die Gleichstromdurchflutung der Erregerwicklung im Läufer erzeugt im Luftspalt zwischen Ständer und Läufer ein Magnetfeld, dessen Induktion (Flußdichte) nach Voraussetzung

- zeitlich konstant ist,
- räumlich über den Läuferumfang symmetrisch zur Läuferachse nach einer Kosinusfunktion $B_L(\gamma) = B_{max} \cdot \cos\gamma$ verteilt ist (Bild 4-5).

Diese Induktionsverteilung wird bei Turbogeneratoren erreicht durch eine verteilte Erregerwicklung, bei Schenkelpolgeneratoren durch Krümmung der Polschuhoberfläche, so daß der Luftspalt beiderseits der Polmitte zunimmt.

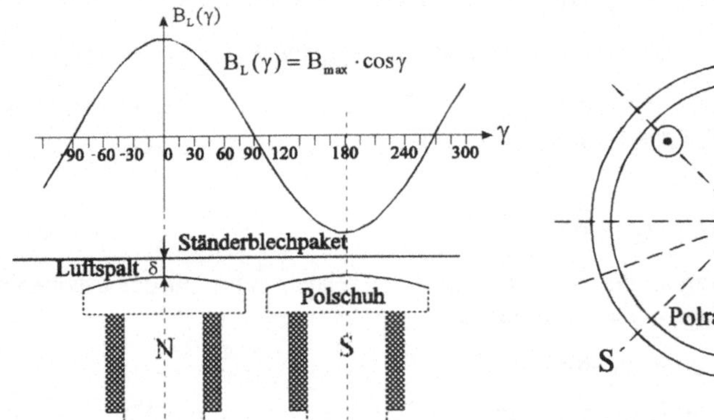

Bild 4-5: Induktion $B_L(\gamma)$ des Polradfeldes im Luftspalt einer Synchronmaschine, bezogen auf Polmitte.

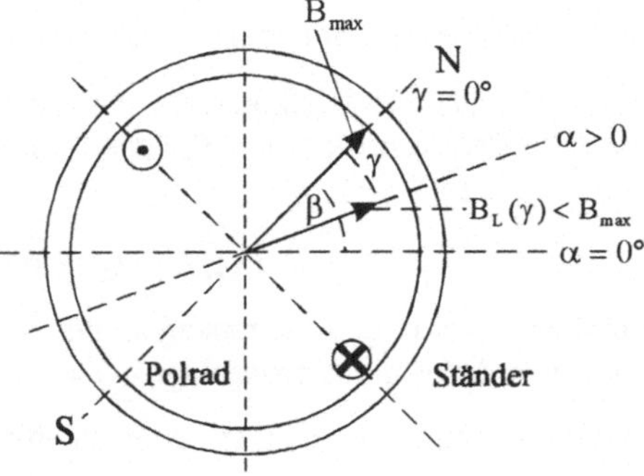

Bild 4-6: Induktion B im Luftspalt einer Synchronmaschine an der Stelle α im Ständer. Maximum B_{max} bei $\alpha + \gamma = \beta$. Betrag und Richtung von B dargestellt durch Zeiger.

Durch den Winkel α, der bezogen ist auf eine raumfeste Nullinie (Bild 4-6), wird eine Stelle am Innenumfang des Ständers beschrieben, die Stellung des Polrades durch den Winkel β, den die Polmitte des Läufers (die Läuferwicklungsachse) zu dieser Nullinie bildet. Die Richtung α hat daher zur Polmitte die Winkeldifferenz $\gamma = \beta - \alpha$, und die Luftspaltinduktion an der Stelle α ist

$$B_L(\alpha) = B_{max} \cdot \cos(\beta - \alpha) \tag{4.2}$$

2) Luftspaltinduktion an der Stelle α zur Zeit t, Polrad rotierend (Drehfeld)

Rotiert der Läufer mit der Winkelgeschwindigkeit $\Omega = 2 \cdot \pi \cdot n$, so ändert sich seine Winkellage innerhalb von dt um $d\beta = \Omega \cdot dt$. Daher gilt $\beta - \beta_0 = \Omega \cdot t$. Wir setzen $\beta_0 = 0^0$, d.h. die Zeitzählung beginnt beim Durchgang der Nordpolmitte durch die Nullinie. Damit wird

$$B_L(\alpha, t) = B_{max} \cdot \cos(\Omega \cdot t - \alpha) \tag{4.3}$$

Ergebnis: Das Drehfeld des gleichstromerregten Läufers, das mit der Winkelgeschwindigkeit $\Omega = 2 \cdot \pi \cdot n$ umläuft, erzeugt an der Stelle α im Ständer ein *magnetisches Wechselfeld*, das zeitlich einer Kosinusfunktion folgt. Bei einer zweipoligen Maschine durchläuft die Induktion bei einer Läuferumdrehung eine Periode, bei einer Maschine mit 2p Polen p Perioden. Allgemein gilt $f = p \cdot n$ und damit ist die Kreisfrequenz der Schwingung

$$\omega = p \cdot \Omega \tag{4.4}$$

Wir können daher bei p = 1 schreiben:

$$B_L(\alpha, t) = B_{max} \cdot \cos(\omega t - \alpha) \tag{4.5}$$

3) Induzierte Spannung in einem Leiterstab an der Stelle α

In Drehstrommaschinen sind die Leiterstäbe *axial* in Ständernuten angeordnet, das Magnetfeld verläuft *radial* und bewegt sich relativ zum Ständer in *tangentialer* Richtung.

Läuft zur Zeit t ein Magnetfeld der Induktion $B_L(\alpha, t)$ mit der Geschwindigkeit v quer über einen Leiterstab, der sich mit der Länge l_i im Magnetfeld befindet, so wird in ihm nach (2.3) die Spannung $u_q(t) = B_L(\alpha, t) \cdot l_i \cdot v$ induziert. In diese Gleichung setzt man ein

- die Luftspaltinduktion: $B_L(\alpha, t) = B_{max} \cdot \cos(\omega t - \alpha)$ an der Stelle α;
- die Stablänge im Magnetfeld : l_i (= Länge des Ständerblechpaketes);
- die Umfangsgeschwindigkeit des Polrades: $v = \Omega \cdot r = 2 \cdot \pi \cdot n \cdot r$, wobei r der Innenradius des Ständerblechpakets ist. Bei p = 1 ist $v = 2 \cdot \pi \cdot f \cdot r$.

Das ergibt

$$u_q(t) = 2 \cdot \pi \cdot f \cdot r \cdot l_i \cdot B_{max} \cdot \cos(\omega t - \alpha) \tag{4.6}$$

Demzufolge wird in dem Leiterstab an der Stelle α eine Wechselspannung mit der Frequenz $f = p \cdot n$ und der Anfangsphasenlage $\varphi_U = -\alpha$ induziert.

4) Induzierte Spannung in einer Leiterschleife

Eine Leiterschleife besteht aus zwei Leiterstäben in zwei Ständernuten, die um 180° versetzt sind. Die Stäbe sind über eine Wickelkopfverbindung in Reihe geschaltet (Bild 4-7). Es gilt:

$$u_{qSCHL}(t) = u_q(\alpha, t) - u_q(\alpha + 180°, t);$$

$$B_L(\alpha, t) = B_{max} \cdot \cos(\omega t - \alpha); \quad B_{max} \cdot \cos[\omega t - (\alpha + 180°)] = -B_{max} \cdot \cos(\omega t - \alpha);$$

$$u_{q\,SCHL} = 2 \cdot \pi \cdot f \cdot r \cdot l_i \cdot \{B_{max} \cdot \cos(\omega t - \alpha) - [-B_{max} \cdot \cos(\omega t - \alpha)]\}$$

$$u_{q\,SCHL} = 4 \cdot \pi \cdot f \cdot r \cdot l_i \cdot B_{max} \cdot \cos(\omega t - \alpha).$$

Die Stabspannungen in einer Leiterschleife addieren sich arithmetisch, wenn die Leiterstäbe um eine Polteilung (180° elektrisch) versetzt sind.

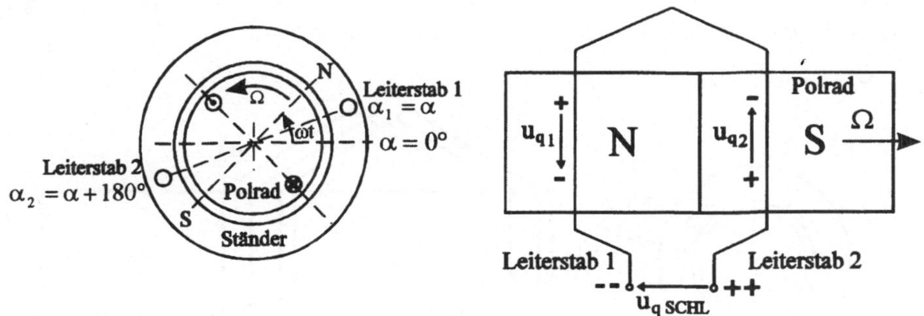

Bild 4-7: Induzierte Spannungen in einer Leiterschleife:
a) Querschnitt b) Abwicklung des Ständerumfangs

5) Induzierte Spannung in einer Spule:

In zwei um 180° versetzten Ständernuten an den Stellen α und $\alpha + 180°$ liegt eine Spule, bestehend aus N Leiterschleifen, in Reihe. In der Spule wird eine Spannung induziert vom Augenblickswert $u_{q\,SCHL} = 4 \cdot \pi \cdot f \cdot r \cdot l_i \cdot B_{max} \cdot \cos(\omega t - \alpha)$.

Die von der Spule umfaßte Fläche am Ständerumfang ist $A_{Sp} = \pi \cdot r \cdot l_i$, also ist $u_{q\,Sp} = 4 \cdot N \cdot f \cdot A_{Sp} \cdot B_{max} \cdot \cos(\omega t - \alpha)$.

Integriert man die Flußdichte B über die Fläche eines Poles, so erhält man den maximalen Fluß, der von der Spule umfaßt wird: $\Phi_{max} = \frac{2}{\pi} \cdot B_{max} \cdot A_{Sp} \Rightarrow B_{max} \cdot A_{Sp} = \frac{\pi}{2} \cdot \Phi_{max}$.

$u_{q\,Sp} = 4 \cdot N \cdot f \cdot \frac{\pi}{2} \cdot \Phi_{max} \cdot \cos(\omega t - \alpha) \Rightarrow \hat{u}_{q\,Sp} = 2 \cdot \pi \cdot N \cdot f \cdot \Phi_{max}$ ist der Scheitelwert der Spannung. Der Effektivwert ist bei Sinusform $U_{q\,Sp} = \frac{1}{\sqrt{2}} \cdot \hat{u}_{q\,Sp} \Rightarrow U_{q\,Sp} = \frac{2 \cdot \pi}{\sqrt{2}} \cdot N \cdot f \cdot \Phi_{max}$

$$U_{q\,Sp} = 4{,}44 \cdot N \cdot f \cdot \Phi_{max} \tag{4.7}$$

Das ist der gleiche Ausdruck für die induzierte Spannung wie beim Transformator. Der Augenblickswert der induzierten Spannung wird beschrieben durch die Gleichung

$$u_{q\,Sp}(t) = \sqrt{2} \cdot U_{q\,Sp} \cdot \cos(\omega t - \alpha) \tag{4.8}$$

6) Induzierte Spannungen in einem Strang mit mehreren Spulen in benachbarten Nuten

Ein Wicklungsstrang besteht aus mehreren Spulen, die in Reihe geschaltet sind und in benachbarten Nuten liegen (Bild 4-8a). Dadurch werden die Strangspannung erhöht und der Umfang des Ständerblechpaketes besser ausgenutzt.

Infolge der unterschiedlichen Winkellagen der q Nuten sind aber die Phasenlagen der Spulenspannungen eines Stranges unterschiedlich (Bild 4-8b). Daraus folgt:

Die Spulenspannungen eines Stranges addieren sich geometrisch, nicht arithmetisch zur Strangspannung.

Man erkennt dies deutlich, wenn man Betrag und Phase jeder Spulenspannung ($U_{Sp1}, U_{Sp2}, U_{Sp3}$) durch einen Zeiger darstellt und die Zeiger graphisch addiert (Bild 4-8c).

Bei q Spulen je Strang ist daher der Betrag der Strangspannung nicht $U_{q\,Str} = q \cdot U_{q\,Sp}$, sondern etwas kleiner, nämlich um den sogenannte *Zonenfaktor* $\xi < 1$

$$U_{q\,Str} = \xi \cdot q \cdot U_{q\,Sp} \tag{4.9}$$

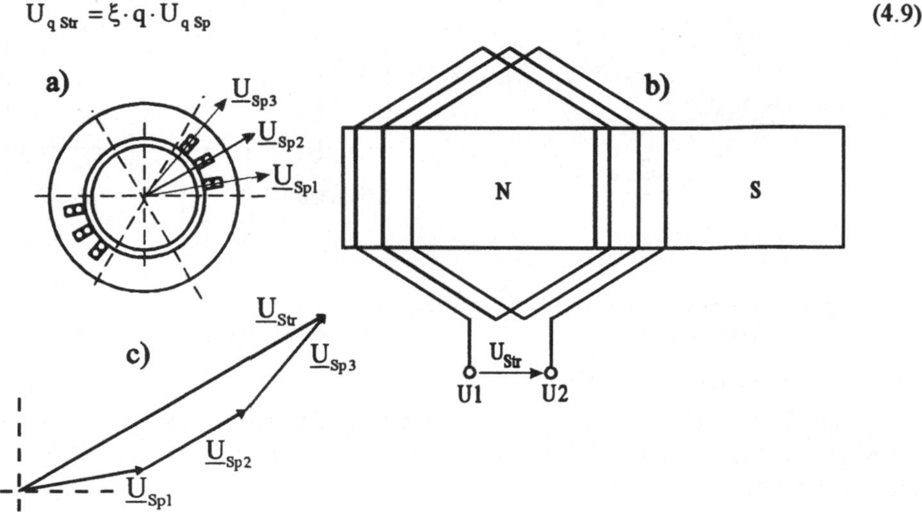

Bild 4-8: Induzierte Spannungen in einem Wicklungsstrang mit q = 3 Nuten je Strang
a) Querschnitt der Maschine mit Zeigern der Spulenspannungen
b) Abwicklung der Spulen des Stranges
c) Geometrische Addition der Spulenspannungen zur Strangspannung

7) Induzierte Spannungen in drei um 120° versetzten Wicklungssträngen

Drei Stränge U, V und W mit gleicher Windungszahl N werden, um jeweils 120° räumlich versetzt, am Ständerumfang angeordnet (Bild 4-9).

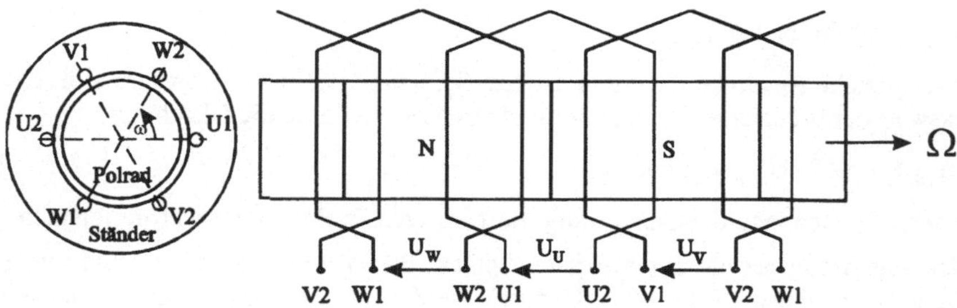

Bild 4-9: Induzierte Spannungen in einer zweipoligen Dreiphasen-Wicklung mit einer Spule je Strang

Der Übersichtlichkeit halber nehmen wir nur eine Spule pro Strang an, außerdem die Polpaarzahl p = 1.

Die Spulenanfänge U1, V1 und W1 liegen bei $\alpha_{U1} = 0°$, $\alpha_{V1} = 120°$, $\alpha_{W1} = 240°$, die Spulenenden U2, V2 und W2 bei $\alpha_{U2} = 180°$, $\alpha_{V2} = 300°$ und $\alpha_{W2} = 60°$.

In den Spulen werden folgende Spannungen induziert:

$$u_{qU} = \sqrt{2} \cdot U_q \cdot \cos\omega t \tag{4.10a}$$

$$u_{qV} = \sqrt{2} \cdot U_q \cdot \cos(\omega t - 120°) \tag{4.10b}$$

$$u_{qW} = \sqrt{2} \cdot U_q \cdot \cos(\omega t - 240°) \tag{4.10c}$$

Verkettung der Spannungen

Addiert man die Spannungen der drei Stränge , so ergibt die Summe Null:

$$u_U(t) + u_V(t) + u_W(t) = 0 \tag{4.11}$$

Der Beweis wird geführt durch Anwendung der Additionstheoreme für Kosinusfunktionen auf die Gleichung (4.10): $u_U(t) + u_V(t) + u_W(t) = \hat{u}_q \cdot [\cos\omega t + \cos(\omega t - 120°) + \cos(\omega t - 240°)]$.

$$\sum u_q = \hat{u}_q \cdot [\cos\omega t + \cos\omega t \cdot \cos 120° + \sin\omega t \cdot \sin 120° + \cos\omega t \cdot \cos 240° + \sin\omega t \cdot \sin 240°]$$

$$\cos 120° = -\frac{1}{2}; \quad \cos 240° = -\frac{1}{2}; \quad \sin 120° = +\frac{1}{2} \cdot \sqrt{3}; \sin 240° = -\frac{1}{2} \cdot \sqrt{3}$$

$$\sum u_q = \hat{u}_q \cdot \left[\cos\omega t + (-\frac{1}{2}) \cos\omega t \cdot + \frac{1}{2} \cdot \sqrt{3} \sin\omega t + (-\frac{1}{2}) \cos\omega t + (-\frac{1}{2} \cdot \sqrt{3} \sin\omega t) \right]$$

$$\sum u_q = \hat{u}_q \cdot \left[(1 - \frac{1}{2} - \frac{1}{2}) \cos\omega t + \frac{1}{2} \cdot \sqrt{3} - \frac{1}{2} \cdot \sqrt{3}) \sin\omega t \right]$$

Also ist $u_U(t) + u_V(t) + u_W(t) = 0$ für alle Werte von ωt.

Die Gleichung $\sum u_q = 0$ gilt für die Quellenspannungen eines Drehstromgenerators. Sie ist das Kennzeichen eines symmetrischen Dreiphasen-Spannungssystems und wird im folgenden stets vorausgesetzt. Die Symmetrie der Spannungen wird zur *Verkettung* der drei Einphasensysteme des Generators benutzt, das heißt, die Wicklungsstränge werden so zusammengeschaltet und mit einem Drei- oder Vierleiternetz verbunden, daß die Ströme der angeschlossenen Verbraucher über gemeinsame Leiter fließen. Bei der Verkettung hat man die Wahl zwischen *Sternschaltung* und *Dreieckschaltung.*

Sternschaltung

Die Enden U2, V2 und W2 der drei Generatorstränge werden miteinander verbunden, der Verbindungspunkt heißt *Sternpunkt* (siehe Bild 4-2b auf Seite 87). An die Anfänge U1, V1 und W1 der Stränge werden drei Leiter des Verbrauchers oder Netzes angeschlossen, die *Außenleiter* L1, L2 und L3. Der *Neutralleiter* N wird bei Niederspannungsnetzen an den geerdeten Sternpunkt des Generators oder Transformators angeschlossen. Bei Hochspannungsnetzen fällt der Neutralleiter weg.

Dreieckschaltung

Verbindet man das Ende eines Generatorstranges mit dem Anfang eines anderen, so entsteht eine Ringschaltung, die im Dreiphasensystem Dreieckschaltung genannt wird. Die drei Generatorstränge werden in Reihe geschaltet. Da aber die Summe der drei Spannungen Null ist, hat das Strangende W2 das gleiche Potential wie der Stranganfang U1. Daher kann man beide Punkte verbinden, ohne daß ein Ausgleichsstrom fließt (Bild 4-2c, Seite 87). Die Dreieckschaltung wird bei Niederspannungsverbrauchern häufig angewendet, für Hochspannungsgeneratoren ist sie dagegen nicht geeignet, weil die Spannungsbeanspruchung der

Wicklungsisolation unnötig groß ist. Bei Dreieckschaltung hat nämlich kein Punkt der Wicklungen Erdpotential, weil es aus Symmetriegründen unzweckmäßig ist, einen Außenleiter zu erden.

4.2.2 Netzspannungen und Ströme

Stern- und Dreieckspannungen

Angenommen wird ein idealer Drehstromgenerator in Sternschaltung, der drei sinusförmige Wechselspannungen mit gleicher Amplitude und Frequenz und einer Phasenverschiebung von 120° gegeneinander erzeugt (Bild 4-10). Die Phasenfolge der Spannungen ist U_U vor U_V vor U_W. Die Spannungsparameter sind zeitlich konstant und lastunabhängig angenommen. Der Sternpunkt des Generators ist geerdet und an den Neutralleiter N angeschlossen. Die Wicklungsanfänge sind mit den Außenleitern L1, L2 und L3 verbunden.

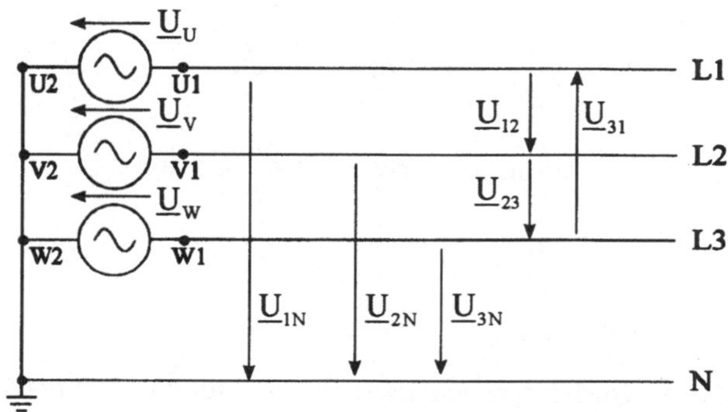

Bild 4-10: Spannungen an einem Drehstromgenerator in Sternschaltung

Sternspannungen

Bei Sternschaltung des Generators werden dessen *Strangspannungen* U_U, U_V und U_W Sternspannungen genannt. Sie sind identisch mit den *Leitererdspannungen* U_{1N}, U_{2N} und U_{3N} zwischen den Außenleitern des Netzes und Erde bzw. Neutralleiter.

Für die Darstellung der Spannungen im Drehstromsystem bevorzugt man in der Praxis nicht Liniendiagramme und Zeitfunktionen, sondern *Zeigerdiagramme* und Gleichungen in Exponentialform. Dazu werden die Zeitfunktionen umgeformt und in die komplexe Ebene transformiert.

Bei den Zeitfunktionen der Sternspannungen drückt man die negativen Winkel der Phasenverschiebung durch positive Winkel aus und ersetzt die Amplituden durch die Effektivwerte, wobei Betrag und Phase auf u_{1N} bezogen sind: $\hat{u}_{1N} = \hat{u}_{2N} = \hat{u}_{3N}$ bzw. $U_{1N} = U_{2N} = U_{3N}$ sowie $\varphi_{u1} = 0°$. Damit wird

$$u_{1N}(t) = \hat{u}_{1N} \cdot \cos\omega t \quad \Rightarrow \quad u_{1N}(t) = \sqrt{2} \cdot U_{1N} \cdot \cos\omega t$$

$$u_{2N}(t) = \hat{u}_{1N} \cdot \cos(\omega t - 120°) \quad \Rightarrow \quad u_{2N}(t) = \sqrt{2} \cdot U_{1N} \cdot \cos(\omega t + 240°)$$

$$u_{3N}(t) = \hat{u}_{1N} \cdot \cos(\omega t - 240°) \quad \Rightarrow \quad u_{3N}(t) = \sqrt{2} \cdot U_{1N} \cdot \cos(\omega t + 120°).$$

Die Transformation der Zeitfunktionen in die komplexe Ebene geschieht in der gleichen Weise, wie schon beim Transformator gezeigt wurde (siehe Seite 63), nämlich durch Anwendung des Satzes von Euler: $e^{\alpha} = \cos\alpha + j\sin\alpha$.

Der Augenblickswert der Wechselspannung $u(t) = \sqrt{2} \cdot U \cdot \cos(\omega t + \varphi_u)$ wird aufgefaßt als Projektion eines *Drehzeigers* $\underline{u}(t)$ auf die reelle Achse (siehe Bild 3-7 auf Seite 63):

$\sqrt{2} \cdot U \cdot \cos(\omega t + \varphi_u) = \mathrm{Re}\{\sqrt{2} \cdot U \cdot e^{j(\omega t + \varphi_u)}\}$ bzw.

$\sqrt{2} \cdot U \cdot \cos(\omega t + \varphi_u) = \mathrm{Re}\{\sqrt{2} \cdot U \cdot e^{j\varphi_u} \cdot e^{j\omega t}\}$

Bei konstanter Kreisfrequenz $\omega = 2 \cdot \pi \cdot f$ kann der Faktor $e^{j\omega t}$ weggelassen werden. Man rechnet dann nur mit den *Anfangszeigern* (für $\omega t = 0$) und geht zur Vereinfachung vom komplexen Amplitudenzeiger zum komplexen *Effektivwertzeiger* über:

$\underline{u} = \sqrt{2} \cdot U \cdot e^{j\varphi_u} \Rightarrow \underline{U} = U \cdot e^{j\varphi_u}$. Der Winkel φ_u ist der *Nullphasenwinkel* bei $\omega t = 0°$.

Mit dieser Transformation lautet das Sternspannungssystem des Drehstromgenerators

$$\underline{U}_{1N} = U_{1N} \cdot e^{j0°} \tag{4.12a}$$

$$\underline{U}_{2N} = U_{1N} \cdot e^{j240°} \tag{4.12b}$$

$$\underline{U}_{3N} = U_{1N} \cdot e^{j120°} \tag{4.12c}$$

Als einspaltige Matrix (Spaltenvektor) geschrieben, lautet das System der Sternspannungen

$$\left[\underline{U}_{LN}\right] = \begin{bmatrix} \underline{U}_{1N} \\ \underline{U}_{2N} \\ \underline{U}_{3N} \end{bmatrix} = U_{1N} \cdot \begin{bmatrix} e^{j0°} \\ e^{j240°} \\ e^{j120°} \end{bmatrix} \tag{4.13}$$

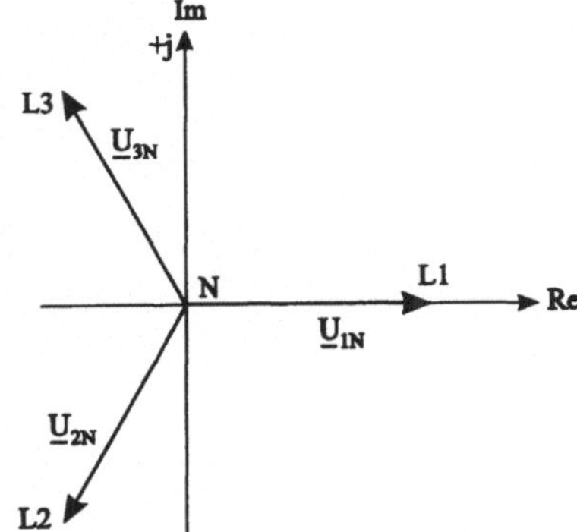

Bild 4-11:
Zeigerdiagramm der Sternspannungen eines symmetrischen Drehstromsystems

Nach dem Satz von Euler gilt:

$e^{j0°} = \cos 0° + j\sin 0° \Rightarrow e^{j0°} = 1;$

$e^{j120°} = \cos 120° + j\sin 120° \Rightarrow e^{j120°} = -\frac{1}{2} + j\frac{1}{2} \cdot \sqrt{3}$

$e^{j240°} = \cos 240° + j\sin 240° \Rightarrow e^{j240°} = -\frac{1}{2} - j\frac{1}{2} \cdot \sqrt{3}$

Die Addition der Exponentialfunktionen ergibt:

$$e^{j0°} + e^{j120°} + e^{j240°} = 0 \tag{4.14}$$

Dadurch wird bestätigt, daß

$$\underline{U}_{1N} + \underline{U}_{2N} + \underline{U}_{3N} = 0 \tag{4.15}$$

Im Zeigerdiagramm werden die Sternspannungen, wie Bild 4-11 zeigt, als komplexe Effektivwertzeiger für $\omega t = 0$ dargestellt. Dabei wurde willkürlich $\varphi_U = 0°$ gesetzt, d.h. $\underline{U}_{1N}$ in die positive reelle Achse gelegt.

Dreieckspannungen

Hat ein Drehstromgenerator in Sternschaltung die Sternspannungen $\underline{U}_{1N}, \underline{U}_{2N}, \underline{U}_{3N}$, so liegen zwischen den Außenleitern L1, L2 und L3 die drei *Außenleiterspannungen* $\underline{U}_{12}$, $\underline{U}_{23}$, $\underline{U}_{31}$ (Bild 4-10), die Kombinationen der Strangspannungen darstellen. Zu ihrer Berechnung wendet man den 2. Kirchhoffschen Satz auf die Masche an, die von zwei Außenleitern und den an diesen angeschlossenen Generatorsträngen gebildet wird. Der Umlaufsinn in der Masche ist durch die Reihenfolge der Spannungindizes gegeben. Dabei sind die in Bild 4-10 angegebenen Zählpfeilrichtungen der Spannungen strikt zu beachten. Es gilt

$$\underline{U}_{12} = \underline{U}_{1N} - \underline{U}_{2N} \tag{4.16a}$$

$$\underline{U}_{23} = \underline{U}_{2N} - \underline{U}_{3N} \tag{4.16b}$$

$$\underline{U}_{31} = \underline{U}_{3N} - \underline{U}_{1N} \tag{4.16c}$$

Die Außenleiterspannungen nennt man auch *Dreieckspannungen*, weil sie identisch sind mit den Strangspannungen des Generators bei Dreieckschaltung. Der Zusammenhang der Dreieckspannungen mit den Sternspannungen ergibt sich aus der Komponentendarstellung:

$$\underline{U}_{12} = \underline{U}_{1N} - \underline{U}_{1N} \cdot e^{j120°} = U_{1N} \cdot (1 - (-\frac{1}{2} - j\frac{\sqrt{3}}{2})) \Rightarrow \underline{U}_{12} = U_{1N} \cdot (\frac{3}{2} + j\frac{\sqrt{3}}{2}) = U_{1N} \cdot \sqrt{3} \cdot e^{j30°}$$

$$\underline{U}_{23} = U_{1N} \cdot e^{j240°} - U_{1N} \cdot e^{j120°} = U_{1N} \cdot [-\frac{1}{2} - j\frac{\sqrt{3}}{2} - (-\frac{1}{2} + j\frac{\sqrt{3}}{2})]$$

$$\underline{U}_{23} = -j\sqrt{3} \cdot U_{1N} = U_{1N} \cdot \sqrt{3} \cdot e^{j270°}$$

$$\underline{U}_{31} = U_{1N} \cdot e^{j120°} - U_{1N} = U_{1N} \cdot (-\frac{1}{2} + j\frac{\sqrt{3}}{2} - 1) \Rightarrow \underline{U}_{31} = U_{1N} \cdot (-\frac{3}{2} + j\frac{\sqrt{3}}{2}) = U_{1N} \cdot \sqrt{3} \cdot e^{j150°}$$

Der Spaltenvektor der Dreieckspannungen lautet daher:

$$\left[\underline{U}_{LL}\right] = \begin{bmatrix} \underline{U}_{12} \\ \underline{U}_{23} \\ \underline{U}_{31} \end{bmatrix} = \sqrt{3} \cdot U_{1N} \begin{bmatrix} e^{j30°} \\ e^{j270°} \\ e^{j150°} \end{bmatrix} \tag{4.17}$$

Der Faktor $\sqrt{3}$ wird ausgeklammert: $\left[\underline{U}_{LL}\right] = \begin{bmatrix} \underline{U}_{12} \\ \underline{U}_{23} \\ \underline{U}_{31} \end{bmatrix} = \sqrt{3} \cdot U_{1N} \cdot e^{j30°} \cdot \begin{bmatrix} 1 \\ e^{j240°} \\ e^{j120°} \end{bmatrix}$. Daraus folgt:

$$\underline{U}_{12} + \underline{U}_{23} + \underline{U}_{31} = 0 \tag{4.18}$$

Die Dreieckspannungen sind um den Faktor $\sqrt{3}$ größer als die Sternspannungen, eilen diesen um 30° vor und ergänzen sich ebenfalls zu Null, da $1 + e^{j120°} + e^{j240°} = 0$ ist.

Die Ergänzung zu Null gilt auch für die Augenblickswerte der Dreieckspannungen:

$$u_{12}(t) + u_{23}(t) + u_{31}(t) = 0 \tag{4.19}$$

Stern- und Dreieckspannungen lassen sich in einem gemeinsamen Zeigerdiagramm darstellen:

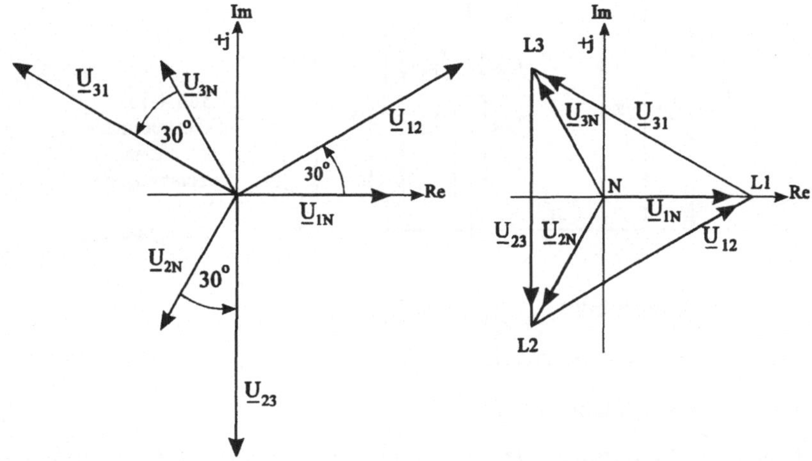

Bild 4-12: Zeigerdiagramme der Stern- und Dreieckspannungen eines symmetrischen Dreiphasen-Spannungssystems
a) Getrennte Zeigerdiagramme b) Gemeinsames Zeigerdiagramm

Früher wurden in Deutschland Drehstromnetze als Dreileiternetze mit isoliertem Sternpunkt betrieben. Für Lichtanlagen waren 3 x 125 V und für Kraftanlagen 3 x 500 V als Außenleiterspannungen üblich. Infolge des erhöhten Leistungsbedarfs ging man in den öffentlichen Verbrauchernetzen zu Vierleiternetzen mit geerdetem Neutralleiter über, dabei hat sich in Deutschland als Nennspannung 3 x 380V / 220V allgemein durchgesetzt. In den letzten Jahren wurden die Netzspannungen in Hinblick auf die internationale Norm DIN IEC 38 noch einmal erhöht auf *3 x 400V / 230V* $+6\,\% / -10\,\%$. Die Außenleiterspannung eines Netzes wird als *Betriebsspannung* bezeichnet.

Ein Vierleiternetz hat den Vorteil, daß Drehstromverbraucher wahlweise in Dreieck- oder Sternspannung angeschlossen werden können. Einphasen-Wechselstromverbraucher schließt man überwiegend an die Sternspannung an. Zunächst werden die Ströme bei Sternschaltung betrachtet. Gegeben seien:

1) ein Drehstrom-Vierleiternetz mit den symmetrischen Sternspannungen

$$\begin{bmatrix} \underline{U}_{1N} \\ \underline{U}_{2N} \\ \underline{U}_{3N} \end{bmatrix} = U_{1N} \cdot \begin{bmatrix} e^{j0^\circ} \\ e^{j240^\circ} \\ e^{j120^\circ} \end{bmatrix}$$

2) drei Verbraucherstränge in Sternschaltung (Bild 4-13) mit den Strangimpedanzen

$$\underline{Z}_{1N} = Z_1 \cdot e^{j\varphi_1}; \quad \underline{Z}_{2N} = Z_2 \cdot e^{j\varphi_2}; \quad \underline{Z}_{3N} = Z_3 \cdot e^{j\varphi_3}$$

Bei Reihenschaltung der Einzelwiderstände in den Strängen sind die Winkel $\varphi_1, \varphi_2, \varphi_3$ die Phasenwinkel zwischen den Zeigern von Resistanz R und Impedanz Z.

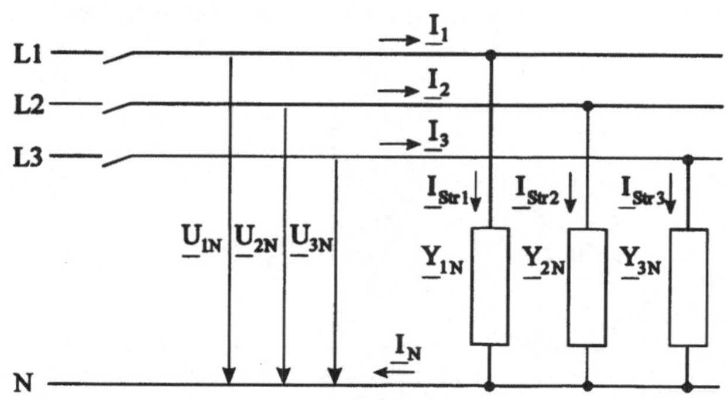

Bild 4-13: Vierleiternetz mit einem dreisträngigen Verbraucher in Sternschaltung

Gesucht sind : ⇒ die Strangströme $\underline{I}_{Str1}$, $\underline{I}_{Str2}$ und $\underline{I}_{Str3}$

⇒ die Außenleiterströme $\underline{I}_1$, $\underline{I}_2$ und $\underline{I}_3$

⇒ der Neutralleiterstrom $\underline{I}_N$.

Für die Berechnung der *Strangströme* setzt man das Ohmsche Gesetz in der Leitwertform an:

$$\underline{I}_{Str} = \underline{Y}_{Str} \cdot \underline{U}_{LN} \tag{4.20}$$

Der Strangleitwert $\underline{Y}_{Str}$ (Admittanz) ergibt sich als Kehrwert der Strangimpedanz $\underline{Z}_{Str}$:

$$\underline{Y}_{Str} = \frac{1}{\underline{Z}_{Str}} \Rightarrow \underline{Y}_{Str} = \frac{1}{Z_{Str}} \cdot e^{-j\varphi} \Rightarrow \qquad \underline{Y}_{Str} = Y_{Str} \cdot e^{-j\varphi}$$

Setzt man diesen Ausdruck in Gleichung (4.20) ein, so ergeben sich Betrag und Phase des Strangstromes: $I_{Str} \cdot e^{j\varphi_i} = Y_{Str} \cdot e^{-j\varphi} \cdot U_{LN} \cdot e^{j\varphi_u}$

$$I_{Str} \cdot e^{j\varphi_i} = Y_{Str} \cdot U_{LN} \cdot e^{j(\varphi_u - \varphi)} \tag{4.21}$$

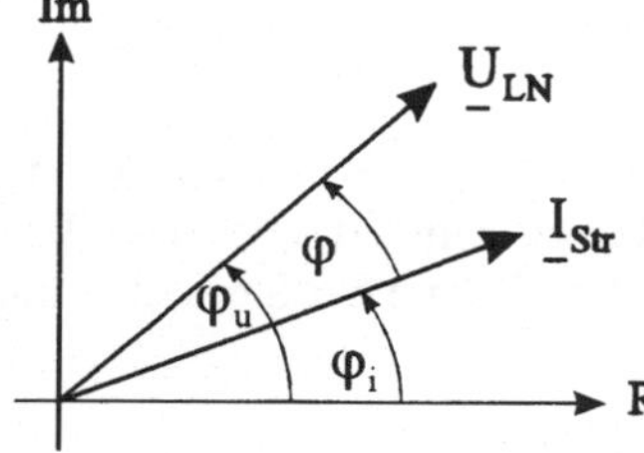

Bild 4-14: Phasenverschiebungswinkel als Differenz der Phasenlagen von Strom und Spannung

Die Phasenlage des Strangstromes ist also $\varphi_i = \varphi_u - \varphi$. Umgekehrt kann der Winkel φ ausgedrückt werden (Bild 4-14) als Phasenverschiebung zwischen Strom und Spannung eines Stranges, d.h. durch die Gleichung

$$\varphi = \varphi_u - \varphi_i \tag{4.22}$$

Die Phasenlagen φ_u und φ_i werden von der reellen Achse aus gerechnet. Der Phasenverschiebungswinkel φ wird vom Stromzeiger aus im Gegenuhrzeigersinn positiv gezählt. Daher hat φ bei nacheilendem Strom positives, bei voreilendem Strom negatives Vorzeichen.

Mit den Strangadmittanzen $\underline{Y}_{1N} = \frac{1}{Z_1} \cdot e^{-j\varphi_1}$; $\underline{Y}_{2N} = \frac{1}{Z_2} \cdot e^{-j\varphi_2}$; $\underline{Y}_{3N} = \frac{1}{Z_{3N}} \cdot e^{-j\varphi_3}$

erhält man die Strangströme

$$\underline{I}_{Str1} = \underline{Y}_{1N} \cdot \underline{U}_{1N} \tag{4.23a}$$

$$\underline{I}_{Str2} = \underline{Y}_{2N} \cdot \underline{U}_{2N} \tag{4.23b}$$

$$\underline{I}_{Str3} = \underline{Y}_{3N} \cdot \underline{U}_{3N} \tag{4.23c}$$

oder in Matrizenschreibweise

$$\begin{bmatrix} \underline{I}_{Str1} \\ \underline{I}_{Str2} \\ \underline{I}_{Str3} \end{bmatrix} = \begin{bmatrix} \underline{Y}_{1N} & 0 & 0 \\ 0 & \underline{Y}_{2N} & 0 \\ 0 & 0 & \underline{Y}_{3N} \end{bmatrix} \cdot \begin{bmatrix} \underline{U}_{1N} \\ \underline{U}_{2N} \\ \underline{U}_{3N} \end{bmatrix} \tag{4.24}$$

Die Admittanzmatrix ist eine Diagonalmatrix. Das bedeutet:

Die drei Laststränge sind voneinander entkoppelt, wenn der Verbrauchersternpunkt an einen Neutralleiter angeschlossen ist. Änderungen von Admittanz oder Spannung eines Stranges wirken sich nicht auf die anderen Stränge aus. *Einphasenlast ist daher zulässig* - eine Tatsache, die für die Installationstechnik, besonders in Wohnhäusern, sehr wichtig ist.

Bei Sternschaltung sind die *Außenleiterströme* gleich den Strangströmen, weil sich beim Übergang vom Außenleiter zum Strang der Stromkreis nicht verzweigt, vorausgesetzt, daß nur ein Verbraucherstrang je Außenleiter angeschlossen ist.

Daher ist: $\underline{I}_1 = \underline{I}_{Str1}$; $\underline{I}_2 = \underline{I}_{Str2}$; $\underline{I}_3 = \underline{I}_{Str3}$.

Die Gleichung (4.24) läßt sich daher auf die Außenleiterströme übertragen:

$$\begin{bmatrix} \underline{I}_1 \\ \underline{I}_2 \\ \underline{I}_3 \end{bmatrix} = \begin{bmatrix} \underline{Y}_{1N} & 0 & 0 \\ 0 & \underline{Y}_{2N} & 0 \\ 0 & 0 & \underline{Y}_{3N} \end{bmatrix} \cdot \begin{bmatrix} \underline{U}_{1N} \\ \underline{U}_{2N} \\ \underline{U}_{3N} \end{bmatrix} \tag{4.25}$$

Bei *symmetrischer Last* stimmen die Admittanzen der Laststränge in Betrag und Phase überein: $Y_{1N} = Y_{2N} = Y_{3N} = Y_{LN}$; $\varphi_1 = \varphi_2 = \varphi_3 = \varphi$.

In diesem Fall ergeben sich die Außenleiterströme zu:

$$\begin{bmatrix} \underline{I}_1 \\ \underline{I}_2 \\ \underline{I}_3 \end{bmatrix} = Y_{LN} \cdot U_{1N} \cdot \begin{bmatrix} e^{j0^\circ} \\ e^{j240^\circ} \\ e^{j120^\circ} \end{bmatrix} \cdot e^{-j\varphi} \tag{4.26}$$

Bei symmetrischer Last ist die Summe der Außenleiterströme Null.

Der Strom im *Neutralleiter* ergibt sich aus dem Knotensatz für den Verbrauchersternpunkt:

$$\underline{I}_N = \underline{I}_{Str1} + \underline{I}_{Str2} + \underline{I}_{Str3} \tag{4.27}$$

Da die Strangströme gleich den Außenleiterströmen sind, folgt:

$$\underline{I}_N = \underline{I}_1 + \underline{I}_2 + \underline{I}_3 \tag{4.28}$$

Bei symmetrischer Last ist die Summe der Strangströme Null, so daß der Strom im Neutralleiter verschwindet. Beweis: $\underline{I}_N = Y_{LN} \cdot U_{1N} \cdot (e^{j0^\circ} + e^{j240^\circ} + e^{j120^\circ}) \cdot e^{-j\varphi} = 0$

Der Strom in einem Außenleiter fließt über die beiden anderen Außenleiter zurück.

Die Zeigerdiagramme des Bildes 4-15 zeigen, wie sich der Strom über den Neutralleiter bei Symmetrie, Größenunsymmetrie und Phasenunsymmetrie der Außenleiterströme als geometrische Stromsumme entsprechend der Gleichung (4.27b) ergibt.

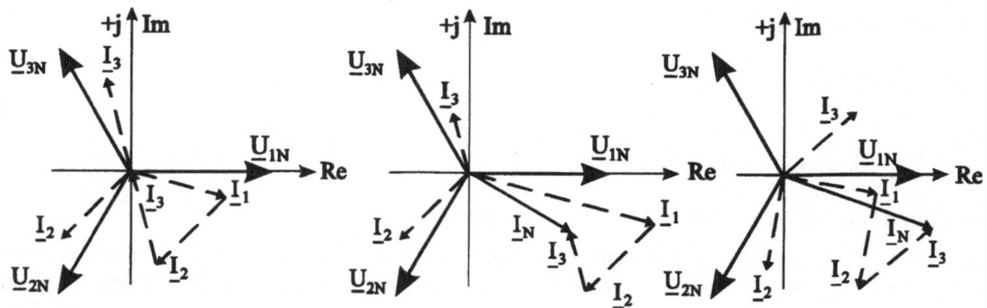

Bild 4-15: Vierleiternetz, Bildung des Neutralleiterstromes als Summe der Außenleiterströme
a) bei Symmetrie b) bei Größenunsymmetrie c) bei Phasenunsymmetrie

Ströme bei Dreieckschaltung

Ein Drehstromnetz mit den Spannungen $\begin{bmatrix} \underline{U}_{1N} \\ \underline{U}_{2N} \\ \underline{U}_{3N} \end{bmatrix} = U_{1N} \cdot \begin{bmatrix} e^{j0^\circ} \\ e^{j240^\circ} \\ e^{j120^\circ} \end{bmatrix}$ und $\begin{bmatrix} \underline{U}_{12} \\ \underline{U}_{23} \\ \underline{U}_{31} \end{bmatrix} = \sqrt{3} \cdot U_{1N} \begin{bmatrix} e^{j30^\circ} \\ e^{j270^\circ} \\ e^{j150^\circ} \end{bmatrix}$

speist drei Verbraucherstränge in Dreieckschaltung, wie das Bild 4-16 zeigt.

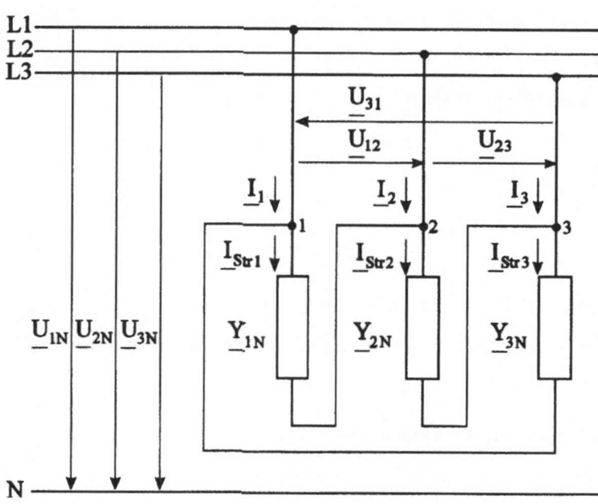

Bild 4-16: Drehstrom-Vierleiternetz mit Verbraucher in Dreieckschaltung

Die Verbraucherimpedanzen sind $\underline{Z}_{12} = Z_{12} \cdot e^{j\varphi_{12}}$; $\underline{Z}_{23} = Z_{23} \cdot e^{j\varphi_{23}}$; $\underline{Z}_{31} = Z_{31} \cdot e^{j\varphi_{31}}$.

Gesucht sind die Strangströme $\underline{I}_{12}$, $\underline{I}_{23}$, $\underline{I}_{31}$ und die Außenleiterströme $\underline{I}_1$, $\underline{I}_2$ und $\underline{I}_3$.

Für die Berechnung der *Strangströme* wird wie bei der Sternschaltung die Leitwertform des Ohmsches Gesetzes benutzt. Dazu werden die Strangimpedanzen in Admittanzen umgewandelt: $\underline{Y}_{12} = \frac{1}{Z_{12}} \cdot e^{-j\varphi_{12}}$; $\underline{Y}_{23} = \frac{1}{Z_{23}} \cdot e^{-j\varphi_{23}}$; $\underline{Y}_{31} = \frac{1}{Z_{31}} \cdot e^{-j\varphi_{31}}$.

Damit erhält man die Strangströme $\underline{I}_{12} = \underline{Y}_{12} \cdot \underline{U}_{12}$; $\underline{I}_{23} = \underline{Y}_{23} \cdot \underline{U}_{23}$; $\underline{I}_{31} = \underline{Y}_{31} \cdot \underline{U}_{31}$

In Matrizenform schreibt man die Ströme:

$$\begin{bmatrix} \underline{I}_{12} \\ \underline{I}_{23} \\ \underline{I}_{31} \end{bmatrix} = \begin{bmatrix} \underline{Y}_{12} & 0 & 0 \\ 0 & \underline{Y}_{23} & 0 \\ 0 & 0 & \underline{Y}_{31} \end{bmatrix} \cdot \begin{bmatrix} \underline{U}_{12} \\ \underline{U}_{23} \\ \underline{U}_{31} \end{bmatrix} \tag{4.29}$$

Bei *symmetrischer Last* stimmen die Admittanzen der Laststränge in Betrag und Phase überein: $Y_{12} = Y_{23} = Y_{31} = Y_{Str}$; $\varphi_1 = \varphi_2 = \varphi_3 = \varphi_{Str}$, und die Strangströme ergeben sich zu:

$$\begin{bmatrix} \underline{I}_{12} \\ \underline{I}_{23} \\ \underline{I}_{31} \end{bmatrix} = \underline{Y}_{Str} \cdot \sqrt{3}\, U_{1N} \cdot \begin{bmatrix} e^{j0^\circ} \\ e^{j240^\circ} \\ e^{j120^\circ} \end{bmatrix} \cdot e^{-j\varphi_{Str}} \tag{4.30}$$

Die *Außenleiterströme* können aus den Strangströmen graphisch oder rechnerisch bestimmt werden. Beide Methoden beruhen auf der Anwendung des Kirchhoffschen Knotensatzes auf die Dreiecksknoten 1, 2 und 3.

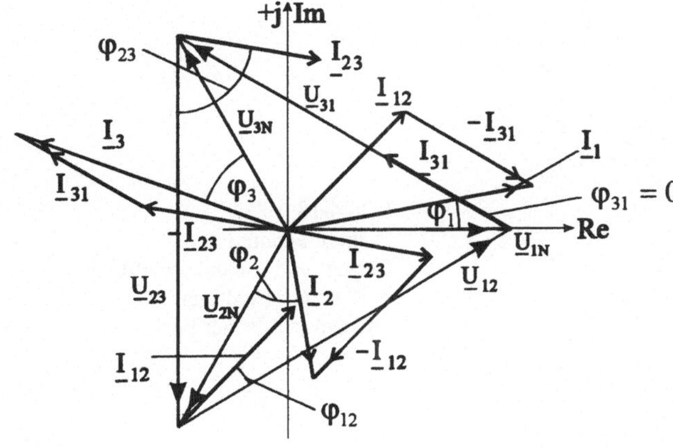

Bild 4-17: Dreieckschaltung mit unsymmetrischen Strangströmen. Graphische Bestimmung der Außenleiterströme

Knoten 1: $\underline{I}_1 + \underline{I}_{31} = \underline{I}_{12}$; Knoten 2: $\underline{I}_2 + \underline{I}_{12} = \underline{I}_{23}$; Knoten 3: $\underline{I}_3 + \underline{I}_{23} = \underline{I}_{31}$. Daraus folgt

$$\underline{I}_1 = \underline{I}_{12} - \underline{I}_{31} \tag{4.31a}$$

$$\underline{I}_2 = \underline{I}_{23} - \underline{I}_{12} \tag{4.31b}$$

$$\underline{I}_3 = \underline{I}_{31} - \underline{I}_{23} \tag{4.31c}$$

a) Graphische Bestimmung der Außenleiterströme im Zeigerdiagramm

Zwei Strangströme werden geometrisch subtrahiert, indem der zweite Stromzeiger in der Richtung umgekehrt und zum ersten Stromzeiger addiert wird (Bild 4-17), zum Beispiel $\underline{I}_1 = \underline{I}_{12} - \underline{I}_{31} \;\Rightarrow\; \underline{I}_1 = \underline{I}_{12} + (-\underline{I}_{31})$

b) Komplexe Berechnung der Außenleiterströme

Im allgemeinen Fall der unsymmetrischen Strangleitwerte ($\underline{Y}_{12} \neq \underline{Y}_{23} \neq \underline{Y}_{31}$) müssen die Strangströme in Real- und Imaginärkomponenten zerlegt und komponentenweise subtrahiert werden, wie zum Beispiel $\underline{I}_1 = \underline{I}_{12} - \underline{I}_{31} \Rightarrow \underline{I}_1 = (I_{12r} - jI_{12i}) - (I_{31r} - j\,I_{31i}) \Rightarrow$

$\underline{I}_1 = (I_{12r} - I_{31r}) - j\,(I_{12i} - I_{31i}) \Rightarrow \underline{I}_1 = I_{1r} - j\,I_{1i}.$

Bei symmetrischen Strangströmen bzw. Strangleitwerten kann man sich die komponentenweise Subtraktion ersparen, weil die Außenleiterströme den Strangströmen proportional sind.

Beweis: Es gilt $\underline{Y}_{12} = \underline{Y}_{23} = \underline{Y}_{31} = \underline{Y}_{Str}$. Damit wird $\underline{I}_1 = \underline{I}_{12} - \underline{I}_{31} \;\Rightarrow \underline{I}_1 = \underline{Y}_{Str} \cdot \underline{U}_{12} - \underline{Y}_{Str} \cdot \underline{U}_{31}$

$\Rightarrow \;\; \underline{I}_1 = \underline{Y}_{Str} \cdot (\underline{U}_{12} - \underline{U}_{31}); \;\;\; \underline{U}_{31} = \underline{U}_{12} \cdot e^{j120^\circ}; \;\;\; \underline{I}_1 = \underline{Y}_{Str} \cdot \underline{U}_{12} \cdot (1 - e^{j120^\circ}) \;\Rightarrow$

$\underline{I}_1 = \underline{Y}_{Str} \cdot \underline{U}_{12} \cdot [1 - (-\frac{1}{2} + j\frac{\sqrt{3}}{2})] \;\Rightarrow\; \underline{I}_1 = \underline{Y}_{Str} \cdot \underline{U}_{12} \cdot (\frac{3}{2} - j\frac{\sqrt{3}}{2}) \;\Rightarrow \underline{I}_1 = \underline{Y}_{Str} \cdot \underline{U}_{12} \cdot \sqrt{3} \cdot e^{-j30^\circ}$

$\Rightarrow \;\; \underline{I}_1 = \underline{I}_{12} \cdot \sqrt{3} \cdot e^{-j30^\circ}$

Auf die gleiche Weise erhält man $\underline{I}_2 = \underline{I}_{23} \cdot \sqrt{3} \cdot e^{-j30^\circ}$ und $\underline{I}_3 = \underline{I}_{31} \cdot \sqrt{3} \cdot e^{-j30^\circ}$.

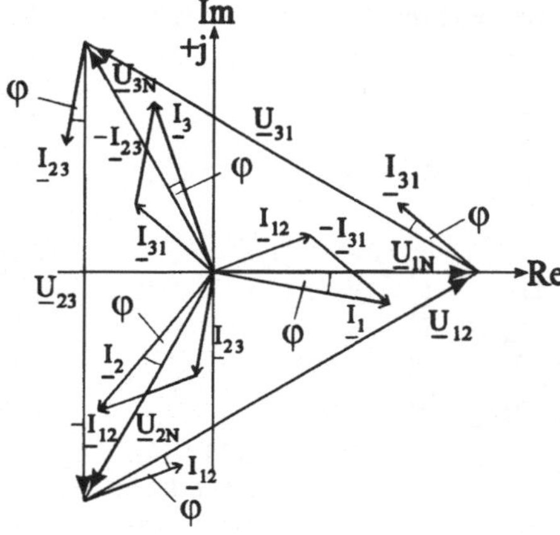

Bild 4-18:
Zeigerdiagramm der Strang- und Außenleiterströme bei Dreieckschaltung und symmetrischer Last

Zusammengefaßt ergibt sich:

$$\begin{bmatrix} \underline{I}_1 \\ \underline{I}_2 \\ \underline{I}_3 \end{bmatrix} = \sqrt{3} \cdot e^{-j30^\circ} \cdot \begin{bmatrix} \underline{I}_{12} \\ \underline{I}_{23} \\ \underline{I}_{31} \end{bmatrix} \qquad (4.32)$$

Bei symmetrischer Last in Dreieckschaltung sind die Außenleiterströme um den Faktor $\sqrt{3}$ *größer als die Strangströme und eilen diesen um 30° nach.*

Das Zeigerdiagramm des Bildes 4-18 der Strang- und Außenleiterströme stellt dies anschaulich dar. Es zeigt außerdem, daß bei symmetrischer Last die Phasenwinkel zwischen Sternspannungen und Außenleiterströmen gleich den Phasenwinkeln zwischen Strangspannungen und den Strangströmen sind.

Praktische Konsequenzen von Gleichung (4.32) sind:

1) Stern-Dreieck-Umschaltung

Drei gleiche Widerstände $\underline{Z}$ bzw. Leitwerte $\underline{Y}$ werden, einmal in Stern, einmal in Dreieck geschaltet, an das gleiche Dreiphasen-Spannungssystem gelegt.

Welche Beträge derAußenleiterströme ergeben sich in beiden Fällen?

Sternschaltung: $I_{Str} = Y_{Str} \cdot U_{Str}; \quad \Rightarrow \quad I_{Str} = Y \cdot U_{LN}; \; I_{LY} = I_{Str}; \quad \Rightarrow \quad I_{LY} = Y \cdot U_{LN}$

Dreieckschaltung: $I_{Str} = Y_{Str} \cdot U_{Str}; \quad \Rightarrow \quad I_{Str} = Y \cdot U_{LL}; \quad \Rightarrow \quad I_{Str} = Y \cdot \sqrt{3} \cdot U_{LN}$

$$I_{L\Delta} = \sqrt{3} \cdot I_{Str}; \quad \Rightarrow \quad I_{L\Delta} = \sqrt{3} \cdot Y \cdot \sqrt{3} \cdot U_{LN}; \quad \Rightarrow I_{L\Delta} = 3 \cdot Y \cdot U_{LN}$$

$$I_{L\Delta} = 3 \cdot I_{LY} \tag{4.33}$$

Bei gleichen Netzspannungen und gleichen Strangleitwerten nimmt die Dreieckschaltung dreimal so viel Strom aus dem Netz auf wie die Sternschaltung.

Anwendung: Drehstrommotoren läßt man in Sternschaltung anlaufen, um den hohen Anlaufstrom auf ein Drittel zu reduzieren und schaltet sie nach Abklingen des Anlaufstromes und Erreichen der Betriebsdrehzahl auf Dreieckschaltung um. Dadurch verdreifacht sich zwar die Stromaufnahme, aber auch die abgegebene Leistung.

2) Dreieck-Stern-Transformation

Eine symmetrische Dreieckschaltung mit dem Strangleitwert Y_Δ soll durch eine äquivalente Sternschaltung ersetzt werden, die am gleichen Netz die gleichen Außenleiterströme und damit die gleiche Scheinleistung aufnimmt. Welche Strangleitwerte Y_Y muß die Sternschaltung haben? $I_{LY} = I_{L\Delta}; \quad \Rightarrow \quad Y_Y \cdot U_{LN} = 3 \cdot Y_\Delta \cdot U_{LN}$

$$Y_Y = 3 \cdot Y_\Delta \text{ oder } Z_Y = \frac{1}{3} \cdot Z_\Delta \tag{4.34}$$

Eine symmetrische Dreieckschaltung kann durch eine Sternschaltung mit dreifachem Strangleitwert ersetzt werden, ohne daß sich an Leistungen oder Außenleiterströmen etwas ändert (Äquivalenz).

Die Dreieck-Stern-Transformation wird z.B. benutzt, wenn man für einen symmetrischen Drehstromverbraucher in Dreieckschaltung das einpolige Ersatzschaltbild erstellen will.

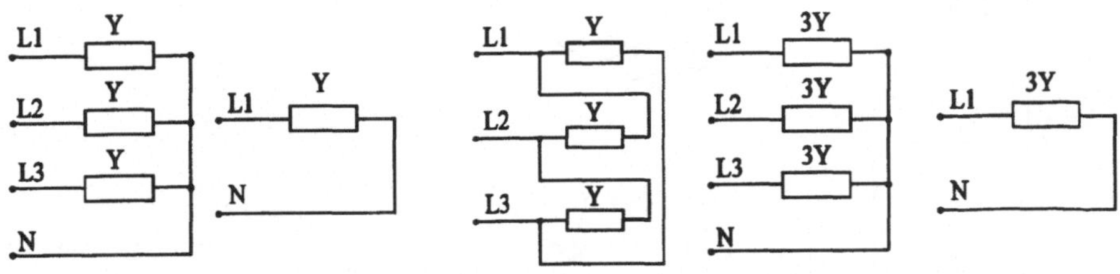

Bild 4-19: Einpoliges Ersatzschaltbild mit Bezugsleiter L1
a) für symmetrische Sternschaltung b) für symmetrische Dreieckschaltung

Das Ersatzschaltbild geht von einer symmetrischen Sternschaltung aus und stellt einpolig den Strangleitwert des am Bezugsleiter L1 liegenden Stranges dar. Die Rückleitung bildet der Neutralleiter N (Bild 4-19a).

Um das einpolige Ersatzschaltbild einer Dreieckschaltung zu bilden, muß man sie zunächst in eine äquivalente Sternschaltung umwandeln. Diese kann man dann einpolig darstellen, wie das Bild 4-19b zeigt. Bei der Umwandlung steigt der Betrag der Strangadmittanz auf das Dreifache.

4.3 Leistungen im Drehstromsystem

4.3.1 Strangleistung

An einem Strang eines Drehstromverbrauchers liegt eine sinusförmige Wechselspannung $u(t) = \hat{u} \cdot \cos(\omega t + \varphi_u)$ an. Durch den Strang fließt der Strom $i(t) = \hat{i} \cdot \cos(\omega t + \varphi_i)$.

Der Augenblickswert $p(t) = u(t) \cdot i(t)$ der in dem Strang umgesetzten Leistung ist dann $p(t) = \hat{u} \cdot \cos(\omega t + \varphi_u) \cdot \hat{i} \cdot \cos(\omega t + \varphi_i)$.

Nach Anwendung der Additionstheoreme und Ausmultiplizieren erhält man schließlich

$$p(t) = \frac{\hat{u} \cdot \hat{i}}{2} \cdot [\cos(\varphi_u - \varphi_i) + \cos(2\omega t + \varphi_u + \varphi_i)] \tag{4.35}$$

Der zeitliche Verlauf von Spannung, Strom und Leistung ist in Bild 4-20 dargestellt. Die Leistungskurve setzt sich zusammen aus dem arithmetischen Mittelwert

$$P = \frac{\hat{u} \cdot \hat{i}}{2} \cdot \cos(\varphi_u - \varphi_i) \tag{4.36}$$

und einem mit doppelter Netzfrequenz schwingenden Anteil

$$\tilde{p}(t) = \frac{\hat{u} \cdot \hat{i}}{2} \cdot \cos(2\omega t + \varphi_u + \varphi_i) \tag{4.37}$$

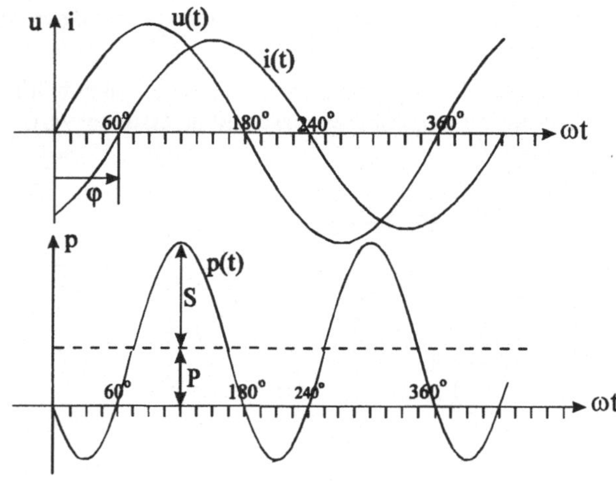

Bild 4-20:
Spannung, Strom und Leistung als Funktion der Zeit bei Einphasen-Wechselstrom

Setzt man in (4.36) die Effektivwerte $U = \frac{\hat{u}}{\sqrt{2}}$ und $I = \frac{\hat{i}}{\sqrt{2}}$ sowie den Phasenverschiebungswinkel $\varphi = \varphi_u - \varphi_i$ ein, so erhält man die *Wirkleistung*

$$P = U \cdot I \cdot \cos\varphi \tag{4.38}$$

Die Wirkleistung ist die Energiemenge, die in einem Betriebsmittel pro Zeiteinheit von einer Energieart in die andere umgewandelt wird. Das Produkt

$$S = U \cdot I \tag{4.39}$$

wird *Scheinleistung* genannt und ist die Amplitude der schwingenden Leistung. Sie ist wichtig für die Bemessung eines elektrischen Betriebsmittels, weil sie ein Maß für die Beanspruchung des Gerätes durch Spannung und Strom ist. Der Quotient $\cos\varphi = P / U \cdot I$ oder

$$\cos\varphi = P / S \tag{4.40}$$

heißt *Leistungsfaktor* und gibt den Anteil der Wirkleistung an der Scheinleistung an.

Wie Strom und Spannung kann auch die Leistung mit Hilfe der komplexen Rechnung bestimmt werden. Die *komplexe Leistung* ist definiert als Produkt des Spannungszeigers mit dem konjugiert komplexen Wert des Stromzeigers.

$$\underline{S} = \underline{U} \cdot \underline{I}^* \tag{4.41}$$

$$u(t) \Rightarrow \underline{U} = U \cdot e^{j\varphi_u} \cdot e^{j\omega t};\ i(t) \Rightarrow \underline{I} = I \cdot e^{j\varphi_i} \cdot e^{j\omega t} \Rightarrow \ \underline{I}^* = I \cdot e^{-j\varphi_i} \cdot e^{-j\omega t}$$

$$\underline{S} = U \cdot e^{j\varphi_u} \cdot e^{j\omega t} \cdot I \cdot e^{-j\varphi_i} \cdot e^{-j\omega t} \ \Rightarrow \ \underline{S} = U \cdot I \cdot e^{j(\varphi_u - \varphi_i)}$$

$$\underline{S} = U \cdot I \cdot e^{j\varphi} \tag{4.42}$$

In der Gleichung für $\underline{S}$ fallen die Glieder mit $e^{j\omega t}$ heraus. Das bedeutet, $\underline{S}$ kann in der komplexen Ebene durch einen *feststehenden Zeiger* (Operator) dargestellt werden (Bild 4-21).

Nach Euler ist $e^{j\varphi} = \cos\varphi + j\sin\varphi$. Die komplexe Leistung in Komponenten lautet daher

$$\underline{S} = U \cdot I \cdot \cos\varphi + j\,U \cdot I \cdot \sin\varphi \tag{4.43}$$

$P = U \cdot I \cdot \cos\varphi$ ist die *Wirkleistung*, $Q = U \cdot I \cdot \sin\varphi$ ist die *Blindleistung*. Mit diesen Kurzbezeichnungen kann die komplexe Leistung in der Form

$$\underline{S} = P + jQ \tag{4.44}$$

geschrieben werden. Die Komponenten schließen den Winkel φ ein, der auch als Phasenverschiebung zwischen Spannung und Strom auftritt. (Bilder 4-20 und 4-21).

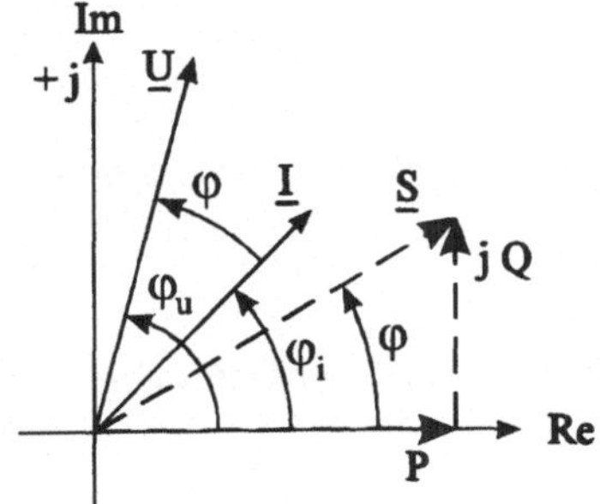

Bild 4-21:
Spannung, Strom und Leistung bei Einphasen-Wechselstrom in der komplexen Ebene

4.3.2 Systemleistung

Die komplexe Leistung eines Drehstromsystems ist die geometrische Summe der drei Strangleistungen: $\underline{S} = \underline{S}_{Str1} + \underline{S}_{Str2} + \underline{S}_{Str3} \Rightarrow \underline{S} = \underline{U}_1 \cdot \underline{I}_1^* + \underline{U}_2 \cdot \underline{I}_2^* + \underline{U}_3 \cdot \underline{I}_3^* \Rightarrow$

$$\underline{S} = U_1 \cdot I_1 \cdot e^{j\varphi_1} + U_2 \cdot I_2 \cdot e^{j\varphi_2} + U_3 \cdot I_3 \cdot e^{j\varphi_3} \qquad (4.45a)$$

Die Leistungsgleichungen gelten in gleicher Weise für Sternschaltungen und Dreieckschaltungen. Die Leistungszeiger addieren sich geometrisch zur Systemleistung (Bild 4-22).

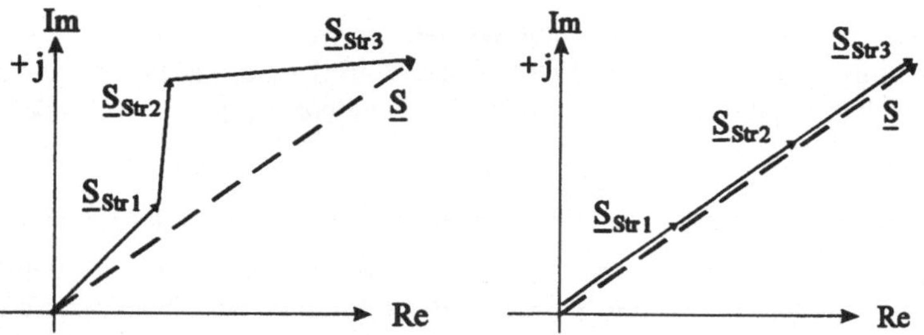

Bild 4-22: Geometrische Addition der Strangleistungszeiger zur Systemleistung
a) bei unsymmetrischer Last b) bei symmetrischer Last

In jedem Strang ist die Phasenlage der komplexen Leistung unabhängig von der absoluten Phasenlage der Strangspannung und des Strangstromes, sie richtet sich nur nach der Phasendifferenz φ zwischen Strangstrom und Strangspannung. In dem Bild 4-23 ist dies demonstriert für symmetrische Last bei Sternschaltung und einem Phasenwinkel von 35°. Auch aus diesem Bild ist deutlich zu sehen, daß die Operatoren der drei Strangleistungen in Betrag und Phase gleich sind. Daher gilt für die komplexe Systemleistung bei Symmetrie von Netz und Last:

$$\underline{S} = 3 \cdot U_{Str} \cdot I_{Str} \cdot e^{j\varphi} \qquad (4.45b)$$

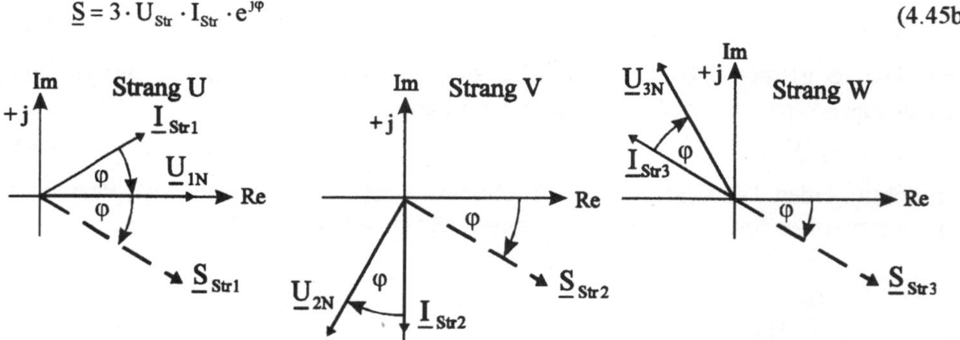

Bild 4-23: Zeigerdiagramm von Spannung, Strom und Leistung in den drei Strängen einer symmetrisch belasteten Sternschaltung

Sternschaltung

Die Scheinleistung beträgt bei Sternschaltung von Verbraucher oder Generator
$S_Y = 3 \cdot U_{Str} \cdot I_{Str}$.

Da $U_{Str} = U_{LN}$ oder $U_{Str} = U_{LL} / \sqrt{3}$ und $I_{Str} = I_L$ ist, kann man für S_Y auch schreiben

$S_Y = 3 \cdot U_{LN} \cdot I_L$ oder $S_Y = 3 \cdot I_L \cdot U_{LL} / \sqrt{3}$, also $S_Y = \sqrt{3} \cdot U_{LL} \cdot I_L$

Dreieckschaltung

Die Scheinleistung beträgt bei Dreieckschaltung ebenfalls $S_\Delta = 3 \cdot U_{Str} \cdot I_{Str}$.

Hier gilt $U_{Str} = U_{LL}$; $U_{LL} = \sqrt{3} \cdot U_{LN}$; $I_{Str} = I_L / \sqrt{3}$. Daher wird $S_\Delta = 3 \cdot I_L \cdot U_{LL} / \sqrt{3}$, also auch $S_\Delta = \sqrt{3} \cdot U_{LL} \cdot I_L$.

Zusammenfassung: Die System-Scheinleistung kann bei Sternschaltung wie bei Dreieckschaltung auf dreierlei Arten ausgedrückt werden:

$$S = 3 \cdot U_{Str} \cdot I_{Str} \tag{4.46a}$$

$$S = 3 \cdot U_{LN} \cdot I_L \tag{4.46b}$$

$$S = \sqrt{3} \cdot U_{LL} \cdot I_L \tag{4.46c}$$

Im Hinblick auf die physikalische Realität und das im vorigen Abschnitt behandelte einpolige Ersatzschaltbild werden im folgenden die Versionen (4.46a) oder (4.46b) verwendet.

Bei symmetrischer Belastung summieren sich die mit doppelter Netzfrequenz schwingenden Leistungsanteile aller drei Stränge zu Null. *Der Leistungsumsatz eines symmetrischen Drehstromsystems ist zeitlich konstant.* Daher ist auch das innere Drehmoment von Drehstrommotoren zeitlich konstant, was einen weitgehend erschütterungsarmen Lauf zur Folge hat.

4.3.3 Wirkleistungsmessung bei Drehstrom

Bei Mehrphasensystemen gilt die Regel: Zur Messung der Wirkleistung im gesamten System benötigt man eine Messung oder ein Meßwerk weniger als Leiter zur Energieübertragung vorhanden sind [8].

Vierleiternetz

Im Vierleiter-Drehstromnetz braucht man demnach zur Messung der gesamten übertragenen Wirkleistung drei Leistungsmesser mit elektrodynamischen Meßwerken, mit denen man die drei Strangleistungen mißt (Bild 4-24). Die Gesamtleistung ist dann die Summe der Anzeigewerte. Jedem Leistungsmeßwerk wird die Sternspannung des Stranges und der zugehörige Außenleiterstrom zugeführt. Es gilt

$$P = U_{1N} \cdot I_1 \cdot \cos\varphi_1 + U_{2N} \cdot I_2 \cdot \cos\varphi_2 + U_{3N} \cdot I_3 \cdot \cos\varphi_3 \tag{4.47}$$

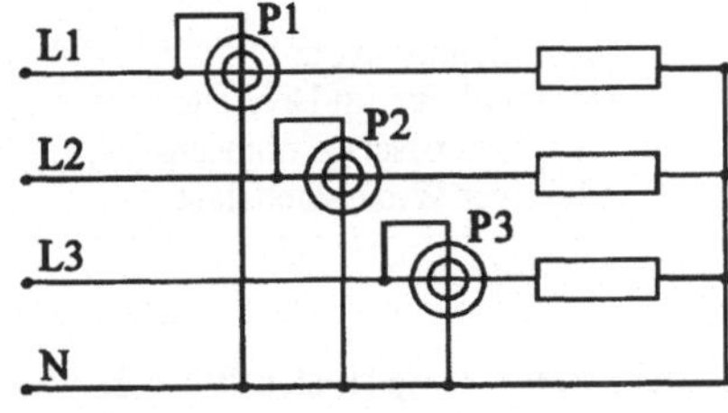

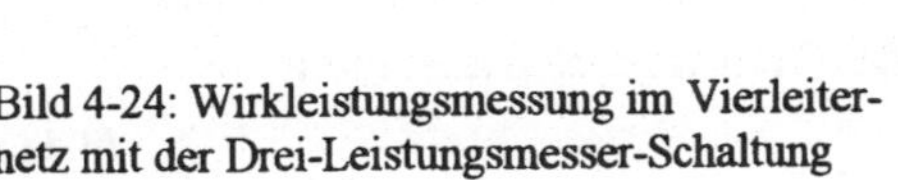
Bild 4-24: Wirkleistungsmessung im Vierleiternetz mit der Drei-Leistungsmesser-Schaltung

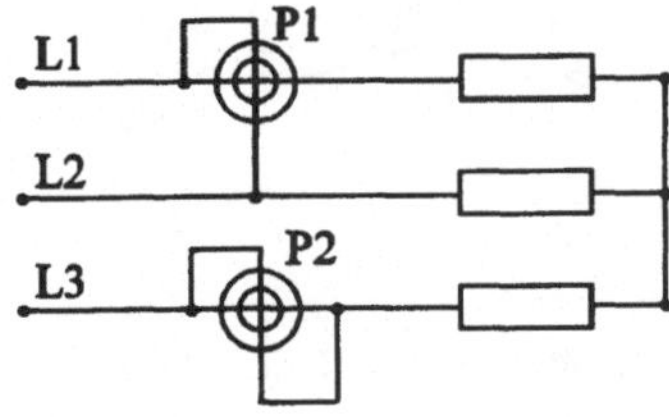

Bild 4-25: Wirkleistungsmessung im Dreileiternetz mit der Zwei-Leistungsmesser-Schaltung oder Aron-Schaltung

Wenn bei einer Messung mit Zeigerinstrumenten die Zeigerausschläge α_1, α_2 und α_3 [Skalenteile] sind, und wenn die Leistungsmesser die gemeinsame Wattmeterkonstante C_W [W/Skt] haben, so ist die gemessene Wirkleistung des Drehstrom-Betriebsmittels

$$P = C_W \cdot (\alpha_1 + \alpha_2 + \alpha_3) \tag{4.48}$$

Wenn die Anzeigen positiv sind, ist das Betriebsmittel ein Verbraucher, sind sie negativ, so handelt es sich um einen Generator.

Dreileiternetz

Im Dreileiter-Drehstromnetz kommt man mit zwei Leistungsmessern aus, weil die Summe der drei Außenleiterströme Null ist. Die Stromspulen der Meßwerke werden in zwei Außenleiter (meist L1 und L3) gelegt, und an die Spannungsspulen legt man die Dreieckspannungen zwischen diesen Außenleitern und dem dritten Außenleiter (meist L2). Diese Meßschaltung ist im Bild 4-25 dargestellt. Sie ist unter den Namen Zwei-Leistungsmesser-Schaltung oder *Aron-Schaltung* bekannt.

Die Wirkleistung ergibt sich, hergeleitet mit Hilfe der komplexen Rechnung, zu

$$P = U_{12} \cdot I_1 \cdot \cos\varphi_I + U_{32} \cdot I_3 \cdot \cos\varphi_{II} \tag{4.49}$$

Der Winkel φ_I ist die Phasendifferenz zwischen $\underline{U}_{12}$ und $\underline{I}_1$, während φ_{II} der Phasenwinkel zwischen $\underline{U}_{32}$ und $\underline{I}_3$ ist. Wenn wir symmetrische Last mit der Phasendifferenz φ voraussetzen zwischen $\underline{U}_{LN}$ und $\underline{I}_L$, so gilt (Bild 4-26):

$$\varphi_I = 30° + \varphi \tag{4.50a}$$

$$\varphi_{II} = 30° - \varphi \tag{4.50b}$$

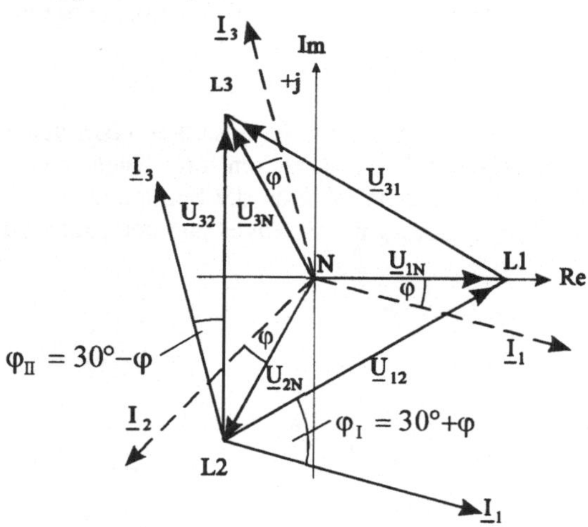

Bild 4-26:
Zeigerdiagramm zur Aronschaltung im Dreileiternetz mit symmetrischer, ohmsch-induktiver Widerstandslast

Die Leistungsmessung mit der Aron-Schaltung liefert bei einem Zeigerinstrument die Ausschläge α_1 und α_2 [Skalenteile]. Wenn beide Leistungsmesser die Wattmeterkonstante C_W [W/Skt] haben, so ist die gemessene Wirkleistung des Drehstrom-Betriebsmittels

$$P = C_W \cdot (\alpha_1 + \alpha_2) \tag{4.51}$$

Diese Gleichung gilt für Symmetrie und Unsymmetrie in Netz und Belastung. Durch Vergleich der Wirkleistung mit dem Phasenwinkel ergibt sich:

Bei

- rein ohmscher Last ($\varphi = 0°$) sind beide Ausschläge gleich;
- ohmsch-induktiver Last mit $0 < \varphi < 60°$ ist der Ausschlag α_2 größer als α_1, mit $\varphi > 60°$ wird der Ausschlag α_1 negativ;
- ohmsch-kapazitiver Last mit $0 > \varphi > -60°$ ist der Ausschlag α_1 größer als α_2, mit $\varphi < -60°$ wird der Ausschlag α_2 negativ;
- rein induktiver oder kapazitiver Last ($\varphi = \pm 90°$) sind beide Ausschläge gleich, haben aber unterschiedliche Vorzeichen;
- Generatorbetrieb des zu messenden Betriebsmittels ($\varphi > 120°$ bzw. $\varphi < -120°$) werden beide Ausschläge negativ.

Die Aron-Schaltung liefert also außer der Wirkleistung auch Informationen über den Phasenwinkel, letzteres allerdings nur bei Symmetrie in Netz und Last.

4.3.4 Leistungsrichtungen und Zählpfeile

Für den Betrieb von Drehstromanlagen und -netzen ist wichtig, in welche *Richtung* Energie übertragen wird, nicht zuletzt, damit klar ist, wer wem was zu zahlen hat. Wie im vorigen Abschnittt gezeigt wurde, kann die Energieflußrichtung meßtechnisch mit Leistungsmesserschaltungen oder Induktionszählern bestimmt werden.

Die Übertragungsrichtung von Wirk- und Blindleistung in einem Drehstromkreis läßt sich auch graphisch im Zeigerdiagramm darstellen. Dazu geht man zum einphasigen Ersatzschaltbild über, erstellt für ein Klemmenpaar dieses Zweipols oder Vierpols das Zeigerdiagramm von Spannung, Strom und Leistung und vergleicht den Leistungszeiger mit einer Bezugsrichtung, die mit Hilfe eines *Zählpfeilsystems* definiert wird.

In Kapitel 2 wurde für Gleichstromkreise das *Verbraucher-Zählpfeilsytem* (VZS) nach DIN 5489 eingeführt. Das VZS wertet die von einem Zweipol *Verbraucher* (Widerstand, Motor) aufgenommene elektrische Leistung als positiv, die abgegebene Leistung eines Zweipols *Erzeuger* (Generator, Batterie) negativ. Durch einen Spannungszählpfeil von der Plus- zur Minusklemme wird die positive Spannungsrichtung definiert. Danach wird die positive Stromrichtung festgelegt durch einen Stromzählpfeil, der bei einem Verbraucher zur Plusklemme zeigt. Bei einem Erzeuger hat der Strom negatives Vorzeichen.

Das Verbraucher-Zählpfeilsystem kann auf Wechselstromkreise übertragen werden, wenn man den Zählpfeilen von Strom und Spannung komplexe Wechselstromgrößen zuordnet und aus diesen die komplexe Leistung nach Gl. (4.41) bzw. (4.45b) bildet. Die im folgenden betrachteten Zweipole sind einsträngige Ersatzschaltbilder für Drehstromkreise mit Symmetrie von Spannungen und Strömen. Der Spannungszeiger liegt immer in der positiven reellen Achse.

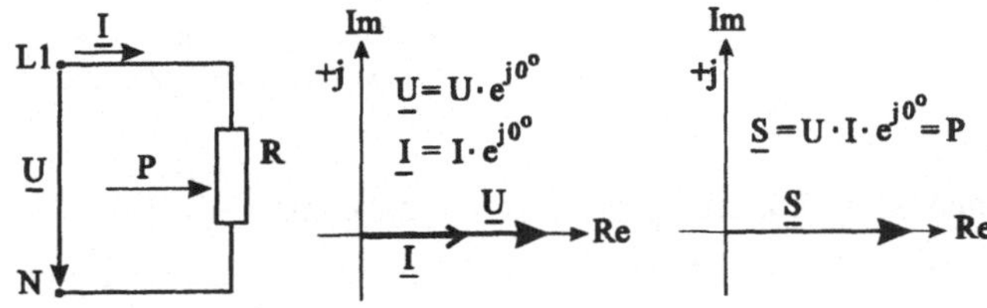

Bild 4-27:
Zweipol Widerstand mit Zählpfeilen im VZS und Leistungsrichtung. Der Zweipol Widerstand nimmt Wirkleistung auf (Verbraucher).

Bei einem *Verbraucher von Wirkleistung* liegen die Zeiger von Spannung und Strom in Richtung der positiven reellen Achse. (Bild 4-27). Der komplexe Leistungsoperator eines Stranges $\underline{S} = U_{Str} \cdot e^{j0°} \cdot I_{Str} \cdot e^{j0°} \Rightarrow \underline{S} = U_{Str} \cdot I_{Str} \cdot e^{j0°}$ liegt in gleicher Richtung. Die aufgenommene Wirkleistung eines Verbrauchers ist positiv: $\underline{S} = P$.

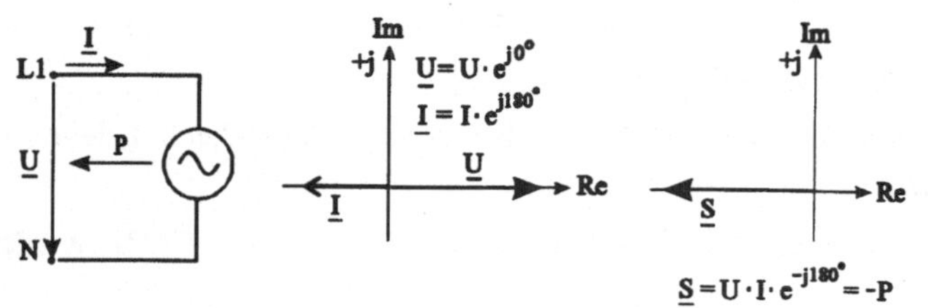

Bild 4-28: Zweipol Spannungsquelle mit Zählpfeilen im VZS und Leistungsrichtung. Der Zweipol gibt Wirkleistung ab (Erzeuger).

Bei einem *Erzeuger von Wirkleistung* zeigen der Stromzeiger und der Leistungsoperator in die Richtung der negativen reellen Achse: $\underline{S} = U_{Str} \cdot e^{j0°} \cdot I_{Str} \cdot e^{j180°} \Rightarrow \underline{S} = U_{Str} \cdot I_{Str} \cdot e^{j180°}$. Die abgegebene (erzeugte) Wirkleistung eines Generators erhält also beim VZS ein negatives Vorzeichen (Bild 4-28): $\underline{S} = -P$. *Bei Zweipolen, die Wirkleistung verbrauchen oder erzeugen, ist der Betrag des Leistungszeigers gleich dem Mittelwert des Energieflusses, bezogen auf die Zeiteinheit.*

Bei Zweipolen, die eine verlustlose Spule oder einen Kondensator enthalten, ist dieser Mittelwert Null, und die momentane Leistung $p(t) = \frac{\hat{u} \cdot \hat{i}}{2} \cdot \cos(2\omega t + \varphi_u + \varphi_i)$ wird wegen $\varphi_i = \varphi_u \pm 90°$ eine reine Wechselgröße, die, mit doppelter Netzfrequenz schwingend, abwechselnd positiv und negativ wird. Spule und Kondensator nehmen während einer halben Periode Leistung auf, speichern sie in ihrem magnetischen bzw. elektrischen Feld und geben sie in der nächsten halben Periode wieder ab. Die Amplitude dieser Leistung ist die *Blindleistung* $Q = \frac{\hat{u} \cdot \hat{i}}{2}$ bzw. $Q = U \cdot I$. Im allgemeinen Fall, bei gemischter Last, wird gemäß Gl. (4.43) $Q = U \cdot I \cdot \sin(\varphi_u - \varphi_i)$.

Bei einem Zweipol mit einer reinen *Induktivität* ist $\underline{I}_{Str} = I_{Str} \cdot e^{-j90°}$, daher ist $\underline{S} = \underline{U} \cdot \underline{I}^* \Rightarrow \underline{S} = U_{Str} \cdot e^{0°} \cdot I_{Str} \cdot e^{+j90°}$. Der Operator der Blindleistung zeigt in Richtung der positiven imaginären Achse. Der Zweipol nimmt induktive Blindleistung auf: $\underline{S} = +Q$ (Bild 4-29).

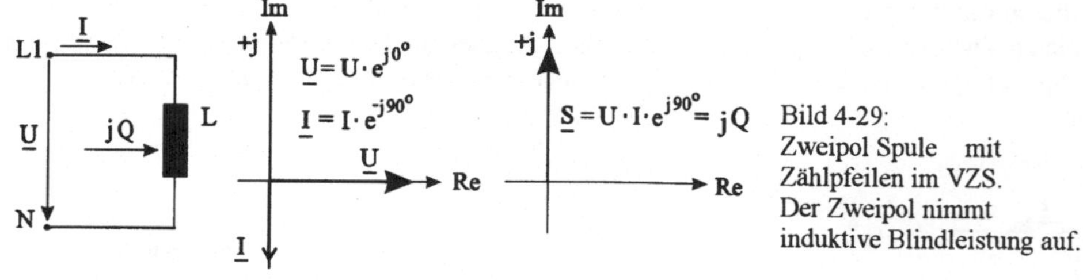

Bild 4-29: Zweipol Spule mit Zählpfeilen im VZS. Der Zweipol nimmt induktive Blindleistung auf.

Bei einem Zweipol mit einer reinen *Kapazität* ist $\underline{I}_{Str} = I_{Str} \cdot e^{+j90°}$, daher ist $\underline{S} = \underline{U} \cdot \underline{I}^* \Rightarrow \underline{S} = U_{str} \cdot e^{0°} \cdot I_{Str} \cdot e^{-j90°}$. Der Operator der Blindleistung zeigt in Richtung der negativen imaginären Achse. Der Zweipol gibt induktive Blindleistung ab: $\underline{S} = -Q$ (Bild 4-30).

Wenn in diesem Buch von Blindleistung die Rede ist, ist immer *induktive Blindleistung* gemeint. Der Begriff kapazitive Blindleistung wird vermieden, weil er unnötig ist und häufig zu Fehlern führt. Statt dessen werden die Begriffe Abgabe und Aufnahme von Blindleistung benutzt.

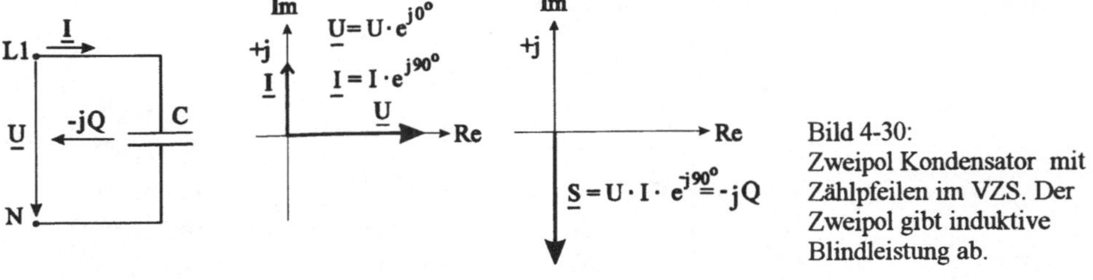

Bild 4-30: Zweipol Kondensator mit Zählpfeilen im VZS. Der Zweipol gibt induktive Blindleistung ab.

Schaltet man mehrere Zweipole an den Klemmen zu einem Stromkreis oder Netz zusammen, so liegt an allen Zweipolen dieselbe Spannung. Die Ströme an den Knoten ergänzen sich zu Null. Da auf alle Zweipole das VZS konsequent angewandt wird, gehen alle Stromzählpfeile von dem Knoten aus, von dem auch der gemeinsame Spannungszählpfeil ausgeht.

Im Bild 4-31 ist als Beispiel die Kombination eines Generators mit einem Verbraucher dargestellt, der Wirkleistung und Blindleistung aufnimmt. Es gilt also:

$\underline{U}_1 = \underline{U}_2 = \underline{U}_3$ und $\underline{I}_1 + \underline{I}_2 = 0$ bzw. $\underline{I}_1 = -\underline{I}_2$.

Wie das Zeigerdiagramm zeigt, hat der Generatorstrom $\underline{I}_1$ die umgekehrte Richtung des Verbraucherstromes $\underline{I}_2$. Das gleiche gilt für die Leistungszeiger $\underline{S}_1$ und $\underline{S}_2$, was auch nach dem Satz von der Erhaltung der Energie selbstverständlich ist.

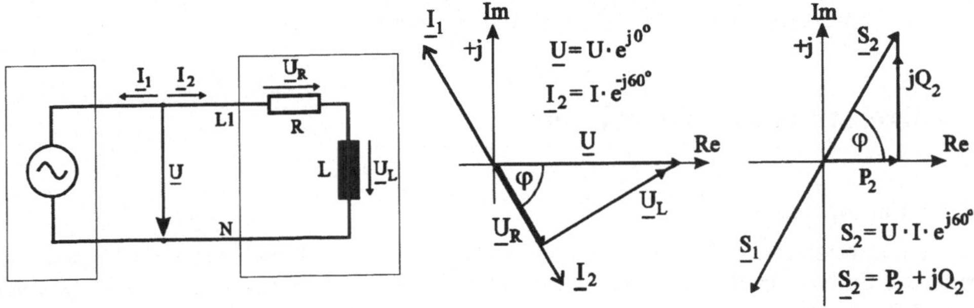

Bild 4-31: Zusammenschaltung zweier Zweipole mit Zählpfeilen und Zeigerdiagrammen

Im Bild 4-32 ist das obige Beispiel ergänzt durch einen dritten Zweipol mit einem Kondensator, so daß nunmehr gilt: $\underline{I}_1 + \underline{I}_2 + \underline{I}_3 = 0$. Man erkennt aus dem Zeigerdiagramm, daß der Kondensatorstrom $\underline{I}_3 = j\omega \cdot C \cdot \underline{U}$ gerade so groß gewählt ist, daß er den Anteil des Verbraucherstromes, der senkrecht auf der Spannung steht, genau aufhebt. Dieser Stromanteil heißt Blindstrom und hat den Betrag $I_{2b} = I_2 \cdot \sin\varphi_2$. Die Folge dieser *Blindstromkompensation* ist, daß der Generatorstrom reduziert wurde auf $\underline{I}_1 = -\underline{I}_2 \cdot \cos\varphi_2$. Der Generator braucht nur die Wirkleistung zu liefern, während die Blindleistung des Verbrauchers von dem Kondensator geliefert wird. Dieses Verfahren wird in der Praxis in großem Umfang angewandt, um die Generatoren, Transformatoren und Netze von Blindstrom zu entlasten.

In diesem Beispiel liegen die Zeiger des Verbraucher-Blindstromanteils und des Kondensatorstromes in Richtung bzw. Gegenrichtung der positiven imaginären Achse. Dies ist aber nur deswegen der Fall, weil der gemeinsame Spannungszeiger willkürlich in die reelle Achse gelegt wurde. Ist das nicht der Fall, stehen die beiden Blindströme zwar senkrecht zur Spannung, aber nicht mehr parallel zur Imaginärachse.

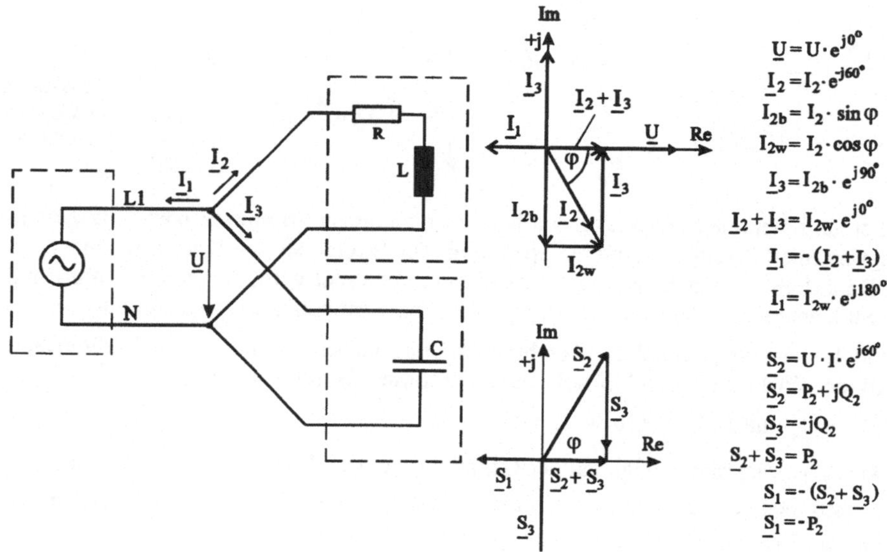

Bild 4-32: Zusammenschaltung von drei Zweipolen mit Zählpfeilen und Zeigerdiagrammen, Blindstromkompensation eines ohmsch-induktiven Verbrauchers

4.4 Drehstromtransformatoren

4.4.1 Bauformen

Ein Drehstromtransformator ist eine elektrische und zum Teil auch magnetische und konstruktive Einheit aus drei gleichen, einphasigen Leistungstransformatoren in einer Dreiphasenschaltung. Als Bauformen werden vor allem die Drehstrombank und der Drehstrom-Kerntransformator verwendet.

Drehstrombank

Eine Drehstrombank besteht aus drei gleichen Einphasentransformatoren, die nebeneinander aufgestellt und in Stern- oder Dreieckschaltung zwischen die drei Leiter des Drehstromnetzes geschaltet werden. (Bild 4-33). Diese Lösung ist vor allem bei Großtransformatoren vorteilhaft, weil Einphasentransformatoren leichter zu transportieren sind und auch bei sehr großen Leistungen das Bahnprofil einhalten. Außerdem genügt als Reservetransformator nur eine Einphaseneinheit (ein *Pol*). Im Gegensatz zu anderen Ländern wird in Deutschland die Drehstrombank nur selten und nur bei größten Leistungen angewendet. Ein Beispiel ist die 1000 MVA-Bank des deutschen 380 kV-Netzes.

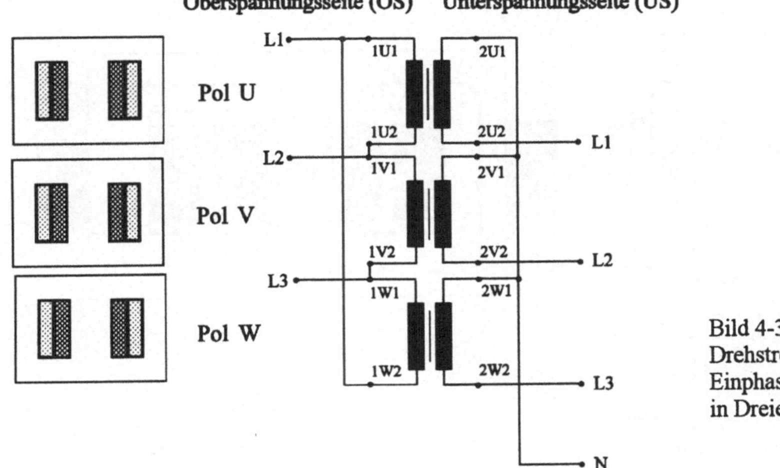

Bild 4-33:
Drehstrombank mit drei Einphasen-Transformatoren in Dreieck-Sternschaltung

Drehstromtransformator mit Dreischenkelkern

Es liegt nahe, die drei Transformatoren einer Drehstrombank nicht nur elektrisch, sondern auch magnetisch, also konstruktiv, zu verketten, um Kernmaterial und Platz zu sparen. Dies ist in der Tat möglich und hat zu der Bauform des Kern- oder Dreischenkel-Transformators geführt (siehe Bild 4-34), die in Deutschland die Normalform des Drehstromtransformators ist. Das Magnetsystem des Kerntransformators besteht aus drei bewickelten Eisenschenkeln, die senkrecht in einer Ebene nebeneinander angeordnet und auf der Ober- und Unterseite durch Joche verbunden sind.

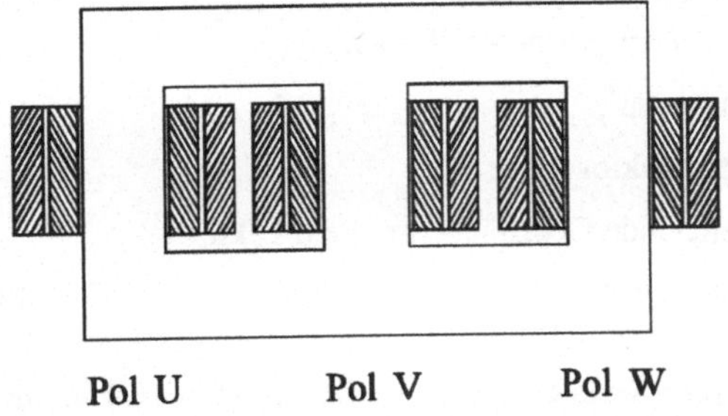

Bild 4-34:
Drehstrom-Kerntransformator (Dreischenkeltransformator)

Stellt man das Ersatzschaltbild (Bild 4-35a) für die verketteten Magnetkreise auf, so kommt man zu einer Sternschaltung mit den Leerlaufdurchflutungen als magnetische Spannungsquellen und den magnetischen Widerständen von Schenkeln und Jochen als flußbegrenzende Elemente. Für die Schenkelflüsse gilt

$$\Phi_u(t) + \Phi_v(t) + \Phi_w(t) = 0 \tag{4.52}$$

Das bedeutet, daß sich der Fluß eines Schenkels über die beiden anderen Schenkel schließt.

Warum? Bei Symmetrie der primär angelegten Netzspannungen sind die in den primären Wicklungssträngen induzierten Spannungen im Betrag gleich und in der Phase um 120° verschoben, so daß sie sich in jedem Augenblick zu Null addieren. Das gleiche muß dann nach der Transformatorgleichung (3.16a) auch bei den Magnetflüssen in den Schenkeln der Fall sein (Bild 4-35b).

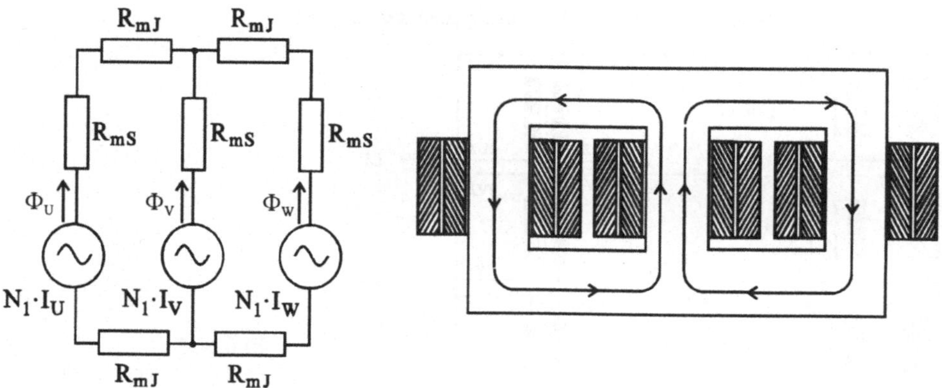

Bild 4-35: Drehstrom-Kerntransformator

a) Ersatzschaltbild der verketteten magnetischen Kreise
R_{mS}: magnetischer Widerstand eines Schenkels
R_{mJ}: magnetischer Widerstand eines Jochteils

b) Verlauf des magnetischen Flusses im Leerlauf (Augenblickswert)

Da die drei Flüsse eingeprägt sind und gleiche Amplituden haben, der Eisenweg des mittleren Magnetpols aber einen kleineren magnetischen Widerstand hat als auf den äußeren Polen, ist die Leerlaufdurchflutung der mittleren Primärwicklung kleiner als in den beiden äußeren Wicklungen. Man spricht deshalb auch vom unsymmetrischen Drehstrom-Kerntransformator. Diese Ungleichheit der Leerlaufströme ist aber nicht störend.

Wenn bei einem Transformator, bei konstanten Werten von Strom- und Flußdichte, die geometrischen Abmesssungen des aktiven Teils (Kern und Wicklungen) linear um den Faktor m vergrößert werden, so wachsen nach dem *Transformator-Wachstumsgesetz*

- die Nenn-Scheinleistung mit dem Faktor m^4,
- die Eisen- und Kupferverluste mit dem Faktor m^3,
- die für die Kühlung zur Verfügung stehende Oberfläche mit dem Faktor m^2.

Das bedeutet, daß die Kühlungsprobleme mit den Abmessungen bzw. der Nennleistung des Transformators zunehmen.

Bei kleinen Leistungen führt man die Transformatoren als *Trockentransformatoren* aus, Kern und Wicklungsisolation geben die Verlustwärme an die Luft der Umgebung ab. Für Nennleistungen bis 10 MVA werden auch Transformatoren mit *Gießharzisolierung* gebaut. Die mit Epoxydharz vergossenen Wicklungen bilden kompakte Zylinder, die ebenfalls durch die Umgebungsluft gekühlt werden. Transformatoren in Freiluftanlagen, allgemein Einheiten mit hohen Spannungen und großen Nennleistungen, werden als *Öltransformatoren* ausgeführt. Der aktive Teil des Transformators wird in ein geschlossenes Gehäuse eingebaut, das mit hochwertigem Isolieröl gefüllt ist und mit einem Ausdehnungsgefäß und Kühlrippen versehen ist. Das Öl dient außer der Isolation zur Wärmeabfuhr und wird bei großen Leistungen durch Radiatoren oder Wasserkühler geleitet.

4.4.2 Schaltungen und Schaltgruppen

Die Wicklungsstränge von Drehstromtransformatoren auf Ober- und Unterspannungsseite können in Sternschaltung, Dreieckschaltung oder Zickzackschaltung verkettet werden.

Die *Sternschaltung* nach Bild 4-36a ist besonders für hohe Spannungen geeignet, weil die Wicklungsstränge nur für die Leitererdspannung isoliert sein müssen. Die *Dreieckschaltung* nach Bild 4-36b wird dagegen für große Ströme bevorzugt, weil bei symmetrischer Last die Strangströme um den Faktor $\sqrt{3}$ kleiner sind als die Ströme in den Außenleitern. Die Wicklungsstränge müssen allerdings für die volle Außenleiterspannung isoliert werden.

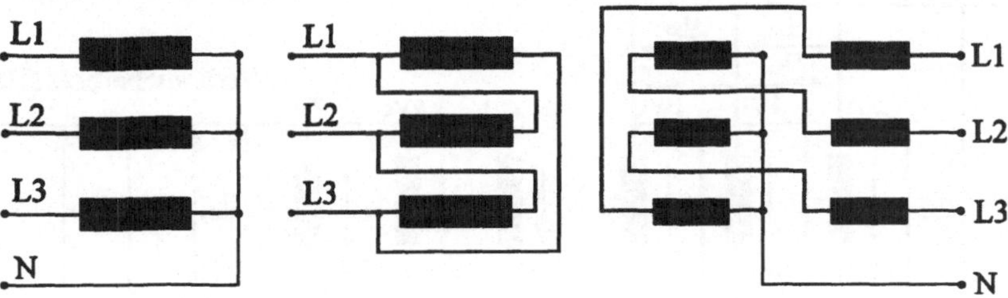

Bild 4-36: Wicklungen von Drehstromtransformatoren
a) Sternschaltung b) Dreieckschaltung c) Zickzackschaltung

Die *Zickzackschaltung* nach Bild 4-36c wird häufig als Unterspannungswicklung zur Speisung kleiner Ortsnetze, sogenannter TN-Netze (siehe Kapitel 7), eingesetzt. Sie zeichnet sich in diesen Netzen durch besonders niedrige Impedanz bei einpoligem Kurzschluß aus, so daß der Fehlerstrom groß genug ist, um Sicherungen durchzuschmelzen oder Schutzschalter auszulösen und damit wichtige Bedingungen der Sicherheitstechnik zu erfüllen. Außerdem trägt die Zickzackschaltung gut zur Symmetrierung der Lasten bei, weil sie einsträngige Belastung auf zwei Stränge und zweisträngige Belastung auf drei Stränge verteilt. Die Zickzackwicklung wird nur zur Niederspannungserzeugung eingesetzt, weil die Strangspannungen sich aus zwei Komponenten zusammensetzen, die um 30° phasenverschoben sind, so daß der Kupferaufwand für die Spannungserzeugung um 15 % höher liegt als bei der Sternschaltung.

Die Kombinationen von Stern-, Dreieck- und Zickzackschaltung auf Ober- und Unterspannungsseite ergeben nach DIN 57532 Teil 4/ VDE 0532 insgesamt 12 *Schaltgruppen*. Dabei ist festgelegt, daß

- Sternschaltung mit Y oder y,
- Dreieckschaltung mit D oder d ,
- Zickzackschaltung mit Z oder z

bezeichnet wird. Die Oberspannungsseite (OS) wird mit Großbuchstaben gekennzeichnet, die Unterspannungsseite (US) mit Kleinbuchstaben. Die gegenseitige Phasenlage der Spannungen von OS und US wird durch eine Kennzahl ausgedrückt, die angibt, um welches Vielfache von 30° eine Sternspannung der Unterspannungsseite der entsprechenden Sternspannung der Oberspannungsseite nacheilt. Ist der Sternpunkt einer Wicklung herausgeführt, wird zur Kennzeichnung ein N oder n zugefügt, z.B. Yzn5, YNd5.

Die vier gebräuchlichsten Schaltgruppen sind Yyn0, Dyn5,Yd5 und Yzn5. Maßgebend für die Auswahl einer Schaltgruppe ist das Betriebsverhalten des Drehstromtransformators. Die Auswahlkriterien sind die Höhe der Außenleiterspannungen und Außenleiterströme sowie die Sternpunktbelastbarkeit, d.h. das Verhalten bei einsträngiger Last. Im folgenden werden wir beispielhaft die Eigenschaften der *Schaltgruppe Dyn5* untersuchen.

Wie der Schaltplan von Bild 4-37 zeigt, liegt der mit Erde und Neutralleiter verbundene Sternpunkt der Unterspannungsseite an den Spulenanfängen mit den Anschlüssen 2U1, 2V1 und 2W1 und nicht wie bei Schaltgruppe Yyn0 an den Spulenenden. Die Zählpfeile der se-

kundärseitigen Leitererdspannungen des Netzes sind daher umgekehrt gerichtet wie die der sekundären Strangspannungen: $\underline{U}_{LN} = -\underline{U}_{StrUS} = \underline{U}_{StrUS} \cdot e^{j180^\circ}$.

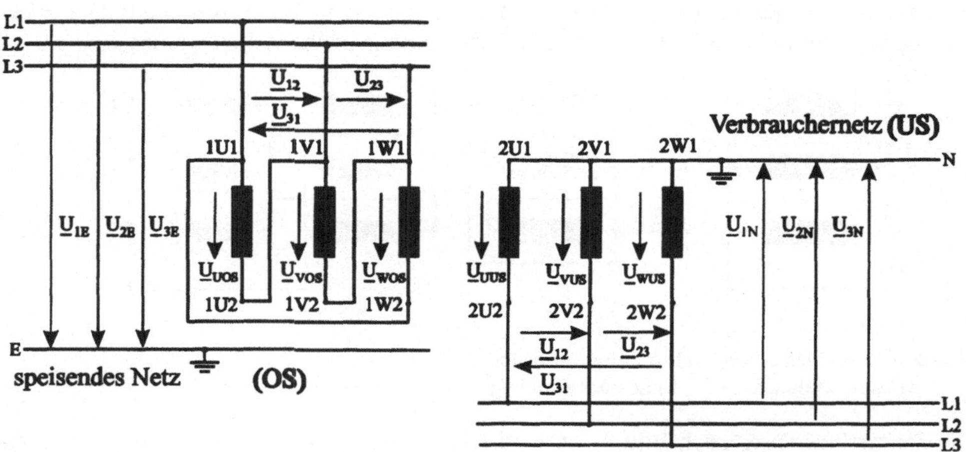

Bild 4-37: Schaltplan eines Drehstromtransformators der Schaltgruppe Dyn5

Zu dieser Phasendrehung kommt noch eine Phasenvoreilung der Sekundärspannungen um 30°, bedingt durch die Dreieckschaltung der Primärwicklung, deren Strangspannungen den primären Leitererdspannungen um 30° voreilen. Der Transformator in Schaltgruppe Dyn5 gibt daher US-seitig Leitererdspannungen ab, die den OS-seitigen Leitererdspannungen um 150° nacheilen (Bild 4-38). Das kommt durch die Kennzahl 5 (= 5 x 30°) in der Bezeichnung Dyn5 zum Ausdruck.

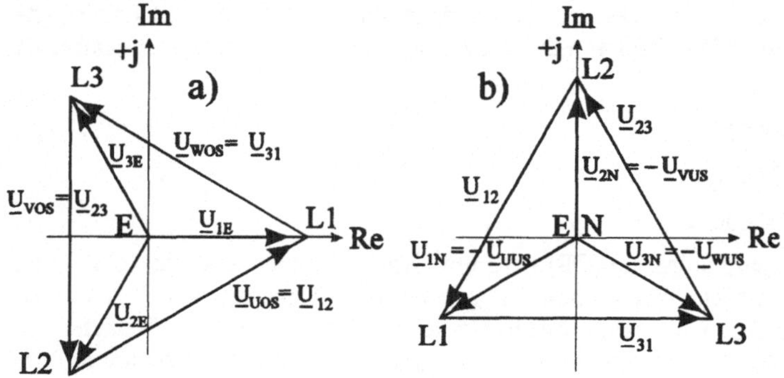

Bild 4-38: Zeigerdiagramm der Strang- und Außenleiterspannungen eines Drehstromtransformators der Schaltgruppe Dyn5 bei Leerlauf
a) Oberspannungsseite (OS) Dreieck
b) Unterspannungsseite (US) Stern, OS um 150° nacheilend

Bei *Parallelschaltungen* von Drehstromtransformatoren ist Bedingung, daß auf beiden Seiten die Leerlaufspannungen in Betrag und Phase übereinstimmen. Das bedeutet:

- Nennspannungen, Übersetzungsverhältnis und Kennzahl müssen bei parallel arbeitenden Transformatoren gleich sein.
- Transformatoren verschiedener Schaltgruppen können nur parallelgeschaltet werden, wenn sie die gleiche Kennzahl haben, zum Beispiel Dyn5 und Yzn5, aber nicht Dyn5 und Yyn0.

Das *Übersetzungsverhältnis* ü eines Drehstromtransformators ist nach VDE 0532 gleich dem ungekürzten Verhältnis aus den Nennwerten der Außenleiterspannungen von Ober- und Unterspannungsseite:

$$ü = U_{NOS} / U_{NUS} \tag{4.53}$$

Die Nennspannungen U_{NOS} und U_{NUS} sind bei Großtransformatoren mit $S_N > 16\,\text{kVA}$ Leerlaufspannungen, bei Kleintransformatoren ist die Nennspannung U_{NUS} die Ausgangsspannung bei Ohmscher Nennlast. Da in das Übersetzungsverhältnis die Nennspannungen eingesetzt werden, bezeichnet man ü auch als *Nennübersetzung*.

Drückt man bei der Schaltgruppe Dyn5 die Außenleiterspannungen durch die Strangspannungen aus, so ergibt sich $ü = \frac{U_{StrOS}}{U_{StrUS} \cdot \sqrt{3}}$. Das Verhältnis der Strangspannungen ist gleich dem Windungszahlverhältnis $w = \frac{U_{StrOS}}{U_{StrUS}} = \frac{N_1}{N_2}$. Also ist $ü = \frac{N_1}{N_2 \cdot \sqrt{3}}$ oder

$$ü = \frac{1}{\sqrt{3}} \cdot w \tag{4.54}$$

Das Übersetzungsverhältnis ü eines Drehstromtransformators in Schaltgruppe Dyn5 ist nicht identisch mit dem Windungszahlverhältnis w, sondern um den Faktor $\frac{1}{\sqrt{3}}$ kleiner.

Das Übersetzungsverhältnis der Außenleiterströme ergibt sich aus dem Durchflutungsgleichgewicht der Strangströme, wobei die Leerlaufströme vernachlässigt sind:

$N_1 \cdot I_{StrOS} = N_2 \cdot I_{StrUS} \Rightarrow \frac{I_{StrOs}}{I_{StrUS}} = \frac{N_2}{N_1}$. Wegen Sternschaltung der US ist $I_{LUS} = I_{StrUS}$, aber wegen Dreieckschaltung der OS ist $I_{LOS} = \sqrt{3} \cdot I_{StrOS}$. Daraus ergibt sich $\frac{N_2}{N_1} = \frac{I_{LOS}}{\sqrt{3} \cdot I_{LUS}} \Rightarrow$

$\frac{I_{LOS}}{I_{LUS}} = \frac{\sqrt{3} \cdot N_2}{N_1}$ und damit

$$\frac{I_{LOS}}{I_{LUS}} = \frac{1}{ü} \tag{4.55}$$

Bei *unsymmetrischer Last* ist das Betriebsverhalten der Schaltgruppe Dyn5 unproblematisch, weil in allen Fällen das Durchflutungsgleichgewicht gebildet werden kann. Als Beispiel ist im Schaltplan des Bildes 4-39 einsträngige Last des Stranges U dargestellt, die eine Lastdurchflutung $N_2 \cdot I_{UUS}$ zur Folge hat. Der Primärstrom I_{UOS}, der mit der Windungszahl N_1 die Gegendurchflutung bildet, fließt über die Außenleiter L1 und L2 zu bzw. ab, ohne die beiden anderen Stränge zu berühren. Das Durchflutungsgleichgewicht ist daher auf allen drei Schenkeln gewahrt, Jochstreuflüsse o.ä. treten nicht auf. Die belastete Strangspannung bricht nicht stärker ein als bei symmetrischer Last. *Der Transformator der Schaltgruppe Dyn5 ist daher auch bei unsymmetrischer Last bis zur Nennleistung voll belastbar.* Die Schaltgruppe Dyn5 ist, neben Yzn5, besonders geeignet für Verteilungstransformatoren zur Speisung von Niederspannungs-Vierleiternetzen.

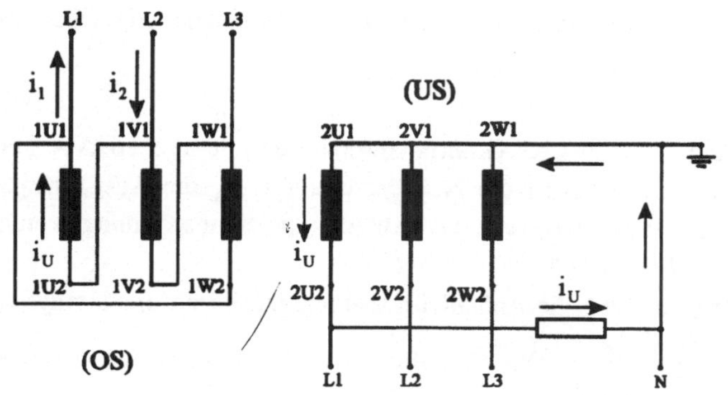

Bild 4-39: Drehstromtransformator in Schaltgruppe Dyn5 bei einsträngiger Last. Die eingetragenen Strompfeile sind Augenblickswerte.

4.4.3 Ersatzschaltbild und Daten

Anordnung der Verlustvierpole

Das elektrische Betriebsverhalten des realen, verlustbehafteten Drehstromtransformators wird nachgebildet durch die Kettenschaltung von drei passiven Vierpolen mit drei idealen Transformatoren (Bild 4-40). Man denkt sich Spannungsfälle, Leistungsverluste und Leerlaufströme in die Verlustvierpole verlagert, die wie beim Einphasen-Transformator als T-Schaltung aufgebaut sind und wegen des symmetrischen Transformatoraufbaus in den Daten untereinander gleich sind. Die idealen Transformatoren repräsentieren Potentialtrennung, Übersetzungsverhältnis und Phasendrehung, ihre Zusammenschaltung entspricht der Schaltgruppe des Transformators.

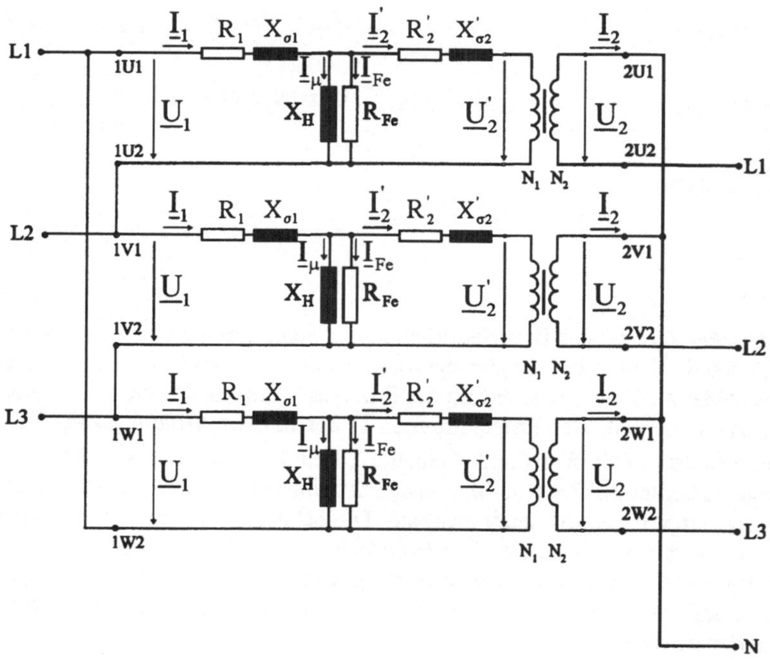

Bild 4-40: Ersatzschaltbild eines Drehstromtransformators in Schaltgruppe Dyn5

Die Verlustvierpole können wahlweise primär- oder sekundärseitig angeordnet werden; im Bild 4-40 wurde die primärseitige Anordnung gewählt. Bei Schaltgruppe Dyn5 haben wir außerdem die Wahl, die Verlustvierpole innerhalb oder außerhalb der primärseitigen Dreieckschaltung anzuordnen. Hier ist die Anordnung innerhalb der Dreieckschaltung gewählt. Das bedeutet, die Elemente der Verlustvierpole sind Strangwiderstände. Sie werden berechnet aus den Strangwerten von Spannung, Strom und Wirkleistung unter der Voraussetzung vollkommener Symmetrie der Transformatorpole. Die Berechnung ist damit die gleiche wie beim Einphasentransformator. Die Meßwerte aus Leerlauf- und Kurzschlußversuch werden mit der Zwei-Wattmeter-Schaltung gewonnen.

Bei Ersatzschaltbildern von symmetrisch aufgebauten Drehstromnetzen mit symmetrischer Last genügt ein einpoliges Ersatzschaltbild. Die Daten der Netzelemente werden auf eine Seite des Drehstromtransformators bezogen. Der ideale Transformator, der das Übersetzungsverhältnis ü = 1 realisiert, kann dann weggelassen werden.

Bestimmung der Daten

Die Bauelemente eines Verlustvierpols entsprechen denen des vollständigen oder vereinfachten Ersatzschaltbildes für den Einphasen-Transformator. Die Daten der Bauelemente gewinnt man, wie in Abschnitt 3.3 beschrieben, aus den Strangwerten eines Leerlaufversuches und eines Kurzschlußversuches. Die zugehörige Meßschaltung ist beim Drehstrom-Kerntransformator dreiphasig mit einer Zwei-Wattmeter-Schaltung ausgeführt. Dies ist im Bild 4-41 am Beispiel eines Drehstromtransformators der Schaltgruppe Dyn5 dargestellt.

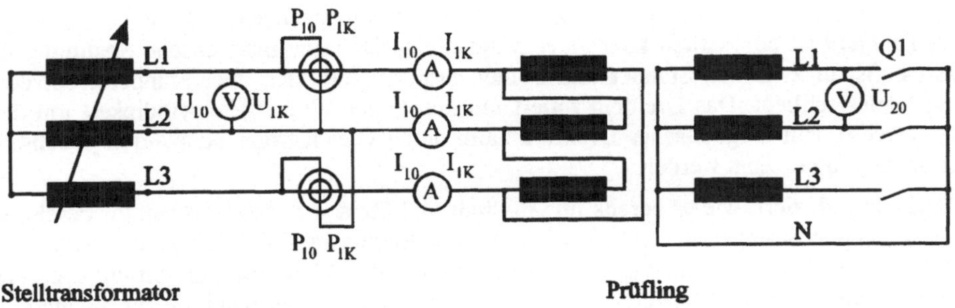

Bild 4-41: Dreiphasige Meßschaltung für Leerlauf- und Kurzschlußversuch bei einem Drehstrom transformator der Schaltgruppe Dyn5

5 Drehstrommaschinen

5.1 Überblick

Die wichtigsten Drehstrommaschinen sind die *Drehstrom-Synchronmaschine* und die *Drehstrom-Asynchronmaschine*. Beide Maschinentypen können wahlweise als Motor oder als Generator arbeiten. In der Praxis wird die Synchronmaschine hauptsächlich als Generator eingesetzt, während die Asynchronmaschine vorwiegend als Motor betrieben wird. Aufbau und Spannungserzeugung des Synchrongenerators wurden bereits in Abschnitt 4.2.1 behandelt.

Diese beiden Typen der Drehstrommaschinen haben im Aufbau und in der Wirkungsweise wesentliche *Gemeinsamkeiten*:

- Das zylindrische Ständergehäuse aus Stahlguß oder einer Schweißkonstruktion trägt im Inneren ein hohlzylinderförmiges Eisenblechpaket mit Nuten, die gleichmäßig über den Innenumfang verteilt sind (siehe Bild 4-3 und 4-4). In die Nuten ist die dreisträngige Ständerwicklung eingelegt, deren Enden über Klemmen mit dem Drehstromnetz oder einem Verbraucher verbunden sind (siehe Bild 4-9). Das Ständergehäuse stützt sich mit Füßen auf dem Maschinenfundament ab.
- Spannungen und Drehmomente werden mit Hilfe eines magnetischen Drehfeldes erzeugt. Ein *Drehfeld* ist ein zeitlich konstantes Magnetfeld, das seine magnetische Spannung in dem Luftspalt zwischen Ständer und Läufer ausbildet und sich über Ständerblechpaket und Läufer schließt. Das Drehfeld rotiert mit konstanter Winkelgeschwindigkeit um die Läuferachse. Ein magnetisches Drehfeld kann durch Gleichstrom- oder durch Wechselstromerregung erzeugt werden.

Das Drehfeld induziert, wie es bereits im Abschnitt 4.2 für den Synchrongenerator beschrieben wurde, in den Strängen der Ständerwicklung ein dreiphasiges Wechselspannungssystem. Diese Quellenspannungen treiben bei Generatorbetrieb der Maschine den Strom über die Verbraucherimpedanzen oder begrenzen bei Motorbetrieb als Gegenspannung zur angelegten Netzspannung den aufgenommenen Strom. Mit dem Strom in der Ständer- oder Läuferwicklung erzeugt das Drehfeld ein Drehmoment, das bei Motorbetrieb die Arbeitsmaschine antreibt und im Generatorbetrieb die Kraftmaschine bremst, so wie es im Kapitel 2 für die Gleichstrommaschine beschrieben wurde.

Die *Unterschiede* von Synchron- und Asynchronmaschine liegen im Aufbau des Maschinenläufers und in der Art, wie das Drehfeld erzeugt wird. Diese Unterschiede führen trotz aller Gemeinsamkeiten dazu, daß sich Synchron- und Asynchronmaschine im Betrieb in bezug auf Drehzahl und Drehmoment, Spannung und Strom sehr unterschiedlich verhalten.

Bei der Synchronmaschine wird Gleichstromerregung angewandt, indem eine zwei- oder mehrpolige Läuferwicklung über Schleifringe von einem mit der Läuferwelle gekuppelten Gleichstromgenerator oder einem Stromrichter mit Gleichstrom gespeist wird. Durch Rotation des Läufers, der von der Kraftmaschine angetrieben wird, entsteht das Drehfeld.

Die Asynchronmaschine hat keine Gleichstrom-Erregerwicklung. Das Drehfeld wird bei ihr erzeugt durch drei netzfrequente Wechselströme, die dem Drehstromnetz entnommen werden und durch die drei Stränge der Ständerwicklung fließen, die bei einer zweipoligen Maschine um 120° *räumlich* versetzt sind. Die Ströme sind amplitudengleich und um 120° *elektrisch* gegeneinander phasenverschoben. Die von ihnen erzeugten magnetischen Wechselfelder setzen sich zu einem Drehfeld konstanter Amplitude und Winkelgeschwindigkeit zusammen.

5.2 Die Drehstrom-Asynchronmaschine

5.2.1 Aufbau

Die Drehstrom-Asynchronmaschine als Motor ist die am weitesten verbreitete elektrische Maschine. Sie ist sehr robust, wartungsarm und in Ständer und Läufer einfach aufgebaut.

Das Ständergehäuse trägt im Inneren ein hohlzylinderförmiges Blechpaket mit der dreiphasigen Ständerwicklung, die an das Drehstromnetz angeschlossen wird, sowie die Lagerschilde mit den Lagern der Welle.

Die Welle des Läufers trägt das Läuferblechpaket mit der vom Netz getrennten Läuferwicklung sowie den Lüfter. Die Blechpakete von Ständer und Läufer bilden zwei konzentrische Eisenzylinder, getrennt durch einen schmalen Luftspalt. Die Läufer- und Ständerwicklungen sind gleichmäßig über den Umfang verteilt und in axialen Nuten der Blechpakete in der Nähe des Luftspaltes untergebracht. Die Spulen der Wicklungsstränge sind symmetrisch und gleichmäßig über den ganzen Umfang verteilt.

Nach der Ausführung der Läuferwicklung unterscheidet man zwei Läufertypen:

1) Der *Schleifringläufer* (Bild 5-1) hat eine dreiphasige isolierte Wicklung. Die Wicklungsstränge haben die gleiche Polzahl wie die Ständerwicklung und sind innerhalb eines Polpaares räumlich um ein Drittel der doppelten Polteilung versetzt. Die Enden der Stränge sind zu einem Sternpunkt verbunden und die Anfänge über drei Schleifringe und Kohlebürsten auf das Klemmenbrett geführt, so daß man die Wicklung direkt oder über verstellbare Vorwiderstände kurzschließen kann (Bild 5-2). Über die Läufervorwiderstände können Drehzahl, Anlaufmoment und Anlaufstrom in weiten Grenzen verändert werden, darin liegt der große Vorteil des Schleifringläufers. Nachteilig sind aber die hohen Leistungsverluste in den Widerständen. Hauptanwendungsgebiet des Schleifringläufermotors sind die Hebezeuge, vor allem Krane, sowie andere Antriebe mit Schweranlauf.

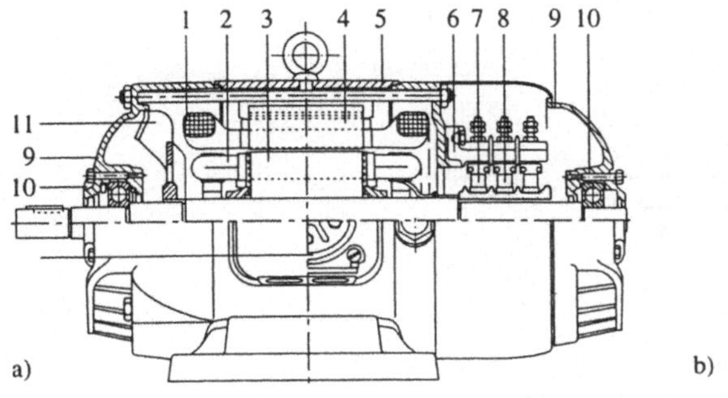

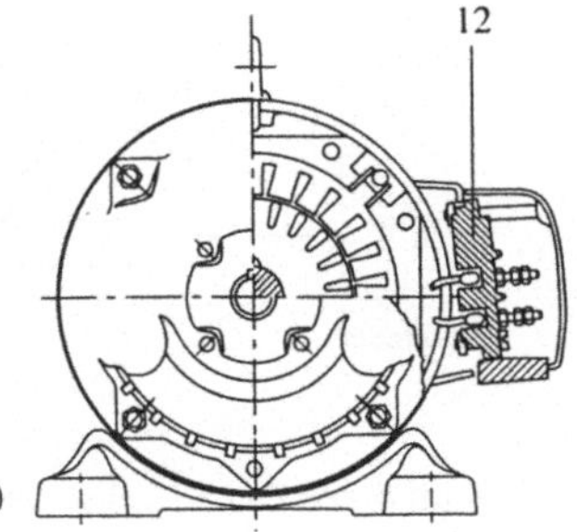

Bild 5-1: Schnitt durch eine Drehstrom-Asynchronmaschine mit Schleifringläufer
a) Längsschnitt b) Querschnitt
1 Ständerwicklung 2 Läuferwicklung 3 Läuferblechpaket 4 Ständerblechpaket 5 Gehäuse
6 Bürstenbrücke 7 Schleifring 8 Kohle 9 Lagerschild 10 Lager 11 Lüfter 12 Klemmenbrett

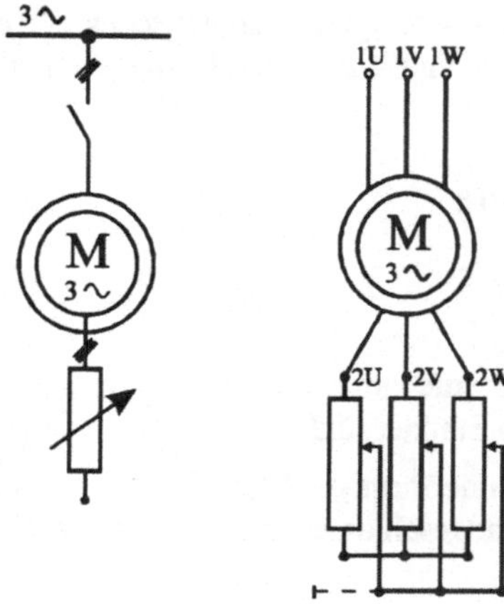

Bild 5-2:
Schaltkurzzeichen und Schaltzeichen eines Drehstrom-Schleifringläufermotors

2) Der *Kurzschlußläufer* (Bild 5-3) trägt in den Rotornuten eine nicht isolierte Wicklung. In jeder Nut liegt ein Stab, der durch äußere Ringe mit den anderen Stäben verbunden ist. Die Stäbe bilden mit den Kurzschlußringen einen Käfig, man nennt daher den Kurzschlußläufer auch *Käfigläufer* (engl. squirrel cage motor). Der Käfig besteht meist aus Aluminium, das direkt in die Nuten gegossen wird. Auch ohne Isolierung zwischen Käfig und Eisenblechpaket verlaufen die Ströme fast nur über den Käfig wegen der wesentlich geringeren Leitfähigkeit des Eisens.

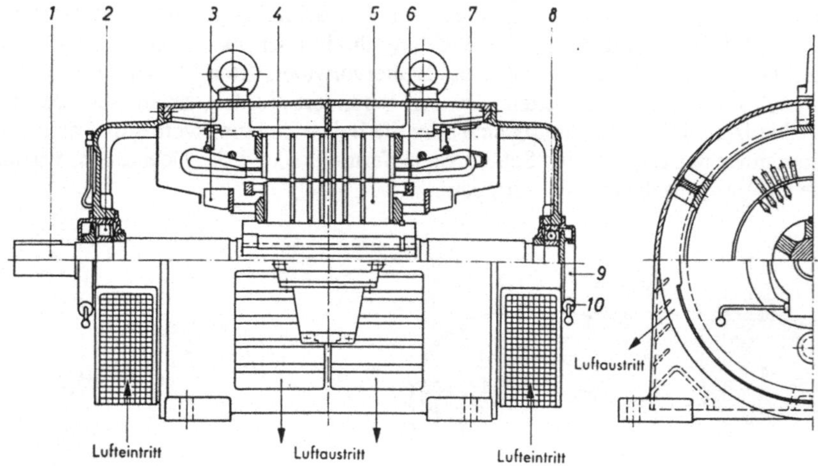

Bild 5-3: Schnitt durch einen Drehstrom-Asychronmotor mit Käfigläufer
1 freies Wellenende 2 Zylinderrollenlager 3 Lüfter 4 Ständerblechpaket
5 Läuferblechpaket 6 Läuferstäbe 7 Wickelkopf der Ständerwicklung
8 Rillenkugellager 9 Fettmengenregler 10 Fettsammelbüchse

Der Käfigläufermotor hat den Vorzug, ein sehr robuster Motor ohne Schleifkontakte zu sein, der kurzzeitig hoch überlastbar ist. Bei Antrieben mit nahezu konstanter Drehzahl, wie Pumpen-, Lüfter- und Förderbandantrieben, kann er direkt am starren Netz, d.h. mit konstanter

Spannung und konstanter Frequenz, betrieben werden. Das Bild 5-4 zeigt den Schaltplan eines einfachen Umkehrantriebes mit Käfigläufermotor [29].

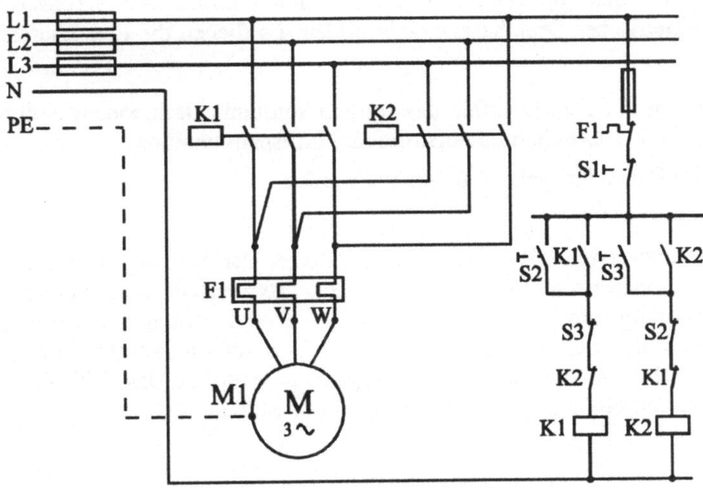

Bild 5-4: Schaltplan eines Umkehrantriebes mit Drehstrom-Käfigläufermotor
K1: Schütz Rechtslauf; K2: Schütz Linkslauf;
S1: Drucktaster AUS; S2: Drucktaster EIN RECHTS; S3: Drucktaster EIN LINKS;
F1: Thermischer Überstromauslöser

Andererseits hat der Käfigläufermotor den Nachteil, daß Drehzahl, Anlaufmoment und Anlaufstrom nur mit erheblichem Aufwand an Elektronik stufenlos veränderbar sind. Damit allerdings kann der Käfigläufermotor auch Antriebsaufgaben mit weitem Drehzahlbereich übernehmen, die früher nur dem fremderregten Gleichstrommotor vorbehalten waren. Auf die wichtigste Art der Steuerung mit *variabler Frequenz über statische Umrichter* wird im Kapitel 8 (Leistungselektronik) eingegangen.

5.2.2 Das magnetische Drehfeld der Ständerwicklung

Bildung des Drehmomentes

Die Drehstrom-Asynchronmaschine wird überwiegend als Motor betrieben. Ihre Hauptaufgabe ist daher, ein Drehmoment M abzugeben und damit eine Drehzahl n zu erzeugen. Das Drehmoment wird gebildet durch Zusammenwirken der Läuferströme mit dem magnetischen Drehfeld [9].

Wie werden Drehfeld und Läuferströme erzeugt?

- An die drei Stränge der Ständerwicklung werden die drei Stern- oder Außenleiterspannungen eines symmetrischen Dreiphasen-Spannungssystems gelegt. Es fließen die drei Ständer-Strangströme $\underline{I}_{U1}$, $\underline{I}_{V1}$ und $\underline{I}_{W1}$.
- Die Ständerströme erzeugen drei raumfeste magnetische Wechselfelder, deren Flüsse sich im Luftspalt zu einem resultierenden Magnetfluß überlagern.
- Das resultierende Magnetfeld im Luftspalt ist ein Drehfeld wie das gleichstromerregte Läuferfeld der Synchronmaschine. Die Flußdichte B_L ist zeitlich konstant und räumlich

etwa sinusförmig verteilt. Die Winkellage der Feldachse ändert sich mit konstanter Winkelgeschwindigkeit.

- Das Drehfeld induziert in den Spulen oder Stäben der Läuferwicklung drei Wechselspannungen, die ein symmetrisches Dreiphasensystem bilden. Es fließen die drei Läuferströme $\underline{I}_{U2}$, $\underline{I}_{V2}$ und $\underline{I}_{W2}$.
- Die Läuferströme bilden mit dem Drehfeld das zeitlich konstante Drehmoment aufgrund der Kraftwirkung $f = B \cdot l \cdot i$ zwischen Läuferstrom und Luftspaltinduktion.

Diese Vorgänge sollen im folgenden genauer betrachtet werden.

Aufbau der Ständerwicklung

Die Ständerwicklung ist eine verteilte Wicklung, d.h. die Spulen der 3 Stränge liegen in Nuten gleichmäßig über den inneren Umfang des Ständerblechpakets verteilt. Bei einer zweipoligen Maschine sind die Stränge um 120° räumlich versetzt, bei einer Maschine mit p Polpaaren um 120°/p. Die Pole bilden sich nur bei Stromfluß aus. Aus der Vielfalt der Wicklungsarten kann hier nur ein sehr einfaches Beispiel herausgegriffen werden. Das Bild 5-5 zeigt eine zweipolige Wicklung mit N=18 Nuten, 3 Nuten je Pol und Strang.

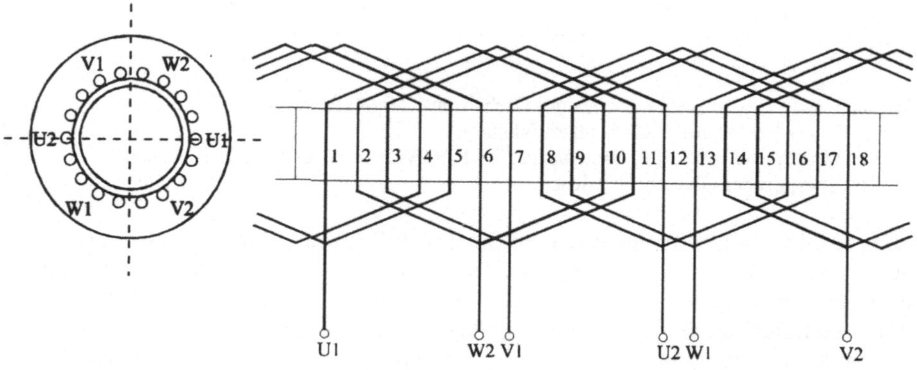

Bild 5-5: Zweipolige Wicklung einer Asynchronmaschine mit N = 18 Nuten

Überlagerung der Magnetfelder

Die drei Stränge der Ständerwicklung werden durchflossen von drei Wechselströmen, die gegeneinander um 120° el. phasenverschoben sind:

Strang U: $i_U(t) = \hat{i} \cdot \cos(\omega t + \varphi_i)$

Strang V: $i_V(t) = \hat{i} \cdot \cos(\omega t + \varphi_i - 120°)$

Strang W: $i_W(t) = \hat{i} \cdot \cos(\omega t + \varphi_i - 240°)$.

Jeder Strangstrom erzeugt phasengleich ein raumfestes magnetisches Wechselfeld, dessen Achse mit der Polmitte zusammenfällt. Das Feld pulsiert im Takt der Netzfrequenz, d.h. Amplitude und Richtung der Luftspaltinduktion $B_L(t) = B_{Lmax} \cdot \cos \omega t$ ändern sich periodisch, die geometrische Form der Feldkurve $B_L(x)$ bleibt aber erhalten.

Die Induktionen dieser drei Felder überlagern sich im Luftspalt, wie im Bild 5-6 dargestellt ist. Da die Wechselfelder in der Winkellage ihrer Feldachsen um 120° gegeneinander versetzt sind und in der Phase um 120° gegeneinander verschoben sind, löschen sich die Felder in der Überlagerung nicht aus, sondern addieren sich zu einem zweipoligen magnetischen Drehfeld, das

- räumlich annähernd sinusförmig verteilt ist,
- im Betrag zeitlich konstant ist, mit der Amplitude $B_{Dmax} = 3/2 \cdot B_{Str\,max}$,
- seine Winkellage mit der Winkelgeschwindigkeit $\omega = 2 \cdot \pi \cdot f$ ändert.

Die Entstehung eines zweipoligen Drehfeldes ist im Bild 5-6 veranschaulicht.

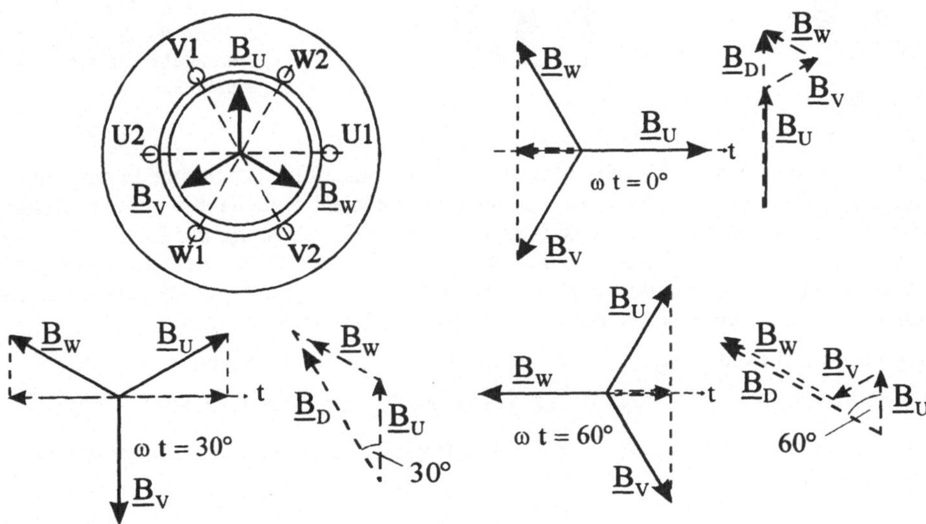

Bild 5-6: Bildung eines Drehfeldes $B_D(x,t)$ bei einer zweipoligen Wicklung

Räumliche Feldverteilung

Die bisherigen Darstellungen des Drehfeldes haben nur die räumliche Lage der Drehfeldachse und den Betrag der maximalen Induktion beschrieben, nicht die räumliche Feldverteilung im Luftspalt $B(x)$ zum Zeitpunkt t über die Polteilung τ_P. Man kann jedoch zeigen: Da die Luftspaltweite längs des Umfangs konstant ist, ist die Luftspaltinduktion eines Stranges räumlich nach einer Treppenkurve verteilt. Nach Fourier kann man diese Kurve aufteilen in eine räumliche Grundwelle und ungeradzahlige Oberwellen kleinerer Amplitude, die alle mit der Frequenz des Ständerstromes zeitlich synchron pulsieren. Daraus folgt

$$B(x,t) = (B_1 \cdot \sin \pi \cdot x/\tau_p + B_3 \cdot \sin 3\pi \cdot x/\tau_p + \ldots B_\nu \cdot \sin \nu\pi \cdot x/\tau_p) \cdot \cos \omega t \qquad (5.1)$$

Wenn man näherungsweise die Oberwellen vernachlässigt, so daß die magnetischen Wechselfelder der drei Stränge im Luftspalt räumlich nach einer Kosinusfunktion (bezogen auf die Spulenachse) verteilt sind, und wenn die speisenden Wechselströme sinusförmig mit je 120° Phasenverschiebung sind, dann ist das magnetische Drehfeld, wie bei einer Synchronmaschine, nach einer Kosinusfunktion räumlich über den inneren Umfang des Ständers bzw. über ein Polpaar verteilt und bildet eine mit konstanter Winkelgeschwindigkeit umlaufende Induktionswelle mit der Amplitude $B_{Dmax} = 3/2 \cdot B_{Str\,max}$.

Drehrichtung und Drehzahl des Magnetfeldes

Folgen am Ständerumfang die Wicklungsanfänge der drei Stränge im Gegenuhrzeigersinn in der Reihenfolge $U_1 - V_1 - W_1$ aufeinander und haben die Strangströme die Phasenfolge $\underline{I}_U - \underline{I}_V - \underline{I}_W$, so läuft das magnetische Drehfeld im Gegenuhrzeigersinn im Luftspalt um.

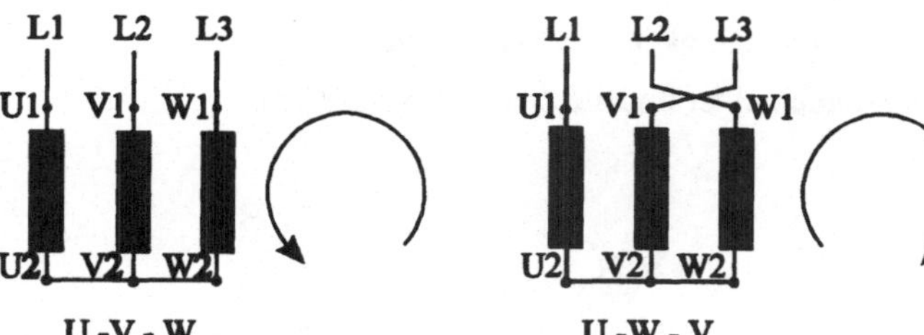

Bild 5-7: Umkehr der Drehfeldrichtung durch Vertauschen zweier Anschlüsse

Durch Vertauschen von zwei Netzanschlüssen wird die Phasenfolge der Ströme in den Strängen umgekehrt (Bild 5-7). Die Folge ist, daß auch das Drehfeld seine Drehrichtung umkehrt. Bei Motorbetrieb der Maschine kehrt sich dann auch die Drehrichtung des Läufers um, da dieser stets dem Drehfeld nachläuft. In einer Netzperiode durchläuft das Drehfeld ein Polpaar der Ständerwicklung, d.h. bei einer zweipoligen Maschine (p = 1) den ganzen inneren Ständerumfang, bei einer vierpoligen Maschine (p = 2) den halben Ständerumfang.

Umfangsgeschwindigkeit: $v_D = 2 \cdot \pi \cdot R / p \cdot T_1$; $T_1 = 1 / f_1$; f_1: Netzfrequenz

Winkelgeschwindigkeit: $\Omega_D = v_D / R$; $\Omega_D = 2 \cdot \pi \cdot n_D$; n_D: Drehfelddrehzahl

$2 \cdot \pi \cdot n_D = 2\pi / pT_1 \Rightarrow 2 \cdot \pi \cdot n_D = 2 \cdot \pi \cdot f_1 / p$. Die Drehzahl des Drehfeldes (synchrone Drehzahl) ist daher

$$n_D = f_1 / p \tag{5.2}$$

Da die Läuferdrehzahl des Asynchronmotors sich der Drehfelddrehzahl annähert, ergeben sich aus dieser Gleichung zwei Möglichkeiten der Drehzahlsteuerung:

1) Änderung der Netzfrequenz: Stufenlose Umrichtersteuerung (siehe Abschnitt 5.2.7 und Kapitel 8, Leistungselektronik).
2) Umschaltung der Polpaarzahl: Reihen- auf Parallelschaltung (Dahlanderschaltung) oder mehrere Ständerwicklungen mit verschiedenen Polpaarzahlen (siehe Abschnitt 5.2.7).

Beide Verfahren werden bei Käfigläufermotoren häufig angewendet.

5.2.3 Induzierte Spannungen

Ständerwicklung

Das wechselstromerregte Drehfeld der Asynchronmaschine verhält sich genau so wie das gleichstromerregte Drehfeld der Synchronmaschine (siehe Abschnitt 4.2.1). Die umlaufende Induktionswelle, die wir als sinusförmig verteilt voraussetzen, induziert in jeder Ständerspule eine Sinuswechselspannung mit der Netzfrequenz f_1. Die Phasenlage der Spannung entspricht der räumlichen Spulenlage. Die Spulenspannungen addieren sich geometrisch zu Strangspannungen mit dem Effektivwert

$$U_{qStr1} = 4{,}44 \cdot f_1 \cdot N_1 \cdot \xi_1 \cdot \Phi_{Dmax} \tag{5.3}$$

In den drei um 120° versetzten Wicklungssträngen wird daher ein symmetrisches Dreiphasen-Spannungssystem induziert, das, wie beim Drehstromtransformator, den angelegten Netzspannungen das Gleichgewicht hält.

Läuferwicklung

Wir betrachten einen zweipoligen Schleifringläufermotor.

Das Drehfeld rotiert mit der Drehzahl $n_D = f_1$, seine Winkelgeschwindigkeit ist $\Omega_1 = 2 \cdot \pi \cdot n_D$.

Der Läufer möge mit der Drehzahl $n < n_D$ in Drehfeldrichtung rotieren, seine Winkelgeschwindigkeit ist dann $\Omega_2 = 2 \cdot \pi \cdot n$.

Das Drehfeld läuft mit der relativen Winkelgeschwindigkeit $\Omega_{rel} = \Omega_1 - \Omega_2$ über den Läuferumfang. Der Quotient $s = (\Omega_1 - \Omega_2) / \Omega_1$ ist identisch mit dem *Schlupf*

$$s = (n_D - n) / n_D \tag{5.4}$$

Daher gilt $\Omega_{rel} = s \cdot \Omega_1$ und entsprechend (5.4) für die Drehzahl des Läufers

$$n = n_D \cdot (1 - s) \tag{5.4a}$$

In einem Läuferstab der Länge l_i an der Stelle x wird zur Zeit t die Spannung induziert

$u_{qSt}(x,t) = B_L(x,t) \cdot l_i \cdot v_{rel}$ [siehe auch Kapitel 2, Gleichung (2.3)].

Zur Spannungserzeugung trägt nur die Relativgeschwindigkeit $v_{rel} = \Omega_{rel} \cdot R$ zwischen Drehfeld und Läufer bei.

Die Induktion an der Stelle x des Läufers ändert sich zeitlich nach der Funktion

$B_L(x,t) = B_{max} \cdot \cos(\omega_{rel} t - x)$.

Da die Maschine zweipolig ist, gilt $\omega_1 = \Omega_1$ und $\omega_2 = \Omega_2$, so daß $\omega_{rel} = s \cdot \omega_1$ ist.

Setzt man $\omega_{rel} = s \cdot \omega_1$ in den Ausdruck für $u_{qSt}(x,t)$ ein, so wird

$u_{qSt}(x,t) = B_{max} \cdot l_i \cdot R \cdot \cos(\omega_{rel} t - x) \cdot s \cdot \omega_1$.

Aus $\omega_{rel} = s \cdot \omega_1$ folgt, daß die induzierte Läuferfrequenz (*Schlupffrequenz*)

$$f_2 = s \cdot f_1 \tag{5.5}$$

ist. Die induzierte Läuferfrequenz f_2 ist dem Schlupf proportional (Bild 5-8).

Die induzierte Spannung eines Läuferstranges ist analog zur induzierten Ständerspannung $U_{qStr2} = 4{,}44 \cdot N_2 \cdot \xi_2 \cdot \Phi_{Dmax} \cdot f_2$. Das heißt

$$U_{qStr2} = 4{,}44 \cdot N_2 \cdot \xi_2 \cdot \Phi_{Dmax} \cdot s \cdot f_1 \tag{5.6}$$

Die induzierte Läuferspannung ist dem Schlupf proportional (Bild 5-8).

Bei gleichen Zonenfaktoren $\xi_1 = \xi_2$ ist das Verhältnis der induzierten Strangspannungen:

$$\frac{U_{q2}}{U_{q1}} = \frac{N_2}{N_1} \cdot s.$$

Bei konstantem Schlupf verhalten sich die induzierten Spannungen von Ständer und Läuferwicklung wie die zugehörigen Windungszahlen. Es gilt also

$$U_{q2} = U_{q1} \cdot \frac{N_2}{N_1} \cdot s \tag{5.7}$$

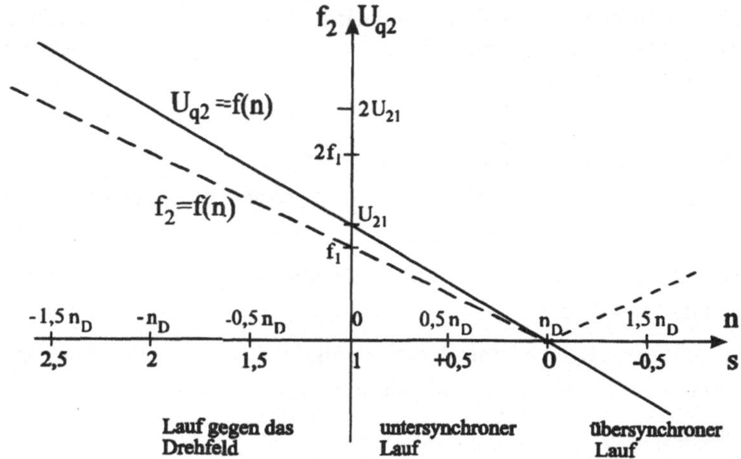

Bild 5-8: Induzierte Läuferspannung, Effektivwert und Frequenz als Funktion der Drehzahl bzw. des Schlupfes. Ständerspannung und Ständerfrequenz konstant.

Der Schlupf der Asynchronmaschine stellt sich entsprechend dem Betriebszustand (Stillstand, idealer Leerlauf, Motorbetrieb, Generatorbetrieb, Gegenstrombremsung) ein.

Stillstand, Transformatorbetrieb:

$n = 0$; $s = 1$; $U_{q2} = U_{21}$: Läufer-Stillstandsspannung

$$U_{21} = \frac{N_2}{N_1} \cdot U_{q1}; \quad f_{21} = f_1.$$

Die Asynchronmaschine im Stillstand verhält sich wie ein Drehstrom-Transformator. Die Sekundärspannung kann an den Schleifringen abgenommen werden.

Synchronlauf, idealer Leerlauf:

$n = n_D$; $s = 0$; $U_{q2} = 0$; $f_2 = 0$.

Da die Relativgeschwindigkeit Drehfeld-Läufer Null ist, wird im Läufer keine Spannung induziert. Dieser Zustand ist nur der Fall, wenn die Reibungsverluste und Läufer-Kupferverluste durch leichten Antrieb des Läufers ausgeglichen werden.

Untersynchroner Lauf, Motorbetrieb:

$0 < n < n_D$; $0 < s < 1$; $0 < U_{q2} < U_{21}$; $0 < f_2 < f_1$.

Der Läufer wird durch die Arbeitsmaschine mechanisch belastet.

Beispiel

$n_D = 1500\,\text{min}^{-1}$; $n = 1350\,\text{min}^{-1}$; $U_{q1} = 380\,\text{V}$; $U_{21} = 200\,\text{V}$; $f_1 = 50\,\text{Hz}$; $s = \frac{1500 - 1350}{1500} = 0{,}1$;

$U_{q2} = 0{,}1 \cdot U_{21}$; $U_{q2} = 20\,\text{V}$; $f_2 = 0{,}1 \cdot f_1 = 5\,\text{Hz}$.

Übersynchroner Lauf, Generatorbetrieb:

$n > n_D$; $s < 0$, negativer Schlupf.

Der Läufer wird mechanisch angetrieben.

Beispiel

$n_D = 1500\,\text{min}^{-1}$; $n = 3000\,\text{min}^{-1}$; $U_{q1} = 380\,\text{V}$; $U_{21} = 200\,\text{V}$; $f_1 = 50\,\text{Hz}$;

$s = \frac{1500 - 3000}{1500} = -1$; $U_{q2} = -1 \cdot U_{21}$; $U_{q2} = -200\,\text{V}$ (Phasenumkehr); $f_2 = 1 \cdot f_1 = 50\,\text{Hz}$.

Anwendung: Übersynchrone Senkbremsung bei Hebezeugantrieben. Einhängende Last erhöht die Läuferdrehzahl und treibt die Maschine an.

Lauf gegen das Drehfeld, Gegenstrombremsung:

$n < 0$; $s > 1$; $U_{q2} > U_{21}$; $f_2 > f_1$.

Vertauschen zweier Motoranschlüsse bremst Asynchronmaschine mit gekuppelter Schwungmasse stark ab.

Beispiel

$n_D = 1500\,\text{min}^{-1}$; $n = -750\,\text{min}^{-1}$; $U_{q1} = 380\,\text{V}$; $U_{21} = 200\,\text{V}$; $f_1 = 50\,\text{Hz}$;

$s = \frac{1500 - (-750)}{1500} = 1{,}5$; $U_{q2} = 1{,}5 \cdot U_{21}$; $U_{q2} = 300\,\text{V}$; $f_2 = 1{,}5 \cdot f_1 = 75\,\text{Hz}$.

Ergebnis: Die Asynchronmaschine ist ein Frequenzwandler. Läuferfrequenz und Läuferspannung sind drehzahlabhängig.

5.2.4 Betriebsverhalten bei Belastung

Läuferdrehfeld

Wird bei einem Schleifringläufer die Läuferwicklung an den Schleifringen über Kurzschlußbrücken oder Widerstände belastet, so treiben die induzierten Spannungen durch die Läuferwicklung Ströme, die ein symmetrisches Drehstromsystem mit Schlupffrequenz darstellen. Die drei magnetischen Wechselfelder der Ströme setzen sich im Luftspalt zu einem Läuferdrehfeld zusammen. Diese Drehdurchflutung rotiert relativ zum Läufer mit $s \cdot \omega_1 = \omega_1 - \omega_2$.

Da der Läufer selbst mit der Drehzahl n, d.h. mit ω_2 rotiert, hat die Drehdurchflutung des Läufers relativ zum Ständer die Winkelgeschwindigkeit $\omega_2 + s \cdot \omega_1 = \omega_2 + \omega_1 - \omega_2 = \omega_1$.

Ergebnis: Die Läufer-Drehdurchflutung rotiert ebenso wie die Ständer-Drehdurchflutung mit synchroner Drehzahl.

Wie bei einem Transformator überlagern sich beide Durchflutungen im Luftspalt, das resultierende Feld erzeugt die mit ω_1 rotierende Induktionswelle $B_L(x,t) = B_{max} \cdot \cos(\omega_1 t - x)$.

Wie die Meßergebnisse zeigen, nimmt mit steigendem Läuferstrom I_2 auch der Ständerstrom I_1 zu und zwar so, daß das resultierende Drehfeld und die Induktionswelle gleichbleiben.

Das bedeutet: Bei der Asynchronmaschine herrscht wie beim Transformator Durchflutungsgleichgewicht. Die Luftspaltinduktion hat auch bei belasteter Maschine konstante Amplitude und rotiert mit synchroner Drehzahl, unabhängig von der Läuferdrehzahl.

Da der Läuferstrom nur über die Drehdurchflutung auf den Ständerstrom einwirkt, ist auf der Ständerseite die Schlupffrequenz nicht feststellbar. Der Strom I_2 mit Schlupffrequenz f_2 wird übersetzt in einen *netzfrequenten Zusatzstrom* $I_2' = I_2 \cdot N_2 / N_1$, wobei N_2 und N_1 die Windungszahlen je Strang auf der Läufer- bzw. Ständerseite sind. Bei Leerlauf (Läuferkreis offen oder $n_2 = n_D$) ist der Zusatzstrom Null, auf der Ständerseite fließt nur der Leerlaufstrom $\underline{I}_{10}$.

Bei geschlossenem Läuferkreis und mechanischer Last nimmt der Schlupf zu, weil die induzierte Läuferspannung steigt. Damit nimmt auch der Läuferstrom $\underline{I}_2$ zu. Nach dem Satz vom Durchflutungsgleichgewicht gilt: $\underline{I}_1 \cdot N_1 - \underline{I}_2 \cdot N_2 = \underline{I}_{10} \cdot N_1$

$\underline{I}_1 - \underline{I}_2 \cdot N_2 / N_1 = \underline{I}_{10} \quad \Rightarrow \quad \underline{I}_1 - \underline{I}_2' = \underline{I}_{10}$. **Daraus folgt**

$$\underline{I}_1 = \underline{I}_{10} + \underline{I}_2' \qquad (5.8)$$

Aus Gleichung (5.8) erkennt man, daß die Strangdurchflutung $\underline{I}_{10} \cdot N_1$, die mit den Durchflutungen der beiden anderen Stränge die Luftspaltinduktion B_L des Drehfeldes erzeugt, unabhängig von der Last ist. In Ergänzung dazu zeigt Gleichung (5.8), daß der Ständerstrom mit dem Läuferstrom steigt, in der Art, daß der Zusatzstrom $\underline{I}_2'$ sich geometrisch zu dem Leerlaufstrom $\underline{I}_{10}$ addiert.

Drehmoment und Leistung

Aus dem Netz, das die Spannung U_1 je Strang mit der Frequenz f_1 liefert, nimmt die Asynchronmaschine die Wirkleistung $P_1 = 3 \cdot U_1 \cdot I_1 \cdot \cos\varphi_1$ auf. Im Ständer geht ein kleiner Teil von P_1 als Wärme verloren, und zwar als Eisenverluste P_{Fe1} und als Kupferverluste in der Ständerwicklung: $P_{Cu1} = 3 \cdot I_1^2 \cdot R_{Str1}$.

Durch das elektromagnetische Feld im Luftspalt wird auf den Läufer die *Drehfeldleistung*

$$P_D = P_1 - (P_{Fe1} + P_{Cu1}) \qquad (5.9)$$

übertragen. Im Luftspalt erzeugt die konstante Induktionswelle, die mit der *Synchrondrehzahl*

$$n_D = \frac{f_1}{p} \qquad (5.10)$$

umläuft, mit dem Läuferwirkstrom $I_2 \cdot \cos\varphi_2$ das zeitlich konstante *innere Drehmoment*

$$M_i = \Phi_D \cdot I_2 \cdot \cos\varphi_2 . \qquad (5.11)$$

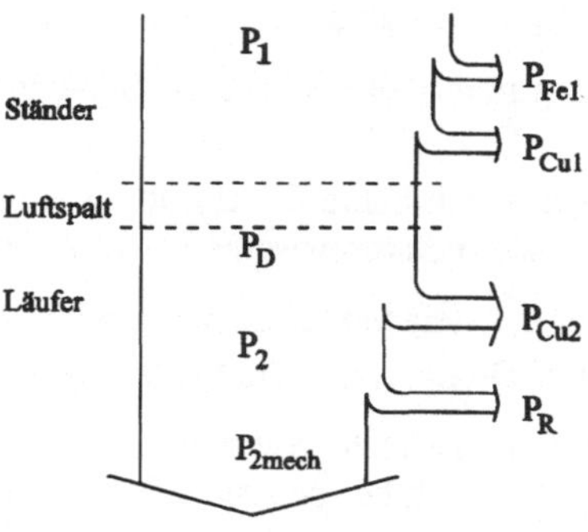

Bild 5-9: Leistungsdiagramm der Asynchronmaschine

Daher gilt auch für die Drehfeldleistung die Gleichung

$$P_D = 2 \cdot \pi \cdot n_D \cdot M_i \qquad (5.12)$$

Ein Teil der Drehfeldleistung geht in den ohmschen Widerständen des Läuferkreises als Stromwärme verloren:

$$P_{Cu2} = 3 \cdot I_2^2 \cdot R_2 \qquad (5.13)$$

Die übrige Leistung $P_2 = P_D - P_{Cu2}$ ist eine mechanische Leistung, die mit der Läuferdrehzahl abgegeben wird:

$$P_2 = 2 \cdot \pi \cdot n \cdot M_i \tag{5.14}$$

Aus der Definition des Schlupfes $s = (n_D - n) / n_D$ folgt $n = n_D \cdot (1 - s)$. Setzt man dies ein in $P_2 = 2 \cdot \pi \cdot n \cdot M_i$, so erhält man

$$P_2 = P_D \cdot (1 - s) \tag{5.15}$$

Ein kleiner Teil von P_2 wird zur Überwindung des Reibungsmomentes verbraucht:

$$P_R = 2 \cdot \pi \cdot n \cdot M_R \tag{5.16}$$

An der Kupplung steht schließlich die mechanische Leistung

$$P_{2mech} = 2 \cdot \pi \cdot n \cdot M \tag{5.17}$$

zur Verfügung, wobei $M = M_i - M_R$ ist.

Auch die Läuferverlustleistung P_{Cu2} läßt sich in Abhängigkeit vom Schlupf ausdrücken:

$$P_2 = P_D - P_{Cu2} \Rightarrow P_{Cu2} = P_D - P_2 \Rightarrow P_{Cu2} = P_D - P_D \cdot (1 - s)$$

$$P_{Cu2} = P_D \cdot s \tag{5.18}$$

Die an der Welle belastete Asychronmaschine verhält sich wie eine Reibungskupplung, die Verlustleistung (Wärme) ist dem Schlupf zwischen Antriebs- und Abtriebsteil proportional.

Für die meisten Anwendungsfälle kann man die Näherung $P_R \approx$ konstant benutzen. Man faßt dann P_R mit P_{Fe1} zusammen zu P_{FeR} auf der Ständerseite. Dann vereinfacht sich auf der Läuferseite $P_{2mech} = P_2$, d.h. $P_{2mech} = P_D \cdot (1 - s)$.

5.2.5 Ersatzschaltbild

Ständerseite

Wegen Symmetrie von Aufbau, Netzspannung und Belastung genügt das Ersatzschaltbild eines Stranges. Es entspricht dem Transformator-Ersatzschaltbild für die Primärseite, wobei alle Werte Strangwerte sind.

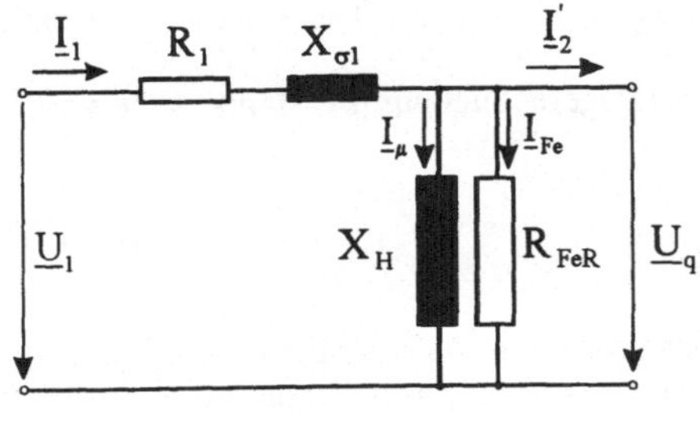

Bild 5-10:
Ersatzschaltbild eines Stranges der Asynchronmaschine, Ständerseite
U_1 : Netzspannung
U_{q1} : In der Ständerwicklung induzierte Spannung
I_μ : Magnetisierungsstrom
I_{FeR} : Strom für Eisen- und Reibungsverluste
I_2' : Übersetzter Läuferstrom
I_1 : Gesamtstrom eines Stranges

Im Ersatzschaltbild der Ständerseite sind abgebildet:

- der Hauptfluß Φ_D des Drehfeldes durch den induktiven Widerstand X_H,
- der Streufluß $\Phi_{\sigma 1}$ eines Stranges durch den induktiven Streublindwiderstand $X_{\sigma 1}$,

- **die Eisen- und Reibungsverluste durch den ohmschen Widerstand R_{FeR},**
- **die Stromwärmeverluste eines Stranges durch den ohmschen Widerstand R_1.**

Läuferseite (Schleifringläufer)

Der Läuferkreis ist in Stern geschaltet und über die Schleifringe oder über die Anlaßwiderstände kurzgeschlossen.

Bei Stillstand des Läufers (s = 1) verhält sich die Asynchronmaschine wie ein Drehstrom-Transformator.

Das Drehfeld induziert je Strang die *Läuferstillstandsspannung* nach (5.7) $U_{21} = U_{q1} \cdot \frac{N_2}{N_1}$

Die Läuferstillstandsspannung U_{21} ist identisch mit der auf die Läuferseite umgerechneten induzierten Spannung U_{q1} der Ständerwicklung. Umgekehrt ist die auf die Ständerseite umgerechnete Läuferstillstandsspannung gleich der induzierten Spannung U_{q1}:

$$U'_{21} = U_{21} \cdot N_1 / N_2 = U_{q1} \tag{5.19}$$

Mit dieser Umrechnung kann die Läuferseite im Ersatzschaltbild an die Ständerseite angeschlossen werden.

Der Läuferstrom im Stillstand wird getrieben von U_{21} und begrenzt von dem ohmschen Widerstand R_2 von Wicklungsstrang und Anlaßwiderstand sowie dem induktiven Streublindwiderstand $X_{\sigma 2} = \omega_2 \cdot L_{\sigma 2}$, so daß gilt $\underline{I}_{21} = \frac{\underline{U}_{21}}{R_2 + jX_{\sigma 2}}$. Die Umrechnung des Läuferstromes auf die Ständerseite ergibt

$$\underline{I}'_{21} = \frac{\underline{U}'_{21}}{R'_2 + jX'_{\sigma 2}} \tag{5.20}$$

Die Widerstände R_2 und $X_{\sigma 2}$ sind auf die Ständerseite umgerechnet durch Multiplikation mit dem Faktor $\left(N_1 / N_2\right)^2$.

Bei Drehzahl n des Läufers, d.h. Schlupf $s \neq 1$, wird die im Läufer induzierte Spannung $U_{q2} = s \cdot U_{21}$. Diese Spannung hat nach (5.4) Schlupffrequenz $f_2 = s \cdot f_1$. Daher hat auch der frequenzabhängige Streublindwiderstand den Wert $\omega_2 \cdot L_{\sigma 2} = s \cdot X_{\sigma 2}$. Der Läuferstrom hat demnach bei Schlupf s den Wert $\underline{I}_2 = \frac{s \cdot \underline{U}_{21}}{R_2 + j\, s \cdot X_{\sigma 2}}$. Umgerechnet auf die Ständerseite wird

$$\underline{I}'_2 = \frac{s \cdot \underline{U}'_{21}}{R'_2 + j\, s \cdot X'_{\sigma 2}} \tag{5.21a}$$

Man beachte, daß Spannung und Strom Schlupffrequenz haben, so daß das Ersatzschaltbild in dieser Form (Bild 5.11a) nicht mit dem Ersatzschaltbild der Ständerseite kombiniert werden kann.

Wenn man aber Zähler und Nenner der Gleichung (5.21a) durch s dividiert, erhält man

$$\underline{I}'_2 = \frac{\underline{U}'_{21}}{R'_2 / s + j \cdot X'_{\sigma 2}} \tag{5.21b}$$

Mit dieser *netzfrequenten Ersatzgröße* macht sich der Läuferstrom auf der Ständerseite bemerkbar. Das Ersatzschaltbild des Läuferkreises ist in Bild 5-11b dargestellt.

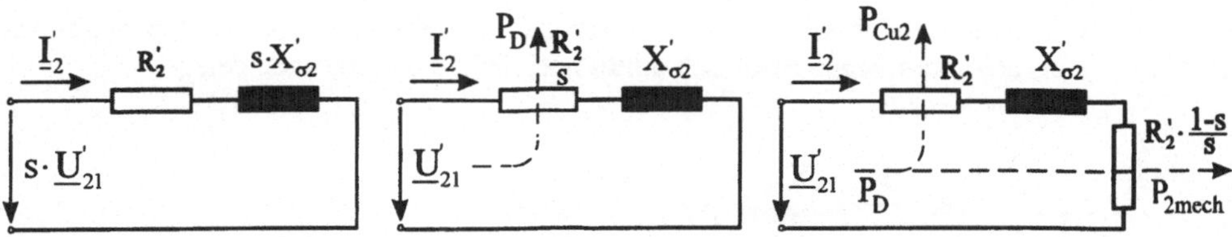

Bild 5-11: Ersatzschaltbild des Läuferkreises einer Asynchronmaschine, Daten auf Ständerseite bezogen
a) mit Schlupffrequenz b) auf Netzfrequenz umgerechnet c) Elektrische und mechanische Leistung in getrennten Bauelementen

Im Widerstand R_2' wird die Verlustleistung $I_2'^2 \cdot R_2' = \frac{1}{3} \cdot P_{Cu2}$ umgesetzt. Durch s dividiert:

Im Widerstand $\frac{R_2'}{s}$ wird $I_2'^2 \cdot \frac{R_2'}{s} = \frac{1}{3} \cdot \frac{P_{Cu2}}{s}$ umgesetzt. Da $P_{Cu2} = s \cdot P_D$ ist, folgt: In $\frac{R_2'}{s}$ wird ein Drittel der Drehfeldleistung P_D umgesetzt (Bild 5-11b). Wir teilen $\frac{R_2'}{s}$ auf:

$\frac{R_2'}{s} = R_2' + R_2' \cdot \frac{1-s}{s}$. Daraus ergibt sich:

In $R_2' \cdot \frac{1-s}{s}$ wird die Differenz $\frac{1}{3} \cdot (P_D - P_{Cu2})$, also ein Drittel der mechanischen Leistung $P_{2\,mech} = 2 \cdot \pi \cdot n \cdot M$ umgesetzt. Der Widerstand R_2' steht für die Läufer-Stromwärmeverluste. Das elektrische Ersatzschaltbild stellt also mit Hilfe ohmscher Ersatzwiderstände auch mechanische Leistungen dar ($P_{2\,mech}$, P_R).

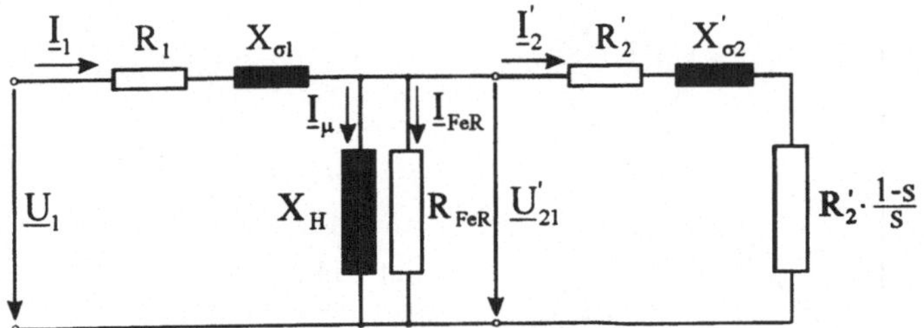

Bild 5-12: Vollständiges Ersatzschaltbild einer Asynchronmaschine, je ein Strang von Ständer und Läufer. Läuferdaten auf Ständerseite umgerechnet.

Die Eingangsspannung U_{21}' des Läuferkreis-Ersatzschaltbildes nach Bild 5-11 stimmt in Betrag und Frequenz mit der Ausgangsspannung U_{q1} des Ständerkreis-Ersatzschaltbildes nach Bild 5-10 überein, so daß beide zu einem gemeinsamen Ersatzschaltbild nach Bild 5-12 zusammengefaßt werden können.

Dies vollständige Ersatzschaltbild kann man noch durch Verlegen des Querzweiges an die Eingangsklemmen vereinfachen (Bild 5-13). Der Fehler ist sehr gering, weil die Quer-

widerstände R_{FeR} und X_H sehr viel größer sind als die Längswiderstände R_1 und $X_{\sigma 1}$. Deshalb ist auch die Spannung $I_1 \cdot (R_1 + jX_{\sigma 1})$ sehr viel kleiner als U_{q1} bzw. U'_{21}, und es gilt $U_{q1} \approx U_1$, vorausgesetzt, daß $U_1 = U_{1N}$ ist. Durch die Verlegung wird die Auswertung des Ersatzschaltbildes im *Betriebskreis* wesentlich vereinfacht. Für die folgenden Überlegungen wird daher stets das vereinfachte Ersatzschaltbild nach Bild 5-13 zugrunde gelegt.

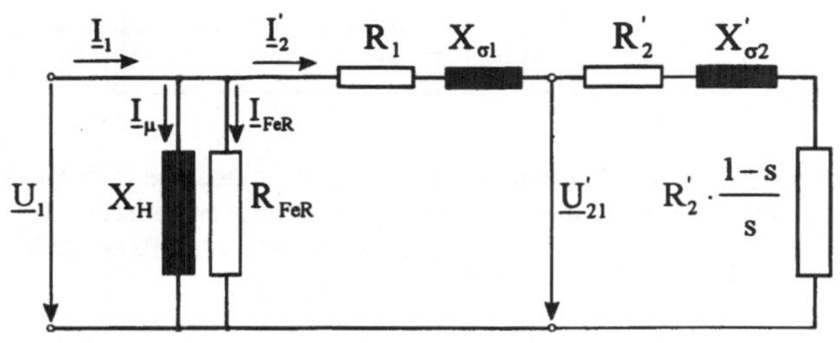

Bild 5-13:
Vereinfachtes Ersatzschaltbild einer Asynchronmaschine, je ein Strang, Ständer und Läufer.
Läuferdaten auf Ständerseite umgerechnet.

5.2.6 Der vereinfachte Betriebskreis

Herleitung der Läuferstrom-Ortskurve

Gegeben: $U'_{21} = \text{konst.}$; $f_1 = \text{konst.}$; gesucht: Ortskurve $\underline{I}'_2 = f(s)$.

Aus der Spannungsgleichung $\underline{U}'_{21} = \underline{I}'_2 \cdot \frac{R'_2}{s} + \underline{I}'_2 \cdot jX'_{\sigma 2}$ ergibt sich die *Spannungsortskurve* des Läuferkreises (Bild 5-14), d.h. der geometrische Ort für die Spitze des Zeigers der Spannung an R'_2 / s als Funktion des Schlupfes. Die Ortskurve ist ein Halbkreis (Thaleskreis) über $\underline{U}'_{21}$, denn beide Teilspannungen von $\underline{U}'_{21}$ stehen senkrecht aufeinander und addieren sich zu einer konstanten Größe.

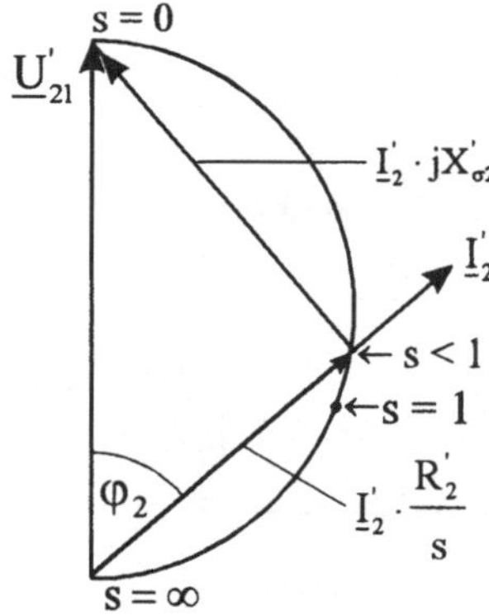

Bild 5-14:
Spannungs-Ortskurve für den Läufer der Asynchronmaschine

Dividieren wir die Spannungsgleichung durch $jX'_{\sigma 2}$, so erhalten wir die Gleichung für die *Stromortskurve* des Läuferkreises: $\frac{\underline{U}'_{21}}{jX'_{\sigma 2}} = \underline{I}'_2 \cdot \frac{R'_2}{jX'_{\sigma 2}} + \underline{I}'_2$.

Da die beiden Stromanteile senkrecht aufeinander stehen und sich zu der konstanten Größe $U'_{21} / X'_{\sigma 2}$ (Durchmesser) ergänzen, ist die Stromortskurve (Bild 5-15) ebenfalls ein Halbkreis. Der Punkt mit s = 0 heißt *Leerlaufpunkt* P_0. Für ihn gilt $1/s = \infty$ und daher $\underline{I}'_2 = 0$.

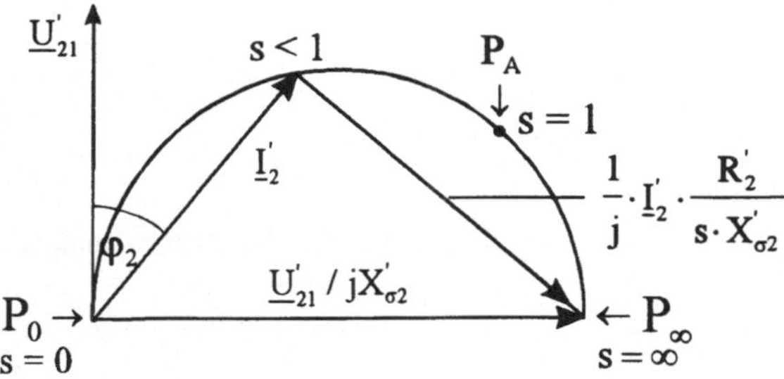

Bild 5-15: Stromortskurve für den Läufer der Asynchronmaschine (Schleifringläufer)

Der Punkt mit $s = \infty$ wird *ideeller Kurzschlußpunkt* P_∞ genannt. Er wird im praktischen Betrieb nie erreicht. Der Punkt mit s = 1 ist der *Anlaufpunkt* P_A.

Graphische Schlupfbestimmung mittels Widerstandsdreieck

Für einen gegebenen Schlupfwert kann man den zugehörigen Läuferstrom auf der Stromortskurve des Läufers graphisch mit Hilfe des Widerstandsdreiecks bestimmen.

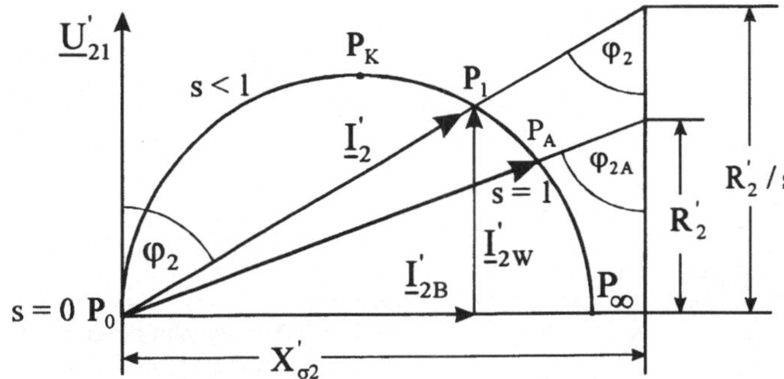

Bild 5-16: Graphische Bestimmung des zu einem gegebenen Schlupf gehörenden Punktes auf der Läufer-Stromortskurve mittels Widerstandsdreieck

Aus dem Spannungs-Zeigerbild (Bild 5-14) erhält man $\tan \varphi_2 = \dfrac{I'_2 \cdot X'_{\sigma 2}}{I'_2 \cdot R'_2 / s} = \dfrac{X'_{\sigma 2}}{R'_2 / s}$. Bei s = 1 gilt entsprechend $\tan \varphi_{2A} = X'_{\sigma 2} / R'_2$. Von P_0 wird $X'_{\sigma 2}$ waagerecht mit beliebigem Maßstab aufgetragen, vom Endpunkt nach oben R'_2 / s. Die Hypothenuse des Widerstandsdreiecks schneidet die Stromortskurve im Punkt P_1, dem der zu R'_2/s gehörende Schlupf zugeordnet wird (Bild 5-16). Das Verfahren ist sehr geeignet für die Festlegung des Anlaufpunktes bzw. Anlaufstromes. Für die Arbeitspunktbestimmung im Motorbetrieb ist es jedoch zu ungenau. Da hier die Schlupfwerte sehr klein sind (s < 0,1), d.h. die Arbeitspunkte nahe P_0 liegen, verlaufen Widerstandsgerade und Ortskurve im Schnittbereich fast parallel, so daß schleifende Schnitte entstehen. Daher zieht man zur Drehzahlbestimmung in der Praxis das Verfahren der Schlupfgeraden vor, das im nächsten Abschnitt besprochen wird.

Wirkstrom und Drehmoment

Der Läufer-Wirkstrom ist die Komponente des Stromes I_2' in Spannungsrichtung, also $I_{2w}' = I_2' \cdot \cos\varphi_2$ oder die Senkrechte unter dem Arbeitspunkt P_1. Das innere Drehmoment ist proportional der Drehfeldleistung. Aus dem vereinfachten Ersatzschaltbild folgt $M = M_i$, so daß gilt

$$M = \frac{P_D}{2 \cdot \pi \cdot n_D} \tag{5.22}$$

Die Drehfeldleistung $P_D = 3 \cdot I_2'^2 \cdot \frac{R_2'}{s}$ kann auch durch den Läufer-Wirkstrom ausgedrückt werden:

$$P_D = 3 \cdot U_{21}' \cdot I_{2w}' \tag{5.23}$$

Daraus folgt

$$M = \frac{3 \cdot U_{21}'}{2 \cdot \pi \cdot n_D} \cdot I_{2w}' \tag{5.24}$$

Das innere Drehmoment ist proportional dem Läufer-Wirkstrom. Es kann graphisch aus der Ortskurve abgegriffen werden. Da zu jedem Punkt der Ortskurve auch der Schlupf s graphisch bestimmt werden kann, läßt sich die Drehmoment-Drehzahl-Kennlinie $M = f(n)$ der Drehstrom-Asynchronmaschine Punkt für Punkt graphisch ermitteln. Auf die gleiche Weise läßt sich die Strom-Drehzahl- Kennlinie $I_2' = f(n)$ punktweise ermitteln (Bild 5-17).

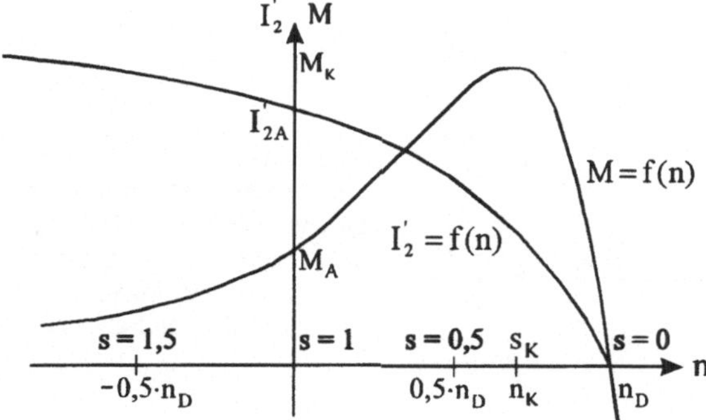

Bild 5-17:
Kennlinien der Asynchronmaschine: Drehmoment und Läuferstrom als Funktion der Drehzahl

Die Drehmoment-Kennlinie hat ein ausgeprägtes Maximum, das *Kippmoment* M_K bei der Kippdrehzahl n_K bzw. dem *Kippschlupf* s_K. Der Kippunkt auf der Ortskurve ist P_K. Das Anlaufmoment ist erheblich kleiner als das Kippmoment. Dagegen nimmt der Läuferstrom stetig mit dem Schlupf zu, allerdings geringer als proportional. Der Anlaufstrom ist daher höher als der Strom im Kippunkt, er beträgt das Vier- bis Sechsfache des Nennstromes.

Einfluß des Läufervorwiderstandes auf die Kennlinie M = f (n)

Erhöhen wir R_2' um R_{2V}', den umgerechneten Vorwiderstand im Läuferkreis, so bleibt der Kreisdurchmesser und damit das Kippmoment gleich, aber der Anlaufpunkt P_{AV} mit s = 1 verschiebt sich in Richtung P_0 (Bild 5-18).

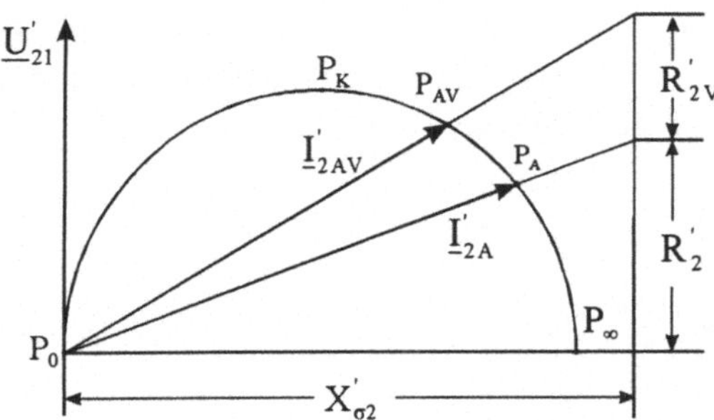

Bild 5-18: Einfluß des Läufervorwiderstandes R'_{2V} auf den Anlaufvorgang. Der Anlaufpunkt verschiebt sich von P_A nach P_{AV}.

P_{AV} rückt an den Kippunkt P_K heran, kann mit ihm zusammenfallen oder sogar links von P_K liegen. Das bedeutet umgekehrt, daß mit steigendem R'_{2V} der Kippunkt sich zu höheren Schlupfwerten hin verschiebt. Die Kennlinie M = f (n) wird auseinandergezerrt (Bild 5-19).

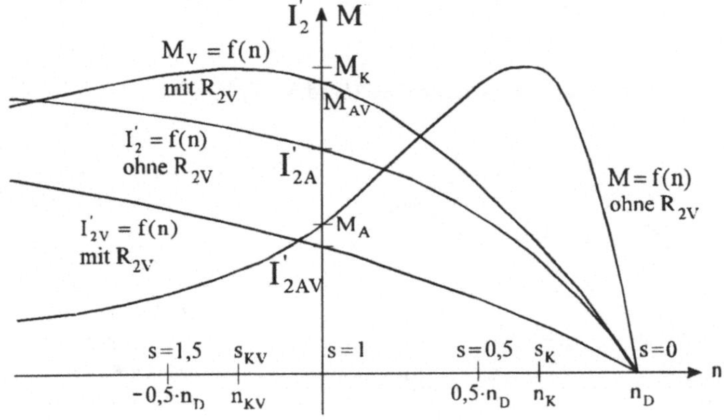

Bild 5-19: Drehmoment und Läuferstrom als Funktion der Drehzahl - ohne und mit Läufervorwiderstand (Index V) für Motorbetrieb (1.Quadrant) und Gegenstrombremsung (2. Quadrant)

Das gleiche gilt für $I'_2 = f(n)$, denn der Anlaufstrom I'_{2A} wird durch R'_{2V} verkleinert, der Strom bei $s = \infty$ jedoch nicht . Das Anlaufmoment M_A steigt mit R'_{2V} an , solange P_{AV} rechts vom Scheitel der Ortskurve liegt, weil der Wirkstrom größer wird, obwohl I'_2 abnimmt.

Stromortskurve für Läufer und Ständer: Betriebskreis

Wenn die Stromortskurve außer dem Läuferstrom auch den Ständerstrom enthalten soll, ist die Ortskurve des Läufers wie folgt zu ergänzen bzw. zu ändern:

1) Zu $\underline{I}'_2$ wird $\underline{I}_{10}$ geometrisch addiert: $\underline{I}'_2 + \underline{I}_{10} = \underline{I}_1$. Der Anfang des Spannungszeigers ($\underline{U}_1$ statt $\underline{U}'_{21}$) wird v on P_0 an den Anfang von $\underline{I}_{10}$ verschoben.

2) Wir fassen $X_{\sigma 1}$ und $X'_{\sigma 2}$ zu X_σ zusammen, R'_2 / s wird um R_1 ergänzt. Dadurch ändert sich das Widerstandsdreieck und P_A rückt nach oben. Auch P_∞ rückt nach oben, weil bei $s = \infty$ der Widerstand $R_1 > 0$ übrig bleibt.

Die daraus resultierende Ortskurve ist der *vereinfachte Betriebskreis* (Bild 5-20). Für ihn gelten die Voraussetzungen: U_1 = konst.; f_1 = konst. Die eingetragenen Ströme, Spannungen und Widerstände sind Strangwerte und auf die Ständerseite bezogen.

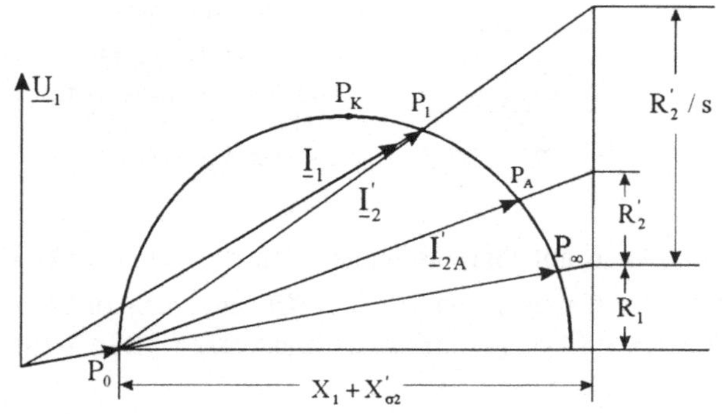

Bild 5-20: Vereinfachter Betriebskreis einer Asynchronmaschine ($R_{2V}' = 0$)

Konstruktion des vereinfachten Betriebskreises (Bild 5-21)

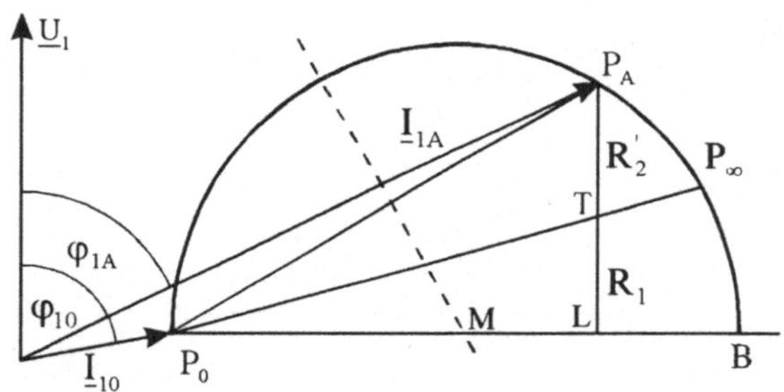

Bild 5-21: Konstruktion des vereinfachten Betriebskreises

1) Leerlaufpunkt P_0:

Es wird ein Leerlaufversuch mit $U_{10} = U_{1N}$ und $f_1 = f_N$ durchgeführt. Gemessen werden die Strangwerte U_{10} und I_{10} sowie die Systemleistung P_{10}. Errechnet wird der Leistungsfaktor $\cos\varphi_{10} = \dfrac{P_{10}}{3 \cdot U_{10} \cdot I_{10}} \Rightarrow \varphi_{10}$. Der *Strommaßstab* für das Diagramm wird frei gewählt:

$$a = \frac{I}{1} / \frac{A}{cm} \tag{5.25}$$

Der Anfangspunkt 0 für $\underline{U}_1$ und $\underline{I}_1$ wird links unten auf dem Blatt gewählt. Bei Drehfeldmaschinen ist es üblich, die positive reelle Achse senkrecht nach oben zu legen, daher wird $\underline{U}_1$ von 0 aus beliebig lang senkrecht nach oben gezeichnet, danach $l_{10} = \overline{OP_0} = \dfrac{I_{10}}{a}$ um φ_{10} gegen $\underline{U}_1$ nacheilend. Damit liegt P_0 fest.

2) Anlaufpunkt P_A:

Bei kurzgeschlossenem Läufer wird ein Anlaufversuch durchgeführt, mit verminderter Spannung $U_{1A}^* < U_{1N}$, so daß $I_{1A}^* = I_{1N}$ ist.

Gemessen werden: U^*_{1A}, I^*_{1A} je Strang und P^*_{1A}. Errechnet werden: I_{1A} bei $U_{1A} = U_{1N}$;

$$I_{1A} = I^*_{1A} \cdot \frac{U_{1N}}{U^*_{1A}}; \cos\varphi_{1A} = \cos\varphi^*_{1A} = \frac{P^*_{1A}}{3 \cdot U^*_{1A} \cdot I^*_{1A}} \Rightarrow \varphi_{1A}$$

Gezeichnet wird von 0 aus: $l_{1A} = \overline{OP_A} = \frac{I_{1A}}{a}$, um φ_{1A} gegen U_1 nacheilend.

3) Konstruktion des Kreismittelpunktes:

P_0 und P_A sind zu verbinden. Auf $\overline{P_0P_A}$ ist die Mittelsenkrechte zu errichten. Eine waagerechte Gerade durch P_0 schneidet die Mittelsenkrechte im Kreismittelpunkt M. Der Kreis um M mit $\overline{MP_0} = \overline{MP_A}$ als Radius ist der vereinfachte Betriebskreis (Bild 5-21).

Der Kreisdurchmesser ist $\overline{P_0B} = \frac{U_1}{X_\sigma}$ analog zu $\overline{P_0B} = \frac{U'_{21}}{X'_{\sigma 2}}$.

4) Konstruktion des ideellen Kurzschlußpunktes

Von P_A ist das Lot auf die Waagerechte $\overline{P_0B}$ zu fällen. Der Schnittpunkt wird mit L bezeichnet. Die Ordinate $\overline{LP_A}$ ist im Verhältnis der Widerstände $R_1 : R'_2$ zu teilen. Der Teilpunkt sei T. Dann muß gelten $\overline{LT} = \overline{TP_A} = R_1 : R'_2$. Von P_0 aus ist eine Gerade durch T zu ziehen, sie schneidet den Kreis im Punkt P_∞. Dies folgt aus der Tatsache, daß das Dreieck $P_0 - P_A - L$ das Widerstandsdreieck ist.

Auswertung

Wenn der Betriebskreis wie oben angegeben mit dem Strommaßstab a konstruiert ist, lassen sich zahlenmäßig außer den Strömen auch Leistungen, Drehmoment und Drehzahl entnehmen. Man muß nur, ausgehend vom Strommaßstab, die entsprechenden Strecken mit den zugehörigen Maßstäben multiplizieren (Bild 5-22).

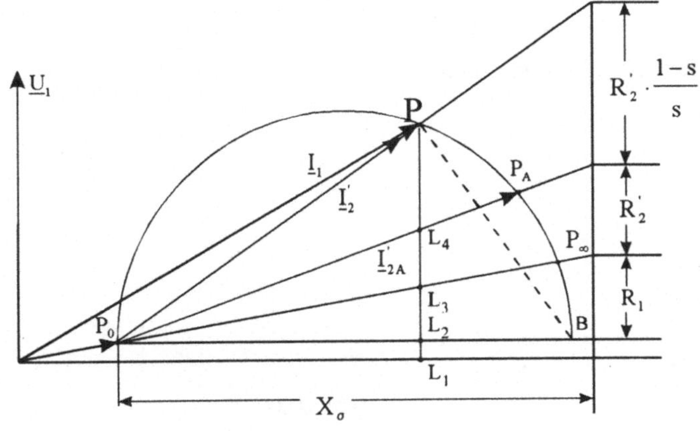

Bild 5-22: Strecken für Leistungen und Drehmoment auf dem Betriebskreis bei Motorbetrieb

1) Leistungsmaßstab

Die Scheinleistung $S = 3 \cdot U_1 \cdot I$ wird mit $I = a \cdot l_1$ zu $S = 3 \cdot U_1 \cdot a \cdot l_1$ bzw. $S = b \cdot l_1$.

Der Leistungsmaßstab $b = S / l_1$ ist also

$$b = 3 \cdot U_1 \cdot a / \frac{W}{cm} \tag{5.26}$$

2) Drehmomentmaßstab:

Setzt man in die Gleichung (5.22) $M = P_D / 2 \cdot \pi \cdot n_D$ für die Drehfeldleistung $P_D = b \cdot l_{PD}$ mit dem Leistungsmaßstab $b = 3 \cdot U_1 \cdot a$ ein, so wird $M = b \cdot l_{PD} / 2 \cdot \pi \cdot n_D$.

Wenn man n_D in der Einheit s^{-1} einsetzt, ergibt sich der Drehmomentmaßstab c in der Einheit Ws/cm . Da 1 Ws = Nm ist, wird

$$c = \frac{3 \cdot U_1 \cdot a}{2 \cdot \pi \cdot n_D} / \frac{Nm}{cm} \tag{5.27}$$

Mit diesen Maßstäben lassen sich aus dem Betriebskreis (Bild 5-22) folgende Größen abgreifen: Senkrechte Strecken: Wirkstrom oder Wirkleistung; waagerechte Strecken: Blindstrom oder Blindleistung; Stromzeiger-Strecken: Strom oder Scheinleistung.

Die Linie $\overline{P_0P_A}$ ist die *Leistungslinie*. Alle Senkrechten vom Kreis bis zu dieser Linie sind proportional der abgegebenen mechanischen Leistung.

3) Aufgenommene Wirkleistung	$P_{FeR} = 3 \cdot U_1 \cdot I_{10} \cdot \cos \varphi_{10}$	$\Rightarrow$	$P_1 = b \cdot \overline{PL_1}$
4) Eisen- und Reibungsverluste	$P_1 = 3 \cdot U_1 \cdot I_1 \cdot \cos \varphi_1$	$\Rightarrow$	$P_{FeR} = b \cdot \overline{L_1L_2}$
5) Ständer-Kupferverluste	$P_{Cu1} = 3 \cdot I_2'^2 \cdot R_1$ mit $I_2' = a \cdot \overline{P_0P}$	$\Rightarrow$	$P_{Cu1} = b \cdot \overline{L_3L_2}$
6) Läufer-Kupferverluste	$P_{Cu2} = 3 \cdot I_2'^2 \cdot R_2'$	$\Rightarrow$	$P_{Cu2} = b \cdot \overline{L_4L_3}$
7) Abgegebene Leistung	$P_{2mech} = P_1 - (P_{FeR} + P_{Cu1} + P_{Cu2})$	$\Rightarrow$	$P_{2mech} = b \cdot \overline{PL_4}$
8) Drehfeldleistung	$P_D = P_{2mech} + P_{Cu2}$	$\Rightarrow$	$P_D = b \cdot \overline{PL_3}$
9) Drehmoment	$M = P_D / 2 \cdot \pi \cdot n_D$	$\Rightarrow$	$M = c \cdot \overline{PL_3}$

Die Linie $\overline{P_0P_\infty}$ ist die *Momentenlinie*. Alle Senkrechten vom Kreis bis zu dieser Linie sind proportional dem Drehmoment M.

Drehzahlbestimmung mit Hilfe der Schlupfgeraden

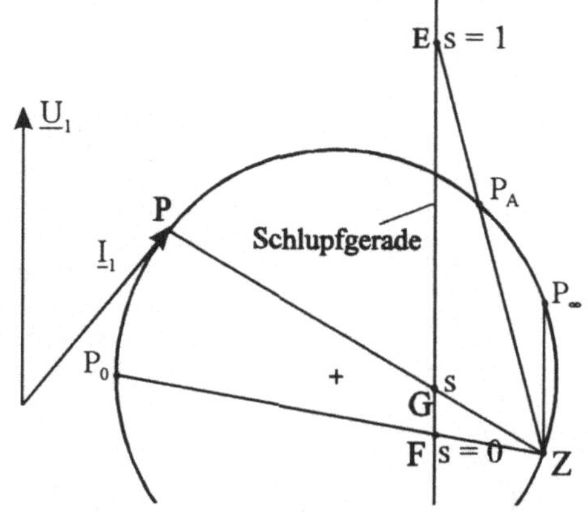

Bild 5-23: Graphische Drehzahlbestimmung mit Hilfe der Schlupfgeraden

Die Drehzahl der Asynchronmaschine $n = n_D \cdot (1 - s)$ ist eine Funktion des Schlupfes. Durch graphisches Auftragen des Schlupfes auf der *Schlupfgeraden* kann jedem Punkt des Betriebskreises eine Drehzahl zugeordnet werden (Bild 5-23).

Konstruktion der Schlupfgeraden (ohne Herleitung):

1) Von P_∞ aus Gerade schräg oder senkrecht nach unten zeichnen. Sie schneidet den Kreis in Punkt Z.

2) Von Z aus eine Gerade durch P_0 und eine Gerade durch P_A zeichnen.

3) Zu $\overline{P_\infty Z}$ ist eine Parallele zu ziehen in solchem Abstand, daß die Geraden $\overline{P_0 Z}$ und $\overline{P_A Z}$ von der Parallelen eine Strecke $\overline{EF}$ von 10 cm (5cm, 20 cm) abschneiden: Diese Parallele ist die Schlupfgerade $\overline{EF}$.

4) Dem Schnittpunkt F wird der Schlupf s = 0 zugeordnet (Gerade durch P_0 !), dem Punkt E der Schlupf s = 1 (Gerade durch P_A !).

5) Arbeitspunkt P wird mit Z verbunden, die Verbindung schneidet die Schlupfgerade in G.

Der zu P gehörige Schlupf ist dann der Quotient $s = \overline{FG} / \overline{FE}$. Bei $\overline{EF} = 10$ cm kann s mit einem Lineal mit Millimeterskala, das von F aus angelegt wird, einfach abgelesen werden.

5.2.7 Betriebsarten der Asynchronmaschine

Arbeitsbereiche auf der Ortskurve

Erweitert man die Teilung auf der Schlupfgeraden über E hinaus nach oben und über F hinaus nach unten, so läßt sich für jeden beliebigen Punkt auf dem Betriebskreis mit der Schlupfgeraden die Drehzahl bestimmen. Die festen Punkte P_0, P_A und P_∞ teilen den Umfang des Betriebskreises in drei Abschnitte ein:

1) P_0 - P_A Motorbetrieb

Beispiel: Heben einer Last (Bild 5-24)

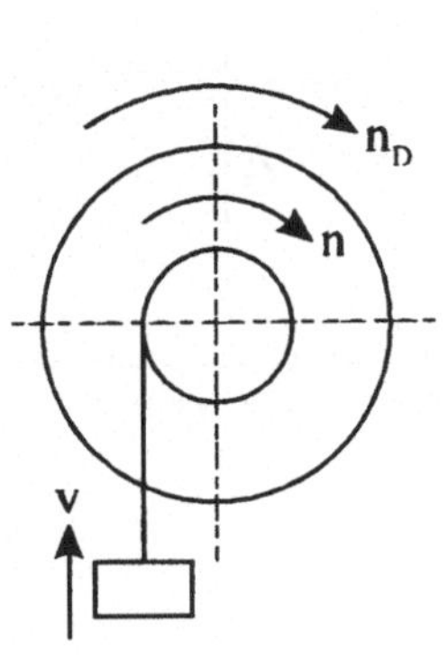

Bild 5-24: Asynchronmaschine im Motorbetrieb, Heben einer Last

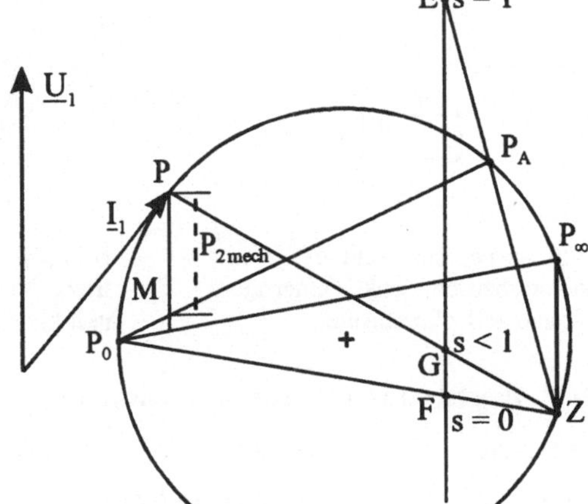

Bild 5-25: Asynchronmaschine im Motorbetrieb, Ortskurve mit Schlupfgerade, Moment M und Leistung $P_{2\,mech}$

Arbeitspunkt P liegt im oberen Teil der Ortskurve (Bild 5-25), zwischen P_0 und P_A. Schlupfbereich $0 \leq s \leq 1$; Drehzahlbereich $0 \ldots n_D$.

Drehmomentbereich M > 0, Momentenstrecke $\overline{PL_3}$ liegt oberhalb Momentenlinie $\overline{P_0 P_\infty}$.

Leistungsbereich $P_{2mech} > 0$, Leistungsstrecke $\overline{PL_4}$ liegt oberhalb Leistungslinie $\overline{P_0P_A}$.

2) P_0 - P_∞ Generatorbetrieb (Übersynchrone Senkbremsung)

Beispiel: Senken einer Last mit übersynchroner Senkbremsung durch Umkehr des Lastmomentes, das die Maschine antreibt (Bild 5-26).
Arbeitspunkt P liegt im unteren Teil der Ortskurve (Bild 5-27), zwischen P_0 und P_∞. Schlupfbereich $s < 0$; Drehzahlbereich $n > n_D$.
Drehmomentbereich $M < 0$, Momentenstrecke $\overline{PL_3}$ liegt unterhalb Momentenlinie $\overline{P_0P_\infty}$. Leistungsbereich $P_{2mech} < 0$, Leistungsstrecke $\overline{PL_4}$ liegt unterhalb Leistungslinie $\overline{P_0P_A}$.

Da der Schlupf $s < 0$ ist, wird der Widerstand $R_2' \dfrac{1-s}{s}$ negativ. Die mechanische Leistung wird in diesem Fall in elektrische umgesetzt. Der Wirkanteil des Ständerstromes ist negativ. Die Maschine speist als Generator ins Netz zurück und bremst die Last, aber nur bei $n > n_D$. Zum Stillsetzen des Antriebs muß Gegenstrom- oder Gleichstrombremsung angewandt werden.

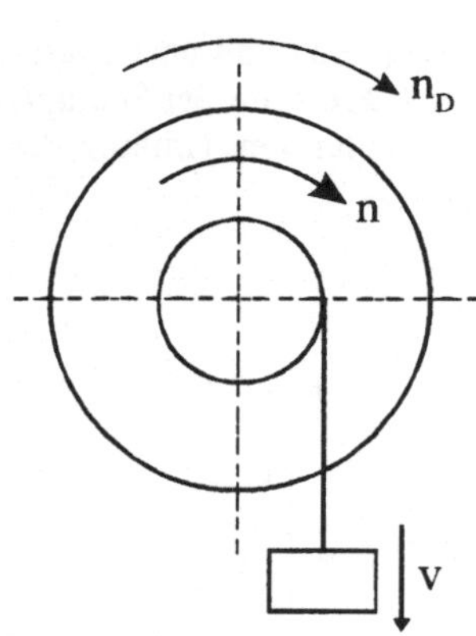

Bild 5-26: Asynchronmaschine im Generatorbetrieb, Senken einer Last. Übersynchrone Senkbremsung

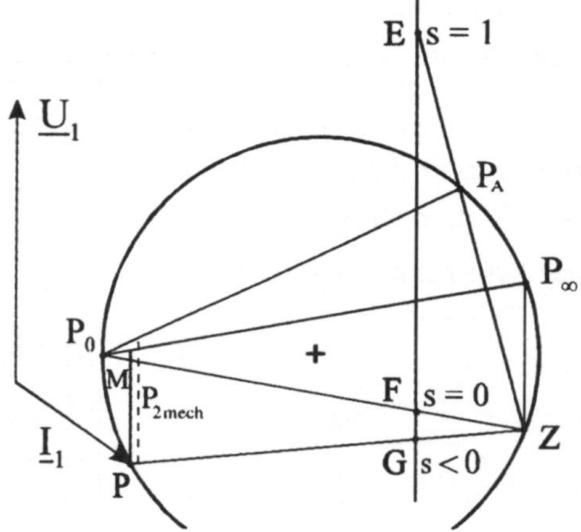

Bild 5-27: Asynchronmaschine im Generatorbetrieb, Ortskurve mit Schlupfgerade, Moment M und Leistung P_{2mech}

3) $P_A - P_\infty$ Bremsbetrieb (Gegenstrombremsung)

Bei der Gegenstrombremsung gibt es zwei Varianten:

1. Variante. Bei einem *Hebezeugantrieb mit Schleifringläufer* kann man die Last kontrolliert absenken durch *Vergrößern der Läufervorwiderstände*. Der Anlaufpunkt wandert auf der Ortskurve nach links, und der durch das Moment gegebene Arbeitspunkt liegt im Bereich negativer Drehzahlen bzw. $s > 1$. *Die Last zieht den Läufer in Gegenrichtung des Drehfeldes nach unten.* Dem widersetzt sich die Maschine, so daß konstante Sinkgeschwindigkeit zustande kommt (Bild 5-29 und 5-30). Arbeitspunkt P liegt im oberen Teil der Ortskurve zwischen P_A und P_∞. Schlupfbereich $s > 1$; Drehzahlbereich $-n...0$ (Bild 5-30).

Drehmomentbereich $M > 0$, Momentenstrecke $\overline{PL_3}$ liegt oberhalb Momentenlinie $\overline{P_0P_\infty}$.

Leistungsbereich $P_{2\,mech} < 0$, Leistungsstrecke $\overline{PL_4}$ liegt unterhalb Leistungslinie $\overline{P_0 P_A}$.

Da der Schlupf $s > 1$ ist, ist der Widerstand $R_2' \dfrac{1-s}{s}$ negativ. Der Läufer nimmt die mechanische Energie der Last auf. Sie wird in der Maschine in thermische Energie umgewandelt, aber nicht ins Netz zurückgegeben, weil der Wirkanteil des Ständerstromes positiv ist. Außerdem ist der Läuferstrom größer als der Anlaufstrom, dadurch werden Maschine und Läufervorwiderstände thermisch stark beansprucht.

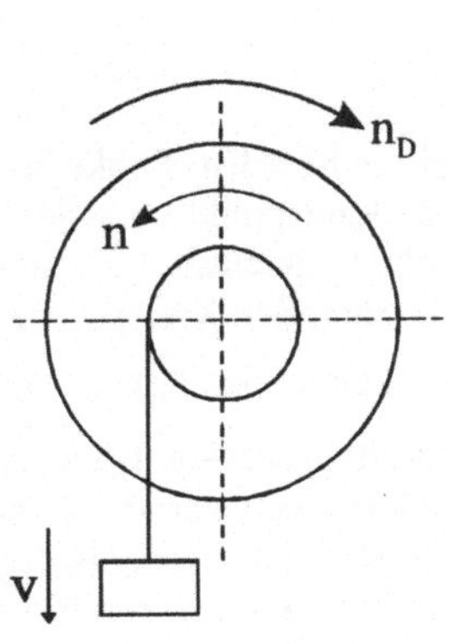

Bild 5-28: Hebezeugantrieb mit Schleifringläufer im Senkbremsbetrieb. Gegenstrombremsung durch Vergrößern der Läufervorwiderstände.

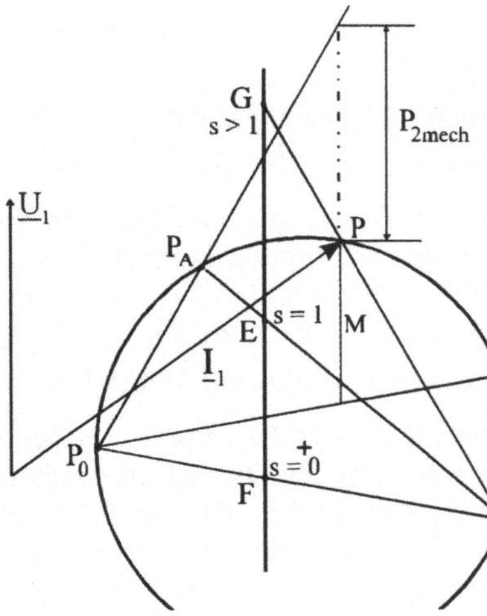

Bild 5-29: Hebezeugantrieb mit Schleifringläufer im Senkbremsbetrieb. Ortskurve mit Schlupfgerade. Gegenstrombremsung durch Vergrößern der Läufervorwiderstände.

2. Variante. Nicht die Drehrichtung, sondern das *Drehfeld* wird umgekehrt. Dies wird oft bei Antrieben mit Käfigläufermotoren angewandt.

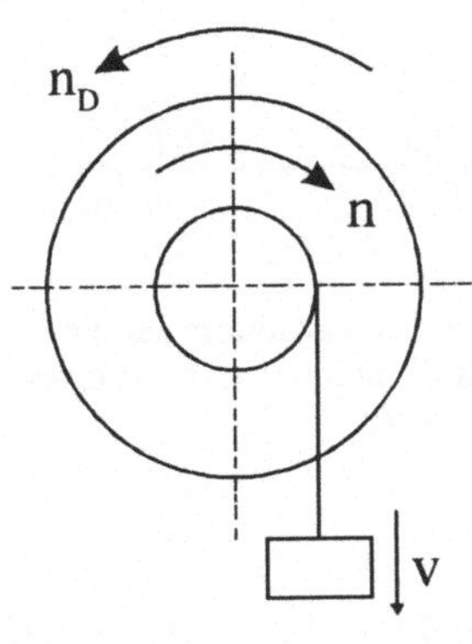

Bild 5-30: Käfigläufermotor im Bremsbetrieb. Gegenstrombremsung durch Drehfeldumkehr.

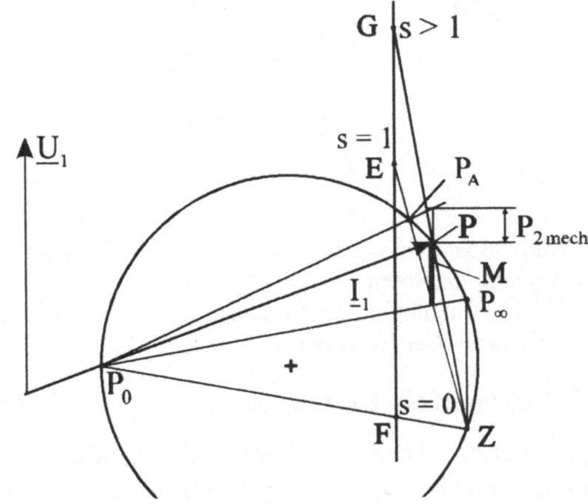

Bild 5-31: Käfigläufer im Bremsbetrieb, Ortskurve mit Schlupfgerade, Moment M und Leistung $P_{2\,mech}$.

Beispiel: Abbremsen einer gesenkten Last durch Vertauschen zweier Motorzuleitungen. Das Drehfeld kehrt sich um, wirkt im Hubsinne. Die Maschine läuft zunächst gegen das Drehfeld, vom Lastmoment getrieben. Der Motor versucht aber, sich dem Drehfeld anzupassen. Die Drehzahl sinkt schnell. Bei Stillstand Trennung vom Netz und Halten durch mechanische Bremse, damit sich die Drehrichtung nicht umkehrt (Bild 5-30). Die Kenndaten Drehzahlbereich, Vorzeichen des Motormomentes usw. sind die gleichen wie bei Variante 1. Beim Einsetzen des Bremsvorganges springt der Arbeitspunkt im Betriebskreis nach rechts, vom Bereich $P_0 - P_A$ in den Bereich $P_A - P_\infty$. Mit dem Abfallen der Drehzahl wandert P nach links, auf P_A zu. Wenn P den Anlaufpunkt P_A erreicht hat, ist die Drehzahl Null, und die mechanische Bremse muß einfallen.

Einflußgrößen auf die Drehmoment-Drehzahl-Kennlinie

1) Querschnittsformen der Läuferstäbe

Bei Asynchronmaschinen mit Schleifringläufer kann die Kennlinie M = f(n) Punkt für Punkt aus dem Betriebskreis graphisch ermittelt werden. Für beliebige Kreispunkte auf dem Kreis werden die Strecken für M und s abgegriffen und mit dem Momentenmaßstab bzw. der Gleichung $n = n_D \cdot (1 - s)$ multipliziert. Die zu den Kippmomenten gehörenden Kreispunkte findet man dadurch, daß man parallel zur Momentenlinie $\overline{P_0 P_\infty}$ Tangenten an den Kreis zeichnet.

Die Ortskurven für Käfigläufermotoren weichen allerdings zwischen Kippunkt und Anlaufpunkt von der Kreisform ab. Dies ist im wesentlichen bedingt durch den von der Kreisform abweichenden Querschnitt der Stäbe des Läuferkäfigs (Hochstab, Keilstab, Doppelkäfig). Die Folge ist, daß die Drehmoment-Drehzahl-Kennlinie im Anlaufbereich höher verläuft als beim Schleifringläufer (Bild 5-32) [9]. Außerdem treten durch Oberwellenfelder Einsattelungen in der Drehmoment-Drehzahl-Kennlinie auf, die hier aber nicht diskutiert werden sollen. Im folgenden legen wir stets die Kennlinienform des Schleifringläufers zugrunde.

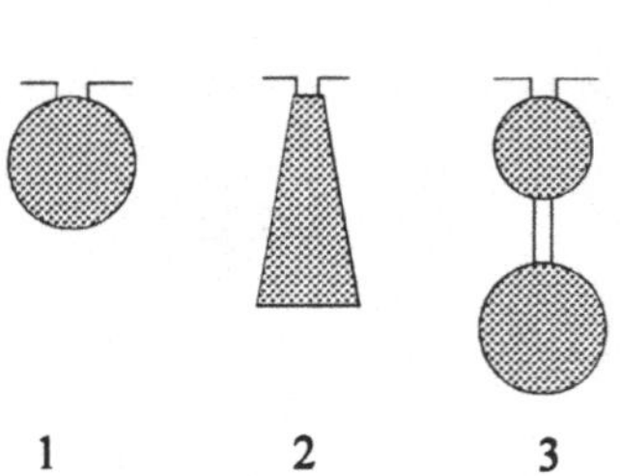

Bild 5-32a: Läuferstabformen bei Asynchronmotoren.
1 Schleifringläufer oder Rundstab
2 Keilstab oder Hochstab 3 Doppelstab

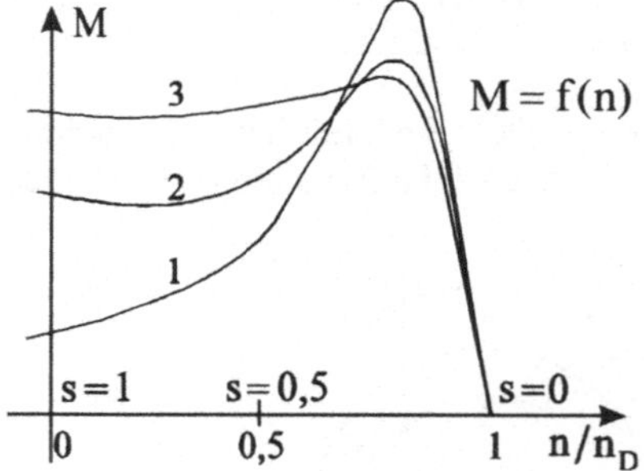

Bild 5-32b: Einfluß der Läuferstabform auf die Drehmoment-Drehzahl-Kennlinie bei Asynchronmotoren

2) Effektivwert der Klemmenspannung

Der Durchmesser des Betriebskreises ist, wie auf Seite 139 ausgeführt, $\overline{P_0 B} = U_1 / X_\sigma$, also proportional der ständerseitigen Strangspannung. Proportional der Spannung ändern sich der Läuferstrom I_2 und auch der Ständerstrom I_1. Daher kann man, um bei Käfigläufermotoren den Anlaufstrom zu begrenzen, während des Anlaufs die Spannung heruntersetzen.

Eine zu diesem Zweck häufig angewendete Möglichkeit ist die *Stern-Dreieck-Umschaltung* (Bild 5-33). Sie kann nur bei Maschinen angewendet werden, deren Betriebsschaltung die Dreieckschaltung ist. Der Motor läuft in Sternschaltung an, die Strangspannung beträgt $U_{1Str} = U_{1N} / \sqrt{3}$, und der Strangstrom im Anlauf wird reduziert auf $1/\sqrt{3} \cdot I_{1A}$ bei Dreieckschaltung. Netzstrom und Leistung gehen auf ein Drittel herunter, ebenso das Kippmoment. Stern-Dreieck-Umschaltung funktioniert also nur, wenn das Lastmoment kleiner ist als ein Drittel des Anlaufmomentes bei Dreieckschaltung. Wenn der Motor hochgelaufen und der Strom gesunken ist, wird auf Dreieck umgeschaltet. Danach ist der Motor in der Lage, Nennmoment bei Nenndrehzahl abzugeben [29].

Eine zweite Möglichkeit ist der Anlauf mittels eines *Anlaß-Spartransformators,* mit dem die Spannung kontinuierlich hochgefahren werden kann. Auch diese Methode funktioniert nur bei *Leeranlauf,* d.h. wenn die Belastung erst nach dem Hochlaufen zugeschaltet wird (z.B. bei Stanzen, Pressen, Drehmaschinen), oder bei *Halblastanlauf,* d.h. bei Antrieben mit Arbeitsmaschinen, bei denen das Lastmoment mit zunehmender Drehzahl ansteigt, wie bei Lüftern und Kreiselpumpen.

Zur Steuerung der Motordrehzahl ist die Verstellung der Klemmenspannung, z.B. mittels eines *Drehstromstellers* (siehe Kapitel Leistungselektronik), nur bei Antrieben mit Halblastanlauf brauchbar, und dies auch nur in einem begrenzten Drehzahlbereich.

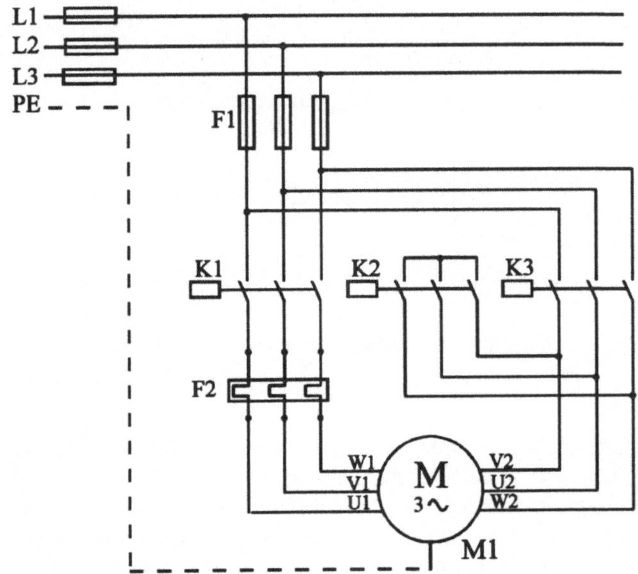

Bild 5-33: Käfigläufermotor mit Stern-Dreieck-Umschaltung
K1: Netzschütz
K2: Sternschütz
K3: Dreieckschütz

3) Einschalten eines Läufervorwiderstandes beim Schleifringläufer

Zum Anlauf mit voller Last ist der Schleifringläufermotor besonders geeignet, denn bei diesem kann man durch Einschalten eines dreisträngigen Läufervorwiderstandes das Anlaufmoment heraufsetzen und gleichzeitig den Anlaufstrom reduzieren. Dies läßt sich an Betriebskreis und Drehzahl-Drehmoment-Kennlinien gut erkennen.

Beim Einschalten eines Läufervorwiderstandes wird im Ersatzschaltbild der Läufer-Strangwiderstand R_2' ersetzt durch $R_2' + R_{2V}'$. Die Vergrößerung des Läuferwiderstandes verschiebt im Betriebskreis den Anlaufpunkt P_A in Richtung des Leerlaufpunktes, ohne daß sich Kreisdurchmesser und Kippmoment ändern. Dies hat zwei Effekte:

Erstens geht im Läuferkreis der Anlaufstrom durch die vergrößerten ohmschen Widerstände stark zurück, während Leistungsfaktor und Wirkstromanteil ansteigen. Durch die Zunahme des Wirkstromes steigt das Anlaufmoment an und kann bis zum Kippmoment erhöht werden. Der Schleifringläufermotor ist daher besonders zum Schweranlauf geeignet (Krane, Fördermaschinen). Während des Anlaufvorganges werden die Läuferwiderstände stufenweise kurzgeschlossen.

Zweitens wird bei konstantem Lastmoment die Betriebsdrehzahl zu Werten höheren Schlupfes verschoben. Demzufolge wird die Drehmoment-Drehzahl-Kennlinie so gedehnt, daß bei Motorbetrieb das Kippmoment zu Werten höheren Schlupfes verschoben wird (Bild 5-34).

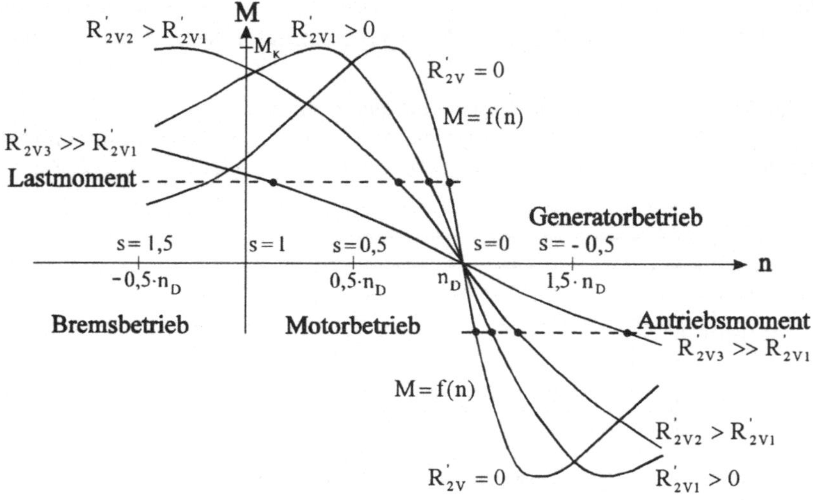

Bild 5-34: Kennlinien M = f(n) der Asynchronmaschine mit Schleifringläufer für verschiedene Läufervorwiderstände

Man kann also, wenn man die Läufervorwiderstände nach dem Anlassen nicht kurzschließt, im Motor- und Bremsbetrieb jede beliebige Drehzahl unterhalb der Drehfelddrehzahl einstellen. Wie das Bild 5-34 außerdem zeigt, kann bei Generatorbetrieb mit konstantem Antriebsmoment die Betriebsdrehzahl durch die Vorwiderstände erhöht werden. Bei dieser Art der Drehzahlsteuerung muß man jedoch in Kauf nehmen, daß der erhöhte Schlupf nach Gleichung (5.18) erhöhte Stromwärmeverluste im Läuferkreis zur Folge hat, die sich zwar auf die Vorwiderstände konzentrieren, aber die Energiebilanz verschlechtern, so daß der Wirkungsgrad erheblich zurückgeht.

4) Polpaarzahl

Durch eine Änderung der Polpaarzahl in der Ständerwicklung lassen sich, entsprechend der Gleichung $n_D = f_1/p$ *verlustlos* mehrere Leerlaufdrehzahlen erzielen. Es handelt sich um eine *Drehzahländerung in Stufen* (zwei bis vier), die nur bei Käfigläufern möglich ist, weil bei Schleifringläufern die Läuferwicklung nicht umgeschaltet werden kann.

Für die Polumschaltung gibt es zwei Methoden:

a) Zwei getrennte Wicklungen mit zwei beliebigen Polzahlen, die in denselben Nuten liegen, von denen jeweils eine in Betrieb ist.

b) Die Dahlanderschaltung nach Bild 5-36a, bei der sich zwei Drehzahlen mit nur einer Wicklung in sechs Teilsträngen erzielen lassen. Beim Ändern der Polzahl müssen lediglich die sechs Anschlüsse umgeschaltet und ein Sternpunkt gebildet oder beseitigt werden. Die Dahlanderschaltung hat große praktische Bedeutung.

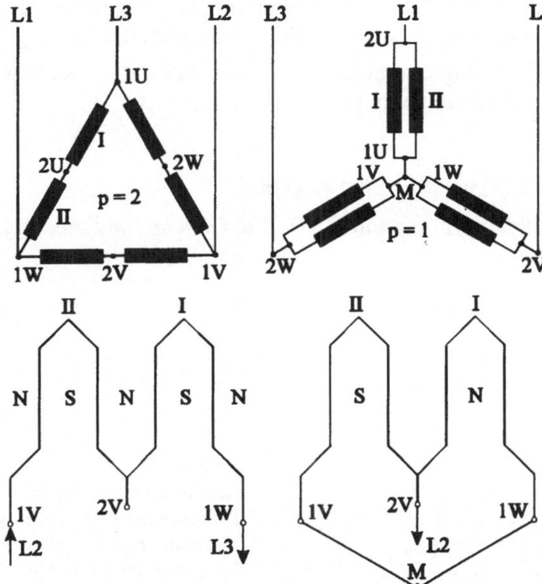

Bild 5-35a: Dahlanderschaltung, Dreieckschaltung für niedrige Drehzahl, Doppelsternschaltung für hohe Drehzahl

Bild 5-35b: Dahlanderschaltung, Wicklungsschema für einen Strang

Die Wicklung besteht aus zwei Spulengruppen je Strang, die in den meisten Fällen bei der hohen Polzahl in Reihe und im Dreieck, bei der niedrigen Polzahl parallel im Doppelstern geschaltet werden (Bild 5-35b).

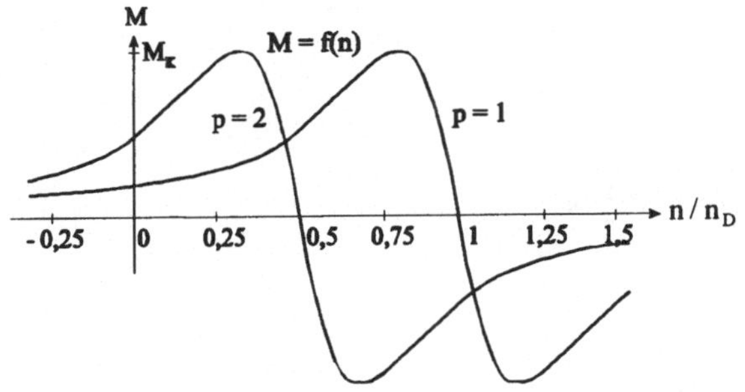

Bild 5-36: Drehmoment-Drehzahl-Kennlinien eines Käfigläufermotors in Dahlanderschaltung. Drehzahlen bezogen auf die Polpaarzahl p = 1.

Die Drehmoment-Drehzahl-Kennlinie wird durch die Verdoppelung der Polzahl so nach links verschoben, daß die synchrone Drehzahl halbiert wird, wie Bild 5-36 zeigt.

5) Netzfrequenz

Eine verlustlose stufenlose Änderung der Drehzahl erreicht man durch Verstellen der Netzfrequenz (Bild 5-38a), da Synchrondrehzahl und Frequenz proportional sind: $n_D = f_1 / p$.

Dabei muß aber die Anschlußspannung bzw. U_{q1} proportional der Frequenz geändert werden: $U_{q1}/f_1 = \text{konst.} \Rightarrow U_{q1} = c \cdot f_1$. **Es gilt nämlich analog zum Transformator** $U_{q1} = 4{,}44 \cdot N_1 \cdot \xi \cdot f_1 \cdot \Phi_{Dmax}$. **Daraus folgt**

$$\Phi_{Dmax} = \frac{U_{q1}}{4{,}44 \cdot N_1 \cdot \xi \cdot f_1} \qquad (5.28)$$

Wenn also im ganzen Bereich zwischen Null und Nennspannung bzw. Nenndrehzahl das Verhältnis $U_{q1}/f_1 = \text{konst.}$ gehalten wird, bleibt auch der Fluß des Drehfeldes Φ_{Dmax} konstant. Dadurch kann einerseits keine Sättigung eintreten, andererseits kann der Motor schon beim Anfahren das volle Drehmoment abgeben, denn das innere Moment ist

$$M_i = c \cdot \Phi_{Dmax} \cdot I_2 \cdot \cos\varphi_2, \qquad (5.29)$$

wie auch schon aus den Gleichungen (5.22) bis (5.24) hervorgeht.

Ein Sonderfall ist die Speisung der Ständerwicklung mit $f = 0$, d.h. *Gleichstrombremsung*.

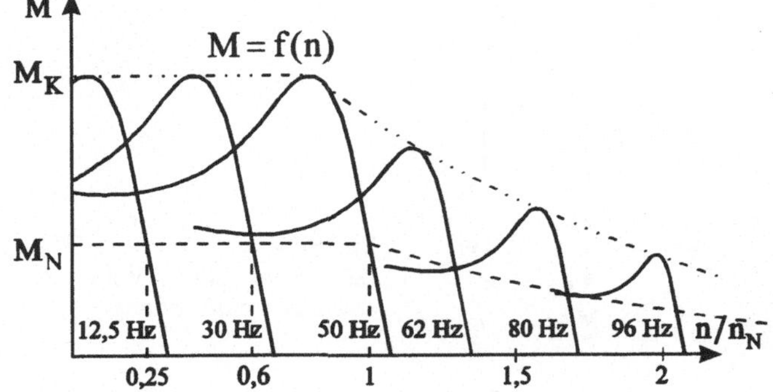

Bild 5-37a: Drehmoment-Drehzahl-Kennlinien der Asynchronmaschine mit Käfigläufer bei Frequenzsteuerung mit Feldschwächung

Soll die Nenndrehzahl überschritten werden, so muß die Anschlußspannung auf dem Nennwert bleiben, während die Frequenz steigt. Das bedeutet $\Phi_D(f) = c \cdot /f_1$, also *Feldschwächung*.

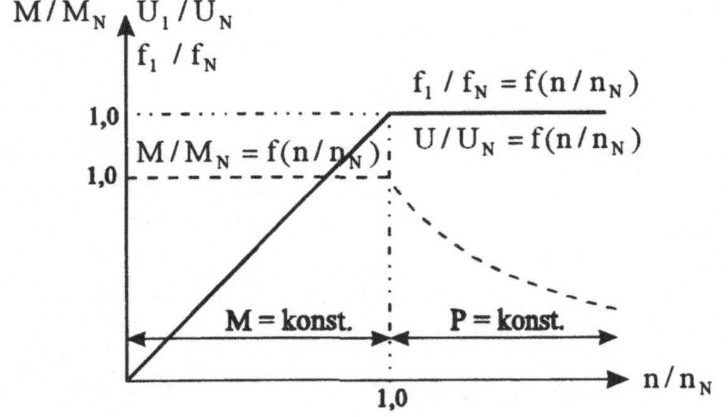

Bild 5-37b: Anschlußspannung, Frequenz und Drehmoment als Funktion der Drehzahl

Fluß und Motormoment sinken, unter der Bedingung $I = I_N$, mit steigender Frequenz bzw. Drehzahl hyberbolisch ab, während der Motor konstante Leistung abgibt (Bilder 5-37a und 5-37b).

Man erkennt aus den Bildern:

Die Asynchronmaschine verhält sich bei Frequenzsteuerung wie eine Gleichstrommaschine: Im Bereich unterhalb der Nennfrequenz und Nennspannung gibt sie (bei I = konst.) konstantes Drehmoment ab,. im Bereich oberhalb der Nennfrequenz bei Nennspannung konstante Leistung.

Die genannte Frequenz- und Spannungssteuerung ist mit den modernen Bauelementen und Schaltungen der Leistungselektronik ohne weiteres möglich. Die Netzwechselspannung mit konstanter Frequenz wird zunächst in einem *Gleichrichter* in eine Gleichspannung umgeformt. Ein *Wechselrichter* „zerhackt" dann diese Gleichspannung in eine Wechselspannung der geforderten, konstanten oder variablen Frequenz und Amplitude (Bild 5-38). Die ganze Anordnung nennt man *Umrichter*, sie wird im einzelnen im Kapitel Leistungselektronik besprochen.

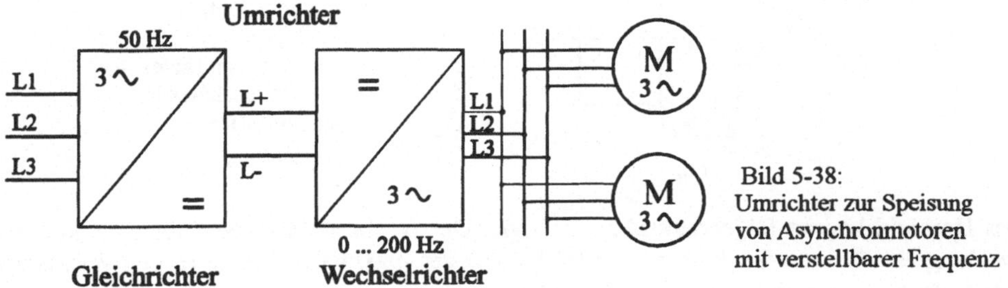

Bild 5-38: Umrichter zur Speisung von Asynchronmotoren mit verstellbarer Frequenz

Die Umrichtertechnik zur Steuerung von Käfigläufermotoren hat sich in den letzten Jahren so stark durchgesetzt, daß die Gleichstrom-Antriebstechnik dadurch in vielen Bereichen verdrängt wurde. Dies ist nicht nur darauf zurückzuführen, daß der Käfigläufermotor wesentlich robuster als der Gleichstrommotor ist, sondern auch darauf, daß die Umrichterschaltungen heute wirtschaftlicher, zuverlässiger und regelungsdynamisch schneller sind als Umformerschaltungen der Gleichstromtechnik.

5.3 Der Einphasen-Asynchronmotor

5.3.1 Anwendungen

Einphasen-Asynchronmotoren sind zwei- oder vierpolige Käfigläufermotoren, die von einer Einphasen-Wechselspannung gespeist werden. Die Einphasenmotoren werden als Kleinmotoren mit Leistungen bis etwa 2 kW in großen Stückzahlen gefertigt und dienen zum Antrieb von Kühl- und Heizgeräten, Waschmaschinen, Küchenmaschinen, Rasenmähern, Bohrmaschinen, Kreissägen, Lüftern, Pumpen und anderen Arbeitsmaschinen.

Die Arbeitsweise eines Einphasenmotors entspricht der eines Drehstrom-Asynchronmotors, jedoch steht zur Erzeugung des Drehfeldes nur eine Einphasen-Wechselspannung zur Verfügung. Dieses Drehfeld erzeugt man durch Überlagerung zweier Wechselfelder, die räumlich um 90° versetzt sind und deren Durchflutungen mit Hilfe eines Kondensators um 90° phasenverschoben sind [9]. Der Einphasenmotor wird daher auch *Kondensatormotor* genannt.

5.3.2 Der Kondensatormotor

Der Motor hat als Ständerwicklung *zwei Wicklungsstränge*, die räumlich um 90° el. versetzt sind. Die *Arbeitswicklung* liegt unmittelbar an der Netzwechselspannung, die *Hilfswicklung*

liegt in Reihe mit einem Kondensator an derselben Spannung (Bild 5-39). Der Kondensator bewirkt, daß die zwei Strangströme um 90° el. gegeneinander phasenverschoben sind.

Die Magnetfelder der zwei Strangströme sind räumlich festliegende Wechselfelder, die aber durch Überlagerung ein Drehfeld ergeben, das wie beim Drehstrommotor mit der synchronen Drehzahl $n_D = f_1 / p$ im Luftspalt rotiert und bei richtiger Dimensionierung des Kondensators eine konstante Amplitude hat.

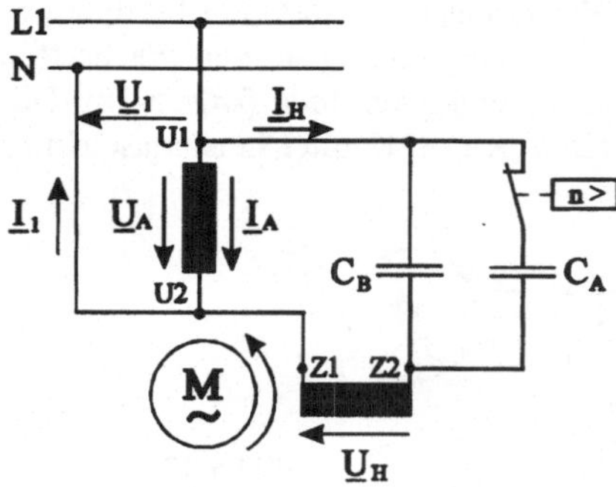

Bild 5-39:
Kondensatormotor, Schaltplan

U1 - U2: Arbeitswicklung (Index A)
Z1 - Z2: Hilfswicklung (Index H)
C_B : Betriebskondensator
C_A : Anlaufkondensator

Das Drehfeld kommt folgendermaßen zustande: Die Wechselfelder von Arbeits- und Hilfswicklung sind durch die *Raumzeiger* (Vektoren) der maximalen Flüsse in den Wicklungsachsen dargestellt, stehen also senkrecht aufeinander.

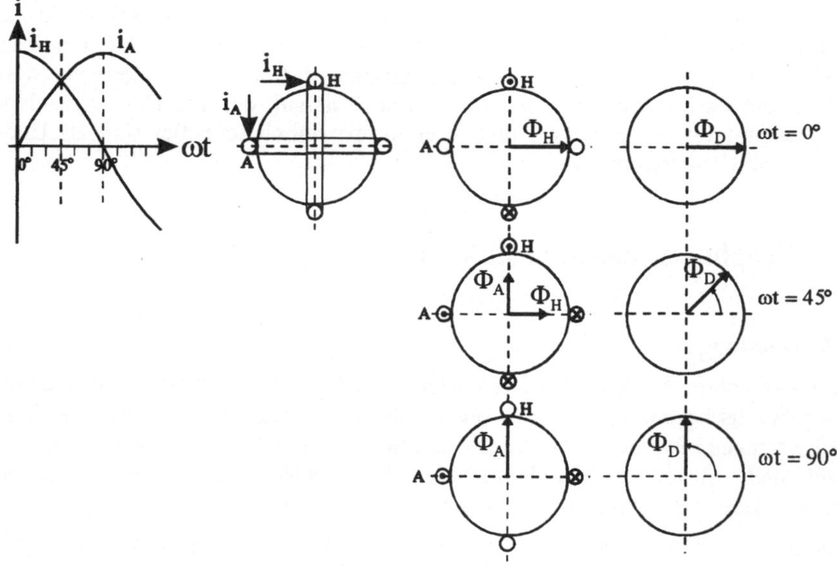

Bild 5-40: Erzeugung des Drehfeldes im Kondensatormotor durch Überlagerung zweier Wechselfelder, die räumlich um 90° versetzt sind und deren Durchflutungen um 90° phasenverschoben sind.

Bei der Überlagerung der Felder addieren sich die Vektoren zu einem Raumzeiger des Flusses, der mit der Winkelgeschwindigkeit ω im Luftspalt der Maschine rotiert (Bild 5-40). Wenn die Flußamplituden Φ_A und Φ_H von Arbeits- und Hilfswicklung gleich und zeitlich um

90° elektrisch gegeneinander phasenverschoben sind, so ist die Flußamplitude Φ_D des Drehfeldes konstant. Die Spitze des Raumzeigers beschreibt einen Kreis. Man spricht in diesem Fall von *symmetrischem Betrieb*. Sind aber die beiden Flüsse ungleich, so beschreibt der Raumzeiger eine Ellipse.

Für Symmetrie brauchen beide Stränge nicht die gleiche Windungszahl zu haben, jedoch müssen, um gleichgroße Strangflüsse einzuhalten, die Spannungen im Verhältnis der wirksamen Windungszahlen (Zonenfaktor ξ !) stehen [11]. Also gilt $U_A = 4{,}44 \cdot f \cdot \Phi_A \cdot N_A \cdot \xi_A$ und $U_H = 4{,}44 \cdot f \cdot \Phi_H \cdot N_H \cdot \xi_H$. Für $\Phi_A = \Phi_H$ folgt für das Übersetzungsverhältnis

$$\ddot{u} = \frac{U_H}{U_A} = \frac{N_H \cdot \xi_H}{N_A \cdot \xi_A} \tag{5.30}$$

Da gleiche Flüsse gleiche Durchflutungen erfordern, ist $N_A \cdot \xi_A \cdot I_A = N_H \cdot \xi_H \cdot I_H$, so daß $\frac{N_A \cdot \xi_A}{N_H \cdot \xi_H} = \frac{I_H}{I_A}$ ist. Daher gilt

$$\frac{U_A}{U_H} = \frac{I_H}{I_A} \tag{5.31}$$

Weitere Symmetriebedingungen sind, daß U_H auf U_A und I_H auf I_A senkrecht stehen. Das Zeigerdiagramm des Motors (Bild 5-41) zeigt dann Größe und Phasenlage der Kondensatorspannung U_C.

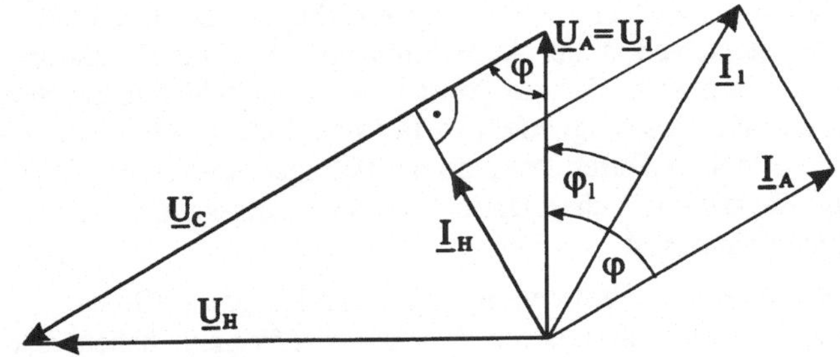

Bild 5-41: Zeigerdiagramm des Kondensatormotors für den Symmetriepunkt

Aus dem Spannungsdreieck geht $\frac{U_H}{U_A} = \tan\varphi$ bzw. $\tan\varphi = \ddot{u}$ hervor.

Die Reaktanz des Kondensators ist $X_C = \frac{U_C}{I_H}$. Da $I_H = \frac{I_A}{\ddot{u}}$ ist und $U_C = \frac{U_A}{\cos\varphi}$, folgt

$$X_C = \frac{U_A}{I_A} \cdot \frac{\ddot{u}}{\cos\varphi} \tag{5.32a}$$

Der Quotient $\frac{U_A}{I_A} = Z_A(s)$ ist die schlupfabhängige Impedanz der Hauptwicklung. Also ergibt sich

$$X_C = Z_A(s) \cdot \frac{\ddot{u}}{\cos\varphi} \tag{5.32b}$$

oder, da $\tan\varphi = ü$ und $1/\cos\varphi = \sqrt{1+\tan^2\varphi}$ ist,

$$X_C = Z_A(s) \cdot ü \cdot \sqrt{1+ü^2} \tag{5.32c}$$

Als Richtwert ergibt sich eine Kapazität des *Betriebskondensators* von 25 bis 35 µF je kW Motorleistung bei 230 V Netzspannung. Wie man am Zeigerdiagramm erkennt, muß der Kondensator für eine höhere Spannung als die Netzspannung ausgelegt sein.

Die Dimensionierung des Betriebskondensators hängt von den Daten eines Arbeitspunktes ab. Dies ist meist der Punkt der Nennlast. Man erkennt hieraus, daß dieser Kondensator nur für einen Arbeitspunkt Symmetrie erreichen kann. Will man auch beim Anlauf ein kreisförmiges Drehfeld, d.h. ausreichendes Anlaufmoment erreichen, so muß man zu dem Betriebskondensator einen weiteren Kondensator parallelschalten. Dieser *Anlaufkondensator* wird nach dem Hochlauf abgeschaltet, z.B. durch einen Fliehkraftschalter (Bild 5-39).

5.4 Die Drehstrom-Synchronmaschine

5.4.1 Erregung der Synchronmaschine

Wie bereits im Abschnitt 4.2.1 ausgeführt, wird Drehstrom ganz überwiegend in Dreiphasengeneratoren erzeugt, die Synchronmaschinen genannt werden und als Innenpolmaschinen gebaut sind (siehe Bilder 4-3 und 4-4). Der Ständer ist wie bei der Asynchronmaschine aufgebaut und trägt in Nuten des Blechpaketes eine dreiphasige, 2p-polige Nutzwicklung, die über Klemmen mit dem Drehstromnetz oder einer Verbrauchergruppe verbunden ist. Der Läufer, auch das Polrad genannt, trägt im Unterschied zu der Asynchronmaschine keine Drehstromwicklung, sondern einen *Gleichstrommagneten*, der ein konstantes Magnetfeld mit gleicher Polzahl wie die Ständerwicklung erzeugt. Das Magnetfeld ist in jedem Polpaar räumlich annähernd sinusförmig verteilt (siehe Bild 4-5). Durch Rotation des Polrades entsteht ein *Drehfeld*, das in der Ständerwicklung ein symmetrisches Dreiphasen-Spannungssystem erzeugt, wie im Abschnitt 4.2.1 im einzelnen erläutert ist.

Das Polrad wird von einer Turbine oder einem Verbrennungsmotor mit konstanter Drehzahl n angetrieben. Die erzeugte Frequenz $f = p \cdot n$ muß stets den Wert der Netzfrequenz haben, also 50 Hz. Die Antriebsmaschinen haben jedoch sehr unterschiedliche Drehzahlen. Dampf- und Gasturbinen geben volle Leistung nur bei hohen Drehzahlen ab, daher baut man die zugehörigen Synchrongeneratoren als zwei- oder vierpolige Vollpolmaschinen (*Turbogeneratoren* nach Charles E. *Brown*, 1903) mit langgestrecktem Walzenläufer geringen Durchmessers (siehe Bild 4-3) [48]. Von vier Polzahlen aufwärts (Bild 4-4) baut man Synchronmaschinen als *Schenkelpolgeneratoren* mit ausgeprägten Polen. Besonders Wasserturbinen bei kleiner Fallhöhe und Dieselmotoren haben geringe Drehzahlen. Infolgedessen führt man Wasserkraft- und Dieselgeneratoren als Schenkelpolmaschinen mit großem Durchmesser und großer Polzahl, bis zu 92 Polen, aus [9],[11].

Beispiel 1

Ein Wasserkraftgenerator im Donaukraftwerk Aschach bei Linz wird durch eine Kaplanturbine angetrieben (Wasserstrom 500 m^3/s , Fallhöhe 17 m). Die Nennleistung des Generators beträgt 73,6 MW, die Drehzahl ist $n = 68{,}18\ min^{-1}$. Das Polrad hat 88 Pole, also $p = 44$. Die erzeugte Frequenz des Generators ist $f = 44 \cdot 68{,}18\ min^{-1}/60 = 50$ Hz.

Die Erregerwicklung des Polrades wird mit Gleichstrom gespeist. Der Erregerstrom wird nicht, wie bei der Asynchronmaschine, aus dem Netz als Blindstrom $(I_{10} \cdot \sin\varphi_{10})$ aufgenommen. Daher kann auch der Luftspalt der Synchronmaschine größer sein als bei der Asynchronmaschine. Die Erregerleistung beträgt zwischen 0,25 und 5 Prozent der Nennleistung.

Beispiel 2

Der vierpolige Turbogenerator im Kernkraftwerk Mülheim-Kärlich hat die Daten:

$n_N = 1500\,\text{min}^{-1}$; $p = 2$; $U_N = 27\,\text{kV}$; $I_N = 35\,\text{kA}$; Nennleistung $S_N = 1635\,\text{MVA}$; $\cos\varphi_N = 0{,}8$; Ständer- und Läuferwicklung wassergekühlt; Erregerstrom $I_{E\max} = 12700\text{A}$; Erregerleistung 7 MW; statische Erregung nach Bild 5-42.

Die „klassische" Erregereinrichtung bis zum Aufkommen der Halbleiter-Gleichrichter bestand aus einem selbsterregten Gleichstromgenerator, der auf der verlängerten Welle des Generators saß. Diese Schaltung ist heute abgelöst worden durch das statische und das bürstenlose Erregersystem.

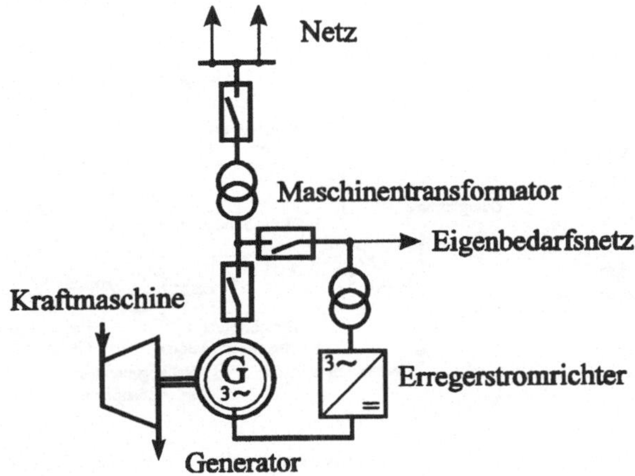

Bild 5-42: Übersichtsschaltplan eines Drehstromgenerators mit Kraftmaschine, Maschinentransformator und statischer Errregung, vom Eigenbedarfsnetz gespeist

Das *statische Erregersystem* zur Spannungsregelung des Generators besteht aus einem Thyristor-Stromrichter (Kapitel 8, Leistungselektronik), der eine Dreiphasenspannung umformt in einen verstellbaren Gleichstrom und diesen über Schleifringe dem Läufer des Hauptgenerators zuführt. Die Dreiphasenspannung kann entweder dem Eigenbedarfsnetz des Kraftwerks (Bild 5-42) bzw. den Generatorklemmen oder dem *Wellengenerator*, einem auf der Generatorwelle sitzenden, selbsterregten Drehstromgenerator (Bild 5-43) entnommen werden [39].

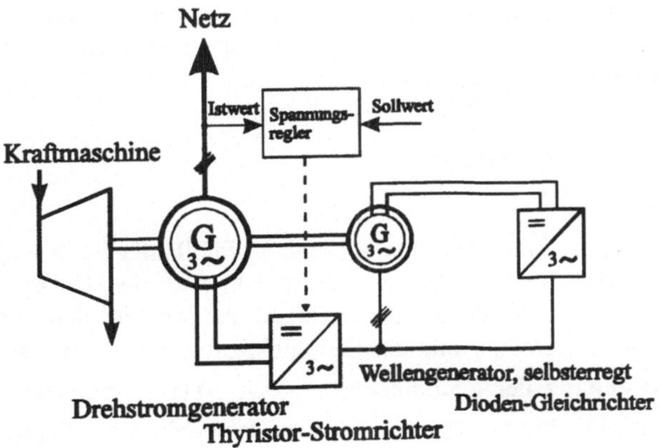

Bild 5-43: Übersichtsschaltplan eines spannungsgeregelten Drehstromgenerators mit Kraftmaschine und statischer Errregung, vom Wellengenerator gespeist

Bei Konstantspannungsgeneratoren kleinerer Leistung, die z. B. zur Versorgung von Schiffsbordnetzen eingesetzt werden, nutzt man die *Selbsterregung* des Synchrongenerators wie bei einer Gleichstrommaschine aus (Bild 5-44).

Wird der Anker aus dem Stillstand heraus angetrieben, so entsteht in ihm zunächst eine kleine Spannung, die von dem Restmagnetismus des Eisens im Polrad induziert wird. Diese Spannung wird über eine Drossel, einen Transformator und einen Dioden-Gleichrichter auf den Erregerkreis rückgeführt. Die Folge ist ein zunächst kleiner Erregerstrom, der die Spannung verstärkt. Diese wiederum verstärkt den Erregerstrom u.s.w. (positive Rückkopplung), bis bei Sättigung des Magnetkreises der Leerlauf-Erregerstrom erreicht ist. Zusätzlich leitet man den Ständerstrom über eine Wicklung des Transformators. Durch diese Störgrößenaufschaltung, genannt *Kompoundierung* (keine Regelung!), erreicht man den für die Spannungshaltung erforderlichen lastabhängigen Anteil des Erregerstromes.

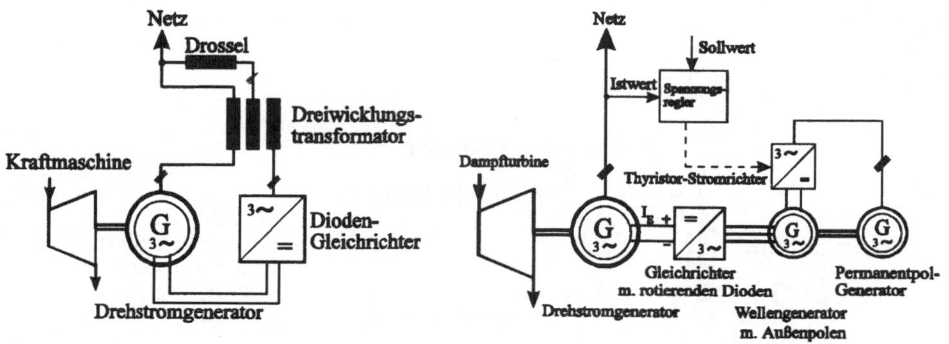

Bild 5-44: Selbsterregte, kompoundierte Synchronmaschine als Konstantspannungsgenerator

Bild 5-45: Spannungsgeregelter Drehstrom-Turbogenerator mit Kraftmaschine (Dampfturbine) und bürstenloser Erregung mit rotierenden Dioden

Das *bürstenlose Erregersystem* (Bild 5-45) zur Spannungsregelung des Generators besteht aus einem an den Hauptgenerator angeflanschten Wellengenerator mit Außenpolen. Der Drehstrom der Dreiphasenwicklung auf dem Läufer wird rotierenden Dioden zugeführt, die ihn in den Erregergleichstrom des Hauptgenerators umformen. Dadurch werden Schleifringe und Bürsten vermieden. Ein Hilfs-Wellengenerator mit Permanentmagneten auf dem Polrad speist einen Thyristor-Stromrichter, der den Erregerstrom für die Außenpole des größeren Wellengenerators liefert. Auf diese Weise kann der Erregerstrom des Hauptgenerators verstellt werden. Statt von dem Permanentpol-Generator kann der Thyristor-Stromrichter auch von der Klemmenspannung des Hauptgenerators gespeist werden.

5.4.2 Das Betriebsverhalten der Synchronmaschine

Leerlauf und Belastung im Inselbetrieb

Wir betrachten das Betriebsverhalten eines Synchrongenerators mit Vollpolläufer im Inselbetrieb, als alleinige Spannungsquelle einer Verbrauchergruppe. Betreibt man den Generator getrennt von den Verbrauchern im Leerlauf mit konstanter Drehzahl und verstellt den Erregerstrom von Null bis $I_{E\max}$, so läuft der Arbeitspunkt der Leerlaufspannung U_{q0} (die auch *Polradspannung* U_p genannt wird) entlang der Leerlaufkennlinie $U_q = f(I_E)$, die, wie bei einem Gleichstromgenerator, eine kleine Remanenzspannung hat. Bei niedrigem Erregerstrom verläuft die Kennlinie linear, bei hohem Erregerstrom aber immer flacher (Bild 5-46), weil infolge der Eisensättigung mehr an Erregerdurchflutung für den gleichen Spannungsanstieg gebraucht wird.

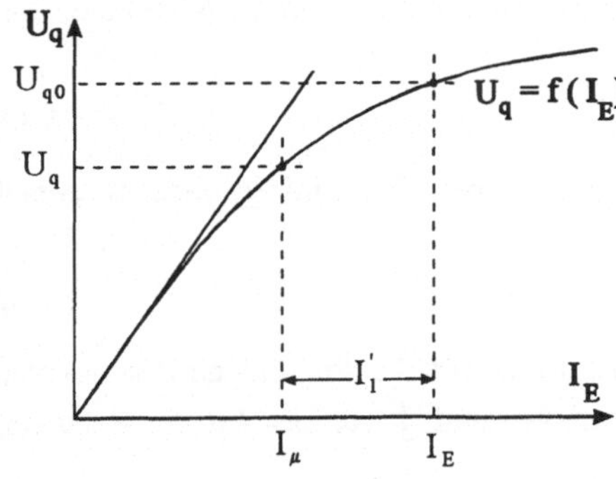

Bild 5-46:
Leerlaufkennlinie eines Drehstrom-Synchrongenerators

U_{q0} : Leerlauf-Quellenspannung
U_q : Quellenspannung bei Belastung mit I_1
I_E : Leerlauf-Erregerstrom
I_1' : Ankerrückwirkung
I_μ : Resultierender Erregerstrom bei Belastung

Die Drehdurchflutung des Polrades $\Theta_E = N_E \cdot I_E$ erzeugt im Leerlauf den Hauptfluß $\Phi_h = \Lambda_\delta \cdot \Theta_E$, wobei Λ_δ der magnetische Leitwert einer Polteilung im Luftspalt ist. Durchflutung und Fluß rotieren mit der Drehzahl n_D im Luftspalt, so daß der Generator eine Quellenspannung mit der Frequenz $f_1 = n_D \cdot p$ erzeugt.

Ein räumlich sinusförmiges Drehfeld (Durchflutung oder Fluß) kann durch einen Vektor dargestellt werden, der mit konstanter Drehzahl rotiert. Seine Lage ist durch das Maximum des Drehfeldes gegeben. Die Winkelgeschwindigkeiten von Polraddurchflutung und Hauptfluß sind gleich der Kreisfrequenz der Zeiger von Strom und Spannung. Die Drehfeldvektoren sind daher den Zeigern der Wechselstromgrößen äquivalent, man kann sie in ein Zeigerdiagramm einfügen und mit $\underline{\Theta}_E$ bzw. $\underline{\Phi}_h$ bezeichnen.

Zwischen dem Hauptfluß $\underline{\Phi}_h$ und der Quellenspannung $\underline{U}_q$ eines Stranges besteht nach dem Induktionsgesetz $u_q = c \cdot d\Phi_h / dt$ eine Phasenverschiebung von 90°, d.h. im Augenblick des Spannungsmaximums ist der von einer Strangwicklung umfaßte Fluß Null. Bild 5-47a zeigt das zugehörige Zeigerdiagramm für Leerlauf.

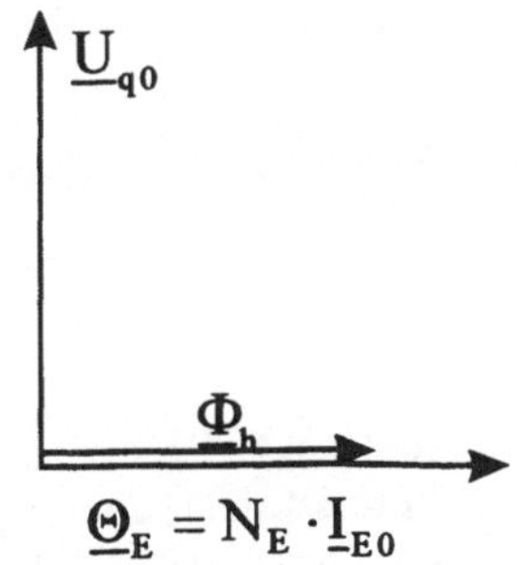

Bild 5-47a: Zeigerdiagramm für Leerlauf eines Synchrongenerators

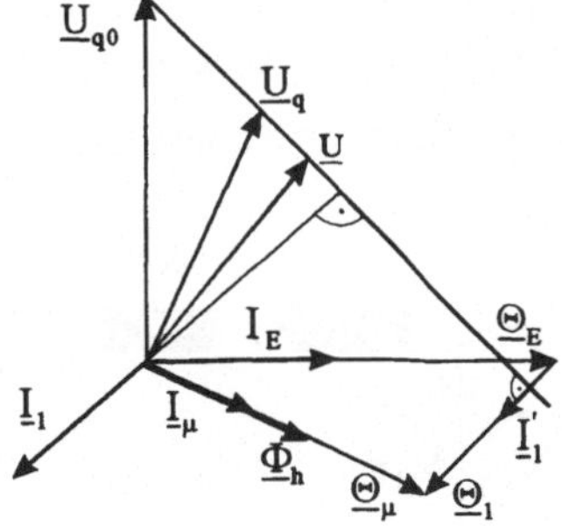

Bild 5-47b: Zeigerdiagramm für Belastung eines Synchrongenerators

Wird der Generator belastet, so baut der Strom $\underline{I}_1$ durch die Ständerwicklung wie bei der Asynchronmaschine eine Drehdurchflutung $\underline{\Theta}_1 = N_1 \cdot \underline{I}_1$ auf, die ebenfalls mit der Drehzahl $n_D = f_1 / p$ rotiert, also synchron ist mit dem Polrad und dessen Durchflutung $\underline{\Theta}_E$.

Ständerdurchflutung und Polraddurchflutung überlagern sich im Luftspalt der Maschine. Die geometrische Summe beider Vektoren

$$\underline{\Theta}_1 + \underline{\Theta}_E = \underline{\Theta}_\mu \tag{5.33}$$

ist die resultierende Durchflutung $\underline{\Theta}_\mu$, die den phasengleichen Hauptfluß $\underline{\Phi}_h$ erzeugt, gemäß der Gleichung

$$\underline{\Phi}_h = \Lambda_\delta \cdot \underline{\Theta}_\mu \tag{5.34}$$

Die Phasenlage der Ständerdurchflutung $\underline{\Theta}_1$ ist identisch mit der Phasenlage des Ständerstrangstromes $\underline{I}_1$. Daher hängen die Phasenlagen von $\underline{\Theta}_\mu$ und $\underline{\Phi}_h$ von der Art der Belastung ab.

Zweckmäßigerweise rechnet man durch Multiplizieren mit $c \cdot N_1 / N_E$ die Ständerdurchflutung Θ_1 auf die Erregerseite um. Durch diese Umformung kann man mit den Strömen I_E, I_μ und I_1' statt mit Durchflutungen arbeiten, so wie es in dem Zeigerdiagramm des Bildes 5-47b dargestellt ist. Man beachte, daß auch für den Generator das Verbraucher-Zählpfeil-System (VZS) gilt.

Aus dem Belastungs-Zeigerdiagramm erkennt man, daß das Dreieck mit den Spitzen $\underline{U}_{q0}$ und $\underline{U}_q$ und das Dreieck mit den Spitzen $\underline{\Theta}_E$ und $\underline{\Theta}_\mu$ ähnliche Dreiecke sind. Daraus folgt, daß die Verbindungslinie von $\underline{U}_{q0}$ und $\underline{U}_q$ senkrecht auf dem Ständerstrom $\underline{I}_1$ steht. Man deutet diese Differenz als Spannungsfall des Stromes $\underline{I}_1$ an einem induktiven Widerstand, der *Hauptreaktanz* X_h. Weiterhin liegt die Spitze des Zeigers $\underline{U}$ nahezu auf der Verlängerung dieser Verbindungslinie. Die Differenzspannung zwischen $\underline{U}_q$ und $\underline{U}$ wird als Spannungsfall von $\underline{I}_1$ an der Reihenschaltung eines induktiven Widerstandes $X_{1\sigma} < X_h$ und eines kleinen ohmschen Widerstandes $R_1 << X_{1\sigma}$ aufgefaßt. Physikalisch ist X_h ein Abbild der *Ankerrückwirkung*, $X_{1\sigma}$ ist die *Streureaktanz* der Ständerwicklung und steht für den Streufluß in Nuten und Wickelköpfen, R_1 ist der *Wicklungswiderstand* eines Stranges. Wenn es um Spannungen und Widerstände geht, nicht um Stromwärmeverluste, kann man, außer bei sehr kleinen Generatoren, R_1 immer vernachlässigen gegenüber $X_{1\sigma}$ und X_h, wobei man diese unter dem Namen *synchrone Reaktanz* X_d zusammenfassen kann.

Damit ergibt sich für einen Ständerstrang des Generators das in Bild 5-48 dargestellte Ersatzschaltbild.

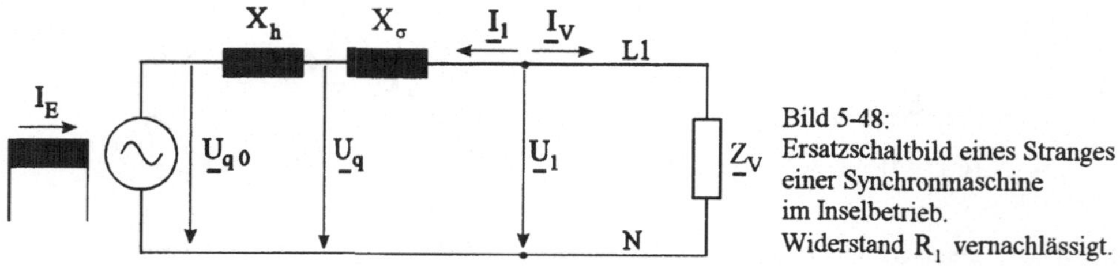

Bild 5-48:
Ersatzschaltbild eines Stranges einer Synchronmaschine im Inselbetrieb.
Widerstand R_1 vernachlässigt.

Da im stationären Betrieb zwischen den Winkelgeschwindigkeiten von Polrad und Ständerdrehfeld kein Schlupf auftritt, wird auf der Erregerseite keine Wechselspannung induziert, so daß diese nicht im Ersatzschaltbild berücksichtigt werden muß.

Aus dem Ersatzschaltbild ergeben sich folgende Gleichungen:

$$\underline{U}_1 = \underline{Z}_V \cdot \underline{I}_V \tag{5.35}$$

$$\underline{U}_1 = \underline{U}_q + jX_\sigma \cdot \underline{I}_1 \tag{5.36}$$

$$\underline{U}_1 = \underline{U}_{q0} + j(X_\sigma + X_h) \cdot \underline{I}_1 \tag{5.37a}$$

$$\underline{U}_1 = \underline{U}_{q0} + jX_d \cdot \underline{I}_1 \tag{5.37b}$$

Auf der Lastseite erhalten wir mit $\underline{U}_1 = U \cdot e^{j\varphi_u}$ und $\underline{Z}_V = Z \cdot e^{j\varphi}$ den Strom $\underline{I}_V = I \cdot e^{j\varphi_{iv}}$, wobei $I = U / Z$ und $\varphi_{iv} = \varphi_u - \varphi$ ist.

Auf der Maschinenseite setzen wir entsprechend $\underline{I}_1 = I \cdot e^{j\varphi_{i1}}$. Nach VZS ist $\underline{I}_1 = -\underline{I}_V$ oder

$$\underline{I}_1 + \underline{I}_V = 0 \tag{5.38a}$$

$$\varphi_{i1} = \varphi_{iv} + 180° \tag{5.38b}$$

Daher ist $\underline{I}_1 = I \cdot e^{j\varphi_{iv}} \cdot e^{j180°}$.

Wir betrachten die Fälle der rein induktiven, ohmschen und kapazitiven Last. Die Zeigerdiagramme sind in den Bildern 5-49 a, b und c dargestellt. Man erkennt aus den Diagrammen, daß bei induktiver Last die Spannung U gegenüber der Leerlaufspannung U_{q0} stärker abfällt als bei ohmscher Last. Dagegen steigt bei kapazitiver Last U gegenüber U_{q0} an.

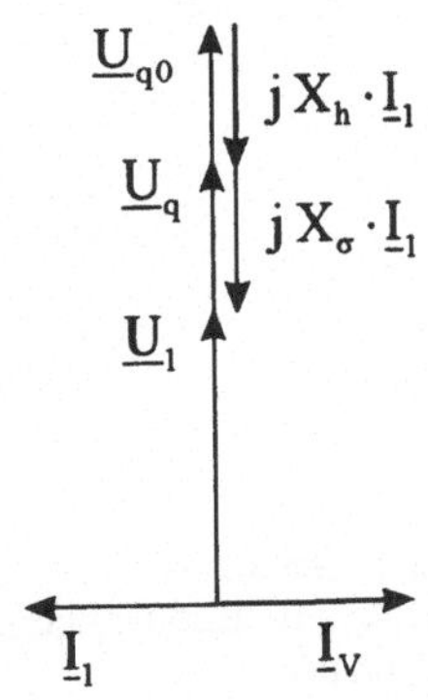

Bild 5-49a: Zeigerdiagramm einer Synchronmaschine bei induktiver Last

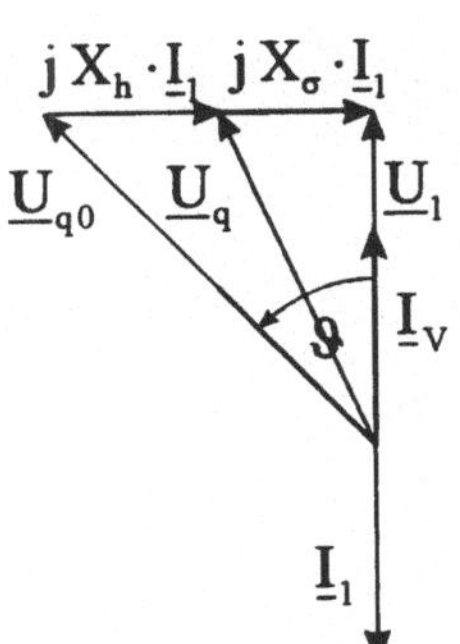

Bild 5-49b: Zeigerdiagramm einer Synchronmaschine bei ohmscher Last

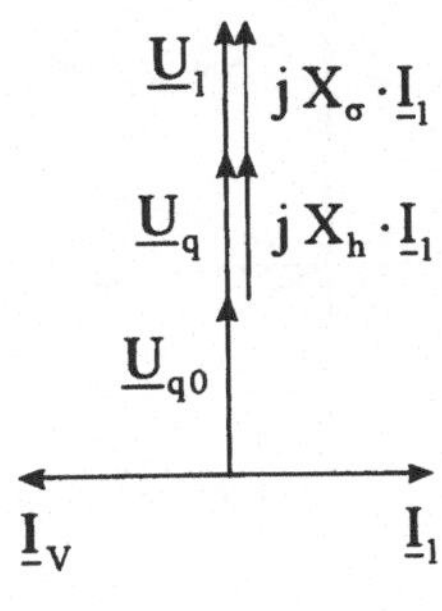

Bild 5-49c: Zeigerdiagramm einer Synchronmaschine bei kapazitiver Last

Dies wird bestätigt durch die Belastungskennlinien $U = f(I)$. Um deren Gleichung für die drei betrachteten Fälle zu erhalten, setzen wir den jeweils zugehörigen Strom in die Spannungsgleichung (5.37a) ein. $\underline{U}_1$ legen wir in die positive reelle Achse (nach oben zeigend, wie bei einpoligen Diagrammen üblich), d.h. wir setzen $\varphi_u = 0°$ und $\underline{U}_1 = U$.

a) induktive Last : $\underline{I}_V = -jI \Rightarrow \underline{I}_1 = jI \Rightarrow U = \underline{U}_{q0} + j(X_\sigma + X_h) \cdot jI$

$\Rightarrow U = \underline{U}_{q0} - (X_\sigma + X_h) \cdot I$. Man erkennt, daß $\underline{U}_{q0}$ in Phase mit $\underline{U}_1$ ist.

Daraus folgt

$$U = U_{q0} - (X_\sigma + X_h) \cdot I \tag{5.39}$$

Die Kennlinie $U = f(I)$ ist eine abfallende Gerade.

b) ohmsche Last: $\underline{I}_V = I \Rightarrow \underline{I}_1 = -I \quad \Rightarrow \quad U = \underline{U}_{q0} + j(X_\sigma + X_h) \cdot (-I) \quad \Rightarrow$
$U = \underline{U}_{q0} - j(X_\sigma + X_h) \cdot I$ oder $\underline{U}_{q0} = U + j(X_\sigma + X_h) \cdot I$.

$\underline{U}_{q0}$ eilt $\underline{U}_1$ um den *Polradwinkel* $\varphi_{up} - \varphi_u = \vartheta$ vor. Das Spannungsdreieck ist rechtwinklig, daher gilt $\cos\vartheta = U/U_{q0}$ und

$$U = \sqrt{U_{q0}^2 - [(X_h + X_\sigma) \cdot I]^2} \tag{5.40}$$

Mit Hilfe der analytischen Geometrie läßt sich zeigen, daß die Kennlinie $U = f(I)$ gemäß Gl. (5.40) einen Quadranten einer Ellipse darstellt.

c) kapazitive Last: $\underline{I}_V = jI \quad \Rightarrow \underline{I}_1 = -jI \quad \Rightarrow U = \underline{U}_{q0} + j(X_\sigma + X_h) \cdot (-jI)$
$U = \underline{U}_{q0} + (X_\sigma + X_h) \cdot I$ oder $\underline{U}_{q0} = U - (X_\sigma + X_h) \cdot I$

$\underline{U}_{q0}$ ist in Phase mit $\underline{U}_1$. Daher gilt

$$U = U_{q0} + (X_\sigma + X_h) \cdot I \tag{5.41}$$

Die Kennlinie $U = f(I)$ ist eine ansteigende Gerade.

Die Belastungskennlinien für die drei Fälle sind in Bild 5-50 abgebildet. Bei gemischter Last liegen die Kennlinien zwischen den gezeichneten Kurven.

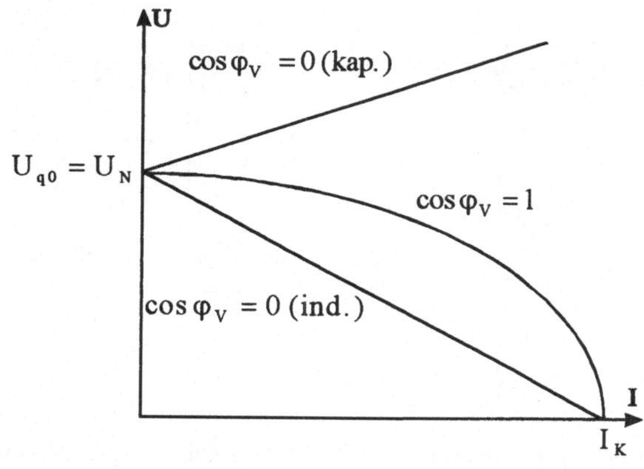

Bild 5-50:
Belastungskennlinien eines Synchrongenerators im Inselbetrieb bei induktiver, ohmscher und kapazitiver Last

Kurzschluß

Schließt man einen vom Netz getrennten Synchrongenerator dreipolig an den Klemmen kurz und erregt ihn dann mit einem Erregerstrom I_{E0}, der im Leerlauf die Strangspannung U_{q0} erzeugt, so fließt in der Ständerwicklung des Generators der Dauerkurzschlußstrom I_K. Die Durchflutung dieses Stromes, die Ankerrückwirkung, löscht die Erregerdurchflutung weitgehend aus bis auf ein Restfeld, das gerade so groß ist, daß die von ihm erzeugte Quellenspannung $\underline{U}_q$ den Strom $\underline{I}_K$ über die Streureaktanz X_σ treiben kann. Den Vorgang kann man im Zeigerdiagramm darstellen, erregerseitig durch $\underline{I}_\mu = \underline{I}_{E0} - \underline{I}_K'$ (Bild 5-51a) oder ständerseitig durch den Spannungsfall $\underline{U}_{q0} - \underline{U}_q = \underline{I}_K \cdot jX_h$, der die Ankerrückwirkung repräsentiert und durch $\underline{U}_q - \underline{I}_K \cdot jX_\sigma = 0$, der den Kurzschluß darstellt. Wenn wir beide Reaktanzen zusammenfassen zur synchronen Reaktanz $X_d = X_h + X_\sigma$, ergibt sich aus dem Ersatzschaltbild nach VZS (Bild 5-51b) : $\underline{U}_{q0} + jX_d \cdot \underline{I}_K = 0 \Rightarrow$

$$\underline{I}_K = j\frac{\underline{U}_{q0}}{X_d} \tag{5.42}$$

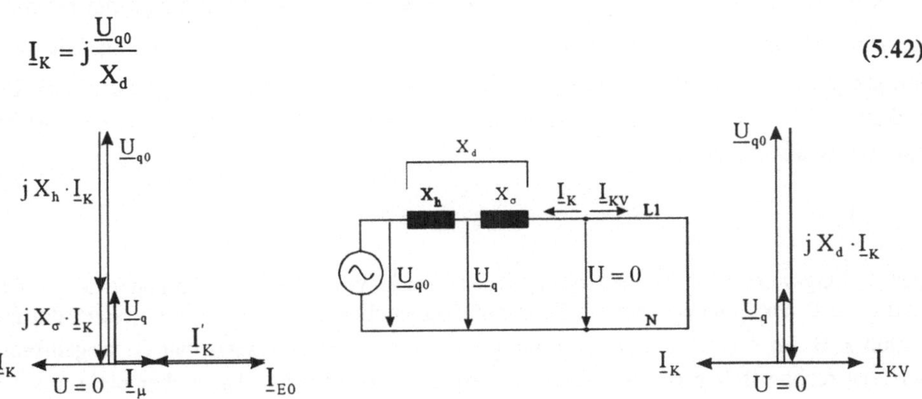

Bild 5-51a: Synchrongenerator im Dauerkurzschluß, Zeigerdiagramm mit Erregerseite

Bild 5-51b: Synchrongenerator im Dauerkurzschluß, Ersatzschaltbild mit Zeigerdiagramm, Ständerseite

Der Strom I_K im Generator ist bei der Strangspannung $U_{q0} = U_N / \sqrt{3}$ kleiner als der Nennstrom und eilt $\underline{U}_{q0}$ um 90° vor.

Erregt man den leerlaufenden Generator auf $U_{q0} = U_N / \sqrt{3}$ und schließt ihn dann plötzlich dreipolig kurz, so stellt sich der Dauerkurzschlußstrom I_K erst nach einem *Übergangsvorgang* ein, der im Bild 5-52 als Strom-Oszillogramm für einen Strang dargestellt ist. Die erste Stromspitze, der *Stoßkurzschlußstrom* i_p, ist sehr viel höher als der Dauerkurzschlußstrom I_K, er kann maximal etwa das 15fache vom Scheitelwert des Nennstromes betragen. Eine Analyse der ersten zehn Perioden des Kurzschlußstromes ergibt, daß dem Wechselstromanteil I_K'' ein exponentiell abklingendes Gleichstromglied i_{DC} mit dem Anfangswert A überlagert ist, das sich aus dem Einschaltvorgang ergibt (Bezeichnungen nach VDE 0102) und die Stromspitze erhöht.

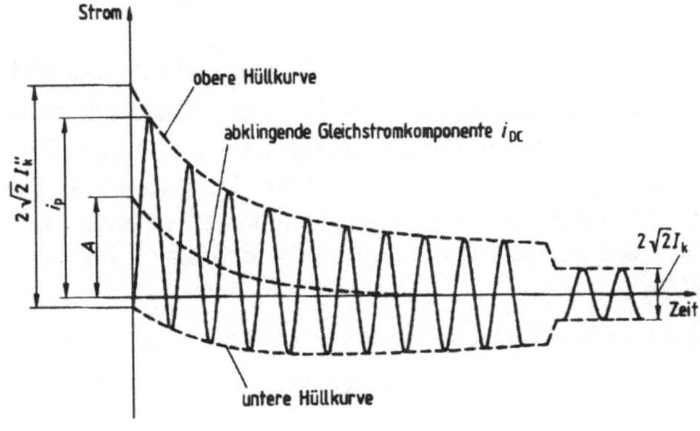

Bild 5-52:
Stromverlauf in einem Strang einer Synchronmaschine bei Klemmenkurzschluß im Nulldurchgang der Spannung $U_P \equiv U_{q0}$

Der netzfrequente Stromanteil I''_K wird *Anfangs-Kurzschlußwechselstrom* genannt. Die Erklärung dafür, daß I''_K sehr viel höher ist als I_K, liegt darin, daß das Ständerdrehfeld der Ankerrückwirkung erst langsam in das Polrad eindringt und das Luftspaltfeld abbaut. Dies wird rechnerisch so ausgedrückt, daß im Anfangsstadium des Kurzschlusses die Quellenspannung (bei vorherigem Leerlauf) $U_{q0} = U_N / \sqrt{3}$ zunächst erhalten bleibt und statt der synchronen Reaktanz X_d die wesentlich kleinere *subtransiente Reaktanz* X''_d oder Anfangsreaktanz zur Strombegrenzung eingesetzt wird. Die Anfangsreaktanz X''_d ist nur wenig größer als die Streureaktanz X_σ. Bei der auf Nennspannung erregten Maschine wird der Anfangs-Kurzschlußwechselstrom

$$I''_K = \frac{U_N}{\sqrt{3} \cdot X''_d} \tag{5.43}$$

Der Anfangswert A des Gleichstromgliedes hängt vom Kurzschlußaugenblick ab. Er erzwingt, daß der Ständerstrom im Kurzschlußaugenblick bei Null beginnt. Wenn der Kurzschluß z. B. im Augenblick des Spannungs-Nulldurchganges einsetzt, hat I''_K wegen induktiver Last rechnerisch gerade den Scheitelwert. Der Ständerstrom kann aber nicht auf diesen Wert springen, denn eine Induktivität ist ein magnetischer Speicher. Daher ergänzt der Gleichstromwert A den Wert $i''_K(0)$ zu Null, d.h. den Wert unmittelbar vor Einsetzen des Kurzschlusses. Wenn dagegen der Kurzschluß im Spannungs-Scheitelwert einsetzt, ist $i''_K(0) = 0$, das Gleichstromglied ist überflüssig und verschwindet.

Wird ein *belasteter Generator* an den Klemmen dreipolig kurzgeschlossen, so ändert sich die Ankerrückwirkung der Vorbelastung nur allmählich. Die Quellenspannung $U''_q = U_q$ bleibt zunächst erhalten, der Anfangs-Kurzschlußwechselstrom wird $I''_K = \frac{U''_q}{X''_d}$. Die Größe der Spannung U''_q hängt, wie die Bilder 5-49 a bis c zeigen, von Betrag und Phase des Laststromes ab. Da man diese Werte nicht vorhersehen kann, wenn einmal ein Kurzschluß eintritt, setzt man für U''_q den Schätzwert $U''_q = c \cdot \frac{U_N}{\sqrt{3}}$ ein. Nach VDE 0102 ist c = 1,1 bei Hoch- und Mittelspannungsnetzen, bei Niederspannungsnetzen c = 1,0 oder c = 1,05.

Der Wechselstromanteil des Kurzschlußstromes nimmt infolge der Ankerrückwirkung im Verlauf des Kurzschlußvorganges stetig ab, bis er nach 100 bis 200 Perioden den Wert des Dauerkurzschlußstromes erreicht hat. Diese Art des Kurzschlusses wird *generatornaher Kurzschluß* genannt.

Im Gegensatz dazu ist ein *generatorferner Kurzschluß* dadurch gekennzeichnet, daß sich Anfangs-Kurzschlußwechselstrom I''_K und Dauerkurzschlußstrom I_K in der Amplitude nicht merklich unterscheiden (VDE 0102). Dies ist z.B. der Fall, wenn mehrere parallelgeschaltete Großgeneratoren auf eine Sammelschiene speisen, von der eine längere Leitungsstrecke geringen Querschnitts abgeht. Tritt am Ende dieser Leitung ein Kurzschluß auf, so ändert sich dabei die Spannung an der Sammelschiene nur unwesentlich, und die Bedingung für einen generatorfernen Kurzschluß ist erfüllt [10].

Das Produkt $S''_K = \sqrt{3} \cdot U_N \cdot I''_K$, genannt *Anfangskurzschlußleistung*, wird zur Bemessung der Leistungsschalter und anderer Betriebsmittel verwendet. S''_K ist aber keine physikalische

Größe, sondern eine reine Rechengröße, weil U_N und I''_K bei einem Kurzschluß nicht gleichzeitig auftreten.

Die Synchronmaschine am Netz

Eine Drehstrom-Synchronmaschine, an der Welle gekuppelt mit einer Kraft- oder Arbeitsmaschine, wird an ein Drehstromnetz geschaltet, das

- Wirk- und Blindleistung in beliebigem Umfang aufnehmen oder abgeben kann,
- an der Sammelschiene eine Spannung zur Verfügung stellt, die in Frequenz, Amplitude und Phasenlage praktisch konstant ist, unabhängig von Maschine und Last.

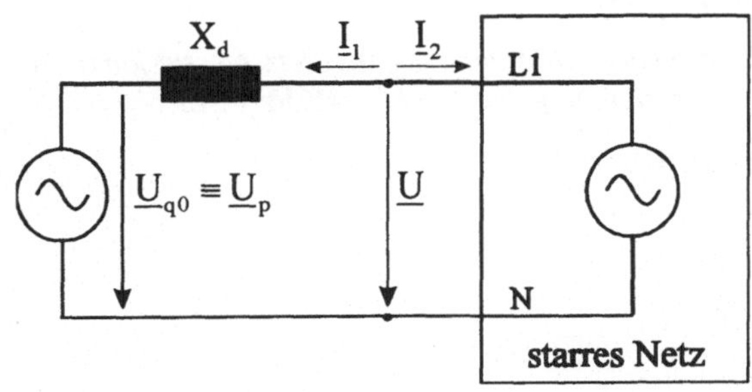

Bild 5-53: Ersatzschaltbild einer Synchronmaschine am starren Netz

Ein Netz mit solchen Eigenschaften nennt man ein *starres Netz*. Näherungsweise wird ein starres Netz realisiert durch mehrere Großgeneratoren (500...1500 MVA), die parallel auf eine Sammelschiene arbeiten, an der eine leistungsstarke Verbrauchergruppe angeschlossen ist. Das Ersatzschaltbild einer Synchronmaschine am starren Netz zeigt das Bild 5-53.

Anlauf und Synchronisieren

Vor dem Zuschalten auf das Netz wird die Synchronmaschine

a) durch Kraftmaschine oder Anwurfmotor in der Drehzahl hochgefahren, bis die in der Ständerwicklung erzeugte *Frequenz* mit der Netzfrequenz übereinstimmt,

b) erregt, bis ihre Leerlaufspannung (Polradspannung $U_p \equiv U_{q0}$) in der *Amplitude* mit der Netzspannung U_{LE} bzw. $U_N / \sqrt{3}$ übereinstimmt,

c) mittels Drehmomentimpulsen der Kraftmaschine, die auf die Läuferstellung einwirken, auf gleiche *Phasenlage* von Polradspannung und Netzspannung eingesteuert.

Sind diese Bedingungen erfüllt, so ist $\underline{U}_p = \underline{U}$, und die Maschine kann *synchronisiert*, d.h. stromlos zugeschaltet werden. Der Synchronlauf mit dem Netz ist hergestellt.

Leerlauf

Bleibt die Bedingung $\underline{U}_p = \underline{U}$ in Betrag und Phase auch nach dem Synchronisieren bestehen, so läuft die Maschine im Leerlauf mit synchroner Drehzahl am Netz. Der Ständerstrom I_1 ist Null (Bild 5-54a).

Phasenschieberbetrieb

Bleibt die Synchronmaschine mechanisch im Leerlauf und wird dabei der Erregerstrom I_E verstellt, so ändert sich die Polradspannung, und zwar nur in der Amplitude, nicht in der

Phase. Die Spannungsdifferenz $\underline{U} - \underline{U}_p$ liegt in Richtung der Netzspannung, so daß der Ständerstrom ein reiner Blindstrom ist. Wir unterscheiden zwei Fälle:

a) Übererregter Phasenschieber

Der Erregerstrom I_E ist größer als der Leerlauf-Erregerstrom I_{E0}. Daher ist auch die Polradspannung größer als die Netzspannung. $\underline{U} = \underline{U}_p + jX_d \cdot \underline{I}_1 \quad \Rightarrow \underline{I}_1 = \left(U \cdot e^{j\varphi_u} - U_p \cdot e^{j\varphi_{up}}\right) / jX_d$;

$\varphi_{Up} = \varphi_U = 0°$; $\Rightarrow$ $\underline{I}_1 = [(U - U_p) / X_d] \cdot e^{-j90°} \Rightarrow$

$$\underline{I}_1 = [(U_p - U) / X_d] \cdot e^{j90°} \tag{5.44}$$

Der Ständerstrom $\underline{I}_1$ eilt der Netzspannung $\underline{U}$ um 90° vor.

Die übererregte Synchronmaschine gibt induktive Blindleistung ins Netz ab, sie kann daher wie ein Kondensator zur Blindstromkompensation eingesetzt werden (Bild 5-54b).

Der Netzstrom ist $\underline{I}_2 = -\underline{I}_1 \quad \Rightarrow \quad \underline{I}_2 = [(U_p - U) / X_d] \cdot e^{-j90°}$

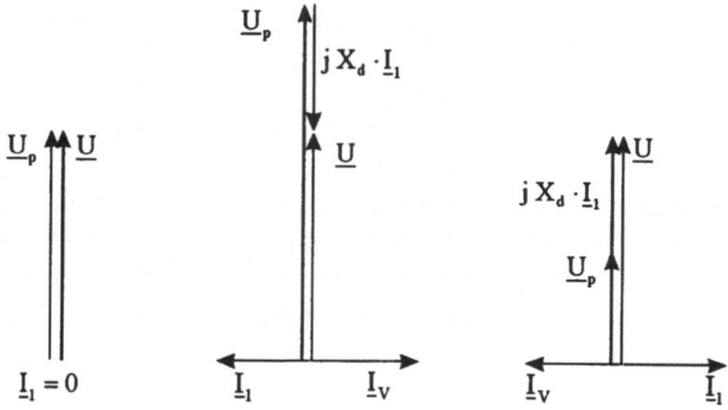

Bild 5-54: Zeigerdiagramm der Synchronmaschine im Leerlauf und im Phasenschieberbetrieb

a) Leerlauf b) Übererregter Phasenschieber c) Untererregter Phasenschieber

b) Untererregter Phasenschieber

Der Erregerstrom I_E ist kleiner als der Leerlauf-Erregerstrom I_{E0}. Daher ist auch die Polradspannung im Betrage kleiner als die Netzspannung. Der Ständerstrom $\underline{I}_1$ eilt der Netzspannung $\underline{U}$ um 90° nach:

$$\underline{I}_1 = [(U_p - U) / X_d] \cdot e^{-j90°} \tag{5.45}$$

Die untererregte Synchronmaschine nimmt wie eine Drosselspule induktive Blindleistung aus dem Netz auf (Bild 5-54c).

Der Netzstrom ist $\underline{I}_2 = -\underline{I}_1 \quad \Rightarrow \quad \underline{I}_2 = [(U_p - U) / X_d] \cdot e^{j90°}$

Die Vorteile der Synchronmaschine als rotierender Phasenschieber sind:

- Mit Hilfe des Erregerstromes kann der Betrag des ins Netz abgegebenen Blindstromes *kontinuierlich* und schnell verstellt werden. Die Synchronmaschine kann Blindlaständerungen im Netz gut angepaßt werden.

- Die Phasenlage des Blindstromes und damit die Richtung der induktiven Blindleistung können durch Verstellen des Erregerstromes umgekehrt werden. Die Synchronmaschine kann also wahlweise die Rolle einer Dreiphasendrossel oder einer Kondensatorbatterie übernehmen.

Allerdings werden Synchronmaschinen als Phasenschieber nur in großen Hochspannungsnetzen eingesetzt, um Leitungen oder Netzteile blindstromfrei zu halten. In Mittel- und Niederspannungsnetzen können sie aus Preisgründen mit Kondensatoren oder Drosseln nicht konkurrieren.

Generatorbetrieb

Wird der Synchronmaschine durch die Kraftmaschine ein antreibendes Drehmoment zugeführt, so wird die Drehmasse des Läufers beschleunigt. Sobald das Polrad dem Drehfeld um einen Winkel ϑ voreilt, eilt auch die Phase der Polradspannung $\underline{U}_p$ gegenüber der Phase der

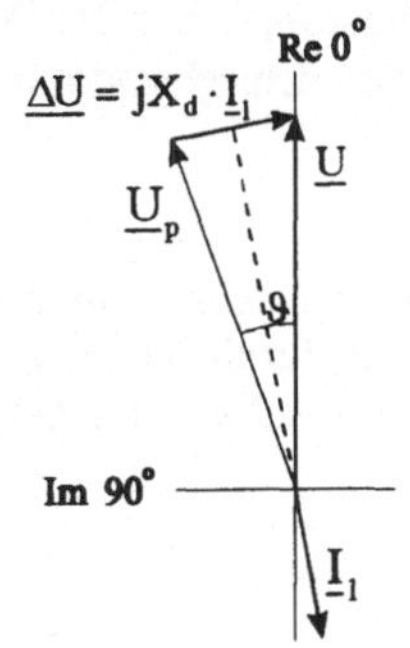

Bild 5-55a: Synchronmaschine am Netz, Generatorbetrieb

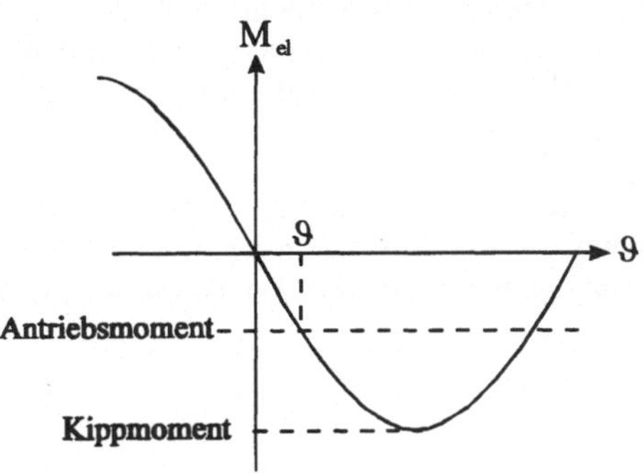

Bild 5-55b: Synchronmaschine am Netz, Antriebsmoment, elektrisches Moment und Polradwinkel

Netzspannung $\underline{U}$ vor. Die Phasendifferenz $\varphi_{Up} - \varphi_U = \vartheta$ ist der (positive) *Polradwinkel*. Gleichzeitig entsteht eine Spannungsdifferenz $\underline{\Delta U} = \underline{U} - \underline{U}_p$, die einen um 90° nacheilenden Ständerstrom hervorruft (Bild 5-55a)

$$\underline{I}_1 = (\underline{U} - \underline{U}_p) / jX_d \tag{5.46}$$

Dieser Strom $\underline{I}_1 = I \cdot e^{j\varphi 1}$ ist fast reiner Generatorwirkstrom, d.h. die Maschine gibt Wirkleistung P_1 an das Netz ab: $P_1 = 2\pi \cdot n \cdot M_{el} \Rightarrow P_1 = 3 \cdot U \cdot I \cdot \cos\varphi_1$;

Der Netzstrom ist $\underline{I}_2 = -\underline{I}_1$, d.h. $\underline{I}_2 = I \cdot e^{j\varphi 2}$ mit $\varphi_2 = 180° - \varphi_1$; $\cos\varphi_2 = -\cos\varphi_1$. Daher ist

$$P_1 = -3 \cdot U \cdot I \cdot \cos\varphi_2 \tag{5.47a}$$

Die Leistung P_1 erzeugt ein bremsendes elektrisches Drehmoment $M_{el} = P_1 / 2 \cdot \pi \cdot n$, das dem Antriebsmoment entgegenwirkt. Leistung und Moment sind wie folgt vom Polradwinkel abhängig: Aus dem Zeigerdiagramm (Bild 5-55a) entnimmt man

$$I \cdot X_d \cdot \cos\varphi_2 = U_p \cdot \sin\vartheta \Rightarrow I \cdot \cos\varphi_2 = U_p \cdot \sin\vartheta / X_d \Rightarrow$$

$$P_1 = -3 \cdot U \cdot U_p \cdot \sin\vartheta / X_d \tag{5.47b}$$

Damit wird

$$M_{el} = -(3 \cdot U \cdot U_p \cdot \sin\vartheta) / (2 \cdot \pi \cdot n \cdot X_d) \tag{5.47c}$$

Das negative Vorzeichen von M_{el} bei $\vartheta > 0$ bedeutet ein bremsendes Moment, das den Polradwinkel zu verkleinern sucht.

Der Polradwinkel wächst solange, bis das elektrische Bremsmoment gleich dem Antriebsmoment ist: Momentengleichgewicht, Beschleunigung Null, stabiler Betrieb. Vereinfacht kann man sagen: Die magnetischen Feldlinien zwischen Ständer und Polrad wirken wie Gummifäden, so daß das Drehfeld im Luftspalt den Läufer bremst und im Synchronlauf hält.

Dies ist aber nur dann der Fall, wenn der Polradwinkel auf weniger als 90° beschränkt wird, weil die Funktion $M_{el} = f(\vartheta)$ (Bild 5-55b) bei $\vartheta = 90°$ einen Maximalwert hat, das Kippmoment. Momentengleichgewicht kann nur zustande kommen, wenn das Antriebsmoment kleiner ist als das Kippmoment. Wird das Antriebsmoment größer als das Kippmoment, so wächst der Polradwinkel unbegrenzt weiter, der Generator geht durch. Der Polradwinkel $\vartheta = 90°$ ist daher die theoretische *Grenze der statischen Stabilität*. Aus der Gleichung (5.47c) ist ersichtlich, daß das Kippmoment - und damit die abgebbare Wirkleistung - mit der Polradspannung, d.h. der Erregung wächst. Umgekehrt nimmt bei gegebenem Antriebsmoment der Polradwinkel ab, wenn die Polradspannung zunimmt.

Über- und Untererregung:

Der Wirkleistungsumsatz des Generators wird durch Verstellen des Antriebsmomentes gesteuert (Dampfventil). Zusätzlich kann auch der Blindleistungsumsatz durch Verstellen des Erregerstroms gesteuert werden: Kombination von Generator- und Phasenschieberbetrieb.

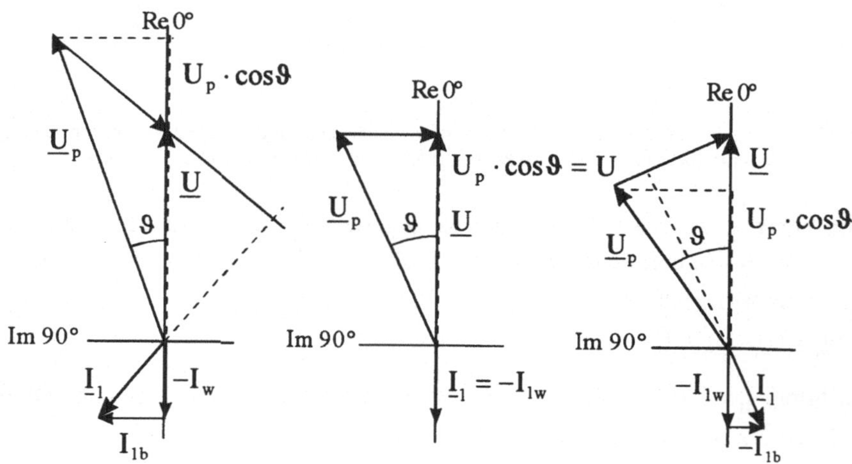

Bild 5-56: Zeigerdiagramme des Synchrongenerators am Netz
a) übererregt b) voll erregt c) untererregt

Damit ergeben sich drei Varianten des Generatorbetriebes:

a) Übererregter Generator (Bild 5-56a). Kennzeichen der Übererregung:

Die Projektion von $\underline{U}_p$ auf die Richtung von $\underline{U}$ ist größer als U: $U_p \cdot \cos\vartheta > U$

Der Generator $\Rightarrow$ erzeugt Wirkleistung: $P < 0$; $I_{1W} < 0$; $\vartheta > 0$

$\Rightarrow$ gibt induktive Blindleistung ab: $Q < 0$

b) Vollerregter Generator (Bild 5-56b). Kennzeichen der Vollerregung:

Die Projektion von $\underline{U}_p$ auf die Richtung von $\underline{U}$ ist gleich U: $U_p \cdot \cos\vartheta = U$

Der Generator ⇒ erzeugt Wirkleistung: $P < 0$; $I_{1W} < 0$; $\vartheta > 0$
⇒ setzt keine induktive Blindleistung um: $Q = 0$

c) Untererregter Generator (Bild 5-56c). Kennzeichen der Untererregung:

Die Projektion von $\underline{U}_p$ auf die Richtung von $\underline{U}$ ist kleiner als U: $U_p \cdot \cos\vartheta < U$

Der Generator ⇒ erzeugt Wirkleistung: $P < 0$; $I_{1W} < 0$; $\vartheta > 0$
⇒ nimmt induktive Blindleistung auf: $Q > 0$.

Motorbetrieb

Wird die Synchronmaschine nicht angetrieben, sondern durch eine Arbeitsmaschine abgebremst, z.B. durch einen Turboverdichter, so bleibt die Polachse hinter der Leerlauflage zurück, die Polradspannung $\underline{U}_p$ eilt der Netzspannung $\underline{U}$ um den negativen Polradwinkel ϑ nach. Die Auslenkung bzw. Spannungsdifferenz hat einen Ständerstrom $\underline{I}_1$ zur Folge. Die Maschine nimmt nach Gl. (5.47b) aus dem Netz Wirkleistung auf: $P_1 = -3 \cdot U \cdot U_p \cdot \sin\vartheta / X_d$. Die synchrone Drehzahl bleibt erhalten. Das Lastmoment hat einen negativen Polradwinkel zur Folge, daher sind Wirkleistung und Drehmoment positiv. Die Maschine erzeugt ein antreibendes Drehmoment, das dem Lastmoment das Gleichgewicht hält. Überschreitet das Lastmoment den Wert des Kippmomentes, so ist kein Momentengleichgewicht möglich, die Synchronmaschine bleibt stehen.

Wie im Generatorbetrieb steigt die übertragbare Leistung bei starrem Netz mit der Polradspannung U_p an, d.h. mit dem Erregerstrom. Das Entsprechende gilt für das innere, d.h. elektrisch erzeugte Drehmoment der Maschine, entsprechend Gleichung (5.47c). Bei gleichem Wirkleistungsumsatz ist der Polradwinkel größer als bei vollerregtem Motor, wenn U_p kleiner ist. Entsprechend ist ϑ kleiner als bei vollerregtem Motor, wenn U_p größer ist.

Über- und Unterregung:

Auch im Motorbetrieb kann die Synchronmaschine über-, unter- oder vollerregt betrieben werden.

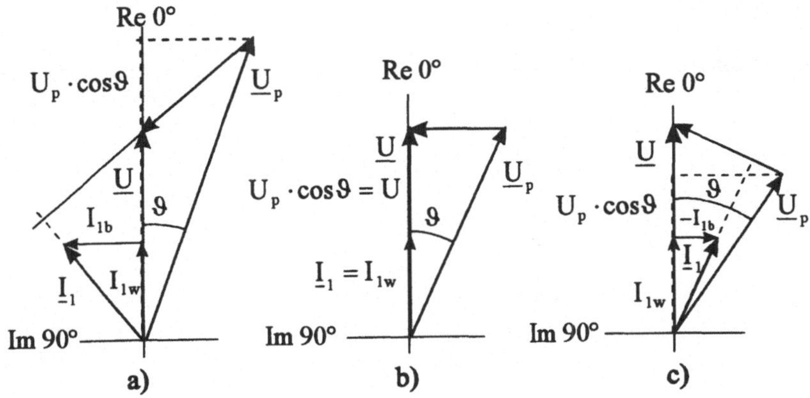

Bild 5-57: Zeigerdiagramme des Synchronmotors am Netz
a) übererregt b) vollerregt c) untererregt

Wir unterscheiden daher

a) Übererregter Motor (Bild 5-57a). Kennzeichen der Übererregung :

Die Projektion von $\underline{U}_p$ auf die Richtung von $\underline{U}$ ist größer als U: $U_p \cdot \cos\vartheta > U$

Der Motor $\Rightarrow$ verbraucht Wirkleistung : $P > 0$; $\vartheta < 0$; $I_{1W} > 0$

$\Rightarrow$ gibt induktive Blindleistung ab: $Q < 0$

b) Vollerregter Motor (Bild 5-57b). Kennzeichen der Vollerregung:

Die Projektion von $\underline{U}_p$ auf die Richtung von $\underline{U}$ ist gleich U: $U_p \cdot \cos\vartheta = U$

Der Motor $\Rightarrow$ verbraucht Wirkleistung: $P > 0$; $\vartheta < 0$; $I_{1W} > 0$

$\Rightarrow$ setzt keine induktive Blindleistung um: $Q = 0$

Bei gleichem Wirkleistungsumsatz ist der Polradwinkel größer als bei übererregtem Motor, weil U_p kleiner ist.

c) Untererregter Motor (Bild 5-57c). Kennzeichen der Untererregung :

Die Projektion von $\underline{U}_p$ auf die Richtung von $\underline{U}$ ist kleiner als U: $U_p \cdot \cos\vartheta < U$

Der Motor $\Rightarrow$ verbraucht Wirkleistung : $P > 0$; $\vartheta < 0$; $I_{1W} > 0$

$\Rightarrow$ nimmt induktive Blindleistung auf: $Q > 0$.

Das Bild 5-58 stellt die Funktion $M_{el} = f(\vartheta)$ dar bei Generator- und Motorbetrieb mit der Polradspannung U_p als Parameter. Bei Abgabe oder Aufnahme einer bestimmten Wirkleistung bzw. eines Antriebs- oder Lastmomentes ist der Polradwinkel ϑ umso kleiner, je höher U_p ist.

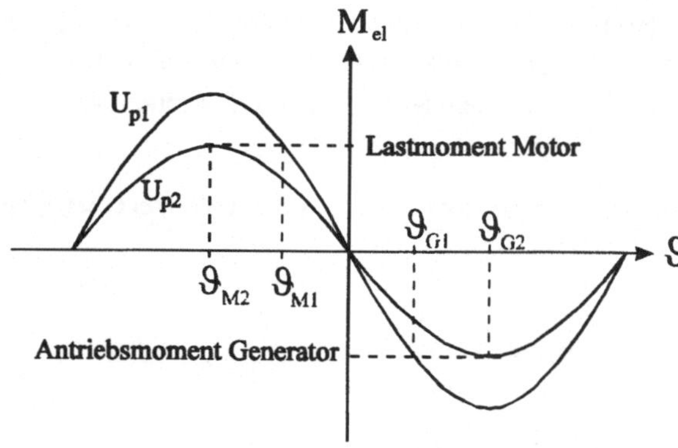

Bild 5-58:
Polradwinkel im Generator- und Motorbetrieb bei großer und kleiner Polradspannung

6 Schalten und Schützen elektrischer Anlagen

6.1 Einteilung der Schaltgeräte

6.1.1 Schaltgeräte, Definitionen

Schaltgeräte sind Geräte zum Verbinden (Einschalten), Unterbrechen (Ausschalten) oder Trennen von Strompfaden.

Nach DIN VDE 0660 unterscheidet man Schalter, Sicherungen, Schaltkombinationen, Steckvorrichtungen, Anlasser und Steller sowie Zubehör.

Schalter sind Schaltgeräte zum mehrmaligen Einschalten und Ausschalten von Strompfaden, bei denen die beweglichen Schaltstücke durch Bauelemente des Gerätes mechanisch geführt sind und daher beim Schalten stets denselben vorbestimmten Weg zurücklegen (Bild 6-3).

Sicherungen sind Schaltgeräte, bei denen die Strombahnen durch Abschmelzen bestimmter Teile unter der Wirkung eigener Stromwärme unterbrochen werden, wenn der Strom während bestimmter Zeiten bestimmte Werte überschreitet.

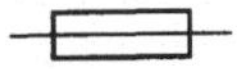

Bild 6-1: Schaltzeichen einer Sicherung (Seitenverhältnis 1 : 3)

Bild 6-2: Schaltzeichen einer Steckvorrichtung mit Steckerstift und Steckerbuchse

Schaltkombinationen bestehen aus mehreren Schaltgeräten in Reihenschaltung, die sich für den Kurzschlußfall in ihrem Schaltvermögen ergänzen, z.B. Schalter mit Vorschaltsicherungen.

Steckvorrichtungen sind zweiteilige Schaltgeräte zum Kuppeln oder Trennen ortsfester und beweglicher Leitungen untereinander sowie von beweglichen Leitungen mit Geräten. Eine Steckvorrichtung besteht aus der Steckdose oder Steckkupplung mit den Steckbuchsen sowie dem Stecker mit den Steckerstiften. Steckvorrichtungen müssen zum Schalten unter Last geeignet oder mit einem Schalter verriegelt sein.

Anlasser und Steller gehören zum Fachgebiet „Elektrische Maschinen“ und werden hier nicht behandelt.

6.1.2 Schalter, Definitionen

Aufbau: Jeder Schalter besteht mindestens aus folgenden Bauelementen:

1) Schaltglieder (Kontakte), bestehend aus festen und beweglichen Schaltstücken
2) Antrieb zur Bewegung der Schaltstücke
3) Leiteranschlüsse
4) Sockel oder Grundrahmen

Dazu kommen je nach Verwendungszweck:

5) Lichtbogen-Löscheinrichtungen

6) Mechanische Zwischenglieder zwischen Schalt- und Antriebsgliedern (Freilauf-Kupplungen, Schaltschlösser)

7) Auslöseglieder

8) Geräteumhüllung

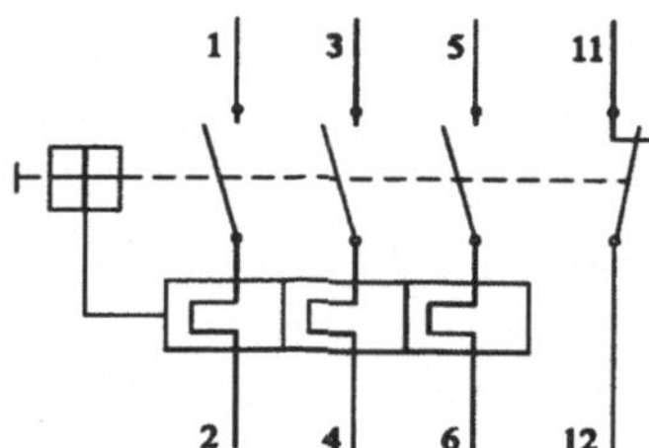

Bild 6-3:
Bauelemente eines dreipoligen Schalters im Hauptstromkreis mit Handantrieb, drei thermischen Überstromauslösern, Schaltschloß und Öffner im Hilfsstromkreis

Betätigung: Der Antrieb eines Schalters ist die Vorrichtung, die die Schaltglieder von einer Schaltstellung in die andere bewegt. Die dazu erforderliche Antriebskraft kann über ein Betätigungsglied (z.B. Handhabe, Bild 6-3) von außen einwirken oder im Antrieb erzeugt werden (z.B. bei Motorantrieb). Betätigen eines Schalters bedeutet das willkürliche Ändern der Schaltstellung durch den Schalterantrieb.

Bei Schaltern mit *Rückstellkraft* wirkt die Betätigungskraft des Antriebs nur in einer Richtung, entgegen einer Federkraft. Die Schaltstellung, die durch die Rückstellkraft allein erreicht wird, heißt *Ausgangsstellung*. Die Schaltstellung, die mit Hilfe der *Betätigungskraft* erreicht wird, heißt *Wirkstellung*. Schalter können mehrere Wirkstellungen haben.

Die Folge der Schaltbewegung ist das *Schließen* oder *Öffnen* der Schaltglieder, d.h. Herstellen oder Aufheben des elektrischen Kontaktes zwischen den festen und den beweglichen Schaltstücken.

Einschalten ist das Herstellen, *Ausschalten* ist das Unterbrechen eines geschlossenen Stromkreises. *Umschalten* bedeutet das wahlweise Ausschalten eines Stromkreises und Einschalten eines anderen Stromkreises.

Trennen bedeutet das Öffnen mit gleichzeitigem Herstellen einer zum Schutz von Personen ausreichenden Strecke (Trennstrecke) im Zuge der Strombahn.

Beispiel: Ein Haushaltsgerät muß gewartet werden. Dazu wird es zuerst durch einen Kippschalter ausgeschaltet und dann durch Öffnen der Strombahn in der Steckvorrichtung vom Netz getrennt.

Strombahnen sind die Teile der Strompfade zwischen den Anschlüssen der Schaltgeräte. Mehrpolige Schalter enthalten mehrere i.a. gleichwertige Strombahnen.

Darstellung von Schaltgliedern (Bild 6-4): In Schaltplänen sind Schaltglieder stets in der Ausgangsstellung darzustellen. Bei Schaltern in Hauptstromkreisen ist dies die Aus-Stellung. Bei Schaltern in Hilfsstromkreisen (Hilfsstromschaltern) gilt:

Ein Schaltglied, das bei Betätigung gegen Rückstellkraft schließt, heißt *Schließer* oder Einschaltglied. Ein Schaltglied, das bei Betätigung gegen Rückstellkraft öffnet, heißt *Öffner* oder Ausschaltglied . Ein *Wechsler* oder Umschaltglied vereinigt die Funktionen von Öffner und Schließer. Ein *Wischer* ist ein Schaltglied, das nur während des Überganges von einer Stellung zur anderen kurzzeitig geschlossen ist.

Anschlußbezeichnungen für Schaltglieder: Für Hauptschaltglieder sind nur einstellige Zahlen zu verwenden. Bei Hilfsschaltgliedern wird der Platz mit einer Platzziffer bezeichnet, die Schaltfunktion mit einer Funktionsziffer (siehe Bild 6-4b). Die Platzziffern werden, beginnend mit 1, fortlaufend durchgezählt.

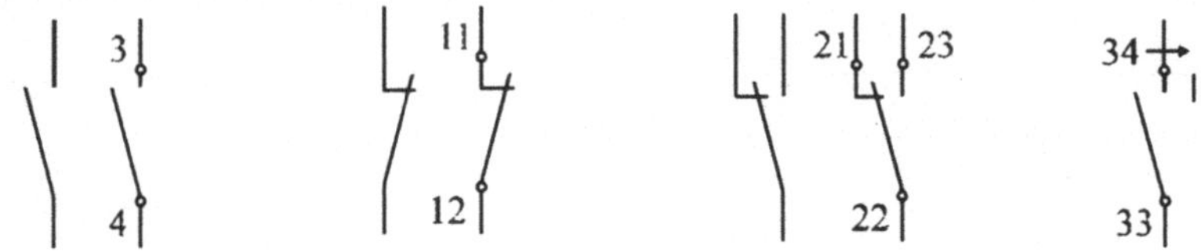

Bild 6-4a: Darstellung von Schaltgliedern (Form 1: ohne Klemmen, Form 2: mit Klemmen)
Schließer Öffner Wechsler Wischer (Kontaktgabe bei Bewegung nach rechts)

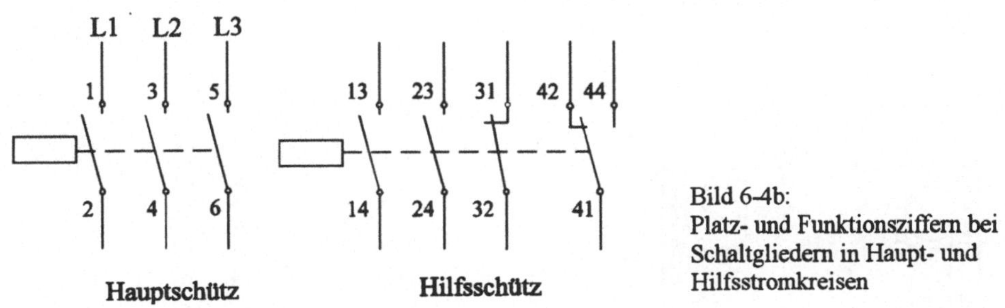

Bild 6-4b:
Platz- und Funktionsziffern bei Schaltgliedern in Haupt- und Hilfsstromkreisen

Betriebsspannung: Schalter mit Nennspannungen bis 1000 V Wechselspannung oder bis 3000 V Gleichspannung werden als *Niederspannungs-Schaltgeräte* bezeichnet, bei höheren Nennspannungen als *Hochspannungs-Schaltgeräte*. In diesem Buch werden vor allem Niederspannungs-Schaltgeräte behandelt [25].

6.1.3 Niederspannungs-Schaltgeräte (DIN VDE 0660)

Mechanisches Verhalten in den Schaltstellungen

Die Schalter werden nach dem mechanischen Verhalten in den Schaltstellungen eingeteilt in *Rastschalter, Tastschalter* und *Schloßschalter* (Schaltzeichen siehe Bild 6-5).

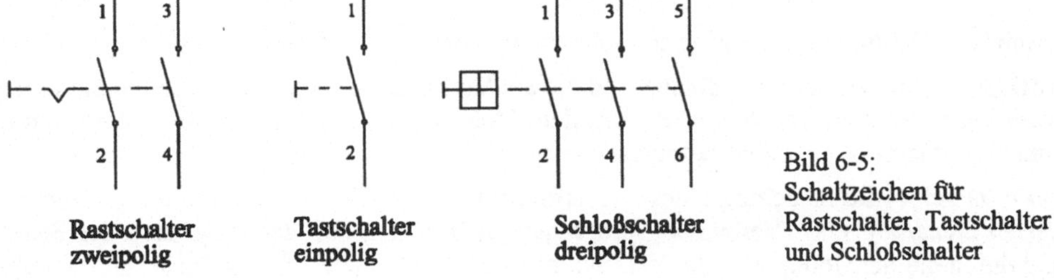

Bild 6-5:
Schaltzeichen für Rastschalter, Tastschalter und Schloßschalter

Rastschalter, auch Stellschalter genannt, sind Schalter ohne Rückstellkraft. Das bewegliche Schaltstück verbleibt eingerastet in der jeweiligen Schaltstellung und wird allein durch das Schaltdrehmoment in die andere Schaltstellung gebracht. Rastschalter haben keine Auslöser. Rastschalter sind: Installationsschalter (Kippschalter), Trennschalter, Sicherungstrenner, Nockenschalter, Walzenschalter, Paketschalter u.a. Beispiel: Trennschalter für 1000 A (Bild 6-6). Der Schalter ist in der Einschaltstellung gezeichnet. Er darf nur im stromlosen Zustand ausgeschaltet werden, weil anderenfalls der Ausschaltlichtbogen nicht gelöscht werden kann [25].

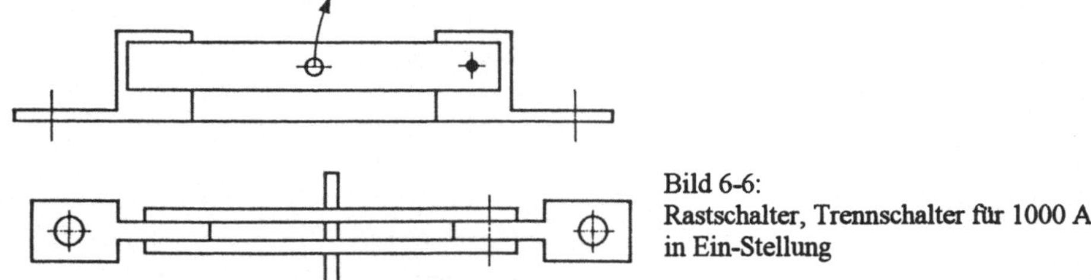

Bild 6-6:
Rastschalter, Trennschalter für 1000 A in Ein-Stellung

Tastschalter sind Schalter mit Rückstellkraft ohne Sperre. Nach Aufhören der Betätigungskraft kehren die Schaltglieder durch Federkraft in die Ausgangsstellung zurück.

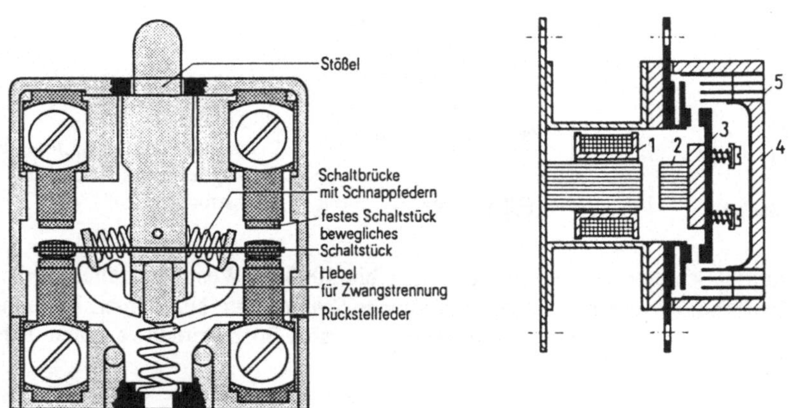

Bild 6-7: Grenztaster, Einsatzelement

Bild 6-8: Luftschütz mit Gleitanker
1 Schützspule 2 Magnetanker 3 Kontaktbrücke 4 Löschkammer 5 Löschblech

Beispiele für Tastschalter: Drucktaster, Grenztaster (Bild 6-7) und Schütz (Bild 6-8).

Drucktaster, Grenztaster und Schütze sind die am häufigsten verwendeten Schaltgeräte in der Steuerungstechnik für Betriebsmittel, vor allem Motoren, und für Anlagen wie Werkzeugmaschinen, Förderanlagen und Hebezeuge.

Bild 6-9a zeigt die Steuerung eines Drehstrommotors mit Hilfe einer *verbindungsprogrammierten Steuerung* [29]. Verbindungsprogrammiert bedeutet, daß das Programm der Steuerung durch die Schaltung, also die Verbindungen der Tastschalter, Schaltglieder und Schützspulen untereinander, festgelegt ist.

Diese konventionelle Technik wird immer mehr verdrängt durch die *speicherprogrammierten Steuerungen* (SPS). Wie das Beispiel Bild 6-9b zeigt, sind die Drucktaster und der Auslöserkontakt als Eingangsglieder des Automatisierungsgerätes geschaltet, die Schützspule und die Meldeleuchte als Ausgangsglieder. Das *Automatisierungsgerät* (AG) ist ein Digitalcomputer mit einem einfachen Assemblerprogramm nach DIN 19239 bzw. der internationalen Programmiernorm IEC 1131, das die Funktionen der Steuerung bestimmt. Die *binären Schalt-*

signale der Eingangsglieder werden nach den logischen Funktionen UND, ODER und NICHT verknüpft, gespeichert oder gelöscht, gezählt oder zeitlich verschoben sowie den Ausgangsgliedern zugeordnet. Im Betrieb durchläuft das AG das Programm in *pausenloser Wiederholung* (zyklischer Betrieb), so daß Änderungen der Eingangssignale schnell erfaßt und verarbeitet werden. Die SPS ist also ein einfacher Prozeßrechner [31].

Die Vorteile der SPS gegenüber den verbindungsprogrammierten Steuerungen sind nicht nur weniger Kontakte und Schaltverbindungen und größere Zuverlässigkeit, sondern vor allem Programmänderungen ohne Schaltungsänderungen, Zeit-, Zähl- und Reglerfunktionen ohne zusätzliche Geräte, Vernetzung mehrerer AG usw. Allerdings verlangt die SPS ein Programmiergerät mit Tastatur und Bildschirm, das aber nicht in die Anlage eingebaut wird.

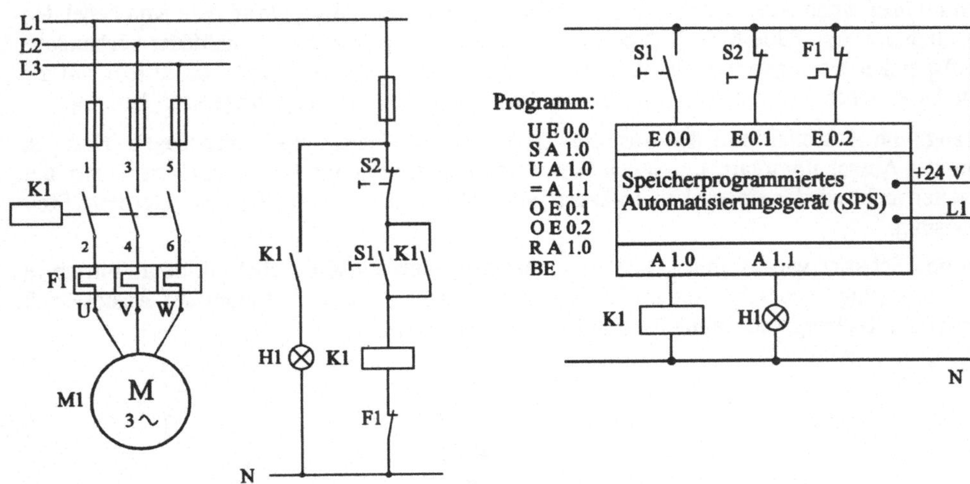

Bild 6-9a: Verbindungsprogrammierte Schützensteuerung eines Drehstrommotors mit Überlastschutz durch Bimetallrelais F1

Bild 6-9b: Speicherprogrammierte Schützensteuerung des Drehstrommotors von Bild 6-9a. Schaltung des Automatisierungsgerätes mit Programm nach DIN 19239, bzw. System SIMATIC S5

Schloßschalter sind Schalter mit *Rückstellkraft, mechanischer Sperre* und *Freiauslösung*. Sie werden in Verbindung mit Strom- oder Spannungsauslösern als *Schutzschalter* eingesetzt. Beispiel: Motorschutz-Leistungsschalter. Einzelheiten über Schutzschalter und Auslöser folgen im Abschnitt 6.3.

Schloßschalter haben als mechanisches Zwischenglied zwischen Antriebs- und Schaltwelle ein *Schaltschloß*, das folgende Aufgaben übernimmt:

1. Festhalten der Schaltstücke in der Einschaltstellung, auch wenn die Einschaltkraft aufgehört hat zu wirken, Sperren der Ausschaltkraft.
2. Freigeben einer großen Ausschaltkraft durch eine kleine Auslösekraft.
3. Freiauslösung des Schalters: Der Schalter kann weder eingeschaltet noch in der Einschaltstellung festgehalten werden, wenn ein Auslösebefehl ansteht. Dazu wird im Schaltschloß die Wirkverbindung zwischen Antriebswelle und Schaltwelle unterbrochen.

Infolge der Freiauslösung muß man beim Schloßschalter drei Schaltstellungen unterscheiden: Ein-Stellung, Aus-Stellung, Auslöse-Stellung.

Das Prinzip eines Schaltschlosses, bestehend aus einem Kniehebel- und Klinkenhebel-Mechanismus zeigt das Bild 6-10 (Werkbild Siemens).

Auf das bewegliche Schaltstück wirkt die Schaltkraft über zwei Hebel, die im Kniegelenk verbunden sind. Beim Einschalten bewegen sich diese aus der geknickten Anfangslage heraus (Bild 6-10a) über die Strecklage, auch Totpunktlage genannt, in eine zweite geknickte Stellung, die Endlage, die durch einen Anschlag fixiert wird (Bild 6-10b). Die Endlage überschreitet nur um wenige Millimeter die Strecklage. Wird der Schalter über den Antrieb ausgeschaltet, dann muß das Kniegelenk wieder über die Strecklage gebracht werden (Bild 6-10a). Man braucht hierfür nur eine geringe Arbeit aufzuwenden, die weitere Ausschaltarbeit übernimmt die Ausschaltfeder.

Kommt über einen Auslöser ein Ausschaltbefehl, so zieht die Auslösekraft dem Kniehebel den Abstützpunkt weg (Bild 6-10c). Damit wird der in der gespannten Ausschaltfeder vorhandene Kraftspeicher freigegegeben, der dann den Ausschaltvorgang übernimmt. Die Klinke, auf die sich der Kniehebel abstützt, ist eine Sperre, die zum Lösen nur eine geringe Kraft benötigt.

Solange die Ausschaltkraft des Auslösers wirkt, ist der Klinkenhebel weggezogen. Dadurch kann der Ausschaltvorgang durch den Handantrieb nicht verhindert werden, ebenso kann der Schalter nicht wieder eingeschaltet werden. Dies ist die nach DIN VDE 0660 geforderte Freiauslösung.

Um den Schalter wieder einschaltbereit zu machen, muß der Kniehebel mit dem Antrieb in die Anfangslage gebracht werden. Der Klinkenhebel kehrt nach Aufhören der Auslösekraft durch eine Rückzugfeder in die Bereitschaftsstellung zurück.

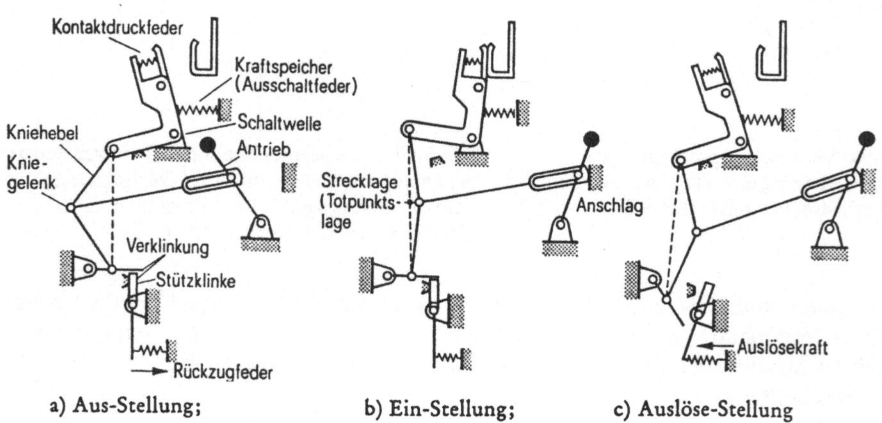

Bild 6-10: Schaltschloß mit Freiauslösung, bestehend aus einem Kniehebel- und Klinkenhebel-mechanismus a) Schalter in Aus-Stellung b) Schalter in Ein-Stellung c) Schalter in Auslöse-Stellung

Betätigungsart

Nach der Betätigungsart werden die Schalter eingeteilt in Handschalter, Anstoßschalter, Hilfsschalter, Fernschalter und Sprungschalter.

Handschalter (Fußschalter) werden durch menschliche Kraft betätigt, und zwar durch Drükken, Ziehen, Drehen, Kippen oder durch einen Steckschlüssel.

Anstoßschalter werden durch nicht zum Schalter gehörende bewegte Teile betätigt, z.B. durch Nocken bei Endschaltern (Grenztastern, siehe Bild 6-7).

Hilfsschalter sind Hilfsstromschalter, die an Schaltgeräte angebaut und von diesen mechanisch abhängig sind. Ihre Schaltstellung kann abhängig sein von den Hauptschaltgliedern, den Auslösern (Bild 6-9a) oder dem Antrieb.

Fernschalter sind Schalter mit Kraftantrieb, z.B. mit Kolben-, Motor- oder Magnetantrieb. *Schütze* sind Fernschalter mit Magnetantrieb und Rückstellkraft ohne mechanische Sperre, die durch ihren Antrieb betätigt und gehalten werden (Bilder 6-8 und 6-9a). Sie sind vorzugsweise für große Schalthäufigkeit zum Schalten von Strömen im ungestörten Zustand von Betriebsmitteln bestimmt.

Sprungschalter öffnen oder schließen weitgehend unabhängig von der Betätigungsgeschwindigkeit. Zum Beispiel wird durch die Antriebskraft eine Feder gespannt, die dann bei einer bestimmten Federspannung die Schaltstücke bewegt.

Schaltvermögen

Nach dem Schaltvermögen teilt man die Schalter ein in Leerschalter, Lastschalter, Motorschalter und Leistungsschalter.

Leerschalter können nur kleine Ströme schalten, z. B. Ladeströme von Kabeln und Leerlaufströme von Transformatoren. Schaltzeichen: Waagerechter Strich am oberen Schaltstück (Bild 6-11a).

Lastschalter können den Nennstrom von Betriebsmitteln schalten, jedoch nicht den Anlaufstrom von Motoren. Schaltzeichen: Strichpunktierte Umrahmung der Schaltglieder (Bild 6-11b).

Motorschalter können die Anlaufströme von Motoren schalten. Kein besonderes Schaltzeichen.

Leistungsschalter können Kurzschlußströme ein- und ausschalten. Schaltzeichen: Geschlossene Umrahmung der Schaltglieder (Bild 6-11c).

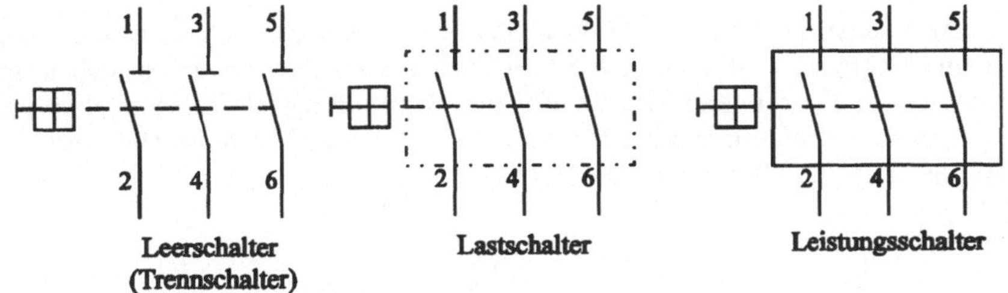

Bild 6-11: Darstellung der Schalter mit unterschiedlichem Schaltvermögen
a) Leerschalter (Trenner) b) Lastschalter c) Leistungsschalter

Verwendungszweck

DIN VDE 0660 teilt die Schalter nach dem Verwendungszweck ein in Schutzschalter, Trennschalter, Wahlschalter, Steuerschalter und Grenzschalter.

Schutzschalter schützen Anlagenteile durch selbsttätiges Öffnen oder Schließen vor unzulässigen Werten z.B. des Stromes oder der Spannung. Beispiele: Leitungsschutzschalter, Motorschutzschalter, Fehlerstromschutzschalter (FI-Schutzschalter).

Trennschalter, oder kurz Trenner, trennen Stromkreise mit zuverlässiger Schaltstellungsanzeige. Trennen bedeutet das Unterbrechen des Strompfades mit gleichzeitigem Herstellen einer *Trennstrecke*, die zum Schutz von Personen genügend groß und klar erkennbar sein muß. Wenn nicht näher bezeichnet, sind Trenner Leerschalter. Auch Last- oder Leistungsschalter können Trennereigenschaften haben: Lasttrenner, Leistungstrenner (Bild 6-12). Das Schaltzeichen für Leerschalter bezeichnet auch Trenner.

Zu den Trennschaltern zu zählen sind auch die Hauptschalter nach DIN VDE 0113. Ein Hauptschalter hat die Aufgabe, eine Be- oder Verarbeitungsmaschine für Wartungsarbeiten vom Netz freizuschalten. Für einen Hauptschalter ist die Trennereigenschaft vorgeschrieben. Außerdem muß er sichtbare Trennstellen haben oder eine zuverlässige Schaltstellungsanzeige, die immer sichtbar sein muß. Der Hauptschalter muß mit einer Handhabe versehen sein, die in der Aus-Stellung *verschließbar* ist. Das Schaltvermögen muß mindestens einem Motorschalter entsprechen.

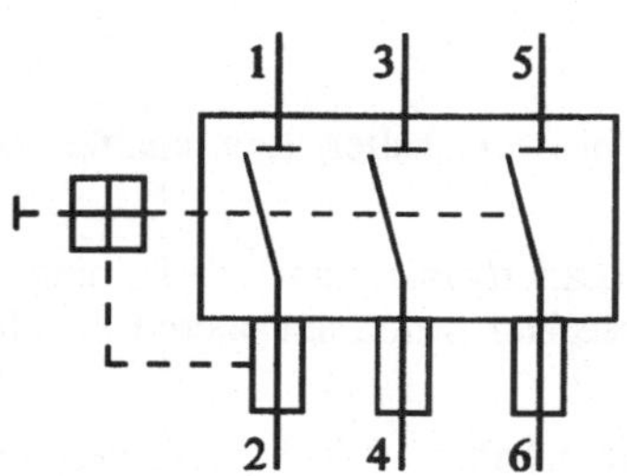

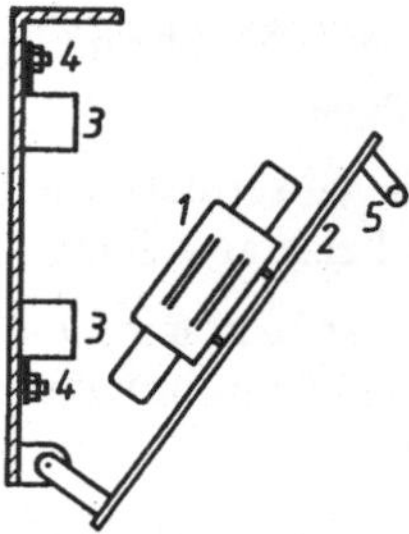

Bild 6-12: Beispiel eines Leistungstrenners. Rastschalter mit Schmelzsicherungen im beweglichen Schaltstück, Schaltzeichen und Seitenansicht in Aus-Stellung.

Wahlschalter sind Schalter, mit denen von mehreren Strompfaden einer angewählt wird. Beispiel: Nockenschalter als Reihen-Parallel-Schalter.

Steuerschalter steuern Betriebsmittel unmittelbar in Hauptstromkreisen oder mittelbar in Hilfsstromkreisen. Beispiele: Drucktaster, Nockenschalter, Motorschalter.

Grenzschalter überwachen physikalische Größen oder Betriebszustände. Dabei unterscheidet man Wächter und Begrenzer. *Wächter* öffnen bei einer oberen Grenze und schließen den gleichen Stromkreis bei einer unteren Grenze oder umgekehrt. Beispiel: Temperaturwächter (Bild 6-13a). *Begrenzer* öffnen oder schließen bei einer Grenze und müssen willkürlich zurückgestellt werden. Beispiel: Temperaturbegrenzer (Bild 6-13b).

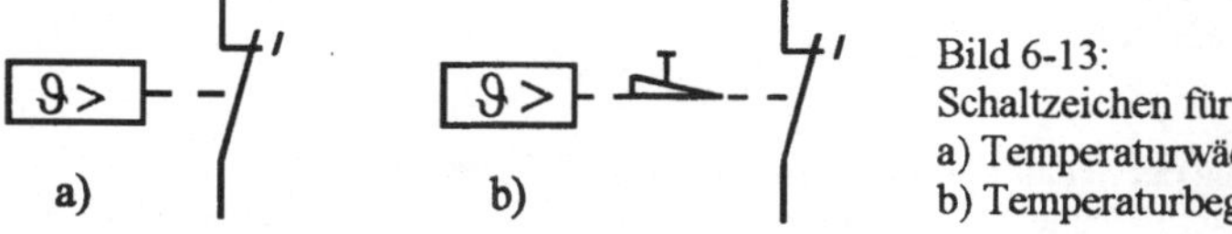

Bild 6-13:
Schaltzeichen für
a) Temperaturwächter und
b) Temperaturbegrenzer

6.2 Schaltvorgänge

6.2.1 Anforderungen an einen Schalter

Ein Schalter muß

- im geöffneten Zustand eine einwandfreie Isolierstrecke bilden (Luft- und Kriechstrecken nach DIN VDE 0110),

- im geschlossenen Zustand die den Schalterdaten entsprechenden Ströme sicher führen können. Im Dauerbetrieb mit Nennstrom dürfen die Schaltstücke nicht unzulässig heiß werden. Kurzschlußströme oder betriebsmäßige Überströme dürfen nicht zum Verschweissen der Kontakte oder zum Aufreißen des Schalters durch die Stromkräfte führen.
- Ströme nach dem angegebenen Schaltvermögen ein- und ausschalten können. Die Schaltstücke dürfen beim Einschalten nicht verschweißen, beim Ausschalten nicht abbrennen. Der Lichtbogen beim Ausschalten muß sicher gelöscht werden. Wiederzünden darf nicht auftreten.

Die Strom- und Spannungsbeanspruchungen eines Schalters können durch Analyse der Schaltvorgänge bestimmt werden [23]. Da die wichtigsten und schwierigsten Vorgänge in einem Schalter die Ausschaltvorgänge sind, werden wir diese hauptsächlich betrachten.

Die Stromkreise in Niederspannungs- und Mittelspannungsanlagen sind ganz überwiegend ohmsch-induktiv. Dies gilt für Gleichstrom- wie für Wechselstromkreise. Die Beanspruchung des Schalters ist jedoch bei Gleichstrom ganz anders als bei Wechselstrom, weil Gleichstrom durch den Schalter auf Null gezwungen werden muß, während Wechselstrom nach jeder Halbwelle von selbst durch Null geht.

6.2.2 Schaltvorgänge bei Gleichstrom

Wir untersuchen zunächst das Ein- und Ausschalten eines konstanten Gleichstromes. Das Ersatzschaltbild des Stromkreises ist im Bild 6-14 dargestellt. Wir fassen zusammen: $R = R_V + R_G + R_L$ und $L = L_G + L_L$. Die Spannung über den Schalter ist $u_S(t) = i(t) \cdot R_K$, wobei $R_K(\infty \ldots 0)$ der Kontaktwiderstand ist.

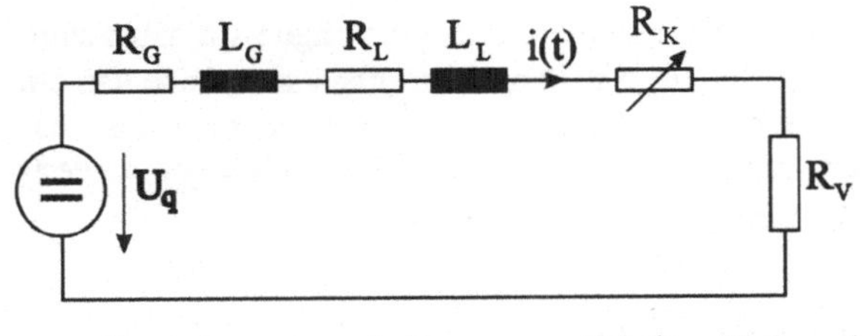

Bild 6-14: Ersatzschaltbild eines Stromkreises mit Gleichstrom beim Ein- und Ausschalten

Einschaltvorgang: Der Schalter wird geschlossen bei t = 0. Der Maschensatz für den Stromkreis ist eine gewöhnliche, lineare Differentialgleichung

$$U_q = R \cdot i(t) + L\frac{di}{dt} + u_S(t) \tag{6.1a}$$

Nach dem Schließen des Schalters ist die Kontaktstelle praktisch widerstandslos, d.h. $u_S(t) = 0$. Die Differentialgleichung (6.1a) wird zu

$$U_q = R \cdot i(t) + L\frac{di}{dt}. \tag{6.1b}$$

Ihre Lösung ist

$$i(t) = \frac{U_q}{R}(1 - e^{-t/T}) + i(0) \cdot e^{-t/T} \tag{6.1c}$$

mit $T = L/R$. Für $t < 0$ ist $i(t) = 0$, daher steigt der Gleichstrom von Null aus nach der Exponentialfunktion $i(t) = \frac{U_q}{R}(1 - e^{-t/T})$ an. Für $t \to \infty$ stellt sich der stationäre Gleichstrom $I_0 = U_q / R$ ein (Bild 6-15).

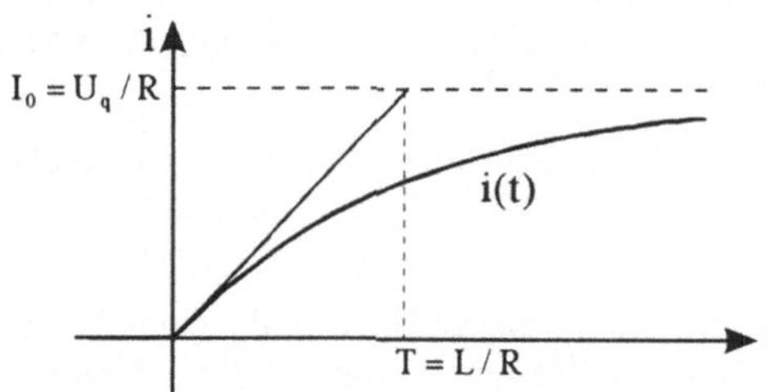

Bild 6-15:
Einschalten eines Gleichstromkreises mit Widerstand R und Induktivität L

Ausschaltvorgang: Schalter wird geöffnet bei $t' = 0$. Anfangsbedingung $i(t' = 0) = I_0$

Werden die Schaltstücke, die unter einem gewissen Druck aneinandergepreßt waren, voneinander getrennt, so reduziert sich zunächst der Kontaktdruck. Die elastische Verformung der Kontaktniete geht zurück. Die Stromübergangsfläche wird kleiner, Stromdichte und Kontaktwiderstand R_K nehmen zu (Bild 6-16a).

Je nach der Größe von U_q und I_0 ergeben sich für den weiteren Verlauf des Schaltvorganges zwei Möglichkeiten:

1. Ausschalten durch stetig zunehmenden Widerstand

Bei kleinen Werten von Spannung U_q und Strom I_0 wird durch die schnelle Erhöhung des Kontaktwiderstandes der Strom $i(t')$ bis auf Null verkleinert. Die Stromenge wird dabei stark erhitzt, aber das Kontaktmaterial schmilzt nicht. Die Schaltstücke trennen sich, ohne daß ein Funken oder Lichtbogen auftritt: lichtbogenfreies Schalten. Die Grenzwerte zeigt das Diagramm $u_B = f(I_B)$, Lichtbogenmindestspannung u_B als Funktion des Lichtbogenmindeststromes I_B (Bild 6-16b, nach Angaben der Firma Klöckner-Moeller).

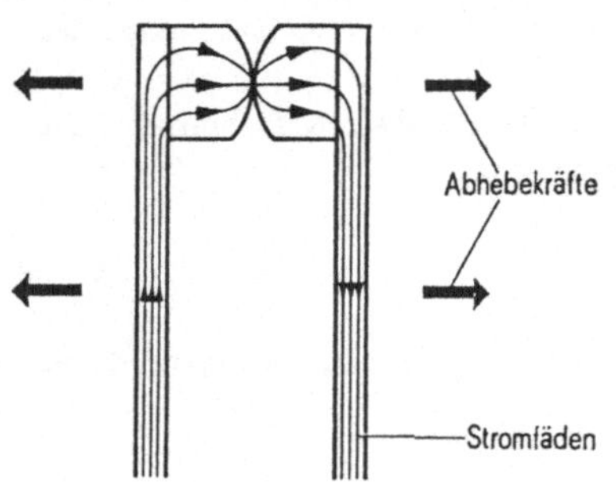

Bild 6-16a: Stromenge bei Ausschaltvorgang, nach Reduzierung des Kontaktdrucks

Bild 6-16b: $u_B = f(I_B)$, Grenze für lichtbogenfreies Schalten

2. Ausschalten mit Lichtbogen

Liegen die Werte von U_q und I_0 oberhalb der Kennlinie für lichtbogenfreies Ausschalten, so gelingt es nicht, durch Erhöhung des Kontaktwiderstandes den Strom auf Null zu verkleinern.

Als Folge erwärmt sich die Stromenge beim Trennen der Kontakte so stark, daß das Kontaktmaterial schmilzt und zu einer Schmelzbrücke ausgezogen wird (Bild 6-17a). Die Brücke reißt bei weiterem Öffnen der Schaltstücke ab, das verdampfende Metall bildet einen stehenden Lichtbogen, der durch die einsetzende Ionenbildung in eine stabile Gasentladung übergeht. Bei weiterem Entfernen der Schaltstücke beginnt der Lichtbogen zu laufen. Er wird durch das Magnetfeld des Stromes (Erweiterung der Stromschleife) von den Schaltstücken weggetrieben und in die Länge gezogen. Mit zunehmender Bogenlänge steigt die Lichtbogenspannung, während der Strom sinkt, so daß - wenn Strom und Lichtbogenspannung unterhalb der Grenzdaten des Schalters bleiben - der Lichtbogen abreißt (Bild 6-17b). Bei Leistungsschaltern muß die Vergrößerung der Lichtbogenspannung allerdings durch magnetische Blasfelder, Hörnerform der Schaltstücke sowie Unterteilung des Lichtbogens mit Hilfe von Löschblechen unterstützt werden, damit der Lichtbogen mit Sicherheit abreißt [57].

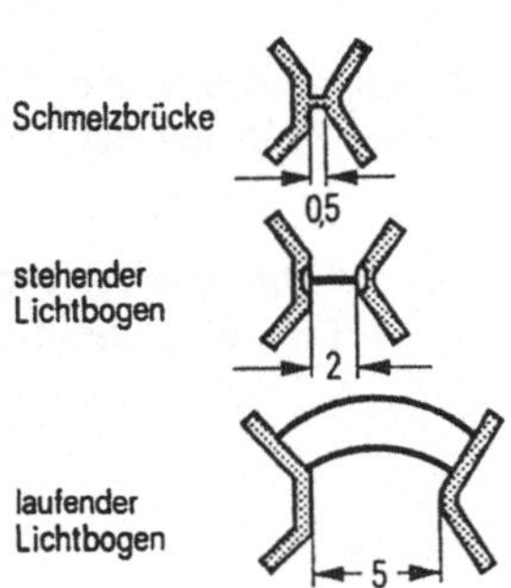

Bild 6-17a: Lichtbogen während eines Ausschaltvorganges bei Gleichstrom

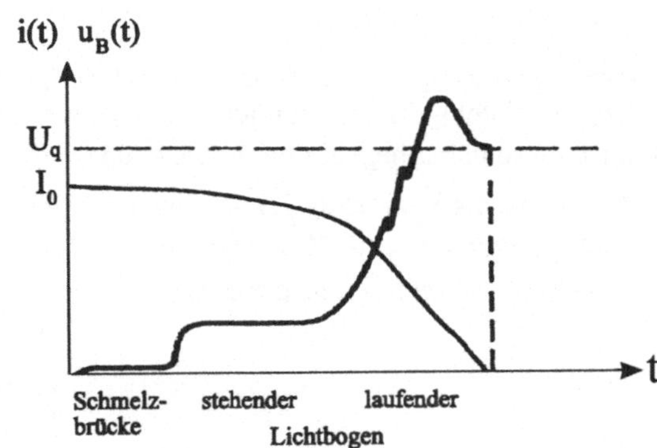

Bild 6-17b: Zeitlicher Verlauf von Lichtbogenspannung und Strom während eines Ausschaltvorganges bei Gleichstrom

Die Bedingungen der Lichtbogenlöschung

Um den Stromverlauf während des Ausschaltvorganges wenigstens näherungsweise zu berechnen, gehen wir von der Tatsache aus, daß Schmelzbrücke und stehender Lichtbogen den Stromverlauf kaum beeinflussen, sondern daß, wie Bild 6-17b zeigt, der laufende Lichtbogen mit seiner hohen Lichtbogenspannung der wesentliche Faktor bei der Gleichstromlöschung ist. Wir ersetzen daher im Ersatzschaltbild von Bild 6-14 die Schaltspannung $u_S(t)$ durch eine Lichtbogenspannung $u_B(t)$. Sie erscheint als Gleichspannungsquelle, die der Quellenspannung U_q entgegen wirkt. Wenn wir außerdem alle Widerstände und Induktivitäten zu R und L zusammenfassen, entsteht das vereinfachte Ersatzschaltbild von Bild 6-18.

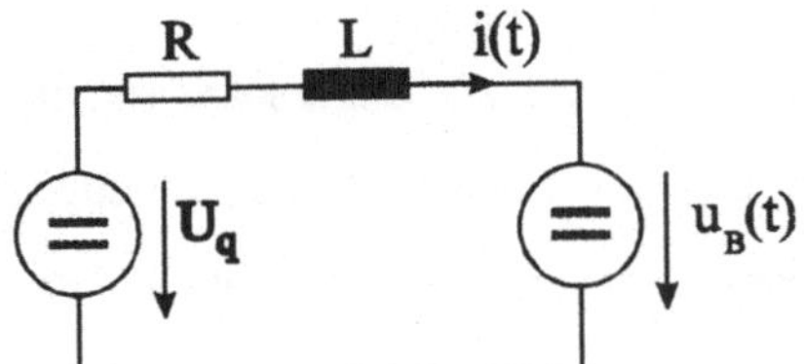

Bild 6-18: Ersatzschaltbild für den Ausschaltvorgang mit Lichtbogen

Gleichung (6.1a) wird dann zu $U_q = R \cdot i(t) + L\dfrac{di}{dt} + u_B(t)$ und nach Umstellung zu

$$L\frac{di}{dt} = U_q - R \cdot i(t) - u_B(t) \tag{6.2a}$$

Der Lichtbogen erlischt nur dann, wenn der Strom vom Anfangswert I_0 auf Null heruntergedrückt wird. Dazu ist es notwendig, daß die zeitliche Stromänderung negativ wird , $\dfrac{di}{dt} < 0$, und zwar während der gesamten Lichtbogenzeit. Dies ist der Fall, wenn

$L\dfrac{di}{dt} = U_q - R \cdot i(t) - u_B(t) < 0$ ist, das heißt, wenn

$$U_q - R \cdot i(t) < u_B(t) \tag{6.2b}$$

ist. Diese Bedingung läßt sich an den Strom-Spannungs-Kennlinien verdeutlichen. Eine Lichtbogenentladung hat bekanntlich eine fallende Kennlinie $u_B = f(i)$. Je länger der Lichtbogen ist, umso höher liegt die Kennlinie (Bild 6-19).

In Bild 6-20 ist als Kurvenzug (1) die *Lichtbogenkennlinie* $u_B = f(i)$ für eine gewisse Lichtbogenlänge aufgetragen, als Kurvenzug (2) die Spannung $U_q - R \cdot i = f(i)$, eine abfallende Gerade, die *Widerstandsgerade* genannt wird.

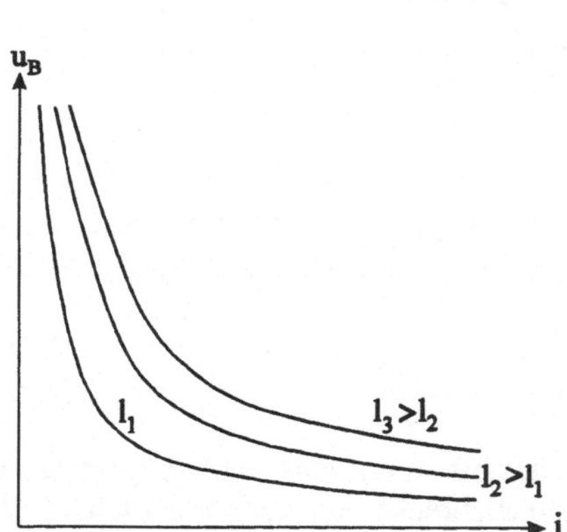

Bild 6-19: Lichtbogenkennlinie $u_B = f(i)$ mit der Lichtbogenlänge l als Parameter

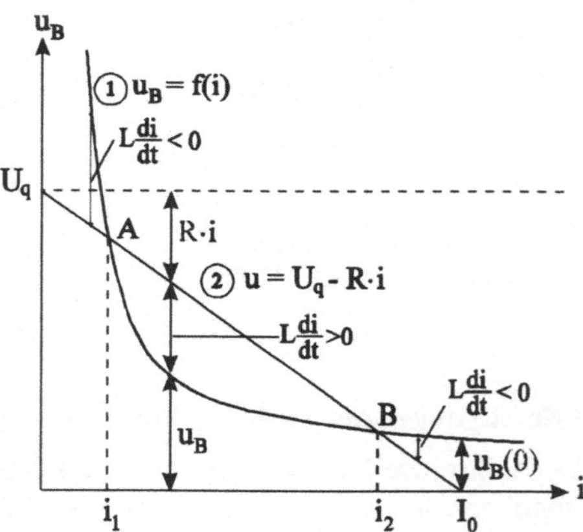

Bild 6-20: Schnitt der Lichtbogenkennlinie (1) mit der Widerstandsgeraden (2)

Wird im Zeitpunkt $t' = 0$ der Schalter geöffnet, so ist $U_q - R \cdot i(0) = 0$, weil $i(0) = \dfrac{U_q}{R} = I_0$ (Schnittpunkt mit der Abszisse). Bei diesem Strom nimmt $L\dfrac{di}{dt} = U_q - R \cdot i(0) - u_B(0)$ den Wert $L\dfrac{di}{dt} = -u_B(0)$ an. Die Bogenspannung $u_B = f(0)$ wird als Gegenspannung in den Stromkreis eingeführt, so daß sich der Strom verringert. Im Schnittpunkt der Kennlinien ist $U_q - R \cdot i = u_B$ und damit $\dfrac{di}{dt} = 0$. Der Ausschaltvorgang ist erfolglos. B ist ein stabiler Arbeitspunkt, wie bei einer Leuchtstofflampe. Es kommt zu einem Stehlichtbogen. Daraus folgt:

Der Gleichstromlichtbogen kann nur dann einwandfrei gelöscht werden, wenn die Lichtbogenkennlinie insgesamt, ohne Schnittpunkt, über der Widerstandsgeraden liegt.

Das Anheben der Lichtbogenkennlinie kann durch Verlängern, Kühlen und Unterteilen des Bogens erreicht werden. Bei erfolgreichem Ausschalten muß im Augenblick des Löschens, bei $t' = t'_{aus}$ und $i(t'_{aus}) = 0$, gelten: $L\frac{di}{dt} = U_q - u_B(t'_{aus}) < 0$. Das bedeutet

$$u_B(t'_{aus}) > U_q \tag{6.3}$$

Die Lichtbogenspannung muß am Ende des Ausschaltvorganges größer sein als die Speisespannung.

Die Erfüllung dieser Bedingung ist das Hauptproblem bei der Entwicklung von Gleichstromschaltern für Hochspannungs-Gleichstrom-Übertragungen (HGÜ) [27].

Zeitlicher Verlauf von Strom und Spannung beim Ausschalten von Gleichstrom

Vereinfachend sei angenommen, daß sofort nach der Kontaktöffnung *sprungartig* die volle Lichtbogenspannung U_B= konst. einsetzt. Also ist $u_B = U_B \cdot \varepsilon(t)$, wobei $\varepsilon(t)$ die Sprungfunktion in der Terminologie der Laplace-Transformation ist.

Für das Ersatzschaltbild (Bild 6-18) gilt somit $L\frac{di}{dt} + R \cdot i = U_q - U_B \cdot \varepsilon(t)$.

Für $t \le 0: \varepsilon(t) = 0$ gilt $I_0 = \frac{U_q}{R}$; für $t > 0: \varepsilon(t) = 1$ gilt

$$\frac{L}{R}\frac{di}{dt} + i = \frac{U_q - U_B \cdot \varepsilon(t)}{R} \tag{6.4}$$

Das ist auch eine lineare Differentialgleichung 1. Ordnung der Form $\tau\frac{dy}{dt} + y = k \cdot x_0 \cdot \varepsilon(t)$

Die allgemeine Lösung ist für $\varepsilon(t) = 1$: $y(t) = k \cdot x_0 \cdot (1 - e^{-t/T}) + y(0) \cdot e^{-t/T}$.

Übertragen auf den Stromkreis wird $i(t) = \frac{U_q - U_B}{R} \cdot (1 - e^{-t/T}) + \frac{U_q}{R} \cdot e^{-t/T}$ mit $T = \frac{L}{R}$ $\Rightarrow$

$$i(t) = \frac{U_q}{R} - \frac{U_B}{R} \cdot (1 - e^{-t/T}) \tag{6.5}$$

Wenn $U_B < U_q$ ist, wird der Strom nicht unterbrochen, sondern geht in exponentiellem Verlauf von $\frac{U_q}{R}$ auf $\frac{U_q - U_B}{R}$ zurück.

Wenn $U_B > U_q$ ist, wird der Strom nach der Zeit t_L unterbrochen, der Lichtbogen erlischt (Bild 6-21). Der Teil der Stromkurve unterhalb der Zeitachse tritt nur in der Berechnung auf, nicht in der Realität.

Differenziert man die Lösung nach t, so wird $\frac{di}{dt} = -\frac{1}{T} \cdot \frac{U_B}{R} \cdot e^{-t/T} \Rightarrow L\frac{di}{dt} = -\frac{L}{T} \cdot \frac{U_B}{R} \cdot e^{-t/T}$

$$L\frac{di}{dt} = -U_B \cdot e^{-t/T}. \tag{6.6}$$

An der Induktivität tritt kurzzeitig eine Überspannung mit dem Spitzenwert U_B auf. Nach der Löschung steht die *wiederkehrende Spannung* U_q an den geöffneten Kontakten an.

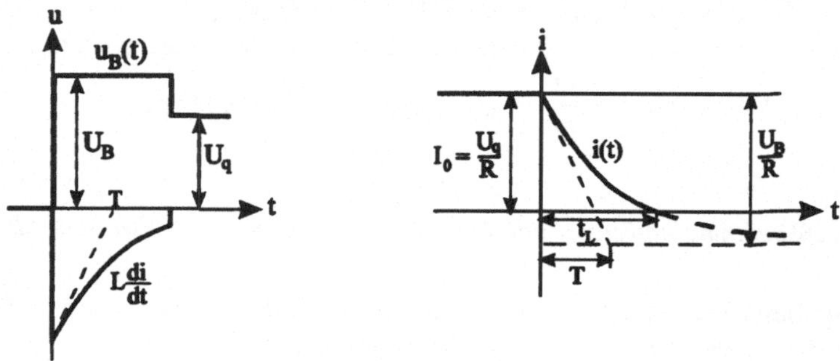

Bild 6-21: Gleichstrom-Ausschaltvorgang bei konstanter Lichtbogenspannung $U_B > U_q$

a) Spannung zwischen den Kontakten und über der Induktivität

b) Löschung des Gleichstromes

Möglichkeiten zur Erhöhung der Lichtbogenspannung

Der Gleichstrom-Lichtbogen zwischen den Kontakten bzw. Elektroden zerfällt in drei Hauptabschnitte (siehe Bild 6-22). Diese Abschnitte sind die *Kathodenspannung*, die eigentliche *Lichtbogensäule* und die *Anodenspannung*. Kathodenspannung und Anodenspannung weisen nahezu konstante, nur vom Schaltstückmaterial abhängige Werte auf. Dagegen hängt

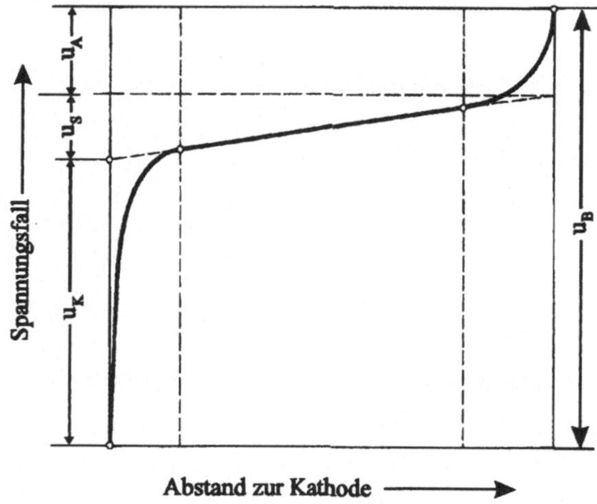

Bild 6-22:
Spannungsverlauf im Lichtbogen längs der Lichtbogenstrecke
u_K: Kathodenspannung
u_S: Spannung der Lichtbogensäule
u_A: Anodenspannung
u_B: Spannung des gesamten Lichtbogens

der Spannungsfall der Lichtbogensäule stark von ihrer Länge und Temperatur ab. Mit steigendem Strom und damit steigender Temperatur nimmt die Ionisierung des Bogenplasmas zu, so daß Bogenwiderstand und Bogenspannung sinken. Die Strom-Spannungs-Kennlinie eines Lichtbogens ist eine Hyperbel, die man nach der *Gleichung von Ayrton* beschreiben kann:

$$u_B = a + b \cdot l + \frac{c + d \cdot l}{i} \qquad (6.7)$$

Die Konstanten a bis d sind vom Werkstoff abhängig, z.B. ist bei Kupfer $a = 21\,V$, $b = 30\,V/cm$, $c = 11\,W$ und $d = 152\,W/cm$. Die Lichtbogenlänge ist l. Kühlt man den

Lichtbogen, dann verringert sich die Ionisierung, die Bogenspannung steigt, der Strom nimmt ab. Das gleiche geschieht bei einer Verlängerung des Lichtbogens. Teilt man den Lichtbogen in mehrere Teilbögen auf, so steigt die Bogenspannung ebenfalls, weil die Spannungsanteile Kathodenfall und Anodenfall sich vervielfachen ($a \rightarrow n \cdot a$ und $c \rightarrow n \cdot c$).

Aufgrund dieser physikalischen Tatsachen ergeben sich folgende konstruktive Möglichkeiten zur Erhöhung der Lichtbogenspannung:

1) Verlängerung des Lichtbogens

a) Durch Kraftwirkung des eigenen Magnetfeldes
Die magnetischen Kräfte des Eigenfeldes versuchen, die Leiterschleife zu erweitern. Der Lichtbogen wandert von der Kontaktstelle nach außen. Am Ende der Schaltstücke wird er durch die Magnetkräfte weiter in die Länge gezogen (Bild 6-23).

b) Durch Kraftwirkung zusätzlicher Magnetfelder (Bild 6-24)
Die durch sein Eigenfeld bewirkte Bewegung des Lichtbogens wird durch magnetische Lichtbogenblasung verstärkt. Das Blasfeld wird erzeugt durch eine Blasspule, die vom zu schaltenden Strom durchflossen ist, und wirkt zwischen zwei Blasblechen auf den Lichtbogen, der nach oben getrieben und verlängert wird.

c) durch Lichtbogen-Laufhörner an den Schaltstücken
Durch die magnetischen Kräfte wird der Lichtbogen nach außen getrieben, wo er entsprechend der Hörnerform der Schaltstücke (Bilder 6-17a und 6-24) einen immer größer werdenden Kontaktabstand überbrücken muß.

2) Aufteilung in Teillichtbögen und Kühlung

a) Lichtbogenkammer mit Löschblechen

Unterteilt man den Lichtbogen in n Teillichtbögen, so steigt die Lichtbogenspannung bei

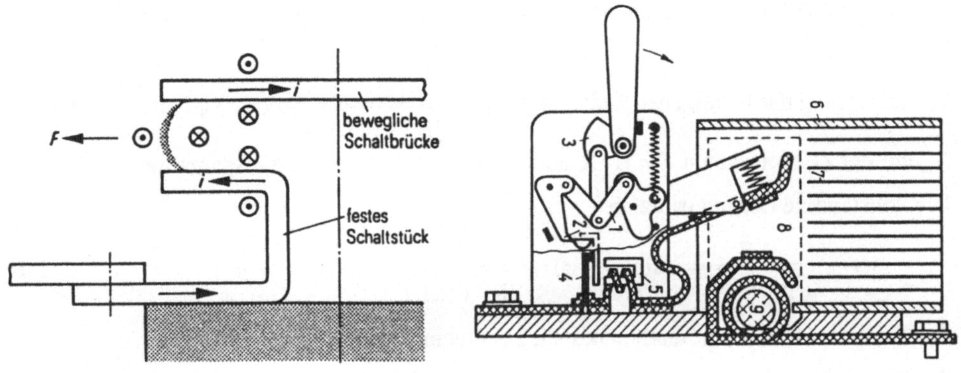

Bild 6-23: Lichtbogen wandert durch die Kraft seines eigenen Magnetfeldes nach außen

Bild 6-24: Gleichstromschalter, schematischer Aufbau: 1 Kniehebel 2 Klinke 3 Hebel 4 thermischer Auslöser 5 magnetischer Auslöser 6 Lichtbogenkammer 7 Löschblech 8 Blasblech 9 Blaskern

gleicher Gesamtbogenlänge an, weil jeder Teillichtbogen Kathoden- und Anodenfall hat. Der Lichtbogen wird unterteilt, verlängert und gekühlt mit Hilfe einer *Lichtbogenkammer* (Bild 6-24), in der eine Anzahl von *Löschblechen* (Eisenplatten) quer zur Lichtbogenachse angeordnet ist.

b) Doppelunterbrechung

Durch Ausbildung des beweglichen Schaltstücks als Brückenkontakt erreicht man eine Doppelunterbrechung des Lichtbogens. Diese Konstruktion wird in Verbindung mit Löschblechen vor allem bei Schützen angewandt (siehe Bild 6-8).

3) Hohe Schaltgeschwindigkeit

Beim Ausschalten muß das bewegliche Schaltstück möglichst schnell in die Aus-Stellung bewegt werden, denn je schneller der Kontaktabstand zunimmt, umso schneller steigt die Lichtbogenspannung an, und umso schneller wird der Strom auf Null herabgedrückt. Umso geringer ist dann auch der Abbrand der Schaltstücke. Hohe Schaltgeschwindigkeit, von der Geschwindigkeit der Handbetätigung unabhängig, wird meist durch die Kräfte von Ausschaltfedern erreicht.

6.2.3 Schaltvorgänge bei Wechselstrom

Einschalten einer Induktivität in Reihe mit einem ohmschen Widerstand

Ein wichtiger Einschaltvorgang ist das Einschalten einer Induktivität L in Reihe mit einem ohmschen Widerstand R (Bild 6-25). Der Schalter wird bei $\varphi_E = \omega t$ geschlossen. Danach gilt:

$$i \cdot R + L \frac{di}{dt} = \hat{u} \cdot \sin\omega t \tag{6.8}$$

Gesucht ist der Verlauf des Stromes $i(t)$. Die Anfangsbedingung ist $i = 0$ bei $t = \varphi_E / \omega$.

Die Lösung der inhomogenen Differentialgleichung (6.8) besteht aus zwei Teilen:

1) dem Partikularintegral der inhomogenen Gleichung $i_p = \dfrac{\hat{u}}{\sqrt{R^2 + (\omega L)^2}} \cdot \sin(\omega t - \varphi)$

2) der Lösung der homogenen Gleichung $i_h = \dfrac{\hat{u}}{\sqrt{R^2 + (\omega L)^2}} \cdot \sin(\varphi_E - \varphi) \cdot e^{-(\omega t - \varphi E)/\omega T}$

   mit der Zeitkonstanten $T = L / R$ und der Einschaltphase φ_E der Spannung.

Die vollständige Lösung ist daher

$$i(t) = \frac{\hat{u}}{\sqrt{R^2 + (\omega L)^2}} \cdot \sin(\omega t - \varphi) + \frac{\hat{u}}{\sqrt{R^2 + (\omega L)^2}} \cdot \sin(\varphi_E - \varphi) \cdot e^{-(\omega t - \varphi E)/\omega T} \tag{6.9}$$

Der Strom nach dem Einschalten besteht aus einem stationären Wechselstrom (i_p), der gegen die Spannung um den Winkel φ nacheilend verschoben ist, und einem flüchtigen Strom (i_h), der nach einer Exponentialfunktion abklingt und nach $t > 3 \cdot T$ praktisch vernachlässigt werden kann (Bild 6-25). Der flüchtige Anteil ergänzt den stationären Strom im Einschaltaugenblick der Spannung $t_E = \varphi_E / \omega$ zu Null und erfüllt so die Anfangsbedingung $i = 0$. Wenn der stationäre Strom über eine Induktivität im Einschaltaugenblick von Null verschieden ist $(\varphi_E \neq \varphi)$, erzwingt der flüchtige Anteil, daß der Strom von Null aus stetig ansteigt, denn der magnetische Speicher L kann nicht in der Zeit Null gefüllt werden [23].

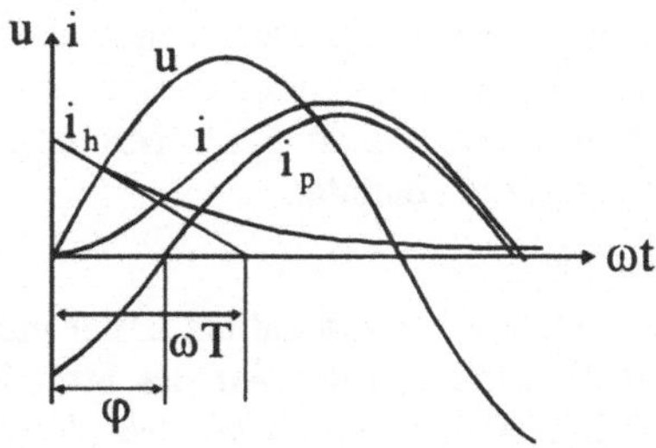

Bild 6-25:
Einschaltvorgang eines Wechselstromes über R und L im Spannungsnulldurchgang ($\varphi_E = 0$) mit flüchtigem Stromanteil i_h, da der Einschaltwinkel nicht gleich dem Phasenwinkel φ ist.

Der analoge Vorgang ist das Ansteigen einer Wechselspannung $u_C(t)$ an einem Kondensator C beim Einschalten über einen Widerstand R.

Ausschalten: Nullpunktlöschung

Die Ausschaltvorgänge bei Gleichstrom und bei Wechselstrom unterscheiden sich grundlegend voneinander, weil die Probleme der Lichtbogenlöschung völlig verschieden sind.

Bei Gleichstrom muß durch schnelle Lichtbogenverlängerung eine hohe Lichtbogenspannung erzeugt werden, die den Strom auf Null herunterdrückt, so daß der Lichtbogen erlischt.

Bei Wechselstrom geht der Strom alle 10 ms von selbst durch Null, der Lichtbogen erlischt auch ohne Einwirkung des Schalters: *Nullpunktlöschung*. Die Lichtbogenspannung kann dabei klein sein. Dies kann man dadurch erreichen, daß man die Schaltstücke nicht zu schnell öffnet, so daß während der Lichtbogendauer, die höchstens 10 ms beträgt, der Lichtbogen nicht zum Laufen kommt und sich dadurch nicht verlängert.

Die Aufgabe des Schalters, vor allem des Hochspannungsschalters, besteht vor allem darin, eine Wiederzündung des Lichtbogens zu verhindern. Nach jedem Stromnulldurchgang setzt ein Wettlauf ein zwischen der Abkühlung, Entionisierung und Ausbildung der elektrischen Festigkeit (Isolierfähigkeit) der zunächst noch heißen Schaltstrecke und der durch die zunehmende Spannung über der Schaltstrecke steigenden Spannungsbeanspruchung. Vom Ergebnis dieses Wettlaufs hängt es ab, ob der Lichtbogen nach dem Stromnulldurchgang erloschen bleibt oder ob eine Neuzündung eintritt.

Bei Hochspannungsschaltern wird die Wiederverfestigung der Schaltstrecke wesentlich verstärkt durch Beblasen der Schaltstrecke (Bild 6-26) mit einem Öl- oder Gasstrahl (Ölstrahl-, Druckluft- und SF_6-Schalter) oder durch Verlegen der Schaltstrecke in eine Vakuumkammer.

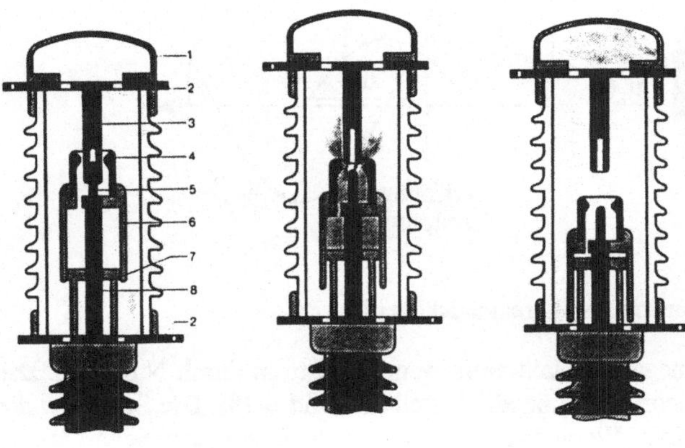

Bild 6-26:
Ausschaltvorgang eines Hochspannungs-Leistungsschalters für 110 kV, Löschmittel SF_6-Gas (Bauart AEG)

1 Abschlußhaube
2 Anschluß
3 Festes Schaltstück
4 Düse
5 Bewegliches Schaltstück
6 Zylinder
7 Kolben
8 Schaltstange

Das Prinzip der Nullpunktlöschung ermöglicht daher bei Wechselstrom das sichere Ausschalten großer Kurzschlußströme auch bei hohen und höchsten Spannungen. Das Ausschalten von Gleichströmen bleibt dagegen auf den Spannungsbereich unter 5 kV beschränkt, weil die Erzeugung hoher Lichtbogenspannungen Schwierigkeiten bereitet.

Das Ausschalten einphasiger Wechselstromkreise

Das Schaltvermögen eines nullpunktlöschenden Wechselstromschalters hängt nicht nur vom Aufbau des Schalters ab, sondern sehr wesentlich auch von der Art des Stromkreises. Um diesen Einfluß klar herauszustellen, nehmen wir den Schalter als *idealen Nullpunktlöscher* an. Es gelten folgende Annahmen:

1) Die Spannung am Schalterlichtbogen ist klein gegenüber den treibenden Spannungen des Stromkreises

2) Der Lichtbogen erlischt im Nulldurchgang des Stromkreises.

Mit diesen Annahmen kann der Verlauf des Stromes und der wiederkehrenden Spannung in einphasigen Stromkreisen einfach berechnet und dargestellt werden. Einphasige Stromkreise spielen zwar in der Praxis der Schaltertechnik keine große Rolle. Man kann aber die Drehstrom-Schaltvorgänge auf solche einphasigen Schaltvorgänge zurückführen [23].

Fall 1: Ausschalten eines reinen Wirkstromes

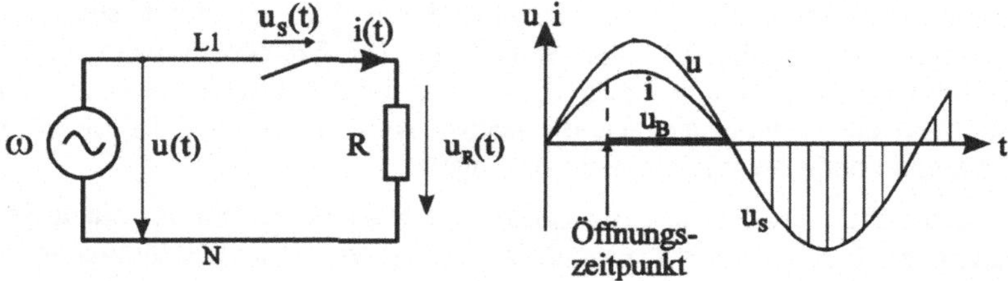

Bild 6-27: Ausschaltvorgang eines Stromkreises mit rein ohmscher Last

Im Augenblick des Stromnulldurchgangs ist die Netzspannung ebenfalls Null. Die wiederkehrende Spannung steigt daher von Null aus sinusförmig an. Die Schaltstrecke hat genügend Zeit zur Entionisierung und Wiederverfestigung (Bild 6-27).

Fall 2: Ausschalten eines rein induktiven Stromes

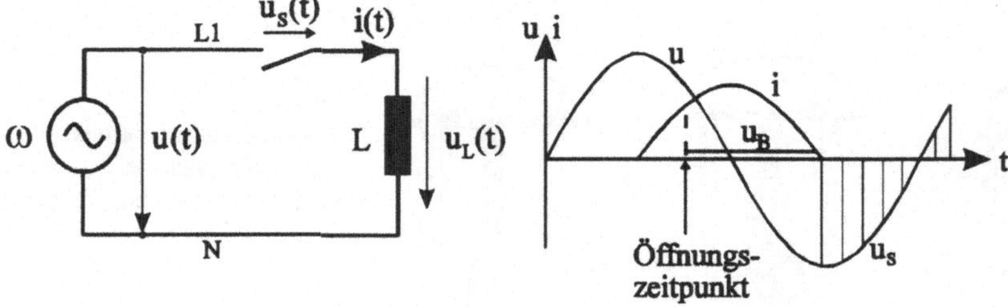

Bild 6-28: Ausschaltvorgang eines Stromkreises mit rein induktiver Last

Die Netzspannung hat gerade das negative Maximum, wenn der Strom durch Null geht. Die wiederkehrende Spannung steigt theoretisch unendlich steil an (Bild 6-28). Die Schaltstrecke hat keine Zeit zur Wiederverfestigung. Wenn man eine Kapazität parallel zur Schaltstrecke schaltet, wird die Spannungssteilheit vermindert. Trotzdem ist die Schalterbeanspruchung kritisch.

Fall 3: Ausschalten eines rein kapazitiven Stromes

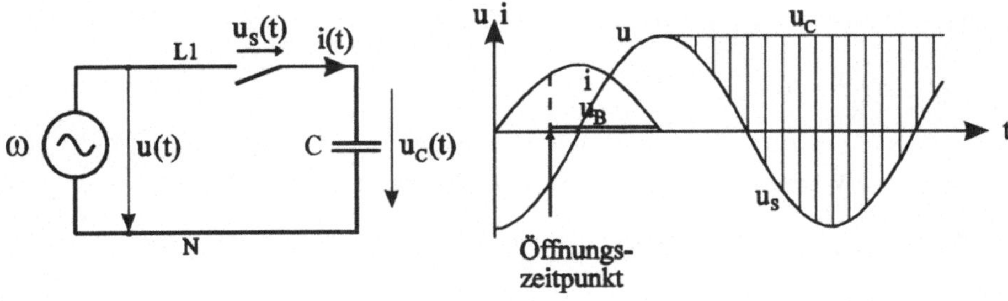

Bild 6-29: Ausschaltvorgang eines Stromkreises mit rein kapazitiver Last

Die Netzspannung hat gerade den positiven Scheitelwert, wenn der Strom durch Null geht. Die Spannung an der Kapazität bleibt danach auf dem gleichen Wert (Bild 6-29). Die wiederkehrende Spannung am Schalter ist die Differenz von Netzspannung und Kondensatorspannung. Sie steigt zwar sehr langsam an, so daß die Schaltstrecke Zeit zur Wiederverfestigung hat, aber nach einer halben Periode steht am Schalter der *doppelte Scheitelwert* der Netzspannung an, so daß es zur Rückzündung kommen kann.

6.3 Überstromschutzeinrichtungen

6.3.1 Erwärmung eines Betriebsmittels, Belastungskennlinie

Statistische Langzeituntersuchungen zeigen, daß die Lebensdauer der Isolation, d.h. der Zeit bis zum Durchbruch, bei elektrischen Maschinen, Leitungen usw. abhängig von der Temperatur ist. Wenn z.B. eine Leitung durch Stromerwärmung in konstanter Dauerlast eine Temperatur von 120°C hat, so kann mit einer Lebensdauer der Isolation von 15 Jahren gerechnet werden. Wird die Leitung jedoch dauernd durch höheren Strom auf eine Dauertemperatur von 130 °C aufgeheizt, so ist nach dem Lebensdauergesetz von *Montsinger* eine Verkürzung der Lebensdauer auf die Hälfte die Folge. Somit ergibt sich für ein Betriebsmittel für die zugrunde gelegte Lebensdauer bei Dauerlast eine Grenztemperatur ϑ_g bei einem *thermischen Grenzstrom* I_{TH}, der gleich oder u.U. auch etwas größer als der Nennstrom des Betriebsmittels ist.

Das dynamische Temperaturverhalten für ein Betriebsmittel ergibt sich vereinfacht aus der thermischen Grundgleichung

$$Q_{ZU} = Q_{AB} + Q_{SP} \tag{6.10}$$

In Worten: Die zugeführte Wärmemenge wird teils abgeleitet und teils gespeichert. Dabei ist

$$Q_{ZU} = I^2 \cdot R \cdot dt \tag{6.11}$$

$P_{ZU} = I^2 \cdot R$ ist der zugeführte, von dem konstanten Strom I im Widerstand R des Betriebsmittels erzeugte *Wärmestrom*.

Zur Übertemperatur trägt nur die gespeicherte Wärme bei. Dies geschieht nach der Gleichung

$$dQ_{SP} = C_W \cdot d\vartheta_Ü \tag{6.12}$$

Die Übertemperatur $\vartheta_Ü = \vartheta - \vartheta_A$ ist die Differenz zwischen der Temperatur ϑ der Isolation und der Umgebungstemperatur ϑ_A. C_W ist die *Wärmekapazität* des Betriebsmittels.

Die durch Wärmeleitung und Konvektion abgeführte Wärmemenge ist

$$Q_{AB} = \frac{\vartheta_Ü}{R_W} \cdot dt \tag{6.13}$$

Der abgeführte Wärmestrom ist der Übertemperatur proportional, also $P_{AB} = \frac{\vartheta_Ü}{R_W}$, wobei R_W der *Wärmeableitwiderstand* ist.

Setzt man die Größen von (6.11) bis (6.13) in (6.10) ein, so wird $I^2 \cdot R \cdot dt = \frac{\vartheta_Ü}{R_W} \cdot dt + C_W \cdot d\vartheta_Ü$ oder $I^2 \cdot R = \frac{\vartheta_Ü}{R_W} \cdot + C_W \cdot \frac{d\vartheta_Ü}{dt}$. Multipliziert man mit R_W und stellt die Gleichung um, so ergibt sich

$$\vartheta_Ü + R_W \cdot C_W \cdot \frac{d\vartheta_Ü}{dt} = R \cdot R_W \cdot I^2 \tag{6.14}$$

Das Produkt $R_W \cdot C_W = T_W$ ist die *Wärmezeitkonstante*. Damit wird

$$\vartheta_Ü + T_W \cdot \frac{d\vartheta_Ü}{dt} = R \cdot R_W \cdot I^2. \tag{6.15}$$

Der zeitliche Verlauf der Übertemperatur wird durch eine Differentialgleichung 1. Ordnung beschrieben. Diese hat für die sprungartige Eingangsgröße $R \cdot R_W \cdot I^2 \cdot \varepsilon(t)$ die Lösung:

$$\vartheta_Ü(t) = \vartheta_{Ü\max}(1 - e^{-t/T_W}) + \vartheta_{Ü0} \cdot e^{-t/T_W}. \tag{6.16}$$

Dabei ist die Endtemperatur $\vartheta_Ü(\infty) \equiv \vartheta_{Ü\max}$ im stationären Zustand $(d\vartheta_Ü / dt = 0)$

$$\vartheta_{Ü\max} = R \cdot R_W \cdot I^2. \tag{6.17}$$

Aufgrund der Größen Wärmestrom, Wärmekapazität und Wärmeableitwiderstand können wir für den Erwärmungsvorgang ein elektrisches Ersatzschaltbild aufstellen, das Bild 6-30 zeigt.

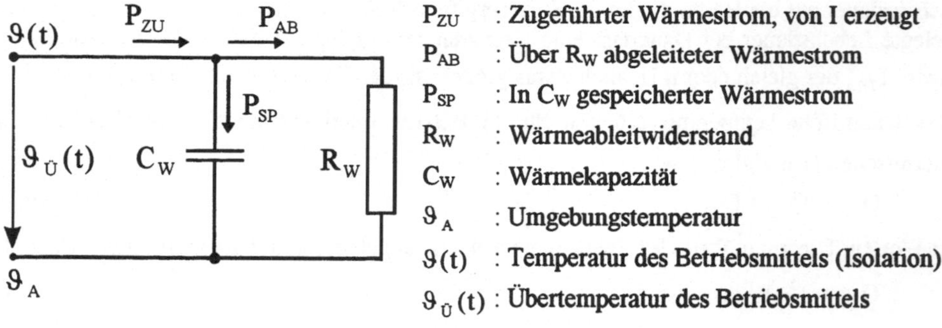

Bild 6-30: Elektrisches Ersatzschaltbild für den Erwärmungsvorgang eines Betriebsmittels

Bei konstantem Strom I, d.h. konstantem Wärmestrom P_{ZU}, steigt die Übertemperatur exponentiell an, ebenso der abgegebene Wärmestrom P_{AB}. In gleichem Maße nimmt der gespeicherte Wärmestrom P_{SP} ab (Bild 6-31). Der stationäre Zustand mit der Endtemperatur $\vartheta_{\ddot{U}max}$ ist erreicht, wenn Gleichgewicht zwischen zugeführtem und abgegebenem Wärmestrom besteht.

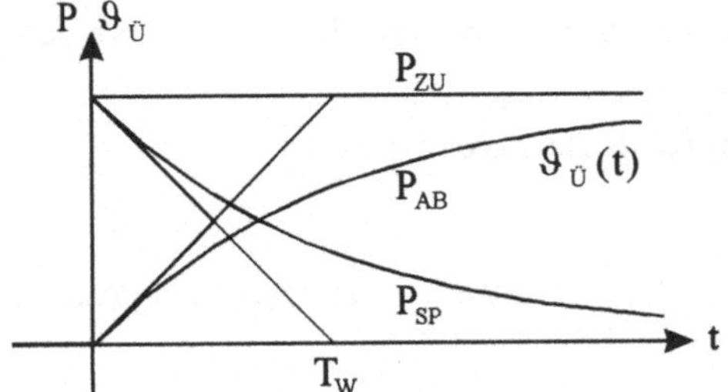

Bild 6-31:
Erwärmungskurven eines Betriebsmittels mit Wärmeersatzschaltbild nach Bild 6-30. Gespeicherter Wärmestrom P_{SP}, abgeleiteter Wärmestrom P_{AB} sowie Übertemperatur $\vartheta_{\ddot{U}}$ bei konstantem zugeführten Wärmestrom P_{ZU} als Funktion der Zeit.

Der exponentielle Verlauf setzt streng genommen einen sprungartigen Stromanstieg voraus. Dies ist wegen der Induktivitäten nicht der Fall, aber die Zeitkonstante des Stromkreises $T = L/R$ ist wesentlich kleiner als die Erwärmungszeitkonstante $T_W = C_W \cdot R_W$, weswegen man sie vernachlässigen kann.

Aus der Gleichung (6.16) können wir die Gleichung $t_{GR} = f(I/I_{TH})$ der *Belastungskurve* oder *Grenzstromkennlinie* des Betriebsmittel gewinnen. Sie gibt für jeden Strom I, bezogen auf den thermischen Grenzstrom I_{TH}, die maximal zulässige Stromflußdauer t_{GR} an, innerhalb der die Grenzübertemperatur $\vartheta_{\ddot{U}GR}$ nicht überschritten wird.

Zur Berechnung geht man aus von $\vartheta_{\ddot{U}}(t) = \vartheta_{\ddot{U}max}(1-e^{-t/T_W}) + \vartheta_{\ddot{U}0} \cdot e^{-t/T_W}$ und setzt $\vartheta_{\ddot{U}0} = 0$. Nach Gl. (6.17) bildet man das Verhältnis $\frac{\vartheta_{\ddot{U}max}}{\vartheta_{\ddot{U}GR}} = \frac{I^2}{I_{TH}^2} = \ddot{u}^2 \quad \frac{I^2}{I_{TH}^2} = \ddot{u}^2$, so daß

$$\vartheta_{\ddot{U}max} = \ddot{u}^2 \cdot \vartheta_{\ddot{U}GR} \tag{6.18}$$

Man nennt $\ddot{u} = I/I_{TH}$ das *Überlastungsverhältnis* des Betriebsmittels. Setzt man Gleichung (6.18) in (6.16) ein, so erhält man

$$\vartheta_{\ddot{U}}(t) = \ddot{u}^2 \cdot \vartheta_{\ddot{U}GR}(1-e^{-t/T_W}) \tag{6.19a}$$

Für den Spezialfall Grenzübertemperatur $\vartheta_{\ddot{U}}(t) = \vartheta_{\ddot{U}GR}$ erhält man die Gleichung

$$\vartheta_{\ddot{U}GR} = \ddot{u}^2 \cdot \vartheta_{\ddot{U}GR}(1-e^{-t_{GR}/T_W}) \tag{6.19b}$$

Löst man Gleichung (6.19b) nach t_{GR} auf, so ergibt sich die Gleichung der *Belastungskurve*

$$t_{GR} = T_W \cdot \ln\frac{\ddot{u}^2}{\ddot{u}^2 - 1} \tag{6.20}$$

Die Belastungskurve ist eine abfallende, einer Hyperbel ähnliche Kurve, die sich vertikal an die Asymptote ü = 1 und horizontal an die Achse $t_{GR} = 0$ anlehnt (Bild 6-32).

Man beachte, daß der exponentielle Temperaturanstieg, der der Berechnung zugrunde liegt, genau genommen nur für Betriebsmittel mit nur einer Wärmekapazität gilt, d.h. für homogene Körper wie kurze Leitungen. Bei elektrischen Maschinen trifft dies nicht zu, trotzdem kann man den Verlauf der Belastungskurve annähernd wie in (6.20) berechnet, annehmen.

Als Beispiel ist in Bild 6-32 die Belastungskurve eines Kurzschlußläufermotors dargestellt, der folgende Daten hat: $P = 11\,\text{kW}$, $U = 380\,\text{V}$, $n = 1460\,\text{min}^{-1}$, $I_N = 22\,\text{A}$.

Aus ihrem Verlauf ist ersichtlich, daß bei Nennstrom ($ü = 1$) die Stromflußdauer beliebig lang sein kann, daß aber für $ü > 1$ die zulässige Stromflußdauer umso kürzer sein muß, je höher der Strom bzw. ü ist.

Aus den Gleichungen (6.10) bis (6.20) erkennt man ferner, daß die Belastungskurve definiert ist durch die Parameter

- thermischer Grenzstrom I_{TH} oder Nennstrom I_N als Bezugspunkt für ü
- Umgebungstemperatur ϑ_A
- Wärmekapazität des Stromkreises und der mit ihm verbundenen Massen (Motorgehäuse, Thyristor-Kühlkörper, Kabelmantel u.s.w.)
- Wärmeableitwiderstand, bedingt durch Materialeigenschaften wie Wärmeleitwert und Kühlungsbedingungen wie Kühlrippen, Kühlkörper, Luft- oder Wasserkühlung, Erdreich.

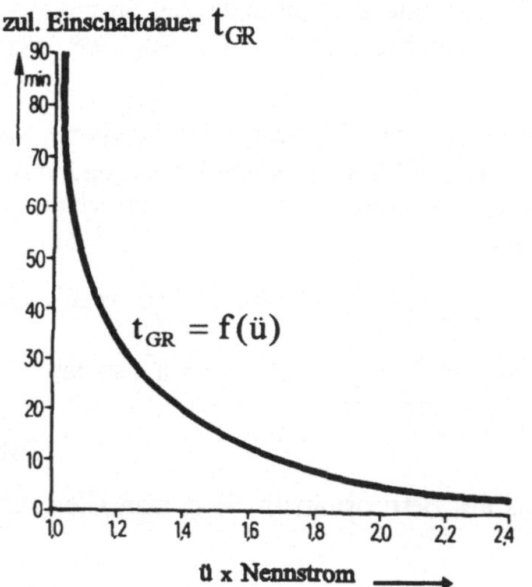

Bild 6-32:
Belastungskurve $t_{GR} = f(ü)$ für einen Kurzschluß-läufermotor [26]

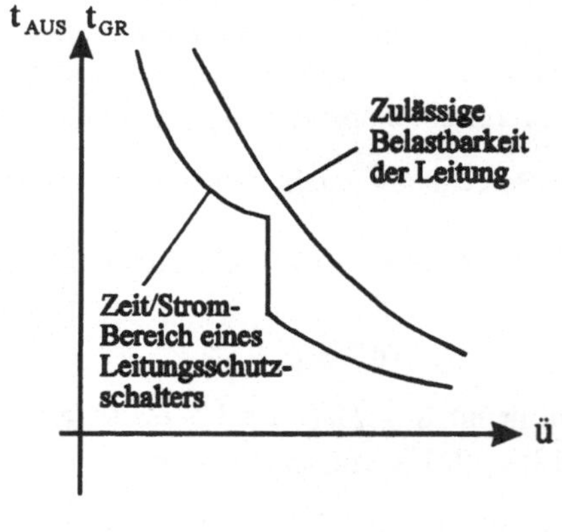

t_{AUS}, t_{GR}

Zulässige Belastbarkeit der Leitung

Zeit/Strom-Bereich eines Leitungsschutz-schalters

ü

Bild 6-33:
Überlast- und Kurzschlußschutz einer Leitung durch Leitungsschutzschalter mit Bimetall-auslöser und elektromagnetischem Auslöser

Die Belastungskurve ist die Grundlage für die Auswahl bzw. Einstellung der Überstrom-Schutzeinrichtungen. *Ein wirksamer Überstromschutz ist nur dann gegeben, wenn die Ausschaltkennlinie* $t_{AUS} = f(ü)$ *der Sicherung oder des Schutzschalters im ganzen Überstrombereich unter der Belastungskurve* $t_{GR} = f(ü)$ *liegt,* denn nur so ist gewährleistet, daß die zulässige Stromflußdauer nicht überschritten wird (Bild 6-33). Andererseits sollte die Ausschaltkennlinie nur knapp unter der Belastungskurve liegen, damit das Betriebsmittel voll ausgenutzt wird.

6.3.2 Kurzschlußerwärmung, Strombegrenzung

Ein besonderer Fall der Überlastung eines Betriebsmittels ist der *Kurzschluß*. Darunter versteht man eine durch einen Fehler entstandene leitende Verbindung zwischen betriebsmäßig gegeneinander unter Spannung stehenden und isolierten Leitern. Ein Leiter kann betriebsmäßig geerdet sein. Die Verbindung kann durch metallische Berührung (Isolationsdurchbruch, Überbrückung) oder über Lichtbogen entstehen.

Bild 6-34 zeigt das Ersatzschaltbild eines Gleichstrom-Kurzschlußkreises am Beispiel eines Klemmenkurzschlusses an einem Verbraucher. Analog ist das Ersatzschaltbild eines Kurzschlußkreises bei Einphasen-Wechselstrom oder eines dreipoligen Kurzschlusses bei Drehstrom.

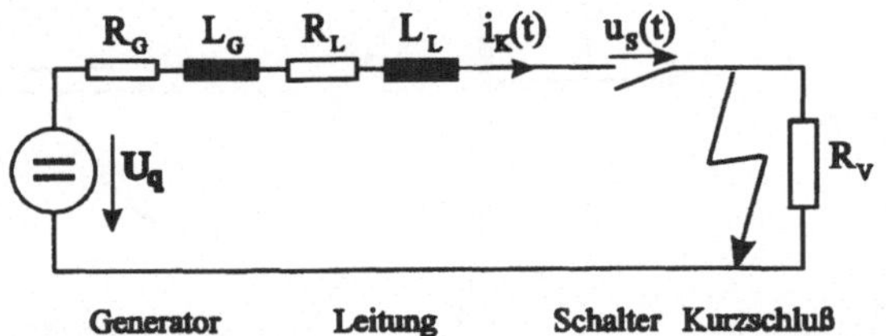

Bild 6-34:
Ersatzschaltbild für den Klemmen-Kurzschluß eines Verbrauchers

Tritt in einem Stromkreis ein Kurzschluß ein, so steigt der Strom sofort steil auf einen Endwert bzw. Scheitelwert, der nur durch die Widerstände von Spannungsquelle und Leitung begrenzt ist. Dieser Endwert liegt weit über dem thermischen Grenzstrom. Damit liegt auch die Übertemperatur $\vartheta_{\ddot{U}\,max}$ weit über der Grenzübertemperatur. Außerdem treten starke Stromkräfte auf, die an den Betriebsmitteln starke Schäden anrichten können. Stützisolatoren von Sammelschienen werden umgebrochen, Wickelköpfe von Generatoren und Wicklungen von Transformatoren werden verbogen u.s.w.

Zum Schutz der Betriebsmittel im Kurzschlußkreis ist es daher notwendig, daß der Kurzschlußstrom durch den Ausschaltvorgang möglichst *weit vor dem Erreichen des Höchstwertes* gekappt wird und daß der Lichtbogen schnell gelöscht wird. Leistungsschalter oder Schmelzsicherungen, die diese Forderungen erfüllen, bezeichnet man als *Strombegrenzer*, im Unterschied zu den Nullpunktlöschern.

Ein strombegrenzendes Schaltgerät arbeitet nach dem Prinzip der Gleichstromlöschung. Dies gilt auch für Wechselstrom, denn die Dauer des Kurzschlusses soll kürzer sein als eine Halbwelle. Daher muß bei Gleichstrom- wie bei Wechselstrom-Schaltgeräten die Lichtbogenspannung höher sein als der Scheitelwert der Netzspannung [57].

Die Strombegrenzung bei Gleichstrom-Kurzschluß sieht man deutlich in Bild 6-35. Ein Gleichstrom-Schnellschalter kappt mit Hilfe seiner hohen Lichtbogenspannung den ansteigenden Strom auf einen Maximalwert I_D (Durchlaßstrom), der wesentlich unter dem unbeeinflußten Kurzschlußstrom I_K liegt, und drückt ihn danach schnell auf Null herab. Durch diese Begrenzung werden die Stromkräfte vermindert, außerdem wird die Verlustwärme in den Spannungserzeugern und Leitungen reduziert. Der schnelle Stromabfall setzt die im Lichtbogen entwickelte Wärmeenergie und damit den Kontaktabbrand herab. Voraussetzung für eine wirksame Strombegrenzung ist, daß die Kontakte sehr schnell öffnen. Für Leistungsschalter bedeutet das, daß nach dem Überschreiten des Auslösestromes I_A Auslöser und Schalter den Ausschaltvorgang möglichst wenig verzögern (Eigenzeit t_E zwischen 0,5 und 1,5 ms).

In Bild 6-35 ist eine strombegrenzende Wechselstrom-Ausschaltung eines Leitungsschutzschalters dargestellt, die im Grunde eine Gleichstrom-Ausschaltung ist. Bei Sicherungen tritt an die Stelle der Auslösezeit die Schmelzzeit. Aus dem Bild ist auch ersichtlich, daß bei der Nullpunktlöschung der Hochspannungsschalter keine Strombegrenzung möglich ist. Daher müssen Hochspannungsnetze für die unbeeinflußten Kurzschlußströme ausgelegt werden.

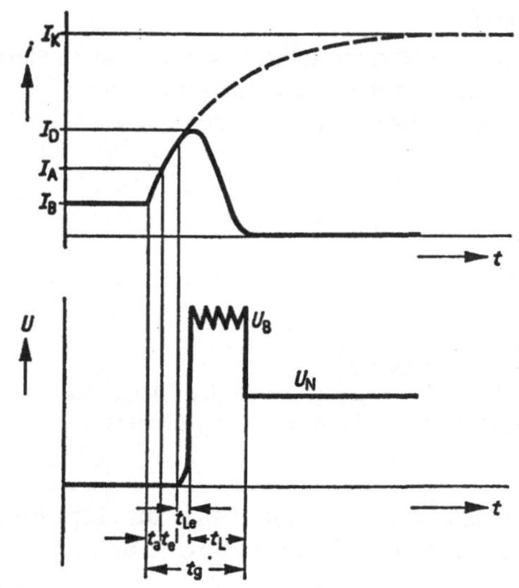

Bild 6-35: Ausschaltung eines Kurzschlußstromes im Gleichstromkreis
t_A : Auslösezeit
t_E : Eigenzeit
t_L : Lichtbogenzeit
t_G : Gesamtzeit
I_K : Unbeeinflußter Kurzschlußstrom
I_D : Durchlaßstrom
I_A : Auslösestrom
I_B : Vorbelastungsstrom
U_B : Lichtbogenspannung
U_N : Netzspannnung

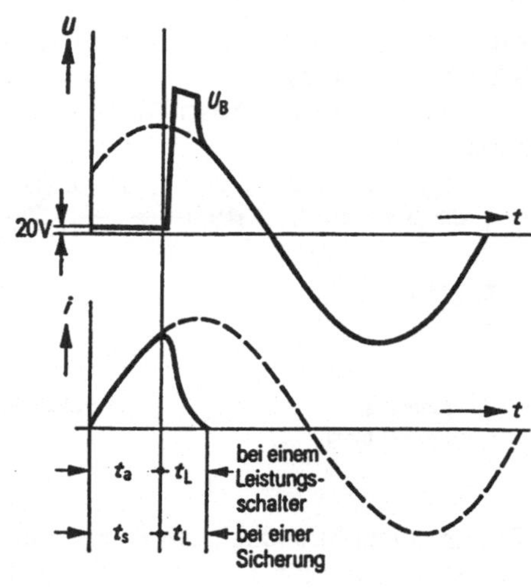

Bild 6-36: Ausschaltung eines Kurzschlußstromes im Wechselstromkreis
t_A : Auslöse- und Eigenzeit
t_L : Lichtbogenzeit
t_S : Schmelzzeit
U_B : Lichtbogenspannung

6.3.3 Sicherungen und Schutzschalter

Überstromschutzeinrichtungen müssen den Strom beim Überschreiten eines bestimmten Wertes in einer bestimmten Zeit selbsttätig abschalten. Nach Bauart, Wirkungsweise und Einsatzgebiet unterscheidet man *Schmelzsicherungen* und *Überstromschutzschalter*.

Schmelzsicherungen

Eine Schmelzsicherung (T. A. Edison, 1880) ist ein einpoliges Schaltgerät, bestehend aus einem Leiterstück mit niedriger Schmelztemperatur in einem mit Quarzsand gefüllten Keramikgehäuse. Dieser Schmelzleiter ist im Querschnitt so dimensioniert, daß er unter Einwirkung eigener Stromwärme stets eine höhere Temperatur annimmt als der gleiche Leiter in den übrigen Betriebsmitteln der Anlage (Bild 6-37).

Überschreitet der Strom während bestimmter Zeiten bestimmte Werte, so schmilzt der Schmelzleiter durch, wird aufgetrennt und verdampft im Ausschaltlichtbogen. Der Quarzsand entzieht dem Lichtbogen Wärme durch Schmelzen und Sintern, so daß der Lichtbogen erlischt und die Strombahn unterbrochen wird. Die Schmelzsicherung arbeitet nach dem Gleichstrom-Löschprinzip und kann daher hohe Kurzschlußströme wirksam begrenzen.

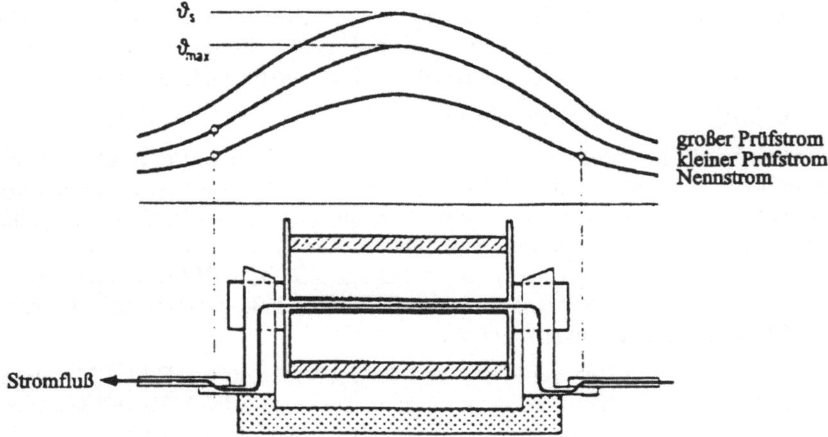

Bild 6-37: Schmelzsicherung (NH-Sicherung) mit Temperaturverlauf zwischen den Anschlußstellen bei verschiedenen Belastungsströmen (Werkbild Siemens)

Niederspannungs-Sicherungen nach DIN VDE 0636 werden nach Nennspannung und Nennstrom ausgewählt. Weitere Kriterien sind die Bauart und das zeitliche Abschaltverhalten.

Bauart: Man unterscheidet

- Messersicherungen, Niederspannungs-Hochleistungs-System (NH-Sicherungen)
- Schraubsicherungen (D-System), Handelsname DIAZED
- Schraubsicherungen (D0-System), Handelsname NEOZED

Außerdem gibt es Geräteschutz-Sicherungen (G-Sicherungen, Feinsicherungen) nach VDE 0820 und Hochspannungs-Hochleistungssicherungen (HH-Sicherungen) [17].

Das *NH-System* ist nach DIN VDE 0636 genormt. NH-Sicherungen können sehr hohe Kurzschlußströme bis 100 kA und darüber unterbrechen. Ihre Einsatzgebiete sind Kabel- und Leitungsschutz, Schutz von Niederspannungs-Schaltanlagen bei Nennströmen bis 1250 A und Nennspannungen bis 1000 V Wechselspannung sowie Halbleiterschutz bis 1600 A und 3000 V Gleichspannung. Eine NH-Sicherung besteht aus einem Sicherungsunterteil, dem auswechselbaren Schmelzeinsatz (Bild 6-37) und dem Aufsteckgriff mit Armschutz zum Auswechseln des Schmelzeinsatzes. NH-Sicherungen sind nur von Fachpersonal einzusetzen, weil sie keine Nennstrom-Unverwechselbarkeit und keinen Schutz gegen direktes Berühren haben.

Das *D-System* umfaßt Sicherungen zum Leitungsschutz für Ströme von 2 bis 100 A und Wechselspannungen bis 500 V. Ihr Schaltvermögen beträgt bei Wechselstrom mindestens 50 kA und bei Gleichstrom 8 kA.

D-Sicherungen haben Nennstrom-Unverwechselbarkeit und Schutz gegen direktes Berühren. Sie sind für Hausinstallationen und industrielle Anwendungen geeignet und durch Laien auswechselbar. Eine D-Sicherung besteht aus Sicherungssockel, dem zylindrischen Sicherungseinsatz, Schraubkappe und Paßeinsatz.

Das *D0-System* für 380 V Wechselspannung und 250 V Gleichspannung ist platzsparender gebaut als das D-System, hat aber sonst fast die gleichen Eigenschaften.

HH-Sicherungen unterbrechen Hochspannungs-Stromkreise bis 30 kV Wechselspannung bei Überlast und Kurzschluß. Sie werden zum Schutz eines Anlagenteils eingesetzt, wenn sich ein Leistungsschalter aus wirtschaftlichen Gründen nicht vertreten läßt, z.B. zum Schutz von Spannungswandlern. Sie haben keine Nennstrom-Unverwechselbarkeit und keinen Berührungsschutz, daher sind sie nur von unterrichtetem Fachpersonal auszuwechseln.

Nennstrom, kleiner und großer Prüfstrom

Eine Sicherung stellt im Zuge einer Leitung eine Schwachstelle mit geringerem Querschnitt dar, die infolge der höheren Stromdichte eine höhere Temperatur, aber einen niedrigeren Schmelzpunkt als die Leitung hat. Der *Nennstrom* einer Sicherung ist durch die Temperatur definiert, die im Dauerbetrieb an der Anschlußstelle zwischen Unterteil und Leitung nicht überschritten werden darf (Bild 6-37). Diese beträgt z.B. bei NH-Sicherungen 120°C. Die Nennströme eines Sicherungssystems sind nach DIN VDE 0636 genormt, sie ergeben sich aus den gestaffelten Schmelzleiterquerschnitten.

Größer als der Nennstrom sind der kleine und der große Prüfstrom (Bild 6-37). Eine Sicherung, belastet mit dem kleinen Prüfstrom, darf in der nach DIN VDE 0636 vorgegebenen Prüfdauer nicht ansprechen. Bei Belastung mit dem großen Prüfstrom muß die Sicherung innerhalb der gleichen Prüfdauer ansprechen.

Beispiel

Eine NH-Sicherung, Betriebsklasse gL, mit dem Nennstrom 50 A, wird bei einer Umgebungstemperatur von $20°C \pm 5\,K$ betrieben. Sie darf bei Belastung mit dem kleinen Prüfstrom von 65 A, d.h. mit $1{,}3 \cdot I_N$, innerhalb der Prüfdauer von 1 Stunde nicht ansprechen. Sie muß aber bei Belastung mit 80 A, d.h. mit $1{,}6 \cdot I_N$, innerhalb einer Stunde abschmelzen.

Strom-Zeit-Kennlinien

Die Stromwärme Q_S, die beim großen Prüfstrom zum Abschmelzen aufgebracht werden muß, setzt sich nach Gl. (6.10) zusammen aus der gespeicherten Wärme und der zusätzlichen Wärme, die aufzubringen ist, um die an die Umgebung abgeleitete Wärme auszugleichen. Wird die Sicherung mit höherem Strom belastet, so ist die zum Schmelzen gespeicherte Wärme früher erreicht und die abgeleitete Wärmemenge ist kleiner. Je höher der Strom I ist, umso kürzer ist die Schmelzzeit. Bei sehr hohen Belastungsströmen wird der Schmelzleiter so schnell auf seine Schmelztemperatur aufgeheizt, daß die erzeugte Wärme keine Zeit hat, abzufließen (adiabatischer Vorgang). In diesem Bereich ist die Schmelzwärme gleich der gespeicherten Wärme, d.h. der Schmelzwärmewert (das Schmelzintegral) ist eine Konstante:

$$Q_S = Q_{SP} = \text{konst.} \quad \Rightarrow \quad Q_S = k \cdot \int_0^{t_S} I^2 \cdot dt \quad \Rightarrow \quad Q_S = k \cdot I^2 \cdot t_S \quad \Rightarrow \quad t_S = \frac{Q_S}{k} \cdot \frac{1}{I^2}.$$

Die graphische Darstellung der Funktion $t_S = f(I)$ ist die *Schmelzzeit-Kennlinie*. Da sich Strom und Zeit über mehrere Zehnerpotenzen erstrecken, wird die Kennlinie in beiden Achsen logarithmisch aufgetragen. Im Bereich großer Ströme gilt daher

$$\log t_S = \log Q_S / k - 2 \cdot \log I \tag{6.21}$$

Dies ist die Gleichung einer abfallenden Geraden ($I^2 t$-Gerade). Daraus folgt: Die Schmelzzeit-Kennlinie verläuft stark abfallend, sie lehnt sich bei kleinen (Über-) Strömen an die senkrechte Asymptote des großen Prüfstromes an, bei großen Strömen (unbeeinflußter Kurzschlußstrom) nähert sie sich der in Gl. (6.21) angeführten $I^2 t$-Geraden (Bild 6-38).

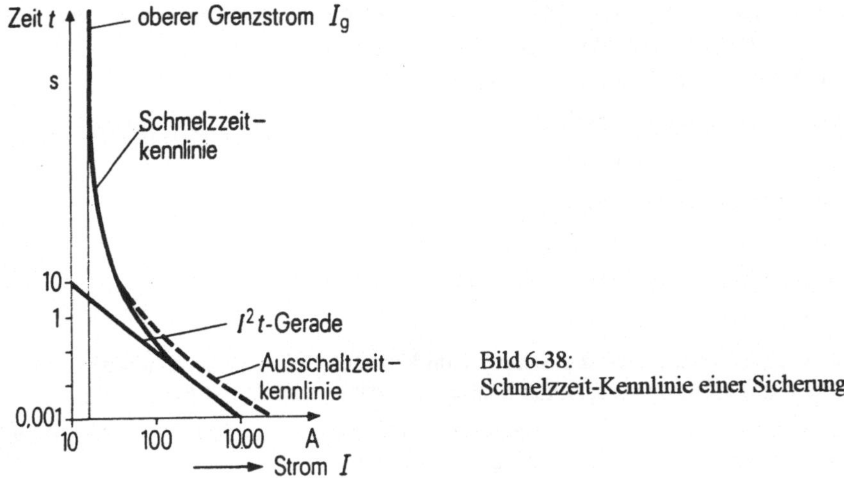

Bild 6-38:
Schmelzzeit-Kennlinie einer Sicherung

In Bild 6-38 ist oberhalb der Schmelzzeit-Kennlinie die Ausschalt-Kennlinie $t_A = f(I)$ eingetragen (gestrichelt), die die *Ausschaltzeit = Schmelzzeit + Löschzeit* über dem Strom darstellt. Die Ausschalt-Kennlinie spielt nur im Kurzschlußbereich eine Rolle, weil im Überlastbereich die Löschzeit gegenüber der Schmelzzeit vernachlässigt werden kann.

Das Schaltvermögen von Schmelzsicherungen ist sehr hoch, weil sie durch sehr schnelles Abschmelzen bei Kurzschluß eine stark strombegrenzende Wirkung haben. Zum Beispiel läßt eine 6 A-Sicherung von einem unbeeinflußten Kurzschlußstrom (Effektivwert) nur einen Durchlaßstrom von 2,4 kA Scheitelwert durch. Daher sind *Schmelzsicherungen besonders geeignet zum Kurzschlußschutz.* Zum Überlastschutz sind sie dagegen nur eingeschränkt brauchbar. Das hat zwei Gründe:

Zum einen liegt bei den meisten Sicherungstypen der große Prüfstrom relativ weit über dem Nennstrom ($\geq 1{,}6 \cdot I_N$), so daß nur große Überlasten ausgeschaltet werden. Zum anderen streuen die Schmelzzeiten infolge verschiedener Umgebungstemperaturen sowie kleiner Ungleichheiten der Schmelzleiterquerschnitte und Materialeigenschaften, was sich im Überlastbereich besonders stark bemerkbar macht. Die mittleren Abweichungen der Schmelzzeit-Kennlinie betragen etwa ±5% bis ± 10%, gerechnet in Stromrichtung [26].

Die Steilheit der Schmelzzeit-Kennlinie $t_S = f(I)$ kann in Grenzen durch Querschnitt, Form des Schmelzleiters sowie konstruktive Maßnahmen festgelegt werden, z.B. durch kurze oder lange Engstellen und Lotauftrag auf dem Schmelzleiter. Dadurch kann man die Sicherungen dem Anwendungsbereich anpassen. Sicherungen mit steiler Kennlinie - früher flinke Sicherungen genannt - schützen hervorragend gegen Kurzschlußströme und schalten auch bei Überlastung schnell ab. Dies ist besonders wichtig bei Anlagen der Leistungselektronik, weil Halbleiterbauelemente geringe Wärmekapazitäten und niedrige Grenzübertemperaturen haben. Andererseits sind flinke Sicherungen nicht zum Schutz von Motoren geeignet, weil sie bei den hohen Anlaufströmen abschmelzen. Diesen Nachteil vermeiden träge Sicherungen, deren Schmelzleiter mit einem Weichlotauftrag versehen sind, der die Auslösezeiten bei Überlast bestimmt. Die Engstellen im bandförmigen Schmelzleiter bewirken bei Kurzschlußströmen kurze Auslösezeiten und eine Aufteilung des Lichtbogens in mehrere kleine Bögen, die besser zu löschen sind als ein großer Lichtbogen.

Die früheren Bezeichnungen flink, träge und trägflink der Sicherungstypen sind heute durch die *Betriebsklassen* ersetzt worden [17]. Die Betriebsklasse einer Sicherung wird durch zwei

Buchstaben ausgedrückt. Der erste Buchstabe gibt die *Funktionsklasse* an, der zweite das *Schutzobjekt*. Man unterscheidet folgende Betriebsklassen:

gL Ganzbereichs-Kabel und Leitungsschutz

aM Teilbereichs-Schaltgeräteschutz (Motorschutz)

aR Teilbereichs-Halbleiterschutz

gR Ganzbereichs-Halbleiterschutz

gB Ganzbereichs-Bergbauanlagenschutz

gTr Ganzbereichs-Transformatorenschutz.

Dabei bedeutet die Funktionsklasse:

g Ganzbereichssicherungen, die Ströme vom kleinsten Schmelzstrom (unterhalb des großen Prüfstromes) aufwärts ausschalten können (Überlast- und Kurzschlußschutz).

a Teilbereichssicherungen, die Ströme oberhalb eines bestimmten Vielfachen ihres Nennstromes ausschalten können (nur Kurzschlußschutz).

Schutzschalter, Auslöser, Relais

Schutzschalter sind Schalter, die durch selbsttätiges Öffnen dem Schutz von Anlagenteilen vor unzulässigen Werten des Stromes, der Erwärmung, des Fehlerstromes oder der Unterspannung dienen. Schutzschalter müssen nach DIN VDE 0660 allpolig ausschalten und Freiauslösung haben. Das selbsttätige Öffnen der Schutzschalter bei unzulässigen Werten bewirken eingebaute oder angebaute Auslöseeinrichtungen. Man unterscheidet Auslöser und Relais.

Auslöser sind Vorrichtungen, die beim Überschreiten oder auch Unterschreiten vorgegebener *elektrischer* Größen die im Schalter gespeicherte Energie *mechanisch* freigeben (z.B. gespannte Feder, Druckluft) und damit den Ausschaltvorgang einleiten. Sie sind Bestandteile von Schaltern. Auslöser können unverzögert oder verzögert wirken. Nach der elektrischen Wirkungsgröße unterscheidet man Strom- und Spannungsauslöser.

Stromauslöser werden von einem dem Betriebsstrom proportionalen Strom durchflossen.

Spannungsauslöser nehmen mit ihren Spulen einen der Spannung proportionalen Strom auf.

Relais überwachen eine elektrische Größe (Spannung, Strom, Temperatur) und betätigen bei Über- oder Unterschreiten eines bestimmten Wertes einen *Hilfsschalter*, der das zugehörige Schaltgerät, z.B. das Motorschütz, abschaltet. Relais können unverzögert oder verzögert wirken.

1) Thermisch verzögerte Überstromauslöser, vorwiegend *Bimetallauslöser* mit und ohne Stromwandler (Schaltbild siehe Bild 6-3), dienen zum Überstromschutz von Motoren, Transformatoren, Leitungen und Kabeln, die leicht überlastet werden können.

Bimetallauslöser sind schmale Streifen von zwei durch Schweißung untrennbar miteinander verbundenen Metallen, die stark unterschiedliche Wärmeausdehnungskoeffizienten haben (Bild 6-39). Bei Aufheizung durch den Betriebsstrom werden die Streifen unterschiedlich gekrümmt. Die freie Ausbiegung ist ein Maß für die Temperatur und wird am Ende umgesetzt in eine Kraft, die die Klinke des Schaltschlosses auslöst. Nach VDE 0660 muß bei Motorschutzschaltern der Einstellstrom, d.h. der Auslösestrom bei kleinster Überlast, verändert werden [26]. Dies geschieht durch eine Einstellschraube, die bei kleinerem Einstellstrom den Auslöseweg verkürzt.

Ein Bimetallauslöser hat nur eine thermische Zeitkonstante. Die *Auslösekennlinie* verläuft daher wie eine Belastungskurve *hyperbelähnlich,* sie ist in Bild 6-42 gestrichelt dargestellt.

Die Kennlinie muß zu vollem Überlastschutz in ihrem ganzen Bereich unter der Belastungskurve des Schutzobjekts liegen.

Bimetallauslöser sind besser zum Überlastschutz geeignet als Sicherungen, weil sie einen *niedrigeren Ansprechstrom* haben, der außerdem *verstellbar* ist. Weitere Vorteile sind geringere Kennlinienstreuung und Kompensation der Umgebungstemperatur. Allerdings sind Bimetallauslöser nicht kurzschlußfest.

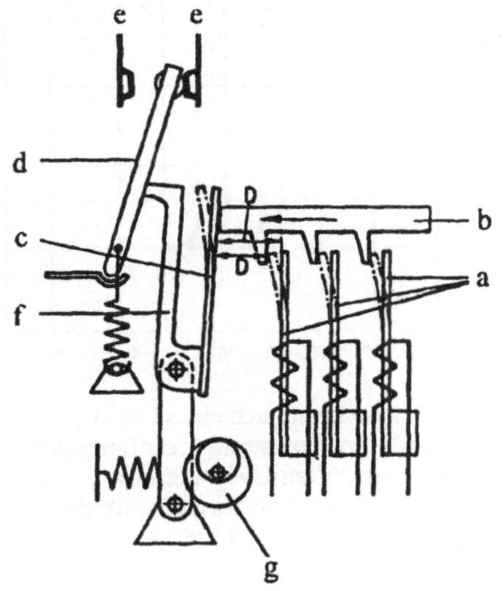

Bild 6-39: Dreipoliges Bimetallrelais mit Temperaturkompensation (Werkbild Siemens)

a Bimetallstreifen, vom Strom beheizt
b Auslöseschieber
c Temperatur-Ausgleichsstreifen
d bewegliches Schaltstück (Schaltwippe)
e feste Schaltstücke
f Auslösehebel
g Einstellung

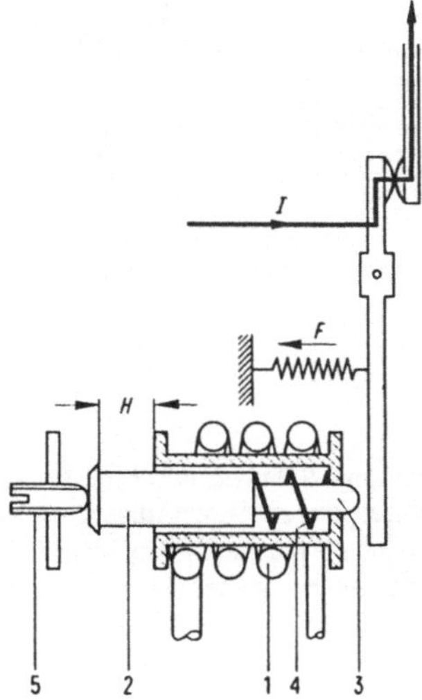

Bild 6-40: Nichtverzögerter elektromagnetischer Überstromauslöser (Kurzschlußauslöser)

1 Erregerspule
2 Anker
3 Stößel aus Kunststoff
4 Rückzugfeder
5 Schraube zum Einstellen des Hubes H
6 Strombahn

2) Thermisch verzögerte Überstromrelais ohne oder mit Stromwandler sind entweder elektronische Relais, die über Unterspannungsauslöser (Bild 6-44) das Schaltschloß auslösen, oder *Bimetallrelais* (Schaltbild siehe Bild 6-9a, Seite 171, Aufbau siehe Bild 6-39). Die Kraft am Ende der Bimetallausbiegung betätigt über einen Schieber einen Hilfsschalter, der über einen Hilfsstromkreis oder eine SPS die Spule des Motorschützes ausschaltet. Zur Kompensation der Umgebungstemperatur wird der Schieber durch ein nicht stromdurchflossenes Bimetall bewegt, das mit steigender Umgebungstemperatur den Auslöseweg vergrößert.

3) Elektromagnetische Überstromschnellauslöser (Bild 6-40) dienen dem Kurzschlußschutz von Leitungen und Motoren. Sie entklinken das Schaltschloß von Leistungsschaltern oder wirken unmittelbar auf das bewegliche Schaltstück. Die Auslösekennlinie ist rechtwinklig mit verrundeter Ecke (Bild 6-42). Kurzverzögerte Auslöser lösen erst nach einer gewissen Zeit nach dem Ansprechen aus. Die Verzögerungszeit ist entweder von der Höhe des Stromes abhängig oder bei stromunabhängig verzögerten Auslösern einstellbar.

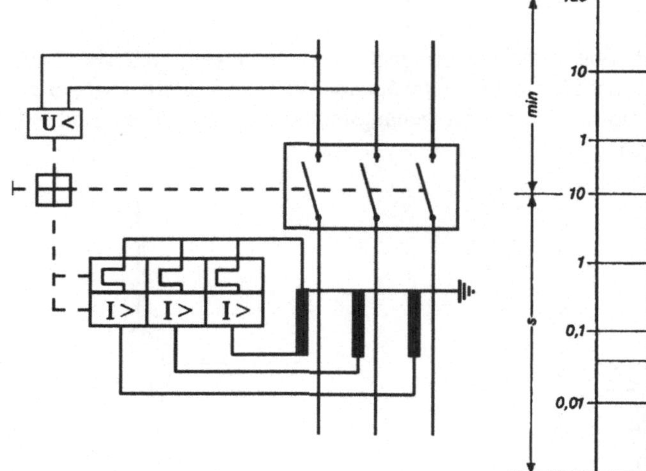

Bild 6-41: Leistungs-Schutzschalter mit über Stromwandler gespeistem Bimetallauslöser und elektromagnetischem Kurzschlußauslöser (I >) sowie Unterspannungsauslöser (U <)

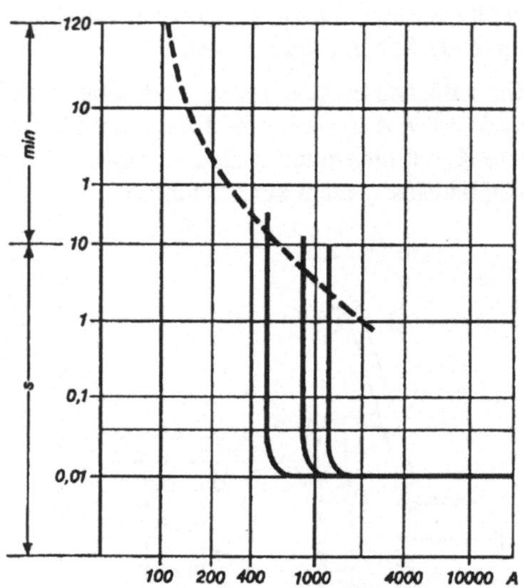

Bild 6-42: Auslösekennlinien eines Leistungsschalters mit 100 A Nennstrom. Kennlinien des Bimetallauslösers: (gestrichelt) und des elektromagnetischen Schnellauslösers für die Ansprechwerte 500, 800 und 1250 A.

4) Arbeitsstromauslöser (Bild 6-43) sind Spannungsauslöser. Sie dienen zur Fernausschaltung von Leistungsschaltern. Wird ein Drucktaster (Schließer) oder ein Überstromrelais betätigt, so liegt Spannung an der Auslöserspule. Der Anker des Elektromagneten bewegt eine Schwinge, die das Schaltschloß entriegelt.

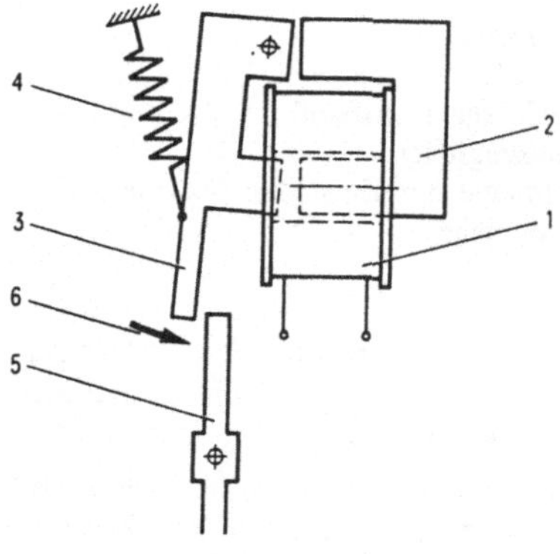

Bild 6-43: Arbeitsstromauslöser
1 Betätigungsspule 2 Magnetjoch
3 Magnetanker 4 Rückzugfeder
5 Schalterklinke
6 Bewegungsrichtung des Magnetankers beim Anziehen

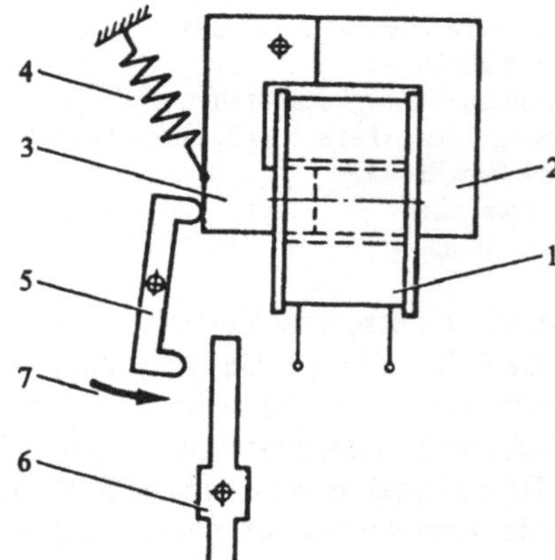

Bild 6-44: Unterspannungsauslöser
1 Betätigungsspule 2 Magnetjoch
3 Magnetanker 4 Rückzugfeder
5 Wippe 6 Klinke des Schaltschlosses
7 Bewegungsrichtung der Wippe beim Abfallen des Magnetankers

5) Unterspannungsauslöser (Bild 6-44) sind Ruhestromauslöser. Durch einen Drucktaster (Öffner) oder einen Zusammenbruch der Netzspannung wird die Auslöserspule spannungslos, so daß die Schwinge, durch Federkraft bewegt, das Schaltschloß entriegelt. Bei Schleifringläufermotoren verhindert der Unterspannungsauslöser, daß nach einem Spannungszusammenbruch die wiederkehrende Spannung auf den stehengebliebenen Motor bei kurzgeschlossenem Anlasser wirkt.

6) Leitungsschutzschalter (LS-Schalter) nach DIN VDE 0641 (Bild 6-45) sind zum Schutz von Stromkreisen bis 63 A Nennstrom bei Überlast und Kurzschluß bestimmt, aber nicht zum betriebsmäßigen Schalten. Sie werden vor allem bei der Hausinstallation verwendet. Ein LS-Schalter hat zwei fest eingestellte Auslöseorgane, einen Bimetallauslöser und einen elektromagnetischen Kurzschlußauslöser.

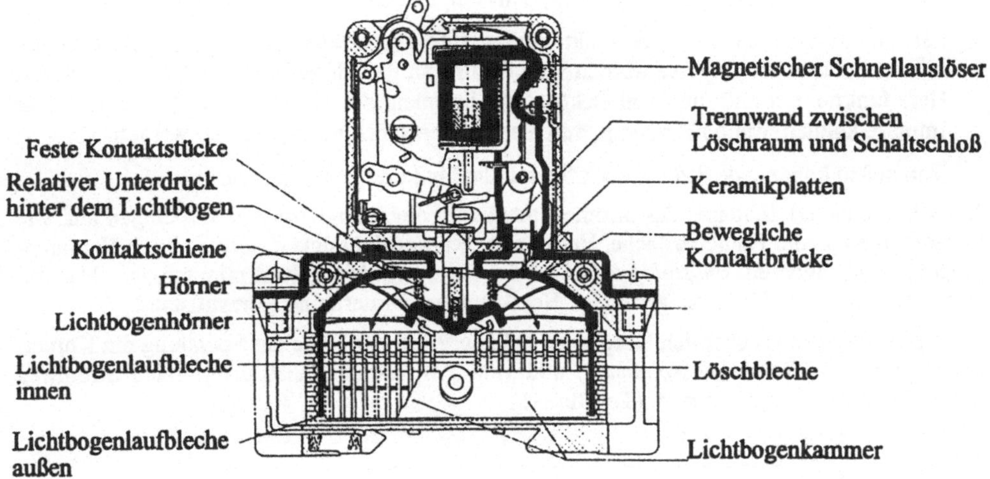

Bild 6-45: Leitungsschutzschalter nach DIN VDE 0641 (Werkbild Klöckner-Moeller)

7) Motorschutzschalter nach DIN VDE 0660 sind Leistungsschalter zum Schalten von Motoren mit einem mindestens dem Motoranlaufstrom entsprechenden Schaltvermögen.

Durch selbsttätiges Unterbrechen der Schaltstrecke schützen sie den Motor vor unzulässiger Erwärmung. Das Kontaktsystem der handbetätigten Motorschutzschalter wird über ein Schaltschloß angetrieben. Als Überstrom-Schutzorgan hat der Schalter einen Bimetall-Auslöser, der nicht auf die Leitung, sondern den Motor abgestimmt ist, sowie einen Kurzschluß-Schnellauslöser. Dieser muß so eingestellt sein, daß er bei hohen Kurzschlußströmen den Bimetallauslöser vor Zerstörung schützt (Bild 6-42). Reicht das Schaltvermögen des Motorschutzschalters nicht für den anstehenden Kurzschlußstrom an der Einbaustelle aus, müssen dem Schalter Schmelzsicherungen vorgeschaltet werden.

Soll der Motor betriebsmäßig häufig geschaltet werden, setzt man statt des Motorschutzschalters *Schütze* ein, die zum Überlastschutz einen angebauten Bimetallauslöser und zum Kurzschlußschutz vorgeschaltete Sicherungen haben (siehe Bilder 6-8 und 6-9a). Die Schütze müssen das Schaltvermögen für Anlaufströme haben.

7 Schutzmaßnahmen gegen gefährliche Körperströme

7.1 Wirkungen des elektrischen Stromes auf den Menschen

Die Gefährdung des Menschen, die von der Elektrizität ausgeht, ist immer verbunden mit dem elektrischen Strom, der durch den menschlichen Körper fließt. Das hat folgende Gründe:

- Der menschliche Körper leitet den elektrischen Strom. Alle Flüssigkeiten des menschlichen Körpers, wie Blut, Zellflüssigkeit, Schweiß, Speichel u.s.w., sind Elektrolyte.
- Fast alle menschlichen Organe funktionieren aufgrund elektrischer Impulse, die vom Gehirn ausgehen. Die Impulse werden vom Gehirn an die Muskeln herangeführt. Auch das Herz funktioniert aufgrund von elektrischen Strömen, die es jedoch selbst erzeugt. Diese Impulse können, wenn notwendig, durch einen Herzschrittmacher ersetzt werden.
- Von außen kommende Ströme beeinflussen die Funktion von Organen.

Je nach Größe und Zeitdauer des Stromes treten zum einen *physikalische Wirkungen* auf, wie Strommarken an der Hautoberfläche, Verbrennungen und Flüssigkeitsverlust durch Verdampfungen, zum anderen *physiologische Wirkungen,* wie Muskelverkrampfungen, Nervenerschütterungen, Blutdrucksteigerungen, Herzkammerflimmern und Herzstillstand.

Die Höhe des Stromes über den Körper ist abhängig von der Höhe der Spannung am Körper, der sogenannten *Berührungsspannung,* und vom *Körperwiderstand,* der je nach Stromweg unterschiedliche Werte aufweist (Tabelle 7-1)

Stromweg	**Körperwiderstand**
Hand - Hand oder Hand - Fuß	1000 Ω
Hand - Füße	750 Ω
Hände - Füße	500 Ω
Hand - Brust	450 Ω
Hände - Brust	230 Ω
Hand - Gesäß	550 Ω
Hände - Gesäß	300 Ω

Tabelle 7-1: Körperwiderstände bei 220V Berührungsspannung in Abhängigkeit vom Stromweg [48]

Ferner spielt für die Wirkung des elektrischen Stromes auf den Menschen die *Frequenz* der Berührungsspannung eine Rolle. Gleichströme und hochfrequente Ströme sind weniger gefährlich als Wechselströme von 50 Hz und 60 Hz. Entscheidend für die Wirkungen des Stromes auf den Körper sind *Größe und Zeitdauer des Körperstromes.* Das Diagramm von Bild 7-1 läßt erkennen, daß bereits ein Strom von 50 mA bei einer Wirkungsdauer von 1 Sekunde in der Zone 4 liegt und somit eine tödliche Gefahr für den Menschen darstellt [53].

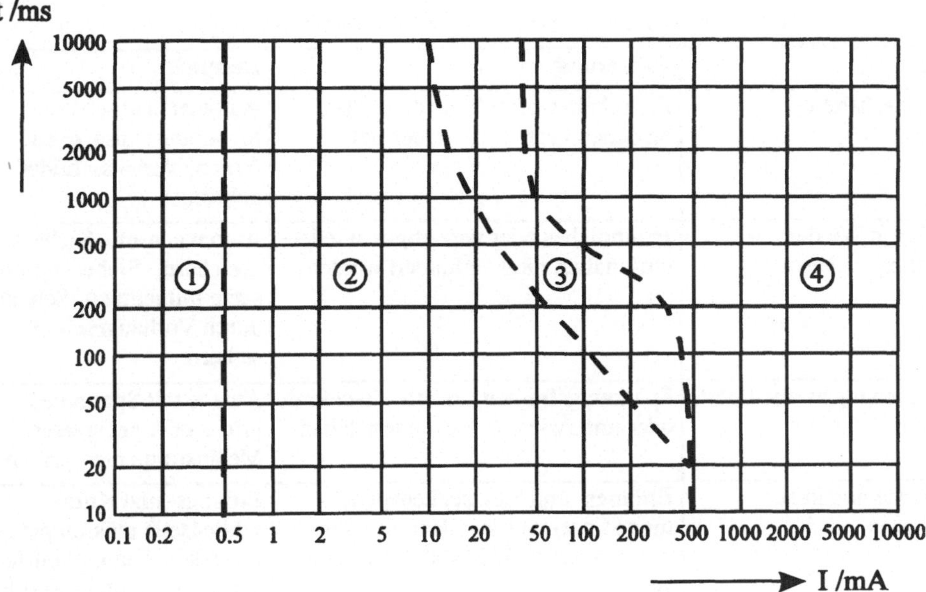

Bild 7-1: Körperströme: Wirkungsbereiche des Wechselstroms (nach IEC-Arbeitsgruppe)
Zone 1: Üblicherweise keine Einwirkung wahrnehmbar
Zone 2: Üblicherweise keine medizinisch schädliche Einwirkung
Zone 3: Üblicherweise noch keine Gefahr des Herzkammerflimmerns, jedoch Muskelkrampf und Atemschwierigkeiten möglich
Zone 4: Gefahr des Herzkammerflimmerns, Atemlähmung, Verbrennungen

Die Berufsgenossenschaft der Feinmechanik und Elektrotechnik hat seit 1965 die tödlichen Stromunfälle in der Bundesrepublik Deutschland registriert und analysiert. Seit 1969 nimmt die Zahl der tödlichen Unfälle von 289/Jahr kontinuierlich ab. Sie betrug 1987 weniger als 40 Prozent bei gleichzeitiger Steigerung des Energieverbrauches auf das 2,8fache.

Als Ursachen für Elektrounfälle ergeben sich vor allem *Unachtsamkeit*, *nicht sachgerechte Instandhaltung* und *Isolationsfehler*. Die Unfallanalyse ergab, daß die Zahl der tödlichen Unfälle im Wohnbereich (vor allem in Badezimmer und Küche) deutlich höher liegt als die Unfälle in Gewerbe und Industrie. Die Unfälle von elektrotechnischen Fachkräften werden meist durch Verhaltensfehler, häufig durch Außerachtlassen der verbindlich vorgeschriebenen *fünf Sicherheitsregeln*, hervorgerufen (Tabelle 7-2 auf folgender Seite).

Arbeiten unter Spannung ist nur Fachkräften und unterwiesenen Personen erlaubt, und dies auch nur unter Beachtung besonderer Sicherheitsvorschriften. Bei Arbeiten im spannungslosen Zustand der elektrischen Anlage müssen die fünf Sicherheitsregeln in der Reihenfolge eins bis fünf eingehalten werden.

Der Auftrag zur Wiedereinschaltung darf nur von der aufsichtführenden oder ersatzweise der ausführenden Person erteilt werden, nachdem die fünf Sicherheitsmaßnahmen in der Reihenfolge fünf bis eins aufgehoben sind. Liegen Arbeitsstelle und Abschaltstelle räumlich getrennt voneinander, so muß die Freigabe schriftlich, fernschriftlich oder telefonisch erfolgen. Es ist verboten, eine bestimmte Zeit für die Wiedereinschaltung zu vereinbaren, ohne die Freigabemeldung abzuwarten.

Die fünf Sicherheitsregeln der Elektrotechnik		
Regel	**Erklärung**	**Beispiele**
1. Freischalten	Freischalten aller Teile der Anlage, an denen gearbeitet werden soll	Automaten abschalten, Sicherungseinsätze entfernen, Verbotsschilder anbringen
2. Gegen Wiedereinschalten sichern	Irrtümliches oder vorzeitiges Wiedereinschalten muß verhindert werden	Automaten mit Klebeband absichern, Sicherungseinsätze mitnehmen, Schalter durch Vorhängeschloß sichern
3. Spannungsfreiheit feststellen	Spannungsfreiheit durch Fachkraft oder unterwiesene Person feststellen	Anlage mit Spannungsprüfer oder geeigneten Meßinstrumenten prüfen
4. Erden und kurzschließen	Erdungs- und Kurzschließvorrichtungen zuerst erden, dann mit den kurzzuschließenden aktiven Teilen verbinden	Erdungs- und Kurzschließseile müssen guten Kontakt geben und dürfen keine Anlagenteile berühren
5. Benachbarte, unter Spannung stehende Teile abdecken oder abschranken	Bei Anlagen unter 1 kV genügen zum Abdecken isolierende Tücher, Schläuche oder Formstücke, über 1 kV Absperrtafeln, Seile und Warntafeln. Immer entsprechenden Körperschutz tragen	Beim Abdecken können aktive Teile berührt werden. Daher Körperschutz tragen, z.B. enganliegende Kleidung, Schutzhelm mit Gesichtsschutz und Handschuhe

Tabelle 7-2: Die fünf Sicherheitsregeln der Elektrotechnik nach DIN VDE 0105, Teil 1

7.2 Schutzarten, Schutzmaßnahmen und Schutzklassen

Ziel der Sicherheitstechnik ist es, Elektrounfälle zu vermeiden und die Betriebsmittel gegen äußere Einwirkungen zu schützen. Dazu wurden *Schutzarten* für elektrische Maschinen, Schaltgeräte, Transformatoren, Installationsgeräte, Halbleiterstromrichter definiert und als konstruktive Maßnahmen (Baubestimmungen) gefordert.

Nach DIN 40 050 unterscheidet man:

- Schutz gegen Eindringen fester Fremdkörper und Staub (Fremdkörperschutz)
- Schutz gegen Eindringen von Wasser (Wasserschutz, Bild 7-2a bis c)
- Schutz von Personen gegen Berühren unter Spannung stehender oder sich bewegender Teile (Berührungsschutz).

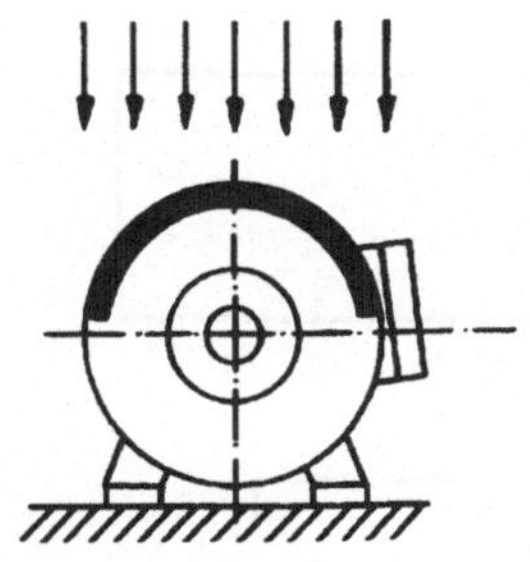

Bild 7-2a:
Tropfwassergeschützter Motor

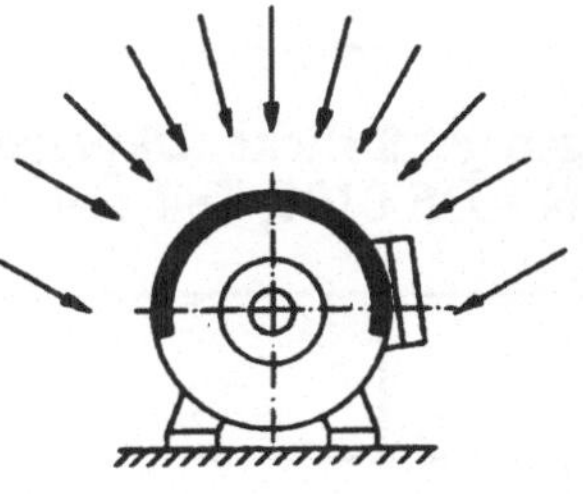

Bild 7-2b:
Spritzwassergeschützter Motor

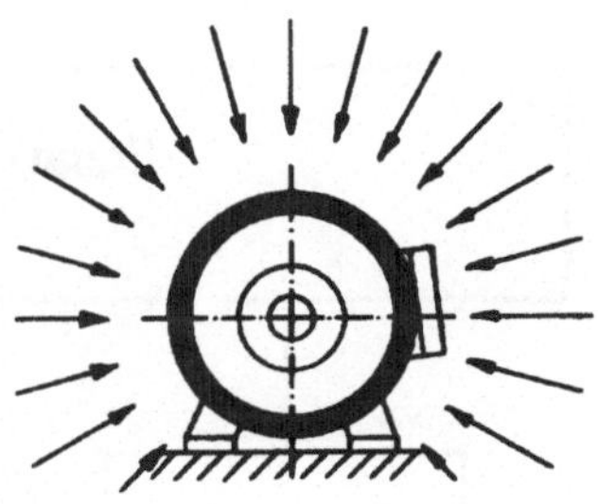

Bild 7-2c:
Schwallwassergeschützter Motor

Im folgenden wird nur der Berührungsschutz im Sinne des Schutzes gegen Berühren unter Spannung stehender Teile weiter betrachtet.

Die *Schutzmaßnahmen gegen gefährliche Körperströme* wurden als VDE-Bestimmungen DIN VDE 0100, Teil 410 vom VDE (Verband Deutscher Elektrotechniker) in Zusammenarbeit mit dem Deutschen Institut für Normung erarbeitet und als verbindliche Regeln der Technik für Errichtung elektrischer Anlagen herausgegeben. Diese Schutzmaßnahmen stehen in Verbindung mit der Ausführung der Betriebsmittel in *Schutzklassen* nach DIN VDE 0106.

Im Sinne von DIN VDE 0100 gelten die Definitionen:

Fehler:
Physikalischer Fehler, insbesondere Isolationsdurchschlag oder -überbrückung.

Körper:
Berührbare, leitfähige Teile von Betriebsmitteln, die nicht aktive Teile sind, aber im Fehlerfall unter Spannung stehen können, z.B. Motorgehäuse, Herdplatte, Leuchte. Mit Körper ist nicht der menschliche Körper gemeint.

Körperströme:
Bei direktem oder indirektem Berühren über den menschlichen Körper fließende Ströme.

Schutzmaßnahme:
Schutzeinrichtung, der Netzform angepaßt.

Schutzklasse:
Ausführung der Betriebsmittel zum Schutz gegen gefährliche Körperströme. Es gibt drei Schutzklassen:

Schutzklasse I:
Basisisolierung der aktiven Teile. Umhüllung der Basisisolierung mit einem Körper, der an einen *Schutzleiter* angeschlossen wird.

Schutzklasse II:
Basisisolierung der aktiven Teile plus Schutzisolierung. Schutzisolierung = Umhüllung.

Schutzklasse III:
Schutz gegen gefährliche Körperströme durch Schutzkleinspannung.

Das Bild 7-3 zeigt einen Überblick über die Schutzmaßnahmen gegen gefährliche Körperströme. Diese Maßnahmen sind in drei Ebenen wirksam: *Basisschutz, Fehlerschutz, Zusatzschutz.*

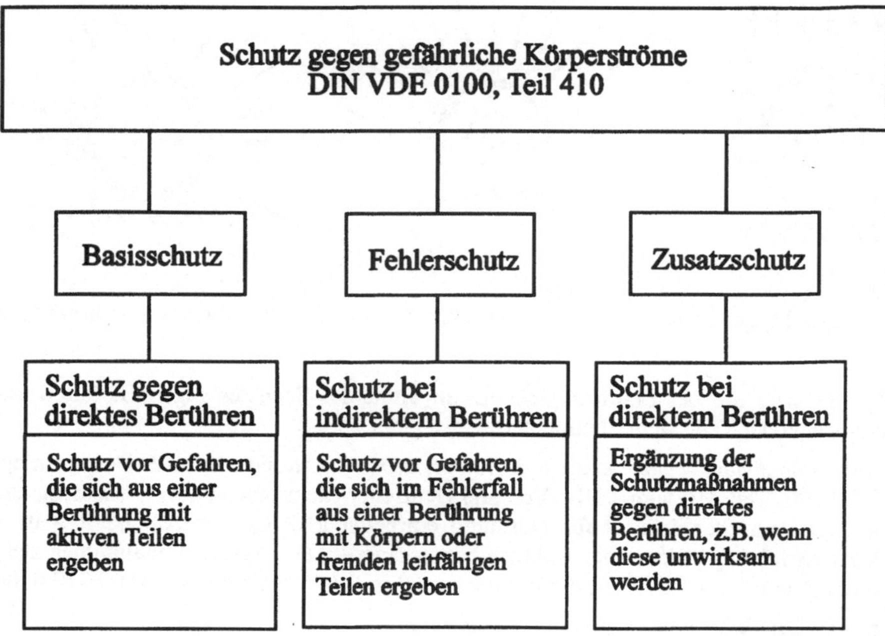

Bild 7-3: Überblick über Schutzmaßnahmen gegen gefährliche Körperströme

7.3 Schutz gegen direktes Berühren (Basisschutz)

Betriebsmäßig spannungführende (aktive) Teile von Betriebsmitteln müssen für den Menschen normalerweise unzugänglich gehalten werden Dies kann *vorbeugend* durch folgende *bauliche* Maßnahmen geschehen (Bild 7-4a):

1. Vollständiger Schutz

gegen absichtliches oder zufälliges Berühren. In allen Fällen zulässig, für elektrotechnische Laien erforderlich. Vollständiger Schutz umfaßt

- Isolierung der aktiven Teile (Leitungsisolation)
- Geschlossene Abdeckungen und Umhüllungen aus isolierendem Material (Verbindungsdose) oder aus leitfähigem Material (Stromschienensystem)
- Lückenhafte Abdeckungen (Haartrockner, Schuko-Steckdose)
- Zwangsläufige Abschaltung von aktiven Teilen.
- Wenn das Entfernen einer Abdeckung durch Laien, also ohne besondere Hilfsmittel (Schlüssel) möglich ist, müssen die abgedeckten aktiven Teile beim Entfernen der Abdekkung zwangsläufig spannungslos geschaltet sein (Fabrikfertige Schaltgeräte-Kombinationen in Einschubtechnik).
- Großer Abstand zwischen Mensch und aktiven Teilen

  bei leitfähigem oder isoliertem Standort (Freileitung). Der Mensch kann höchstens mit einem Potential in Berührung kommen.

2. Teilweiser Schutz

Schutz gegen zufälliges Berühren:

- Hindernisse zwischen Mensch und aktiven Teilen zur Abgrenzung eines begehbaren Raumes von aktiven Teilen (Geländer)
- Geringer Abstand. Nach DIN VDE 0106, Teil 100 nur bedingt zulässig, z.B. in abgeschlossenen elektrischen Betriebsstätten.

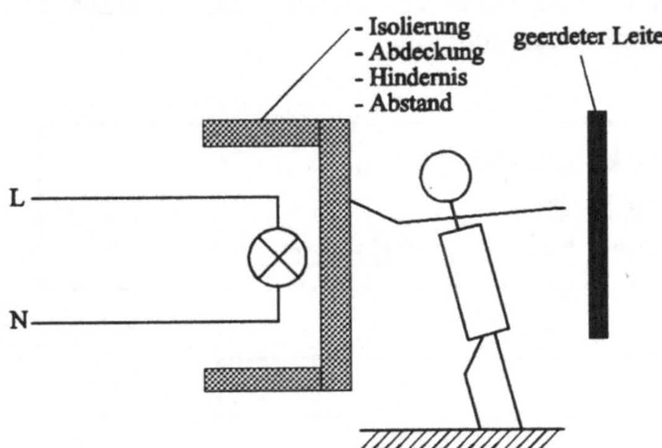

Bild 7-4a:
Schutz gegen direktes Berühren (Basisschutz)

7.4 Schutz bei indirektem Berühren (Fehlerschutz)

7.4.1 Übersicht

Der Schutz bei indirektem Berühren ist der Schutz von Personen und Nutztieren vor Gefahren, die sich bei Berührung mit dem spannungführenden Körper des Betriebsmittels oder fremden leitfähigen Teilen ergeben können (Bild 7-4b). Eine solche Spannung tritt nur bei einem Fehler in einem Betriebsmittel mit leitfähigem Körper auf.

Alterungserscheinungen oder mechanische und thermische Beanspruchungen führen zum Versagen des Basisschutzes und verursachen *Isolationsfehler*, die den Körper eines elektrischen Betriebsmittels, also die leitfähigen Gehäuseteile oder andere fremde leitfähige Teile, unter Spannung setzen können (*Körperschluß*)

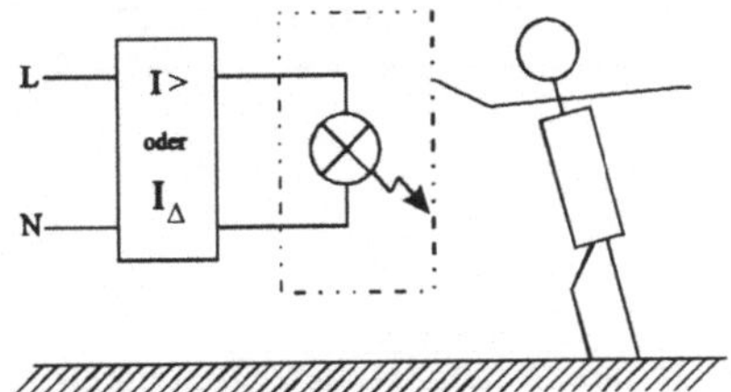

Bild 7-4b:
Gefahr bei indirektem Berühren

Schutzmaßnahmen mit Schutzleiter schützen im Fehlerfall durch automatische Abschaltung oder Melden. Wie die graphische Übersicht von Bild 7-5 zeigt, sind vier Schutzmaßnahmen möglich, die sich aus einer Koordinierung der Netzformen *TN-Netz, TT-Netz und IT-Netz* mit folgenden Schutzeinrichtungen ergeben:

- Überstrom-Schutzeinrichtung
- Fehlerstrom-Schutzeinrichtung
- Isolations-Überwachungseinrichtung
- Fehlerspannungs-Schutzeinrichtung.

Zusätzlich muß in allen Fällen ein *Potentialausgleich*, d.h. eine leitende Verbindung zwischen allen Körpern und fremden leitfähigen Teilen, hergestellt werden. Dadurch sollen Potentialunterschiede innerhalb des Gebäudes vermieden werden.

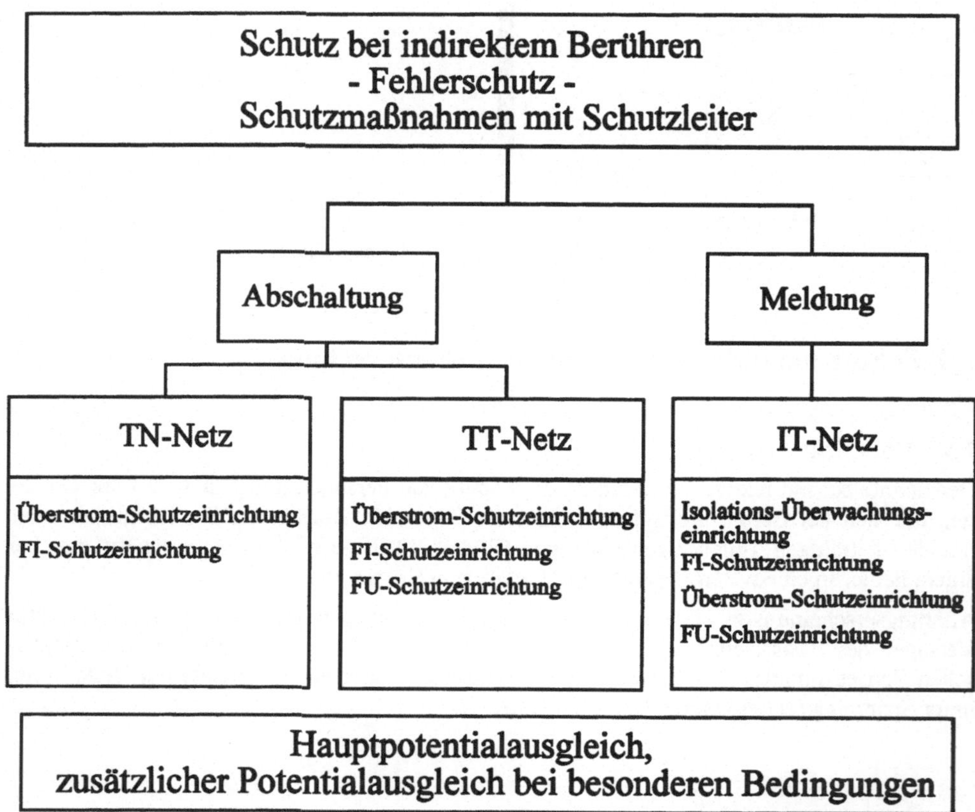

Bild 7-5: Überblick über Schutzmaßnahmen bei indirektem Berühren

7.4.2 Fehlerspannung, Berührungsspannung

Das Bild 7-6a zeigt ein Beispiel eines Unfallstromkreises. In einem metallgekapselten elektrischen Verbrauchsmittel, das an der starren Netzspannung U_{LN} (Sternspannung) liegt, ist die Isolierung des unter Spannung stehenden Leiters L1 schadhaft. Zwischen dem aktiven Leiter und dem leitfähigen Gehäuse liegt der *Fehlerwiderstand* R_F. Es besteht ein *Körperschluß*. Auf dem Boden vor dem Betriebsmittel steht ein Mensch, der einen *Körperwiderstand* von 750 bis 1000 Ω hat, und berührt mit einer Hand das Gehäuse. Der Mensch hat zwischen den

Füßen und der *Bezugserde* einen Erdausbreitungswiderstand, den Standortwiderstand R_{ST}.

Bezugserde ist ein Erdbereich, der so weit vom zugehörigen Erder entfernt ist, daß zwischen zwei beliebigen Punkten dieses Bereiches keine merklichen Spannungsunterschiede auftreten.

Das Verbrauchsmittel ist nicht geerdet. Der Sternpunkt des Netztransformators ist normalerweise geerdet (Betriebserde) mit dem Erdungswiderstand R_B. Der fehlerhafte Leiter L1 hat vom Transformator bis zur Fehlerstelle den Leitungswiderstand $(R_{L1}+R_{L2}+R_{N1}+R_{N2})$ (Bild 7-6a). Der induktive Leitungswiderstand kann hier gegen den Körperwiderstand R_K und den Erdungswiderstand R_B vernachlässigt werden. Daraus ergibt sich das Ersatzschaltbild des Fehlerstromkreises (Bild 7-6b).

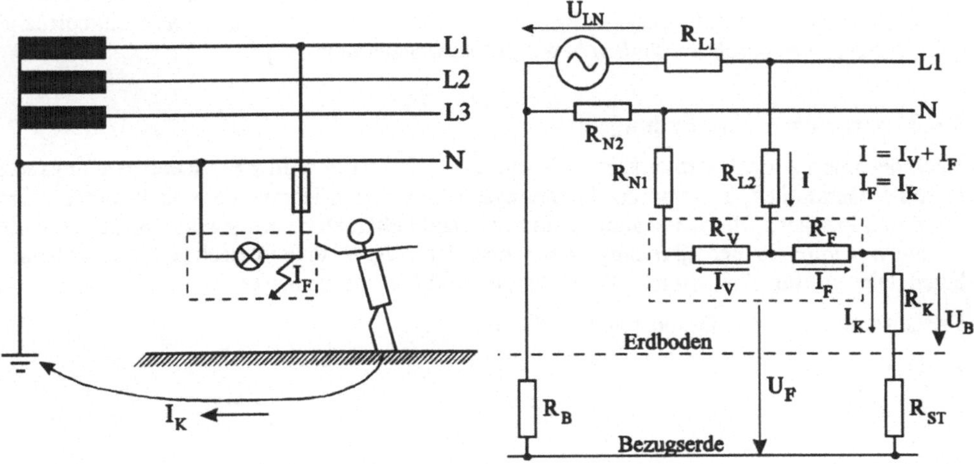

Bild 7-6a: Unfallstromkreis bei geerdetem Transformatorsternpunkt und isoliertem Gehäuse des Verbrauchsmittels

Bild 7-6b: Ersatzschaltbild des Unfallstromkreises ohne Schutzmaßnahmen

Da wir zur Vereinfachung das Verbrauchergehäuse von der Erde isoliert annehmen, so fließt der Strom über die Fehlerstelle (Fehlerstrom I_F) voll über den Menschen, ist also gleich dem Körperstrom. Wenn wir $R_L = R_{L1} + R_{L2}$ zusammenfassen, wird

$$I_F = \frac{U_{LN}}{R_L + R_F + R_K + R_{ST} + R_B} \tag{7.1}$$

Die *Fehlerspannung* U_F ist die Spannung zwischen Gehäuse des Verbrauchsmittels und Bezugserde, also der Spannungsfall $U_F = I_F \cdot (R_K + R_{ST})$ an Körper- und Standortwiderstand. Setzt man für I_F den Ausdruck der Gl. (7.1) ein, so ergibt sich

$$U_F = U_{LN} \cdot \frac{R_K + R_{ST}}{R_L + R_F + R_K + R_{ST} + R_B}. \tag{7.2}$$

Die *Berührungsspannung* U_B ist der Anteil der Fehlerspannung, der vom Menschen abgegriffen werden kann, also

$$U_B = U_F \cdot \frac{R_K}{R_K + R_{ST}} \tag{7.3}$$

Nach DIN VDE 0100 darf die Berührungsspannung für Menschen bei Wechselstrom nicht mehr als *50 V* betragen, bei Gleichstrom *120 V*. Für Großvieh (Pferde, Rindvieh, Schafe) sind die Grenzwerte 25 V bzw. 60 V.

Der für den Menschen gefährlichste Fall ist der, bei dem das leitfähige Gehäuse vom Boden isoliert ist, während Fehlerwiderstand und Standortwiderstand gegen Null gehen, wenn also der blanke Leiter vor dem Verbraucherwiderstand am Gehäuse anliegt und der Mensch barfuß auf einer geerdeten Metallplatte steht.

Umgekehrt ist die Berührungsspannung Null, wenn der Mensch auf isolierendem Boden steht oder isolierende Schuhe trägt ($R_{ST} \rightarrow \infty$). Dies ist jedoch in den meisten Fällen nicht zu realisieren, so daß man, wenn der Transformatorsternpunkt geerdet ist und $U_{LN} = 230$ V beträgt, mit einer Berührungsspannung von mehr als 50 V rechnen und das Schutzprinzip: *„Gefährdung wird durch Abschalten beseitigt"* anwenden muß [17].

7.4.3 Netzformen und Erdungen

Nach der international harmonisierten Norm DIN VDE 0100 wird ein Niederspannungsnetz in seiner Gesamtheit, also von der Spannungsquelle bis zum letzten Verbrauchsmittel, nicht nur durch Frequenz, Betriebsspannung und Leiterzahl charakterisiert, sondern auch durch die *Erdungsverhältnisse* der *Spannungsquelle* und der *Körper* in elektrischen Verbraucheranlagen. Dies gilt für Drehstrom-, Wechselstrom- und Gleichstromnetze.

Danach werden als drei Grundsysteme definiert:

- TN-Netz
- TT-Netz
- IT-Netz

Die Buchstabenkombinationen haben folgende Bedeutungen:

Erster Buchstabe: Erdungsverhältnisse der Spannungsquelle

- T Direkte Erdung eines Netzpunktes (Betriebserdung)
- I Isolierung aller aktiven Teile gegenüber Erde oder Verbindung eines aktiven Teils mit Erde über eine Impedanz

Zweiter Buchstabe: Erdungsverhältnisse von Körpern in elektrischen Verbraucheranlagen

- T Körper direkt geerdet, unabhängig von Erdungszustand der Spannungsquelle
- N Körper direkt mit dem Betriebserder der Spannungsquelle verbunden.

7.4.4 Das TN-Netz

Das TN-Netz ist durch zwei Merkmale charakterisiert:

1) Die Spannungsquelle wird in einem Netzpunkt direkt geerdet (T). Bei Drehstrom-Vierleiternetzen ist dies immer der Transformator-Sternpunkt, bei Gleichstromnetzen der Mittelpunkt der Spannungsquelle. Die Betriebserdung des Sternpunktes oder Mittelpunktes hat folgende Vorteile:

a) Der Neutralleiter N bzw. M, der mit dem Sternpunkt verbunden ist, legt das Erdpotential an eine Seite der Einphasenverbraucher. Das hat mehrere Vorteile:

- minimale Isolationsbeanspruchung (Leiter-Erdspannung ist gleich Sternspannung),
- verringerte Gefahr des direkten Berührens,

- man braucht nur einpolige Schalter und Sicherungen für Einphasenverbraucher.

b) An den geerdeten Sternpunkt kann ein Schutzleiter (PE) angeschlossen werden (s. Pkt 2).

Man beachte, daß im Schutzleiter nur im Fehlerfall Strom fließt, während der Neutralleiter den betriebsmäßigen Strom der Einphasenverbraucher führt und wie die Außenleiter isoliert werden muß. Beim Ausschalten des Stromkreises darf der Neutralleiter nicht unterbrochen werden (Ausnahme: FI-Schutzschalter bei Isolationsfehler).

2) Die Körper der Verbrauchsmittel werden über einen Schutzleiter (PE) oder über den Neutralleiter (PEN) mit der Betriebserde bzw. dem Sternpunkt verbunden (N).

Bei einem Körperschluß in einem Verbrauchsmittel fließt der Fehlerstrom zum größten Teil über eine Leitung und nicht über den Menschen und das Erdreich zur Spannungsquelle zurück. Somit wird *im TN-Netz ein Körperschluß zu einem Kurzschluß* mit einem entsprechend hohen Fehlerstrom, der eine Sicherung oder einen Schutzschalter auslöst. Der Schutz bei indirektem Berühren folgt also dem Prinzip: Gefährdung wird durch Abschalten beseitigt.

Beim TN-Netz gibt es drei Varianten, die sich in der Anordnung von Neutralleiter N und Schutzleiter PE unterscheiden.

Variante 1: TN-S-Netz (Bild 7-7a und b)

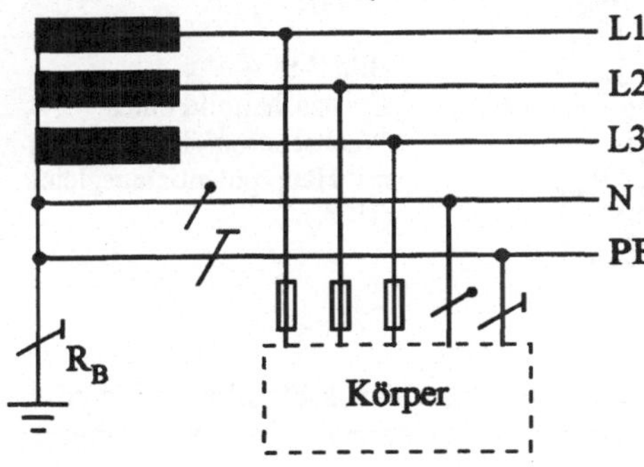

Bild 7-7a: TN-S-Netz bei Drehstrom

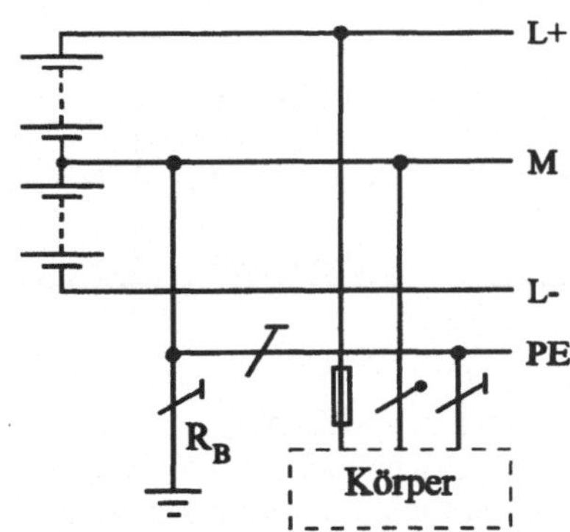

Bild 7-7b: TN-S-Netz bei Gleichstrom

Das Drehstrom-TN-S-Netz ist die Normalform des Verteilungsnetzes in Gebäuden mit eigener Umspannstation, wie Hochhäuser, Schulen, Industriebetriebe. Die Merkmale des TN-S-Netzes sind:

- Transformator-Sternpunkt bzw. Mittelpunkt der Gleichspannungsquelle direkt geerdet (Betriebserder) mit dem Erdungswiderstand $R_B \leq 2\Omega$.
- Körper der Verbrauchsmittel sowie fremde leitfähige Teile, wie z.B. eiserne Treppen oder Fundamenterder, über Schutzleiter mit dem Betriebserder verbunden.
- *Neutral- und Schutzleiter werden im gesamten Netz als separate Leiter ausgeführt.* Der Neutralleiter N bzw. M ist in der Regel durch *hellblaue* Farbe der Isolierung gekennzeichnet. Der Schutzleiter PE führt nur im Fehlerfall Strom, die Farbe seiner Isolierung muß *grüngelb* sein.
- Als Schutzeinrichtungen können Sicherungen und Schutzschalter mit Überstromauslösung sowie Fehlerstrom-Schutzschalter (FI-Schutzschalter) verwendet werden (siehe Abschnitt 7.4.6).

Überstrom-Schutzeinrichtungen müssen in folgenden Zeiten auslösen (VDE 0100, Teil 410):

- **0,2 s für Stromkreise bis 35 A Nennstrom mit Steckdosen (z.B. Geschirrspülmaschine).**
- **0,2 s für Stromkreise, die ortsveränderliche Betriebsmittel der Schutzklasse I enthalten, die während des Betriebes üblicherweise in der Hand gehalten oder umfaßt werden.**
- **5 s für alle anderen Stromkreise (z.B. Elektroherd).**

Das Ersatzschaltbild für den Fehlerstromkreis in einem TN-S-Netz zeigt Bild 7-8.

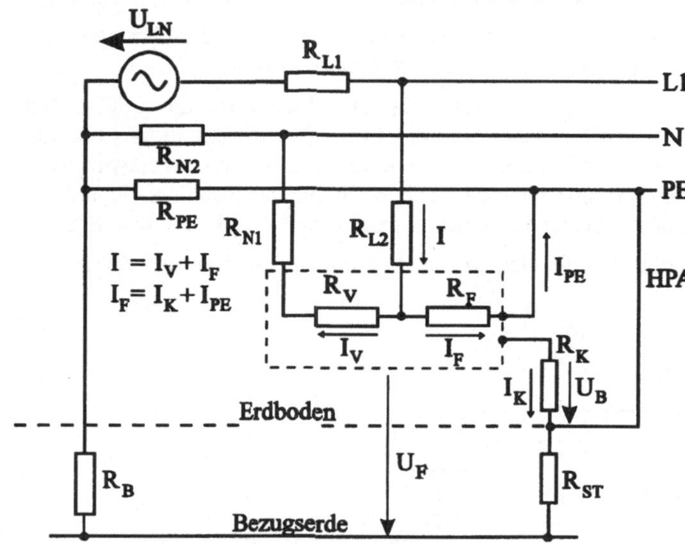

Bild 7-8:
Ersatzschaltbild eines Wechselstrom-TN-S-Netzes mit Hauptpotentialausgleich (HPA)

Man erkennt daran, daß zu der hochohmigen Reihenschaltung Mensch-Standortwiderstand-Bezugserde-Betriebserder parallel der niederohmige Leitungswiderstand des Schutzleiters liegt. Dadurch fließt bei Berührung der größte Teil des Fehlerstromes über PE und nicht über den Menschen. Wenn der Mensch den Körper nicht berührt, fließt der ganze Fehlerstrom über PE. In beiden Fällen löst der Überstromschutz aus. Vor dem Abschalten steht allerdings eine Berührungsspannung an, die sich aus dem Spannungsteiler $R_{L1} + R_{L2} + R_F / R_{PE}$ ergibt und in ungünstigsten Fall, wenn $R_F = 0$ und $R_{L1} + R_{L2} \approx R_{PE}$ ist, $0{,}5 \cdot U_{LN}$ beträgt, also erheblich über 50 V liegt.

Diese Berührungsspannnung kann man aber fast zu Null machen, wenn man die Metallteile im Boden, Rohrleitungen, Fundamenterder u.s.w. durch Potentialausgleichsleiter mit einer Potentialausgleichsschiene verbindet, die dann mit dem Körper des Verbrauchsmittels und dem Schutzleiter verbunden wird. Durch diesen *Hauptpotentialausgleich* wird der Körperwiderstand des Menschen überbrückt. Das Abschalten des Verbrauchers dient dann vor allem dem Brandschutz.

Variante 2: TN-C-Netz: (Bild 7-9a)

Merkmale sind:

- Der Transformator-Sternpunkt ist direkt geerdet (Betriebserder), $R_B \leq 2\Omega$.
- Neutral- und Schutzleiter sind zu einem Leiter, dem PEN-Leiter, kombiniert.
- Körper der Verbrauchsmittel sind über PEN-Leiter mit dem Betriebserder verbunden.

Bei Bruch des PEN-Leiters liegt die volle Spannung U_{LN} am Gehäuse. Daher ist die Netzform TN-C nur zulässig bei *festverlegten* Leitungen mit Querschnitten des PEN-Leiters von mindestens 10 mm² Cu oder 16 mm² Al.

Diese Variante, in der der PEN-Leiter eine Doppelfunktion hat, hieß früher Klassische Nullung. Sie wird heute in Verbraucherstromkreisen nur noch selten angewendet. Das Verhalten bei Körperschluß ist das gleiche wie beim TN-S-Netz.

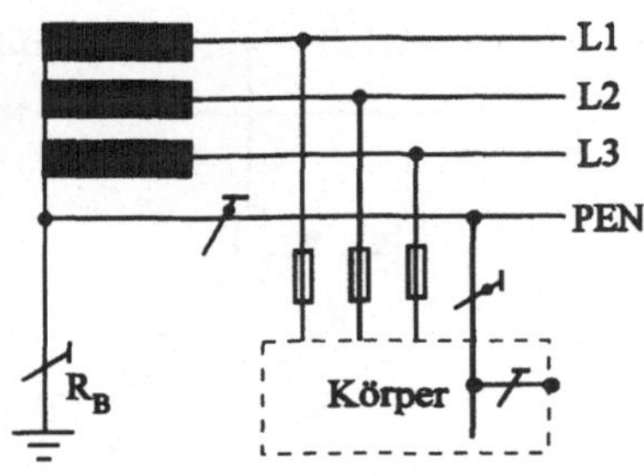

Bild 7-9a: TN-C-Netz

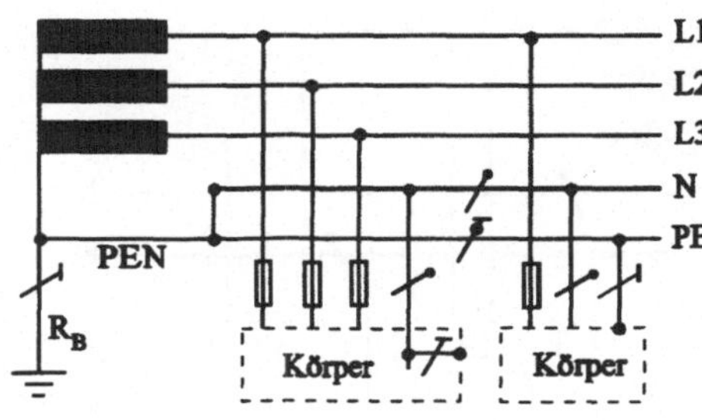

Bild 7-9b: TN-C-S-Netz

Variante 3: TN-C-S-Netz (Bild 7-9b)

Merkmale sind:

- Der Transformator-Sternpunkt ist direkt geerdet (Betriebserder), $R_B \leq 2\Omega$.
- Schutz- und Neutralleiter sind teils zum PEN-Leiter kombiniert, teils als separate Leiter ausgeführt.
- Die Körper der Verbrauchsmittel sind über PEN- bzw. Schutzleiter mit dem Betriebserder verbunden.

Diese Netzform ist die Normalform des Verteilungsnetzes in Wohnsiedlungen. Das Ortsnetz bis Hausanschluß ist als TN-C-Netz ausgeführt (vieradrige Kabel), die Hausinstallation als TN-S-Netz. Das Verhalten bei Körperschluß ist das gleiche wie beim TN-S-Netz.

7.4.5 Das TT-Netz

Der Transformator-Sternpunkt ist direkt geerdet (Betriebserder) mit dem Erdungswiderstand $R_B \leq 2\Omega$ (T). Über Schutzleiter werden elektrische Geräte der Schutzklasse I an ihrem Standort geerdet (T). Damit nehmen Standort und Körper unter Berücksichtigung des Hauptpotentialausgleichs auch im Falle des Körperschlusses annähernd gleiches Potential an. Die Berührungsspannung wird dann fast Null.

Das Schutzprinzip ist wie beim TN-Netz: Gefährdung wird durch Abschalten beseitigt. Im TT-Netz wird ein Körperschluß jedoch nur zu einem *Erdschluß* und nicht zum Kurzschluß wie im TN-Netz, so daß der Fehlerstrom im Vergleich zum TN-Netz niedrig und eine Abschaltung mit Überstrom-Schutzeinrichtungen in der Regel nicht möglich ist. Deshalb setzt man statt dessen *Fehlerstrom-Schutzschalter* (FI-Schutzschalter) ein (siehe Abschnitt 7.4.6), die nur den über Erde fließenden Fehlerstrom erfassen und deren Abschaltzeit bei $t \leq 0{,}2$s liegt (Bild 7-10). FI-Schutzschalter sind vorgeschrieben in Baustellen-Verteilern, landwirtschaftlichen Betriebsstätten, Schwimmbädern, medizinisch genutzten Räumen, Laborräumen, Schulen und Ausbildungsstätten sowie in brandgefährdeten Räumen.

Das Ersatzschaltbild eines TT-Netzes mit einem Einphasen-Verbraucher zeigt Bild 7-11. Der Erdungswiderstand R_A der *Schutzerde*, die den Körper des Verbrauchsmittels mit der Bezugserde verbindet, liegt parallel zu der Reihenschaltung von Widerstand R_K des Menschen und Standortwiderstand R_{ST}. Der Hauptpotentialausgleich HPA, der fremde leitfähige Teile mit dem Schutzleiter PE verbindet, überbrückt den menschlichen Widerstand, so daß die Berührungsspannung fast Null ist.

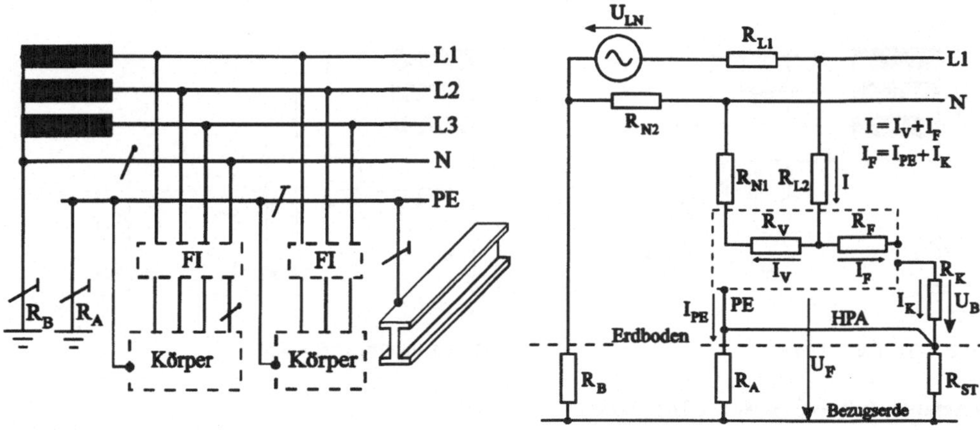

Bild 7-10: TT-Netz mit FI-Schutzschalter

Bild 7-11: Ersatzschaltbild des TT-Netzes mit einem Einphasen-Verbraucher

7.4.6 Der Fehlerstrom-(FI)-Schutzschalter

Der Aufbau eines Fehlerstrom-Schutzschalters ist im Bild 7-12 dargestellt [29]. Er besteht aus

- einem Summenstromwandler (1), der den Fehlerstrom erfaßt,
- einem Auslöser (2), der die elektrische Meßgröße in eine mechanische Bewegung umwandelt (Haltemagnet),
- einem Schloßschalter, dessen Schaltschloß (3) von dem Auslöser (2) entriegelt wird.

Der Summenstromwandler ist ein Ringkern mit hochwertigen magnetischen Eigenschaften, durch den alle aktiven Leiter geführt sind, also auch der Neutralleiter. In einer fehlerfreien Anlage ist in jedem Augenblick die Summe der zu- und abfließenden Ströme Null. In der Sekundärwicklung des Summenstromwandlers wird deshalb keine Spannung induziert.

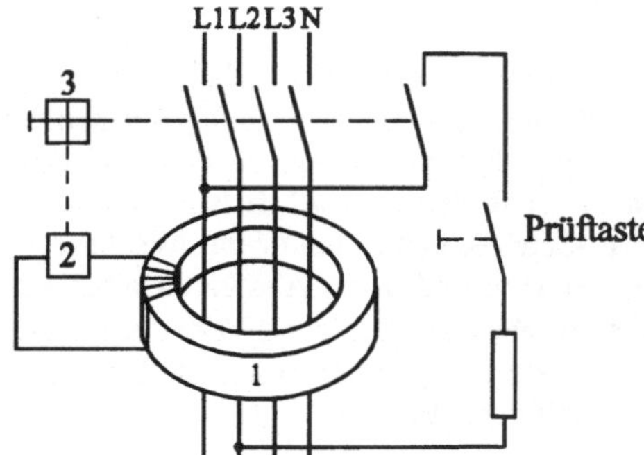

Bild 7-12:
Aufbau eines Fehlerstrom-(FI)-Schutzschalters
1 Summenstromwandler
2 Auslöser
3 Schaltschloß

Wenn aber in dem Verbrauchsmittel hinter dem FI-Schutzschalter ein Fehlerstrom gegen Erde über den Schutzleiter PE fließt, so ist die Summe der Ströme nicht mehr Null, sondern gleich dem Fehlerstrom. Die Summendurchflutung hat einen Wechselfluß im Ringkern zur Folge, der in der Sekundärwicklung eine Spannung induziert. Diese treibt einen Strom über den Auslöser, der das Schaltschloß entriegelt, so daß der FI-Schutzschalter den fehlerhaften Verbraucher vom Netz trennt. Mit einer Prüftaste kann ein Fehler simuliert werden.

Der FI-Schutzschalter löst zwischen dem halben und ganzen *Nennfehlerstrom* $I_{\Delta N}$ aus. Dieser ist sehr viel kleiner als der Nennstrom des Schalters bzw. des Verbrauchers. Der FI-Schutzschalter ist daher ein sehr empfindliches Schutzorgan, das in weniger als 0,1 Sekunden abschaltet. In der Hausinstallation ist der Schalter mit $I_{\Delta N}$= 30 mA verbreitet, auf Baustellen ist $I_{\Delta N}$= 300 oder 500 mA gebräuchlich. Nach den internationalen Bestimmungen ist der FI-Schutzschalter auch in TN-Netzen zugelassen. Man muß aber darauf achten, daß der Schutzleiter PE vor dem FI-Schutzschalter angeschlossen wird [55].

Das Bild 7-13 zeigt die ausführliche Schaltung des FI-Schutzschalters und den Einsatz als Schutzorgan in einem TN-C-S-Netz.

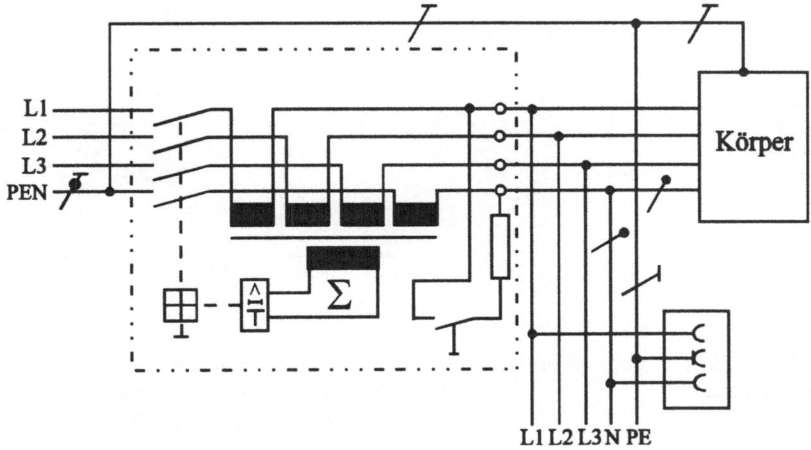

Bild 7-13: Innenschaltbild des FI-Schutzschalters und Einsatz als Fehlerschutzorgan in einem TN-C-S-Netz

Der FI-Schutzschalter ist nicht nur eine Schutzeinrichtung bei indirektem Berühren (Fehlerschutz), sondern dient auch als *Zusatzschutz bei direktem Berühren* (Bild 7-14).

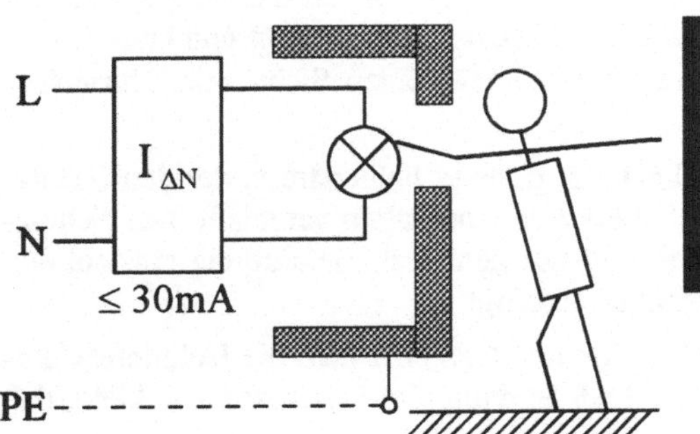

Bild 7-14: Fehlerstrom-Schutzschalter $I_{\Delta N} \leq 30$mA als Zusatzschutz bei direktem Berühren

7.4.7 Das IT-Netz

Kennzeichen: Bei einem IT-Netz (Bild 7-15) sind Außenleiter und - falls vorhanden - auch Neutralleiter im ungestörten Betrieb gegen Erde isoliert (I). Zwischen aktiven Leitern und geerdeten Teilen besteht keine Verbindung. Die Körper der Verbraucheranlage sind wie beim TT-Netz durch Schutzleiter verbunden und geerdet (T). Schutzeinrichtungen im IT-Netz sind

- Isolationswächter (bei Einfachfehler)
- Leitungsschutzschalter (bei stromstarkem Doppelfehler)
- Fehlerstrom-Schutzschalter (bei stromschwachem Doppelfehler).

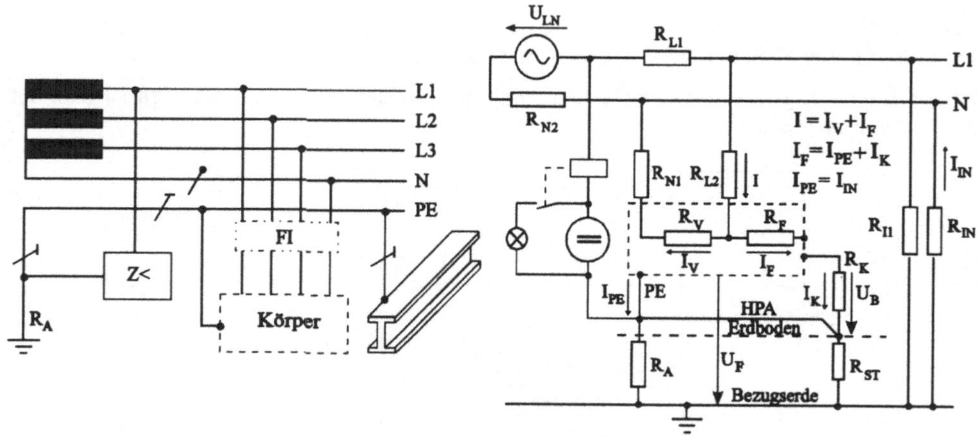

Bild 7-15: IT-Vierleiternetz mit FI-Schutzschalter und Isolationswächter

Bild 7-16: Ersatzschaltbild eines Einphasen-IT-Netzes mit Isolationswächter, Ströme bei einfachem Körperschluß

Bei einem einfachen Körperschluß oder Erdschluß nimmt der betroffene Leiter Erdpotential an, die anderen Außenleiter nehmen Außenleiterspannung gegen Erde an, der Neutralleiter nimmt Sternspannung an. Die Leiter müssen für die Außenleiterspannung isoliert sein. Der Fehlerstrom fließt über Erde und die Isolationswiderstände zu den gesunden Leitern (siehe dazu Bild 7-16 mit dem Ersatzschaltbild eines Einphasen-IT-Netzes). Bei kleinen Anlagen ist dieser Fehlerstrom so klein, daß keine Abschaltung notwendig ist, sondern nur eine Meldung. Diese Meldung übernimmt der *Isolationswächter*, eine Gleichspannungsquelle mit Stromrelais, die einen Strom über die Isolationswiderstände des Netzes treibt und beim Unterschreiten eines einstellbaren Widerstandswertes (z.B: 20 kΩ) einen Sicht- oder Hörmelder einschaltet.

Kommt ein zweiter Isolationsfehler dazu, so fließt ein größerer Fehlerstrom, der den Schutzschalter (Leitungs- oder Fehlerstrom-Schutzschalter) zum Abschalten veranlaßt. Das Schutzprinzip des IT-Netzes ist also: Der erste Fehler wird nur gemeldet. Gefährdung entsteht erst bei einem zweiten Fehler, sie wird durch Abschalten beseitigt.

Dieses Schutzsystem ist nur anwendbar in einem kleinen Netz, bei dem die Isolationswiderstände sehr hochohmig sind. Bei einem Körperschluß ist dann der Fehlerstrom so klein, daß er am Erdungswiderstand R_A des Schutzerders keine unzulässig hohe Fehlerspannung U_F verursacht. Der Fehler braucht daher nicht abgeschaltet, sondern nur gemeldet werden.

Der Vorteil des IT-Systems ist, daß bei einem ersten Fehler unbeabsichtigte Betriebsunterbrechungen und die damit verbundenen Gefährdungen von Menschen und Sachwerten vermieden werden können. Meist kann man den Fehler in einer Betriebspause beseitigen. Das IT-System wird aus diesem Grund häufig in der chemischen Industrie, in der Automobilindustrie, in Glashütten und im Bergbau angewendet. Da man für die Fehlerbeseitigung Fachpersonal braucht, ist das IT-Netz im Bereich der Hausinstallation nicht anzutreffen.

Ein anderes wichtiges Anwendungsgebiet des IT-Systems ist der Operationsbereich im Krankenhaus. Hier muß auch bei einem Körper- oder Erdschluß die Operation zu Ende geführt werden können. Da der Operationsbereich meistens in einer oberen Etage des Krankenhauses liegt, ist kein besonderer Erder zugänglich. Anstelle des Erders kann dann ein Potentialausgleich treten.

7.4.8 Netzunabhängige Schutzmaßnahmen

Zu diesen Schutzmaßnahmen gehören die Schutzisolierung, die Schutzkleinspannung und die Schutztrennung. Gemeinsam ist diesen Schutzmaßnahmen:

- Gefährdung wird konstruktiv vermieden.
- Die Verbrauchsmittel haben keinen Schutzleiter (Schutzklassse II und III).
- Bei einem Körperschluß wird das Gerät nicht abgeschaltet.

Bei der Schutzmaßnahme *Schutzisolierung* (Schutzklasse II) ist die Isolierung zum Schutz gegen direktes Berühren um eine zusätzliche Isolierung ergänzt oder so verstärkt, daß ein Isolationsfehler und damit eine gefährliche Berührungsspannung so gut wie ausgeschlossen werden können (Bild 7-17). Somit gewährleistet die Schutzisolierung sowohl den Schutz gegen direktes Berühren als auch bei indirektem Berühren.

Schutzisolierung wird bei einer Vielzahl fabrikfertiger Geräte, (z.B. Haartrockner, Mixer) und von Betriebsmitteln zur Installation (z.B. LS-Schalter, Lichtschalter) angewendet. Ihr Vorteil besteht darin, daß Fehler in der Schutzisolierung in aller Regel mit einem mechanischen Schaden verbunden und somit auch für den Laien leicht erkennbar sind.

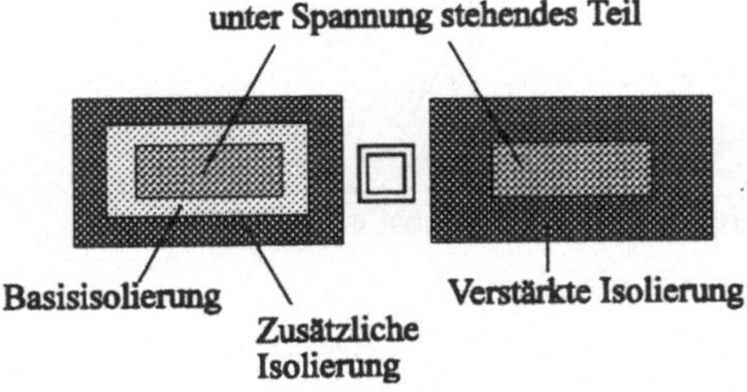

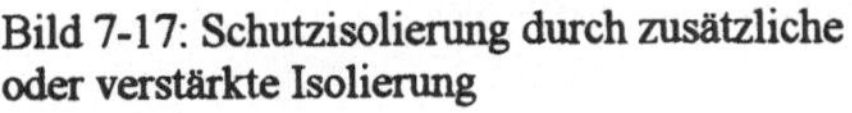

Bild 7-17: Schutzisolierung durch zusätzliche oder verstärkte Isolierung

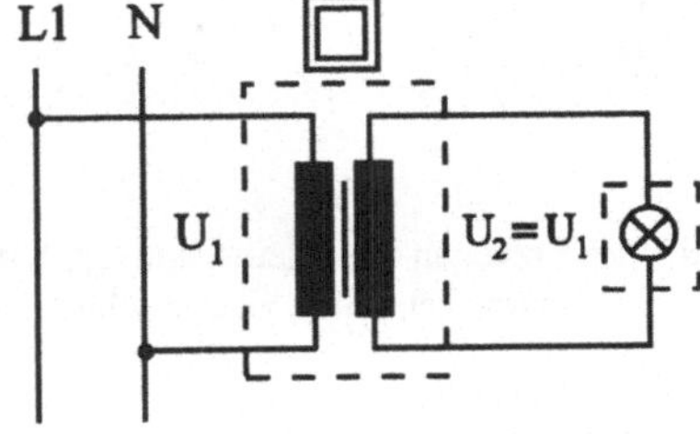

Bild 7-18: Schutztrennung, galvanische Trennung des Verbrauchers vom Netz durch Transformator

Schutztrennung (Bild 7-18) ist eine Schutzmaßnahme, bei der die Betriebsmittel vom speisenden Netz durch einen Transformator oder Motor-Generator galvanisch sicher getrennt und nicht geerdet sind. Durch die Schutztrennung sollen im Sekundärkreis Berührungsspannungen verhindert werden. Daher darf im Sekundärnetz kein Erdschluß auftreten und aus dem Primärnetz darf keine Spannung übertragen werden.

Leitungen und Geräte sind so zu wählen, daß ein Erdschluß unbedingt verhindert wird. Die Leitungslänge darf höchstens 500 m betragen.

Betriebsmäßige Erdung von Körpern oder aktiven Teilen der Stromkreise ist nicht zulässig.

Ortsveränderliche Spannungsquellen müssen schutzisoliert sein.

Ortsfeste Spannungsquellen müssen entweder schutzisoliert sein oder so isoliert werden, daß sie die gleiche Sicherheit bieten wie schutzisolierte Geräte.

Bei Schutztrennung mit nur einem Verbrauchsmittel muß an der Spannungsquelle eine Steckdose vorhanden sein, die keinen Schutzkontakt hat.

Bei Schutztrennung mit mehreren Verbrauchsmitteln müssen diese durch einen Potentialausgleich verbunden werden, der nicht geerdet werden darf. Schutzisolierte Verbrauchsmittel werden in den Potentialausgleich nicht einbezogen.

Schutzkleinspannung (Bild 7-19) ist eine Schutzmaßnahme, bei der Stromkreise mit Nennspannungen bis 50 V Wechselspannung und 120 V Gleichspannung ungeerdet betrieben werden und bei Speisung aus Stromkreisen höherer Spannung von diesen galvanisch sicher getrennt sind. Diese Maßnahme gewährleistet den Schutz sowohl gegen direktes Berühren als auch bei indirektem Berühren sicher.

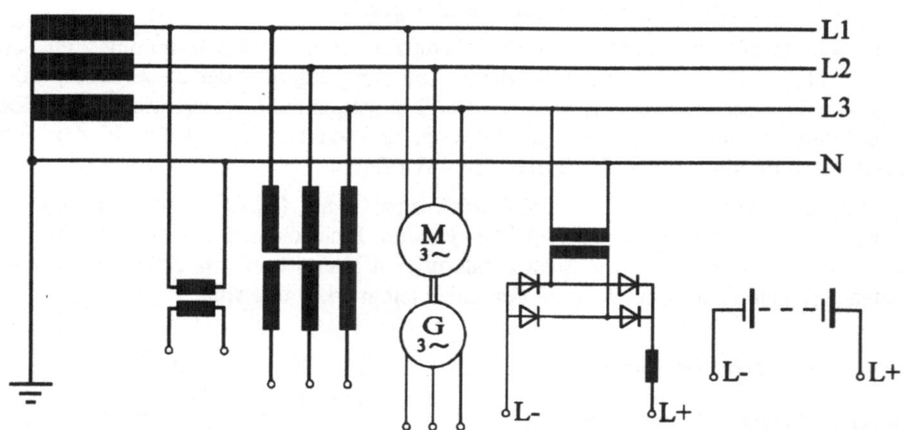

Bild 7-19: Erzeugen von Kleinspannung: Klingeltransformator, Drehstromtransformator, Motor-Generator, Gleichrichter, Batterie

Das sichere Erzeugen der kleinen Spannungen kann erreicht werden durch

- Sicherheitstransformatoren wie Klingel- oder Spielzeugtransformatoren
- Umformer (Motor-Generatoren)
- Generatoren mit nichtelektrischen Antrieb
- Akkumulatoren, galvanische Elemente oder andere elektrochemische Stromquellen
- Elektronische Geräte nach DIN VDE 0160 (Stromrichter).

8 Leistungselektronik

8.1 Übersicht

Die Leistungselektronik (früher Stromrichtertechnik) ist das Teilgebiet der elektrischen Energietechnik, dessen Aufgabe das *nichtlineare Umformen* und *Steuern* elektrischer Energie mit Hilfe von *Stromrichterventilen* ist (DIN 41750). Stromrichterventile oder elektronische Ventile sind Halbleiterbauelemente, die abhängig von der Richtung von Strom oder Spannung unterschiedliche elektrische Eigenschaften haben. Die wichtigsten elektronischen Ventile der Leistungselektronik sind Halbleiterdiode, Thyristor und Transistor.

Alle diese Bauelemente werden ausnahmslos als *Schalter* betrieben, also abwechselnd im leitenden oder nichtleitenden Betriebszustand.

Die *linearen Umformer* der Wechselstromtechnik formen Amplituden von Spannung und Strom um, Frequenz und Kurvenform bleiben konstant. Beispiele: Leistungstransformatoren, Hochspannungstransformatoren, Stromwandler, Spannungswandler.

Die *nichtlinearen Umformer* der Leistungselektronik formen mit Hilfe von Schaltvorgängen Frequenz, Kurvenform, Mittel- und Effektivwert von Strom und Spannung um. Das Bild 8-1 zeigt die vier Grundtypen zum Umformen elektrischer Energie über Stromrichter. Diese können auch kombiniert werden, insbesondere arbeiten Gleichrichter und Wechselrichter häufig zusammen, so daß sich sechs Grundvarianten der Energieumformung ergeben:

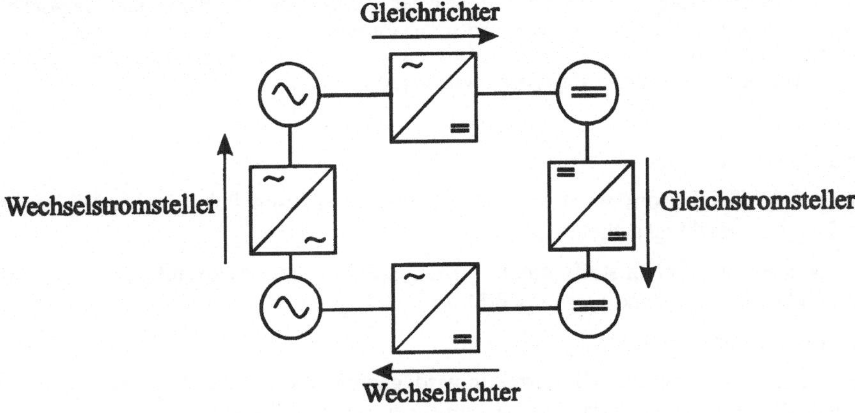

Bild 8-1: Die Grundtypen der Energieumformung in der Leistungselektronik

Variante 1: Gleichrichter

Umformung von Wechselstrom oder Drehstrom konstanter Frequenz und Amplitude in Gleichstrom mit konstantem oder variablem Mittelwert.

Hauptanwendungsgebiete sind

a) Gleichstromantriebe (Bild 8-2), Beispiel: Kaltwalzwerk zur Karosserieblech-Herstellung

b) Stromversorgung für Gleichstromnetze
Beispiel: Stromversorgung eines Kommunikationsnetzes (Fernmeldeamt, siehe Bild 2-67)

c) **Batterieladegeräte (siehe Bild 2-62)**
Beispiel: Batterietriebwagen der Deutschen Bahn

d) **Elektrolyse und Galvanik**
Beispiele: Aluminium-Schmelzfluß-Elektrolyse, metallische Überzüge von Leiterplatten

e) **Hochspannungs-Gleichrichter**
Beispiel: Elektrofilter zur Rauchgasentstaubung in Kraftwerken (Bild 8-3)

f) **Statische Erregung für Drehstrom- und Wechselstrom-Generatoren (Bilder 5-45 bis 5-48).**

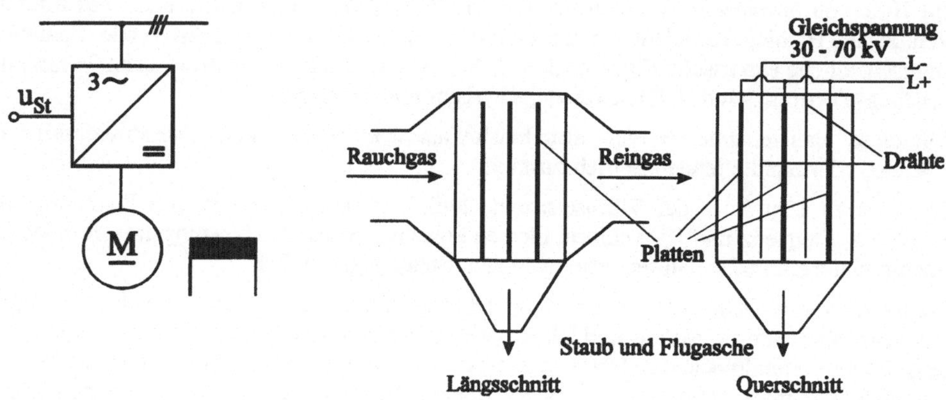

Bild 8-2: Drehzahlsteuerung eines Gleichstrommotors über einen aus dem Drehstromnetz gespeistenThyristor-Stromrichter

Bild 8-3: Prinzip des Elektrofilters: Die Staub- und Flugasche-Teilchen laden sich im elektrischen Feld zwischen Platten und Drähten negativ auf, so daß sie von den positiven Platten angezogen werden [30].

Variante 2: Wechselrichter

Umformung von Gleichstrom in Wechselstrom oder Drehstrom konstanter oder variabler Frequenz. Hauptanwendungsgebiete sind

a) Zugbeleuchtung mit Leuchtstofflampen, 50 Hz, Speisung aus Akkumulatoren und radgetriebenen Gleichstrom-Generatoren (Bild 8-4)

b) Nutzbremsung von Gleichstromgeneratoren

Beispiel: Motorenprüfstand. Dieselmotor wird gebremst von Gleichstromgenerator, der über einen Wechselrichter in das Drehstromnetz einspeist (Bild 8-5).

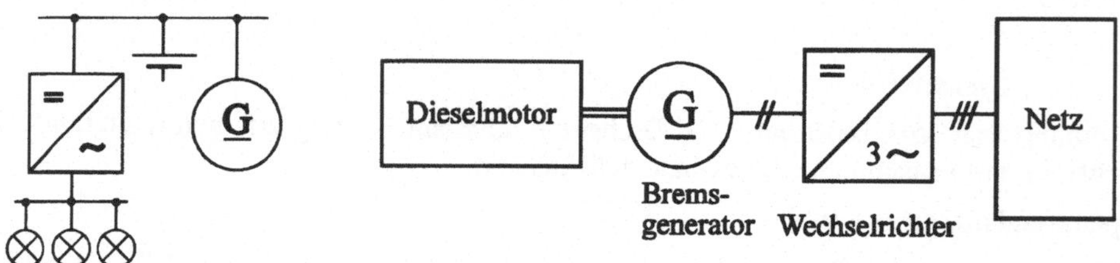

Bild 8-4: Zugbeleuchtung mit Leuchtstofflampen, 50Hz

Bild 8-5: Wechselrichter in einem Motorenprüfstand. Nutzbremsung eines Dieselmotors über Gleichstromgenerator und Wechselrichter

Variante 3: Wechselstrom-Umrichter

Kombination aus Gleichrichter und Wechselrichter. Drehstrom konstanter Frequenz wird gleichgerichtet und umgeformt in Wechselstrom oder Drehstrom konstanter oder variabler Frequenz. Hauptanwendungen sind

a) Drehstromantriebe mit variabler Frequenz zur Drehzahlsteuerung, 50 Hz ⇒ Gleichstrom ⇒ 0 bis 500 Hz (Bild 8-6)

b) Unterbrechungsfreie Stromversorgung 50 Hz (USV, Bild 8-7)

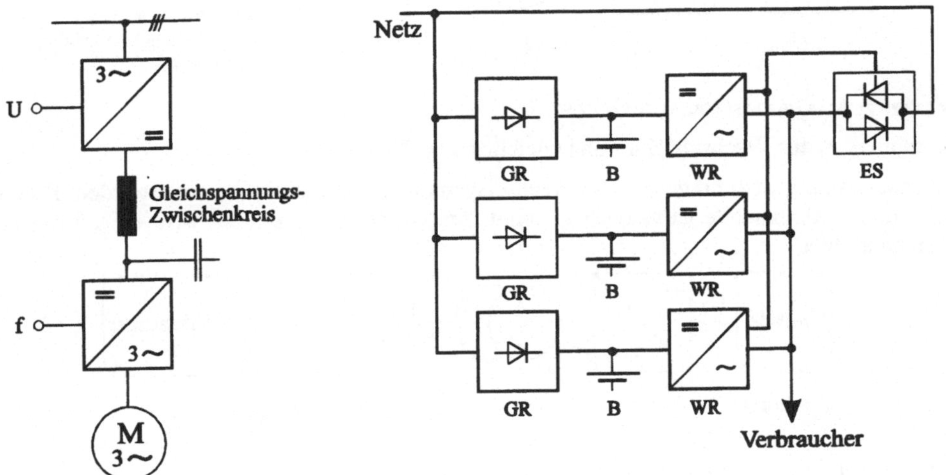

Bild 8-6: Wechselrichter zur verlustarmen Drehzahlsteuerung eines Drehstromantriebs

Bild 8-7: Unterbrechungsfreie Stromversorgung 50 Hz, 2 von 3 - Redundanz (3. Zweig als Reserve) ; GR: Gleichrichter B Batterie WR: Wechselrichter ES: Elektronischer Schalter

c) Hochspannungs-Gleichstrom-Übertragung (HGÜ) zur Übertragung großer Leistungen (Bild 8-8) über lange Freileitungen, über Seekabel oder zur frequenzunabhängigen Kupplung von Drehstromnetzen [27]

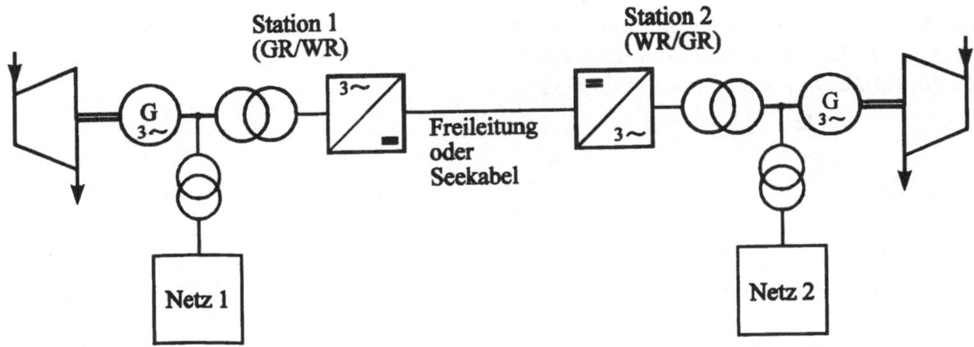

Bild 8-8: Hochspannungs-Gleichstrom-Übertragung (HGÜ)

d) **Bahnstromversorgung (16 2/3 Hz) aus dem 50 Hz-Netz**

e) **Induktives Erwärmen und Schmelzen (Parallelschwingkreis-Umrichter 10 kHz)**

f) **Direktumrichter ohne Gleichstrom-Zwischenkreis (Bild 8-9)**

Anwendung: Große Drehstromantriebe mit großem Drehzahlbereich (Synchronmaschine).

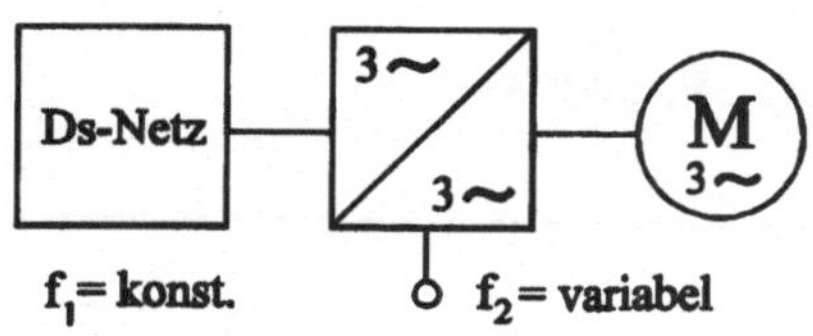

Bild 8-9: Direktumrichter zur Drehzahlsteuerung von großen Synchronmotoren

Variante 4: Gleichstrom-Umrichter

Kombination aus Wechselrichter und Gleichrichter (Bild 8-10).

Gleichspannung wird umgeformt in Wechselspannung, durch Transformator werden Primärseite und Sekundärseite galvanisch getrennt, Amplitude der Spannung wird umgeformt und gleichgerichtet.

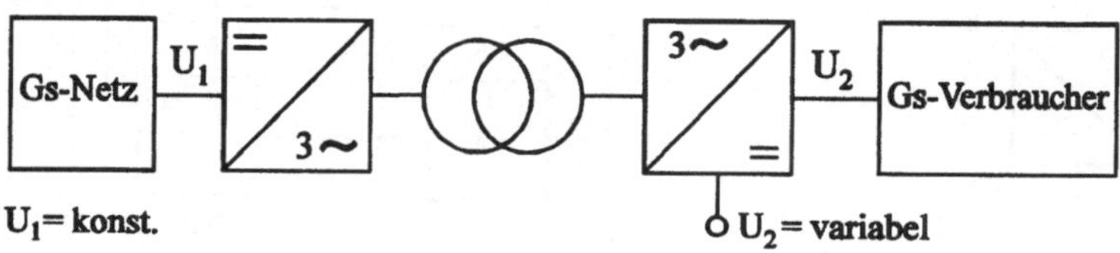

Bild 8-10: Prinzip eines Gleichstrom-Umrichters

Anwendungen:

a) Potentialtrennwandler zur Gleichspannungsmessung

b) Umformung einer konstanten Netz-Gleichspannung in eine potentialgetrennte, variable Gleichspannung, deren Höchstwert verschieden von der Netzspannung ist

c) Isolationsmesser (665 V) mit Speisung durch Batterie (9 V)

d) Kondensator-Blitzgerät.

Variante 5: Wechselstromsteller und Drehstromsteller

Durch *Anschnittsteuerung* Umformung von Kurvenform und Effektivwert von Wechselspannungen. Wechselstrom oder Drehstrom konstanter Frequenz und Amplitude wird angeschnitten mit variablem Phasenwinkel (Bild 8-11).

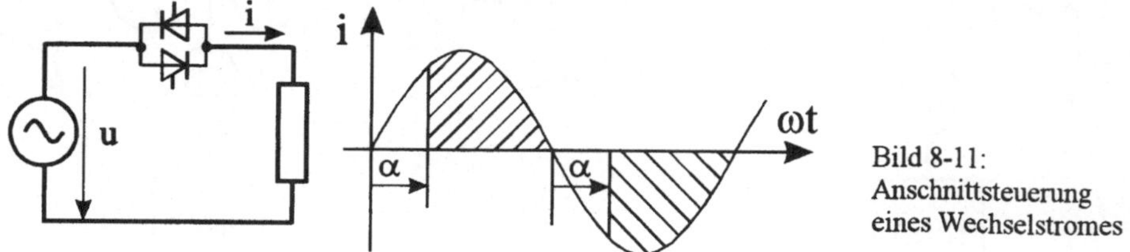

Bild 8-11: Anschnittsteuerung eines Wechselstromes

Hauptanwendungsgebiete sind

a) Helligkeitssteuerung von Lampen (Dimmer)

b) Steuerung des Stromes von Drosseln zur Blindstromkompensation (Bild 8-12)

c) Drehzahlsteuerung von Drehstrommotoren durch Anschnitt des Ständerstromes

d) Thyristorschalter bei unterbrechungsfreier Stromversorgung (USV) zum Umschalten von Netzspeisung des Verbrauchers auf Umrichterspeisung bei Netzausfall (siehe Bild 8-7).

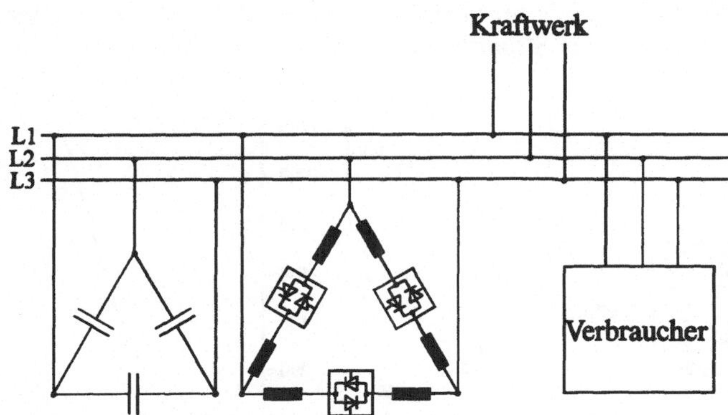

Bild 8-12: Blindstromkompensation eines Verbrauchers mit Kondensatoren (Überkompensation) und Drosseln (Gegenkompensation). Anschnittsteuerung des Drosselstromes.

Variante 6: Gleichstromsteller

Durch periodisches Schalten einer konstanten Gleichspannung wird deren Mittelwert am Verbraucher verlustarm und stufenlos gesteuert: *Pulsbreitensteuerung*.
Hauptanwendungsgebiete sind:

Drehzahlsteuerung von Gleichstrommotoren (Bild 8-13) mit Speisung aus dem Gleichstromnetz (Straßenbahn, U-Bahn) oder aus einer Batterie (Elektrokarren, Krankenfahrstuhl, Rangierlok, Gabelstapler).

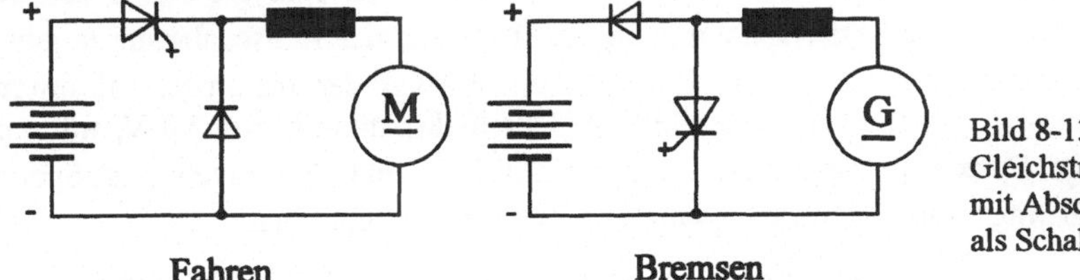

Bild 8-13: Gleichstromsteller mit Abschaltthyristor als Schalter

8.2 Elektronische Ventile

8.2.1 Leistungs-Halbleiterdiode

Eine Halbleiterdiode besteht aus zwei verschieden dotierten Siliziumschichten, die miteinander in Kontakt gebracht sind und außen die metallischen Elektroden tragen (Bild 8-14). Die Kathode liegt auf der n-dotierten Schicht auf, d.h. auf der Schicht, die reich an freien, negativ geladenen Ladungsträgern (Elektronen) ist. Die Anode hat Kontakt mit der p-dotierten Schicht, d.h. der an freien Ladungsträgern verarmten Schicht, die Defektelektronen oder Löcher enthält.

Legt man an die Anode eine gegenüber der Kathode negative Spannung an, *Sperrspannung* genannt, so bildet sich in dem PN-Übergang zwischen den Schichten eine ladungsträgerfreie Zone, die *Sperrschicht*, aus, auf die sich das elektrische Feld konzentriert. Die Folge ist, daß die Diode nur einen sehr kleinen Sperrstrom durchläßt. Wird die Sperrspannung zu groß, so

bricht das elektrische Feld an der Sperrschicht durch, der Sperrstrom steigt stark an, und die Diode wird zerstört.

Legt man jedoch an die Anode eine gegenüber der Kathode positive Spannung an, so wird die Sperrschicht von negativen Ladungsträgern (Elektronen) und in Gegenrichtung von positiven Ladungsträgern (Defektelektronen oder Löchern) überschwemmt, so daß die Diode leitend wird und Strom führt, in der konventionellen Stromrichtung von Anode nach Kathode.

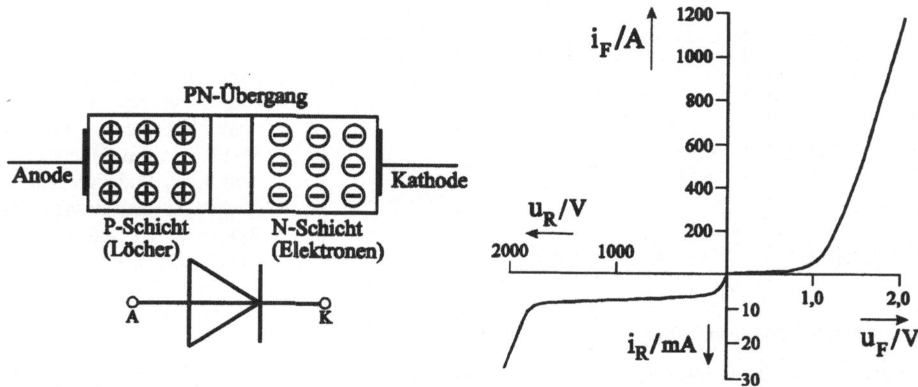

Bild 8-14: Prinzipbild und Schaltzeichen einer Halbleiterdiode

Bild 8-15: Strom-Spannungs-Kennlinie einer Leistungs-Halbleiterdiode

Das Bild 8-15 zeigt die Strom-Spannungs-Kennlinie einer Leistungs-Halbleiterdiode. Da die Werte von Sperrstrom i_R und Durchlaßspannung u_F sehr klein sind gegenüber den Werten von Durchlaßstrom i_F und Sperrspannung u_R, sind für die vier Achsenabschnitte ganz verschiedene Maßstäbe gewählt worden. Zum Beispiel beträgt der maximale Mittelwert des Durchlaßstromes I_{FAVM}=1200 A, die zugehörige Durchlaßspannung u_F= 2,0 V, während die höchstzulässige Spitzensperrspannung U_{RRM} = 2000 V und der zugehörige Sperrstrom i_{RRM}=30 mA beträgt. Aus der Strom-Spannungs-Kennlinie erkennt man:

Die Diode ist ein nicht steuerbares elektronisches Ventil. Sie läßt Strom nur in Richtung Anode-Kathode durch.

Ein *nicht steuerbares Ventil* ändert den Schaltzustand nur dann, wenn Spannung oder Strom im Hauptstromkreis das Vorzeichen wechselt. *Steuerbare Ventile* dagegen, wie Transistoren oder Thyristoren, wechseln den Schaltzustand auch, wenn an einer Steuerelektrode ein impulsförmiges Steuersignal (Spannung oder Strom) auftritt oder verschwindet.

8.2.2 Leistungs-Transistor

Bipolarer Transistor

Bipolare Transistoren sind Halbleiter-Bauelemente mit zwei PN-Übergängen. Man unterscheidet NPN- und PNP-Transistoren. Als Leistungstransistoren werden überwiegend NPN-Transistoren verwendet (Bild 8-16). Diese Transistoren werden bipolar genannt, weil an den inneren Leitungsvorgängen Ladungsträger beider Polaritäten beteiligt sind, also (negative) Elektronen und (positive) Löcher. In der Leistungselektronik wird der bipolare Transistor als Schalter betrieben. Er hat die Eigenschaften eines steuerbaren, abschaltbaren elektronischen Ventils. Ein *abschaltbares Ventil* ist ein Ventil, das von einem Steuersignal nicht nur in den leitfähigen Zustand versetzt wird, sondern auch durch das Verschwinden des Steuersignals oder durch ein anderes Steuersignal in den gesperrten Zustand übergeführt wird.

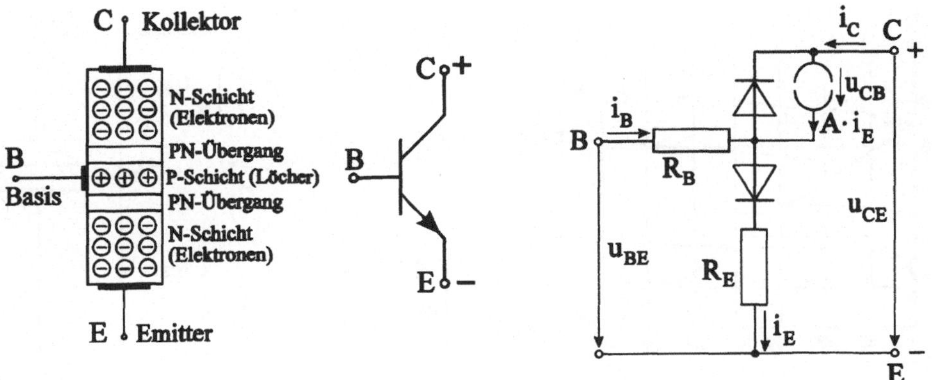

Bild 8-16: Prinzipbild und Schaltzeichen eines NPN-Transistors

Bild 8-17: Ersatzschaltbild eines NPN-Transistors

Die Arbeitsweise eines NPN-Transistors erkennt man mit Hilfe der in Bild 8-17 dargestellten Ersatzschaltung. Fließt von der *Basis* B der Basisstrom i_B (Löcherstrom) über die Basis-Emitter-Strecke zum *Emitter* E, so fließt gleichzeitig ein Elektronenstrom in entgegengesetzter Richtung. Der Elektronenstrom ist jedoch wegen der hohen Dotierung des Emitters wesentlich größer als der Löcherstrom aus der Basis zum Emitter. Da die Basisschicht sehr dünn ist, diffundiert ein Anteil A < 1 der Elektronen in die Kollektorschicht [20]. Die Kollektordiode wird damit in Durchlaßrichtung vorgestromt, was durch eine Stromquelle parallel zur Kollektor-Basis-Diode simuliert wird. Infolge dieser Vorstromung kann vom *Kollektor* C zum Emitter E der Kollektorstrom i_C *in Gegenrichtung der Vorstromung* $A \cdot i_E$ fließen.

Das Verhältnis $B = i_C / i_B$, die *Stromverstärkung*, ergibt sich dann wie folgt:

$$i_C = A \cdot i_E \tag{8.1}$$

$$i_B + i_C = i_E \tag{8.2}$$

$i_E = i_C / A$; $i_B = i_E - i_C$; $i_B = i_C / A - i_C \Rightarrow A \cdot i_B = i_C - A \cdot i_C \Rightarrow A \cdot i_B = i_C(1-A)$. Damit wird

$$i_C = \frac{A}{1-A} \cdot i_B \tag{8.3}$$

und die Stromverstärkung

$$B = \frac{i_C}{i_B} = \frac{A}{1-A} \tag{8.4}$$

Aus diesen Gleichungen und der Ersatzschaltung Bild 8-17 ergibt sich das Kennlinienfeld des bipolaren Transistors (Bild 8-18).

Die Kennlinien $i_C = f(u_{CE})$ mit dem Parameter Basisstrom i_B = konst. verlaufen fast waagerecht, weil die Vorstromung der Kollektordiode im wesentlichen vom Basisstrom, nicht von der Kollektorspannung abhängt. Nur bei sehr kleiner Kollektorspannung u_{CE} fällt diese an der Emitterdiode und dem kleinen Emitterwiderstand R_E ab, so daß die Kennlinien steil ansteigen.

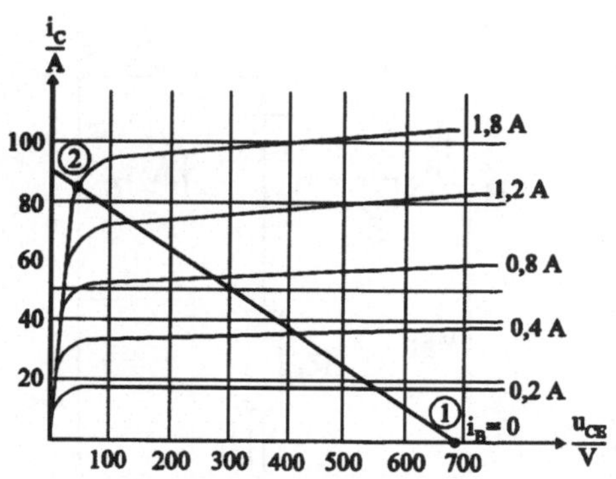

Bild 8-18: Kennlinienfeld eines bipolaren NPN-Leistungstransistors

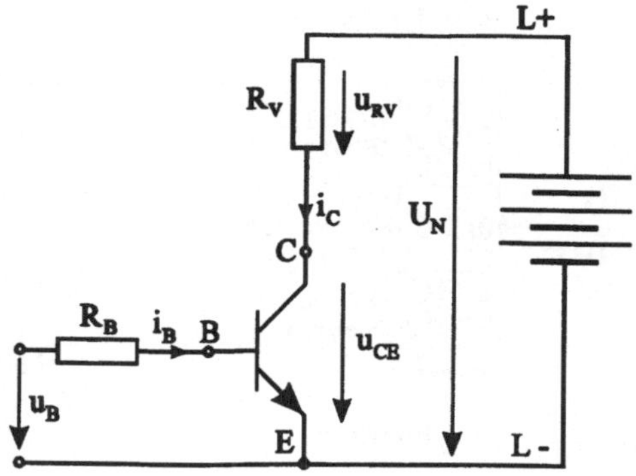

Bild 8-18a: Schaltbild eines NPN-Transistors mit rein ohmscher Belastung

Anhand der Bilder 8-18 und 8-18a verfolgen wir den Schaltbetrieb eines Transistors mit Widerstandslast. Bei Basisstrom $i_B = 0$ ist die Kollektordiode gesperrt, die Netzspannung U_N liegt voll am Transistor. Der Arbeitspunkt (1) ist dem Schaltzustand AUS zugeordnet. Mit steigendem Kollektorstrom steigt der Spannungsfall am Lastwiderstand, die Kollektor-Emitter-Spannung u_{CE} wird entsprechend kleiner. Der Kollektorstrom kann nicht größer werden als $i_{Csat} \approx U_N / R_L$. Wird der Basisstrom größer als $i_{Bsat} = i_{Csat} / B$, so ist der Transistor gesättigt oder *übersteuert*. Im Schaltbetrieb liegt der Arbeitspunkt (2), bzw. Schaltzustand EIN, im Übersteuerungsbereich oder gerade an der Grenze. Der Transistor bleibt eingeschaltet, solange der Basisstrom den Wert i_{Bsat} hat. Zum Abschalten des Transistors wird i_B auf Null gebracht. Der Arbeitspunkt läuft bei ohmscher Last auf der Widerstandsgeraden von (2) nach (1).

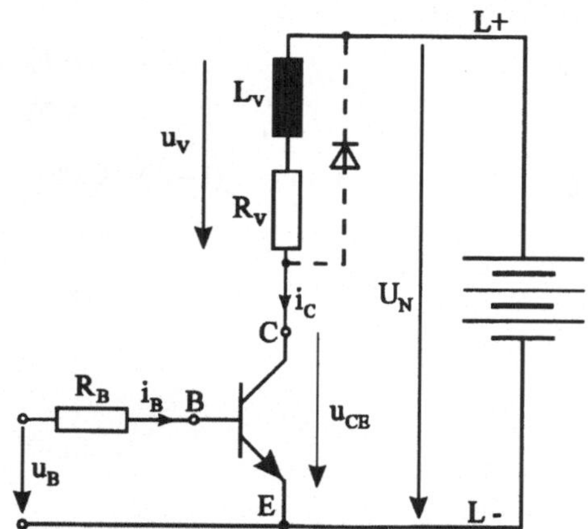

Bild 8-19: Bipolarer Transistor mit ohmsch-induktiver Last und Freilaufdiode (gestrichelt)

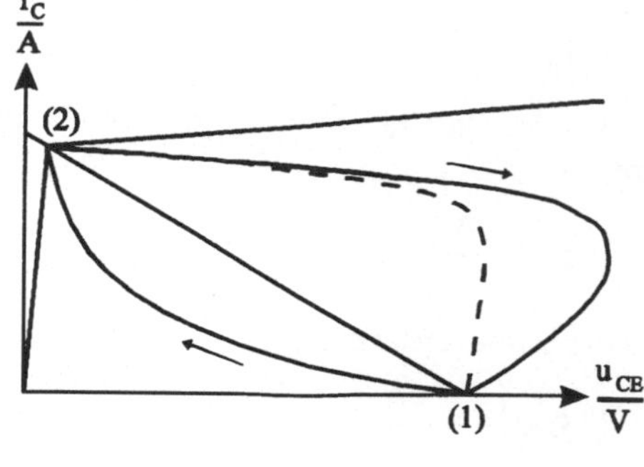

Bild 8-19a: Verlauf des Arbeitspunktes beim Ein- und Ausschalten bei ohmsch-induktiver Last ohne und mit Freilaufdiode (gestrichelt)

Bei ohmsch-induktiver Last (Bild 8-19) läuft der Arbeitspunkt in Richtung (2)⇒(1) oberhalb der Widerstandsgeraden (Bild 8.19a) und rechts von der Netzspannung, weil beim Abfall der Stromes eine Selbstinduktionsspannung entsteht, die sich zur Netzspannung addiert und den Transistor zerstören kann. Diese Überspannung kann durch eine Freilaufdiode parallel zur Last vermieden werden (gestrichelt). In Richtung (1)⇒(2) bewegt sich der Arbeitspunkt unterhalb der Widerstandsgeraden.

Feldeffekttransistor und Insulated Gate Bipolar Transistor

Der Feldeffekttransistor (FET) und seine Weiterentwicklung IGBT (Insulated Gate Bipolar Transistor) sind abschaltbare elektronische Ventile und werden in der Leistungselektronik als schnelle Schalter eingesetzt.

Ein Feldeffekttransistor (FET) ist ein Halbleiterwiderstand aus p- oder n-leitendem Material, meist Silizium, über den der Laststrom fließt. Der Strompfad, Kanal genannt, den der Laststrom im Halbleiter nimmt, kann in seiner Leitfähigkeit durch ein elektrisches Feld gesteuert werden, das durch eine *Spannung* an einer Steuerelektrode, dem *Gate*, erzeugt wird. Der Laststrom im Kanal wird also, im Gegensatz zum bipolaren Transistor, durch eine Spannung beeinflußt, nicht durch einen Strom. Daher ist die Steuerung des Laststromes nahezu leistungslos. Die Anschlüsse des Laststromkreises heißen *Drain* (+) und *Source* (-).

In der Leistungselektronik verwendet man Isolierschicht-Feldeffekttransistoren, deren Gate durch eine isolierende Schicht aus Siliziumdioxid vom Source getrennt ist. Der Halbleiterwiderstand, das Substrat, ist aus Silizium. Dieser Aufbau ist in der Bezeichnung MOSFET zusammengefaßt (**M**etallische Steuerelektrode, isolierende **O**xidschicht, Silizium) und im Prinzip mit dem zugehörigen Schaltzeichen im Bild 8-20 dargestellt.

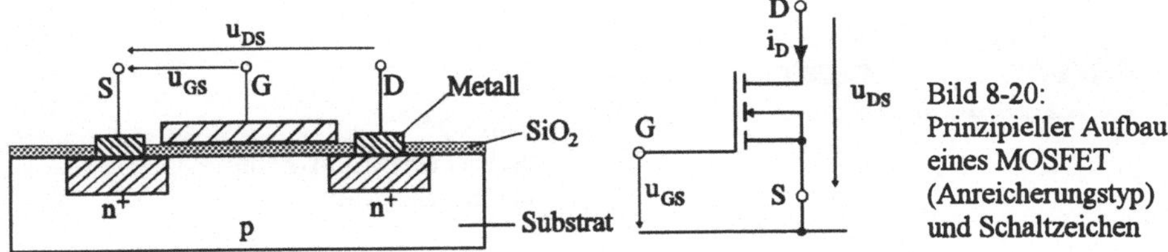

Bild 8-20: Prinzipieller Aufbau eines MOSFET (Anreicherungstyp) und Schaltzeichen

In das p-dotierte Grundmaterial (Substrat) sind n-dotierte Gebiete eingebracht, die über Metallisierungen mit den Anschlüssen Drain (D) und Source (S) verbunden sind. Der Gate-Anschluß (G) ist vom Substrat durch die Oxidschicht isoliert. Die Drain-Source-Strecke ist so dotiert, daß ohne eine Spannung zwischen Gate und Source auch bei positiver Drain-Source-Spannung kein Strom fließt. Die Gate-Elektrode bildet zusammen mit der Isolierschicht und dem gegenüberliegenden Gebiet einen Kondensator. Wird dieser von einer positiven Spannung zwischen Gate und Source aufgeladen, so reichern sich auf der Gegenelektrode im p-Gebiet Elektronen an. Damit bildet sich ein leitender Kanal zwischen Drain und Source aus (n-Kanal). Mit wachsender Steuerspannung verbreitert sich der Kanal, sein Widerstand sinkt. Dieses Prinzip beschreibt einen selbstsperrenden MOSFET vom Anreicherungstyp.

Die Strom-Spannungs-Kennlinien verlaufen ähnlich wie bei bipolaren Transistoren, nur ist als Parameter die Gate-Source-Spannung angegeben. MOSFETs sind *unipolare* Transistoren, weil im Kanal nur Elektronen, d.h. Ladungsträger einer Polarität, fließen.

Feldeffekttransistoren lassen sich problemlos parallel schalten. Für Anwendungen mit höheren Strömen (bis 100 A) sind auf einem Siliziumchip von einigen Quadratmillimeter Fläche mehrere tausend parallelgeschalteteTransistorzellen untergebracht. Das Substrat ist n^+-Material (starkdotiert), darüber ist eine n^--Schicht (schwachdotiert) aufgebracht. Die einzelnen

Transistorzellen sind p-Wannen, die die n^+-Sourcezonen enthalten. Der Source-Anschluß ist als Metallisierung aufgedampft, er verbindet das n^+-Gebiet mit dem p^+-Gebiet und schaltet die Transistorzellen parallel (Bild 8-21).

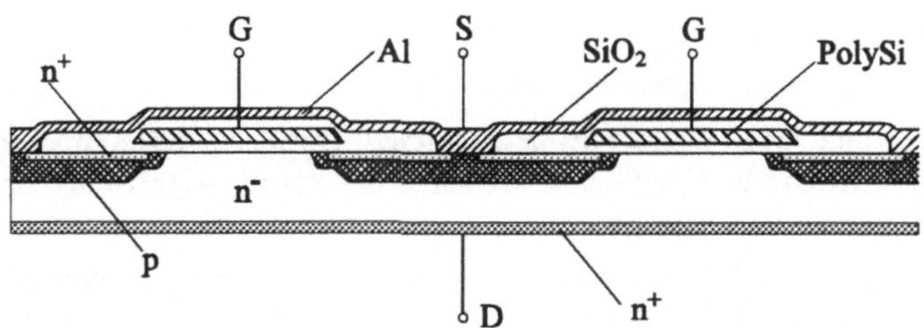

Bild 8-21: Aufbau einer MOSFET-Zelle als Teil eines Siliziumchips

Ein Insulated Gate Bipolar Transistor (IGBT) entsteht, wenn ein MOSFET anstatt auf dem n-Substrat auf einem p-Substrat aufgebaut wird. Das Bild 8-22 zeigt das Schaltzeichen und den prinzipiellen Aufbau einer IGBT-Zelle. Der Teil oberhalb der n^--Schicht entspricht einem MOSFET. Zwischen der unteren n^--Schicht und dem positiven Anschluß, der hier nicht Drain heißt, sondern C (Kollektor), ist eine p-Schicht, so daß ein PN-Übergang entsteht. Dieser injiziert im durchgeschalteten Zustand Löcher als zusätzliche Ladungsträger, und damit wird der Durchlaßwiderstand gegenüber dem eines MOSFETs erheblich verringert. Der IGBT ist ein bipolarer Transistor, die Ansteuerung entspricht aber dem MOSFET.

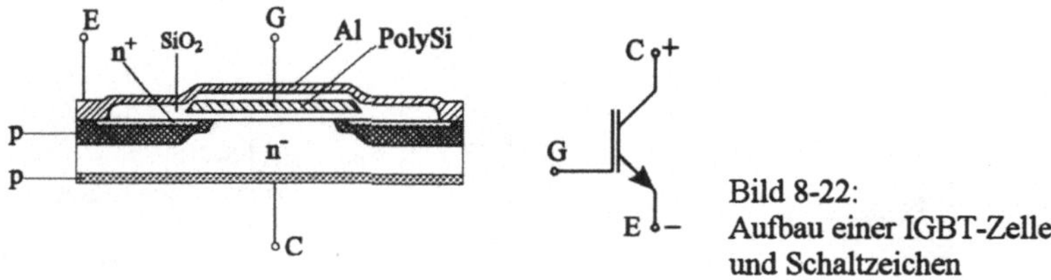

Bild 8-22: Aufbau einer IGBT-Zelle und Schaltzeichen

Die Bilder 8-23a und b zeigen die Strom-Spannungs-Kennlinien eines MOSFET und eines IGBT.

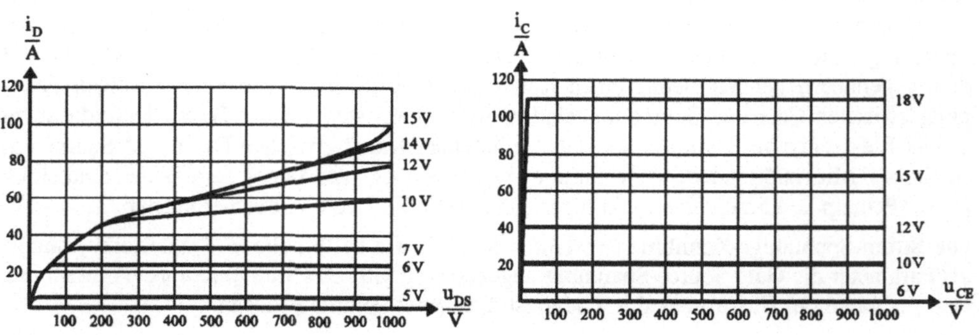

Bild 8-23a: Strom-Spannungs-Kennlinien eines MOSFET

Bild 8-23b: Strom-Spannungs-Kennlinien eines IGBT

Aus den Kennlinien sieht man, daß der Leistungsbereich eines IGBT wesentlich größer ist als der eines MOSFET. Kollektorströme bis 1200 A und Sperrspannungen bis 1600 V ergeben ein Leistungsspektrum bis in den Megawatt-Bereich. Bei gleichen Strömen sind die Durchlaßspannungen erheblich niedriger als beim MOSFET. Die Abschaltzeiten sind zwar etwas größer als beim Feldeffekttransistor, aber wesentlich kleiner als beim bipolaren Transistor und beim Abschaltthyristor. Der Frequenzbereich reicht bis 100 kHz [34]. Aufgrund dieser guten Eigenschaften hat der IGBT den bipolaren Transistor und den MOSFET aus der Leistungselektronik verdrängt.

8.2.3 Thyristor

Symmetrisch sperrender Thyristor (SCR)

Der symmetrisch sperrende Thyristor (Silicon Controlled Rectifier, SCR), üblicherweise einfach Thyristor genannt, ist ein *einschaltbares elektronisches Ventil* mit den Anschlußbezeichnungen A für Anode, K für Kathode und G für das Gate, der Steuerelektrode. Das Bild 8-24 zeigt das Prinzip des Aufbaus, das Schaltzeichen und das Verhalten bei positiver und negativer Spannung. Das Halbleiterelement besteht aus vier sich abwechselnden p- und n-dotierten Schichten (daher die frühere Bezeichnung Vierschichttriode).

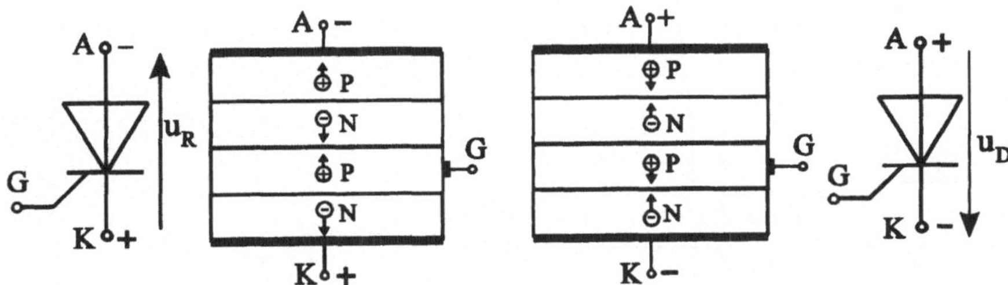

Bild 8-24: Prinzipieller Aufbau des Thyristors (SCR), Schaltzeichen und Polarität der Ladungsträger bei negativer (linkes Bild) und positiver Spannung Anode - Kathode (rechtes Bild).

Das linke Bild zeigt das Verhalten bei anliegender negativer Spannung u_R. Die positiven Ladungsträger bewegen sich in Richtung Anode , die negativen in Richtung Kathode. An den beiden äußeren PN-Übergängen werden daher die Ladungsträger abgezogen. Diese Übergänge sind daher gesperrt. Der mittlere PN-Übergang ist durchlässig. Der Thyristor verhält sich in Rückwärtsrichtung, d.h. bei negativer Spannung, wie eine gesperrte Diode.

Das rechte Bild zeigt das Verhalten bei anliegender positiver Spannung u_D und Steuerstrom Null über das Gate. Die Spannung zieht die Ladungsträger vom mittleren PN-Übergang ab, so daß der Thyristor ebenfalls sperrt.

Durch einen (meist impulsförmigen) Steuerstrom i_G vom Gate zur Kathode (max. 500 mA) werden Ladungsträger vom Gate in das Gebiet des kathodenseitigen PN-Überganges transportiert und wirken auf den mittleren PN-Übergang zurück. Der Thyristor schaltet vom positiven Sperrzustand in den Durchlaßzustand und gibt den Strom i_T von der Anode zur Kathode frei. Der Beginn des Stromflusses läßt sich durch einen Stromimpuls vom Gate zur Kathode steuern. Danach verhält sich der Thyristor im Durchlaßzustand wie eine leitende Diode.

Ist der Thyristor einmal leitend, so behält er diesen Zustand solange bei, bis der Durchlaßstrom gegen Null geht oder die Richtung wechselt. In der Sperrichtung fließt der Strom aber nur solange, bis die PN-Übergänge von Ladungsträgern freigeräumt und die äußeren Sperrschichten aufgebaut sind (*Trägerstaueffekt*). Danach verhält sich der Thyristor wieder wie eine gesperrte Diode.

Das Umschalten vom positiven Sperrzustand zum Durchlaßzustand kann auch ohne Steuerstrom durch Überschreiten des Maximalwertes der positiven Sperrspannung (Nullkippspannung) eingeschaltet werden. Dies sollte aber nicht betriebsmäßig angewendet werden. Beim Überschreiten des Maximalwertes der negativen Sperrspannung wird der Thyristor zerstört.

Aus dem beschriebenen Verhalten ergibt sich die Strom-Spannungs-Kennlinie des Thyristors (Bild 8-25). Der Ordinate gibt man für Sperrbereich (max 100 mA) und für Durchlaßbereich (max. 100 A) verschiedene Maßstäbe.

Bei *Netzfrequenz-Thyristoren* liegen die Grenzwerte für i_T über 2500 A und u_R bei 8000 V. Bei *Frequenzthyristoren* bis 10 kHz sind die Grenzwerte niedriger.

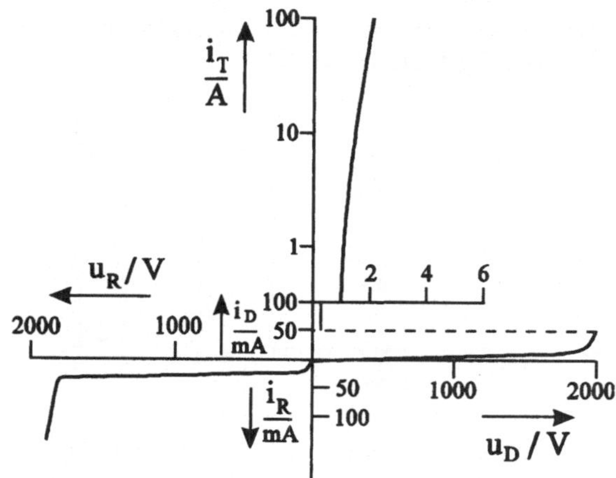

Bild 8-25:
Strom-Spannungs-Kennlinie eines Thyristors für Netzfrequenz [20]

Abschaltthyristor (GTO-Thyristor)

Der Abschaltthyristor ist wie ein Transistor oder IGBT ein *abschaltbares elektronisches Ventil*. Er kann über das Gate nicht nur ein-, sondern auch ausgeschaltet werden. Dementsprechend wird er als *Gate-Turn-Off-Thyristor* bezeichnet, abgekürzt GTO-Thyristor. Das Prinzip des Aufbaus und das Schaltzeichen sind in Bild 8-26 dargestellt.

Die Kathode ist in Streifen aufgeteilt, zwischen denen die Streifen des Gates angeordnet sind. Zur Erhöhung der kritischen Spannungsänderung du/dt sind anodenseitig Streifen aus stark dotiertem N-Material, sogenannte Kurzschlüsse, eingefügt.

Das Bild 8-27 zeigt die Strom-Spannungs-Kennlinie. Der GTO-Thyristor wird beim Einschalten wie der SCR-Thyristor durch einen positiven Steuerstrom über die Gate-Kathoden-Strecke von einem Arbeitspunkt auf der positiven Sperrkennlinie auf die Durchlaßkennlinie geschaltet und beim Ausschalten durch einen negativen Steuerstrom von der Durchlaßkennlinie zurück auf die positive Sperrkennlinie oder durch Wechsel der Polarität des Laststromes auf die negative Sperrkennlinie.

Abschaltthyristoren werden symmetrisch für positive und negative Sperrspannung oder durch eine integrierte Inversdiode unsymmetrisch nur für positive Sperrspannung, also negativ nichtsperrend, gebaut.

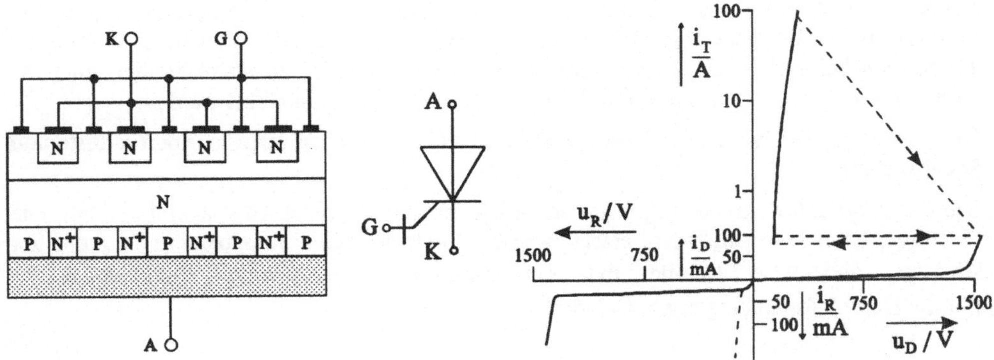

Bild 8-26: Prinzipieller Aufbau eines Abschalt-Thyristors (GTO-Thyristors) und Schaltzeichen

Bild 8-27: Strom-Spannungs-Kennlinie eines Abschaltthyristors (GTO-Thyristors). Ausführung mit negativer Durchlaßkennkennlie gestrichelt.

8.2.4 Beschaltung, Kühlung, Ansteuerung

Beschaltung elektronischer Ventile

Bei der Anwendung elektronischer Ventile muß man nicht nur die Grenzwerte von Strom und Spannung einhalten, sondern auch die Grenzwerte für den *Strom- und Spannungsanstieg*.

Der Trägerstaueffekt bei Leistungsdioden und Thyristoren hat zur Folge, daß der Rückstrom mit steiler Flanke abreißt und unmittelbar danach die negative Sperrspannung steil ansteigt. Diese kritischen Werte kann man verringern, wenn man parallel zum Ventil eine Reihenschaltung von Kondensator und Widerstand schaltet (Bild 8-28a, *TSE-Beschaltung*). Beim Sperrvorgang kommutiert der Rückstrom auf die Parallelschaltung, und die Sperrspannung steigt flacher an, weil der Kondensator zum Aufladen Zeit braucht. Wird der Thyristor leitend, so entlädt sich der Kondensator über das Ventil. Der Entladestrom wird durch den Reihenwiderstand begrenzt. Den Anstieg des Thyristorstromes kann man durch eine Induktivität in Reihe mit dem Ventil begrenzen. Dazu genügt aber meist schon die Streuinduktivität des Netztransformators [14].

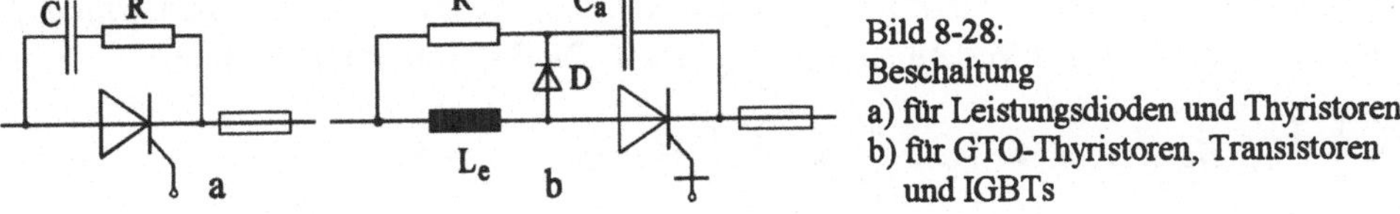

Bild 8-28:
Beschaltung
a) für Leistungsdioden und Thyristoren
b) für GTO-Thyristoren, Transistoren und IGBTs

Bei abschaltbaren Ventilen, also GTO-Thyristoren und Transistoren, bzw. IGBTs, wird eine RCD-Beschaltung nach Bild 8-28b verwendet. Wird der Durchlaßstrom des Ventils abgeschaltet, so lädt sich der Kondensator C_a über die Diode D auf, während der Strom durch die Induktivität L_e über Widerstand R und Freilaufdiode D abklingt. Als Überstromschutz des Thyristors liegt eine superflinke Schmelzsicherung in Reihe mit dem Ventil [20].

Verluste und Kühlung elektronischer Ventile

Beim Betrieb eines elektronischen Ventils treten Leistungsverluste auf, die das Halbleitersystem erwärmen. Diese Verluste konzentrieren sich auf das kleine Volumen der dünnen

Siliziumscheibe, deren Sperrschichten gegen hohe Temperaturen sehr empfindlich sind. Bei Leistungsdioden liegt der obere Grenzwert für die Sperrschichttemperatur unter 200°C, bei Thyristoren bei 125°C. Um diese Temperatur-Grenzwerte nicht zu überschreiten, muß die Verlustwärme über Gehäuse und Kühlkörper an die Umgebung abgeführt werden.

Die Verluste in Dioden und Thyristoren gliedern sich in Durchlaßverluste, Sperrverluste und Schaltverluste.

Die *Durchlaßverluste* treten auf, wenn der Arbeitspunkt auf der Durchlaßkennlinie liegt. Die Kennlinie kann näherungsweise ersetzt werden durch die *Schleusenspannung* U_{T0} auf der Abszisse und eine Gerade mit der Steigung $r_T = \Delta u_T / \Delta i_T$ (Bild 8-29). Für die Durchlaßspannung ergibt sich damit

$$u_T = U_{T0} + r_T \cdot i_T \tag{8.5}$$

Die Durchlaßverlustleistung ist

$$P_T = \frac{1}{T} \cdot \int_0^T u_T \cdot i_T dt \; ; \Rightarrow P_T = \frac{1}{T} \cdot \int_0^T (U_{T0} + r_T \cdot i_T) \cdot i_T dt \Rightarrow P_T = U_{T0} \cdot \frac{1}{T} \cdot \int_0^T i_T dt + r_T \cdot \frac{1}{T} \int_0^T i_T^2 dt$$

$$P_T = U_{T0} \cdot I_{TAV} + r_T \cdot I_{TRMS}^2 \tag{8.6}$$

Die Durchlaßverluste hängen also vom Mittelwert I_{TAV} und vom Effektivwert I_{RMS} des Durchlaßstromes ab.

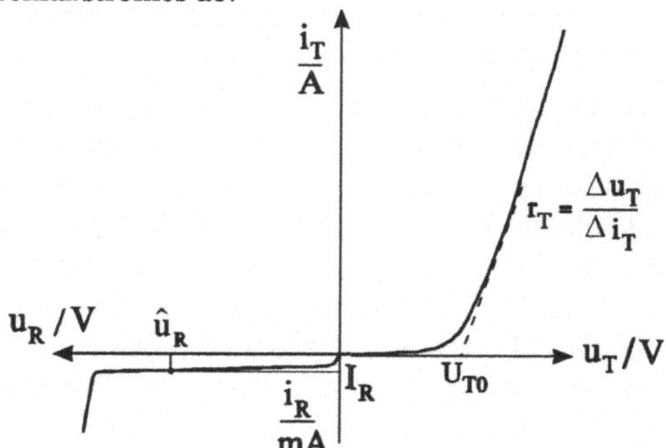

Bild 8-29: Schleusenspannung U_{T0} und Ersatzwiderstand r_T im Durchlaßbereich von Thyristoren und Dioden zur Berechnung der Durchlaßverluste. Konstanter Ersatz-Sperrstrom I_R und Scheitelwert $\hat{u}_R$ der sinusförmigen Sperrspannung zur Berechnung der Sperrverluste bei Dioden und Thyristoren.

Die *Sperrverluste* treten auf, wenn der Arbeitspunkt wie in Bild 8-29 auf der negativen Sperrkennlinie liegt. Der Sperrstrom ist nahezu konstant, $i_R \approx I_R$, für die Sperrspannung nehmen wir sinusförmigen Verlauf an, $u_R = \hat{u}_R \cdot \sin\omega t$. Die Verlustleistung ist dann

$$P_R = \frac{1}{T} \cdot \int_0^T \hat{u}_R \cdot \sin\omega t \cdot I_R dt \Rightarrow P_R = \frac{1}{\omega T} \cdot \hat{u}_R \cdot I_R \int_0^{\pi} \sin\omega t \, d\omega t \; ; \; \omega T = 2\pi \quad \Rightarrow$$

$$P_R = \frac{1}{\pi} \cdot \hat{u}_R \cdot I_R \tag{8.7}$$

Die Sperrverluste sind im allgemeinen erheblich kleiner als die Durchlaßverluste.

Die Leistungen P_S der *Schaltverluste* beim Ein- und Ausschalten können zwar erheblich sein, treten aber nur während einiger Mikrosekunden auf, so daß die Schaltverluste bei Netzfrequenz zu vernachlässigen sind. Bei Betrieb mit höheren Frequenzen (500 Hz bis 10 kHz) berücksichtigt man sie dadurch, daß man die Werte des zulässigen Durchlaßstromes gegenüber Betrieb mit 50 Hz reduziert.

Für den aus der Summe $P = P_T + P_R + P_S$ resultierenden Wärmefluß kann man eine thermische Ersatzschaltung aus Wärmequelle, Wärmewiderständen und Wärmekapazitäten aufstellen. Für einen Thyristor in Flachbodenzellen-Bauform auf einem Kühlkörper ist die Ersatzschaltung in Bild 8-30 dargestellt. Die Wärmestromquelle P entspricht einer Stromquelle, die Temperaturen ϑ an Sperrschicht (ϑ_J), Gehäuseboden (ϑ_G), Kühlkörper (ϑ_K) und Umgebung (ϑ_U) entsprechen den Spannungen an den Wärmewiderständen R_{thJG} (Sperrschicht-Gehäuse), R_{thGK} (Gehäuse-Kühlkörper) und R_{thKU} (Kühlkörper-Umgebung). R_{thJG} wird innerer Wärmewiderstand genannt, $R_{thGK} + R_{thKU}$ äußerer Wärmewiderstand.

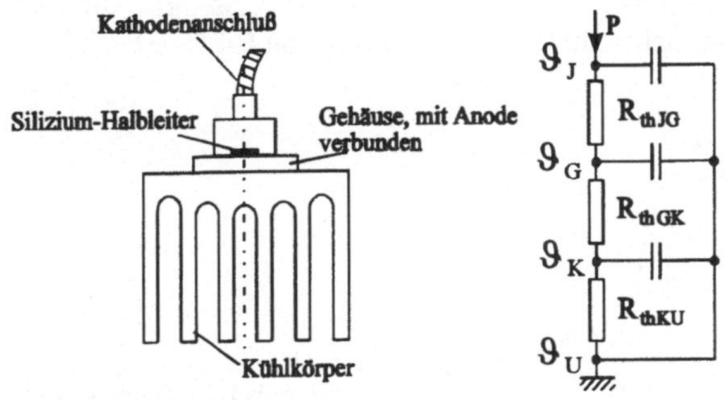

Bild 8-30:
Thyristor in Flachboden-Bauform auf Kühlkörper. Rechts die thermische Ersatzschaltung. Erläuterung der Bezeichnungen im Text.

Zur Einhaltung der Grenztemperatur ϑ_J müssen die Wärmewiderstände möglichst klein gemacht werden, und zwar müssen sie umso kleiner sein, je größer die Verlustleistung P ist, die von Durchlaßstrom und Sperrspannung abhängt. Im stationären Betrieb bei P = konst. gilt

$$\vartheta_J = P \cdot (R_{thJG} + R_{thGK} + R_{KU}) + \vartheta_U \tag{8.8}$$

Bei Impulsbetrieb, wie es zum Beispiel bei einem Gleichstromsteller der Fall ist, sind zusätzlich in der Ersatzschaltung die Wärmekapazitäten von Halbleiter, Gehäuse und Kühlkörper zu berücksichtigen. Hierdurch wird die exponentiell verlaufende Temperatur von Sperrschicht, Gehäuse und Kühlkörper während eines Schaltzyklus abgebildet.

Der Wärmewiderstand R_{thKU} eines *Kühlkörpers,* der meist mit dem zugehörigen Leistungshalbleiter geliefert wird, hängt ab vom Material, von der Oberfläche, von der Kühlungsart und von der Strömungsgeschwindigkeit des Kühlmittels.

Bei der *Luftselbstkühlung*, d.h. natürlicher Kühlung, wird die Verlustwärme durch Konvektion und Strahlung abgeführt. Der äußere Wärmewiderstand beträgt z.B. $R_{thGU} = 0{,}5\,K/W$. Bei verstärkter Luftkühlung nach DIN 41 751 wird zwischen Fremdlüftung und Wasserkühlung unterschieden. Bei der *Fremdlüftung* wird die Kühlluft durch einen Lüfter durch die Kühlrippen bewegt mit einer Strömungsgeschwindigkeit von 6 bis 12 m/s. Der äußere Wärmewiderstand beträgt z.B. $R_{thGU} = 0{,}15\,K/W$ bei v = 6m/s.

Bei *Wasserkühlung* wird ein erheblich niedrigerer äußerer Wärmewiderstand erreicht, z.B. $R_{thGU} = 0{,}08\,K/W$. Außerdem ist die Umgebungstemperatur (Eintrittstemperatur des Kühlmittels) um 10° bis 20°C niedriger als bei Luftkühlung. Bei großen Leistungen wird auch *Siedekühlung* angewendet. In einem evakuierten Wärmerohr strömt Wasser an den Ventilen vorbei und entzieht diesen die Verlustwärme durch Verdampfen. Der Dampf strömt zu einer Kondensationszone, wo er die Wärme an einen Wärmetauscher abgibt, und kehrt als Wasser zu den Ventilen zurück. Als siedende Flüssigkeiten können auch Fluor-Kohlenstoff-Verbindungen oder Chlor-Verbindungen verwendet werden.

Ansteuerung und Zündung von Thyristoren

Bei ungesteuerten Ventilen (Dioden) setzt der Durchlaßstrom ein, wenn die Anodenspannung von der negativen in die positive Polarität übergeht. Bei gesteuerten Ventilen ist dies nur eine Vorbedingung zum „Zünden“. Die zweite Zündbedingung ist bei Thyristoren ein Steuerstromimpuls über die Gate-Kathoden-Strecke, der zeitlich willkürlich verschoben werden kann. Thyristoren werden meist als Schaltelemente von Gleich- oder Wechselrichtern am Wechselstrom- oder Drehstromnetz verwendet. Das bedeutet, jeder Thyristor muß während jeder Netzperiode einmal gezündet werden, weil er nach der Stromflußdauer von (maximal) einer halben Periode wieder in den Sperrzustand übergeht.

Dazu muß der Thyristor über die Gate-Kathoden-Strecke periodische Stromimpulse im Takt der Netzfrequenz bekommen. Die Impulse haben im Idealfall die Form von Bild 8-31.

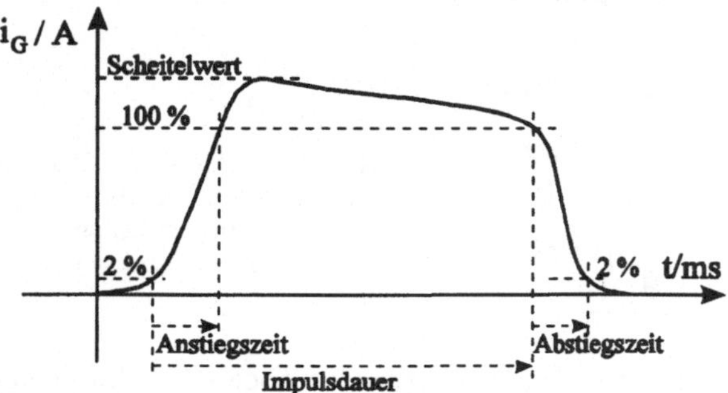

Bild 8-31:
Steuerimpuls zum Zünden eines Thyristors (Kurzimpuls)

Die Vorderflanke des Impulses soll möglichst steil sein, um die Streuung des Zündeinsatzes klein zu halten. Die Amplitude des Impulses muß so groß sein, daß der Thyristor sicher zündet. Werte sind in den Listen der Hersteller angegeben. Nach dem Zünden kann der Steuerstrom kleiner werden, muß aber solange andauern, bis der Durchlaßstrom den Wert des Einraststromes überschreitet. Danach kann der Impuls enden. Dieser *Kurzimpuls* kann bei Netzfrequenz 50 Hz eine Länge von 1 bis 2 ms haben. Transistoren brauchen dagegen *Dauerimpulse* über die ganze Dauer des Durchlaßstromes.

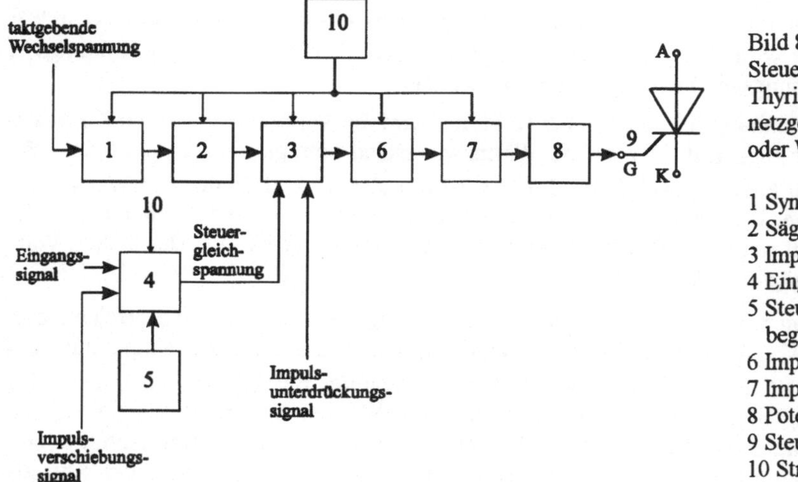

Bild 8-32:
Steuersatz für einen Thyristor als Teil eines netzgeführten Gleich- oder Wechselrichters

1 Synchronisiereinheit
2 Sägezahnspannung
3 Impulserzeuger
4 Eingangsverstärker
5 Steuerbereichs-begrenzer
6 Impulsformer
7 Impulsverstärker
8 Potentialtrennung
9 Steuerimpuls
10 Stromversorgung

Wenn man den Zündzeitpunkt des Ventils abhängig von einer Steuergleichspannung in der *Phasenlage* nacheilend verschiebt, wird die positive Halbwelle der Anoden-Kathoden-

Spannung angeschnitten und so der Mittelwert der abgegebenen Gleichspannung des Stromrichters gesteuert. In den nächsten Abschnitten wird die Wirkung dieser *Anschnittsteuerung* für die einzelnen Stromrichterschaltungen genauer besprochen. Das Bild 8-32 zeigt das Schema eines Steuersatzes für einen Thyristor nach DIN 41 750. Die Synchronisiereinheit (1) ist der *Taktgeber* für die Zündimpulse. Sie löst bei jedem positiven Nulldurchgang der Netzwechselspannung ein Signal aus und gibt damit die Impulsfolgefrequenz und die vorderste Phasenlage vor. Dieses Signal startet, bei analoger Signalverarbeitung, eine *Sägezahnspannung* (2), die im Impulsgeber (3), einem *Komparator*, mit einer *Gleichspannung*, der Steuerspannung, verglichen wird.

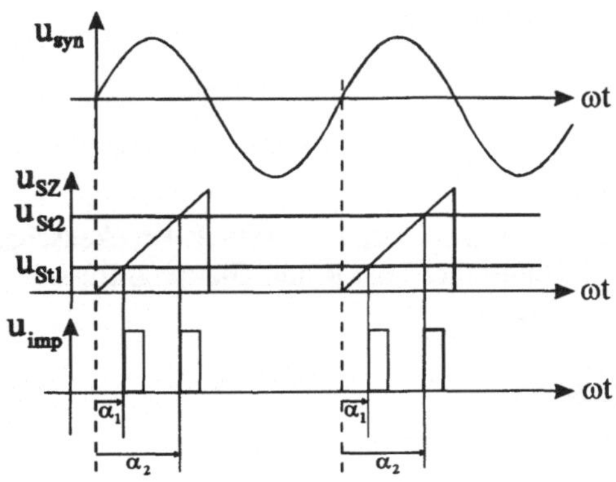

Bild 8-33: Sägezahnspannung u_{SZ}, abgeleitet von der synchronisierenden Wechselspannung u_{syn} des Netzes. Steuerimpulse u_{imp} im Schnittpunkt von Sägezahn- und Steuergleichspannung u_{St} für zwei Werte von u_{St}.

Sobald die Sägezahnspannung größer wird als die Steuerspannung, wird ein Impuls ausgelöst (Bild 8-33). Der Schnittpunkt hängt von der Größe der Steuerspannung ab, so daß die Impulsphasenlage bzw. der Zündverzögerungswinkel α, proportional der Steuerspannung ist. Die Steuergleichspannung wird gebildet aus der in (4) verstärkten Eingangsspannung. Diese ist zumeist die Differenz zwischen Soll- und Istwert einer Regelgröße, wenn der Stromrichter als Stellglied in Drehzahl-, Spannungs- oder Stromregelkreisen eingesetzt wird. Auf den Verstärkereingang wirkt auch eine Spannung zur Festlegung der hinteren Endlage (α_{max}) der Impulse (5). Ein Signal am Impulsgeber veranlaßt die Unterdrückung der Impulse, z.B. bei Kurzschluß im Gleichstromkreis.

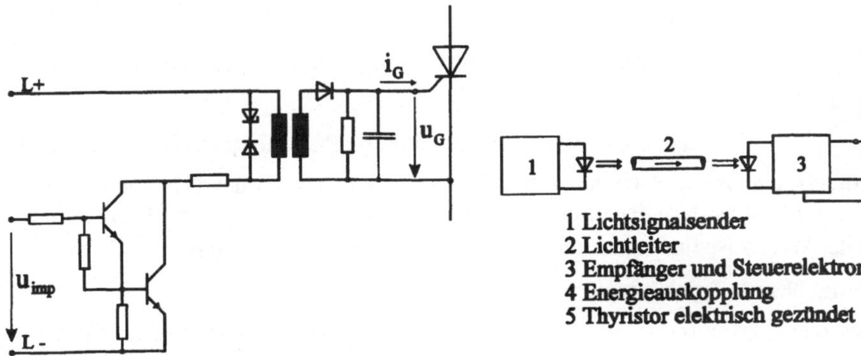

Bild 8-34: Endverstärker für Steuerimpulse in Darlingtonschaltung mit Potentialtrennung durch Ausgangsübertrager

Bild 8-35: Optoelektronische Impulsübertragung mit Potentialtrennung über Lichtsignalsender, Lichtleiter und Lichtsignalempfänger

Der in (3) erzeugte Impuls wird in einem *Impulsformer* (z.B. einem monostabilen Multivibrator) auf die gewünschte Länge gebracht (6), in einer *Endstufe* (7) in der Leistung verstärkt (Bild 8-34) und durch einen induktiven *Übertrager* (8) vom Signalteil potentialgetrennt zum Gate (9) des Thyristors übertragen. Liegt der Thyristor auf hohem Potential, (z.B. bei Hochspannungs-Gleichstrom-Übertragung, HGÜ), so werden als potentialtrennende Elemente Lichtsignalsender, Glasfaserkabel und Lichtsignalempfänger verwendet (Bild 8-35).

Das Schema von Bild 8-32 gilt grundsätzlich auch für digitale Signalverarbeitung und für GTO-Thyristoren als Impulsempfänger.

8.3 Netzgeführte Gleich- und Wechselrichter

8.3.1 Zweipuls-Brückenschaltung (B2)

Ungesteuerte Zweipuls-Brückenschaltung (B2U)

Das Bild 8-36 zeigt die Schaltung einer ungesteuerten Zweipuls-Brückenschaltung (Bezeichnung B2U nach DIN VDE 0558) mit ohmscher Last R und Glättungsdrossel L. Die Ventile V1 bis V4 sind Leistungs-Halbleiterdioden.

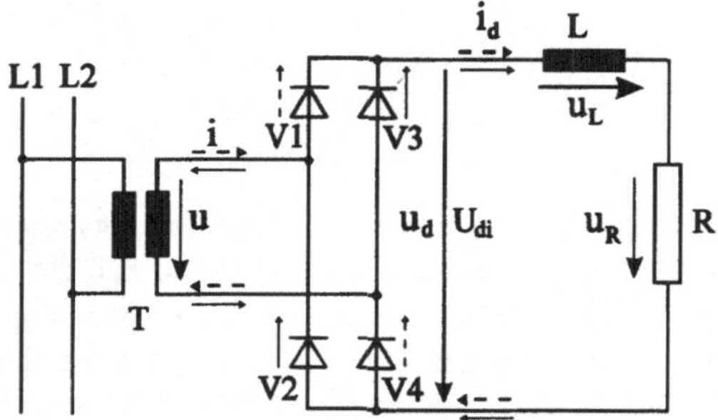

Bild 8-36:
Ungesteuerte Zweipuls-Brückenschaltung mit ohmschem Lastwiderstand R und Glättungsdrossel L

Wirkungsweise: Die Brückenschaltung ist ein netzgeführter Stromrichter. Die Dioden werden paarweise bei jeder Richtungsumkehr der speisenden Wechselspannung u vom sperrenden in den leitenden Zustand geschaltet und umgekehrt.

1. Halbwelle : $u > 0$	V1 leitet	V3 sperrt	
	V2 sperrt	V4 leitet	Stromrichtung : Pfeil mit gestrichelter Linie
2. Halbwelle: $u < 0$	V1 sperrt	V3 leitet	
	V2 leitet	V4 sperrt	Stromrichtung : Pfeil mit durchgezogener Linie.

Der Transformator gibt Wechselspannung und Wechselstrom an die Brücke ab. Die Brückenschaltung ist ein ungesteuerter Gleichrichter, sie gibt Gleichspannung u_d und Gleichstrom i_d proportional der Wechselspannung an den Verbraucher R über die Glättungsdrossel L ab.

Energierichtung: Netz ⇒Transformator ⇒ Brücke ⇒ Widerstand.

Die Brückenausgangsspannung u_d ist eine pulsierende Gleichspannung, genauer eine lückenlose Folge positiver Sinushalbwellen (Bild 8-37) von zwei Pulsen je Netzperiode. Die Brücke ist daher ein Zweipuls-Gleichrichter (Pulszahl $p = 2$).

Gleichstrom i_d und Lastspannung $u_R = R \cdot i_d$ werden durch die Drosselspule L induktiv geglättet. Die Oberschwingungsströme, die dem arithmetischen Mittelwert des Gleichstromes I_d

überlagert sind, werden durch den induktiven Widerstand $X_L = \omega_v \cdot L$ der Drossel herabgesetzt, und zwar umso stärker, je größer X_L im Verhältnis zu R ist. Die Oberschwingungsfrequenzen von Gleichspannung und Gleichstrom sind geradzahlige Vielfache der Netzfrequenz.

Im folgenden sollen zur Vereinfachung die Annahmen gelten:

- starre Wechselspannung $u = \sqrt{2} \cdot U$ des speisenden Netzes
- ideales Durchlaß- und Sperrverhalten der Ventile, Verluste und Schleusenspannung Null
- ohmsche und induktive Innenwiderstände von Netz und Transformator vernachlässigt
- vollständige Glättung des Gleichstromes durch den hohen induktiven Widerstand der Glättungsdrossel: $2 \cdot \omega \cdot L >> R$. Dabei ist $\omega = 2\pi f_N$; f_N ist die Netzfrequenz.
- eingeschwungener Zustand.

1. Gleichspannung und Gleichstrom

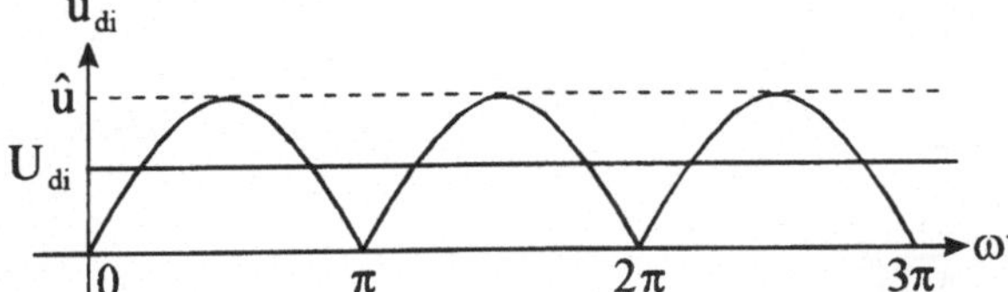

Bild 8-37: Ausgangsspannung der ungesteuerten Zweipuls-Brückenschaltung B2U

Aufgrund der ersten drei Vereinfachungen ist die Brücken-Ausgangsspannung lastunabhängig, sie wird *ideelle Gleichspannung* $u_{di}(\omega t)$ genannt.

Arithmetischer Mittelwert der Gleichspannung:

Der Augenblickswert der ideellen Gleichspannung ist, wie Bild 8-37 zeigt,

$$u_{di}(\omega t) = \hat{u} \cdot |\sin \omega t| \tag{8.9a}$$

Der arithmetische Mittelwert U_{di} dieser Spannung ergibt sich als Höhe eines Rechtecks, das gleiche Länge und gleiche Fläche einer Halbwelle wie eine Halbwelle von u_{di} hat. Es gilt also

$$\pi \cdot U_{di} = \int_0^\pi u_{di} \Rightarrow \pi \cdot U_{di} = \hat{u} \int_0^\pi \sin \omega t \, d\omega t \quad \Rightarrow \pi \cdot U_{di} = \hat{u} \cdot [-\cos \omega t]_0^\pi$$

$$\pi \cdot U_{di} = \hat{u} \cdot [-\cos \pi + \cos 0] \Rightarrow \pi \cdot U_{di} = \hat{u} \cdot [1+1] \Rightarrow$$

$$U_{di} = \frac{2}{\pi} \cdot \hat{u}; \; U_{di} \approx 0{,}9 \cdot \hat{u} \tag{8.9b}$$

Oberschwingungen der Gleichspannung $u_{di}(\omega t)$:

Die gleichgerichtete Sinusspannung $u_{di}(\omega t) = \hat{u} \cdot |\sin \omega t|$ ist eine gerade Funktion, weil für sie $u_{di}(-\omega t) = u_{di}(\omega t)$ gilt. Außerdem ist der arithmetische Mittelwert größer als Null.

Nach Fourier kann diese Spannung in folgende unendliche Reihe entwickelt werden:

$$u_{di}(\omega t) = \frac{2}{\pi} \hat{u} \cdot [1 + \frac{2}{1 \cdot 3} \cos 2\omega t - \frac{2}{3 \cdot 5} \cos 4\omega t + \frac{2}{5 \cdot 7} \cos 6\omega t - + \ldots] \tag{8.10}$$

Das erste Glied der Reihe ist identisch mit dem arithmetischen Mittelwert U_{di} der ideellen Gleichspannung. Die weiteren Glieder sind, weil es sich um eine gerade Funktion handelt,

Kosinusfunktionen von geradzahligen Vielfachen der Grundfrequenz (der Netzfrequenz f_N) bzw. der Kreisfrequenz $\omega = 2\pi f_N$. Die der Gleichspannung überlagerten Wechselspannungen sind ganzzahlige Oberschwingungen der Ordnungszahl $\nu = k \cdot p$ mit $p = 2$ und $k = 1,2,3..$).

Der Effektivwert der $\nu-$ten Spannungsoberschwingung ergibt sich daraus zu

$$U_{\nu i} = \frac{\sqrt{2} \cdot U_{di}}{\nu^2 - 1} \tag{8.11}$$

Wir nennen die Summe der Oberschwingungen $\sum_{\nu=2}^{\infty} u_{\nu i} = u_{ü}$, so daß $u_{di}(\omega t) = U_{di} + u_{ü}$.

Im *Ersatzschaltbild des Gleichstromkreises* (Bild 8-38) ist die Brücken-Ausgangsspannung nachgebildet durch eine Gleichspannungsquelle U_{di} in Reihe mit einer Wechselspannungsquelle $u_{ü} = \sum u_{\nu i}$, die die geradzahligen Oberschwingungen enthält. Aus dem Ersatzschaltbild folgt weiterhin $u_{di}(\omega t) = u_L + u_R$; $u_L = L \cdot \frac{di_d}{dt}$; $u_R = R \cdot i_d$.

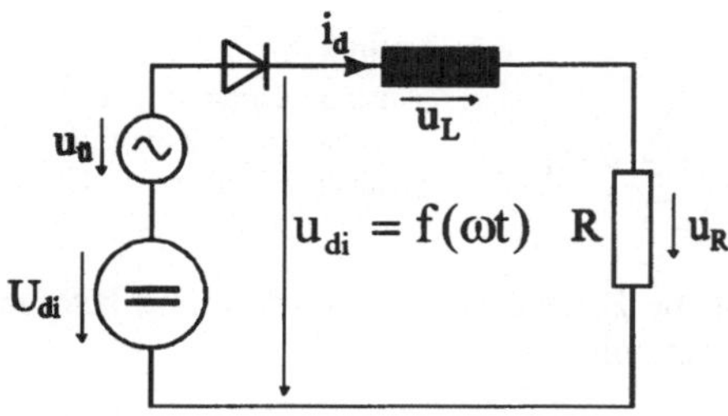

Bild 8-38:
Ersatzschaltbild des Gleichstromkreises der ungesteuerten Brückenschaltung mit ohmscher Belastung und Glättungsdrossel

Gleichstrom:

Die Spannung $u_{di}(\omega t)$ erzeugt im Gleichstromkreis einen welligen Gleichstrom mit dem Augenblickswert $i_d(\omega t) = I_d + \sum_{\nu=2}^{\infty} i_\nu$; I_d ist der arithmetische Mittelwert des Stromes.

Die Grundfrequenz (Netzfrequenz) ist f_N, ihre Kreisfrequenz ist $\omega = 2\pi f_N$.

Der Oberschwingungsstrom $\nu-$ter Ordnung ist $i_\nu(\omega t) = \hat{i}_\nu \cdot \cos(\nu \cdot \omega t + \varphi_\nu)$ mit dem Scheitelwert

$$\hat{i}_\nu = \frac{\sqrt{2} \cdot U_{\nu i}}{\sqrt{R^2 + (\nu \cdot \omega L)^2}} \tag{8.12}$$

Wenn wir den ohmschen Widerstand R_L der Glättungsdrossel vernachlässigen, ist die Drossel ein reiner Wechselstromwiderstand, an der keine Gleichspannung abfallen kann. Daraus folgt, daß die idelle Gleichspannung nur am Lastwiderstand abfällt, so daß $U_{di} = R \cdot I_d$ ist und der arithmetische Mittelwert des Gleichstromes

$$I_d = \frac{U_{di}}{R} \tag{8.13}$$

beträgt. Wenn wir weiterhin die Voraussetzung $2 \cdot \omega \cdot L >> R$ annehmen, dann fällt der gesamte Oberschwingungsanteil der Brücken-Ausgangsspannung an der Drossel ab, während am Lastwiderstand nur die Gleichspannung U_{di} liegt. Das bedeutet, der Strom im Gleichstromkreis i_d ist völlig geglättet. Man sagt, *der Gleichstrom ist glatt*. Diesen Zustand wollen wir im folgenden immer annehmen.

2. Spannung an der Glättungsdrossel

Im Verbraucherkreis gilt $u_{di}(\omega t) = u_L + u_R$. Bei völliger Glättung des Stromes ist

$$u_R(\omega t) = U_{di} \tag{8.14}$$

Daher ist $u_{di}(\omega t) = u_L(\omega t) + U_{di}$ und

$$u_L = u_{di}(\omega t) - U_{di} \tag{8.15}$$

Bei glattem Strom fällt an der Glättungsdrossel die Differenz zwischen Augenblickswert und Mittelwert der Brücken-Ausgangsspannung ab. Die Drosselspannung ist eine reine Wechselspannung (Bild 8-39a).

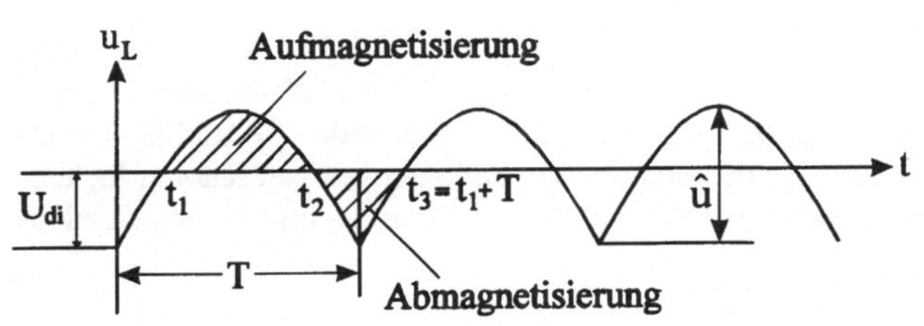

Bild 8-39a: Drosselspannung bei Auf- und Abmagnetisierung einer Glättungsdrossel. Die Spannungs-Zeit-Flächen ober- und unterhalb U_{di} sind gleich.

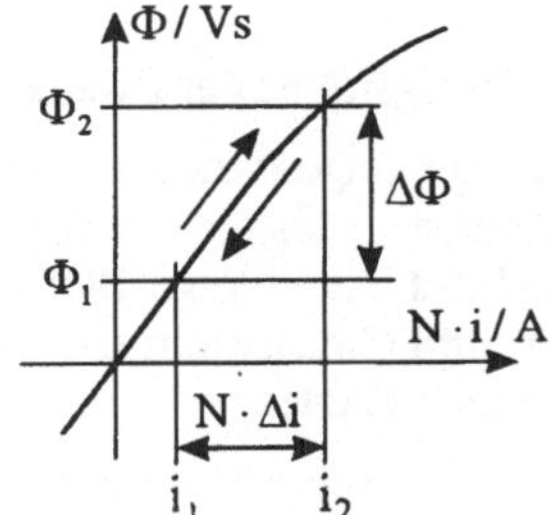

Bild 8-39b: Fluß und Strom bei Auf- und Abmagnetisierung auf der Kennlinie $\Phi = f(N \cdot i)$

Unabhängig von der Kurvenform gilt $u_L = N \cdot \frac{d\Phi}{dt} \Rightarrow u_L \cdot dt = N \cdot d\Phi \Rightarrow \int_{t1}^{t2} u_L \cdot dt = N \cdot \Delta\Phi.$

$$u_L = N \cdot \frac{d\Phi}{dt};\; u_L = L \cdot \frac{di}{dt} \;\Rightarrow\; N \cdot d\Phi = L \cdot di \Rightarrow \int_{t1}^{t2} u_L \cdot dt = L \cdot \Delta i.$$

Aufmagnetisierung : $t_1 \ldots t_2$; $u_{d1} > U_{di}$; $\Phi_1 \to \Phi_2$; $i_1 \to i_2$, Fluß und Strom steigen an.

$$\int_{t1}^{t2} u_L \cdot dt = N \cdot (\Phi_2 - \Phi_1) = +N \cdot \Delta\Phi \quad \text{(Bild 8-39b).}$$

Abmagnetisierung : $t_2 \ldots t_3$; $u_{d1} < U_{di}$; $\Phi_2 \to \Phi_1$; $i_2 \to i_1$, Fluß und Strom nehmen ab.

$$\int_{t2}^{t3=t1+T} u_L \cdot dt = N \cdot (\Phi_1 - \Phi_2) = -N \cdot \Delta\Phi.$$

Die positiven und negativen Spannungszeitflächen für Auf- und Abmagnetisierung sind gleich, unabhängig von der Kurvenform von Drosselspannung und Strom.

$$\int_{t1}^{t2} u_L \cdot dt + \int_{t2}^{t1+T} u_L \cdot dt = 0 \quad \text{weil } (\Phi_2 - \Phi_1) + (\Phi_1 - \Phi_2) = 0.$$

Die Drosselspannung ist nach dem Lenzschen Gesetz so gerichtet, daß sie den ansteigenden Strom zu verkleinern, den abfallenden Strom zu vergrößern versucht (Bild 8-40).

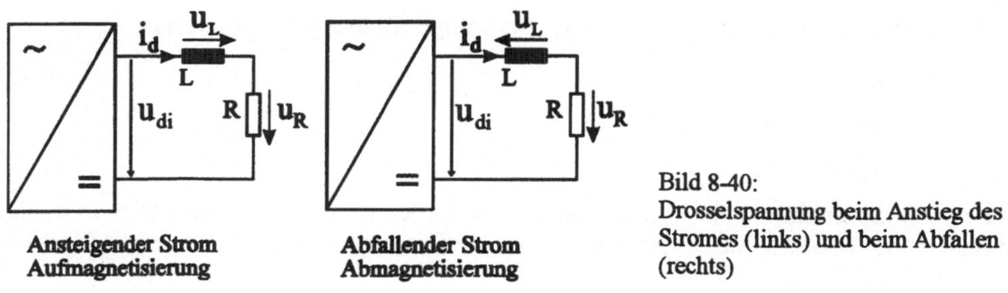

Bild 8-40:
Drosselspannung beim Anstieg des Stromes (links) und beim Abfallen (rechts)

3. Zweigströme der Zweipulsbrücke

Bei der ungesteuerten Zweipulsbrücke sind die Zweigströme i_{p1} bis i_{p4} gleich den Diodenströmen i_{F1} bis i_{F4}. Da der Gleichstrom i_d glatt ist, bilden die Diodenströme i_{F1} und i_{F3} Rechteckblöcke der Länge 180° und der Höhe I_d, die sich an dem kathodenseitigen Knoten lückenlos zum Gleichstrom ergänzen. Das gleiche gilt für die Diodenströme i_{F2} und i_{F4} am anodenseitigen Knoten.

Arithmetischer Mittelwert eines Diodenstromes:

$$I_{FAV} \cdot 2\pi = \int_0^{\pi} i_F \cdot d\omega t \Rightarrow \quad I_{FAV} \cdot 2\pi = \int_0^{\pi} I_d \cdot d\omega t \quad \Rightarrow \quad I_{FAV} \cdot 2\pi = \pi \cdot I_d$$

$$I_{FAV} = \frac{1}{2} \cdot I_d \tag{8.16}$$

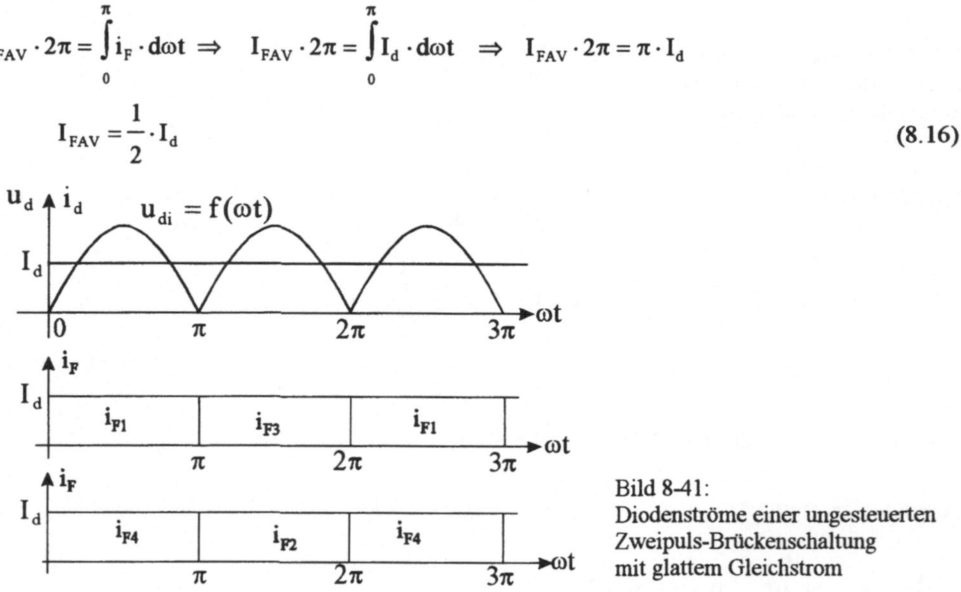

Bild 8-41:
Diodenströme einer ungesteuerten Zweipuls-Brückenschaltung mit glattem Gleichstrom

Effektivwert eines Diodenstromes:

Der Effektivwert eines Stromes ist identisch mit einem Gleichstrom, der an einem Widerstand R in einer Periode die gleiche Energie umsetzt wie der gegebene Strom an demselben Widerstand.

$$I_{Feff}^2 \cdot R \cdot 2\pi = \int_0^{\pi} i_F^2 \cdot R \cdot d\omega t \Rightarrow I_{Feff}^2 \cdot 2\pi = \int_0^{\pi} I_d^2 \cdot d\omega t \Rightarrow I_{Feff}^2 \cdot 2\pi = I_d^2 \cdot \pi \Rightarrow I_{Feff}^2 = \frac{1}{2} \cdot I_d^2$$

$$I_{Feff} = \frac{1}{\sqrt{2}} \cdot I_d \qquad (8.17)$$

4. Transformatorstrom i

Der sekundäre Strom des Transformators besteht in der 1. Halbwelle aus dem Strom i_{F1} über die Diode V1 und in der 2. Halbwelle in Gegenrichtung aus dem Strom i_{F2} über die Diode V2. Da bei glattem Gleichstrom die Diodenströme Rechteckblöcke sind, ergibt sich für den Transformatorstrom i ein Rechteck-Wechselstrom (Bild 8-42). Da $i = f(\omega t)$ eine ungerade Funktion ist, haben auch die Oberschwingungen ungerade Ordnungszahlen. Die zugehörige Fourier-Reihe besteht nur aus Sinusfunktionen.

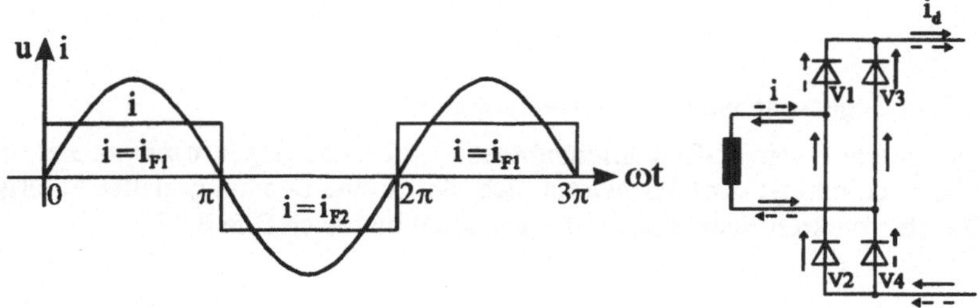

Bild 8-42: Ungesteuerte Zweipulsbrücke (B2U), Zusammensetzung des sekundären Transformatorstromes aus zwei Zweigströmen bzw. Diodenströmen

Der *arithmetische Mittelwert* des Transformatorstromes ist Null, der Transformatorkern wird also nicht einseitig vormagnetisiert.

Effektivwert des sekundären Transformatorstromes:

$$R \cdot I^2 \cdot 2\pi = \int_0^{\pi} i_{F1} \cdot R \cdot d\omega t + \int_{\pi}^{2\pi} i_{F2} \cdot R \cdot d\omega t \Rightarrow I^2 \cdot 2\pi = I_d^2 \cdot \pi + (-I_d)^2 \cdot (2\pi - \pi); \quad I^2 \cdot 2\pi = I_d^2 \cdot 2\pi$$

$$I = I_d \qquad (8.18)$$

5. Spannung an den Dioden der Zweipulsbrücke

Das Bild 8-43 zeigt die Zählpfeile für die Transformatorspannung und die Sperrspannung u_F an der Diodengruppe V1-V3. Der 2. Kirchhoffsche Satz für diesen Kreis ergibt

$u(\omega t) = u_{V1}(\omega t) - u_{V3}(\omega t)$.

Mit den vereinfachenden Voraussetzungen $u_F = 0$; $i_R = 0$ gilt

$\omega t = 0 \ldots \pi$: $u > 0 \Rightarrow u_{V1} = u_{F1} = 0$, Diode V1 leitet; $u_{V3} = u_{R3} = -u(\omega t)$, Diode V3 sperrt.

$\omega t = \pi \ldots 2\pi$: $u < 0 \Rightarrow u_{V1} = u_{R1} = u(\omega t)$, Diode V1 sperrt; $u_{V3} = u_{F3} = 0$, Diode V3 leitet.

Wenn V1 leitet, wird V3 mit der negativen Sperrspannung $u_{R3} = -u(\omega t)$ beansprucht und umgekehrt. Das Entsprechende gilt für die Diodengruppe V2-V4. Der Scheitelwert der Sperrspannung ist $\hat{u}_R = \sqrt{2} \cdot U$ (Bild 8-43).

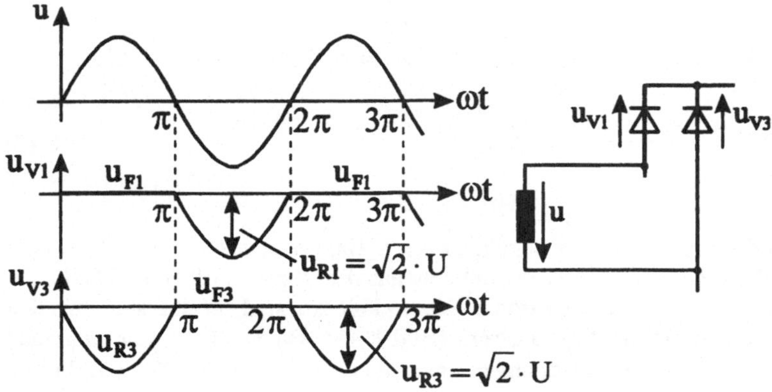

Bild 8-43: Ungesteuerte Zweipulsbrücke, Spannungen an den Ventilen V1 und V3

6. Stromverlauf bei Gegenspannung im Gleichstromkreis

Wird eine ungesteuerte Zweipuls-Gleichrichterbrücke mit einer Gegenspannung z.B. durch eine Batterie belastet, und ist der Gleichstrom nicht durch eine Drossel geglättet, so ergeben sich für den Gleichstromkreis Schaltplan und Ersatzschaltbild nach Bild 8-44.

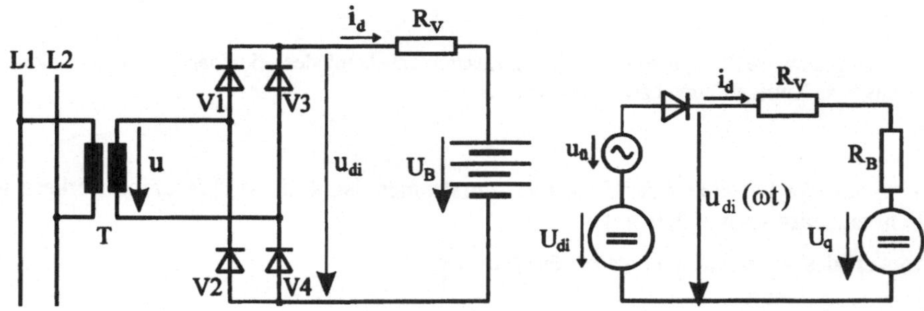

Bild 8-44: Schaltplan und Ersatzschaltbild einer ungesteuerten Zweipuls-Brückenschaltung mit Batteriebelastung und Vorwiderstand

Fassen wir den strombegrenzenden Vorwiderstand R_V mit dem Innenwiderstand R_B der Batterie zusammen zu $R = R_V + R_B$, so wird $u_{di}(\omega t) = i_d(\omega t) \cdot R + U_q$ und

$$i_d(\omega t) = \frac{u_{di}(\omega t) - U_q}{R} \tag{8.19}$$

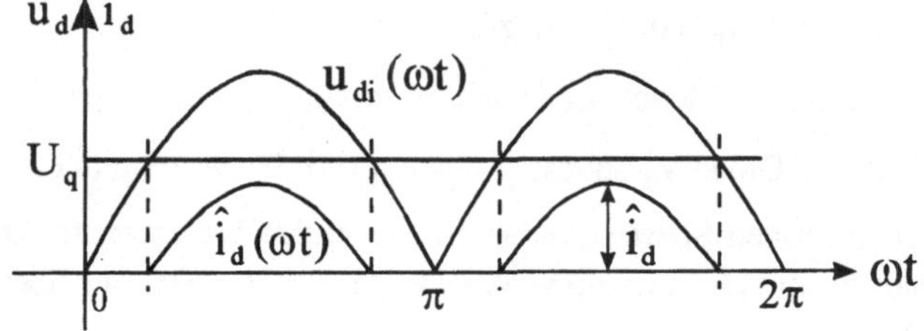

Bild 8-45: Gleichspannung und Gleichstrom einer ungesteuerten Zweipuls-Brückenschaltung mit Batterielast und Vorwiderstand

Wenn die Stromrichterspannung unter U_q sinkt, setzt der Strom aus, weil sich durch die Ventilwirkung der Strom i_d nicht umkehren kann: $u_{di}(\omega t) \leq U_q \rightarrow i_d = 0$. Wie das Liniendiagramm Bild 8-45 zeigt, hat der Gleichstrom i_d Lücken. Man sagt auch, der Strom *lückt*.

Gesteuerte Zweipuls-Brückenschaltung (B2C)

1. Schaltung

Der Schaltplan des Hauptstromkreises (Bild 8-46) ist gleich dem der ungesteuerten Zweipuls-Brücke, nur sind die Ventile V1 bis V4 Thyristoren statt der Dioden.

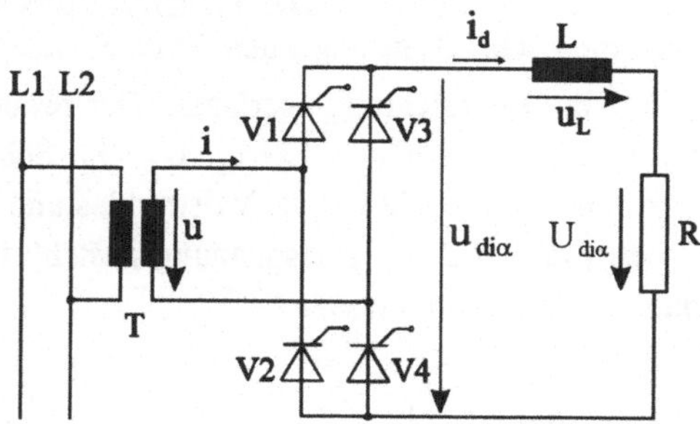

Bild 8-46:
Gesteuerte Zweipuls-Brückenschaltung (B2C)

Die gesteuerte Zweipuls-Brückenschaltung B2C ist eine Stromrichterschaltung, deren Gleichspannungs-Mittelwert durch Phasenanschnitt der gleichgerichteten Spannung u_{di} stetig, verlustarm und schnell gesteuert werden kann. Phasenanschnitt bedeutet, daß die Stromübernahme eines in Reihe liegenden Thyristorpaares (V1-V4 abwechselnd mit V2-V3) gegenüber dem Spannungs-Nulldurchgang um den Steuerwinkel α verzögert wird (Bild 8-47). Dieser Steuerwinkel wird den übernehmenden Thyristoren durch die Phasenlage der Zündimpulse vorgegeben. Durch die Impulse auf die Gate-Kathoden-Strecken werden die Thyristoren im Takt der Netzfrequenz auf Durchlaß geschaltet. Die Thyristoren V1 und V4 zünden bei $\omega t = \alpha$, V2 und V3 zünden bei $\omega t = \pi + \alpha$. Der Steuerwinkel α kann im Bereich $0 \leq \alpha < \pi$ bzw. $0° \leq \alpha < 180°$ verschoben werden.

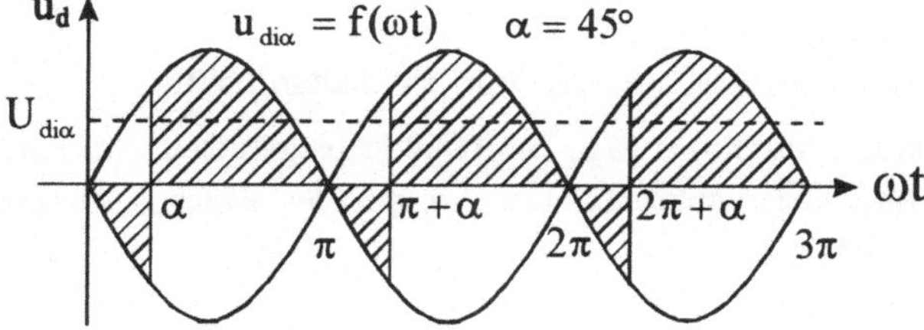

Bild 8-47:
Ausgangsspannung der B2C-Schaltung bei ohmscher Last mit induktiver Glättung. Gleichrichterbetrieb mit Steuerwinkel $\alpha = 45°$.

2. Kommutierung (Stromübergabe)

Wenn man induktiv geglätteten, lückenlosen Gleichstrom annimmt, so kehrt sich bei Steuerwinkel $\alpha > 0°$ nach jeder Halbwelle die treibende Spannung um, aber der Gleichstrom wird nicht unterbrochen, denn die induzierte Spannung u_L der Glättungsdrossel zieht den Strom i_d gegen die negative Spannung u durch bis zur *Stromübergabe* auf die nächste Thyristorgruppe, die durch Zündung dieser Thyristoren eingeleitet wird. Der Gleichstrom ist daher lückenlos. Der Vorgang der Stromübergabe von einem Thyristor auf den nächstfolgenden heißt *Kommutierung*.

Die Kommutierung spielt sich zwischen den Thyristoren ab, die auf der gleichen Seite des Gleichstromkreises liegen. Bei $\omega t = \alpha$ geht der Strom auf der Kathodenseite von V3 auf V1 über und gleichzeitig auf der Anodenseite von V2 auf V4. Eine Halbwelle später, bei $\omega t = \pi + \alpha$, kommutiert der Strom auf der Kathodenseite von V3 auf V1 und auf der Anodenseite von V4 auf V2.

Als Beispiel betrachten wir die Stromübergabe von V1 nach V3 (Bild 8-48). Die Kommutierung beginnt mit der Zündung des übernehmenden Thyristors V3. Die Glättungsdrossel zieht i_d und damit $i_{F1}' = i_d$ weiter durch. Beide Thyristoren sind kurzzeitig leitend. In der Kommutierungszeit ist der Transformator über V1 und V3 kurzgeschlossen. Die Transformatorspannung (die *Kommutierungsspannung* u_K) treibt einen schnell ansteigenden Kurzschlußstrom i_K, der sich in V1 dem konstanten Strom $i_{F1}' = i_d$ in Gegenrichtung überlagert. Der resultierende Thyristorstrom i_{F1} fällt ab, während i_{F3} ansteigt. Es gilt $i_{F1} = i_d - i_K$; $i_{F3} = i_K$. Sobald der Kurzschlußstrom i_K den Betrag des Gleichstromes i_d erreicht hat, ist V1 stromlos und V3 führt den vollen Gleichstrom i_d. Ventil V1 sperrt, da negative Sperrspannung ansteht, und der Kurzschluß wird unterbrochen. Die Kommutierung ist damit beendet.

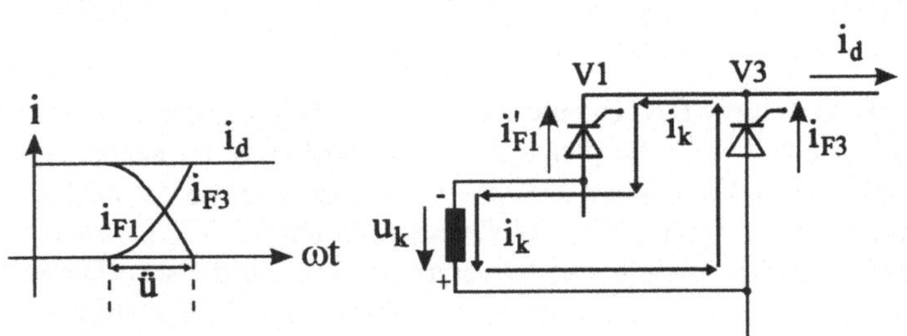

Bild 8-48: Kommutierung des Gleichstromes von V1 auf V3

Der gleiche Vorgang läuft gleichzeitig zwischen V2 und V4 ab. Der Anstieg des Kurzschlußstromes wird durch die Streuinduktivität des Transformators verlangsamt, daher steigt die Kommutierungsdauer (Überlappungswinkel ü) mit der Streuinduktivität. Der Überlappungswinkel soll aber in den Liniendiagrammen und Berechnungen dieses Kapitels als vernachlässigbar klein angenommen werden [4].

3. Steuerkennlinie $U_{di\alpha} = f(\alpha)$ der gesteuerten Zweipuls-Brückenschaltung B2C

Wir berechnen den Gleichspannungs-Mittelwert $U_{di\alpha}$ für induktiv geglätteten, lückenlosen Gleichstrom in Abhängigkeit vom Steuerwinkel α. Der Verlauf der Brücken-Ausgangsspannung $u_{di\alpha}$ ist aus Bild 8-47 zu ersehen.

$$\pi \cdot U_{di\alpha} = \int_{\alpha}^{\pi+\alpha} \hat{u} \cdot \sin\omega t \cdot d\omega t \Rightarrow U_{di\alpha} = \frac{\hat{u}}{\pi} \cdot [-\cos\omega t]_{\alpha}^{\pi+\alpha} \Rightarrow U_{di\alpha} = \frac{\hat{u}}{\pi} \cdot [-\cos(\pi+\alpha) + \cos\alpha]$$

$$\cos(\pi+\alpha) = -\cos\alpha \Rightarrow U_{di\alpha} = \frac{\hat{u}}{\pi} \cdot 2 \cdot \cos\alpha; \quad U_{di} = \frac{2}{\pi} \cdot \hat{u} \Rightarrow$$

$$U_{di\alpha} = U_{di} \cdot \cos\alpha \tag{8.20}$$

Die Steuerkennlinie $U_{di\alpha} = f(\alpha)$ verläuft nach einer Kosinusfunktion (Bild 8-49). Sie gilt nur bei geglättetem, nichtlückendem Strom. Bei ungeglättetem Gleichstrom hat die (gestrichelte) Steuerkennlinie, wie im folgenden Abschnitt hergeleitet wird, die gleiche Funktion wie bei der halbgesteuerten Brückenschaltung, nämlich $U_{di\alpha} = 1/2 \cdot U_{di} \cdot (1 + \cos\alpha)$.

Die Steuerkennlinie $U_{di\alpha} = U_{di} \cdot \cos\alpha$ hat zwei Abschnitte.

1) Positive Gleichspannung $U_{di\alpha} > 0$ im Bereich $0 \leq \alpha \leq 90°$.
   Energieflußrichtung Wechselstromnetz ⇒ Transformator ⇒ Brücke ⇒ Gleichstromkreis.
   Der Stromrichter B2C arbeitet als *Gleichrichter*.
2) Negative Gleichspannung $U_{di\alpha} < 0$ im Bereich $90° \leq \alpha < 180°$.
   Energieflußrichtung Gleichstromkreis ⇒ Brücke ⇒ Transformator ⇒ Wechselstromnetz.
   Der Stromrichter arbeitet als *Wechselrichter*.

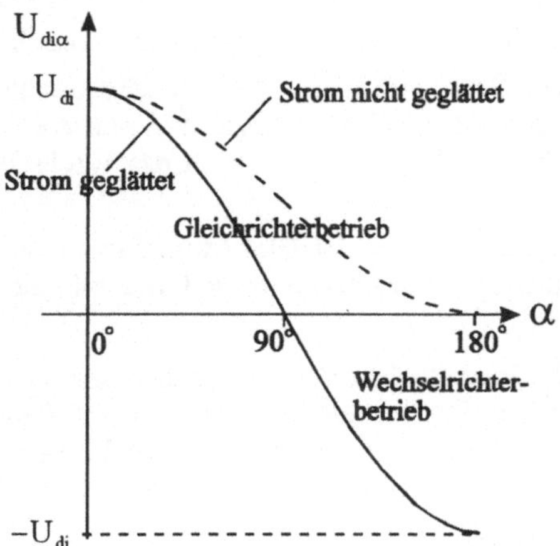

Bild 8-49:
Steuerkennlinien $U_{di\alpha} = f(\alpha)$
a) für induktiv geglätteten, lückenlosen Gleichstrom:
$U_{di\alpha} = U_{di} \cdot \cos\alpha$
b) für nicht geglätteten, lückenden Gleichstrom:
$U_{di\alpha} = 1/2 \cdot U_{di} \cdot (1 + \cos\alpha)$.

Die Gleichrichter-Wechselrichter-Kennlinie wird vor allem zur *Drehzahlsteuerung von Gleichstrommotoren* mittels Ankerspannungsverstellung angewendet (Bild 8-51).

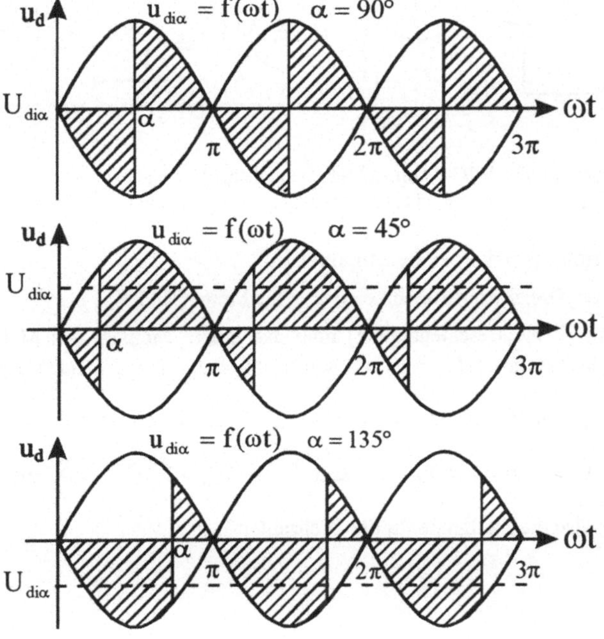

Bild 8-50:
Ausgangsspannung der B2C-Schaltung bei Belastung mit Gleichstrommaschine und induktiver Glättung
oben: Anfahren mit $U_{di\alpha} = 0$, Drehzahl n = 0

Mitte: Gleichrichterbetrieb, Maschine arbeitet als Motor Drehzahl n > 0

unten: Wechselrichterbetrieb, Maschine arbeitet als Generator, Drehzahl n < 0

Der Motor wird angefahren (Bild 8-50, oben) durch Verschieben des Steuerwinkels von $\alpha = 90°$ aus in Richtung $\alpha = 0$, d.h. von $U_{di\alpha} = 0$, $n = 0$ in den Gleichrichterbereich $U_{di\alpha} > 0$, $n > 0$. Die Gleichstrommaschine arbeitet als Motor (Bild 8-50, Mitte) und setzt der Spannung $U_{di\alpha}$ die Quellenspannung $U_q = c \cdot \Phi \cdot n$ entgegen (siehe Kapitel 2, Abschnitt 2.2.6).

Durch Verschieben des Steuerwinkels α auf Werte über 90° wird die Polarität des Gleichspannungs-Mittelwertes $U_{di\alpha}$ umgekehrt (Bild 8-50, unten). Das bedeutet Übergang in den Wechselrichterbetrieb. Da sich durch die Ventilwirkung der Thyristoren die Stromrichtung nicht umkehrt, bedeutet Wechselrichterbetrieb Umkehr der Energieflußrichtung, also Nutzbremsung. Dies ist aber nur möglich, wenn sich mit der Spannung $U_{di\alpha}$ auch die Quellenspannung U_q der Gleichstrommaschine umkehrt, z.B. bei Hebezeugantrieben durch Drehzahlumkehr infolge Übergang von Heben auf Senken der Last. Die Gleichstrommaschine arbeitet als Generator, angetrieben von der gesamten Schwungmasse des Antriebes. Diese Spannungsquelle speist die im Gleichstromkreis auftretende Energie in das Wechselstromnetz ein.

Daraus folgt: Wechselrichterbetrieb ist nur möglich, wenn der Gleichstromkreis eine aktive Energiequelle (Generator, Batterie) enthält, die die entgegengesetzte Polarität wie die Spannung $U_{di\alpha}$ im Gleichrichterbetrieb hat.

Ist dies nicht der Fall, gibt es keinen Wechselrichterbetrieb, z.B. bei ohmscher Last oder wenn sich die Drehzahl des Antriebs nicht umkehrt. Bei Verschieben des Winkels α auf Werte über 90° lückt der Strom, die Spannung $U_{di\alpha}$ kehrt sich nicht um, und die Steuerkennlinie liegt im ganzen Bereich über der Abszisse wie bei ungeglättetem Strom.

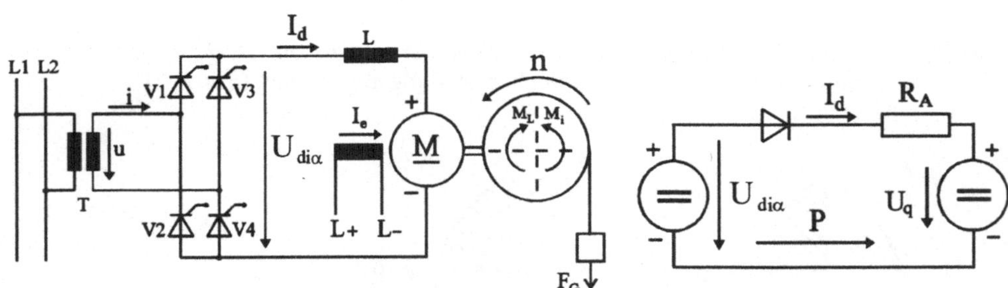

Bild 8-51: Schaltplan für Hebezeugantrieb mit B2C-Stromrichter, Betriebsart Heben.
Rechts Ersatzschaltbild (Strom geglättet, Spannungs-Oberschwingungen weggelassen).

Beispiel für Gleich- und Wechselrichterbetrieb: Hebezeugantrieb

1) Heben der Last: Gleichrichterbetrieb, Gleichstrommaschine arbeitet als Motor (Bild 8-51).

Im stationären Zustand des Antriebs (keine Beschleunigung) muß das innere Moment des Motors gleich dem Lastmoment sein: $M_i = M_L \approx \text{konst.}$; $M_L = F_G \cdot r \approx \text{konst.}$; $M_i = c_M \cdot \Phi \cdot I_A$. Daraus ergibt sich der Ankerstrom $I_A = \dfrac{M_i}{c_M \cdot \Phi} \equiv I_d$. Stellt man am Stromrichter $0 \le \alpha \le 90°$ ein, so liegt an den Ankerklemmen $U_{di\alpha} = U_{di} \cdot \cos\alpha > 0$ an. Damit stellt sich auch $U_q = U_{di\alpha} - I_A \cdot R_A > 0$ und die Drehzahl $n = \dfrac{U_q}{c_U \cdot \Phi} > 0$ ein. $U_{di\alpha}$ ist also die Stellgröße für die Drehzahl.

2) Senken der Last: Wechselrichterbetrieb, Gleichstrommaschine arbeitet als Generator, angetrieben von der Last. Die mechanische (potentielle) Energie der Last wird in der Gleichstrommaschine in elektrische Energie umgewandelt, in der Brücke in Wechselstrom umgeformt und ins Wechselstromnetz zurückgespeist: Nutzbremsung. Die Richtung des Lastmomentes M_L kehrt sich nicht um. Da $M_i = M_L$ ist und $M_i = c_M \cdot \Phi \cdot I_A$, so folgt, daß auch die Richtung des Ankerstromes sich nicht umkehrt beim Übergang vom Heben zum Senken. Es wechseln nur die Polaritäten von $U_{di\alpha}$ und U_q. Dies wird bewirkt durch Verschieben des Steuerwinkels in den Wechselrichterbereich $90° \leq \alpha > 180°$, so daß $\cos\alpha < 0$ ist und damit auch $U_{di\alpha} < 0$, $U_q < 0$ und $n < 0$ (Bild 8-52).

Der Hebezeugantrieb ist ein Beispiel für einen Zwei-Quadranten-Antrieb mit Drehzahlumkehr. Die Drehzahl-Drehmoment-Kennlinien sind im Bild 8-52 dargestellt.

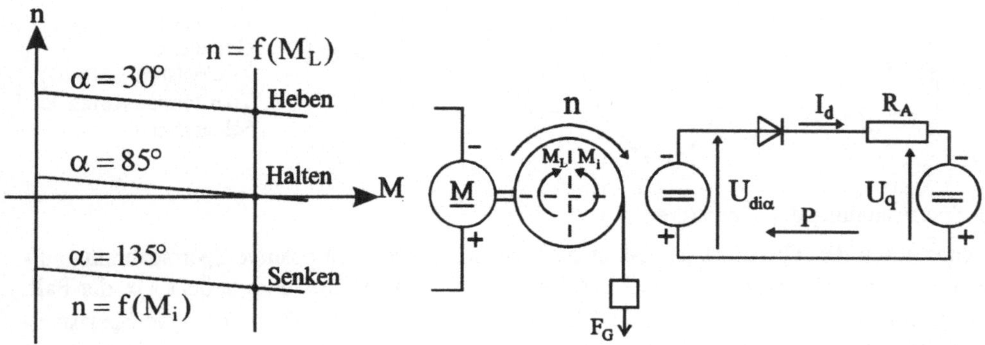

Bild 8-52: Hebezeugantrieb mit B2C-Stromrichter, Ersatzschaltbild, Betriebsart Senken. Links Drehzahl-Drehmoment-Kennlinien für den Zwei-Quadranten-Antrieb.

4. Ventilströme

Bei glattem Gleichstrom sind die Mittel- und Effektivwerte der Ventilströme die gleichen wie bei der ungesteuerten Brückenschaltung B2U. Jedes Ventil leitet 180° lang. Jeder Ventilstrom setzt mit der Zündung des Ventils ein, die Phasenlage ist also gleich der des Steuerwinkels (Bild 8-53).

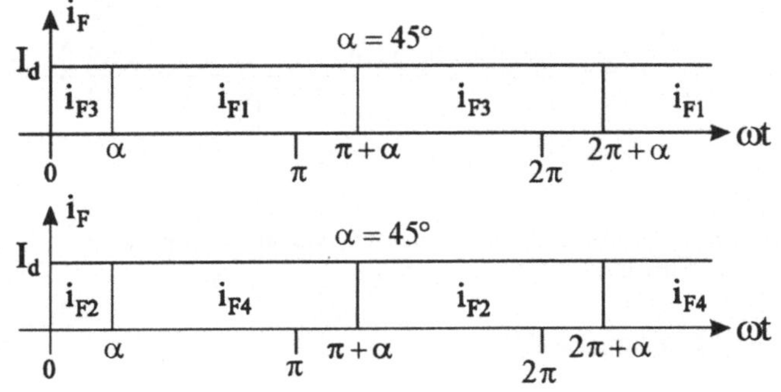

Bild 8-53: Ventilströme der gesteuerten Zweipuls-Brücke B2C bei glattem Gleichstrom und Steuerwinkel $\alpha = 45°$

Der Oberschwingungsgehalt der Spannung $u_{di\alpha}$ nimmt mit steigendem Steuerwinkel zu und erreicht ein Maximum bei $\alpha = 90°$. Man kann aber durch eine entsprechend dimensionierte Glättungsdrossel erreichen, daß auch bei maximaler Spannungswelligkeit der Gleichstrom nahezu glatt ist und die Ventilströme Rechteckform haben.

5. Transformatorstrom

Bei der gesteuerten B2-Schaltung bildet sich wie bei der ungesteuerten Brücke auf der Sekundärseite des Transformators aus den Ventilströmen ein Rechteckwechselstrom, der aber um den Steuerwinkel α der Wechselspannung nacheilt. Dies bedeutet für die Grundschwingung des Stromes einen Phasenwinkel $\varphi = \alpha$. Daher nimmt der Stromrichter induktive Blindleistung, *Steuerblindleistung* genannt, aus dem Netz auf.

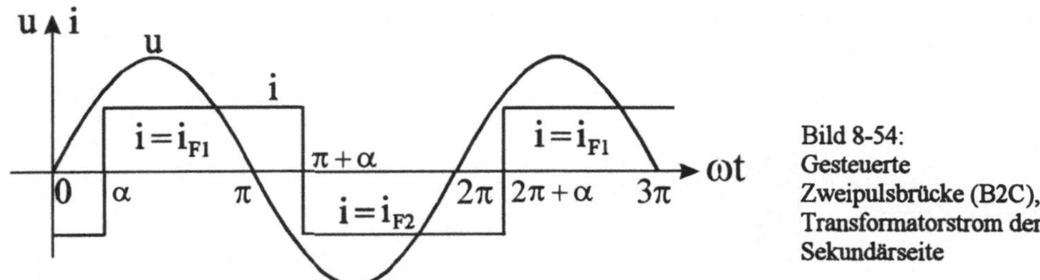

Bild 8-54: Gesteuerte Zweipulsbrücke (B2C), Transformatorstrom der Sekundärseite

6. Sperrspannung der Thyristoren

Kennzeichen des Thyristors ist, daß er nach der negativen auch positive Sperrspannung aufnehmen kann. Das ist bei der B2C-Schaltung im Bereich 0 bis α, und π bis $\pi + \alpha$ der Fall. Bei nichtlückendem Strom leiten die Thyristoren 180° lang, so daß die negative Sperrspannung um den Winkel α gegen den Nulldurchgang verzögert einsetzt. Das Bild 8-55 zeigt den Verlauf der Sperrspannung bei Gleichrichter- und Wechselrichterbetrieb.

Im Wechselrichterbetrieb muß α um einen Respektabstand kleiner als 180° sein, weil nach der Leitdauer des Thyristors die negative Sperrspannung genügend hoch sein und genügend lange anstehen muß (länger als die Freiwerdezeit zum Aufbau der Sperrschicht), damit der Thyristor in Durchlaßrichtung sicher sperrt. Versagt diese Sperrwirkung, so leiten die Thyristoren dauernd, der Wechselrichter kippt und schließt die Gleichspannungsquelle kurz.

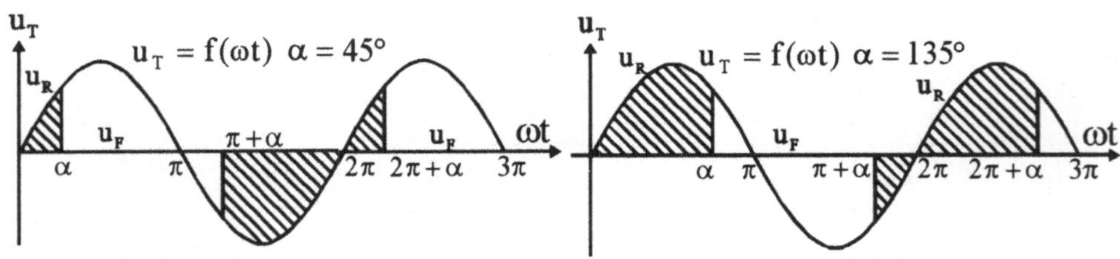

Bild 8-55: Gesteuerte Zweipulsbrücke B2C, Sperrspannungen an den Thyristoren bei Gleichrichterbetrieb ($\alpha = 45°$) und Wechselrichterbetrieb ($\alpha = 135°$)

Halbgesteuerte Zweipuls-Brückenschaltung (B2H)

1. Schaltung

Das Kennzeichen der halbgesteuerten Zweipuls-Brückenschaltung (B2H) ist, daß nur die Hälfte der Stromrichterzweige steuerbar ist. Es gibt zwei Möglichkeiten (Bild 8-56):

- die symmetrisch halbgesteuerte Brücke B2HK, bei der nur die kathodenseitigen Ventile steuerbar sind,

- die unsymmetrisch halbgesteuerte Brücke B2HZ, bei der ein gesteuertes Ventil auf der Kathodenseite liegt, das andere gesteuerte Ventil auf der Anodenseite.

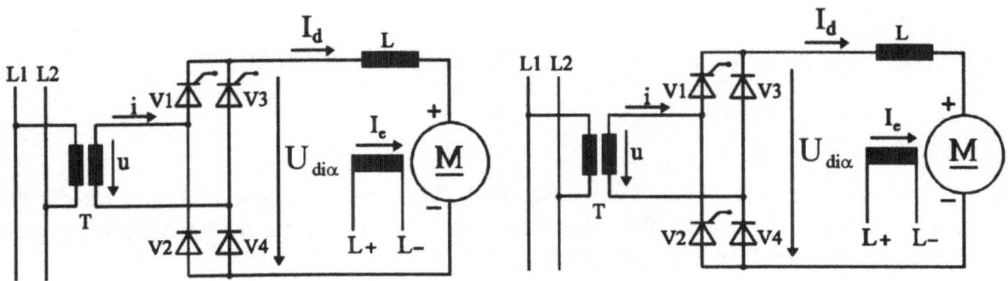

Bild 8-56: Halbgesteuerte Zweipuls-Gleichrichterbrücken mit motorischer Last
Symmetrisch halbgesteuerte Brücke B2HK Unsymmetrisch halbgesteuerte Brücke B2HZ

Wir betrachten hier nur die Schaltung B2HZ, die häufiger verwendet wird, z.B. bei den Triebwagen der S-Bahn. Wir nehmen ideale Stromglättung durch eine Drossel L an.

2. Liniendiagramme der Gleichspannung und der Ventilströme

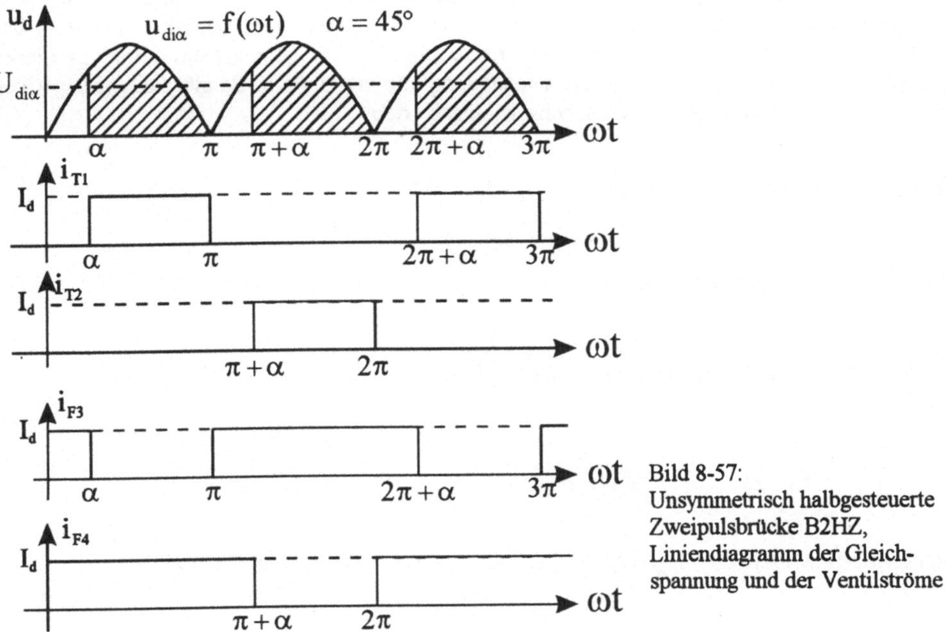

Bild 8-57: Unsymmetrisch halbgesteuerte Zweipulsbrücke B2HZ, Liniendiagramm der Gleichspannung und der Ventilströme

3. Brückenausgangsspannung und Steuerkennlinie

Die gleichgerichtete Spannung $u_{di\alpha} = f(\omega t)$ hat den Verlauf, wie in Bild 8-57 oben dargestellt ist. Den gleichen Verlauf hat auch die Gleichspannung bei einer B2C-Schaltung ohne Glättung. Die Steuerkennlinie berechnet sich folgendermaßen:

$$U_{di\alpha} \cdot \pi = \int_{\alpha}^{\pi} \hat{u} \cdot \sin\omega t \, d\omega t \Rightarrow U_{di\alpha} \cdot \pi = -\hat{u} \cdot \cos\omega t|_{\alpha}^{\pi} \Rightarrow U_{di\alpha} \cdot \pi = \hat{u} \cdot [-(-1-\cos\alpha)] = \hat{u}[1+\cos\alpha)]$$

$$U_{di\alpha} = \hat{u}/\pi \cdot (1+\cos\alpha) \tag{8.21}$$

$\alpha = 0°$: $U_{di\alpha} = U_{di}$; $U_{di} = 2/\pi \cdot \hat{u} \Rightarrow \hat{u} = \pi/2 \cdot U_{di}$, eingesetzt in (8.21):

$$U_{di\alpha} = U_{di} \cdot \frac{1+\cos\alpha}{2} \tag{8.22}$$

Die Gleichung (8.22) gilt gleichermaßen für die halbgesteuerte Brücke B2H wie für die vollgesteuerte Brücke B2C bei rein ohmscher Last. Die Steuerkennlinie für beide Fälle ist gestrichelt in das Diagramm Bild 8-49 eingetragen.

4. Ventilströme

Die Diode V3 übernimmt den Strom bei $\omega t = 0$ und führt ihn bis $\omega t = \alpha$ (Bild 8-57 unten). Bei $\omega t = \pi$ übernimmt die Diode V4 und führt den Strom bis $\omega t = \pi + \alpha$.

Der Thyristor V1 zündet im Zeitpunkt $\omega t = \alpha$, übernimmt den Strom von V3 und führt ihn bis $\omega t = \pi$. Der Thyristor V2 zündet bei $\omega t = \pi + \alpha$, übernimmt den Strom von V4 und führt ihn bis $\omega t = 2\pi$.

In den Intervallen 0 bis α und π bis $\pi + \alpha$ ist der Gleichstromzweig (nicht das Netz!) über die Brücke kurzgeschlossen, da gleichzeitig V3 und V4 leiten. Bei induktiver Glättung des Gleichstromes wirkt die Brücke wie eine Freilaufdiode. Der Gleichstrom klingt in diesen Intervallen exponentiell ab, die Brückenausgangsspannung ist Null. Es gibt keinen negativen Spannungsanteil und daher keinen Wechselrichterbetrieb.

Thyristorstrom, Mittelwert: $I_{TAV} \cdot 2\pi = \int_{\alpha}^{\pi} I_d \cdot d\omega t \Rightarrow I_{TAV} \cdot 2\pi = I_d \cdot (\pi - \alpha) \Rightarrow$

$$I_{TAV} = I_d \cdot \frac{\pi - \alpha}{2\pi} \tag{8.23}$$

Thyristorstrom, Effektivwert: $R \cdot I_{Teff} \cdot 2\pi = \int_{\alpha}^{\pi} I_d^2 \cdot R \cdot d\omega t \Rightarrow I_{Teff}^2 \cdot 2\pi = I_d^2 \cdot (\pi - \alpha) \Rightarrow$

$$I_{Teff} = I_d \sqrt{\frac{\pi - \alpha}{2\pi}} \tag{8.24}$$

Diodenstrom, Mittelwert: $I_{FAV} \cdot 2\pi = \int_{0}^{\pi+\alpha} I_d \cdot d\omega t \Rightarrow I_{FAV} \cdot 2\pi = I_d \cdot (\pi + \alpha) \Rightarrow$

$$I_{FAV} = I_d \cdot \frac{\pi + \alpha}{2\pi} \tag{8.25}$$

Diodenstrom, Effektivwert: $R \cdot I_{Teff} \cdot 2\pi = \int_{0}^{\pi+\alpha} I_d^2 \cdot R \cdot d\omega t \Rightarrow I_{Feff}^2 \cdot 2\pi = I_d^2 \cdot (\pi + \alpha) \Rightarrow$

$$I_{Feff} = I_d \sqrt{\frac{\pi + \alpha}{2\pi}} \tag{8.26}$$

Bei Teilaussteuerung des Stromrichters werden die Thyristoren weniger, die Dioden mehr belastet in bezug auf Stromflußdauer.

5. Transformatorstrom

Der Sekundärstrom i des Transformators besteht aus Rechteckblöcken, die vom Nulldurchgang der Spannung bis zum Steuerwinkel α bzw. $\pi+\alpha$ eine Lücke haben. Daher ist die Grundschwingung von i weniger stark nacheilend verschoben als bei der vollgesteuerten Schaltung mit gleichem Steuerwinkel. Die halbgesteuerte Brücke B2H hat eine geringere Blindleistungsaufnahme aus dem Netz und einen geringeren Oberschwingungsanteil als die vollgesteuerte B2C.

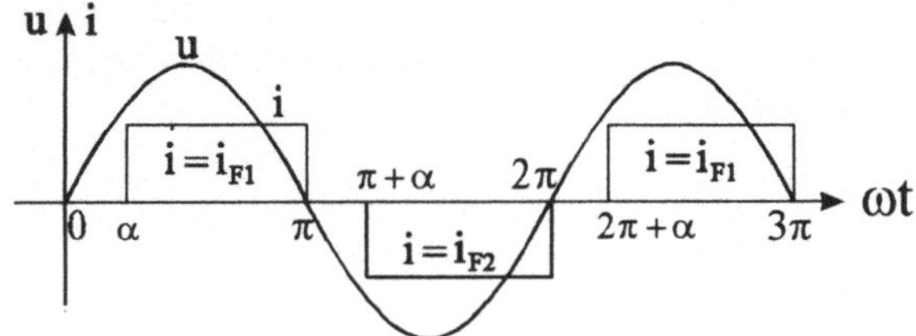

Bild 8-58:
Unsymmetrisch halbgesteuerte Zweipulsbrücke B2HZ, sekundärer Transformatorstrom

Effektivwert des Transformatorstromes: $R \cdot I_{eff} \cdot 2\pi = \int_{\alpha}^{\pi} i^2 \cdot R \cdot d\omega t + \int_{\pi+\alpha}^{2\pi} i^2 \cdot R \cdot d\omega t$

$$I^2 \cdot 2\pi = (+I_d)^2 \cdot (\pi-\alpha) + (-I_d)^2 \cdot (2\pi-(\pi+\alpha)) \Rightarrow I^2 \cdot 2\pi = I_d^2 \cdot 2(\pi-\alpha) \Rightarrow$$

$$I = I_d \cdot \sqrt{\frac{\pi-\alpha}{\pi}} \tag{8.27}$$

6. Vor- und Nachteile der halbgesteuerten Brücke B2HZ

- Bei Teilaussteuerung werden die Thyristoren entlastet.
- Bei gesperrten Thyristoren wirken die Dioden als Freilauf. Damit bilden sie einen Schutz von Verbraucher und Stromrichter gegen Überspannungen.
- Bei gleichem α weniger Blindleistungsaufnahme und Netzoberschwingungen als B2C.
- Wechselrichterbetrieb ist nicht möglich.

8.3.2 Drehstrom-Brückenschaltung (B6)

Von der M3- zur B6-Schaltung

1. Schaltung

Die Drehstrom-Brückenschaltung (B6) ist die meistangewendete Schaltung der Leistungselektronik. Sie liefert eine Gleichspannung von sechspulsiger Welligkeit, der Glättungsaufwand ist geringer als bei der B2-Schaltung, und der Gleichspannungs-Mittelwert liegt höher. Die B6-Schaltung ist daher besonders für hohe Leistungen geeignet (bis über 10 MW).

Die Drehstrom-Brückenschaltung ist eine Reihenschaltung aus zwei dreipulsigen Mittelpunktschaltungen (M3). Wir betrachten kurz die Eigenschaften einer gesteuerten M3-Schaltung, die im Bild 8-59 dargestellt ist.

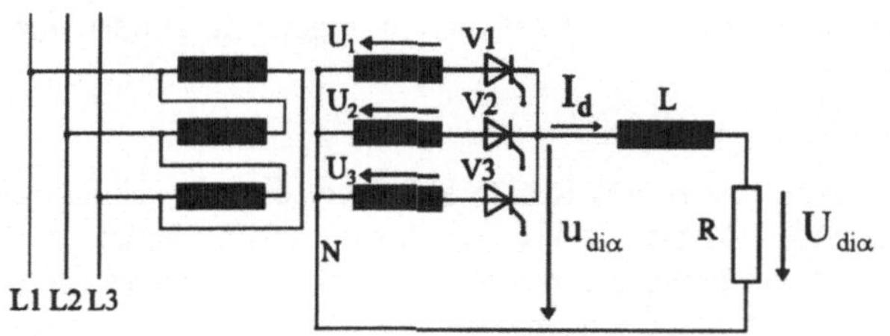

Bild 8-59:
Schaltplan der gesteuerten dreipulsigen Mittelpunktschaltung (M3)

2. Liniendiagramm der M3-Schaltung

Bei Betrieb mit $\alpha = 0°$, bzw. bei der ungesteuerten M3-Schaltung, leitet immer das Ventil, dessen Anode am stärksten positiv ist gegen das Potential des Sternpunktes M. Die Ventile kommutieren daher bei $\alpha = 0°$ bei den *Schnittpunkten* der positiven Spannungshalbwellen von U_1, U_2, U_3 (natürliche Kommutierungspunkte), (Bild 8-60).

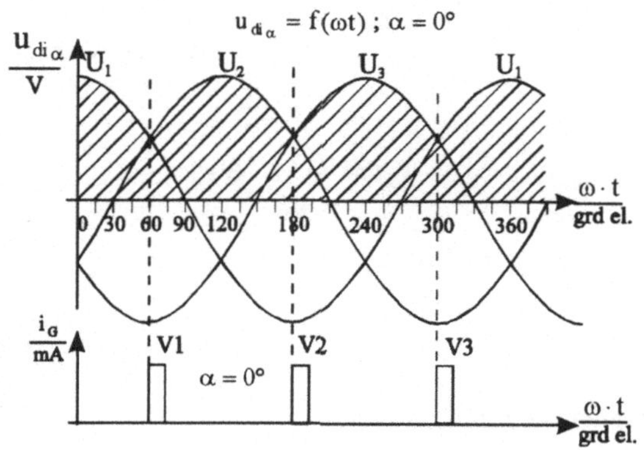

Bild 8-60:
M3-Schaltung, Bildung der Gleichspannung aus den drei Sternspannungen bei $\alpha = 0°$.

Unteres Diagramm:
Zündimpulse der Thyristoren

3. Arithmetischer Mittelwert der Gleichspannung von M3

$$\frac{2\pi}{3} \cdot U_{di\alpha} = \int_{30°+\alpha}^{150°+\alpha} \hat{u} \cdot \sin\omega t \cdot d\omega t \Rightarrow \frac{2\pi}{3} \cdot U_{di\alpha} = \hat{u} \cdot [-\cos(150°+\alpha) + \cos(30°+\alpha)] \ .$$

Wir wenden das Additionstheorem $\cos(\alpha+\beta) = \cos\alpha \cdot \cos\beta - \sin\alpha \cdot \sin\beta$ an.

$$\frac{2\pi}{3} \cdot U_{di\alpha} = \hat{u} \cdot [-\cos 150° \cdot \cos\alpha + \sin 150° \cdot \sin\alpha + \cos 30° \cdot \cos\alpha - \sin 30° \cdot \sin\alpha]$$

$$\frac{2\pi}{3} \cdot U_{di\alpha} = \hat{u} \cdot [\frac{\sqrt{3}}{2} \cdot \cos\alpha + \frac{\sqrt{3}}{2} \cdot \cos\alpha] \Rightarrow \frac{2\pi}{3} \cdot U_{di\alpha} = \hat{u}\sqrt{3} \cdot \cos\alpha \Rightarrow \frac{2\pi}{3} \cdot U_{di\alpha} = U\sqrt{6} \cdot \cos\alpha$$

$U_{di\alpha} = \frac{3 \cdot \sqrt{6}}{2\pi} \cdot U \cdot \cos\alpha \Rightarrow U_{di\alpha} = 1{,}17 \cdot U \cdot \cos\alpha$. Bei $\alpha = 0°$ ist $U_{di\alpha} = U_{di} = 1{,}17 \cdot U$. Daher ist

$$U_{di\alpha} = U_{di} \cdot \cos\alpha \qquad (8.28)$$

Die Steuerkennlinie der M3-Schaltung ist identisch mit der Kennlinie der B2C-Schaltung. Voraussetzung ist aber lückenloser Strom.

4. Nachteile der M3-Schaltung

- Nur eine Halbwelle der Transformatorspannung wird ausgenutzt.

- Die Ventilströme sind gleichzeitig Transformatorströme, ihr Gleichstromanteil bewirkt eine Vormagnetisierung des Transformators und einen konstanten Jochfluß.

Diese Nachteile treten nicht auf, wenn man zwei M3-Schaltungen in Reihe schaltet, eine mit verbundenen Kathoden ($U_{di\alpha} > 0$), die andere mit verbundenen Anoden ($U_{di\alpha} < 0$). Das sieht in Schaltplan und Ersatzschaltbild aus wie Bild 8-61.

5. Drehstrombrücke = Zwei M3-Schaltungen in Reihe

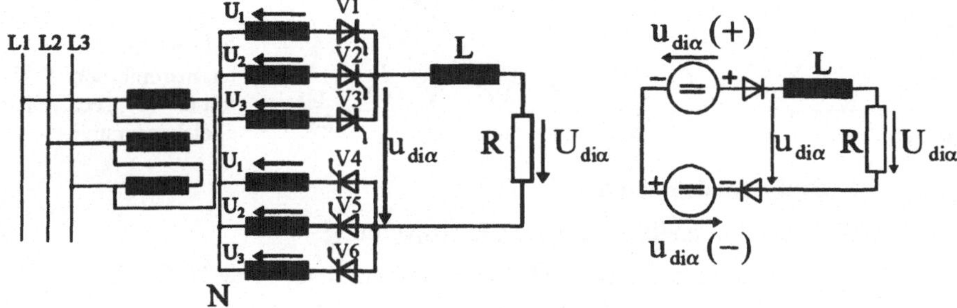

Bild 8-61: Bildung der Drehstrom-Brückenschaltung aus zwei M3-Schaltungen in Reihe, Schaltplan und Ersatzschaltbild

Zur Vereinfachung der Schaltung macht man im Transformator sekundär aus zwei Wicklungen eine Wicklung, d.h. Punkte gleichen Potentials werden zusammengelegt.

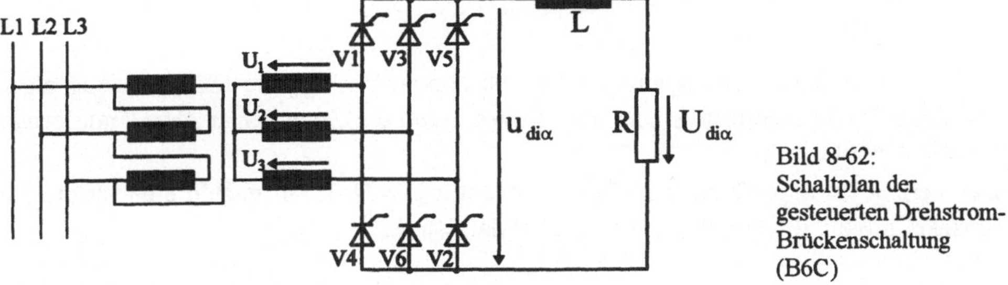

Bild 8-62: Schaltplan der gesteuerten Drehstrom-Brückenschaltung (B6C)

Das Ergebnis ist eine Drehstrom-Brückenschaltung oder B6-Schaltung (Bild 8-62).

Bei $\alpha = 0°$ bzw. einer Diodenbrücke leitet in der Ventilgruppe V1-V3-V5 (verbundene Kathoden) jeweils das Ventil mit dem höchsten Anodenpotential, bezogen auf die gemeinsame Kathode, in der Ventilgruppe V4-V6-V2 das Ventil mit dem höchsten negativen Kathodenpotential bezogen auf die gemeinsame Anode.

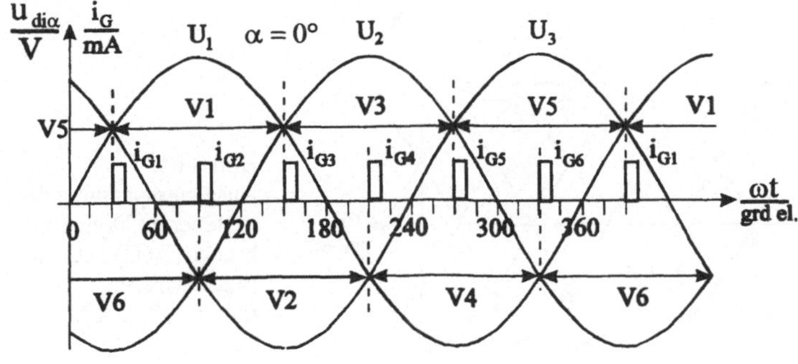

Bild 8-63a: Drehstrombrücke B6C mit $\alpha = 0°$, Bildung der sechspulsigen Gleichspannung aus der dreipulsigen positiven und der dreipulsigen negativen M3-Spannung, mit Zündimpulsen

Man erkennt aus Bild 8-63a, daß die Ventile im Schaltplan, Bild 8-62, nach der Zündreihenfolge numeriert sind.

Die beiden Ventilgruppen (V1-V3-V5 und V2-V4-V6) kommutieren unabhängig voneinander zu verschiedenen Zeitpunkten. Das Ergebnis ist *sechspulsige Welligkeit* der Gleichspannung, daher B6-Schaltung (Bild 8-63b).

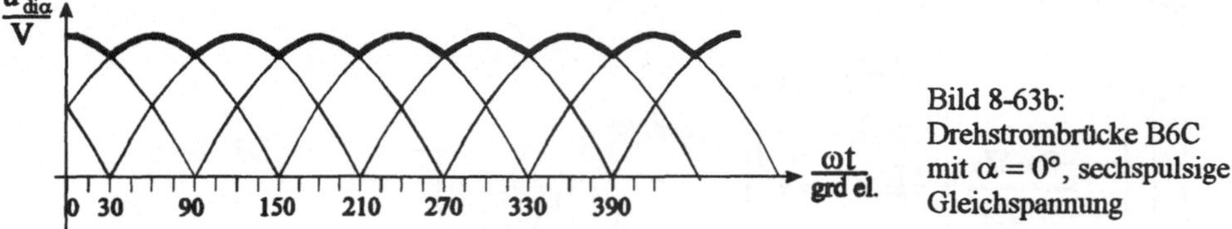

Bild 8-63b: Drehstrombrücke B6C mit $\alpha = 0°$, sechspulsige Gleichspannung

Die gesteuerte Drehstrombrücke B6C

1. Steuerkennlinie und Liniendiagramm der Gleichspannung

Die Drehstrombrücke ist eine Zweiwegschaltung, d.h. sie nutzt beide Halbwellen der Wechselspannungen aus. Der Gleichspannungs-Mittelwert ist daher die Summe der Gleichspannungen der beiden M3-Schaltungen: $U_{di\alpha}(B6) = U_{di\alpha}(M3_{1\text{-}3\text{-}5}) + U_{di\alpha}(M3_{2\text{-}4\text{-}6})$

Die Steuerkennlinie der gesteuerten Drehstrombrücke B6C verläuft bei lückenlosem Strom wie bei der B2C nach einer Kosinusfunktion. Also gilt

$$U_{di\alpha}(B6) = 1{,}17 \cdot U_{LN} \cdot \cos\alpha + 1{,}17 \cdot U_{LN} \cdot \cos\alpha = 2{,}34 \cdot U_{LN} \cdot \cos\alpha$$

$$U_{di\alpha} = U_{di} \cdot \cos\alpha \tag{8.29}$$

mit $U_{di} = 2{,}34 \cdot U_{LN}$ oder $U_{di} = 1{,}35 \cdot U_{LL}$

U_{LN} ist die sekundäre Sternspannung des Transformators, U_{LL} die sekundäre Außenleiterspannung des Transformators oder des Netzes, wenn der Stromrichter ohne Transformator betrieben wird.

Der Verlauf der angeschnittenen Gleichspannung $u_{di\alpha} = f(\omega t)$ ist im Bild 8-64 für die Steuerwinkel $\alpha = 0°, 30°, 60°, 90°, 120°$ und $150°$ dargestellt.

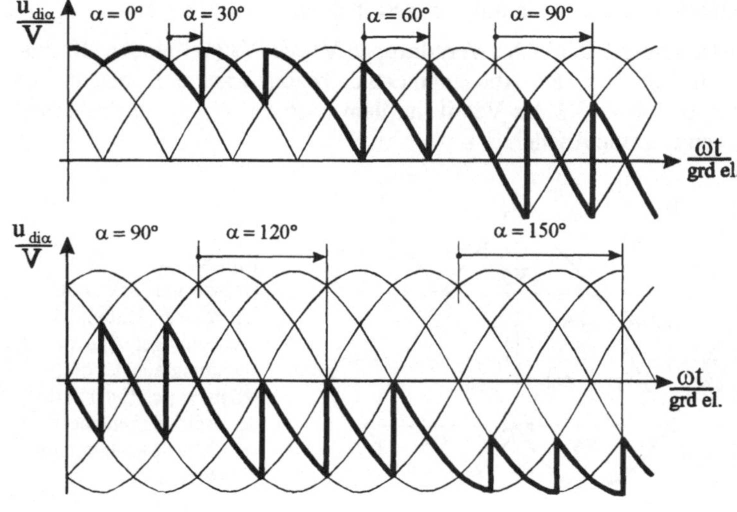

Bild 8-64: Ausgangsspannung der gesteuerten Drehstrombrücke (B6C) bei den Steuerwinkeln $\alpha = 0°, 30°, 60°, 90°, 120°$ und $150°$

Auch die Augenblickswerte der ungeglätteten Gleichspannung $u_{di\alpha}$ ergeben sich durch Addition der ungeglätteten Ausgangsspannungen der beiden M3-Schaltungen. Die resultierende Brückenausgangsspannung ist bei $\alpha = 0°$ eine Folge gleichgerichteter Sinushalbwellen, die um $60° = 2\pi / 6$ gegeneinander phasenverschoben sind. Die Amplitude der Halbwellen ist der Scheitelwert der sekundären Außenleiterspannung des Transformators.

$$u_{di\max} = \sqrt{2} \cdot U_{LL} = \sqrt{2} \cdot \sqrt{3} \cdot U_{LN} \tag{8.30}$$

2. Ventilströme

Die Stromflußdauer der Ventile beträgt 120°, wie bei M3-Schaltungen. Die Ventile werden also gut ausgenutzt trotz Sechspuls-Welligkeit der Gleichspannung. Die Ventilströme folgen im Abstand von 60° aufeinander in der Reihenfolge der Numerierung der Ventile (Bild 8-65).

Mittelwert: $I_{TAV} \cdot 2\pi = \int\limits_{30°+\alpha}^{150°+\alpha} I_d \cdot d\omega t = I_d \cdot (150°+\alpha - 30°-\alpha) \Rightarrow I_{TAV} \cdot 2\pi = \frac{2\pi}{3} \cdot I_d \Rightarrow$

$$I_{TAV} = \frac{1}{3} \cdot I_d \tag{8.31}$$

Effektivwert: $I_{Teff}^2 \cdot R \cdot 2\pi = \int\limits_{30°+\alpha}^{150°+\alpha} I_d^2 \cdot R \cdot d\omega t = I_d^2 \cdot (150°+\alpha - 30°-\alpha) \Rightarrow I_{Teff}^2 \cdot 2\pi = \frac{2\pi}{3} \cdot I_d^2 \Rightarrow$

$$I_{Teff} = \frac{1}{\sqrt{3}} \cdot I_d \tag{8.32}$$

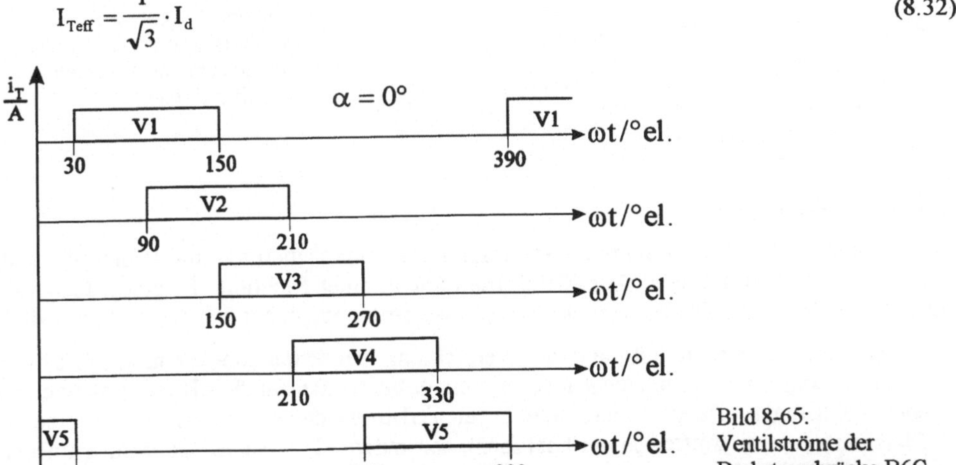

Bild 8-65: Ventilströme der Drehstrombrücke B6C bei glattem Gleichstrom und Steuerwinkel $\alpha = 0°$

3. Ströme in den Transformatorsträngen

Die Transformatorströme haben (bei glattem Gleichstrom) unterbrochene Rechteckform mit Blocklänge 120° und Pausenlänge 60° (Bild 8-66). Die drei Strangströme sind gegeneinander um 120° phasenverschoben. Bei Aussteuerung mit Steuerwinkel α schieben sich alle Ströme um α nach rechts, das bedeutet Blindleistungsaufnahme aus dem Netz. Die Kurvenform bleibt bei der Verschiebung unverändert.

Effektivwert: $I^2 \cdot R \cdot 2\pi = \int_{30°+\alpha}^{150°+\alpha} I_d^2 \cdot R \cdot d\omega t + \int_{210°+\alpha}^{330°+\alpha} (-I_d)^2 \cdot R \cdot d\omega t$;

$$I^2 \cdot 2\pi = I_d^2 \cdot (150°+\alpha + 330° - 210° - \alpha) \Rightarrow I^2 \cdot 2\pi = I_d^2 \cdot (\frac{2\pi}{3} + \frac{2\pi}{3}) \Rightarrow I^2 \cdot 2\pi = I_d^2 \cdot \frac{4\pi}{3}$$

$$I = \sqrt{\frac{2}{3}} \cdot I_d \tag{8.33}$$

Die Transformatorströme der B6-Schaltung haben keinen Gleichstromanteil.

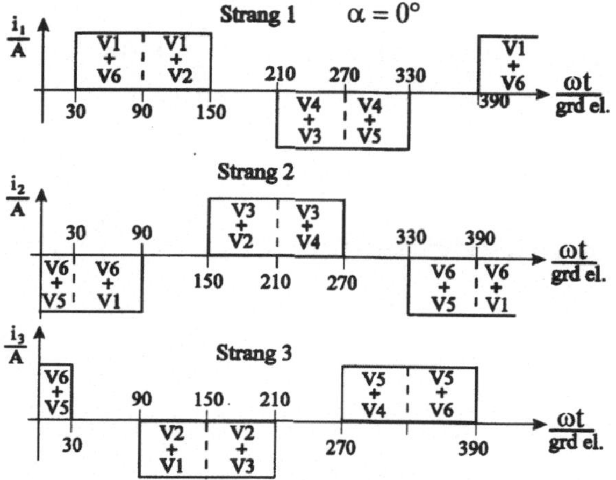

Bild 8-66: Drehstrombrücke B6C mit Steuerwinkel $\alpha = 0$ und glattem Gleichstrom, sekundäre Strangströme des speisenden Transformators, Schaltgruppe Dyn5

Umkehr-Stromrichter

Eine Zweipuls- oder Drehstrombrücke kann durch Anschnittsteuerung zwar Gleichspannung in beiden Polaritäten abgeben, aber Gleichstrom nur in einer Richtung. Es gibt jedoch viele Antriebe, bei denen das Drehmoment bzw. der Ankerstrom umgekehrt werden muß, das sind

- *Zweiquadrantenantriebe* mit nur einer Drehrichtung, bei denen zum Bremsen (elektrische Nutzbremsung) die Drehmomentrichtung umgekehrt werden muß, z.B. bei Lokomotiven oder Zentrifugen. Dazu braucht man zwei Teilstromrichter, von denen der eine als Gleichrichter zum Antreiben der Last dient, der andere als Wechselrichter mit entgegengesetzter Stromrichtung zum Bremsen der Schwungmassen (Nutzbremsung).
- *Vierquadrantenantriebe* (Umkehrantriebe), die wie ein Leonardantrieb Antreiben und Bremsen in beiden Drehrichtungen beherrschen, wie z.B. Antriebe von Blockwalzwerken. Auch bei diesen Antrieben ist für jede Stromrichtung ein Teilstromrichter erforderlich.

Anhand von Bild 8-67 verfolgen wir einen Drehrichtungswechsel Rechts-Linkslauf in einem Umkehrantrieb. Beim Übergang von Antreiben Rechtslauf zum Bremsen wechselt die Stromrichtung, die Stromführung geht von Stromrichter 1 (1. Quadrant) auf Stromrichter 2 über (2. Quadrant). Beim anschließenden Drehrichtungswechsel geht Stromrichter 2 vom Wechselrichterbetrieb (Bremsen) zum Gleichrichterbetrieb (Antreiben Linkslauf, 3. Quadrant) in neuer Drehrichtung über.

In beiden Fällen setzt man bei modernen Antrieben zwei Drehstrombrücken in Gegenparallelschaltung ein, jede für eine Stromrichtung (Bild 8-68).

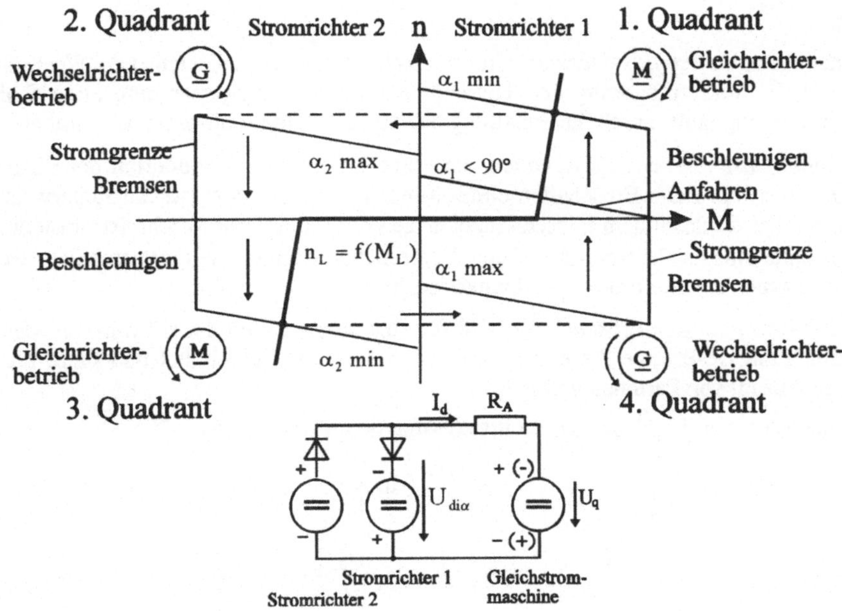

Bild 8-67: Drehzahl-Drehmoment-Kennlinien für Gleichstrommaschine im Vierquadrantenbetrieb, gespeist von Drehstrombrücke in kreisstromfreier Gegenparallelschaltung und Ersatzschaltbild für den Gleichstromkreis. Das Lastmoment der Arbeitsmaschine kehrt sich mit der Drehzahl um.

Um einen Kreisstrom von Stromrichter zu Stromrichter zu vermeiden, schaltet man dem Stromrichter, der gerade nicht gebraucht wird, die Steuerimpulse ab (kreisstromfreie Gegenparallelschaltung) [4].

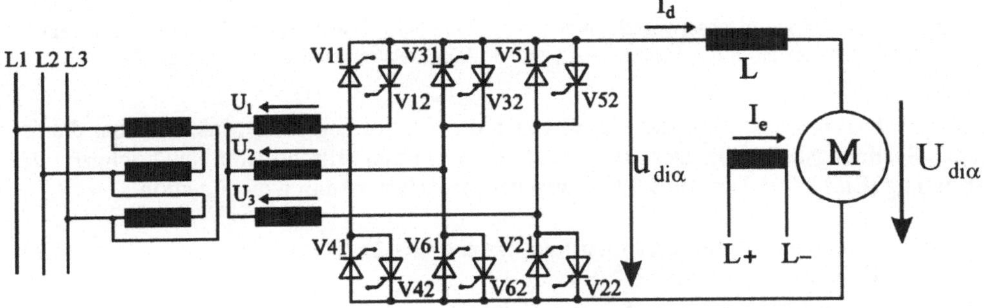

Bild 8-68: Schaltplan eines Gleichstrom-Umkehrantriebes, gespeist von zwei Drehstrombrücken in kreisstromfreier Gegenparallelschaltung

8.3.3 Wechselstromsteller und Drehstromsteller

Wechselstromsteller

Eine Gegenparallelschaltung von Thyristoren, nach DIN *Wechselwegschaltung* genannt, kann zum kontaktlosen Schalten und zum Steuern der Leistungsaufnahme von Wechselstromverbrauchern angewendet werden (Bild 8-69). Die Steuerfunktion ist auf verschiedene Arten möglich:

- Bei der *Phasenanschnittsteuerung* wird, wie bei netzgeführten Gleich- und Wechselrichtern, durch Zündverzögerung der Thyristoren die Netzwechselspannung angeschnitten. Dieser Vorgang läuft, durch die Schaltung bedingt, für beide Halbwellen getrennt ab.
- Das *kontaktlose Ein- und Ausschalten* des Verbrauchers ist ein Sonderfall der Phasenanschnittsteuerung. Beim Einschalten ohmsch-induktiver Last wird zweckmäßigerweise der Steuerwinkel α gleich dem Phasenwinkel φ gewählt, so daß der Wechselstromsteller den Strom ohne Ausgleichsvorgang auf den Verbraucher schaltet. Beim Ausschalten werden die Steuerimpulse unterdrückt (Nullpunktlöschung).
- Bei der *Schwingungspaketsteuerung* wird für eine *vorgegebene Anzahl von Perioden* die Netzspannung voll, ohne Anschnitt, auf den Verbraucher geschaltet und dann für eine weitere Anzahl von Perioden voll gesperrt.

Im folgenden soll nur die Phasenanschnittsteuerung betrachtet werden.

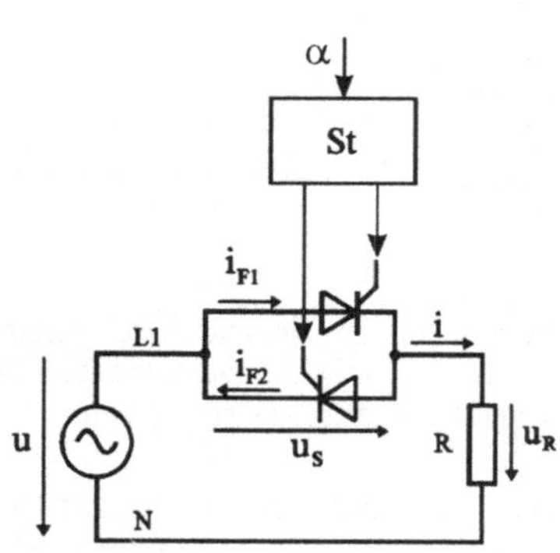

Bild 8-69: Einphasige Wechselwegschaltung als Wechselstromsteller mit ohmscher Last

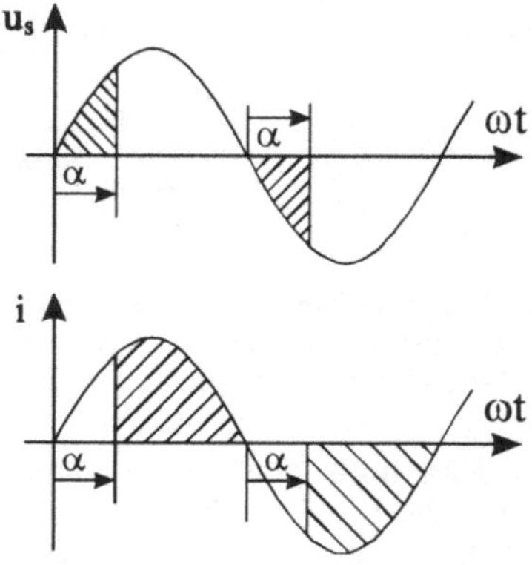

Bild 8-70: Spannungs- und Stromverlauf beim Wechselstromsteller mit ohmscher Last

Bei *rein ohmscher Last* geht der Steuerbereich des Zündverzögerungswinkel α über die gesamte Spannungshalbwelle. Der Strom setzt bei α ein und erlischt beim Nulldurchgang der Spannung (Bild 8-70). Der Augenblickswert des Stromes wird durch die Funktion

$$i = \frac{\hat{u}}{R} \cdot \sin\omega t \qquad \text{für } \alpha \le \omega t \le \pi \text{ bzw. } \pi + \alpha \le \omega t \le 2\pi\text{, sonst } i = 0 \tag{8.34}$$

beschrieben. Der Effektivwert des Stromes ergibt sich nach [14] zu

$$I_{eff} = I_{eff0} \cdot \sqrt{\frac{1}{\pi}\left(\pi - \alpha + \frac{1}{2}\sin 2\alpha\right)} \tag{8.35}$$

Bei *rein induktiver* Last ist der Steuerbereich in der positiven Halbwelle auf $\frac{\pi}{2} \le \alpha < \pi$ beschränkt, denn im Thyristor V1 kann der Strom nur fließen, wenn die ungesteuerte Stromhalbwelle positiv ist, d.h. bei $\alpha \ge \varphi = \frac{\pi}{2}$. Entsprechendes gilt für den Thyristor in der negativen Halbwelle. Der Strom ist sinusförmig, aber für $\alpha > \varphi$ ist die Halbwelle nicht senkrecht angeschnitten, sondern waagerecht soweit nach unten verschoben, daß der Augenblickswert des ungesteuerten Stroms auf der Abszisse liegt. Die Spannung u_S an der Wechselwegschaltung ist ungefähr Null, solange Strom fließt, und gleich der Speisespannung während der Stromlücken. Bei $\alpha = 90°$ bzw. $\alpha = \varphi$ ist die Spannung u_S dauernd Null, weil die Stromhalbwellen lückenlos aufeinander folgen.

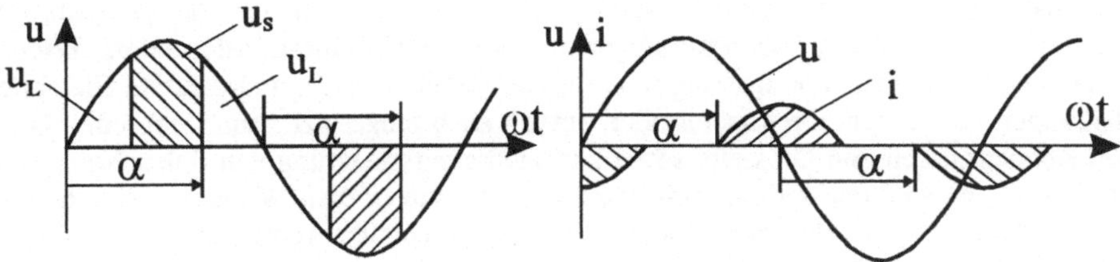

Bild 8-71: Spannungs- und Stromverlauf beim Wechselstromsteller mit rein induktiver Last

Der Augenblickswert des Stromes wird durch folgende Funktion beschrieben:

$$i = \frac{\hat{u}}{\omega L}\left[\sin\left(\omega t - \frac{\pi}{2}\right) - \sin\left(\alpha - \frac{\pi}{2}\right)\right] \quad \text{für } \alpha \le \omega t \le \pi \text{ bzw. } \pi + \alpha \le \omega t \le 2\pi \tag{8.36}$$

Der Effektivwert des Stromes ergibt sich nach [14] zu

$$I_{eff} = I_{eff0}\sqrt{\frac{4}{\pi}\cdot\left[(\pi-\alpha)\cdot\left(\cos^2\alpha + \frac{1}{2}\right) + \frac{3}{2}\cdot\sin\alpha\cdot\cos\alpha\right]} \tag{8.37}$$

Bei *gemischt ohmsch-induktiver* Last ist der Stromverlauf nicht mehr sinusförmig, weil zu der Sinuskurve ein Ausgleichsglied hinzukommt, das nach einer Exponentialfunktion mit der Zeitkonstanten $T = L/R$ abklingt. Dieser Stromverlauf ist der gleiche wie beim Einschalten, wenn man den Einschaltpunkt ωt_E durch den Steuerwinkel α ersetzt (siehe Gl. (6.9). Nach [14] gilt

$$i = \frac{\hat{u}}{\sqrt{R^2 + (\omega L)^2}}\cdot\left[\sin(\omega t - \alpha) - e^{-(\omega t-\alpha)/\omega T}\cdot\sin(\alpha - \varphi)\right] \tag{8.38}$$

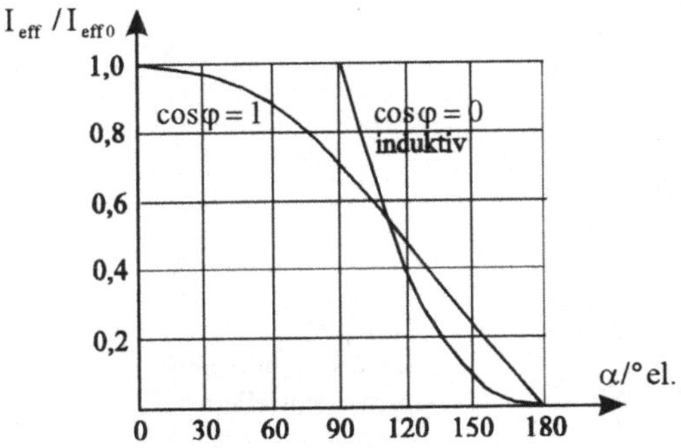

Bild 8-72:
Steuerkennlinien des Wechselstromstellers bei ohmscher und induktiver Last

Die *Steuerkennlinien* $I_{eff} / I_{eff0} = f(\alpha)$ für rein ohmsche und rein induktive Last ergeben sich aus den Gleichungen (8.35) und (8.37). Das Bild 8-72 zeigt diese Steuerkennlinien für rein ohmsche und rein induktive Last.

Drehstromsteller

Zum Schalten und kontaktlosen Steuern der dreiphasigen Spannung von Drehstromverbrauchern setzt man Drehstromsteller ein, die aus drei Wechselstromstellern bestehen.

Drehstromsteller wendet man zum Beispiel in Elektrolyseanlagen an. Die Thyristorpaare steuern die Primärspannung (Oberspannungsseite) des Gleichrichtertransformators. Dadurch kann man auf der Unterspannungsseite, in der große Ströme fließen, ungesteuerte Gleichrichterschaltungen verwenden. Drehstromsteller werden auch eingesetzt zum synchronen Schalten von Kondensatoren und Drosseln, sowie zur Helligkeitssteuerung von Beleuchtungsanlagen und zur Temperatursteuerung und -regelung von industriellen Wärmeanlagenöfen. Zur Drehzahlsteuerung von Drehstrommotoren sind Drehstromsteller wenig geeignet, weil durch das Anschneiden der Spannung große Verluste auftreten.

Die Grundschaltungen für Drehstromsteller mit drei gegensinnig geschalteten Thyristorpaaren sind in Bild 8-73 dargestellt.

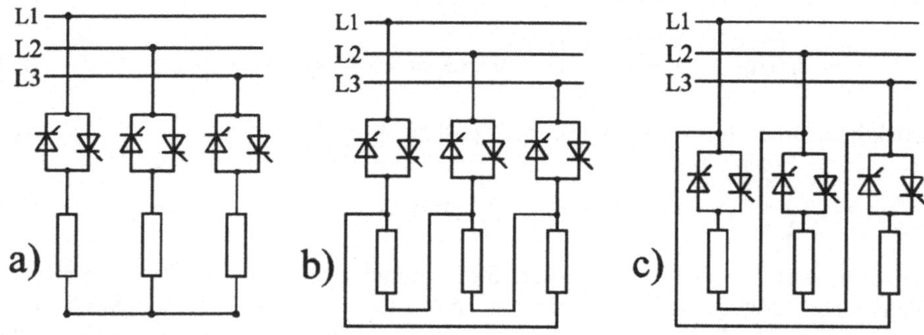

Bild 8-73: Grundschaltungen des Drehstromstellers
a) in der Zuleitung einer Sternschaltung
b) in der Zuleitung einer Dreieckschaltung
c) innerhalb einer Dreieckschaltung

Die Aussteuerung der Thyristorpaare ist ähnlich der des Wechselstromstellers, jedoch sind die Kurvenformen von Spannungen und Strömen komplizierter, bedingt durch die Verkettung der drei Stränge. Einzelheiten findet man bei [20].

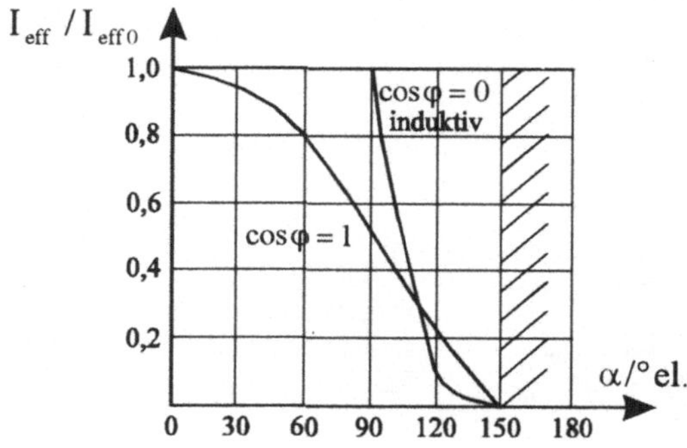

Bild 8-74: Steuerkennlinien des Drehstromstellers bei symmetrischer ohmscher und induktiver Last

Die Leistungsaufnahme eines symmetrischen Verbrauchers mit ohmscher Last kann vom Maximum bis Null durch Vergrößern des Steuerwinkels von $\alpha = 0°$ bis $\alpha = 150°$ stetig gesteuert werden, wobei der Winkel $\alpha = 0°$ im Nulldurchgang einer Sternspannung liegt. Bei induktiver Last geht der Steuerbereich von $\alpha = 90°$ bis $\alpha = 150°$. Die Steuerkennlinien des Drehstromstellers sind in Bild 8-74 dargestellt [14].

8.4 Selbstgeführte Stromrichter

8.4.1 Selbst- und netzgeführte Stromrichter

Selbstgeführte Stromrichter können für alle Arten der Umformung elektrischer Energie, wie sie im Abschnitt 8.1 beschrieben sind, und für Energiefluß in einer oder beiden Richtungen eingesetzt werden. Im Unterschied zu netzgeführten Stromrichtern benötigen selbstgeführte Stromrichter kein Wechselstromnetz, das die Schaltfrequenz und die Kommutierungsspannung vorgibt. Das Netz wird durch eine Gleichspannungsquelle ersetzt, die Schaltfrequenz erzeugt ein steuerbarer elektronischer Frequenzgenerator. Das ist der Grund für die Bezeichnung selbstgeführter Stromrichter. Bei Stromrichtern mit abschaltbaren Ventilen wird der Strom dadurch kommutiert, daß gleichzeitig mit dem zu zündenden Ventil das zu löschende Ventil (Transistor, IGBT oder Abschalt-Thyristor) auf ein Signal an der Basis vom leitenden in den gesperrten Zustand übergeht. Bei diesem Vorgang handelt es sich um einen Gleichstrom-Ausschaltvorgang, nur daß die Lichtbogenlöschung durch Widerstandserhöhung im Halbleiter ersetzt wird. Selbstgeführte Stromrichter erfordern daher abschaltbare Ventile oder Löschkreise mit Kondensatoren, die aber hier nicht besprochen werden sollen.

8.4.2 Gleichstromsteller

Gleichstromsteller für Motorbetrieb und Freilauf

Ein Verbraucher ist über ein periodisch geschaltetes Halbleiterventil V1 mit einer Gleichstromquelle verbunden, die die konstante Spannung U_1 liefert. Als Beispiel eines Verbrauchers betrachten wir einen Gleichstrommotor M in Reihe mit einer verlustlos angenommenen Glättungsdrossel L, deren Induktivät sehr viel größer als der ohmsche Widerstand des Motors ist. Parallel zu der Reihenschaltung liegt eine Diode V2 als *Freilaufventil* (Bild 8-75).

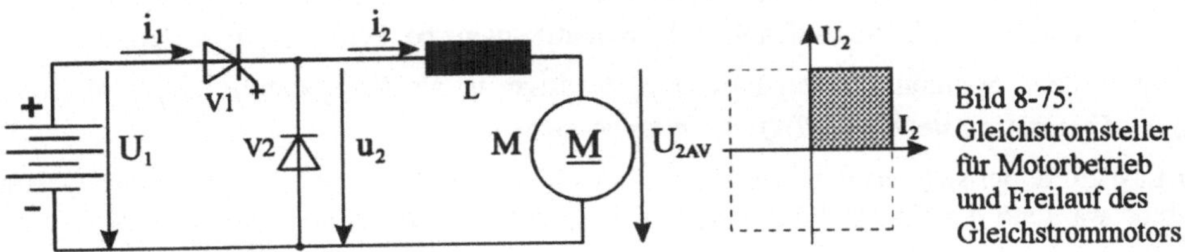

Bild 8-75: Gleichstromsteller für Motorbetrieb und Freilauf des Gleichstrommotors

In der Phase (1), *Motorbetrieb*, mit der Einschaltdauer T_e ist das Ventil V1 eingeschaltet, V2 gesperrt. Motor M und Drossel nehmen aus der Spannungsquelle Energie mit der Spannung $u_2 = U_1$ und dem Strom $i_1 = i_2$ auf (Bild 8-76).

In der Phase (2), *Freilauf*, mit der Ausschaltdauer T_a ist V1 gesperrt, V2 leitend. Bei $u_2 = 0$ treibt die Drossel den Strom i_2 über die Freilaufdiode und den Motor und gibt durch Spannungsumkehr an der Drossel die in ihr gespeicherte Energie an den Motor ab. Die Ankerspannung des Motors $U_A = U_{2AV} = U_q + i_2 \cdot R_A$ bleibt etwa konstant, weil Drehzahl und Strom sich praktisch in der Freilaufphase kaum ändern.

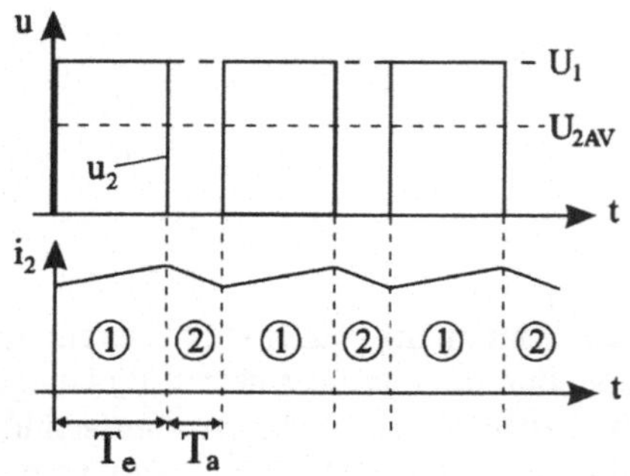

Bild 8-76:
Gleichstromsteller in Motorbetrieb und Freilauf, Spannungen und Ströme

(1) : Antreiben, V1 leitend, V2 gesperrt
(2) : Freilauf, V1 gesperrt, V2 leitend

Durch das periodische Aus- und Einschalten des Ventils V1 mit der Einschaltdauer T_e und der Ausschaltdauer T_a ergeben sich für die Spannung $u_2(t)$ rechteckförmige Spannungsblöcke mit dem Einschaltverhältnis

$$e = \frac{T_e}{T_e + T_a}. \tag{8.39}$$

Der Gleichspannungs-Mittelwert U_{2AV} an der Maschine ist $U_{2AV} = \frac{1}{T_e + T_a} \cdot \int_0^{T_e+T_a} u_2 dt \Rightarrow$

$$U_{2AV} = \frac{T_e}{T_e + T_a} \cdot U_1 \tag{8.40}$$

Die Schaltfrequenz ist

$$f = \frac{1}{T_e + T_a} \tag{8.41}$$

Aus Gleichung (8.40) erkennt man, daß man den Gleichspannungs-Mittelwert U_{2AV} von Null bis U_1 stetig erhöhen kann durch *Pulsbreitensteuerung*, d.h. durch Vergrößern der Einschaltdauer T_e bei konstanter Schaltfrequenz f. Der gleiche Effekt ist auch möglich durch *Pulsfolgesteuerung*, d.h. durch Erhöhen der Schaltfrequenz bei konstanter Einschaltdauer.

Da die mittlere Spannung an der Last U_{2AV} niedriger ist als die Spannung U_1, wird dieser Typ des Gleichstromstellers als *Tiefsetzsteller* bezeichnet.

Der Laststrom, der sich aus dem Lastmoment des Motors ergibt, steigt im eingeschwungenen Zustand während der Einschaltdauer T_e von $I_{2\,min}$ auf $I_{2\,max}$ nach einer Exponentialfunktion an. Ist aber das Verhältnis $L/R >> T_e$, so ist der Anstieg nahezu linear, was wir hier auch im Bild 8-76 angenommen haben.

Während der Ausschaltdauer T_a fließt der Laststrom i_2 über die Freilaufdiode V2 weiter, wobei er von $i_{2\,max}$ etwa linear auf $i_{2\,min}$ abklingt. Der Mittelwert des Laststromes ist

$$I_{2AV} = \frac{1}{2} \cdot (i_{2\,min} + i_{2\,max}). \tag{8.42}$$

Die Spannungsquelle gibt einen Strom mit dem arithmetischen Mittelwert I_{1AV} ab.

Analog zur Spannung U_{2AV} ist

$$I_{1AV} = \frac{T_e}{T_e + T_a} \cdot I_{2AV} \tag{8.43}$$

Damit wird

$$U_1 \cdot I_{1AV} = U_{2AV} \cdot I_{2AV} \tag{8.44}$$

Bei völlig geglättetem Laststrom ($I_{2\,min} = I_{2\,max} = I_2$) gilt:

Auf der Seite der Spannungsquelle fließen rechteckige Stromblöcke bei konstanter Spannung, auf der Lastseite fließt ein konstanter Strom bei rechteckigen Spannungsblöcken.

Gleichstromsteller für Bremsbetrieb

Bei dem in Bild 8-75 dargestellten Gleichstromsteller fließt die Energie von der Gleichspannungsquelle in die Gleichstrommaschine, die als Motor arbeitet. Wenn man die Schaltung des Gleichstromstellers nach Bild 8-77 verändert, erreicht man eine elektrische Nutzbremsung der Maschine. Die Gleichstrommaschine speist als Generator in die Gleichspannungsquelle zurück. Dabei kehrt sich die Stromrichtung, aber nicht die Spannungsrichtung bzw. Drehrichtung um. Dies ist genau der Zustand, den man beim Bremsen von Fahrzeugen erreichen will.

Die Bremsschaltung nach Bild 8-77 arbeitet periodisch in zwei Phasen:

In der Phase (1), Freilauf mit der Einschaltdauer T_e, ist das Ventil V2 eingeschaltet. Die Maschine mit der Ankerspannung $U_A = U_{2AV} = U_q - i_2 \cdot R_A$ speist als Generator auf den Freilaufkreis, der Strom i_2 steigt an. Da $u_2 = 0$ ist, fällt die Spannung U_A an der Drossel ab, die Drossel speichert Energie (Bild 8-78).

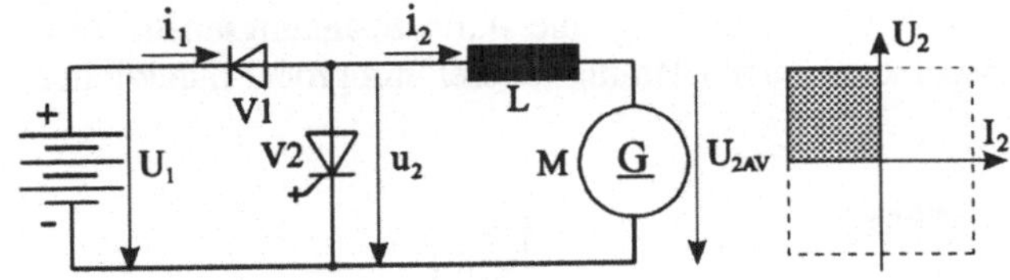

Bild 8-77:
Gleichstromsteller für Rückspeisung (Nutzbremsung) und Freilauf

In der Phase (2) ist V2 gesperrt, der Freilaufkreis ist unterbrochen. Die Drossel will aber den Strom i_2 aufrechterhalten, sie kehrt daher ihre Spannung um.

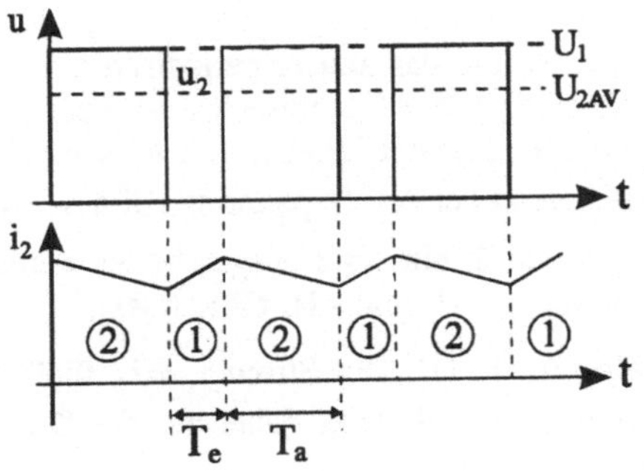

Bild 8-78:
Gleichstromsteller für Rückspeisung (Nutzbremsung) und Freilauf, Spannungen und Ströme

(1) Rückspeisung: V1 leitend, V2 gesperrt
(2) Freilauf: V1 gesperrt, V2 leitend

Die Summe aus Drosselspannung und Ankerspannung, also u_2, wird etwas größer als U_1, so daß der Laststrom über die Sperrdiode V1 gegen die Spannung U_1 in die Batterie zurückfließt: Rückspeisung, bzw. Nutzbremsung. Dabei fällt der Strom $i_1 = i_2$ linear ab. Da in dieser Phase Strom von einer Gleichspannungsquelle mit kleinerem Mittelwert (U_{2AV}) in eine mit größerem Mittelwert (U_1) fließt, ist die Bremsschaltung ein *Hochsetzsteller*.

Die Funktionen für Antreiben und Bremsen mit Stromumkehr können, wie Bild 8-80 zeigt, in einer Schaltung kombiniert werden, also für Zweiquadrantenbetrieb.

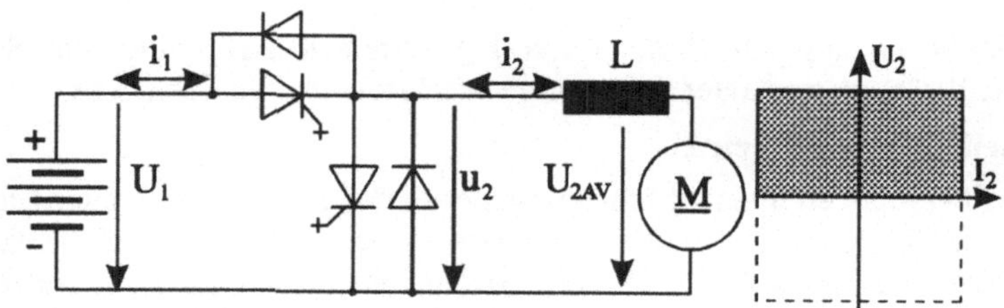

Bild 8-79: Gleichstromsteller mit Stromumkehr für eine Spannungsrichtung

Gleichstromsteller für Spannungsumkehr

Im Abschnitt 8.3.1 wurde für einen netzgeführten Stromrichter in B2C-Schaltung der Zweiquadrantenbetrieb mit Spannungsumkehr ohne Stromumkehr am Beispiel eines Hebezeugantriebs besprochen. Die gleiche Spannungsumkehr kann man auch mit einem Gleichstromsteller erreichen, wenn er zwei in Reihe geschaltete, abschaltbare Ventile V1 und V2 und zwei über Kreuz geschaltete Rücklaufdioden V3 und V4 hat (Bild 8-80). Voraussetzung für den Zweiquadrantenbetrieb sind im Verbraucherzweig eine aktive Spannungsquelle, also der Ankerkreis einer Gleichstrommaschine und eine Glättungsdrossel mit großer Induktivität.

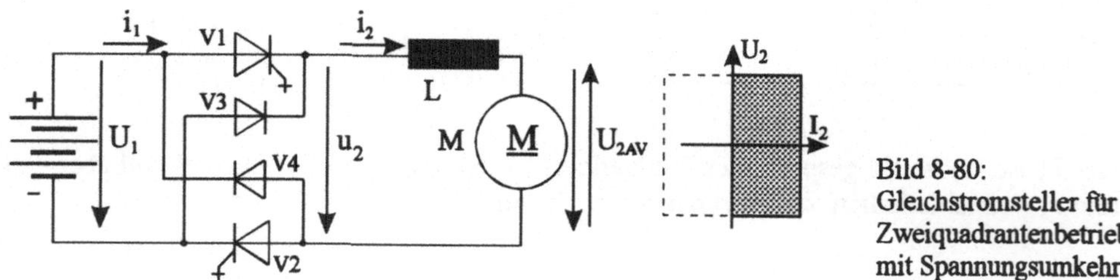

Bild 8-80: Gleichstromsteller für Zweiquadrantenbetrieb mit Spannungsumkehr

Wenn ein Ventil, V1 oder V2, dauernd eingeschaltet ist und das andere periodisch ein- und ausgeschaltet wird, ergeben sich wie in der Schaltung Bild 8-74 abwechselnd Spannung $u_2 = U_1$ am Verbraucherzweig und Freilauf ($u_2 = 0$) über eine der Dioden. Die Maschine arbeitet im 1. Quadranten als Motor mit Pulsbreitensteuerung der Ankerspannung (Bild 8-78).

Wenn aber die Ventile V1 und V2 *gemeinsam* periodisch ein- und ausgeschaltet werden, wechselt die Spannung u_2 am Verbraucherzweig zwischen $+U_1$ und $-U_1$ (Bild 8-81).

Während der Einschaltdauer T_e von V1 und V2 ist $u_2 = +U_1$. Der Strom $i_1 = i_2$ fließt im Sinne des Zählpfeils von der Batterie zum Verbraucher und steigt dabei an, die Drossel nimmt Spannungszeitfläche auf und speichert Energie.

Während der Ausschaltdauer T_a zieht die Drossel den Laststrom i_2 weiter durch. Um dies zu erreichen, kehrt sich die Drosselspannung um und erhöht sich soweit, daß die Summe u_2 von Drosselspannung und Ankerspannung gleich $-U_1$ ist. Dadurch werden die Rücklaufdioden V3 und V4 leitend und legen die Spannung u_2 umgekehrt an die Spannungsquelle U_1. Der Strom $i_1 = -i_2$ kann damit im Sinne einer Rückspeisung über die Batterie fließen. Während dieser Phase wird Strom i_2 kleiner, die Drossel gibt Spannungszeitfläche und Energie ab.

Der arithmetische Mittelwert U_{2AV} der Ausgangsspannung u_2 liegt als Ankerspannung U_A an der Maschine. Diese errechnet sich folgendermaßen: $U_{2AV} \cdot T = \int\limits_0^{T_e} U_1 dt - \int\limits_{T_e}^{T} U_1 dt \Rightarrow$

$U_{2AV} = \frac{1}{T} \cdot \left[U_1 \cdot T_e - U_1 (T - T_e) \right]$ mit $T = T_e + T_a$. Das Einschaltverhältnis ist $e = \frac{T_e}{T_e + T_a}$

Damit wird

$$U_{2AV} = U_1 \cdot (2e - 1) \tag{8.45}$$

Wenn $T_e > T_a$ ist, ergibt sich für e ein Wert von 0,5 bis 1, so daß U_{2AV} im Bereich $0 \ldots +U_1$ liegt, also im 1. Quadranten. Die Batterie gibt im Mittel Energie an die Maschine ab, die im Motorbetrieb arbeitet. Diese Spannungs- und Stromverhältnisse sind in Bild 8-81a dargestellt. Man erkennt, daß die Spannungszeitflächen an der Drossel über und unter der Spannung $U_{2AV} = U_A$ gleich sind.

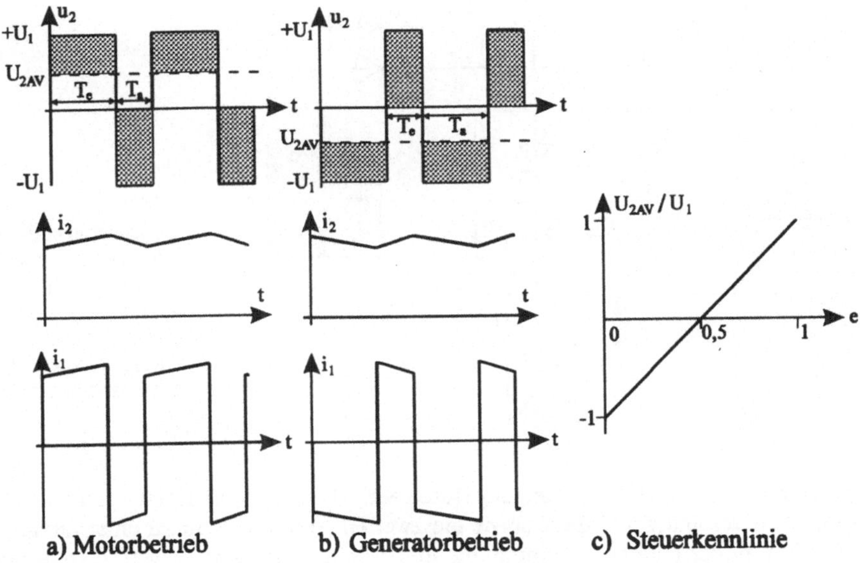

Bild 8-81: Gleichstromsteller für Zweiquadrantenbetrieb mit Spannungsumkehr. Spannungen und Ströme bei Motorbetrieb, Generatorbetrieb und Steuerkennlinie.

Wenn $T_e < T_a$ ist, kehrt sich U_{2AV} um, weil e zwischen 0 und 0,5 liegt und U_{2AV} im Bereich $-U_1$ bis 0. Die Maschine arbeitet als Generator im 4. Quadranten und speist Energie in die Batterie zurück. Die Richtung des Maschinenstromes bleibt unverändert. Die zugehörigen Spannungs- und Strom-Diagramme sind in Bild 8-81b aufgetragen. Im Grenzfall $T_e = T_a$ ist die Spannung U_{2AV} Null, das heißt, die Spannung u_2 ist eine reine Wechselspannung, die an der Drossel abfällt, während die Gleichstrommaschine steht.

Das Einschaltverhältnis $e = T_e / (T_e + T_a)$ wird durch periodische Impulse auf die Gates der abschaltbaren Ventile V1 und V2 vorgegeben. Die Frequenz der Impulse ist $f = 1/(T_e + T_a)$.

Aus der Gleichung (8.45) ergibt sich die Steuerkennlinie $U_{2AV} / U_1 = f(e)$, die, wie auch das Bild 8-81c zeigt, linear ist. Man erkennt, daß durch Änderung des Einschaltverhältnisses e die Ankerspannung $U_A = U_{2AV}$ der Maschine *stetig steuerbar und umkehrbar* ist, während der Ankerstrom seine Richtung beibehält. Die Arbeitsweise eines Gleichstromstellers im Zweiquadrantenbetrieb entspricht also dem eines netzgeführten Stromrichters im Gleich- und Wechselrichterbetrieb.

Gleichstromsteller für Vierquadrantenbetrieb

Wenn man dem Gleichstromsteller für Zweiquadrantenbetrieb nach Bild 8-80 einen weiteren für die umgekehrte Stromrichtung hinzufügt (Bild 8-82), so erhält man einen Gleichstromsteller für Vierquadrantenbetrieb. Die Arbeitsweise ist gleich der einer Gegenparallelschaltung netzgeführter Stromrichter. Man kann damit also einen Gleichstrom-Umkehrantrieb in beiden Drehrichtungen antreiben und bremsen.

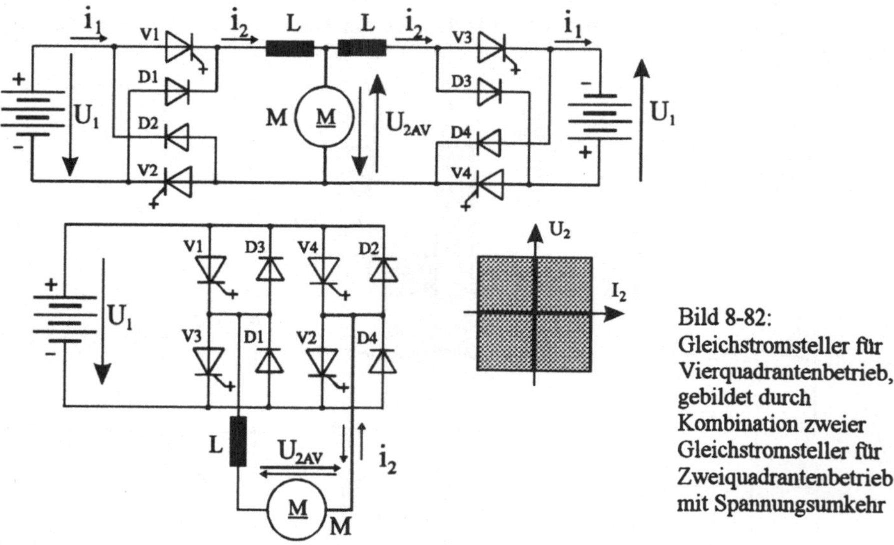

Bild 8-82: Gleichstromsteller für Vierquadrantenbetrieb, gebildet durch Kombination zweier Gleichstromsteller für Zweiquadrantenbetrieb mit Spannungsumkehr

Wenn man in der oberen Schaltung des Bildes 8-82 die Punkte gleichen Potentials der Spannungsquellen verbindet und diese sowie die zwei Glättungsdrosseln zu einer zusammenfaßt, kommt man zu der unteren Schaltung, die identisch mit der Schaltung eines selbstgeführten Wechselrichters ist.

8.4.3 Selbstgeführter Wechselrichter

Im vorigen Abschnitt wurde unter anderem gezeigt, daß ein Gleichstromsteller für Zweiquadrantenbetrieb bei einem Einschaltverhältnis e = 0,5 eine reine Wechselspannung abgibt. Der

Strom kann sich allerdings nicht umkehren. Wenn man aber, wie im Bild 8-82 gezeigt, zwei dieser Gleichstromsteller zu einem für Vierquadrantenbetrieb kombiniert, kann nicht nur die Ausgangsspannung, sondern auch der Ausgangsstrom umgekehrt werden. Die Funktion ist die eines selbstgeführten Wechselrichters, der Wechselspannung und Wechselstrom variabler Frequenz an eine ohmsche oder induktive Last abgeben kann.

Die *Frequenz* von Wechselspannung und Wechselstrom wird durch die Periodendauer des Schalttaktes der abschaltbaren Ventile V1 bis V4 bestimmt. Der Schalttakt wiederum ist durch die Frequenz der Ein- und Ausschaltimpulse an den Gates der Ventile gegeben, die an den elektronischen Impulserzeugern der Steuerschaltungen eingestellt wird. Da die Impulsfrequenz stetig und leistungsarm in weiten Grenzen verändert werden kann, ist ein selbstgeführter Wechselrichter in der Lage, Wechselspannungen und -ströme innerhalb eines Frequenzbereiches von 1:100 abzugeben.

Die Bilder Bild 8-83 und 8-84 zeigen die Arbeitsweise des Wechselrichters in einem einfachen Fall bei rein induktiver Last.

Aus dem Liniendiagramm Bild 8-83 ist zu ersehen, daß die Wechselspannung Rechteckform hat und ihre *Amplitude* durch die konstante Gleichspannung gegeben ist. Um die dreieckige Kurvenform des Wechselstromes der Sinusform anzunähern, ist zwischen dem positiven und dem negativen Spannungsblock jeweils eine Freilaufphase eingefügt. Die Grundschwingung des Wechselstromes eilt der Grundschwingung der Wechselspannung um 90° nach.

Die Funktionen der Ventile sind in sechs Abschnitten pro Periode dargestellt (Bild 8-84).

Phase 1: V1 und V2 sind leitend. Konstante Spannung liegt an der Induktivität an, daher gilt $u_L = L\frac{di}{dt}$ und $i = \frac{1}{L}\int u_L dt + C$. Der Strom steigt linear an. Spannung und Strom haben gleiches Vorzeichen, daher fließt die Energie von der Spannungsquelle zum Verbraucher. Die Drossel speichert die Energie.

Phase 2: V1 ist gesperrt, V2 ist leitend. Die Induktivität ist kurzgeschlossen, daher ist $u_L = 0$. Die Drossel hält im Freilauf den Strom über V2 und D1 aufrecht.

Phase 3: V1 und V2 sind gesperrt. Die Drossel will den Strom weiter durchziehen, sie kehrt ihre Spannung um ($u_L = -U_1$). Dadurch werden D1 und D2 leitend. Der Strom fließt in die Batterie zurück: Rückspeisung. Die Drossel gibt Energie ab, der Strom geht linear auf Null zurück.

Phase 4 bis 6: Die Vorgänge der Phasen 1, 2 und 3 wiederholen sich, nur mit umgekehrten Vorzeichen, über die Ventile V3 und V4 und die Rücklaufdioden D3 und D4.

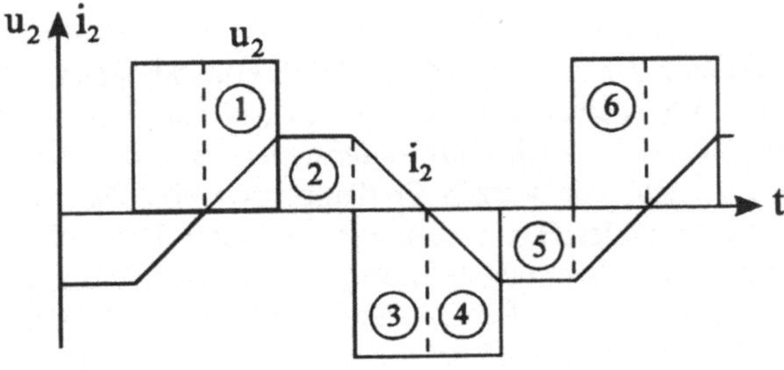

Bild 8-83: Arbeitsweise eines selbstgeführten Wechselrichters bei induktiver Last in sechs Phasen

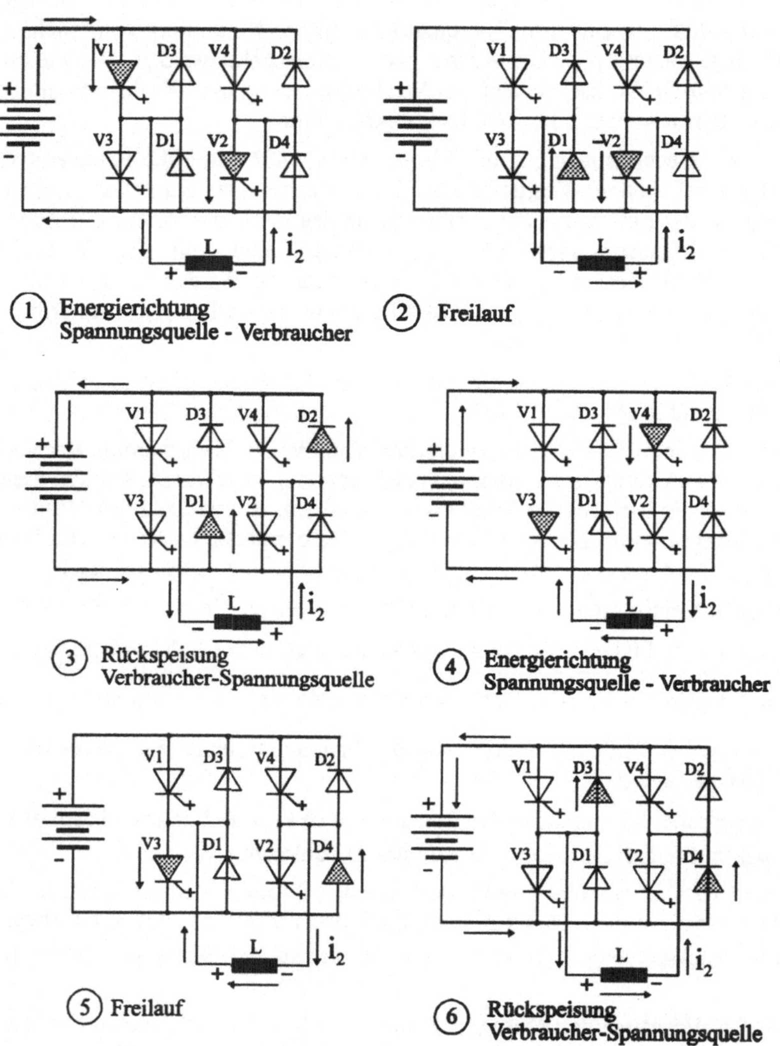

Bild 8-84: Arbeitsweise eines selbstgeführten Wechselrichters bei induktiver Last, Phase 1 bis 6

Bei vielen Anwendungen muß der Effektivwert der Wechselspannung oder die Amplitude der Grundwelle veränderbar, d.h. kleiner sein als bei den aus der Gleichspannung gebildeten Rechteckblöcken. Dies läßt sich durch *Pulsbreitensteuerung* erreichen: Man fügt in die Rechteckhalbwelle eine Anzahl von kurzen Freilaufphasen ein. Der Augenblickswert der Spannung wechselt zwischen voller Gleichspannung und Null. Dadurch wird die Halbwelle zu einer Folge von Rechteckimpulsen, einem Pulsmuster. Je schmaler die Pulse, umso kleiner sind der Effektivwert und die Amplitude der Grundwelle. Die Pulsbreitensteuerung ist mit mehreren Pulsmustern möglich. Bild 8-85 zeigt ein Beispiel, das in der Antriebstechnik bevorzugt wird und von einem Sinus-Dreieck-Vergleich abgeleitet ist [20]. Die unterschiedliche Breite der Spannungspulse ergibt, wie im Bild 8-85 für induktive Last dargestellt, einen angenähert sinusförmigen Strom über den Verbraucher. Durch den oberwellenarmen Strom werden die Verluste und Ummagnetisierungsgeräusche der Motoren minimal gehalten.

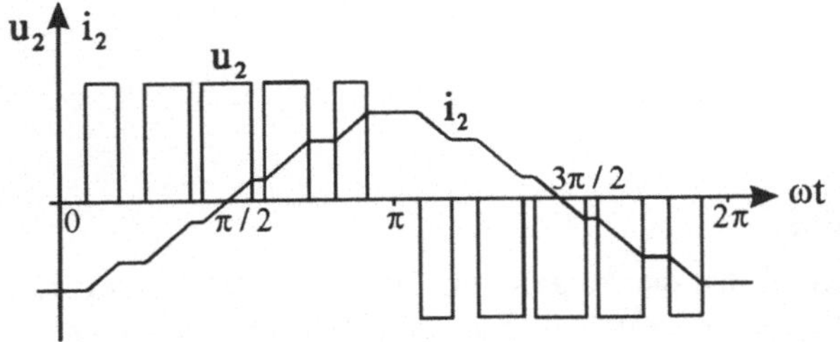

Bild 8-85: Pulsbreitensteuerung der Wechselrichterspannung mit Sinus-Dreieck-Vergleich und Verlauf des Wechselstromes bei induktiver Last

8.4.4 Frequenzumrichter

Zur Drehzahlsteuerung von Asynchronmaschinen verwendet man in steigendem Maße statische Frequenzumrichter. Ein *Umrichter* ist eine Kombination aus einem netzgeführten Stromrichter, der die Gleichspannungsquelle darstellt, und einem, meist dreiphasigen, selbstgeführten Wechselrichter (siehe Bild 5-38).

Bei Industrieantrieben hat sich der Drehstrom-Pulsumrichter mit GTO-Thyristoren oder IGBT durchgesetzt [34]. Eine ungesteuerte Gleichrichter-Drehstrombrücke (B6U) formt die dreiphasige Netzwechselspannung in eine konstante Gleichspannung um (Zwischenkreisspannung), die einen Wechselrichter in Drehstrombrückenschaltung speist. Der Wechselrichter wiederum gibt an die Asynchronmaschine drei Wechselspannungen und -ströme ab, die ein Dreiphasensystem variabler Frequenz und variabler Amplitude bilden (Bild 8-86).

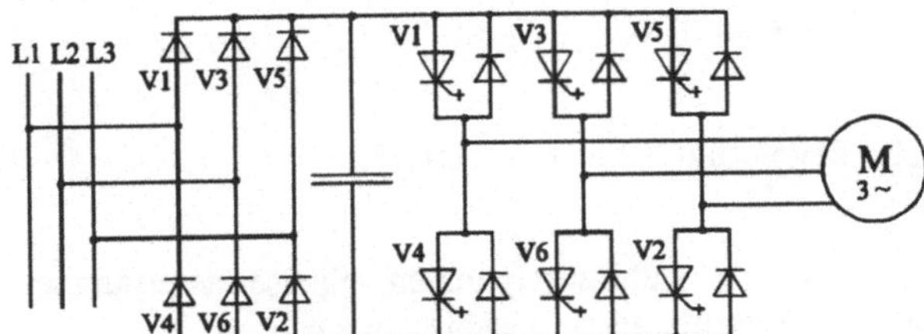

Bild 8-86 Frequenzumrichter: Pulsumrichter zur Speisung von Drehstrommotoren mit variabler Frequenz und Spannung, Zwischenkreisspannung eingeprägt (U-Umrichter)

Die *variable Frequenz* des Wechselrichters, die durch dessen Schalttakt gegeben ist, bestimmt die Drehzahl der Asynchronmaschine: Nach Gleichung (5.2) gilt für die Drehfelddrehzahl $n_D = f/p$, und nach Gleichung (5.4a) ist die Maschinendrehzahl $n = n_D \cdot (1-s)$.

Die *variable Amplitude* der Strangspannungen der Maschine ergibt sich aus der Notwendigkeit, die Spannung proportional der Frequenz zu halten. Wie in Kapitel 5 auf Seite 148 ausgeführt, muß mit Rücksicht auf das Drehmoment der Magnetfluß konstant gehalten werden. Dadurch kann einerseits keine Sättigung eintreten, andererseits kann der Motor schon beim Anfahren das volle Drehmoment abgeben. Wenn man die Bedingung für $\Phi_{D\,max}$ = konst. in die Spannungsgleichung $U_{q1} = 4{,}44 \cdot N_1 \cdot \xi \cdot f_1 \cdot \Phi_{D\,max}$ einsetzt, folgt $U_{q1} = c \cdot f_1$. Die Anschlußspannung bzw. U_{q1} muß demnach proportional der Frequenz geändert werden, um den Fluß konstant zu halten (siehe Bild 5-37b). Die Amplitude der Spannungsgrundwelle läßt sich durch Pulsbreitensteuerung zwischen Null und U_1 kontinuierlich steuern.

9 Stromerzeugungsanlagen

9.1 Wärmekraftwerke

9.1.1 Generator und Kraftmaschine

Ein Wärme-, Wasser- oder Windkraftwerk hat die Aufgabe, mit Hilfe eines elektromagnetischen Generators mechanische Drehenergie in elektrische Energie (Drehstrom oder Einphasen-Wechselstrom) umzuwandeln und diese in ein Leitungsnetz zu den Verbrauchern einzuspeisen. Die mechanische Energie wird in Kraftanlagen und Kraftmaschinen durch Umwandlung der in der Natur vorkommenden Primärenergien in Rotationsenergie gewonnen. In Wärmekraftwerken wird die chemische Energie von fossilen Brennstoffen oder die Kernenergie von atomaren Brennstoffen in Wärme umgesetzt und diese in einer Kraftmaschine (Strömungs- oder Kolbenmaschine) in Drehmoment und Drehfrequenz umgewandelt.

Zu einer Generatoranlage (Bild 9-1) gehören immer vier Teile:

1. Kraftmaschine

Antriebsmaschine des Generators (Turbine, Verbrennungsmotor) einschließlich Energiequelle (Dampfkessel, Kernreaktor, Brennkammer, Druckwasseranlage).

2. Drehstrom- oder Wechselstromgenerator

Bei Kraftwerken der öffentlichen Stromversorgung (50 Hz) Drehstrom-Synchrongeneratoren, bei Bahnkraftwerken Einphasen-Wechselstrom-Generatoren (16 2/3 Hz). Zu Aufbau und Funktion der Generatoren siehe Kapitel 5, Abschnitt 4.

3. Netzanschluß

Transformator, Leistungsschalter, Meß-, Regel- und Schutzeinrichtungen.

4. Eigenbedarfsanlage

Erregerstromeinrichtung, Stromversorgung von Kühlmittelpumpen, Speisewasserpumpen, Anwurfmotoren, Antrieb von Kohlemühlen, Förderbändern, Gebläsen u.s.w.

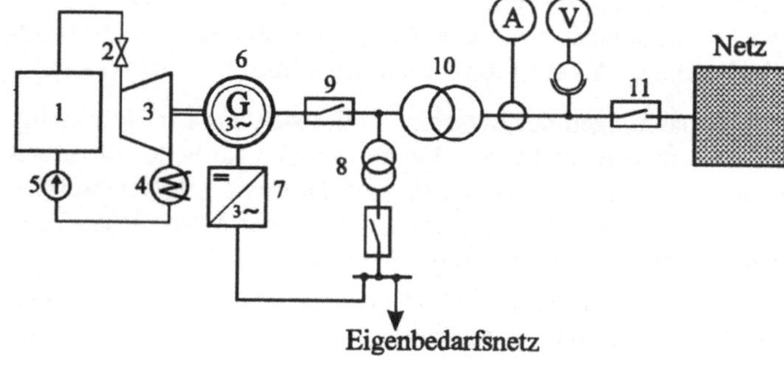

Bild 9-1:
Übersichtsschaltplan einer Drehstrom-Generatoranlage zur Versorgung eines Hochspannungsnetzes:
1 Dampfkessel
2 Dampfventil
3 Dampfturbine
4 Dampfkondensator
5 Kesselspeisepumpe
6 Drehstromgenerator
7 Erregerstromrichter
8 Eigenbedarfstransformator
9 Generatorschalter
10 Maschinentransformator
11 Netzschalter

Nach dem Anwendungsbereich lassen sich Generatoranlagen einteilen in

- Kraftwerke: Speisung von öffentlichen Netzen, Industrienetzen und Bahnstromleitungsnetzen,
- Fahrzeuggeneratoren: Speisung von Bordnetzen oder Fahrmotoren,
- Notstrom- und Netzersatzanlagen,
- sonstige stationäre Anlagen: Mittelfrequenzgeneratoren, Prüfgeneratoren, Speisung von Einzelverbrauchern.

9.1.2 Dampfkraftwerke

Übersicht

Die Mehrzahl aller Wärmekraftwerke sind Dampfkraftwerke. In einem *Dampferzeuger* wird Wasser durch Erhitzen in Dampf umgewandelt, auf hohen Druck und hohe Temperatur gebracht (max 250 bar, 540°C) und einer *Dampfturbine* zugeleitet. Die Strömungsenergie des sich entspannenden Dampfes treibt das Laufrad der Turbine. Der entspannte Dampf wird zu Wasser kondensiert und mit einer Kesselspeisepumpe wieder dem Dampferzeuger zugeführt (*geschlossener Wasser-Dampf-Kreislauf*). Dampfkraftwerke können eingeteilt werden

a) nach der Art der abgegebenen Nutzenergie

- Kondensations-Kraftwerke (ausschließlich für die Stromversorgung),
- Heiz-Kraftwerke (Strom- und Heizwärmeversorgung für öffentlichen Bedarf),
- Industrie-Kraftwerke (Strom- und Heizwärmeversorgung für Industriebetriebe),

b) nach der Art der Wärmeerzeuger

- Kessel, mit fossilen Brennstoffen befeuert: Steinkohle, Braunkohle,Torf, Öl, Erdgas;
- Kernreaktoren: Druckwasser- , Siedewasserreaktoren.

Die Dampfturbine

In allen Dampfkraftwerken hat als Kraftmaschine, d.h. Antriebsmaschine des Generators, die Dampfturbine die Kolbendampfmaschine verdrängt, weil sie höhere Drehzahl, größere Leistung und besseren Wirkungsgrad ermöglicht.

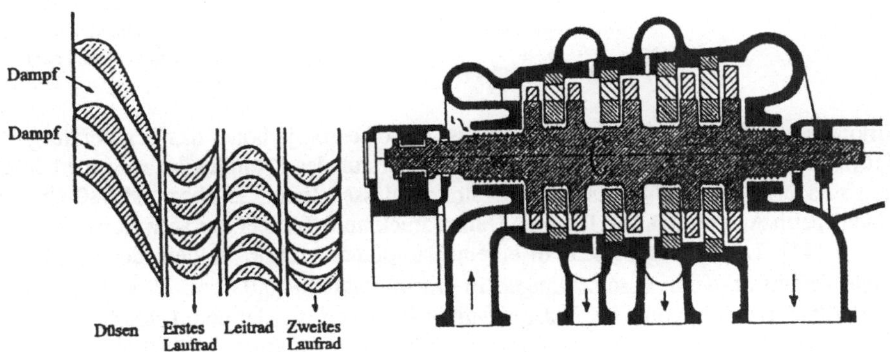

Bild 9-2: Dampfturbine
a) Schnittbild von Leit- und Laufschaufeln b) Längsschnitt einer achtstufigen Turbine mit zwei Anzapfungen

Die grundsätzliche Wirkungsweise einer Dampfturbine beruht auf der Umsetzung von Dampfdruck (potentielle Energie) in Strömungsgeschwindigkeit (kinetische Energie) in einer Düse und Anblasen eines Schaufelrades mit dem strömenden Dampf.

Der Schwede Gustav *de Laval* (1845- 1913) erzielte damit ungewollt sehr hohe Drehzahlen (bis zu 40 000/min), die für Antriebsaggregate nicht geeignet sind [38]. Der Engländer Charles Algernon *Parsons* (1854-1931) reduzierte die Drehzahlen durch Dampfentspannung *in mehreren Stufen*, indem er *Leitschaufeln* als Düsen ausbildete, parallel arbeitende Düsen in Leiträdern im Gehäuse anordnete und den Dampf in axialer Richtung abwechselnd eine Reihe von *Leiträdern* und *Laufrädern* durchströmen ließ (Bild 9-2a). Dieses Prinzip ist bei den modernen Turbinen (Drehzahl 3000/min oder 1500/min) beibehalten, nur konstruktiv verfeinert (Bild 9-2b), [7].

Mit sinkendem Dampfdruck werden wegen des wachsenden Dampfvolumens die Durchmesser von Leit- und Laufrädern immer größer, bis der Dampf beim Austritt aus der Niederdruckturbine nahezu Schallgeschwindigkeit erreicht. Der aus der Turbine abströmende Dampf wird entweder in einem Dampfkondensator niedergeschlagen (*Kondensationsturbine*) oder mit niederem Druck Wärmeverbrauchern zugeführt (*Gegendruckturbine*).

Kondensations-Kraftwerke

Große Dampfkraftwerke für die öffentliche Stromversorgung, die sich in der Hand der EVU (Elektrizitäts-Versorgungs-Unternehmen) befinden, sollen als Nutzenergie nur elektrischen Strom abgeben und werden daher als Kondensations-Kraftwerke gebaut (Bild 9-3). Da große Dampfkraftwerke überwiegend dauernd mit Vollast betrieben werden, spielt der Wirkungsgrad der Stromerzeugung eine wesentliche Rolle. Nachteilig ist, daß die aus dem Kondensator abgegebene Abwärme verloren geht.

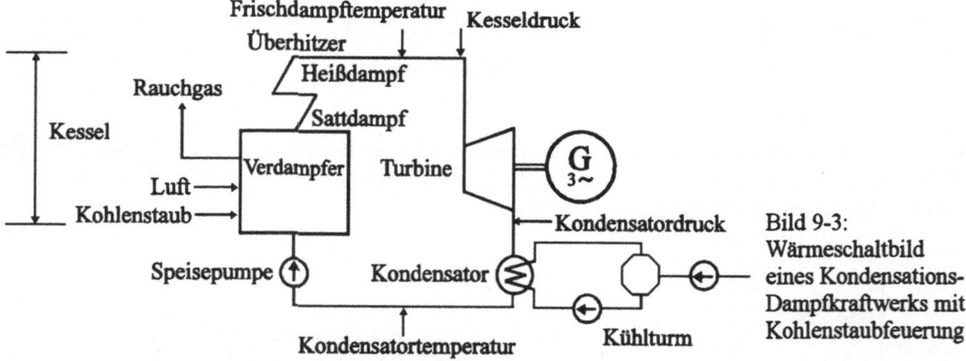

Bild 9-3: Wärmeschaltbild eines Kondensations-Dampfkraftwerks mit Kohlenstaubfeuerung

Der Wirkungsgrad einer Wärmekraftmaschine ist umso besser, je höher das Temperaturgefälle ist [16]. Daher ist man bestrebt, Druck und Temperatur des Dampfes beim Eintritt in die Turbine so hoch zu treiben, wie es die Werkstoffe zulassen (max. 250 bar und 540 C°) und andererseits beim Austritt aus der Turbine Dampfdruck und Temperatur so weit wie möglich abzusenken [41]. Letzteres geschieht in einem Dampfkondensator, in dem der austretende entspannte Dampf an Kühlwasserschlangen in einem Vakuum (0,03 bar, 40°C) verflüssigt und mit der Kesselspeisepumpe im Wasser-Dampf-Kreislauf wieder dem Dampfkessel zugeführt wird. Das Kühlwasser des Kondensators wird in einem Kühlturm rückgekühlt.

Um den Wirkungsgrad anzuheben, sind Dampfturbosätze großer Leistung konstruktiv in eine *Hochdruckturbine* und eine oder mehrere *Niederdruckturbinen* aufgeteilt (Bild 9-4). Der

Dampf wird nach dem Austritt aus der Hochdruckturbine in den Kessel zurückgeführt und im Zwischenüberhitzer noch einmal auf maximale Temperatur gebracht.

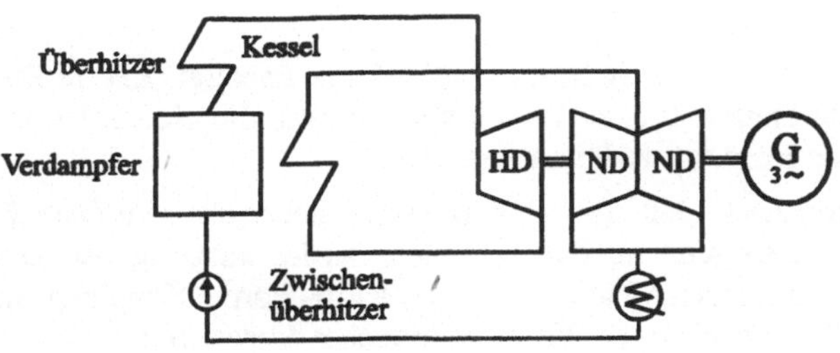

Bild 9-4:
Dampfturbosatz
mit Hochdruckturbine(HD),
Zwischenüberhitzung und
zweiflutiger Niederdruck - turbine (ND)

Heizkraftwerke

Ein Heizkraftwerk hat die Aufgabe, eine Gemeinde oder einen Stadtteil mit Strom und Fernwärme zu versorgen (*Kraft-Wärme-Kopplung*). Dies ist besonders dann wirtschaftlich, wenn Wärmeabnehmer vorhanden sind, die gleichmäßig über das Jahr große Wärmemengen abnehmen, wie Hotels, Großwäschereien, Krankenhäuser oder Schwimmbäder. Bei Wohnhäusern allein lohnt sich Fernwärme nicht, weil die Kunden im Sommer die Wärme nur noch für die Warmwasserbereitung brauchen, das sind knapp zehn Prozent des Winterbedarfes.

Für die Fernwärmeversorgung ist der Abdampf einer Kondensationsturbine nicht brauchbar, weil er zu niedrige Temperatur und zu geringen Druck hat. Man setzt daher als Kraftmaschine eine *Entnahme-Kondensationsturbine* ein, deren Niederdruckteil man anzapft (Bild 9-5). Dieser Dampf von z.B. 120°C speist ein Dampfnetz oder erhitzt in einem Wärmeaustauscher das Wasser eines Fernheizsystems [45].

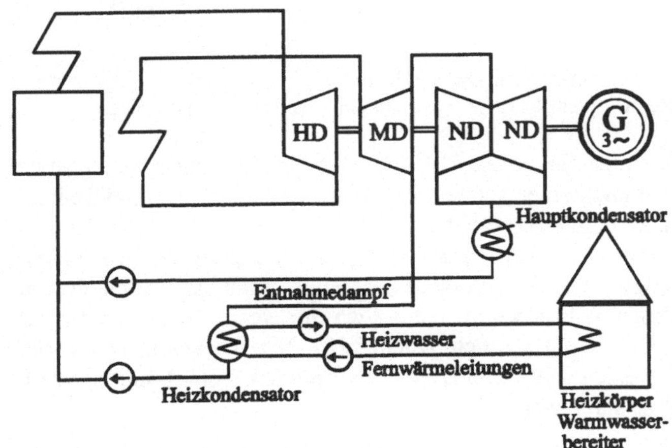

Bild 9-5:
Heizkraftwerk mit
Entnahme-
Kondensationsturbine
zur Erzeugung von
Strom und Fernwärme.
Dampfentnahme aus der
Mitteldruckturbine.

Die Entnahme-Kondensationsturbine hat den Vorteil, daß je nach Bedarf unterschiedlich viel Dampf der Turbine entzogen werden kann. Das Kraftwerk paßt sich dem schwankenden Wärmebedarf seiner Kunden so an, daß die Stromerzeugung immer noch läuft, auch wenn keine Wärme benötigt wird. Das Kraftwerksnetz ist über eine Transformatorenstation mit dem Hochspannungsnetz eines EVU gekuppelt, damit die Frequenz mit dem EVU-Netz übereinstimmt, bei Lastschwankungen Energie ausgetauscht werden kann und bei einem Ausfall des Heizkraftwerkes die Stromversorgung aufrecht erhalten bleibt.

In zunehmendem Maße werden Heizkraftwerke für kleinere Leistungen statt als Dampfkraftwerke als *Blockheizkraftwerke* mit Otto- oder Dieselmotoren als Kraftmaschine und Wärmequelle ausgeführt (siehe Abschnitt 9.1.5).

Industriekraftwerke

In vielen Bereichen der Industrie wird gleichzeitig Strom und Wärme benötigt, z.B. in Betrieben der chemischen Industrie, in Papierfabriken, Brikettfabriken oder Ziegeleien. Ist der Betrieb groß genug, so ist ein eigenes Heizkraftwerk wirtschaftlich.

Für Industriekraftwerke ist charakteristisch, daß sie die Wärmeverbraucher über ein Dampfnetz versorgen, und daß die Stromversorgung für den gesamten Betrieb ausgelegt ist. Die Bilder 9-6 a) bis c) zeigen die grundsätzlichen Möglichkeiten der Kraft-Wärme-Kopplung. In den Bildern ist das Dampfnetz durch einen einzigen Wärmeverbraucher dargestellt.

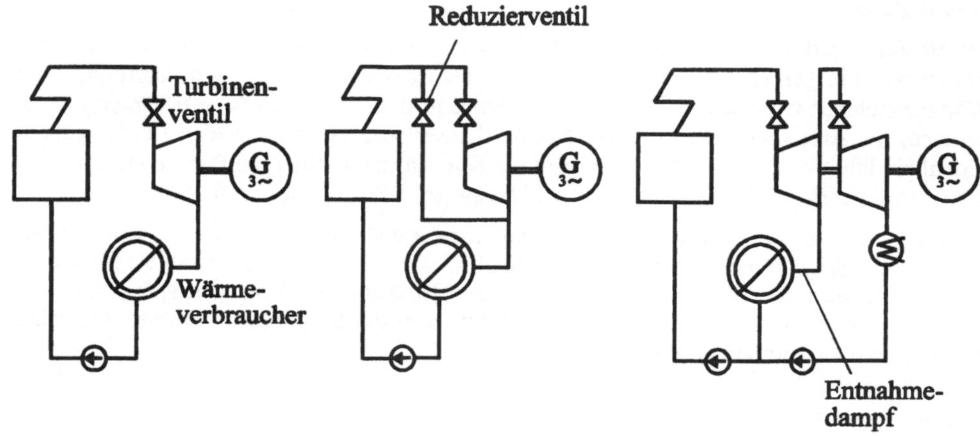

Bild 9-6: Grundschaltungen für die industrielle Kraft-Wärme-Kopplung
a) Gegendruckturbine b) Reduzierventil c) Entnahme-Kondensationsturbine

Der erste Fall (Bild 9-6a) ist der reine *Gegendruckbetrieb*. Der aus der Gegendruckturbine austretende Dampf der Turbine hat noch einen solchen Energieinhalt, daß Druck und Temperatur geeignet sind, das Dampfnetz damit zu betreiben, z.B. 3 bar und 180°C. Der Gegendruckbetrieb hat den Vorteil der optimalen Wärmeausnutzung. Allerdings ist die Stromerzeugung vom Wärmeverbrauch abhängig, weil der gesamte Energiefluß durch das Turbinenventil gesteuert wird. Besteht nur geringer Wärmebedarf, kann auch nur wenig Strom produziert werden. Der Betrieb muß zusätzlich Strom aus dem öffentlichen Netz beziehen, was durch das Kraftwerk gerade vermieden werden sollte. Daher ist der Gegendruckbetrieb nur sinnvoll, wenn der Wärmeverbrauch nicht zu stark absinkt [36].

Im umgekehrten Fall (Bild 9-6b), wenn große Wärmemengen gebraucht werden, aber wenig elektrische Energie, kann man die Turbine mit einem *Reduzierventil* überbrücken. Da an dem Reduzierventil ein Druckabfall entsteht, wird der thermische Wirkungsgrad durch die Drosselung verschlechtert [16].

Wenn der Verbrauch an elektrischer Energie den Wärmeverbrauch überwiegt, ist eine Entnahme-Kondensationsturbine zweckmäßig (Bild 9-6c). Die Dampfströme für Kraft und Wärme können getrennt gesteuert werden. Die Stromerzeugung wird so weniger abhängig von dem Wärmeverbrauch, jedoch ist durch den Wärmeverlust im Kondensator der thermische Wirkungsgrad niedriger.

Dampferzeuger mit fossilen Brennstoffen

Der für Kraft- und Wärmeerzeugung benötigte Dampf wird im Dampfkessel erzeugt. Die Kesselspeisepumpe fördert das enthärtete und entsalzte Speisewasser gegen den Dampfdruck in den Kessel. Im Kessel wird das Speisewasser vorgewärmt, verdampft und überhitzt. Häufig wird in großen Anlagen der Dampf zwischen Hochdruck- und Mitteldruckteil in einem von den Rauchgasen beheizten Wärmeaustauscher zwischenüberhitzt.

Als Brennstoffe für die Kesselfeuerung kommen Braunkohle, Steinkohle, Schweröl und Erdgas in Frage. Bei Kohlefeuerung wird Kohlenstaub in einem vorgewärmten Luftstrom in den Kessel eingeblasen.

Dampfkessel großer Leistung sind in Deutschland ausschließlich *Zwangsdurchlaufkessel*, auch Bensonkessel genannt. Diese Kessel haben keine Wassertrommel, sondern bestehen nur aus Rohren. Das Wasser wird direkt von der Speisepumpe aus durch hintereinandergeschaltete Rohrsysteme, die jeweils aus einer Anzahl parallelgeschalteter Rohre bestehen, gedrückt, wobei es in überhitzten Dampf überführt wird (Bild 9-7).

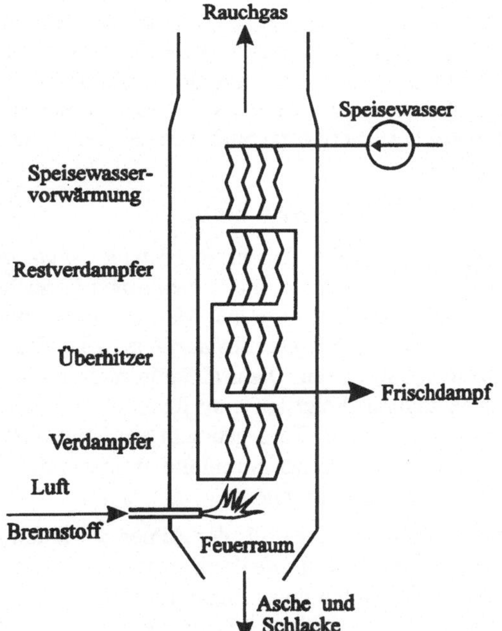

Bild 9-7:
Schema eines Zwangsdurchlaufkessels

Der Bensonkessel hat nur eine sehr geringe Speicherfähigkeit, er muß deshalb schnell regelbar sein. Dampfentnahme, Speisewasserzufuhr und Brennstoffzufuhr müssen genau aufeinander abgestimmt werden. Frischdampfdruck und -temperatur müssen bei schwankender Dampfmengenentnahme auf dem Sollwert gehalten werden. Dies ist durch Verstellung der Brennstoffmenge so zu regeln, daß die Verbrennung optimal verläuft, d.h. die Brennstoffmenge minimal wird. Die Feuerraumtemperatur wird so hoch gehalten, daß die Schlacke in flüssiger Form abgezogen werden kann. Das Rauchgas mit der Flugasche muß entstickt, entstaubt (Elektrofilter, siehe Bild 8-3) und entschwefelt werden.

Kernreaktor

Im Kernreaktor werden schwere Atomkerne gespalten. Die dabei freiwerdende Energie wird als Wärme zum Verdampfen von Wasser genutzt.

Physikalische Grundlagen

Ein Atomkern besteht aus Nukleonen, das sind Protonen und Neutronen. Da die Protonen positiv geladen sind und sich gegenseitig abstoßen, ist Bindungsenergie nötig, um den Kern zusammenzuhalten.

Die Bindungsenergien können anhand des Massendefekts nachgewiesen werden. Es gilt nämlich: *Summe der Massen der Einzelnukleonen = Kernmasse + Massendefekt.* Nach der Einsteinschen Gleichung $E = m \cdot c^2$ ist der Massendefekt äquivalent der Bindungsenergie.

Bei Zerlegung eines Atomkerns muß Energie im Betrag der Bindungsenergie aufgewendet werden. Bei Vereinigung der Nukleonen zu einem Kern wird Bindungsenergie frei. Die Bindungsenergie je Nukleon ist bei schweren Elementen kleiner als bei mittelschweren Elementen [16]. Wenn man daher schwere Elemente spaltet, muß weniger Energie aufgewendet werden als bei der Vereinigung der Nukleonen zu mittelschweren Elementen frei wird. Die Differenz ist kinetische Energie, die als Wärme nutzbar ist.

Kernspaltung kann ausgelöst werden, wenn man schwere Atomkerne (Uran, Plutonium, Thorium) mit Neutronen beschießt. Da Neutronen keine Ladung besitzen, können sie sich ungehindert einem Atomkern nähern. Bei dem Uranisotop U 235 genügt bereits beim Auftreffen eines langsamen Neutrons dessen Neutronenbindungsenergie, um eine Spaltreaktion auszulösen. Hierbei wird der Kern so stark angeregt, daß er in zwei Bruchstücke, sogenannte Spaltprodukte, zerplatzt, die mit beträchtlicher kinetischer Energie davonfliegen. Es gibt mehr als 30 verschiedene Spaltproduktpaare.

Beispiel: ${}^{235}_{92}\mathrm{U} + {}^{1}_{0}\mathrm{n} \rightarrow {}^{236}_{92}\mathrm{U}$ (instabil) $\rightarrow {}^{89}_{36}\mathrm{Kr} + {}^{144}_{56}\mathrm{Ba} + 3\,{}^{1}_{0}\mathrm{n} + 200\ \mathrm{MeV}$.

Neben Spaltprodukten entstehen pro Kernspaltung im Mittel mehrere *prompte Neutronen,* deren mittlere Energie bei etwa 2 MeV liegt, so daß sie als schnelle Neutronen bezeichnet werden. *U 235 kann mit schnellen Neutronen nicht gespalten werden.* Man kann aber durch elastische Zusammenstöße mit Atomen eines Bremsmittels oder *Moderators,* z.B. Wasser, die prompten Neutronen zu langsamen Neutronen abbremsen. Dadurch kann man erreichen, daß diese langsamen Neutronen weitere Kerne spalten. Folgt auf eine Reaktion mindestens eine gleiche, so spricht man von einer *Kettenreaktion.* In Gang gebracht wird die Kettenreaktion durch ein Neutron, das durch Auftreffen kosmischer Strahlung freigeworden ist, vorausgesetzt, daß die spaltbare Masse die *kritische Masse* übersteigt.

Der Multiplikationsfaktor k einer Kettenreaktion gibt das Verhältnis der Zahlen der aufeinander folgenden Reaktionen an. Ist $k > 1$, so nimmt die Zahl der Reaktionen mit jedem Schritt zu, die erzeugte Wärmeleistung steigt, z.B. beim Anlaufen eines Reaktors. Danach soll der Reaktor konstante Leistung abgeben, d.h. *erzeugte Neutronen = verbrauchte Neutronen* oder $k = 1$. Dies wird durch Neutronen schluckende Stoffe erreicht, z.B. Bor oder Cadmium. Beim Abfahren des Reaktors muß $k < 1$ werden.

Druckwasserreaktor

Die Kernkraftwerke in Deutschland sind ausschließlich zur Stromerzeugung gebaut, nicht zur Abgabe von Prozeßwärme. Die Kraftwerksblöcke sind mit *Leichtwasser-Reaktoren* und Kondensationsturbinen ausgerüstet. Als Brennstoff wird Uran verwendet, das in der Zusammensetzung von 99,3 % U 238 und 0,7 % U 235 in der Natur vorkommt und abgebaut wird. Da nur U 235 spaltbar ist, wird das Natururan angereichert auf 97 % U 238 und 3 % U 235. Als Moderator und Wärmetransportmittel wird leichtes, d.h. natürliches Wasser verwendet, daher kommt der Name Leichtwasser-Reaktor. Schweres Wasser (D_2O) wird als Moderator in Deutschland nicht verwendet, wohl aber bei Kernkraftwerken in Argentinien (Atucha) und Brasilien (Angra). Die Leichtwasser-Reaktoren sind überwiegend *Druckwasserreaktoren*, z.B. Biblis A und B, seltener *Siedewasserreaktoren*, z.B. Philippsburg 1 [52].

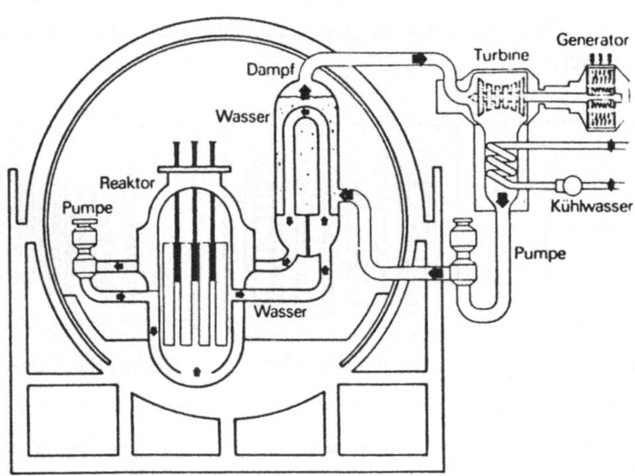

Bild 9-8: Kernkraftwerksblock mit Druckwasserreaktor, Wärmetauscher und Kondensationsturbine

Das Bild 9-8 zeigt den grundsätzlichen Aufbau eines Kraftwerkblocks mit Druckwasserreaktor. Die Kernspaltung findet in dem Reaktorkern statt, der aus einem Verband eng aneinander gesetzter, stabförmiger Brennelemente besteht. Jedes Brennelement enthält 205 oder 236 Brennstäbe, die mit dem Kernbrennstoff Urandioxyd in Tablettenform gefüllt sind. Die Brennelemente werden vom Wasser des Reaktorkühlsystems durchströmt, das zur Neutronenmoderation und Wärmeabfuhr dient. Das Wasser steht unter hohem Druck, damit es nicht verdampft. Durch einen Druckhalter, der mit dem Hauptkühlkreislauf verbunden ist, wird der Wasserdruck auf 155 bar im Primärkreis geregelt. Der Druckhalter ist ein Gefäß, das mit siedendem Wasser gefüllt ist, darüber befindet sich ein Dampfpolster. Der Wasserdruck wird mit Hilfe einer elektrischen Heizung und einer Sprüh- und Abblasevorrichtung geregelt [51].

Zur Steuerung der Kettenreaktion enthält ein Teil der Brennelemente neutronenabsorbierende Steuerstäbe, die von elektromagnetischen Antriebseinheiten vertikal bewegt werden können. Bei Stromunterbrechung fallen die Stäbe in die Brennelemente ein und bringen den Neutronenfluß zum Erliegen (Reaktorschnellschluß).

Das Kerngerüst legt den Reaktorkern innerhalb des Reaktordruckbehälters fest und leitet das Kühlwasser durch den Reaktorkern. Durch Borsäurezusatz im Wasser ist der Moderator Leichtwasser temperaturabhängig. Bei Nennlast wird der Multiplikationsfaktor der Kettenreaktion auf $k = 1$ eingeregelt. Steigt die abgegebene Wärmemenge, so sinkt die Wassertemperatur, während der Neutronenfluß steigt. Umgekehrt wird bei Übertemperatur der Neutronenfluß stärker absorbiert, die Wärmeleistung sinkt, ohne daß die Steuerstäbe bewegt werden. Diese Temperaturabhängigkeit hat den Vorteil, daß der Reaktor seinen Neutronenfluß der abgegebenen Leistung anpaßt, und ist somit ein Faktor der *inhärenten Sicherheit*.

Das Reaktorkühlsystem überträgt die im Reaktor erzeugte Wärme über die Dampferzeuger (Wärmetauscher) an die Dampfkraftanlage. Es besteht aus vier identischen Kühlkreisläufen mit je einem Dampferzeuger, einer Hauptkühlmittelpumpe und den verbindenden Rohrleitungen sowie einem gemeinsamen Druckhalter.

Die vier Dampferzeuger übertragen die Wärme des Reaktorkühlmittels (320°C) an den Speisewasser-Dampf-Kreislauf und erzeugen Sattdampf von etwa 70 bar zum Antrieb des Turbogenerators [50]. Sie bilden beim Druckwasserreaktor die Trennstelle zwischen dem Reaktorsystem und der Dampfkraftanlage. Dadurch tritt keine Radioaktivität in den sekundären Wasser-Dampf-Kreislauf über.

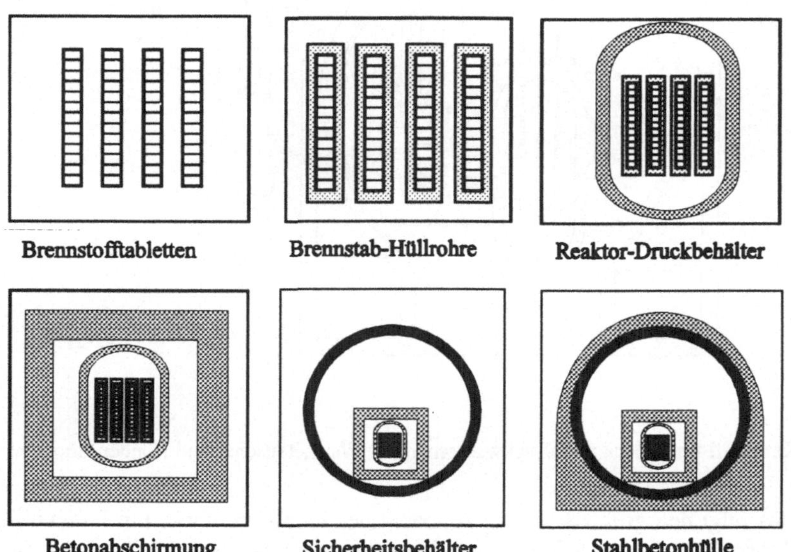

Bild 9-9: Die Sicherheitshüllen im Kernkraftwerk

Die Sicherheitsmaßnahmen gegen Austritt von Radioaktivität sind sehr umfangreich und umfassen mehrere Stufen, z.B. die Hüllen der Brennstäbe, das Druckgefäß, die Betonabschirmung, die druckfeste kugelförmige Sicherheitshülle (Containment) und das Reaktorgebäude (Bild 9-9). Die *inhärente Sicherheit* des Reaktors besteht darin, daß der Multiplikationsfaktor mit steigender Wassertemperatur sinkt und daß bei einem Bruch einer Kühlmittelleitung der Neutronenfluß nahezu zum Erliegen kommt, weil beim Verdampfen des Wassers der Moderator fehlt und die schnellen Neutronen keine Kernspaltung mehr hervorrufen. Eine andere Sicherheitsmaßnahme ist die *n + 2 - Redundanz* der Haupt- und Notkühlsysteme. Diese sind vierfach vorhanden, werden aber nur zweifach gebraucht.

9.1.3 Gasturbinenkraftwerke

Eine Gasturbine ist eine Turbine, in der die heißen Abgase von Verbrennungen Arbeit leistend von höherem auf niederen Druck entspannen, und die im Aufbau und in der Arbeitsweise einer Dampfturbine analog ist. Sie ist Bestandteil einer Wärmekraftanlage, die in ihrer einfachsten Ausführung aus einem Turboverdichter, einer Brennkammer und der eigentlichen Gasturbine besteht (Bild 9-10).

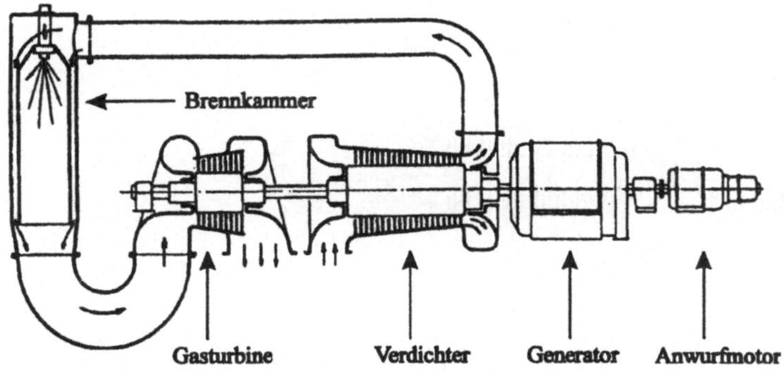

Bild 9-10: Schema einer einstufigen offenen Gasturbinenanlage

Die Arbeitsweise ist folgende: Der *Verdichter* saugt Luft aus der Atmosphäre an, verdichtet sie auf 10 bis 16 bar und fördert sie in die Brennkammer. Durch Düsen wird der Brennkammer ständig Brennstoff (Erdgas oder Öl) zugeführt, der in der Luft verbrennt und ein Verbrennungsgas von etwa 950° bis 1250° C liefert. Durch die Temperaturerhöhung vergrößert sich das Volumen bzw. die Strömungsgeschwindigkeit des Gases. In der *Gasturbine*, die analog einer Dampfturbine arbeitet, entspannt sich das Gas wieder auf atmosphärischen Druck, wodurch es Arbeit leistet, und verläßt die Turbine mit etwa 400° bis 500° C in die Atmosphäre (offener Prozeß). Die Turbine treibt sowohl einen *Generator* wie den Verdichter an. Der Gasturbosatz wird mit einem *Anwurfmotor* auf Drehzahl gebracht, damit der Verdichter ansaugt. Im Betrieb wird die Turbinendrehzahl durch Dosierung der Brennstoffmenge geregelt [16].

Eine Gasturbinenanlage kann ihre Nutzleistung auf verschiedene Arten abgeben:

- an der Welle zum Antreiben von Generatoren, Fahrzeugen oder Schiffen,
- zur Lieferung von Druckluft, die von dem Turboverdichter entnommen wird, z.B. zum Blasen von Hochöfen,
- zum Antrieb von Flugzeugen. Verdichter, Brennkammer und Turbine bilden ein Luftstrahltriebwerk. Der Wärmeenergie wird in kinetische Energie der aus der Turbine ausströmenden Verbrennungsgase umgesetzt, deren Rückstoß den Vortrieb liefert.

In der Elektrizitätswirtschaft werden Gasturbosätze zum Antrieb von Drehstromgeneratoren eingesetzt, die die Spitzenlast von Verbundnetzen decken. Wenn die Abgastemperaturen der Turbine nicht weiter ausgenutzt werden, ist der thermische Wirkungsgrad sehr niedrig. Bei einem einfachen offenen Prozeß beträgt er zwischen 22 % und 24 %, bei mehrstufigem Prozeß mit Luftvorwärmung bis 35 % [41].

9.1.4 Gas- und Dampfturbinenkraftwerk

Eine wesentlich bessere Wärmeausnutzung als mit einer Gasturbine erreicht man mit kombinierten Gas- und Dampfturbinenprozessen in einem *GUD-Kraftwerk*. Hierbei wird das Abgas der Gasturbine in einem Abhitzekessel als Verbrennungsluft für den Dampferzeuger und zur Speisewasservorwärmung benutzt (Bild 9-11). In einem GUD-Kraftwerk liefert die Gasturbine etwa zwei Drittel, die Dampfturbine ein Drittel der Gesamtleistung. Der thermische Wirkungsgrad liegt bei maximal 60% [44].

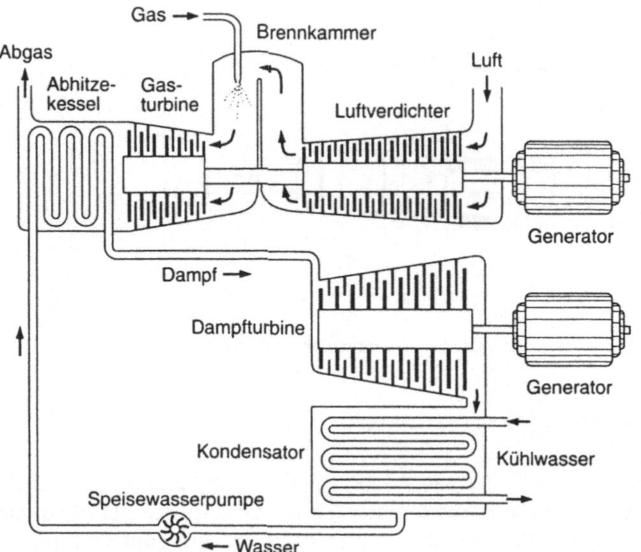

Bild 9-11:
Kombinierter Gas- und Dampfturbinenprozeß (GUD-Kraftwerk)

9.1.5 Blockheizkraftwerk

Blockheizkraftwerk mit Verbrennungsmotor

Ein Blockheizkraftwerk ist ein Kraftwerk kleiner Leistung, das für ein kleines Netz Strom erzeugt und die Abwärme für gewerbliche und private Verbraucher zur Heizung und Warmwasserbereitung zur Verfügung stellt (Kraft-Wärme-Kopplung). Im Unterschied zu Heizkraftwerken mit Dampfturbinen, wie in Abschnitt 9.1.2 beschrieben, ist bei einem Blockheizkraftwerk die Wärmekraftmaschine ein Otto- oder Dieselmotor oder eine Gasturbine [56].

Ein Blockheizkraftwerk besteht aus Motor, Generator, Wärmetauscher, Heizkessel und Speicher. Dazu kommen noch die Einrichtungen für die elektronische Steuerung und Regelung der Anlage (Bild 9-12).

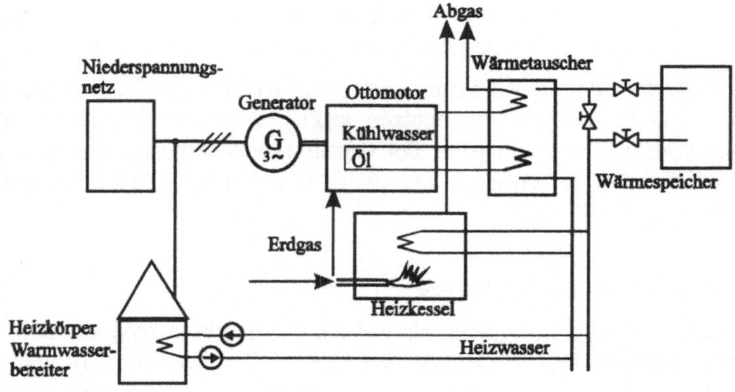

Bild 9-12: Blockheizkraftwerk mit Wärmespeicher und Heizkessel für Wärmelastspitze (Reservemaschinensatz weggelassen)

Der Motor ist meist ein mit Erdgas betriebener Ottomotor. Er treibt den Drehstromgenerator an, der das Gebäude mit Strom versorgt und in das öffentliche Niederspannungsnetz einspeist. Die Abgas- und Kühlwasserwärme des Motors wird über einen Wärmetauscher auf das Wasser des Heiznetzes übertragen. Schwankungen des täglichen Wärmebedarfs gleicht ein Wärmespeicher aus, der aus einem isolierten Wassertank besteht. Lastspitzen des Wärmebedarfs deckt ein erdgasgefeuerter Heizkessel (Spitzenkessel).

Die abgegebene elektrische Leistung von Blockheizkraftwerken liegt zum größten Teil unter 500 KW. Nur ein Prozent haben eine Leistung von 5 bis 10 MW.

Blockheizkraftwerk mit Brennstoffzellen

Eine neue Möglichkeit der Strom-Wärme-Erzeugung bieten die *Brennstoffzellen*. Sie erzeugen Strom durch emissionsarme elektrochemische Vereinigung eines gasförmigen Brennstoffs mit Sauerstoff. Dadurch kommt das Blockheizkraftwerk ohne Kraftmaschine und Generator aus [30].

Eine Brennstoffzelle wandelt chemische Energie auf direktem Weg in elektrische Energie um. Sie besteht aus zwei Elektroden und dem Elektrolyten. Die Anode wird mit dem Brennstoff (z.B. Wasserstoff) und die Kathode mit dem Oxydationsmittel (Sauerstoff) versorgt, der Elektrolyt verbindet die beiden Elektroden miteinander (Bild 9-13).

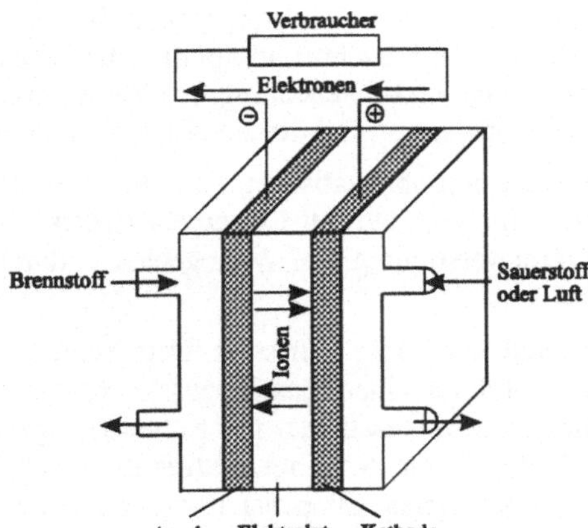

Bild 9-13:
Funktionsprinzip einer Brennstoffzelle

An der Anode (Minus-Pol) wird der Brennstoff oxydiert. Die dabei abgegebenen Elektronen fließen über den äußeren Stromkreis zur Kathode (Plus-Pol). Hier wird das Oxydationsmittel durch Elektronenaufnahme reduziert. Durch den Elektronenfluß kann im äußeren Stromkreis Arbeit verrichtet werden. Der Ladungstransport in der Brennstoffzelle kommt durch die Ionenbewegung im Elektrolyten zustande. Eine Brennstoffzelle liefert also wie ein Akkumulator elektrische Energie, aber mit dem Unterschied, daß bei der Brennstoffzelle die Elektroden selbst nicht chemisch umgewandelt werden. Bei stetiger Brennstoffzufuhr kann kontinuierlich elektrische Energie entnommen werden [42].

Eine einzelne Brennstoffzelle liefert eine Gleichspannung von weniger als 1V. Man schaltet daher zahlreiche Einzelzellen in Reihe zu Zellenstapeln (Stacks), die Spannungen bis zu 200 Volt erreichen. Die Stromstärke ist proportional zur Fläche der Elektroden. Die Stromdichte erreicht je nach Zellentyp und Betriebsbedingungen 0,1 bis 1 A/cm^2.

Die Energieumwandlung in Brennstoffzellen verläuft nicht verlustfrei, so daß die anfallende Wärme abgeführt werden muß. Damit sind stationäre Brennstoffzellensysteme prädestiniert für die Kraft-Wärme-Kopplung. Allerdings sind die Investitionskosten von Brennstoffzellen immer noch sehr hoch, etwa 5000 DM/kW (Stand 1998).

Kommerziell werden für Blockheizkraftwerke bisher nur phosphorsaure Brennstoffzellen (PAFC) eingesetzt. Sie werden mit Erdgas betrieben und erzeugen bis zu 200 KW elektrische Leistung und 220 kW Wärmeleistung. Der elektrische Wirkungsgrad beträgt 40 %, der thermische bis zu 45 %, so daß die Energie zu 85 % ausgenutzt wird.

Die wesentlichen Systemkomponenten für den Betrieb eines PAFC-Blockheizkraftwerkes mit Erdgas sind *Reformer mit Konverter*, *Brennstoffzelle*, *Wärmetauscherverbund* und *Wechselrichter*. Im Reformer wird das vorgereinigte Erdgas mit überhitztem Wasserdampf vermischt und katalytisch bei etwa 800°C zu Wasserstoff und Kohlenmonoxid umgesetzt. Das Kohlenmonoxid reagiert dann im Konverter an einem Katalysator bei etwa 250° mit Wasserdampf zu Wasserstoff und Kohlendioxid. Dieses Prozeßgas wird kontinuierlich den Brennstoffzellen zugeführt [35].

Einsatzmöglichkeiten von Blockheizkraftwerken

Blockheizkraftwerke sind nur wirtschaftlich, wenn sie nach dem Wärmebedarf gefahren werden, und wenn dieser Wärmebedarf mindestens 5000 Vollaststunden im Jahr beträgt [53]. Als Verbraucher kommen daher in erster Linie Einrichtungen in Frage, die zeitlich gut übereinstimmenden Bedarf an Strom und Wärme, auch im Sommer, haben, also Industrie- und Gewerbebetriebe, Hotels, Kläranlagen, Hallenbäder, Büro- und Verwaltungsgebäude, Krankenhäuser, Schulzentren. Ein Krankenhaus zum Beispiel verbraucht rund um die Uhr Strom und Wärme für Küche, Wäscherei, Aufzüge, Klimaanlage und Beleuchtung. Ein Blockheizkraftwerk kann gleichzeitig als Ersatzstromversorgung bei Netzausfall dienen (Operationsräume!).

Die Wärmeversorgung von Wohngebieten ist dagegen problematischer. Nur 2000 Stunden im Jahr beheizt ein Mitteleuropäer seine Wohnung. Im Verbund mit Gewerbebetrieben, Hotels oder Hallenbädern ist aber die Strom- und Wärmeversorgung von Wohngebieten durch ein Blockheizkraftwerk durchaus wirtschaftlich [40].

Wärme- und Stromverbrauch schwanken im Laufe des Tages sehr stark. Dem kann sich ein Blockheizkraftwerk anpassen, indem die Grundlast durch einen Maschinensatz versorgt wird, die Mittel- und Spitzenlast durch einen zweiten Maschinensatz, der nur zeitweise zugeschaltet wird und außerdem als Reserve bei Ausfall des ersten Maschinensatzes dient. Tägliche Wärmeschwankungen können durch einen Wärmespeicher kompensiert werden. Eine reine Wärmespitze deckt am wirtschaftlichsten ein Heizkessel.

9.2 Wasserkraftwerke

9.2.1 Ausnutzung der Wasserenergie

Strömt Wasser von einem höher gelegenen Punkt zu einem tieferen, so wird Arbeit geleistet. Diese potentielle Energie wird in den Wasserkraftanlagen planmäßig ausgenutzt. In Bächen, Flüssen und Seen, in welchen das Wasser unter dem Einfluß der Schwere im natürlichen Kreislauf talabwärts strebt, sind große Energien enthalten. Im Naturzustand werden diese Energien durch das Wasser in seinem Lauf ungenützt verbraucht zur Überwindung von Bewegungswiderständen seines rauhen und unregelmäßigen Bettes. Im Wasserkraftausbau wird die ungenützte Energie durch Verminderung der Bewegungswiderstände und Konzentration der Fallhöhe nutzbar gemacht und in Kraftwerken mittels Wasserturbinen in Drehenergie umgewandelt, die Drehstrom- oder Wechselstromgeneratoren antreibt.

Die Bewegungswiderstände werden verringert durch Stauung des Wasserspiegels, durch Erstellung eines künstlichen Flußbettes oder einer getrennten Triebwasserleitung sowie durch Kürzung des Gewässerlaufes mittels einer oder mehreren Triebwasserleitungen [7].

Je nach der Stau- oder Fallhöhe ΔH des Wassers unterscheidet man Niederdruck-, Mitteldruck- und Hochdruck-Kraftwerke.

9.2.2 Niederdruckkraftwerke

Niederdruckkraftwerke sind Kraftwerke mit einer Stau- oder Fallhöhe unter 25 Meter. Zu diesen gehören vor allem Flußkraftwerke, die man auch *Laufwasserkraftwerke* nennt.

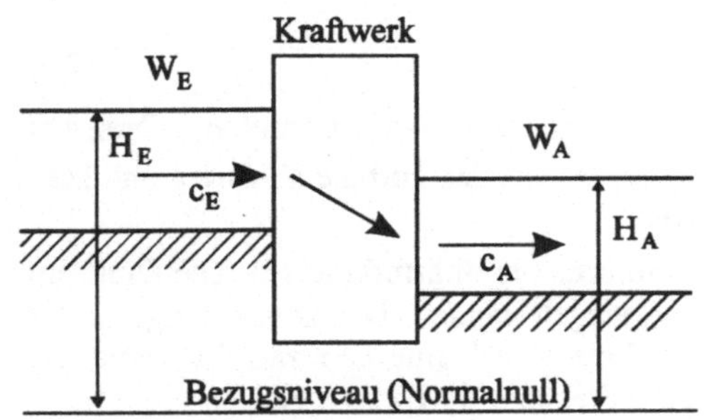

Bild 9-14: Niederdruckkraftwerk, Nutzenergie = Differenz der Energieinhalte des Wassers vor und nach dem Kraftwerk

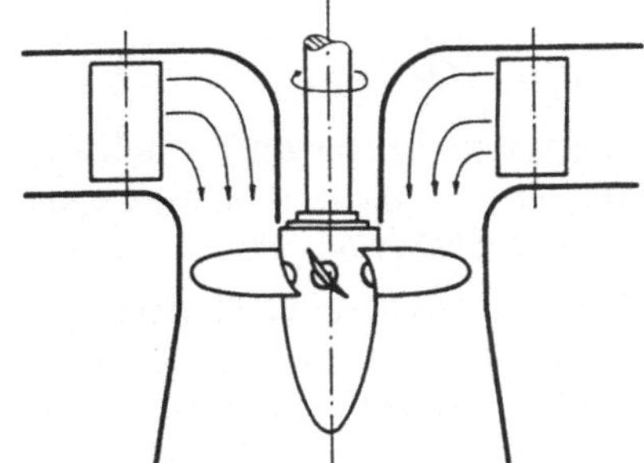

Bild 9-15: Kaplanturbine, senkrecht angeordnet, mit axialer Anströmung

Für Laufwasserkraftwerke charakterisch ist die *geringe Fallhöhe* $H_E - H_A$ (H_E: Pegelstand Oberwasser, H_A: Pegelstand Unterwasser) und die *große Durchflußmenge* Q je Zeiteinheit (Bild 9-14). Als Wasserturbine wird fast aussschließlich die *Kaplanturbine* eingesetzt, eine axial beaufschlagte Turbine (Bild 9-15). Die Fallhöhe steht unmittelbar am Kraftwerk an. Laufwasserkraftwerke können direkt in den Flußlauf (mit Rohrturbine, Bild 9-16) oder in einen Seitenkanal gesetzt werden.

Die nutzbare Energie W_{Nutz} eines Wasserkraftwerkes ergibt sich aus der Differenz der Energieinhalte W_E und W_A des Wassers vor und hinter dem Kraftwerk (Bild 9-14). Die Energien setzen sich zusammen aus einem potentiellen und einem kinetischen Anteil.

Wasser, das sich in der Höhe H über Bezugsniveau befindet, hat die potentielle Energie $E_{pot} = m \cdot g \cdot H$.

Die kinetische Energie einer mit der Geschwindigkeit c bewegten Wassermasse beträgt $E_{kin} = \frac{1}{2} m \cdot c^2 = \frac{G}{2 \cdot g} \cdot c^2 = \frac{\gamma \cdot V}{2 \cdot g} \cdot c^2$.

Das die Turbine durchströmende Wasservolumen ist V und γ dessen spezifisches Gewicht.

Also ist $W_E = m \cdot g \cdot H_E + \frac{1}{2} m \cdot c_E^2$ und $W_A = m \cdot g \cdot H_A + \frac{1}{2} m \cdot c_A^2$.

Die *Nutzenergie* W_{Nutz} ist

$$W_{Nutz} = W_E - W_A = m \cdot g \cdot (H_E - H_A) + \frac{1}{2} m \cdot (c_E^2 - c_A^2) \tag{9.1}$$

Definiert man $W_{Nutz} = m \cdot g \cdot H_{Nutz} = \gamma \cdot V \cdot H_{Nutz}$ und setzt dies gleich (9.1), so ergibt sich die *Nutzfallhöhe*

$$H_{Nutz} = (H_E - H_A) + \frac{1}{2g} \cdot (c_E^2 - c_A^2) \tag{9.2}$$

Die aufgenommene Leistung der Turbine ist dann $P_E = \frac{W_{Nutz}}{t} = \frac{\gamma \cdot V \cdot H_{Nutz}}{t}$. Die Durchflußmenge pro Zeiteinheit ist $Q = \frac{V}{t}$; also ist

$$P_E = \gamma \cdot Q \cdot H_{Nutz} \tag{9.3}$$

Die abgegebene Leistung der Turbine ist $P_A = \eta_T \cdot P_E$ mit dem Wirkungsgrad η_T. Drehzahl und Drehmoment der Turbine sind sehr stark von der Bauart der Turbine abhängig und können hier nicht behandelt werden. Einzelheiten siehe [7].

Das Bild 9-16 zeigt ein Flußkraftwerk mit Kaplanturbine als Rohrturbine[16]. Die Drehzahl der Turbine kann durch Verstellen der Schaufeln geregelt werden. Der Drehstromgenerator ist über der Turbine angeordnet. Da die Kaplanturbine eine kleine Drehzahl hat, muß der Generator entsprechend große Polzahl haben, um die Frequenz 50 Hz zu erzeugen.

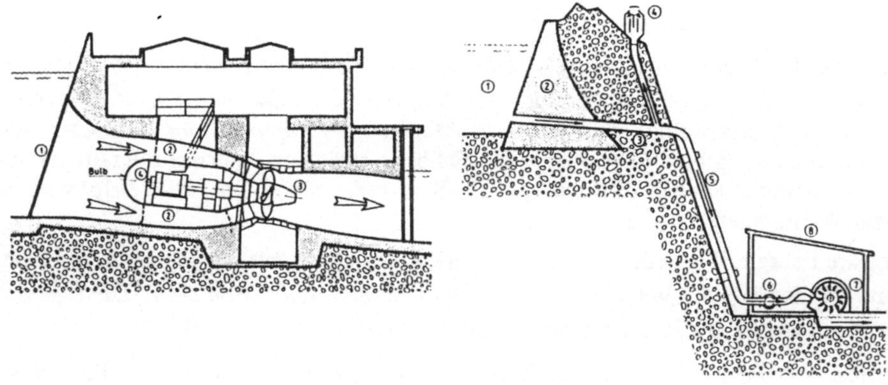

Bild 9-16: Laufwasserkraftwerk mit Rohrturbine
1 Einlaufrechen 2 Laufwasserstrom
3 Kaplanturbine 4 Generator

Bild 9-17: Hochdruckkraftwerk mit Peltonturbine
1 Stausee 2 Staumauer 3 Druckstollen
4 Wasserschloß 5 Druckleitung 6 Kugelschieber
7 Peltonturbine mit Generator 8 Maschinenhaus

Beispiel

Das Donaukraftwerk Jochenstein hat die Daten: Drehzahl $n = 62{,}5\ \text{min}^{-1}$; Polpaarzahl $p = 24$; Leistung $P = 29$ MW; Fallhöhe $H = 9{,}6$ m; Durchflußmenge $Q = 350\ \text{m}^3/\text{s}$.

Laufwasserkraftwerke verarbeiten laufend das zufließende Wasser. Sie werden im Dauerbetrieb gefahren und tragen zur Deckung der Grundlast der Stromversorgung bei.

9.2.3 Hochdruckkraftwerke

Hochdruck- und Mitteldruckkraftwerke sind *Speicherkraftwerke*. Gebirgsseen oder künstlich angelegte Stauseen vor Talsperren sammeln das Wasser von Bächen und kleinen Flüssen. Durch eine abschließbare Druckrohrleitung wird das Wasser zur Turbine geführt. Dies geschieht jedoch nur zu Zeiten der Spitzenlast im Stromversorgungsnetz. Zu Schwachlastzeiten wird das Einlaufschütz der Druckrohrleitung geschlossen, die Turbine abgestellt und der Speichersee wieder gefüllt. Speicherkraftwerke sind also Spitzenlast-Kraftwerke. Je nach der Größe des Stausees unterscheidet man Tages-, Wochen- und Jahresspeicher.

Hochdruckkraftwerke haben Fallhöhen über 100 Meter. Bei der Bestimmung der Nutzfallhöhe ist die Eintrittsenergie der Turbine gegenüber der Niederdruckanlage noch um den Wert $m \cdot g \cdot H_D$ zu vermehren (Bild 9-18).

$$H_{Nutz} = (H_E - H_A) + H_D + \frac{1}{2g} \cdot (c_E^2 - c_A^2) \tag{9.4}$$

Dabei ist H_D die Höhendifferenz zwischen Oberwasser Stausee und Turbineneinlauf abzüglich einem Betrag für die Druckverluste in der Rohrleitung, sie entspricht also dem in der Nähe des Turbineneinlaufes H_E gemessenen Betriebswasserdruck.

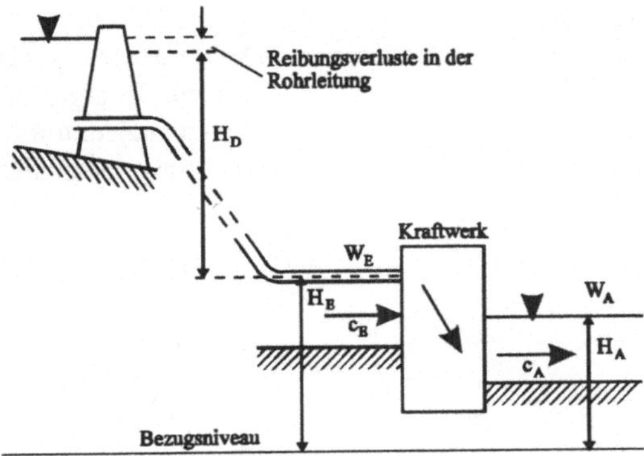

Bild 9-18:
Bestimmung der Nutzfallhöhe bei einem Hochdruckkraftwerk

Als Turbine kommt entweder die *Peltonturbine* oder die *Francisturbine* in Frage. Die Peltonturbine ist eine teilbeaufschlagte Freistrahlturbine mit tangentialer Anströmung der Schaufeln und besonders geeignet bei großen Fallhöhen und kleinen Wassermengen (Bild 9-19). Die Francisturbine ist vollbeaufschlagt mit spiralförmiger Wasserführung im Leitrad und besonders für mittlere Fallhöhen und größere Wassermengen geeignet. Sie kann mit senkrechter oder waagerechter Welle gebaut werden (Bild 9-20).

Im Bild 9-17 ist ein Hochdruckkraftwerk mit Peltonturbine dargestellt. Das Wasser wird vom Stausee zunächst durch einen Druckstollen zu einem Wasserschloß geführt, einem senkrechten Schacht, der die Funktion eines hydraulischen Kondensators hat. An das Wasserschloß schließen sich das Einlaufschütz und die Druckleitung zum Kraftwerk an. Wird das Einlaufschütz plötzlich geschlossen, so drückt die kinetische Energie des im Druckstollen strömenden Wassers den Pegel des Wasserschlosses in die Höhe. Das gleiche ist in vermindertem

Maße der Fall, wenn das Einlaufventil der Turbine langsam geschlossen wird. In der Peltonturbine gibt das Wasser seine kinetische Energie fast vollständig ab, so daß $c_A \approx 0$ ist.

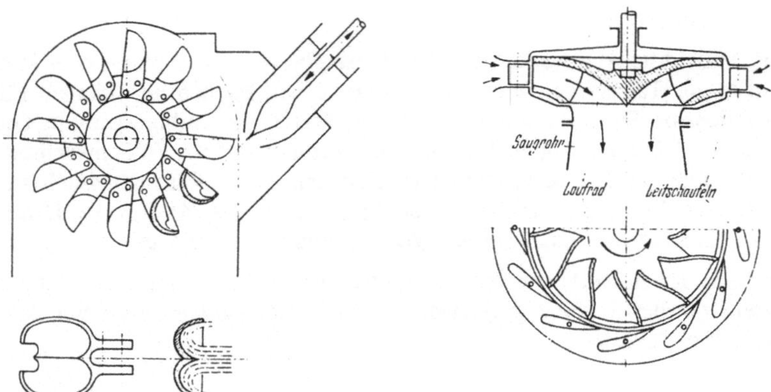

Bild 9-19: Pelton- oder Freistrahlturbine

Bild 9-20: Francisturbine mit senkrechter Welle

9.2.4 Mitteldruckkraftwerke

Mitteldruckkraftwerke unterscheiden sich von Hochdruckkraftwerken im wesentlichen nur durch die geringere Fallhöhe (max. 60 m). Als Turbinen werden weitgehend Francisturbinen verwendet. Ein Beispiel ist das Ederseekraftwerk in Nordhessen. Der künstlich angelegte Edersee faßt etwa 200 Millionen m³. Die Edertalsperre speichert nicht nur Energie für die Stromerzeugung, sondern verhindert auch Hochwasser und hält in trockenen Zeiten die Weser schiffbar. Das Bild 9-21 zeigt ein Mitteldruckkraftwerk, bei dem Turbinen- und Generatorwelle waagerecht angeordnet sind.

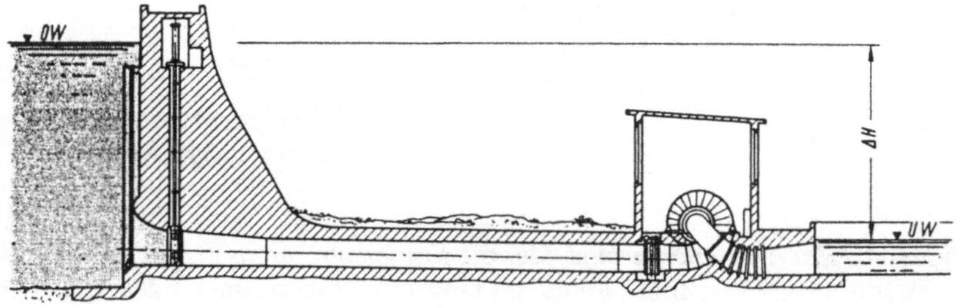

Bild 9-21: Mitteldruckkraftwerk mit Francisturbine

9.2.5 Pumpspeicherwerke

Das Bild 9-22 zeigt in schematischer Form die Tagesbelastungskurve eines Versorgungsgebietes für einen Werktag [8]. Sie weist starke Unterschiede zwischen Belastungsspitzen und Schwachlastzeiten auf (Nachttäler, „Brotzeitsenke“, Kochspitze, Mittagstal und Abendspitze).

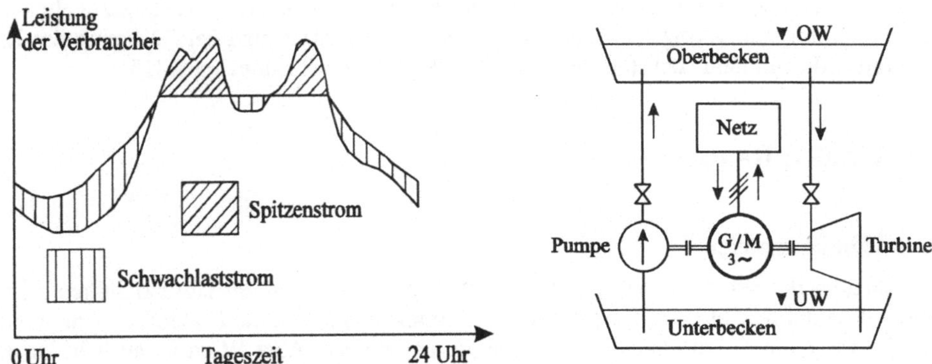

Bild 9-22: Schema einer Tagesbelastungskurve für ein Versorgungsgebiet, Ausgleich der Täler und Spitzen durch Pumpspeicherwerke

Bild 9-23: Schema eines Pumpspeicherwerkes

Es wäre wirtschaftlich, wenn man Energie in den Belastungstälern speichern könnte, um sie zu Zeiten der Belastungsspitzen in das Netz einzuspeisen. Jedoch läßt sich Energie in elektrischer Form nur in ganz geringem Maße speichern (Kondensatoren). Auch elektrochemische Speicher (Akkumulatoren) sind, verglichen mit dem gesamten Energiebedarf des Landes, viel zu klein. Daher müssen die Kraftwerke des Verbundnetzes die elektrische Energie in dem Augenblick liefern, in dem sie von den Verbrauchern verlangt wird. Anderenfalls würden bei Überlastungen der Kraftwerke Frequenz und Spannung absinken oder sogar zusammenbrechen.

Das Verbundsystem muß also die Spitzenleistung vorhalten, auch wenn diese in Schwachlastzeiten nicht gebraucht wird. Da es unwirtschaftlich ist, große Dampfkraftwerke zu Schwachlastzeiten abzustellen oder mit Halblast zu betreiben, liefern Kernkraftwerke, Braunkohlenkraftwerke und Laufwasserkraftwerke die Grundlast (Vollast rund um die Uhr), Steinkohlenkraftwerke zum Teil auch Mittellast. Die Spitzenlast muß von Gasturbinen-Kraftwerken und Speicherwasser-Kraftwerken aufgebracht werden [33].

Gasturbinen-Kraftwerke haben einen schlechten Wirkungsgrad, die Leistung der Wind- und Solaranlagen ist wesentlich zu klein, und auch die Leistung der Speicherwasser-Kraftwerke ist nicht ausreichend, zumal die natürlichen Wasserkräfte praktisch voll ausgebaut sind. Daher hat man *Pumpspeicherwerke* gebaut, die zu Schwachlastzeiten Energie in Form von Wasserkraft speichern und zu Spitzenzeiten an das Netz abgeben (Bild 9-23). Eines der größten in Europa ist das Pumpspeicherwerk Vianden in Luxemburg mit 10 Maschinensätzen und einer Gesamtleistung von 1100 MW. Jeder Maschinensatz besteht aus einer Synchronmaschine, gekuppelt mit einer Francisturbine und einer Turbopumpe.

In Schwachlastzeiten arbeiten die Synchronmaschinen als Motoren und treiben die Pumpen an, die Wasser aus einem unteren Stauraum in ein 280 m höher gelegenes künstliches Becken fördern, um es dort zu speichern. Das Pumpspeicherwerk ist zum Stromverbraucher geworden und verbessert Auslastung und Wirkungsgrad der thermischen Kraftwerke. In Spitzenzeiten treibt das gespeicherte Wasser die Turbinen, die Synchronmaschinen arbeiten als Generatoren und liefern elektrische Energie in das Verbundnetz. Die Pumpen sind dabei abgekuppelt. Die meisten Pumpspeicherwerke sind als *Kavernenkraftwerke* ausgeführt, die Maschinensätze und Transformatoren stehen im Berg in einem betonierten Gewölbe.

Die Lastverteilungszentrale eines großen Netzes hat die Aufgabe, bei Belastungszunahme die Kraftwerke mit dem geringsten Energiekostenanteil einzusetzen und bei Rückgang der Last die Kraftwerke mit dem höchsten Energiekostenanteil vom Netz zu nehmen [15].

9.3 Windkraftanlagen

9.3.1 Windkonverter

Die Nutzung der Windkraft ist schon sehr alt. Schon seit mehreren tausend Jahren fahren Segelschiffe auf den Meeren. Bereits im 17. Jahrhundert nutzten die Holländer Windmühlen zum Wasserpumpen, um eingedeichtes Land zu entwässern. Aber Wind ist auch in küstennahen Gebieten keine gleichmäßige Antriebskraft, und so wurden die Windmühlen nach dem Aufkommen der Elektrizität von Motoren verdrängt. Erst seit der Ölkrise 1973 besann man sich wieder auf die Windenergie, weil sie eine regenerative und umweltverträgliche Energieart ist. Vor allem küstenreiche Staaten wie die USA und Dänemark fördern die Stromerzeugung durch Windkraft. Allerdings sind Windkraftanlagen nur sinnvoll, wenn die über das Jahr gemittelte Windgeschwindigkeit 4m/s und mehr beträgt. In Deutschland ist dies nur an Nord- und Ostsee und auf einigen Gipfeln der Mittelgebirge der Fall (Feldberg, Hornisgrinde im Schwarzwald).

Der Hauptteil einer modernen Windkraftanlage ist der Windkonverter, auch Windturbine genannt, der auf einem Rohrturm angebracht ist und die Strömungsenergie des Windes in Rotationsenergie umwandelt (Bild 9-24).

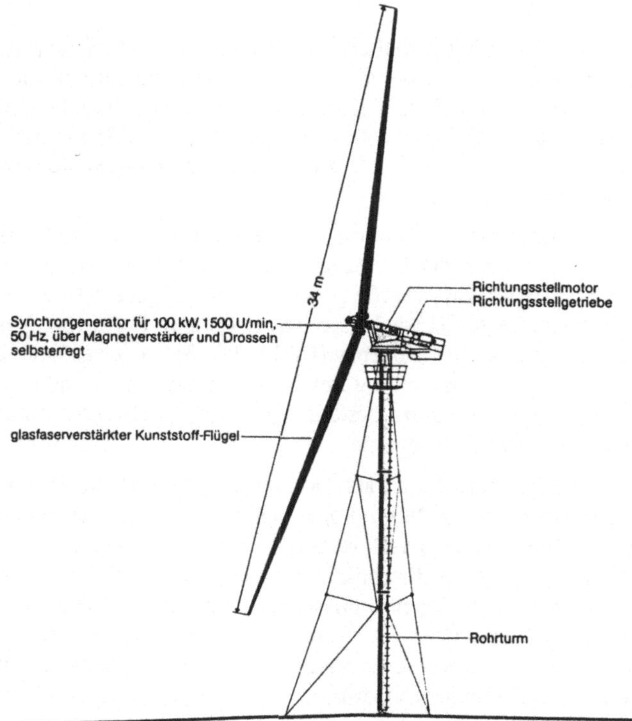

Bild 9-24: Beispiel einer Windkraftanlage mit Zweiflügel-Konverter

Das Bild 9-25 zeigt die modernen Windkonverter im Vergleich zu den Flügeln einer Windmühle. Die Vielflügler und die schneller rotierenden Zwei- oder Dreiflügler haben waagerechte Achsen und müssen in die richtige Lage zur jeweiligen Windrichtung gebracht werden. Um bei wechselnden Windgeschwindigkeiten eine einigermaßen konstante Drehzahl einhalten zu können, sind die Flügel um ihre Längsachse verdrehbar. Bei hohen Windgeschwindigkeiten werden die Flügel, um Überdrehzahlen zu vermeiden, so eingestellt, daß sich die Angriffsfläche des Windes verkleinert. Bei geringer Windgeschwindigkeit wird umgekehrt die Angriffsfläche vergrößert. Die Flügel sind hydraulisch verstellbar.

Der Vertikalachs-Konverter oder Darrieus-Rotor ist nur für kleinere Leistungen geeignet. Die Flügel sind nicht verstellbar. Dieser Rotor hat aber den Vorteil, daß er nicht nach der Windrichtung gedreht werden muß. Außerdem kann der Generator am Boden aufgestellt werden.

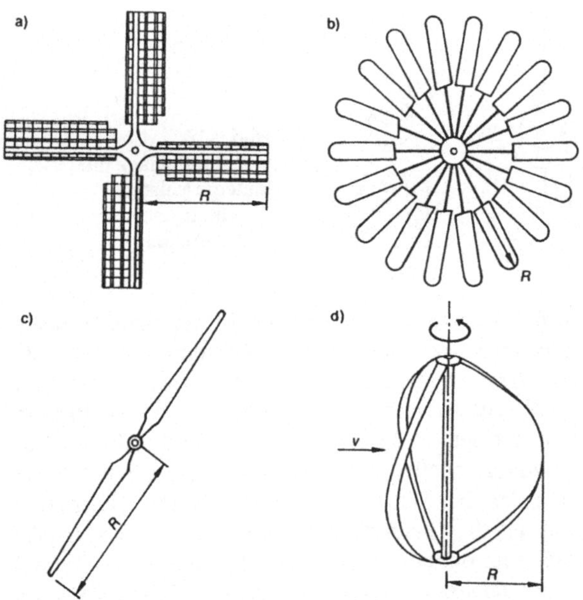

Bild 9-25:
Verschiedene Windkonverter und ihre Kennzeichen (Quelle: HEA/IZE)

a) Historische Windmühle, $2R \leq 10$ m; $n \approx 30$ U/min; $P \approx 5$ kW
b) moderner Vielblatt-Konverter, $2R \leq 10$ m; $n \approx 60$ U/min; $P = 1..50$ kW
c) moderner 1- bis 3- Blatt-Konverter, $2R \leq 100$ m; $n \approx 20...120$ U/min; P = kW..MW
d) moderner Vertikalachs-Konverter (Darrieus) $2R \leq 10$ m; $n \approx 60$U/min; $P = 1..10$ kW

9.3.2 Windkraftgenerator

Nach [47] ergibt sich die Leistung P_W des Windes am Windkonverter zu

$$P_W = (A_W / 2) \cdot \rho \cdot v^3 \tag{9.5}$$

A_W ist die Windradfläche, ρ ist die spezifizische Dichte der Luft.

Aus der Gleichung geht hervor, daß die Leistung mit der dritten Potenz der Windgeschwindigkeit steigt.

Da die Windgeschwindigkeiten oft sehr stark schwanken, kann die Drehzahl des Windkonverters nur in Grenzen konstant gehalten werden. Infolgedessen ist es auch meist nicht zweckmäßig, einen Synchrongenerator direkt mit dem 50 Hz-Netz zu kuppeln. In der Praxis haben sich zwei andere Lösungen herausgebildet:

1. Speisung in das Verbundnetz. Eine Drehstrom-Asynchronmaschine mit Schleifringläufer ist mit der Ständerwicklung an das Verbundnetz angeschlossen. Der Läuferkreis wird aus dem 50-Hz-Netz über einen Umrichter mit variabler Frequenz gespeist (Bild 9-26). Die Läuferfrequenz wird so eingeregelt, daß sie sich mit der windabhängigen Läuferdrehzahl zu der

synchronen Drehzahl ergänzt, mit der das Drehfeld im Luftspalt rotiert und in der Ständerwicklung Dreiphasen-Spannungen von 50 Hz induziert. Da ein Windkonverter durch einen Anfahrmotor erst auf Drehzahl gebracht werden muß, bevor er Leistung abgibt, kann bei dieser Lösung die Asynchronmaschine selbst als Anfahrmotor dienen. Dazu wird der Ständer vom Netz getrennt und kurzgeschlossen, der Läufer durch den Umrichter mit steigender Frequenz gespeist. Die Läuferdrehzahl entspricht dann der Umrichterfrequenz [54]. Nach dem Anfahren wird der Kurzschlußschalter geöffnet und die Ständerwicklung kann über den Synchronisierschalter ans Netz geschaltet werden. Diese Lösung ist besonders für Anlagen mit großer Leistung geeignet.

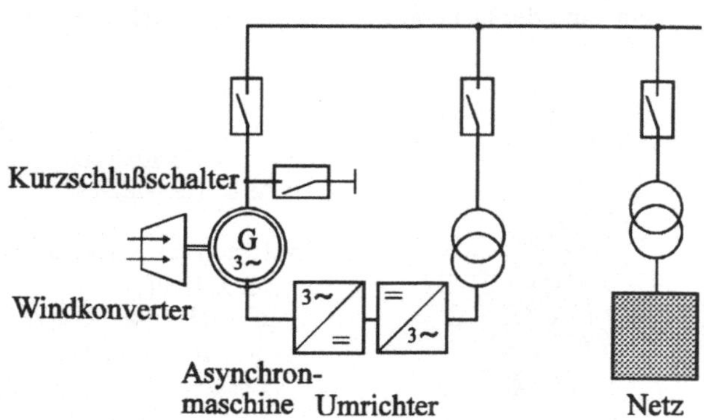

Bild 9-26:
Windkraftanlage mit läufergespeistem Asychrongenerator (Schleifringläufer)

2. Speisung eines Inselnetzes: Ein Drehstrom-Synchrongenerator, der polumschaltbar ausgeführt sein kann, speist mit variabler Frequenz über einen Thyristor-Stromrichter in B6C-Schaltung auf eine *Gleichstrom-Sammelschiene*, an die auch weitere Generatoren angeschlossen sind (Bild 9-27). Ein selbstgeführter Wechselrichter formt die Gleichspannung in Dreiphasen-Wechselspannung von 50 Hz um, mit der ein Inselnetz gespeist wird, d.h. ein Verbrauchernetz, das nicht mit anderen Spannungsquellen gekuppelt ist. Diese Lösung eignet sich gut für eine Hybridanlage, bei der außer den Windgeneratoren auch Solargeneratoren (Photovoltaikanlage, siehe Abschnitt 9.4) auf die Gleichstrom-Sammelschiene speisen [47]. Die Sammelschienenspannung wird durch eine Batterieanlage gestützt, eventuell auch durch eine Netzersatzanlage (Dieselgenerator mit Gleichrichter), die dem Wiederaufladen der leeren Batterie dient und bei Unterversorgung einen Teil der Verbraucherlast übernehmen kann.

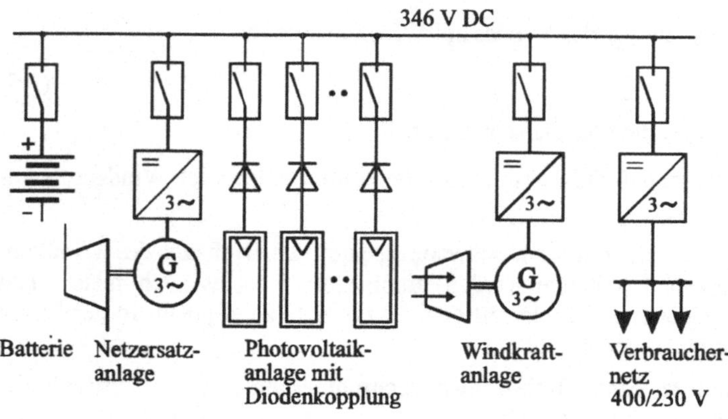

Bild 9-27:
Stromerzeugungsanlage mit Windkraft- und Solargeneratoren (Photovoltaikanlage) zur Speisung eines Inselnetzes

9.4 Photovoltaikanlagen

9.4.1 Grundlagen der Photovoltaik

Unter Photovoltaik versteht man die Direktumwandlung von Lichtenergie in elektrischen Strom mit Hilfe von Halbleiterbauelementen, den *Solarzellen*. Ihre Funktionsweise beruht auf dem *photovoltaischen Effekt*. Im Jahre 1839 beobachtete der französischen Physiker Henri *Becquerel*, daß zwischen zwei Platinelektroden, die in eine elektrolytische Lösung eingetaucht sind, eine elektrische Spannung auftritt, wenn die eine der Elektroden beleuchtet und die andere dunkel gehalten wird. Eine solche Zellanordnung liefert einen Strom, der mit der Beleuchtungsstärke ansteigt.

Erst 44 Jahre nach dieser Entdeckung gelang es, eine praktikable photovoltaische Zelle auf der Basis des Halbleitermaterials Selen zu fertigen. Diese Zelle arbeitet auf der Grundlage eines Metall/Halbleiter-Überganges. Technisch genutzt wurden derartige Photozellen in der Folgezeit als Belichtungsmesser, zur Abtastung der Tonspur des Kinofilms und zum Aufbau von Lichtschranken. Der Wirkungsgrad solcher Zellen erreichte kaum 1%, so daß an eine Verwendung zur Stromerzeugung aus Sonnenstrahlung nicht zu denken war [46].

Erst als es 1954 Forschern in den USA gelang, photovoltaische Zellen aus hochreinem Silizium herzustellen, konnte der Wirkungsgrad wesentlich erhöht werden. In die Kristallgitterstruktur des Siliziums wurden gezielt Fremdatome eingebracht, wodurch die Zellen den Aufbau großflächiger Dioden erhielten (Bild 9-28). In der Solarzelle aus vierwertigem kristallinen Silizium ist eine dünne obere Schicht mit fünfwertigem Phosphor dotiert, so daß überzählige freibewegliche Elektronen vorhanden sind (n-Schicht). Die Basisschicht der Zelle ist dagegen mit dem dreiwertigen Bor dotiert. Die so entstehenden Fehlstellen bei der Elektronenpaarbindung verhalten sich wie freibewegliche positive Ladungsträger (p-Schicht). An der Grenzfläche beider Schichten baut sich ein elektrisches Feld auf, das ein weiteres Wandern der Elektronen von der n-Schicht in die p-Schicht verhindert.

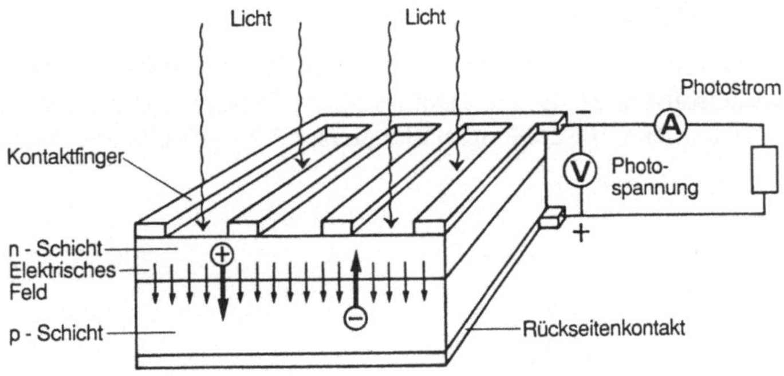

Solarzellen aus kristallinem Silizium besitzen auf der Oberseite kammförmig angeordnete Kontaktfinger und auf der Rückseite einen flächigen Metallkontakt. Dringt über die Oberfläche Solarstrahlung in den Siliziumkristall ein, so können Lichtquanten (Photonen) mit ausreichender Energie paarweise freibewegliche Elektronen und Löcher freisetzen. Diese werden von dem elektrischen Feld in der Grenzschicht getrennt, so daß die Elektronen in die n-Schicht wandern, die Löcher in die p-Schicht. Werden beide Seiten des Kontaktes durch einen Leiter verbunden, so fließt durch diesen bei Lichteinfall ein nutzbarer Gleichstrom [1].

Die Kennlinien einer Siliziumsolarzelle (10 x 10 cm) sind in Bild 9-29 angegeben. Als maximale Bestrahlungsstärke ist 1000 W/m² zugrundegelegt. Die abgegebene Leistung einer Zelle ist maximal P = 0,6 V · 3 A = 1,8 W. Infolgedessen ergibt sich bei 1 m² eine Leistung von maximal 180 W und ein Wirkungsgrad von 18 %.

Besonders geringen Materialaufwand erfordern Dünnschichtzellen, z.B. aus amorphem, d.h. nichtkristallinem Silizium. Dieses Material absorbiert Sonnenstrahlung wesentlich besser als kristallines Silizium; eine Schichtdicke von wenigen Tausendstel Millimeter genügt zur praktisch vollständigen Absorption der kurzwelligen Strahlung. Allerdings ist der Wirkungsgrad der Dünnschichtzellen geringer als bei den kristallinen Zellen.

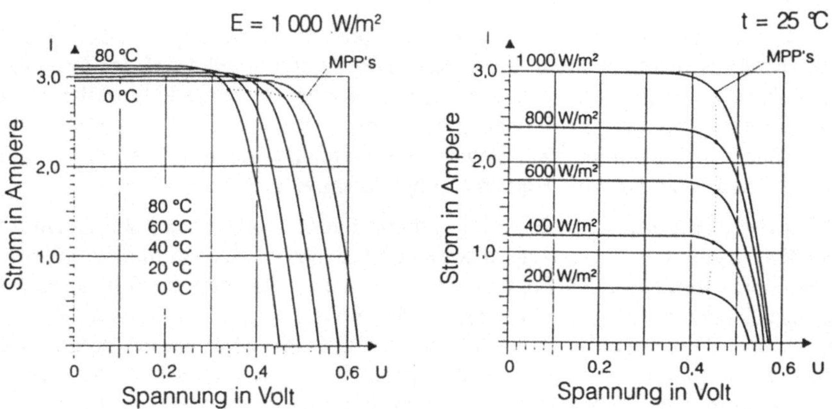

Bild 9-29: Strom-Spannungs-Kennlinien einer Solarzelle. Der Punkt maximaler Leistungsabgabe wird Maximum-Power-Point (MPP) genannt. (Quelle: HEA/IZE).

9.4.2 Solarmodule und Wechselrichter

Ein Solarmodul enthält in der Regel eine Reihenschaltung von 36 oder 40 Siliziumzellen von 10 x 10 cm, wobei die Nennleistung eines Moduls etwa 50 bis 85 W beträgt. Ein solches Solarmodul ist in der Lage, bei mittlerer Bestrahlungsstärke einen 12 V-Akkumulator aufzuladen (Bild 9-30).

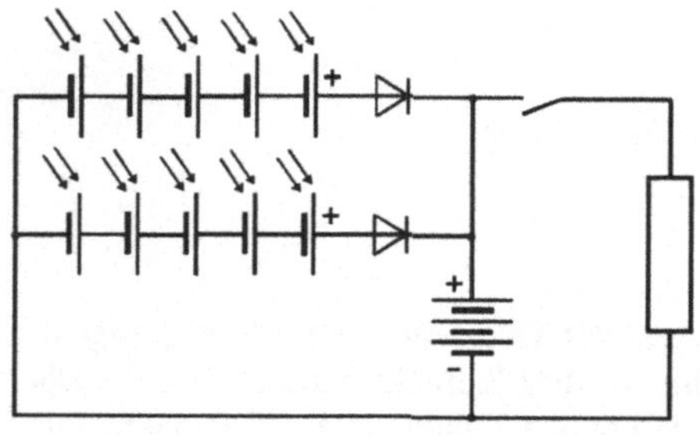

Bild 9-30:
Prinzip der Schaltung von Solarzellen zu einem Solarmodul oder einer Solarbatterie

Bei Dunkelheit verhindert eine Sperrdiode die Entladung des Akkumulators über die Solarzellen. Die Mehrzahl der Anwendungen verlangt einen Akkumulator als Energiespeicher, um den Wechsel von Tag und Nacht, Sommer und Winter, wolkenlosem Wetter und Regen auszugleichen. Die Parallelschaltung von Solarmodulen bereitet keine Probleme, da die Zellen eingeprägte Ströme abgeben.

Mit Solarmodulen lassen sich einige gleichstromgespeiste Geräte direkt betreiben, z.B. elektronische Kleingeräte (Taschenrechner, Parkuhren), Ventilatoren oder Bewässerungspumpen. In Wohnmobilen oder auf Segelyachten werden auf diese Weise 12 V-Netze betrieben.

Zur Versorgung von Wechselstromverbrauchern im Inselnetz muß ein selbstgeführter Wechselrichter vorgesehen werden. Bei Kopplung mit dem Verbundnetz kommt ein netzgeführter Wechselrichter in Frage [50]. In Küstenbereichen ist eine Kombination von Solar- und Windkraftanlagen sinnvoll, da die Energieangebote von Wind und Sonne gegensinnig verlaufen und sich in einer Hybridanlage gut ergänzen (siehe Bild 9-27). Die Batterie überbrückt tageszeitliche Minima des Energieangebots und hilft auch, kurzzeitige Lastspitzen abzudecken.

Der kWh-Preis einer Photovoltaikanlage liegt in der Größenordnung von 3 bis 5 DM, ist also mit der Versorgung aus einem öffentlichen Netz noch nicht konkurrenzfähig. Trotzdem ist bei Verbrauchern, die vom Netz lange Zuleitungen erfordern, die Solarstromversorgung durchaus wirschaftlich, zum Beispiel bei Almhütten, in abgelegenen Ferienhäusern, auf Leuchttürmen und auf Seezeichen usw.

Viele Entwicklungs- und Schwellenländer liegen im Sonnengürtel der Erde. Hier bieten Photovoltaik-Anlagen besondere Chancen für eine dezentrale Elektrifizierung ländlicher Regionen, in denen weltweit noch rund 2 Milliarden Menschen ohne elektrische Energie auskommen müssen. In Ländern, die bereits über ein leistungsstarkes Stromversorgungsnetz verfügen, sind gute Voraussetzungen für den Betrieb von netzgekoppelten PV-Anlagen dort vorhanden, wo die Tagesbelastungskurve durch den Betrieb von Klimaanlagen eine sommerliche Spitze ausweist, z.B. im Südwesten der USA. Eine Langzeitspeicherung sommerlicher Überschußenergie bis in den Winter ist zwar grundsätzlich zu realisieren, jedoch ist der Aufwand derzeit nicht vertretbar.

Neben den Photovoltaik-Anlagen, die Sonnenstrahlung direkt in Elektrizität umwandeln, gibt es *solarthermische Anlagen*. Diese erzeugen in Farm- oder Turmanlagen durch Konzentration der Sonnenstrahlung Wärme und damit Dampf, der eine Turbine antreibt [30].

9.5 Kraftwerks- und Netzbetrieb

9.5.1 Frequenz und Wirkleistung

Drehzahlregelung im Inselbetrieb

Von Inselbetrieb spricht man, wenn ein Generator allein ein Netz aus Verbrauchern speist. Wird der Generator belastet, so übt er ein bremsendes Moment auf die Turbine aus. Die Folge ist ein Sinken der Drehzahl des Maschinensatzes. Dies kann für den Betrieb der Turbine kritisch sein (dynamische Unwucht, Schwingungen). Aber auch für das Netz ist das Absinken der Generatorfrequenz, die der Drehzahl proportional ist ($f = p \cdot n$), nur in ganz geringem Maße zulässig. Sinkt die Netzfrequenz, so laufen alle Motoren langsamer, alle Blindwiderstände verändern sich, die Spannung sinkt, das Zuschalten von selbstgeführten Wechselrichtern wird problematisch, das Netz kann nicht mehr mit einem anderen Netz gekuppelt werden und anderes mehr. Die Hauptforderung an ein öffentliches Netz ist daher, Spannung und Frequenz in engen Grenzen konstant zu halten. Daraus folgt, daß ein Generator im Inselbetrieb eine Drehzahlregelung und eine Spannungsregelung haben muß [19].

In Bild 9-31 ist das Schema der Drehzahlregelung eines Turbogenerators in einem Dampfkraftwerk dargestellt. Die Regeleinrichtungen sind so einander zugeordnet, daß die Regelsignale in einem geschlossenen Kreis laufen, dem *Regelkreis*. Die *Theorie der dynamischen Regelungsvorgänge*, die besonders durch Zeitkonstanten und Totzeiten der Regelkreisglieder beeinflußt wird, kann hier nicht besprochen werden, ist aber bei [21] ausführlich behandelt.

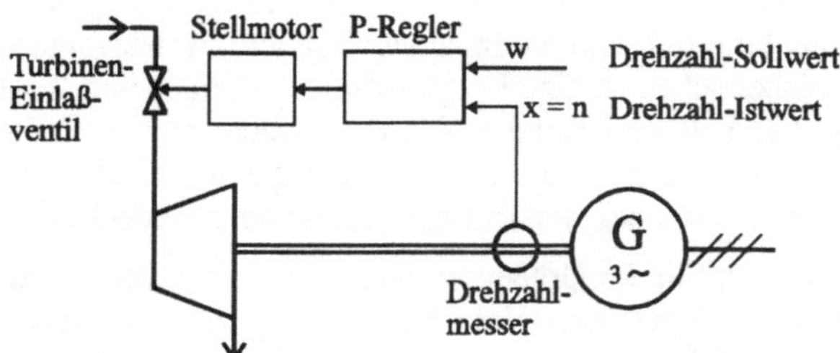

Bild 9-31:
Schema der Drehzahlregelung einer Dampfturbine

Die gerätemäßige Ausführung von Regler und Stellmotor sei an einem Beispiel erläutert: Der *Istwert* der Drehzahl wird mit einem Impulsgeber gemessen. Dieser besteht aus einer flachen Scheibe, an deren Umfang in axialer Richtung Magnete angebracht sind, die an einem Hallgenerator vorbeilaufen. Bei jedem Vorbeilauf eines Magneten wird in dem Hallgenerator ein Spannungsimpuls erzeugt. Die Anzahl der Impulse je Zeiteinheit wird mit einem *Sollwert* verglichen, der aus einem hochgenauen Frequenzgeber gewonnen wird. Die Impulsdifferenz wird in eine analoge Spannung umgeformt und verstärkt. Die Spannung treibt einen Gleichstrom durch eine Tauchspule, die sich gegen Federdruck in einem Magnetfeld bewegt und einen Steuerkolben für eine Ölhydraulik auslenkt (Bild 9-32). Der Steuerkolben wiederum steuert einen ölhydraulischen Stellmotor aus, der das Turbinen-Einlaßventil, das Stellglied, öffnet oder schließt. Dadurch wird der Dampfstrom, die *Stellgröße* y, so verstellt, daß der Istwert x der *Regelgröße* (Turbinendrehzahl n) nahezu gleich dem Sollwert w wird. Allerdings muß bei einem Proportionalregler (P-Regler) immer eine kleine Differenz zwischen Soll- und Istwert bestehen, die Regeldifferenz $x_d = w - x$, damit der Stellmotor ausgesteuert wird. Außerdem muß der Stellmotor bei P-Verhalten der Regelung eine Rückführung haben im Sinne einer Gegenkopplung.

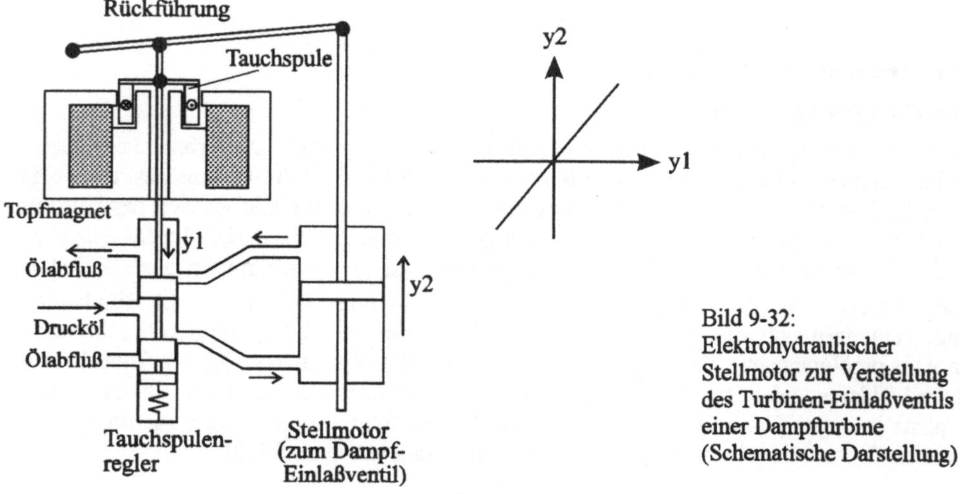

Bild 9-32:
Elektrohydraulischer Stellmotor zur Verstellung des Turbinen-Einlaßventils einer Dampfturbine (Schematische Darstellung)

Stellglied bei Gasturbinen ist das Brennstoffventil in der Brennkammer, bei Kaplan- und Francisturbinen ist es die Stellung der Leit- und Laufschaufeln, bei Peltonturbinen die Stellung der Düsennadel.

Bild 9-33 zeigt die Wirkung der Drehzahlregelung: Die Kennlinie $n = f(P_{ab})$ der Turbine ist ohne Regelung stark abfallend, mit einem P-Regler eine flach abfallende Gerade. Mit dieser identisch ist die *Frequenz-Wirkleistungs-Kennlinie* $f = f(P)$ des Generators. Sie wird durch die Geradengleichung

$$f = f_0 - m \cdot P \tag{9.6}$$

beschrieben, wobei die Leerlauffrequenz den Sollwert darstellt. Vorausgesetzt wird symmetrische Dreiphasenlast des Generators. Blindleistungsabgabe des Generators erzeugt kein Lastmoment und ändert daher nichts an der Frequenz.

Den Kehrwert $k = 1/m$ der Geradensteigung m nennt man die *Leistungszahl* des Generators.

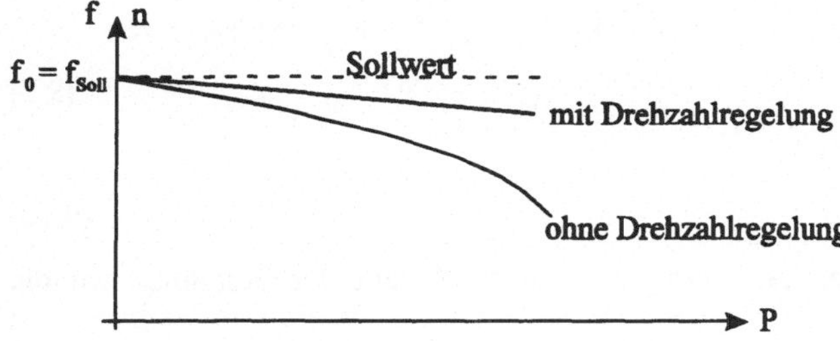

Bild 9-33: Frequenz-Wirkleistungs-Kennlinie eines Turbogenerators mit und ohne P-Regler bzw. Drehzahl-Leistungs-Kennlinie der Dampfturbine

Frequenz und Wirkleistung bei Parallelbetrieb

Zwei drehzahlgeregelte Drehstromgeneratoren mit den Leistungszahlen k_1 und k_2 sollen parallel auf ein gemeinsames Verbrauchernetz arbeiten, das die Leistung P_{ges} aufnimmt. Der Frequenzsollwert beider Generatoren soll gleich sein und im Leerlauf (f_0) abgegeben werden (Bild 9-34).

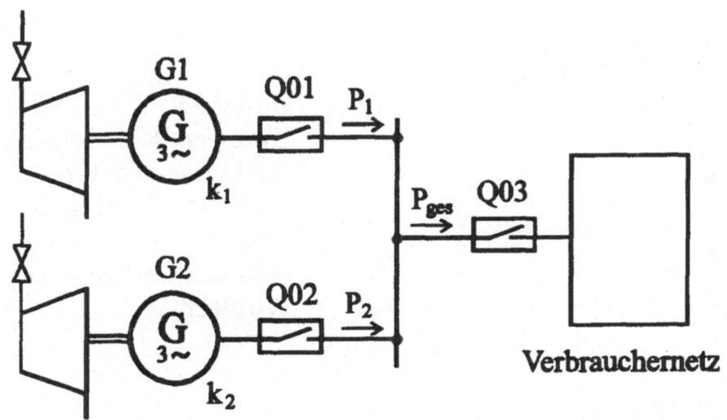

Bild 9-34: Parallelschaltung zweier Generatoren, die ein Verbrauchernetz speisen

Wie teilt sich die Gesamtlast des Verbrauchernetzes auf G1 und G2 auf?

Welche Netzfrequenz stellt sich ein bei einer vorgegebenen Verbraucherlast und gleichen Frequenz-Sollwerten?

Die Antwort auf diese Fragen ergibt sich aus den Frequenz-Wirkleistungs-Kennlinien.

Generator G1: $f_1 = f_{01} - m_1 \cdot P_1$; Generator G2: $f_2 = f_{02} - m_2 \cdot P_2$; Sollwerte: $f_{01} = f_{02} = f_0$.

Im ganzen Netz gibt es nur eine Frequenz: $f_1 = f_2 = f$ (Synchronlauf der Generatoren!)

$f_1 = f_0 - P_1 / k_1 \;\Rightarrow\; P_1 = k_1 \cdot (f_0 - f)$; $f_2 = f_0 - P_2 / k_2 \;\Rightarrow\; P_2 = k_2 \cdot (f_0 - f)$.

Die Gesamtleistung $P_{ges} = P_1 + P_2$ wird damit $P_1 + P_2 = (k_1 + k_2) \cdot (f_0 - f)$. Daraus folgt:

Man kann einen Ersatzgenerator definieren, dessen Leistungszahl die Summe der Leistungszahlen der parallel arbeitenden Generatoren ist:

$$k_{ges} = k_1 + k_2 \tag{9.7}$$

Die Gleichung der Frequenz-Kennlinie des Ersatzgenerators

$$f = f_0 - P_{ges} / (k_1 + k_2) \tag{9.8}$$

bestimmt die Netzfrequenz bei Parallelbetrieb.

Die Aufteilung der Verbraucherlast auf G1 und G2 ergibt sich, wenn wir den Ausdruck für f nach Gl. 9.8 in $P_1 = k_1 \cdot (f_0 - f)$ einsetzen: $\Rightarrow P_1 = k_1 \cdot f_0 - k_1 \cdot (f_0 - P_{ges} / (k_1 + k_2) \Rightarrow$

$$P_1 = k_1 / (k_1 + k_2) \cdot P_{ges} \tag{9.9}$$

und entsprechend $P_2 = k_2 \cdot (f_0 - f) \Rightarrow$

$$P_2 = k_2 / (k_1 + k_2) \cdot P_{ges} \tag{9.10}$$

Bei Parallelbetrieb von zwei Generatoren verhalten sich die Anteile der Gesamtlast wie die Leistungszahlen der Generatoren.

$$P_1 / P_2 = k_1 / k_2 \tag{9.11}$$

Wie die Kennlinien f = f (P) zeigen (Bild 9-35), erfordert eine eindeutig definierte Aufteilung der Netzlast auf beide Generatoren eine nicht zu geringe Kennlinienneigung. Deshalb werden zur Drehzahlregelung nur Regler mit P-Verhalten eingesetzt. Die oben angeführten Ergebnisse lassen sich auf die Parallelarbeit von beliebig vielen Generatoren erweitern [24].

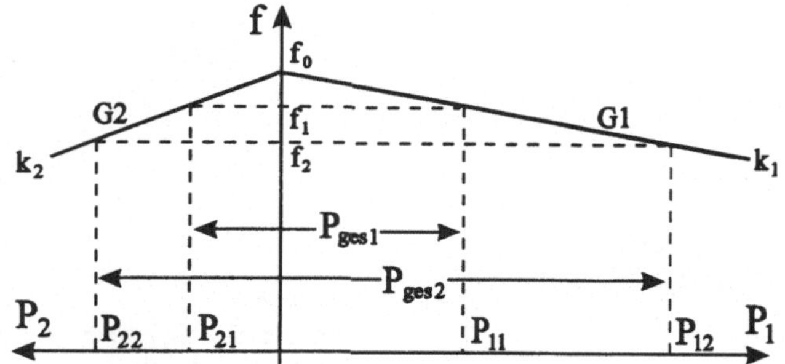

Bild 9-35: Zwei parallele Generatoren mit konstantem Frequenz-Sollwert. Absinken der Frequenz entsprechend der gesamten abgegebenen Wirkleistung

Frequenz und Wirkleistung im starren Netz

Die Gleichung (9.8) zeigt, daß bei festem Frequenz-Sollwert die Netzfrequenz proportional der Gesamtlast des Netzes sinkt. In Bild 9-35 ist dies für zwei parallel arbeitende Generatoren dargestellt. Diese Änderung der Netzfrequenz ist für den Netzbetrieb nicht akzeptabel. Man braucht ein *starres Netz mit einer konstanten Netzfrequenz*. Das kann man erreichen, wenn man die Frequenz-Sollwerte der Generatoren proportional der Last erhöht oder absenkt, wie das Bild 9-36 zeigt.

Man braucht zur Frequenzhaltung einen *Netzregler* mit Integral-Verhalten, der ohne bleibende Regeldifferenz arbeitet und als Stellgröße Zusatz-Sollwerte mit positivem oder negativem Vorzeichen an die Regelkraftwerke gibt, die für die Konstanz der Frequenz zuständig sind.

Im deutschen Verbundnetz sind das vor allem Pumpspeicherwerke und andere Speicherwasser-Kraftwerke. Die Kernkraftwerke und großen Dampfkraftwerke, die die Grund- und Mittellast liefern, sind an der Frequenzhaltung nicht direkt beteiligt. Sie geben unabhängig von der Frequenz mit voll geöffneten Dampfventilen konstante, vom Dampferzeuger geregelte Leistung ab.

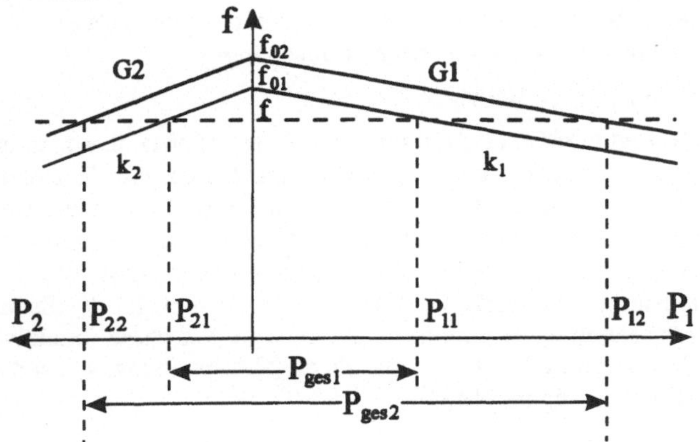

Bild 9-36: Starres Netz mit konstanter Frequenz. Frequenzhaltung durch Verändern der Frequenz-Sollwerte

Wenn ein drehzahlgeregelter Generator kleiner Leistung am starren Netz läuft, wird seine Drehzahlregelung unwirksam, denn Drehzahl und Frequenz werden ihm vom Netz aufgezwungen. Statt dessen gibt der Drehzahl-Sollwert die Wirkleistung vor, die der Generator in das Netz einspeist. Daher kann man durch Verstellen des Drehzahl- bzw. Frequenz-Sollwertes die abgegebene Wirkleistung des Generators steuern (Bild 9-37).

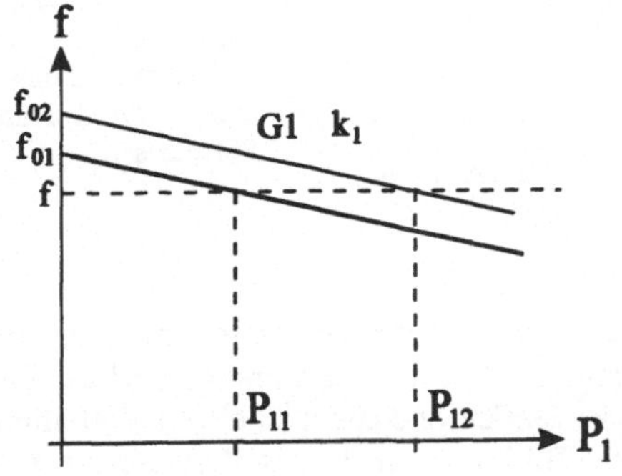

Bild 9-37: Generator am starren Netz: Wirkleistungs-Steuerung durch Verstellen des Frequenz- bzw. Drehzahl- Sollwertes

9.5.2 Spannung und Stromverteilung im Netz

Spannungsregelung im Inselbetrieb

Die Belastungskennlinien der Synchrongeneratoren (siehe Bild 5-50) im Inselbetrieb zeigen, daß bei konstantem Erregerstrom die Klemmenspannung sich sehr stark mit dem Laststrom ändert. Die Netzspannung darf jedoch nur in engen Grenzen schwanken, weil die meisten Verbraucheranlagen bei zu hoher oder zu niedriger Spannung nicht einwandfrei arbeiten. Zum Beispiel ändern sich der Lichtstrom von Glühlampen, das Drehmoment von Drehstrommotoren, die Anzugskraft von Schützen und Magneten und die Wärmeleistung von Widerstandsöfen sehr stark mit dem Effektivwert der Netzspannung.

Aus diesem Grunde werden fast alle Drehstrom-Synchrongeneratoren mit einer Spannungsregelung (siehe Bilder 5-43 und 5-45) oder einer lastabhängigen Erregerstromverstellung (Störgrößenaufschaltung, auch Kompoundierung genannt, siehe Bild 5-44) betrieben.

Wenn der Spannungsregler ein Proportional-Integral-Verhalten hat, also bei einer Laständerung schnell eingreift und keine bleibende Regeldifferenz braucht zum Aussteuern der Stellgröße, d.h. des Erregerstroms, so verläuft die Belastungskennlinie U = f (I) waagerecht. Die Spannung ist im Rahmen des Regelbereiches konstant und - abgesehen von kurzen Einschwingvorgängen - von Amplitude und Phase des Laststromes unabhängig.

Spannungsgeregelter Generator am starren Netz

Wenn ein spannungsgeregelter Generator auf ein (spannungsmäßig) starres Netz speist, so ist - wie bei der Frequenzregelung- die Spannungsregelung unwirksam. Durch eine Wandlerschaltung, die den Blindstrom des Generators erfaßt, kann man eine linear abfallende Spannungs-Blindstrom-Kennlinie erreichen (sog. Blindstromstatik) und so mit dem Spannungs-Sollwert die Blindstromabgabe oder -aufnahme der Synchronmaschine steuern [24]. Wie das Bild 9-38 zeigt, kann die Blindleistung dabei auch das Vorzeichen wechseln. Ist der Spannungs-Sollwert kleiner als die Netzspannung, so nimmt die untererregte Maschine induktive Blindleistung aus dem Netz auf. Wenn der Sollwert höher ist als die Netzspannung, speist die übererregte Maschine induktive Blindleistung ins Netz.

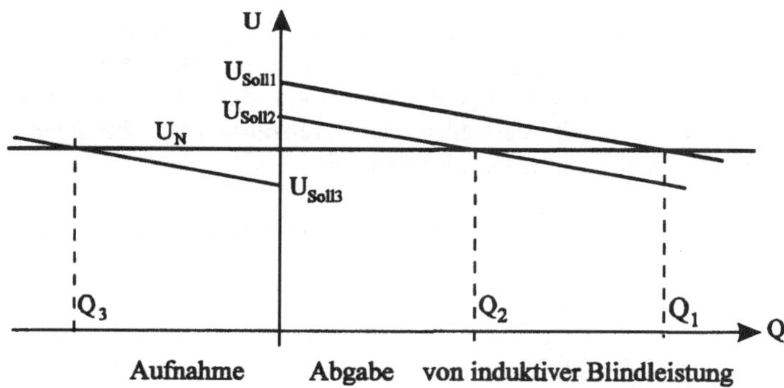

Bild 9-38: Blindleistungssteuerung eines Generators am starren Netz durch Verstellung des Spannungs-Sollwerts

Spannungsfall einer Leitung

Generatoranlagen sind nur bei kleiner Leistung (Solarbatterie, Notstromsatz) direkt mit den Verbrauchern verbunden. Bei größeren Leistungen, d.h. bei Kraftwerken, wird die Leistung über ein Übertragungsnetz mit Freileitungen oder Starkstromkabeln zu einem Verteilungsnetz und von dort zum Verbraucher übertragen (siehe Bild 3-3). Auch das Verteilungsnetz ist ein Freileitungs- oder Kabelnetz. Das hat zur Folge, daß die Spannung am Verbraucher bei Belastung kleiner ist als die geregelte Generatorspannung und mit der Belastung schwankt.

Eine *Freileitung* ist eine Drehstrom- oder Einphasen-Wechselstromleitung mit blanken Leiterseilen, die an Masten aufgehängt sind und durch Porzellanisolatoren gegen Erde bzw. den Mast isoliert sind. Die Leiter sind meist aus Aluminium mit Stahlkern.

Ein *Starkstromkabel* ist eine isolierte Leitung, die gegen äußere Einflüsse so geschützt ist, daß sie im Erdboden verlegt werden kann. Kabel können ein- oder dreiadrig ausgeführt sein. Die Leiter sind aus Kupfer oder Aluminium [10].

Das Ersatzschaltbild einer Drehstromleitung der Länge l ist in Bild 9-39 dargestellt. Dabei ist Symmetrie, d.h. Gleichheit der drei Leiterbeläge (Belag = Größe je Kilometer Leitungslänge) angenommen. Der Widerstandsbelag R' $[\Omega/\text{km}]$ ist ein Abbild des elektrischen Strömungsfeldes im Leiter, der Induktivitätsbelag L'[mH/km] bildet das Magnetfeld um den Leiter ab und der Belag der Betriebskapazität C_B' $[\mu\text{F}/\text{km}]$ das elektrische Feld zwischen den Leitern sowie zwischen den Leitern und Erde. Das Ersatzschaltbild gilt für Freileitungen wie für Kabel, nur die Daten der Leitungsbeläge sind unterschiedlich. Bei Kabeln sind die Kapazitäten größer, die Induktivitäten kleiner als bei Freileitungen.

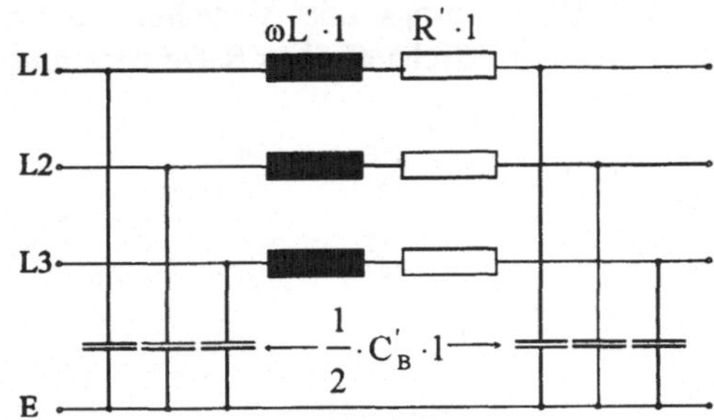

Bild 9-39: Ersatzschaltbild einer Drehstromleitung (Ableitung G vernachlässigt)

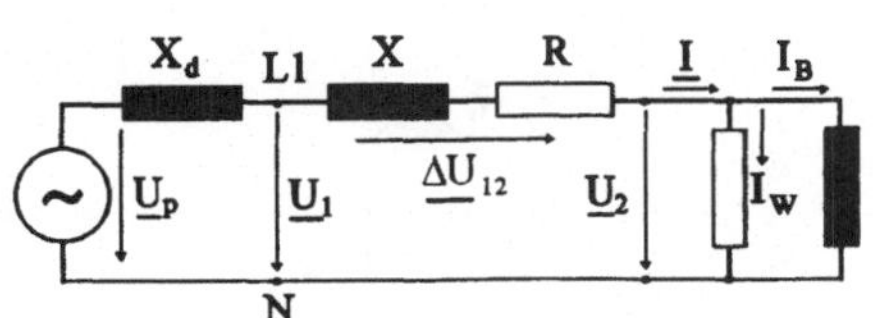

Bild 9-40: Einpoliges Ersatzschaltbild einer symmetrisch belasteten, einseitig gespeisten Niederspannungsleitung

Bei Niederspannungs- und Mittelspannungsleitungen kann man für Berechnungen des Spannungsfalls im stationären Zustand die Ableitungen und oft auch die Kapazitäten weglassen, weil die Leitungslänge in diesen Netzen nicht groß und der kapazitive Ladestrom meist wesentlich kleiner ist als der Laststrom. Wenn die Belastung symmetrisch ist, kann man vom dreipoligen zum einpoligen Ersatzschaltbild übergehen, wie das Bild 9-40 zeigt.

Anhand des Ersatzschaltbildes der Leitung kann der Spannungsfall $\underline{\Delta U}_{12}$ zwischen $\underline{U}_1$ und $\underline{U}_2$ näherungsweise berechnet werden: $\underline{U}_1 = \underline{U}_2 + \underline{\Delta U}_{12}$; $I_W = I \cdot \cos\varphi_2$; $I_B = I \cdot \sin\varphi_2$;

$$\underline{\Delta U}_{12} = (R + jX) \cdot (I_W - jI_B) \quad \Rightarrow \quad \underline{\Delta U}_{12} = R \cdot I_W + X \cdot I_B + j \cdot (X \cdot I_W - R \cdot I_B).$$

Der Realteil dieses Spannungsfalls ist der *Längsspannungsfall* in Richtung von $\underline{U}_2$:

$$\Delta U_L = R \cdot I_W + X \cdot I_B \tag{9.12}$$

Die Gleichung (9.12) entspricht der für den Transformator gültigen Gleichung (3.33), das zugehörige Zeigerdiagramm dem des Bildes 3-32.

Der Querspannungsfall (Imaginärteil von $\underline{\Delta U}_{12}$) trägt kaum etwas zu der Differenz der Spannungsbeträge bei und kann vernachlässigt werden, wenn es nur um die Beträge geht. Dies gilt vor allem für Mittel- und Niederspannungsnetze, bei denen die Winkeldifferenz der Spannungen $\underline{U}_1$ und $\underline{U}_2$ sehr gering ist. Das Verfahren des Längsspannungsfalls kann damit auf Kombinationen von Transformatoren und Leitungen angewandt werden.

Man erkennt aus Gl. (9.12), daß induktive Last ($+I_B$) die Spannung am Ende der Leitung senkt, während kapazitive Last ($-I_B$) die Spannung anhebt. Die Blindstromkompensation durch Kondensatoren parallel zur Last verringert also nicht nur den Strom in Transformatoren und auf Leitungen, sondern stützt auch die Verbraucherspannung.

Da die Widerstände R und X proportional der Leitungslänge sind, kann man ΔU_L umformen:

$$\Delta U_L = l_{12} \cdot (R' \cdot I \cdot \cos\varphi_2 + X' \cdot I \cdot \sin\varphi_2) \Rightarrow \quad \Delta U_L = l_{12} \cdot I \cdot \cos\varphi_2 \cdot (R' + X' \cdot \tan\varphi_2).$$

Der Klammerinhalt ist der *bezogene Längswiderstand*

$$\psi' = R' + X' \cdot \tan\varphi_2 \tag{9.13}$$

Daten des bezogenen Längswiderstandes für Freileitungen und Kabel siehe Tabelle in [10].

Stromverteilung in vermaschten Netzen

Die Stromverteilung in ein- oder zweiseitig gespeisten Übertragungs- oder Verteilungsnetzen (Bild 9-41a und b) kann relativ leicht mit Hilfe der beiden Kirchhoffschen Sätze berechnet werden.

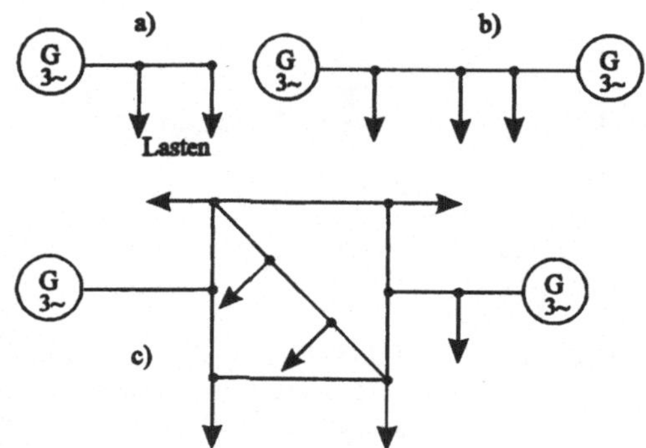

Bild 9-41:
Beispiele von Verteilungsnetzen
a) einseitig gespeistes Netz
b) zweiseitig gespeistes Netz
c) vermaschtes Netz

In einem vermaschten Netz (Bild 9-41c) ist das jedoch schwieriger, weil es die Lösung eines größeren Gleichungssystems bedeutet. Dies wird heute durchweg mit Hilfe der Matrizenrechnung durchgeführt [13]. Überwiegend wird das *Knotenpunktverfahren* angewendet, das hier nur angedeutet werden kann. Man geht von eingeprägten Lastströmen und einer oder mehreren Einspeisespannungen aus und stellt das Gleichungssystem des 1.Kirchhoffschen Satzes für alle Netzknoten auf:

$$\sum \underline{I}_k = 0 \tag{9.14}$$

Daraus ergibt sich die Knotenpunkt-Admittanzmatrix des Netzes. Diese wird invertiert und mit dem Spaltenvektor der gegebenen Größen multipliziert. Das Ergebnis ist der Spaltenvektor der Spannungen an Netz- und Lastknoten und der Einspeiseströme an den Spannungsknoten. Aus den Differenzen der Knotenspannungen lassen sich dann die Zweigströme des Netzes berechnen:

$$\underline{I}_{ik} = \underline{Y}_{ik} \cdot (\underline{U}_i - \underline{U}_k) \tag{9.15}$$

Bei Nieder- und Mittelspannungsnetzen kann man durch Einführung des bezogenen Längswiderstandes ψ' die komplexen Berechnungen auf reelle zurückführen, was die Berechnungen erheblich vereinfacht und für die praktische Auswertung genügend genau ist.

Eine eingehendere Darstellung des Knotenpunktverfahrens geht über den Rahmen dieses Buches weit hinaus. Daher kann hier bezüglich Einzelheiten und Varianten nur auf die Literatur verwiesen werden. [13, 15, 28].

Literaturverzeichnis

A. Bücher:

[1] Ahlheim, K.-H. (Hrsg.): Wie funktioniert das? Die Energie, Meyers Lexikonverlag, Mannheim/Wien/Zürich 1983

[2] Brown, Boveri & Cie AG: Handbuch für Schaltanlagen, 5. Auflage, Verlag W. Girardet Essen 1975

[3) Bruns, M.: Systemtechnik, Springer-Verlag, Berlin Heidelberg New York 1991

[4] Bystron, K.: Leistungselektronik, Carl Hanser Verlag, München Wien 1979

[5] Constantinescu-Simon, L. (Hrsg.): Handbuch Elektrische Energietechnik, Vieweg Verlag, Braunschweig/Wiesbaden 1996

[6] Däumler, K.-D.: Grundlagen der Investitions- und Wirtschaftlichkeitsrechnung, 4. Auflage, Verlag Neue Wirtschaftsbriefe, Herne/Berlin 1984

[7] Denzel, P.: Dampf- und Wasserkraftwerke, Bibliographisches Institut, Mannheim 1968

[8] Denzel, P.: Grundlagen der Übertragung elektrischer Energie, Springer-Verlag, Berlin Heidelberg New York 1966

[9] Fischer, R.: Elektrische Maschinen, 9. Auflage, Carl Hanser Verlag München Wien 1995

[10] Flosdorff R. / Hilgarth, G.: Elektrische Energieverteilung, 6. Auflage, B.G. Teubner Verlag Stuttgart 1994

[11] Giersch, H.-U./Harthus, H./Vogelsang, N.: Elektrische Maschinen, 3. Auflage, B.G. Teubner Verlag Stuttgart 1991

[12] Gumhalter, H .: Stromversorgungssysteme der Kommunikationstechnik, Band I, 1983 und Band II, 1984, Siemens AG, Berlin und München

[13] Handschin, E.: Elektrische Energieübertragungssysteme, 2. Auflage, Hüthig Verlag, Heidelberg 1987

[14] Heumann, K.: Grundlagen der Leistungselektronik, 6. Auflage, B.G. Teubner Verlag, Stuttgart 1996

[15] Hosemann, G., Boeck, W.: Grundlagen der elektrischen Energietechnik, Springer-Verlag, Berlin Heidelberg New York 1991

[16] Kalide, W.: Energieumwandlung in Kraft- und Arbeitsmaschinen, 8. Auflage, Carl Hanser Verlag, München Wien 1995

[17] Kiefer, G.: VDE 0100 und die Praxis, 8. Auflage, VDE-Verlag, Berlin Offenbach 1997

[18] Kochs, H.-D.: Zuverlässigkeit elektrotechnischer Anlagen, Springer-Verlag, Berlin Heidelberg New York 1984

[19] Leonhard, W.: Regelung in der elektrischen Energieversorgung, B.G. Teubner Verlag, Stuttgart 1980

[20] Michel, M.: Leistungselektronik, 2.Auflage, Springer-Verlag, Berlin Heidelberg New York 1996

[21] Reuter, M.: Regelungstechnik für Ingenieure, 9. Auflage, Vieweg Verlag, Braunschweig / Wiesbaden 1994

[22] Roeper, R.: Kurzschlußströme in Drehstromnetzen, 6. Auflage, Siemens AG, Berlin und München 1984

[23] Rüdenberg, R.: Elektrische Schaltvorgänge, 5. Auflage, Springer-Verlag, Berlin Heidelberg New York 1974

[24] Schaefer, H.: Elektrische Kraftwerkstechnik, Springer-Verlag, Berlin Heidelberg New York 1979

[25] Schmelcher, Th.: Niederspannungsschaltgeräte, Siemens AG, Berlin und München 1973

[26] Schmelcher, Th.: Überstromschutz in Niederspannungsanlagen, Siemens AG, Berlin und München 1974

[27] Schymroch, H. D.: Hochspannungs-Gleichstrom-Übertragung, B.G. Teubner Verlag, Stuttgart 1985

[28] Schultheiß, F./Weßnigk, K.-D.: Übertragungsberechnung (Berechnung elektrischer Energieversorgungsnetze, Band II), VEB Deutscher Verlag für Grundstoffindustrie, Leipzig 1971

[29] Siemens AG: Schalten, Schützen, Verteilen in Niederspannungsnetzen, 2. Auflage, Berlin und München 1990

[30] Weber, R: Energie und Umwelt, Olynthus Verlags Anstalt, Vaduz 1992

[31] Wellenreuther, G./ Zastrow, D.: Steuerungstechnik mit SPS, 5. Auflage, Vieweg Verlag, Braunschweig/Wiesbaden 1998

B. Aufsätze und Druckschriften:

[32] Abel, G.: Aufgaben des Netzbetriebes, ETG-Fachberichte 7, VDE-Verlag Berlin 1980

[33] Becker, G. : Einsatz der Kraftwerke, ETG-Fachberichte 7, VDE-Verlag Berlin 1980

[34] Bösterling, W., Ludwig, H., Schulze, G., Tscharn, M.: Moderne Leistungshalbleiter in der Stromrichtertechnik, etz 21/1993, VDE-Verlag, Berlin

[35] Brachhäuser, K.-H.: Energie der Zukunft: Regenerative Energiesysteme, etz 4/1990, VDE-Verlag, Berlin

[36] Eisentraut, H.: Netzbetrieb in Industrienetzen, ETG-Fachberichte 7, VDE-Verlag, Berlin 1980

[37] Franke, H., Dominik, H., Leifeld, K.: Batterien, Gleichrichter, Umformer und Wechselrichter, ETG-Fachberichte 13, VDE-Verlag, Berlin 1984

[38] Galas, E.: 300 Jahre Dampfkraft, Siemens Energieerzeugung KWU, Erlangen 1992

[39] Gerlach, R.: Erregung und Spannungsregelung bei Synchrongeneratoren, ETG-Fachberichte 7, VDE-Verlag, Berlin 1983

[40] Grawe, J.: Zentrale und dezentrale Energieversorgung, Elektrizitätswirtschaft 22/90, Vereinigung Deutscher Elektrizitätswerke, Frankfurt/Main

[41] Haas, H., von Musil, R., Wittchow, E., Ziegner, M.: Kraftwerke für die Zukunft, Energie , 42. Jahrg. Nr. 4, April 1990

[42] HEA/IZE (Herausgeber): Brennstoffzellen, Arbeitskreis Schulinformation Energie, Energie-Verlag GmbH, Heidelberg 1998

[43] HEA/IZE (Herausgeber): Elektrische Energiespeicher, Arbeitskreis Schulinformation Energie, Energie-Verlag GmbH, Heidelberg 1998

[44] HEA/IZE (Herausgeber): Gas-und Dampfturbinenprozesse, Arbeitskreis Schulinformation Energie, Energie-Verlag GmbH, Heidelberg 1996

[45] HEA/IZE (Herausgeber): Kraft-Wärme-Kopplung, Arbeitskreis Schulinformation Energie, Energie-Verlag GmbH, Heidelberg 1996

[46] HEA/IZE (Herausgeber): Photovoltaik, Strom aus Solarzellen, Arbeitskreis Schulinformation Energie, Energie-Verlag GmbH, Heidelberg 1998

[47] Heumann, K., Keiderling, S.: Rechnersimulation zur Optimierung regenerativer Stromversorgungsanlagen, etz 4/1990, VDE-Verlag, Berlin

[48] Heinrichs, F.: Turbogeneratoren, ETG-Fachberichte 7, VDE-Verlag ,Berlin 1983

[49] Hillebrand, F.: Zur Geschichte des Drehstromes, ETZ-A 80/1959, VDE-Verlag Berlin

[50] Hotopp, R.: Auf dem Weg zum besten Konzept für Photovoltaik-Wechselrichter, etz 4/1990, VDE-Verlag, Berlin

[51] Kraftwerk Union: Druckwasserreaktor, Kraftwerk Union AG, Mülheim/Ruhr, 1975

[52] Kraftwerk Union: KWU-Kernkraftwerke '85, Kraftwerk Union AG, Mülheim/Ruhr, 1985

[53] Krefter, K.-H.: Der Schutz gegen gefährliche Körperströme in drei Ebenen - Basisschutz, Fehlerschutz, Zusatzschutz, ETG-Fachbericht 25, VDE-Verlag, Berlin 1988

[54] Mühlöcker, H.,Warneke, O.: Elektrische Ausrüstung einer Windkraftanlage auf Hawaii, etz 4/1990, VDE-Verlag, Berlin

[55] Runtsch, E.: Schutzeinrichtungen für den Personen- und Sachschutz in der Gebäudeinstallation, ETG-Fachbericht 25, VDE-Verlag, Berlin 1988

[56] VWEW: Blockheizkraftwerke, VWEW-Verlag, Frankfurt/Main 1993

[57] Wolf, J.: Der Lichtbogen, das ideale Schaltelement der Schutzschalttechnik, etz 16/1994, VDE-Verlag, Berlin

Sachwortverzeichnis

M

N

O

P

Q

R

S

T